ISBN 978-0-267-07436-5
PIBN 11293287

DIE

NATURGESETZE

UND IHR ZUSAMMENHANG MIT DEN

PRINZIPIEN

DER

ABSTRAKTEN WISSENSCHAFTEN.

FÜR

NATURFORSCHER, MATHEMATIKER, LOGIKER, PHILOSOPHEN
UND ALLE MATHEMATISCH GEBILDETEN DENKER,

VON

Dr. HERMANN SCHEFFLER,

MITGLIED DER KAISERLICHEN SOZIETÄT DER NATURFORSCHER ZU MOSKAU,
KORRESPONDIRENDEM MITGLIED DER KÖNIGLICHEN AKADEMIE DER WISSENSCHAFTEN
ZU PADUA.

DRITTER THEIL.

DIE THEORIE DER ERKENNTNISS

ODER DIE

LOGISCHEN GESETZE.

MIT 12 FIGURENTAFELN.

LEIPZIG,
VERLAG VON FRIEDRICH FOERSTER.
1880.

DIE

THEORIE DER ERKENNTNISS

ODER DIE

LOGISCHEN GESETZE.

Enthaltend

die Gesetze

des Verstandes, des Gedächtnisses, des Willens,
des Gemüthes und des Temperamentes.

VON

Dʀ. HERMANN SCHEFFLER,

MITGLIED DER KAISERLICHEN SOZIETÄT DER NATURFORSCHER ZU MOSKAU,
KORRESPONDIRENDEM MITGLIED DER KÖNIGLICHEN AKADEMIE DER WISSENSCHAFTEN
ZU PADUA.

Vol. 1.

MIT 12 FIGURENTAFELN.

LEIPZIG,
VERLAG VON FRIEDRICH FOERSTER.
1880.

Dieses Buch kann unbeanstandet in jede fremde Sprache übersetzt werden, und der Verfasser wird sich freuen, wenn dasselbe in dieser Weise eine recht grosse Verbreitung findet.

Abschnitt XVI.

Der Verstand.

§. 483.

Denken und sein.

Im vorhergehenden Abschnitte haben wir das Wesen des untersten Seelenvermögens, nämlich des Sinnesvermögens, sowie auch das Wesen des darüber stehenden Vermögens, nämlich des Anschauungsvermögens, sowohl in seiner subjektiven, als auch in seiner objektiven Bedeutung charakterisirt. Der nämliche Weg und die Überzeugung, dass alle Vorstellungen von Objekten auf gewissen Zuständen unserer selbst beruhen, dass also diese Vorstellungen das Spiegelbild unserer eigenen Eigenschaften sind, wird uns an der Hand des Kardinalprinzipes zur Erforschung desjenigen Vermögens führen, welches sich über den eben gedachten beiden Vermögen auferbaut.

Wir nennen dieses dritte, unmittelbar über dem Anschauungsvermögen sich erhebende Vermögen das Erkenntnissvermögen, indem wir diesem Ausdrucke eine gegen den gewöhnlichen Sprachgebrauch erweiterte Bedeutung verleihen (gleichwie wir auch unter dem Anschauungsvermögen ein für alle fünf Anschauungsgebiete erweitertes Vermögen verstehen). Wie sich das Sinnesvermögen aus fünf Sinnen zusammensetzt, welche in subjektiver Beziehung Gesicht, Gehör, Gefühl, Geschmack, Geruch heissen und in objektiver Beziehung die Erscheinungen des Lichtes, des Schalles, der Wärme, des Galvanismus, des physiometrischen Vibrationsprozesses zur Wahrnehmung bringen — wie sich ferner das Anschauungsvermögen aus fünf Vermögen zusammensetzt, welche den Raum oder das Nebeneinandersein, die Zeit oder das Nacheinandersein, die Materie oder das Ineinandersein oder das intensive Sein oder das Sein mit Kraft, den Stoff oder das Ingemeinschaftsein oder das Sein aus Neigung, das Wesen oder das Füreinandersein oder das von Bildungstrieben abhängige Sein oder das geordnete Sein zur Anschauung bringen — ebenso setzt sich das Erkenntnissvermögen aus fünf Vermögen zusammen.

Das erste dieser fünf Vermögen ist der Verstand. Seine Thätigkeit ist in subjektiver Beziehung das Denken, wesshalb er auch das Denkvermögen genannt werden kann. Die durch den Verstand erzeugten Vorstellungen, also die Objekte seiner Thätigkeit sind die Begriffe. Die Wissenschaft der Begriffe oder die systematische Entwicklung der Gesetze des Denkens ist die Logik im engeren Sinne.

Scheffler, Naturgesetze III.

Die Funktion des Verstandes, das Denken, trägt je nach der besonderen Richtung, in welcher es geübt wird, verschiedene Namen, wie erkennen, verstehen, beurtheilen, abstrahiren u. s. w., auf welche wir weiter unten zurückkommen werden. Dieselben bezeichnen die Verstandesthätigkeit sämmtlich von ihrer subjektiven Seite: in objektiver Hinsicht ist das Grundwesen aller Begriffe oder alles Gedachten das Sein. Wir haben diesen Ausdruck zwar schon den Anschauungen, insbesondere den räumlichen Anschauungen beigelegt: allein wir haben das Grundwesen dieser Anschauungen speziell als das anschauliche Sein oder als das Nebeneinandersein bezeichnet und diesen Ausdruck nur statt Ausdehnung gebraucht. Das Sein schlechthin, welches man auch das innere Sein nennen könnte, kömmt ausschliesslich den Begriffen zu und bezeichnet das Grundwesen derselben genau in derselben Weise, wie Ausdehnung das der Raumgrössen, wie Dauer das der Zeitgrössen, wie Wirkung das der Kraftgrössen u. s. w. bezeichnet. Man kann hiernach auch sagen, Logik sei die Lehre vom inneren Sein, wie Mathematik die Lehre vom äusseren oder anschaulichen Sein und Naturwissenschaft die Lehre vom Erscheinen oder scheinbaren Sein ist.

Während die geometrische Anschauung der Ausdehnung die Analogie zum logischen Begriffe des Seins liefert, stellt sich der geometrische Raum als die Analogie zur logischen Substanz dar. Wie die Raumgestalten oder die Ausdehnungsgrössen die Spezialfälle des allgemeinen Raumes sind, ebenso sind die Begriffe oder die einzelnen Fälle des Seins die Spezialfälle der allgemeinen Substanz. Das Grundwesen der Substanz ist das Sein. Jeder Begriff ist der Ausdruck eines Seins, d. h. das allgemeine Wesen der logischen Vorstellung, welche wir uns von einem Objekte bilden, ist das Sein, mag nun dieses Objekt selbst ein Werden, eine Handlung, eine Neigung oder eine andere Eigenschaft oder Thätigkeit bedeuten. Dieses Grundwesen der Begriffe entspringt offenbar daraus, dass das Denken eines Objektes auf der Erkenntniss des subjektiven Zustandes unserer selbst, womit die Vorstellung dieses Objektes verbunden ist, beruht. Da nun der letztere Zustand momentan ein fester unveränderlicher ist und da auch der Grundzustand unseres eigenen Selbst, auf welchem wir den Spezialzustand, indem wir uns desselben bewusst werden, beziehen, ein unwandelbarer Ausgangspunkt für unsere Erkenntniss ist; so wird sich das Grundwesen aller Vorstellungen als ein beharrliches Sein ankündigen.

Wir denken also unmittelbar nur das Sein, und zwar denken wir nur kraft des Verstandes, welcher das eigentliche und ausschliessliche Vermögen der Erkenntniss des Seins ist. Insoweit es sich nun um die speziellen Gesetze des Verstandes, also um die Gesetze des reinen Seins handelt, ist die Logik eine spezielle Wissenschaft, ein Zweig der generellen Logik oder der allgemeinen Theorie der Erkenntniss und sie bildet in dieser Beschränkung die Parallele zur Geometrie, welche auch nur einen der fünf Zweige der mathematischen Anschauungswissenschaften darstellt.

Der Verstand als Denkvermögen oder als Vermögen zur Erkenntniss des Seins zeigt sich uns in ähnlicher Weise wie das räumliche Anschauungsvermögen als ein spezielles von fünf koordinirten Vermögen, welche wir in den späteren Abschnitten erörtern werden. Als spezifisches

Vermögen des Geistes nimmt der Verstand wie jedes andere Vermögen eine selbstständige Stellung im Systeme des Gesammtgeistes ein, er bildet ein selbstständiges Organ des Geistes. Wie nun jedes Organ nur ein Werkzeug in einer grösseren Werkstätte, seine Selbstständigkeit also nur eine relative, keine absolute ist, indem dasselbe den Charakter der Selbstständigkeit nur gegenüber den koordinirten und subordinirten Vermögen besitzt, während es gegenüber den höheren Vermögen die Bedeutung eines abhängigen Werkzeuges von spezifischer Eigenart annimmt, so erscheint auch der Verstand und die koordinirten fünf Vermögen als ein Werkzeug des Gesammtgeistes. Diesem Gesammtgeiste gegenüber oder als Elemente eines Gesammtsystems nehmen die Begriffe offenbar eine andere Stellung ein, als welche sie im speziellen Systeme des Verstandes besitzen, oder für den Gesammtgeist haben sie eine andere Bedeutung, als für den Verstand selbst. Der Gesammtgeist des Menschen macht sich als ein Selbstbewusstsein geltend. In dem Selbstbewusstsein aber heissen Zustände unserer selbst nicht Begriffe, sondern Erkenntnisse. Ein mit Selbstbewusstsein erfasster Begriff ist daher eine Erkenntniss.

Insofern und insoweit die Funktionen der übrigen, dem Verstande koordinirten Vermögen von Zuständen dieser Vermögen begleitet sind, können auch diese übrigen Vermögen Erkenntnisse im Gesammtgeiste erwecken, d. h. wir können nicht bloss von Begriffen oder reinen Verstandesobjekten, sondern auch von den Regungen anderer Vermögen, z. B. von den Regungen des Willens, des Gemüthes u. s. w. Erkenntnisse gewinnen, womit natürlich stets nur gemeint sein kann, dass wir von denjenigen Eigenschaften einer solchen Regung eine Erkenntniss erlangen können, welche auf einen Zustand, auf ein Sein zurückführbar oder welche intelligibel sind.

In dieser allgemeineren und höheren Stellung als Dienerin des Bewusstseins, gestaltet sich die Logik zur philosophischen oder rationellen Logik oder zur Theorie der Erkenntniss. Dieselbe nimmt, der speziellen Logik und allen fünf koordinirten logischen Wissenschaften gegenüber, dieselbe Stellung ein, welche wir der Arithmetik, den fünf mathematischen Anschauungswissenschaften gegenüber, vindizirt haben.

In subjektiver Beziehung ist eine Erkenntniss ein mit Bewusstsein gedachter Begriff: in objektiver Hinsicht ist sie das erkannte Sein, und zwar das richtig erkannte Sein. Die subjektive Erkenntniss fordert subjektives Bewusstsein des Gedachten: die objektive Erkenntniss fordert objektives Bewusstsein, d. h. Bewusstsein der Wahrheit oder Richtigkeit des Gedachten, nämlich Übereinstimmung desselben mit der Wirklichkeit oder mit demjenigen Objekte, welches gedacht werden soll. Demzufolge sind wir im reinen Denken völlig frei; wir können nach Willkür, alles Beliebige, jedes Mögliche als ein Wirkliches denken oder für Wirklichkeit halten. Im Erkennen dagegen sind wir an die Übereinstimmung mit der Wirklichkeit gebunden; diese Übereinstimmung ist eine Bedingung des Erkennens. Trotz aller Freiheit im Denken darf der auf die Anwendung in der Welt gerichtete Gebrauch des reinen Verstandes doch nur Wahres denken. Unter Hervorhebung dieser Bestimmung kann man daher das Erkennen ein vernünftiges oder rationelles Denken nennen;

wodurch wir die Vernunft als das Organ des Selbstbewusstseins einsetzen, welches die Erkenntniss erzeugt. Die Willkür, welche wir beim Denken üben oder womit wir die subjektiven Gesetze unseres Geistes bethätigen können, wenn es dabei auf eine Übereinstimmung mit der Wirklichkeit nicht ankömmt, macht die reine Logik, wie jede reine Wissenschaft, zu einem Inbegriffe subjektiver Gesetze, also zu dem, was man unter einer formalen Wissenschaft zu verstehen hat.

Der Gegensatz zwischen der subjektiven und objektiven Verstandesthätigkeit, welcher dem Gegensatze von denken und sein entspricht, charakterisirt den Unterschied zwischen dem inneren oder geistigen Prozesse unserer selbst und der durch diesen Prozess gebildeten Vorstellung, welche Letztere uns immer als etwas ausser uns Seiendes, als ein Objekt erscheint. Jener subjektive Denkprozess beruht, da wir die Existenz des Geistes in einem materiellen Körper nicht als etwas Zufälliges ansehen können, wie die mathematische Anschauung und die sinnliche Erscheinung auf einem materiellen oder physiologischen Prozesse unsers Körpers und zwar eines bestimmten Organs desselben, welches unzweifelhaft seinen Sitz im grossen Gehirne haben wird; dieses Gehirn erscheint daher als das leibliche Verstandesorgan. Das Organ der Erkenntnisse oder des vernünftigen Denkens ist unzweifelhaft ein erweiterter Komplex ähnlicher Organe, welchen wir kurz als das Zentralorgan des Denkens bezeichnen können. Diese Annahme nöthigt zu der ferneren, dass jeder Begriff einem bestimmten materiellen Zustande des Zentralorgans entspreche, gleichwie eine räumliche Vorstellung einem materiellen Zustande des Anschauungsorgans und eine optische Erscheinung einem materiellen Zustande des Gesichtsorganes entspricht.

Die Beziehung zwischen dem materiellen Gehirnprozesse und dem vorgestellten Begriffe beruht auf der naturgesetzlichen Organisation des Menschen und auf seiner naturgesetzlichen Verbindung oder Zusammengehörigkeit mit der übrigen Welt. Die Anerkenntniss dieser Thatsache rechtfertigt jedoch vorläufig durchaus noch keinen Schluss weder über das Wesen jenes Prozesses, noch über die Ursachen seiner Entstehung. Derselbe darf daher nicht ohne Weiteres mit irgend einem der im Gebiete der Sinne und des Anschauungsvermögens liegenden physiologischen Prozesse identifizirt werden, auch darf nicht angenommen werden, dass derselbe durch die bekannten physikalischen Prozesse veranlasst werde. Unzweifelhaft gehorcht derselbe höheren und allgemeineren Impulsen, als die letzteren Prozesse, auf welchen die Erscheinung und die Anschauung beruht. Nur so viel können wir nach Analogie der Vorgänge in den eben genannten beiden unteren Gebieten der menschlichen Erkenntniss mit Sicherheit behaupten, dass bei der Begriffsbildung oder beim Denken zwei einander gegenüberstehende Kräfte thätig sind, eine innere und eine äussere. Die innere Kraft ist das subjektive Vermögen unserer selbst oder der menschliche Geist, welcher mit gewissen Eigenschaften und Fähigkeiten gegeben ist und alle seine Thätigkeit unter der Herrschaft dieser Eigenschaften vollbringt: die äussere Kraft ist die Einwirkung der Aussenwelt oder, allgemeiner, der ausserhalb des Denkorgans liegenden Einflüsse, mögen dieselben nun der eigentlichen Aussenwelt oder auch nur anderen Gebieten unseres Geistes oder Körpers angebören, insoweit diese Einflüsse nach der Organisation des Menschen fähig sind, den Verstand zu einer Thätigkeit zu veranlassen.

Die Wirkungen jener inneren oder eigenen Kraft, welche von der Aussenwelt unabhängig sind, verleihen unseren Begriffen gewisse Eigenschaften, welche als a priori gegeben, nicht durch Erfahrung erworben, welche unveränderlich und allen Begriffen gemeinsam sind. Diese Eigenschaften charakterisiren das eigentliche Wesen der Begriffe, z. B. die allgemeine Vorstellung des Seins, die Grundbegriffe, welche Kant Kategorien genannt hat, das Grundsystem der Begriffe, welches wir das Kardinalprinzip genannt haben, und Ähnliches.

Die Wirkungen der äusseren Kräfte dagegen, welche den reinen Verstand zu speziellen Thätigkeiten veranlassen oder denselben in spezielle Zustände versetzen, erzeugen konkrete Vorstellungen. Sie geben der allgemeinen Verstandesthätigkeit bestimmte Formen, begrenzen das allgemeine Begriffsgebiet für Einzelfälle, liefern also unserem Vorstellungsvermögen einen konkreten Inhalt oder Material zu speziellen Begriffen, ähnlich wie die Aussenwelt unserem Anschauungsvermögen spezielle Raumgestalten, spezielle Zeitgrössen, spezielle mechanische Grössen liefert, wodurch der absolute Raum, die absolute Zeit, das absolute Bereich der Materie sich zu einem Systeme wirklicher Grössen gestaltet. Diese letzteren, von aussen stammenden Eigenschaften der Begriffe bilden das veränderliche, a posteriori gegebene Element unserer Erkenntnisse.

Wir haben soeben das Vorhandensein gewisser a priori gegebener Eigenschaften und Thätigkeiten des Geistes und die Erregung dieser Thätigkeiten von aussen oder durch a posteriori gegebene Ursachen wie eine Thatsache vorausgesetzt, welche sodann den Schluss rechtfertigt, dass die durch einen solchen gemeinschaftlichen Prozess entstehenden Vorstellungen einmal gewisse a priori und ausserdem gewisse a posteriori gegebene Eigenschaften haben müssen und dass sich die ersteren durch ihre Unveränderlichkeit, die letzteren dagegen durch ihre Veränderlichkeit auszeichnen werden. Umgekehrt, ist aber auch der Schluss motivirt, dass Dasjenige, was in dem Wechsel unserer Vorstellungen das ewig Gleiche, Unveränderliche, Beharrliche, allen Gemeinsame ausmacht, nicht durch äussere Objekte bedingt sein kann, sondern das subjektive Eigenthum des Menschen selbst oder etwas a priori Gegebenes sein muss, wogegen das Veränderliche, welches die Unterschiede zwischen den einzelnen Vorstellungen bedingt, nicht dem sich stets gleich bleibenden denkenden Geiste, sondern dem gedachten Objekte oder der Aussenwelt angebören, also etwas a posteriori Gegebenes sein muss.

Wenn der Geist durch Entwicklung und Gebrauch seiner Kräfte eine genügende Fertigkeit erlangt hat, vermag er aus eigenem Antriebe oder spontan konkrete Begriffe, ohne direkte Einwirkung der Aussenwelt zu erzeugen, d. h. er vermag das Verstandesorgan ohne äussere Veranlassung in bestimmte Zustände zu versetzen, gleichwie er spontan räumliche und zeitliche Anschauungen und optische und akustische Erscheinungen zu erzeugen vermag. Der normale Weg, auf welchem jene Fertigkeit überhaupt erlangt wird, ist jedoch im Gebiete des Verstandes, wie im Gebiete des Anschauungsvermögens und der Sinne, der direkte Impuls der Aussenwelt. Unter Aussenwelt ist, wenn es sich um Sinneserscheinungen handelt, das wirklich Äussere zu verstehen, welches durch Licht, Schall, Wärme u. s. w. auf die Sinnesorgane wirkt, also das ausserhalb der Sinne Liegende, das sinnlich Äussere, die physische Aussenwelt. Handelt es sich um Anschauungen; so ist die Aussenwelt nicht die physische Aussenwelt, sondern das Äussere in Beziehung zum Anschauungsvermögen und zwar das unmittelbar Äussere, welches mit diesem Vermögen in Wechselwirkung zu treten vermag, nämlich das Gebiet der Sinneserscheinungen. Die Anschauungen werden, wie wir in §. 480 ff. erwähnt haben, unmittelbar aus den Erscheinungen abstrahirt. Wir schauen z. B., indem wir die Vorstellung eines Dreieckes empfangen, nicht unmittelbar das physisch äussere Dreieck an: dieses äussere Dreieck wird mit dem Auge, also mit einem Sinnesorgane, angesehen, nicht mit dem Anschauungsvermögen angeschaut, und erzeugt unmittelbar einen Lichteindruck, keine Raumvorstellung. Die Raumgrösse oder die räumliche Anschauung, welche wir Dreieck nennen, ist das Resultat einer Abstraktion, welche unmittelbar von dem im Auge gebildeten Gesichtseindrucke, also von einer Sinneserscheinung, welche nicht mehr das physische Objekt, sondern bereits eine subjektive Vorstellung ist, gebildet wird. Handelt es sich nun um Begriffe; so ist das Äussere weder das Äussere für unsere Sinne oder die physische, eigentliche Aussenwelt, noch das Äussere für unser Anschauungsvermögen oder das Gebiet der Sinneserscheinungen, sondern es ist das Äussere für unser Erkenntnissvermögen, nämlich das Gebiet der Anschauungen.

Der Verstand abstrahirt hiernach, indem er auf Grund eines äusseren Impulses einen Begriff bildet, seine Vorstellung weder von einem physisch äusseren Dinge, noch von einer Sinneserscheinung, sondern von einer Anschauung, welche eine räumliche, eine zeitliche, eine mechanische u. s. w. sein kann. Wenn also ein physisches Pferd, indem es sein optisches Bild in unser Auge wirft, uns veranlasst, den Begriff Pferd zu denken; so geschieht Diess unter der Mitwirkung verschiedener Vermögen. Unmittelbar erzeugt das von dem Pferde ausgehende Licht in unserem Auge eine Farbenerscheinung; diese Erscheinung ruft in dem Anschauungsvermögen eine Anschauung und erst diese Anschauung erweckt den Begriff Pferd.

Da bei dem normalen Vorgange nicht bloss eine innere, sondern auch eine äussere Ursache wirksam ist, um einen Begriff zu Stande zu bringen, und eben die äussere Ursache es ist, welche den speziellen Zustand unserer selbst hervorruft, also den speziellen Werth des Begriffes bedingt; so erklärt es sich, dass der Mensch die Vorstellung, welche der Denkakt bei ihm erzeugt, obwohl dieselbe auf einem Zustande seiner selbst beruht, doch auf etwas ausser ihm Liegendes bezieht, d. h. dass er den Zustand seiner selbst wie ein Objekt auffasst, und dass diese Objektivität der Vorstellung selbst dann besteht, wenn Letztere spontan, ohne äussere Veranlassung erzeugt ist.

Neben dem einen Faktor, der äusseren Kraft, welche unseren Verstand in einen speziellen Zustand versetzt und welcher den Schluss rechtfertigt, dass überhaupt etwas Äusseres wirklich existirt, ist, wie schon erwähnt, als zweiter Faktor das innere Vermögen wirksam, welches unseren Vorstellungen den allgemeinen Charakter der Erkenntnisse verleiht. Dieser allgemeine Charakter der Vorstellungen ist das Wesen, in welchem uns die Aussenwelt erscheint. Das Letztere ist also subjektiven Ursprungs. Für die Objektivität der Aussenwelt ist diese subjektive Zuthat unseres Geistes offenbar etwas durchaus Bedeutungsloses, für den Menschen oder für die menschliche Auffassung der Aussenwelt ist sie aber das Wesentlichste. Nur auf Grund des subjektiven Denkprozesses urtheilen wir über das Sein. Das, was dieser Prozess unseren Vorstellungen verleiht, ist etwas von der Aussenwelt völlig Unabhängiges und das, was die Aussenwelt dabei thut, ist von unserem Geistesvermögen unabhängig. Was beim Wechsel der äusseren Objekte in unseren Vorstellungen konstant, unwandelbar, allgemein bleibt, ist geistiges Eigenthum, kennzeichnet also das Wesen unseres eigenen Geistes, seine Eigenschaften, Kräfte, Formen, Systeme u. s. w. Was sich beim Wechsel der äusseren Objekte in unseren Vorstellungen ändert, das Wandelbare, Spezielle, Zufällige in diesen Vorstellungen, kennzeichnet den Inhalt und das Wesen der Aussenwelt als ein Etwas, das wir ein physisch Wirkliches, aber vom Standpunkte des denkenden Geistes nur ein logisch Mögliches, nämlich einen möglichen-Inhalt logischer Begriffe nennen. Hiernach beweis't uns im Gebiete der Erscheinungen die Spezialität und die Veränderlichkeit der Farbe oder der Tonhöhe oder der Temperatur der Körper, dass es eine wirkliche Sinneswelt giebt, wogegen die Unwandelbarkeit des allgemeinen Eindruckes, welchen wir Farbe, Ton, Wärme nennen, auf den subjektiven Ursprung, auf die Eigenschaft unserer eigenen Sinnesorgane hinweis't. Ebenso ziehen wir aus der Spezialität und Veränderlichkeit der Raum-, Zeit-, Kraftgrössen den Schluss auf die Wirklichkeit einer räumlichen, zeitlichen, materiellen Welt, während uns die Unwandelbarkeit der Anschauung von Ausdehnung, Dauer, Kraft zu der Annahme nöthigt, dass diese Eigenschaften aus den subjektiven Eigenschaften unseres eigenen Anschauungsvermögens entspringen. In gleicher Weise nöthigt uns die Spezialität und Veränderlichkeit unserer konkreten Begriffe zu der Annahme eines wirklichen Seins der Welt, während die Konstanz des Seins in allen unseren Begriffen oder die unveränderliche Art und Weise, wie ein Begriff ein Sein darstellt, uns zu dem Schlusse zwingt, dass dieser allgemeine Charakter des Seins ein Ausdruck unserer subjektiven Auffassung ist.

Indem wir die Aussenwelt in subjektiven Vorstellungen erkennen, erlangen wir zugleich die Erkenntniss unserer eigenen Vermögen; wir können also sagen, in der Aussenwelt erkennt der Mensch sich selbst.

§. 484.

Begriff.

Das absolute Sein bezeichnet generell die Qualität der Vorstellungen, welche wir bei der Thätigkeit des Verstandes empfinden, dasselbe charakterisirt also das a priori gegebene Wesen unseres Verstandes und hat daher wie der absolute Raum oder die absolute Zeit oder die absolute Weltmaterie keinen speziellen oder begrenzten, sondern einen unbegrenzten, allgemeinen Inhalt, eine absolute Substanz. Indem Letztere durch spezielle

Bedingungen, welche die Einwirkung der Aussenwelt oder a posteriori
gegebene Einflüsse darstellen, begrenzt wird, entsteht ein spezielles Sein.
Das spezielle Sein bildet einen Begriff. Die Begriffe verhalten sich also
zum absoluten Sein oder zur absoluten Substanz wie die Raumgrössen
zum absoluten Raume oder überhaupt wie mathematische Grössen zum
Grössengebiete; sie können daher auch logische Grössen genannt werden.

Durch diese Abgrenzung des allgemeinen Seins erlangt der Begriff
einen bestimmten Werth, welcher seine Bedeutung ausmacht. Die logische
Abgrenzung selbst ist die Definition des Begriffes. Dieselbe entspricht
der geometrischen Begrenzung einer Raumfigur oder, allgemeiner, ihrer
Bestimmung, da sich die Definition nicht bloss auf eine, sondern auf alle
logischen Grundeigenschaften bezieht.

An die Stelle der geometrischen Bestimmungsstücke einer Figur tritt
in der Logik das System der wesentlichen Merkmale (Kennzeichen) des
Begriffes. Ein Begriff wird daher durch seine wesentlichen Merkmale
definirt. Durch die Gesammtheit seiner wesentlichen Merkmale unterscheidet er sich von allen übrigen Begriffen.

Vermöge der Definition wird ein Theil der allgemeinen oder überhaupt
einer allgemeineren Substanz ein- und der übrige Theil ausgeschlossen;
es werden die Beziehungen der einzelnen Bestandtheile zueinander, ihre
Abhängigkeit voneinander, und alle sonstigen Eigenschaften derselben
festgestellt, um aus der allgemeinen Substanz ein bestimmtes Objekt zu
isoliren oder den Begriff desselben zu .bilden. Diese Begriffsbildung ist
das Begreifen oder Verstehen des Objektes. Die Grundlage aller bei
diesem Denkakte auszuübenden Operationen ist eine Ein- und Ausschliessung; dieselbe setzt die Möglichkeit eines Mehr oder Weniger, also
eine Vielheit voraus. Das Grundwesen des Seins oder seine zunächst
hervortretende Grundeigenschaft ist daher keine starre Einzigkeit, sondern
eine Vielheit. Diese Vielheit ist jedoch nicht wie die geometrische Vielheit
oder Ausdehnung ein Nebeneinandersein von Theilen, noch wie die chronologische Vielheit oder Dauer ein Nacheinandersein von Abschnitten, noch wie
die mechanische Vielheit oder Intensität ein Ineinandersein von Komponenten, überhaupt nicht wie die anschauliche Vielheit eine äusserliche
Zusammensetzung von Bestandtheilen; die logische Vielheit ist vielmehr
eine Gemeinschaftlichkeit des Seins aller möglichen speziellen Fälle in
einem allgemeinen Inbegriffe, ein Sein schlechthin, welches, als Gegensatz
zum äusseren oder anschaulichen oder mathematischen Sein, ein inneres
oder logisches Sein genannt werden kann. Beispielsweise findet der Begriff
Pferd Anwendung auf alle möglichen animalischen Geschöpfe, welche der
Definition des Pferdes entsprechen, also auf jedes jetzt lebende Individuum
dieser Thierart, auf jedes verstorbene, auf jedes in Zukunft entstehende,
mag dasselbe seinen Wohnort auf der Erde oder sonst wo haben, mag
dasselbe dieser oder jener Race angehören, mag es als gezähmtes Haus-
thier oder im wilden Zustande leben, mag es zu der einen oder anderen
Beschäftigung erzogen sein, mag es diesen oder jenen Herrn haben, mag
es gesund oder krank, mag es braun, schwarz, weiss sein oder überhaupt
irgend welcher ausserwesentlichen Bedingung genügen. Die logische
Vielheit des Begriffes Pferd ist keineswegs eine aus allen wirklichen und
möglichen Pferden gebildete Summe. Der Begriff Pferd umfasst vielmehr

dasjenige Sein, welches allen Pferden gemeinsam zukömmt und nur aus diesem Grunde findet dieser Begriff auf jedes Pferd Anwendung.

In dem Begriffe Pferd bestehen also die einzelnen Pferde nicht wie die Theile einer Linie nebeneinander (wir stellen uns bei diesem Begriffe nicht etwa ein Rudel Pferde vor), sie bestehen auch nicht wie die Abschnitte einer Zeitgrösse nacheinander (wir stellen uns bei jenem Begriffe nicht etwa das eine Pferd nach dem anderen vor), sie bestehen auch nicht wie die Komponenten einer Kraft oder Masse ineinander (wir stellen uns nicht etwa alle möglichen Fälle in einem Objekte, als ineinander liegende Eigenschaften desselben Objektes vor). Eben desswegen ist die logische Vielheit des Begriffes Pferd nicht eine mathematische Summe aller einzelnen Pferde. Gleichwohl existirt jedes Pferd in jenem Begriffe; es hat darin einen Ort, eine Stelle. Der Begriff Pferd umfasst alle diese Örter und ist durch dieselben bedingt, ohne doch eine Summe derselben zu sein, ohne durch die Anzahl derselben gemessen zu sein.

Man erkennt leicht, dass das logische Verhältniss eines Begriffes zu den darin liegenden Einzelfällen die genaueste Analogie darbietet für das geometrische Verhältniss einer Linie zu den darin liegenden Punkten. Die Punkte bedingen die Linie in der Weise, dass die Linie der Ort aller jener Punkte, jedoch nicht die Summe derselben ist. Die Anzahl jener Punkte ist eine unendliche Grösse, während die Länge der Linie einen endlichen Werth hat. Dieser endliche Längenwerth oder die Ausdehnung der Linie, welche das Grundwesen derselben als Raumgrösse ausmacht, kann nicht durch Punkte, sondern nur durch eine Linie, also durch eine gleichartige Grösse gemessen werden, welche ebenfalls unendlich viel Punkte enthält.

Wie die Linie das äusserlich Gemeinsame darstellt, welches alle darin liegenden Punkte haben, ebenso stellt ein Begriff das Gemeinsame dar, welches alle darin liegenden Einzelfälle haben. Obgleich alle diese Einzelfälle in dem Begriffe Platz finden und denselben erschöpfen, wird seine logische Substanz doch nicht durch die Menge dieser Fälle direkt gemessen. Diese Menge von Fällen kann eine unendliche sein, wogegen die logische Substanz des Begriffes einen durch die Definition bestimmten endlichen Werth hat. Das Maass für diesen Werth kann nicht in Einzelfällen, sondern nur in einem gleichartigen Begriffe gefunden werden, welcher als logische Maasseinheit dient und selbst wieder unendlich viel Einzelfälle enthalten kann.

Die Unendlichkeit der Einzelfälle, welche mancher Begriff darbietet, veranlasst uns schon hier zu der Bemerkung, dass die einem Begriffe entsprechenden Einzelfälle nicht die wirklichen, d. h. die in der äusseren Welt wirklich vorkommenden oder vorgekommenen Fälle, sondern die möglichen Fälle sind, welche denkbarer Weise eintreten können. Die äussere Wirklichkeit der Einzelfälle hat für den Begriff keine wesentliche Bedeutung, nur die Möglichkeit derselben, und die wirklichen Fälle spielen unter den einem Begriffe angehörigen Fällen nur die Rolle von möglichen Fällen. Gleichwohl stellen wir uns jeden möglichen Fall als einen wirklichen äusseren vor: nur durch diese Vorstellung erlangt er den Charakter eines Objektes. Man kann demnach mit Fug sagen, der

Begriff stelle in seinen möglichen Fällen die gedachte Wirklichkeit dar oder in ihm werde die Wirklichkeit gedacht.

Hieraus wird erklärlich, dass die Anzahl der Einzelfälle eine unendliche sein kann, welche unendlich geringe Unterschiede darbieten, also eine stetige Folge bilden, dass auch durch die Vermehrung oder Verminderung der wirklichen oder der möglichen Fälle der Begriff selbst nicht geändert wird, gleichwie wir in einer Linie ohne irgend eine Änderung derselben unendlich viel, aber doch beliebig viel Punkte denken können, zwischen welchen ein stetiger Übergang oder ein unendlich kleiner Ortsunterschied stattfindet.

Das Erforderniss der blossen Möglichkeit der Einzelfälle charakterisirt zugleich das Grundwesen des Begriffes als eines gedachten oder lediglich im Geiste des Menschen bestehenden Seins, welches mithin auch in subjektiver Hinsicht den Namen eines inneren Seins verdient. Die Mitwirkung der Aussenwelt tangirt nicht dieses Grundwesen, sondern nur den speziellen Werth eines konkreten Begriffes oder seine Bedeutung, welche durch die Definition festgestellt ist.

Zur weiteren Charakterisirung des Wesens eines Begriffes, insbesondere seiner Beziehung zu den in ihm liegenden Einzelfällen erwähnen wir noch Folgendes. Jeder allgemeine Begriff, z. B. der Begriff Pferd, stellt in seiner konkreten Bedeutung einen Fall (ein Pferd), aber keinen bestimmten einzigen, sondern einen beliebigen dar. Die Freiheit der Wahl dieses Falles ist lediglich durch gewisse Merkmale bedingt, welche das allen Fällen Gemeinsame, also in dem gewählten Beispiele des Begriffes Pferd das Pferdegeschlecht oder das Wesen der Pferde darstellen. Innerhalb dieses Wesens der Pferde kann unsere Vorstellung in voller Freiheit variiren, um irgend ein Individuum als konkreten Fall zu fixiren.

Man erkennt hieraus den grossen Unterschied zwischen dem Begriffe Pferd, welcher jedes beliebige, aber doch nur ein Pferd bezeichnet, und dem Begriffe alle Pferde in ihrer Totalität. Die erste Vorstellung verlangt alternativ das eine oder das andere Pferd; die zweite dagegen kopulativ das eine und das andere. Neben dieser Verschiedenheit der Bedeutung tritt aber zugleich die wesentliche Beziehung hervor, in welcher die zweite Vorstellung, welche sämmtliche Einzelfälle auf einmal umfasst, zu der ersten Vorstellung, welche nachundnach jeden einzelnen dieser Fälle zulässt, steht, indem die Gesammtheit das Sein darstellt, in dessen Grenzen sich die Einzelvorstellungen dergestalt bewegen können, dass sie bei vollständiger Vorführung jene Gesammtheit vollständig erschöpfen.

Hiernach findet ein bestimmter Begriff seine geometrische Analogie in einer bestimmten Linie AB (Fig. 1043). Wie diese Linie das Gemeinsame im Sein aller ihrer Punkte C darstellt, ebenso stellt ein Begriff das Gemeinsame im Sein aller darin liegenden Einzelfälle dar: wie sich aber die Linie als Längengrösse von einem in ihr variabelen Punkte, also von dem Wesen eines Inbegriffes oder Ortes von Punkten unterscheidet, ebenso unterscheidet sich die Gesammtvorstellung aller Einzelfälle von dem Begriffe, welcher jeden beliebigen Einzelfall darstellt. Indem wir die Bedeutung der Linie AB, welche sie als Längengrösse hat, von der Bedeutung, welche sie als Punktgrösse oder Ort von

Punkten hat, sorgfältig trennen, so repräsentirt sie in der ersten Bedeutung die Totalität aller Einzelvorstellungen (z. B. das Pferdegeschlecht),
in der zweiten aber jede beliebige Einzelvorstellung (das Pferd schlechthin).

Wir müssen die Parallele zwischen der geometrischen Figur und
dem logischen Begriffe noch durch einige Bemerkungen vervollständigen.
Ein Begriff wird definirt durch seine wesentlichen Merkmale: durch
diese unterscheidet er sich von anderen Begriffen. Das Wesentliche gewinnt verschiedene Bedeutungen, jenachdem dasselbe auf diese oder jene
logische Grundeigenschaft bezogen wird. Hiernach wird das Wesentliche
vollständig erst nach der Abhandlung der Grundeigenschaften zu bezeichnen sein, und wir begnügen uns hier mit der Bemerkung, dass das
Wesentliche Das sei, was allen unter einem Begriffe gedachten Objekten
gemeinsam und ausschliesslich zukömmt. Ein Begriff wird im Allgemeinen
nicht durch ein einziges, sondern durch mehrere Merkmale definirt.
Wesentlich nun sind diese Merkmale für jenen Begriff, wenn dasjenige, worin
sie sich sämmtlich decken, allen Fällen des damit definirten Begriffes
gemeinsam und ausschliesslich zukömmt. Hiernach ist zwar das System
aller wesentlichen Merkmale eines Begriffes ein ausschliessliches für diesen
Begriff, nicht aber ist jedes einzelne jener wesentlichen Merkmale ein
ausschliessliches Merkmal desselben. Für die geometrische Figur kömmt
nur das Nebeneinandersein oder die Ortsverschiedenheit, überhaupt nur
das Räumliche in Betracht: Räumlichkeit ist daher etwas Wesentliches
für alle geometrischen Objekte. Wie der Begriff durch seine wesentlichen
Merkmale von anderen Begriffen unterschieden wird, so wird auch jeder
Einzelfall und jeder Theil eines Begriffes von anderen Einzelfällen durch
Merkmale unterschieden, welche wesentlich für den Theil, aber unwesentlich
für das Ganze sind. Diese wesentlichen Merkmale der Begriffstheile sind
Besonderheiten der wesentlichen Merkmale des Begriffsganzen.

Zwei Begriffe, zwei Begriffstheile, zwei Einzelfälle, welche sich nicht
durch wesentliche Merkmale unterscheiden, gelten uns als Begriffe, Begriffstheile, Einzelfälle von gleichem Werthe, d. h. als zwei gleichmögliche Fälle.

Stellen wir nun einen Begriff, dessen Einzelfälle als Individuen gedacht
werden, in einer geometrischen Linie dar, sodass jeder Punkt dieser Linie
einem besonderen Individuum entspricht; so sind die verschiedenen
Zustände, in welchen sich ein solches Individuum befinden kann, z. B.
sein Alter, seine Grösse, seine Farbe u. s. w. etwas Unwesentliches für
das betreffende, durch einen Punkt C dargestellte Individuum, z. B. für
Plato, und demnach auch etwas Unwesentliches für den ganzen, durch
die Linie AB dargestellten Begriff Mensch. Für den letzteren Begriff
Mensch sind aber auch die einzelnen Individuen, wie der Punkt C oder
Plato, unwesentliche Dinge. Auch einzelne Theile dieser Linie wie EF,
welche z. B. den Griechen (jeden Griechen) darstellen, sind unwesentlich
für den Gesammtbegriff des Menschen: dagegen ist das Merkmal dieses
Partialbegriffes EF (Grieche) wesentlich für die darin enthaltenen Fälle
C (z. B. für den Griechen Plato), indem dasselbe diesen Fällen gemeinsam
zukömmt.

Wenn man den Begriff EF aus zwei Partialbegriffen $EC + CF$
zusammengesetzt denkt, indem man z. B. den Griechen als den Altgriechen
und den Neugriechen auffasst, ist das Alt und Neu ein wesentliches

Merkmal für den betreffenden Partialbegriff, aber ein unwesentliches für den Gesammtbegriff Grieche: ein jedes jener Merkmale bildet indessen eine Besonderheit des wesentlichen oder des Gesammtmerkmales des Griechenthums; wir nennen ein solches Merkmal ein alternatives Merkmal des Gesammtbegriffes.

Dass wir eine Linie AB als geometrischen Repräsentanten des Begriffes Mensch wählen, beruht auf Willkür. Wir hätten auch eine Fläche $ABCD$ (Fig. 1044) dazu wählen können, und wir werden später sehen, dass sich dieselbe sogar viel besser zu diesem Zwecke eignet. Eine Linie dieser Fläche wie EF repräsentirt alsdann ein dem Begriffe Mensch angehöriges Individuum, etwa den Plato, während ein Punkt einer solchen Linie, wie G, durch seinen besonderen Ort einen besonderen Zustand dieses Individuums vertritt. Hierbei stellen wir uns die Fläche $ABCD$, welche den Begriff Mensch repräsentiren soll, als einen Ort von Linien dar, deren jede einen speziellen Menschen vertritt und selbst wieder ein Ort von Punkten ist, deren jeder einen speziellen Zustand eines Menschen vergegenwärtigt.

Wir wollen nicht versäumen, darauf aufmerksam zu machen, dass die Variation des Einzelfalles C innerhalb des durch die Totalität AB gegebenen logischen Gesetzes auf voller Freiheit der Entschliessung beruht. Diese freie Wahl findet zwischen allen möglichen Fällen statt; die in der äusseren Wirklichkeit oder faktisch existirenden Fällen sind ganz irrelevant; sie haben für die logische Operation des Denkens keine wesentliche Bedeutung; wir können die Vorstellung des in dem Begriffe liegenden Einzelfalles mit gleicher Freiheit zwischen den wirklichen und den nicht wirklichen Fällen schweifen lassen. Durch diese Ignorirung der Wirklichkeit erlangt die logische Freiheit des Gedankens eine eigenthümliche höhere Bedeutung gegenüber der ihr analogen mathematischen Variation. Die letztere ist zwar auch frei, aber doch nur innerhalb der Schranken eines bestimmten Grössengebietes, z. B. im Raume oder in der Zeit, allgemein, im Gebiete der anschaulichen Vielheit, und neben dieser freien mathematischen Bewegung in einem konstanten Anschauungsgebiete herrscht zugleich völlige Freiheit hinsichtlich des sinnlichen Inhaltes: man kann sich z. B. ein anschauliches Dreieck immer noch beliebig roth, grün, tönend, warm, schmeckend, riechend vorstellen. Die logische Variation hat weitere Schranken, als die mathematische; sie bewegt sich im Gebiete des allgemeinen Seins, wobei nicht bloss der sinnenfällige, sondern auch der anschauliche Inhalt (Raum, Zeit, Kraft u. s. w.), also die mathematische Vielheit zu einem unwesentlichen Merkmale herabsinkt.

Hinsichtlich der Stetigkeit der Folge von möglichen Fällen, welche einem Begriffe entsprechen, müssen wir noch bemerken, dass diese Stetigkeit kein nothwendiges Erforderniss eines Begriffes ist. Dieselbe wohnt den aus Erscheinungen der äusseren Wirklichkeit abstrahirten Begriffen als ein Merkmal der äusseren Welt inne.

Der wahre Charakter der Begriffe ist nicht die Stetigkeit (Kontinuität), sondern die Diskretion. Wir denken zwar auch das anschauliche stetige Sein der Aussenwelt in Begriffen: allein dieses Denken geschieht doch durch diskrete Vorstellungen mit Hülfe unendlicher Theilung und Wiederholung und durch dementsprechende Gedankensprünge. Demgemäss ist auch die arithmetische Zahl, in welcher wir die äussere Vielheit denken, welche also, wie wir schon in unseren mathematischen Untersuchungen erwähnt haben, ein logischer Begriff ist, eine diskrete Grösse, d. h. eine Vorstellung von gesonderten Bestandtheilen mit endlichen Unterschieden, eine Grösse, welche erst durch unendliche Theilung und Wiederholung in der Form der irrationalen Zahlen zu einem Ausdrucke für die Stetigkeit gelangt.

Der Grund der Diskretion der Begriffe liegt unzweifelhaft darin, dass ein Begriff einen Zustand unseres Geistes, also uns selbst in einem festen, bestimmten, momentan beharrlichen Zustande, nicht aber in einem Flusse, in einem Übergange, in einer Veränderung darstellt und dass die Erkenntniss auf dem Bewusstsein dieses Zustandes beruht.

Das reine Denken geschieht immer in Begriffen und giebt Zeugniss von einem reinen Sein. Demnach wird jeder Einzelfall, jedes Individuum und jeder Zustand eines Individuums, selbst wenn diese Fälle nur wie punktuelle Elemente eines stetigen Ganzen erscheinen, in Begriffsform gedacht. Trotz der allgemeinen logischen Gleichartigkeit, welche auf dem Sein schlechthin oder auf der Zugehörigkeit zum Gesammtbereiche der Begriffe beruht, stufen sich indess die Begriffe nach Qualitätsstufen oder Begriffsdimensionen ab. So hat die Vorstellung von Aristoteles eine ganz andere logische Qualität, als die unendlich vielen wirklichen und möglichen Zustände, in welchen Aristoteles gedacht werden kann. Diese letzteren Zustände sind die räumlichen, zeitlichen, dynamischen, stofflichen und physiometrischen Anschauungen, in welchen das fragliche Individuum auftreten und von den mannichfaltigsten optischen, akustischen u. s. w. Erscheinungen begleitet sein kann. Das Individuum ist das Gemeinsame, welches alle möglichen in dieser Vorstellung liegenden Anschauungen haben, und eine spezifische Funktion des Verstandes, nämlich die Abstraktion ist es, welche den Begriff des Individuums aus seinen möglichen Zuständen herstellt.

Aber auch die Anschauungen und Erscheinungen, wenn sie gedacht werden, werden in Begriffen vorgestellt. Demzufolge denken wir unter dem Dreiecke, welches eine ganz bestimmte geometrische Figur an einem ganz bestimmten Orte zu einer ganz bestimmten Zeit sein, also einer bestimmten Anschauung entsprechen soll, doch immer noch jedes beliebige grüne, rothe, tönende Dreieck.

Der Begriff roth umfasst das Gemeinsame, welches alle rothen Erscheinungen, mag die Farbe mehr oder weniger intensiv oder nuancirt sein, mag sie einem grossen oder kleinen, einem tönenden, einem leichten oder schweren, einem metallenen, einem starren oder flüssigen Körper angehören, mag sie jetzt oder später erscheinen. Das Roth ist das Gemeinsame aller dieser Erscheinungen, mögen sie reine Erscheinungen oder mögen sie mit Anschauungen vergesellschaftet, also Erscheinungen im Raume, in der Zeit, in der Materie, im Stoffe, in der Gestaltung sein.

Aus allem Vorstehenden ersieht man, das Sein in einem Begriffe ist das Sein jedes beliebigen, nach der Definition möglichen Falles. So bedeutet der Begriff Pferd jedes beliebige, jedes mögliche Pferd.

Nach diesen vorläufigen Erwägungen wenden wir uns zur Bezeichnung der Grundeigenschaften der Begriffe. Dieselben, da sie, wie alles

Gedachte, nur als Begriffe auftreten können, sind die Grund- oder Stamm-
begriffe. Kant nennt sie Kategorien und führt deren vier auf, welche
er als Quantität, Qualität, Relation und Modalität bezeichnet und in je
drei Unterbegriffe eintheilt. Wir können weder die Zahl, noch die Bedeutung, noch die Untereintheilung der Grundbegriffe, überhaupt nicht
das gegenwärtige Gebäude der Logik anerkennen. Nach dem Kardinalprinzipe müssen wir in der Logik, wie in jeder anderen Wissenschaft
fünf Grundeigenschaften der Dinge erwarten und dieselben müssen sowohl
hinsichtlich ihrer Bedeutung, als auch hinsichtlich des ganzen Systems
der untergeordneten Eigenschaften sich in das für das Kardinalprinzip
aufgestellte Schema fügen. Im Nachfolgenden werden wir das Kardinalprinzip für die Logik zu verifiziren und die wahren Grundbegriffe zu
ermitteln suchen. Hinsichtlich des Namens Kategorie erlauben wir uns
noch die Bemerkung, dass der Sinn, welcher mit diesem Wort im gewöhnlichen Leben verbunden wird und welcher eine Klasse von Dingen
bedeutet, sehr störend auf den Gebrauch desselben Wortes nach der
Absicht Kant's einwirkt, indem dasselbe danach durchaus nicht die ganze
Klasse von Grundbegriffen, sondern irgend einen einzelnen aus dieser
Klasse bezeichnen soll, wesshalb von der ersten, zweiten, dritten Kategorie
u. s. w. und von Kategorien überhaupt die Rede ist. In Anbetracht
dieses Übelstandes und da unsere Grundbegriffe ganz andere und anders
gegliederte sind als die von Kant, gestatten wir uns, als Ausdruck eines
Grundbegriffes, unter möglichstem Anschlusse an die Kantische Terminologie,
das Wort Kategorem zu gebrauchen.

Ausserdem werden wir die den fünf Grundbegriffen entsprechenden
Grundveränderungen oder logischen Grundoperationen, welche durch
ebenso viel Grundthätigkeiten des Verstandes ausgeführt werden, Metabolien
nennen.

§. 485.
Quantität.

Das erste Kategorem, der erste Grundbegriff oder die erste Grundeigenschaft der Begriffe ist die Quantität. Die logische Quantität ist
im Bereiche der Begriffe Dasselbe, was die mathematische Quantität im
Bereiche der Anschauungen ist. Die logische Quantität bezeichnet die
Menge des in einem Begriffe enthaltenen Seins oder den Umfang der
durch diesen Begriff abgegrenzten Substanz. Der Werth der Quantität
eines gegebenen Begriffes kann seine Weite oder sein Umfang (auch
seine Sphäre) genannt werden, wenn man dabei zunächst, und wie es
das Grundwesen der Quantität erfordert, an das alternative Beieinandersein
von Vorstellungen, an die Vielheit von Fällen denkt. (Logischer Umfang
darf nicht mit geometrischer Umfangs- oder Grenzlinie verwechselt
werden, er entspricht der durch die Grenzlinie umfassten oder vereinigten
Substanz).

Während Quantität den ersten Grundbegriff oder das erste Kategorem
darstellt, bezeichnet Erweiterung, Umfassung oder Subsumtion die erste
Metabolie, nämlich die Grundoperation der Quantitätsveränderung. Diese
Grundoperation ist in ihrer primitiven Bedeutung Vereinigung oder

Umfassung von Theilen zu einem Ganzen oder Vermehrung der Substanz; bei schärferer Distinktion ist die logische Umfassung die Analogie zur arithmetischen Zusammenzählung oder zur geometrischen Vereinigung, die logische Erweiterung dagegen die Analogie zur arithmetischen Vermehrung oder zur geometrischen Vergrösserung; beide Operationen liegen in der arithmetischen Numeration, welche als die Analogie zur ersten logischen Metabolie oder zur Subsumtion angesehen werden kann.

Wie die mathematische Quantität einer gegebenen Grösse, z. B. die Länge einer gegebenen Linie, keinen absoluten, sondern nur einen relativen Werth hat, welcher von der Maasseinheit abhängt, ebenso besitzt auch die logische Quantität eines gegebenen Begriffes, indem dieser Begriff die Rolle eines Objektes oder einer objektiven Vorstellung spielt, keinen absoluten, sondern nur einen relativen Werth. Unter den Objekten unserer Vorstellung findet sich eine absolute Basis ebenso wenig, wie sich unter den räumlichen Linien eine absolute Längeneinheit findet. Jede Linie kann zur Längenmessung, jeder Begriff zur Quantitätsbestimmung als Basis angenommen werden. Liegen keine Beweggründe vor, eine bestimmte Länge zur Einheit anzunehmen; so spielt die gegebene Linie selbst die Rolle einer Basis; sie bildet ein Ganzes oder eine Einheit, d. h. sie hat den relativen Quantitätswerth eins, mit welchem eine Beziehung zu einem anderen Quantitätswerthe nicht verbunden ist. Ebenso verhält es sich mit der logischen Quantität. Ein gegebener Begriff kann, wenn kein Beweggrund zur Wahl irgend eines anderen bestimmten Begriffes als Quantitätsbasis vorliegt, selbst als Basis angesehen werden. Derselbe erscheint alsdann als eine hinsichtlich der Quantität selbstständige, einfache, einheitliche Vorstellung, deren Begriffsweite nicht auf die Quantität eines anderen Begriffes bezogen wird, als eine Begriffseinheit oder einheitliche Vorstellung. So haben z. B. die Begriffe Fleiss, Vater, Mensch, Pferd, Hoffnung, wenn sie isolirt aufgestellt werden, eine gewisse Weite: allein zur Vergleichung oder Messung derselben ist keine andere Einheit, als sie selbst gegeben; wenigstens müssen diese Begriffe bei dem Mangel jedes Hinweises auf eine ausser ihnen liegende Einheit als selbstständige Ganze oder Einheiten aufgefasst werden.

Soll ein Begriff in quantitativer Hinsicht nicht als ein einheitliches Ganze gedacht werden, ein Fall, welcher der mathematischen Aufgabe entspricht, eine gegebene Grösse quantitativ mit einer anderen, welche die Rolle der Basis oder Einheit spielt, zu vergleichen oder zu messen; so muss die Maasseinheit oder die Vergleichungsgrösse genannt oder in einer solchen Weise angedeutet oder stillschweigend als gegeben vorausgesetzt werden, dass sie in unseren Gedanken die Rolle einer Vergleichsbasis übernimmt.

Vor allen Dingen muss für den primitiven Akt der Messung die Maasseinheit mit der zu messenden Grösse gleichartig sein, sie muss also auch eine endliche Weite haben, wenn letztere eine endliche Weite hat. So kann z. B. der Begriff Europäer im Sinne der ersten Metabolie auf den Begriff des Eingeborenen irgend eines in Europa liegenden Landes oder des Angehörigen einer europäischen Nation als Begriffseinheit zurückgeführt werden. Jener Begriff bildet alsdann die Zusammenfassung der

Begriffe, welche wir mit einem Angehörigen irgend einer jener Nationen verbinden; es rubet darin der Begriff des Russen, des Deutschen, des Franzosen u. s. w., d. h. eines Angehörigen jeder möglichen europäischen Nation. Die Wahl zwischen diesen Nationen, welche wir in einem konkreten Falle treffen wollen, bleibt ebenso willkürlich, wie die Wahl des Individuums: der Begriff Europäer umfasst diese Nationen alternativ sämmtlich, gleichwie der Begriff des Angehörigen einer bestimmten Nation die einzelnen Individuen derselben sämmtlich alternativ umfasst. Die Anzahl der europäischen Nationen kann beliebig gross oder klein gedacht werden: da es sich um die möglichen europäischen Nationen handelt, welche jetzt existiren oder existirt haben oder existiren werden, überhaupt um die, welche existiren können. Insofern wir jedoch diese Anzahl als eine endliche voraussetzen, erscheint der Begriff Europäer als ein endlicher Begriff in Beziehung zu dem Begriffe Russe. Bei dieser Zusammensetzung des Begriffes Europäer bilden die Partialbegriffe Russe, Deutscher, Franzose alternative Merkmale; das wesentliche Merkmal des Europäers ist, solange keine speziellere Definition gegeben ist, völlig einfach, nämlich eben das durch das Wort Europäer ausgedrückte europäische Wesen.

Bei dieser Messung des Europäers durch die Partialbegriffe Russe, Deutscher etc. spielen die verschiedenen europäischen Nationen die Rolle der Einzelfälle; die Anzahl der Individuen oder der konkreten Fälle in jeder Nation kömmt dabei unmittelbar nicht in Betracht. Diese letztere Anzahl konkreter Fälle kann eine ganz beliebige, ja eine unendliche sein, ohne die Endlichkeit des erwähnten Quantitätsverhältnisses zu beeinträchtigen. Hieraus geht hervor, dass die Anzahl der konkreten Fälle, welche unter einen Begriff fallen, kein unmittelbares Maass für die Weite derselben ist oder keine Vergleichseinheit für denselben bildet. Dieses Resultat schliesst sich ganz und gar dem mathematischen an, wonach die Anzahl der Punkte einer Linie kein Maass für deren Länge sind oder dass ein Punkt zwar ein Element, aber kein Theil, also auch keine Einheit für die Länge ist, dass vielmehr eine Länge nur durch eine Länge oder eine als Ort von Punkten aufgefasste Linie nur wiederum durch eine als Ort von Punkten aufgefasste Linie gemessen werden kann.

Nach Vorstehendem kann der Begriff des Europäers nicht durch den Begriff eines gewissen Menschen, wohl aber durch den Begriff des Franzosen gemessen werden.

Allgemein, ist ein Begriff keine eigentliche Erweiterung des darin liegenden konkreten Falles und Letzterer ist keine Maasseinheit für Ersteren. Ein Begriff ist vielmehr die Erweiterung eines anderen Begriffes, eines Partialbegriffes, eines Partialfalles, welcher wie jener ein Inbegriff von konkreten Fällen ist und demzufolge eine logische Einheit für den ersten Begriff bilden kann. Wenn der zu messende Begriff eine bestimmte endliche Zahl von Fällen umfasst, kann natürlich ein konkreter Einzelfall als ein mögliches Einheitsmaass für den Begriff selbst erscheinen.

Die Definition eines Begriffes erfordert seine Bestimmung nach allen Grundeigenschaften, also zunächst nach der Quantität. Die Primitivität der Quantität, also die Weite des Begriffes, wird nach Vorstehendem definirt durch die Angabe seiner alternativen Merkmale, d. h. derjenigen Merkmale, welche für seine Partialbegriffe wesentlich sind. Das Wesentliche für den Gesammtbegriff ist das alternative Zusammenbestehen jener Merkmale. Wenn sich die alternativen Merkmale auf ein einziges reduziren, welches dann ein wesentliches für den Gesammtbegriff ist, erscheint letzterer als ein einfacher Begriff.

Die Sprache ist zwar das Mittel, Gedachtes mitzutheilen; aber das nicht Ausgesprochene ist darum kein Ungedachtes. Wir können also bei einem Begriffe eine Definition denken, ohne sie auszusprechen: einem einfach erscheinenden Begriffe kann stillschweigend eine komplizirte Definition zu Grunde gelegt, d. h. er kann logisch als ein komplizirter Begriff gedacht werden. Der sprachliche Fundamentalausdruck für einen Begriff ist das Wort. Die grammatische Grundform für die Quantität des Begriffes ist das Substantiv (die Nichtsubstantiven stellen zwar ebenfalls Begriffe dar, welchen die Quantität nicht fehlen kann; allein der wesentliche Zweck dieser Wortformen geht auf die Darstellung anderer logischen Grundeigenschaften hinaus). Die Allgemeinheit des Begriffes wird gewöhnlich entweder durch das Substantiv allein oder mit Hülfe des bestimmten oder unbestimmten Artikels angedeutet oder durch die unbestimmten Adjektiven irgend einer, jeder beliebige u. s. w. bezeichnet. So stellt der Ausdruck Pferd, das Pferd, ein Pferd, irgend ein Pferd, jedes beliebige Pferd in der Regel den allgemeinen Begriff Pferd dar.

Ein in einem Begriffe liegender bestimmter konkreter Fall wird meistens durch Demonstrativpronomen (als welches im Deutschen auch der bestimmte Artikel gebraucht werden kann, indem er betont wird) dargestellt, z. B. durch dieses Pferd, jenes Pferd, das Pferd. Für manche konkrete Fälle, namentlich bei menschlichen Wesen, jedoch auch hinundwieder bei Thieren und Sachen werden Eigennamen, überhaupt Namen gebraucht. Der Name ist eine charakteristische Wortform für den konkreten Fall eines allgemeinen Begriffes. So bezeichnet der Name Plato einen konkreten Fall des Begriffes Mensch, der Name die Sonne einen konkreten Fall des Begriffes Himmelskörper, der Name die Kraniche des Ibikus einen konkreten Fall des Begriffes Vogelschwarm. (Die Redeformen für konkrete Fälle werden auch zur Bezeichnung der im nächsten Paragraphen zu erörternden Singularitäten gebraucht).

Eine generelle grammatische Form für die logische Erweiterung giebt es nicht. Es muss hier vor der irrthümlichen Verwechslung der anschaulichen oder mathematischen Quantität mit der logischen Quantität gewarnt werden. Der logische Begriff von Vielheit oder Menge oder Anzahl enthält jede mögliche Zahl, die grossen wie die kleinen, als konkrete Fälle. Die arithmetische Vielheit oder Anzahl (z. B. die Zahl sechs), welche eine mathematische Quantitätserweiterung der Einzahl ist, ist mithin durchaus keine logische Begriffserweiterung: denn in dem logischen Begriffe der arithmetischen Vielheit liegt jede beliebige Anzahl, also ebensowohl die Zahl sechs, als auch die Zahl eins.

Die logische Erweiterung, welche die Beseitigung gewisser in der Definition gegebenen Schranken oder wesentlichen Merkmale verlangt, wird sprachlich durch entsprechende Zusätze bezeichnet. So erweitert sich z. B. der Begriff Deutscher zu dem Begriffe des Angehörigen des deutschen und des französischen Gebietes oder allgemeiner zu dem Begriffe eines Angehörigen des deutschen und eines ausserdeutschen Gebietes.

Die logische Einengung, welche die Aufrichtung neuer Schranken oder wesentlichen Merkmale verlangt, wird dementsprechend durch Hinzufügung dieser neuen Merkmale angezeigt. So verengt sich z. B. der Begriff Deutscher zu dem Begriffe ein sächsischer Deutscher (Sachse) oder ein blonder Deutscher und dieser wieder zu dem Begriffe ein zorniger blonder Deutscher.

Der grammatische Plural stellt nur eine mathematische, keine logische Erweiterung dar; indem er dem Begriffe der numerischen Vielheit von Einzelfällen entspricht. Ebenso bezeichnen die unbestimmten Zahlwörter, z. B. viel und wenig, nur anschauliche Vielheiten oder Mengen, welche im Raume, in der Zeit, in der Materie u. s. w. existiren können.

Ferner bilden Sammelnamen keine logische Erweiterung des in der vervielfältigten Einheit liegenden Begriffes. Der Wald ist durchaus keine Erweiterung des Begriffes Baum, die Flotte keine Erweiterung des Begriffes Schiff, das Dutzend keine Erweiterung des Begriffes Stück. Solche Wörter, welchen eine mathematische Vielheit zu Grunde liegt, stellen selbstständige Begriffe dar, welchen die Vorstellung Baum, Schiff, Stück als konkreter Fall nicht angehört.

Überhaupt bilden die Begriffe für Objekte, welche in dieser oder jener Beziehung in dem Verhältnisse einer anschaulichen Vergrösserung stehen, nicht dieserhalb logische Erweiterungen. So ist z. B. das Land keine Erweiterung der Provinz, die Provinz keine Erweiterung des Bezirkes, wenn man darunter die räumlichen Gebiete versteht: nur nach ihren Besonderheiten aufgefasst, erscheinen diese Begriffe als Erweiterungen.

Man muss sich auch hüten, in Komparativen und Superlativen, sowie in Verstärkungswörtern logische Erweiterungen zu erblicken. Dieselben bezeichnen nur gewisse Beschränkungen des durch den Positiv dargestellten Begriffes. So ist z. B. ein schöneres Bild, das schönste Bild, ein sehr schönes Bild durchaus keine Erweiterung des Begriffes schönes Bild, sondern eine Beschränkung desselben, indem dadurch eine Anzahl von konkreten Fällen ausgeschlossen werden (§ 488).

Ebenso stehen anschauliche Gegensätze nur in der Beziehung der logischen Erweiterung oder Einengung zueinander. So ist das Grosse keine logische Erweiterung des Kleinen, das Viel keine logische Erweiterung des Wenigen, das Starke keine logische Erweiterung des Schwachen. Das Grosse und Kleine sind vielmehr Beides nur besondere Beschränkungen der Grösse, das Viel und Wenig sind Beschränkungen der Menge, das Starke und Schwache Beschränkungen der Intensität, wiewohl diese Ausdrücke nach §. 490 auch als quantitative Relationen aufgefasst werden können.

Schliesslich darf man sich hinsichtlich der Bestimmtheit der Quantität nicht bei Stoffnamen täuschen, indem man sich durch die Unbestimmtheit der anschaulichen Menge zu der Meinung verleiten lässt, dass die logische Weite solcher Begriffe unbestimmt sei. Der Ausdruck Wasser bezeichnet einen bestimmten Stoff, hat also als Stoffname eine bestimmte logische Bedeutung; dass man sich darunter viel und wenig Wasser denken kann, ist ebenso gleichgültig als der Ort, die Zeit, das Gewicht, die Gestalt der betreffenden Wassermenge. Der Begriff ein Zentner ist nicht bestimmter als der Begriff Wasser. Wie letzterer einen bestimmten Stoff, so stellt ersterer ein bestimmtes Gewicht dar. Wie der bestimmte Stoff Wasser jede beliebige Menge, also jedes beliebige Gewicht haben kann, so kann das bestimmte Gewicht eines Zentners jeden beliebigen Stoff enthalten, es kann ein Zentner Eisen, Blei, Holz u. s. w. sein, kann sich an jedem beliebigen Orte, in jedem beliebigen Alter, in jeder beliebigen Form befinden.

Wir haben schon mehrfach angeführt, dass es in der äusseren Wirklichkeit keine feste oder absolute Einheit giebt und geben kann, da das Feste oder Absolute keine Eigenschaft der Wirklichkeit oder keine äusserliche Eigenschaft, sondern nur eine innere Eigenschaft oder eine Eigenschaft des Geistes ist. Jede wirkliche Grösse ist nur eine durch äussere Veranlassung verursachte Begrenzung innerhalb des betreffenden inneren geistigen Grössengebietes; sie kann also vermöge dieser äusseren Veranlassung nicht den Charakter der Unwandelbarkeit an sich tragen. Auch kein Anschauungsgebiet, wie das des Raumes, der Zeit, der Materie kann, obgleich dasselbe durch innere Geistesvermögen zur Erkenntniss gelangt, da dasselbe nur Äusserlichkeiten zur Erkenntniss bringt, keine absoluten Maasseinheiten enthalten. Nur ein rein geistiges Vermögen wie der Verstand vermag absolute Einheiten zu schaffen. Für die Anschauungsgebiete stellt sich die absolute Einheit für die Quantität in der arithmetischen Zahl eins dar, indem die Arithmetik die rein geistige, verstandesmässige, begreifliche, logische Erkenntniss der Anschauungen ist. Für die allgemeine Logik oder Verstandeswissenschaft ist die absolute Einheit der Quantität durch den Begriff Etwas dargestellt. Es ist darunter das ungetheilte Ganze, das Einfache, Einförmige, Ursprüngliche und zugleich Endliche des Seins oder der Substanz, die Grundlage des Seins verstanden. Man darf sich unter diesem Etwas als logischer Quantitätseinheit nicht ein bestimmtes, spezielles Objekt, sondern nur ein Irgendetwas vorstellen, welches einen ganz beliebigen und für alle darauf bezogenen Begriffe nur insofern bestimmten Werth hat, dass derselbe dem Prinzipe der Einfachheit oder der Begabtheit mit einem einzigen wesentlichen Merkmale entspricht. So kann z. B. für den Begriff Deutscher der Begriff Mensch, d. h. irgend ein Individuum, welches nach dem einfachen Merkmale des Menschen aufgefasst wird, als logische Einheit gelten.

Trotz dieser logischen Bestimmtheit der absoluten Einheit oder des Etwas haben doch alle wirklichen Grössen, mögen es Anschauungen oder Begriffe sein, keinen absoluten oder festen Werth, weil eben jene absolute Einheit keinen wirklichen Vertreter hat, die Wahl des Letzteren, welchen wir mit der absoluten, gedachten Einheit identifiziren, vielmehr vollkommen willkürlich bleibt. Die Grössen erlangen durch die Messung mit einer solchen Einheit nur eine relative Bestimmtheit, d. h. eine Bestimmtheit im Vergleich zu derjenigen wirklichen Grösse, welche wir augenblicklich an die Stelle der absoluten Einheit setzen. Dieser relativ bestimmte Werth der so gemessenen Grösse besteht also nur momentan in unserer Vorstellung; derselbe ändert sich sofort, wenn wir für die Einheit eine andere, als die beliebig gewählte substituiren.

Denkt man sich z. B. 6 Kugeln; so hat diese Vorstellung zwar einen absoluten oder festen arithmetischen Werth: allein die ihr entsprechende absolute Grösse existirt nur in unseren Gedanken, nicht in der äusseren Wirklichkeit. Wäre nämlich Dieses ● ● ● ● ● ● das vor uns liegende Objekt; so hat dasselbe den Werth von 6 Einheiten nur dann, wenn wir eine Kugel zur Einheit wählen, dagegen den Werth von 3, 2, $^3/_2$, $^6/_5$, 1 Einheiten, wenn wir 2, 3, 4, 5, 6 Kugeln zur Einheit nehmen.

Ganz das Nämliche gilt von den logischen Begriffen überhaupt. Die Weite eines Begriffes erscheint grösser oder kleiner, jenachdem die Einheit des Seins, womit wir ihn vergleichen, eine kleinere oder grössere Weite hat. So kann man in dem Beispiele des Begriffes Deutscher ebenso gut den Begriff Europäer, als den Begriff Mensch zur logischen Einheit nehmen; die erstere Annahme verleiht dem Deutschen eine grössere, die letztere eine kleinere Quantität.

Wenn wir zwei Begriffe vollständig erkennen, sind wir im Stande ein Urtheil über die Weite eines jeden, also auch über die relative Weite des einen gegen den anderen abzugeben. Diese Erkenntniss hat ähnliche Schwierigkeiten wie die Erkenntniss der Grösse zweier Raumgestalten, zweier Zeitgrössen, zweier mechanischen Grössen u. s. w. Systematische logische Methoden können die Erkenntniss der Begriffe erleichtern, wie mathematische Methoden die Messung der Anschauungen erleichtern. Wir beschränken uns auf einige Bemerkungen über Fälle, wo die quantitative Vergleichung zweier Begriffe leicht ist.

Ein Begriff A ist ein engerer oder ein Partialbegriff des Begriffes B, wenn jeder Fall von A ein Fall von B ist. Unter diesen Umständen ist natürlich der Begriff B eine Erweiterung des Begriffes A.

Der vorstehende Satz findet Anwendung auf die Begriffe Europäer und Deutscher. Da jeder Deutsche ein Europäer ist; so ist der zweite jener Begriffe ein Theilbegriff des ersten oder er ist enger als der erste, wogegen der erste weiter ist als der zweite.

Ob dagegen der Begriff Deutscher oder der Begriff Ultramontaner der weitere sei, lässt sich ohne Weiteres nicht entscheiden, da mancher, aber nicht jeder Deutscher ultramontan ist und mancher, aber nicht jeder Ultramontane ein Deutscher ist. Ebenso wenig lässt sich sagen, ob Deutscher oder Franzose der weitere Begriff sei, indem kein Deutscher ein Franzose und kein Franzose ein Deutscher ist. Ohne weitere Kennzeichnung nach Merkmalen müssen vielmehr die Begriffe Deutscher, Franzose, Ultramontaner für gleich weit oder vielmehr für Begriffe von unbekannter Weite gelten.

In dem Beispiele Deutscher und Europäer deckt der eine Begriff einen Theil des anderen oder ist diesem Theile kongruent oder damit gleichbedeutend; man kann daher sagen, wenn ein Begriff mit einem Theile eines anderen gleichbedeutend ist; so stellt dieser andere eine Erweiterung des ersteren dar. Findet jedoch nur partielle oder gar keine Deckung statt; so würde die relative Weite beider Begriffe nur zu erkennen sein, wenn die Definition derselben eine Transformation gestattete, welche den Unterschied zwischen allen nicht die Quantität beider Begriffe betreffenden Merkmalen aufhöbe. Könnte man also behaupten, der Deutsche sei der Angehörige eines geographischen Gebietes von bestimmtem Flächeninhalte und der Ultramontane sei der Angehörige eines geistigen Gebietes von ebenfalls bestimmter Ausdehnung, welches sich wiederum auf ein geographisches Gebiet reduziren liesse, dessen Lage für seine Quantität irrelevant wäre, und liesse sich endlich die Voraussetzung bilden, dass die letzteren Gebiete von Deutschen und von Ultramontanen stets gleich dicht bevölkert wären; so würde die räumliche Grösse der letzteren beiden Gebiete über die relative Weite der beiden Begriffe Deutscher und Ultramontaner entscheiden. Solange eine solche Transformation nicht zulässig ist, kann eine Messung des einen Begriffes durch den anderen nicht ausgeführt werden.

Trotz dieser Unbestimmtheit der relativen Weite zweier Begriffe wie Deutscher und Ultramontaner ist doch so viel unzweifelhaft, dass die Zusammenfassung Beider einen Begriff ergiebt, dessen Quantität grösser ist, als die jedes einzelnen, dass also der umfassende Begriff des Deutschen und (oder) des Ultramontanen eine Erweiterung jedes einzelnen enthält.

Die mathematische Analogie zur logischen Quantität ist die Vielheit, welche durch das Numerat gemessen wird. Dem Numerate entspricht logisch der Inbegriff, das Zusammensein, die Vereinigung von Bestandtheilen, welche dergestalt als zusammenbestehend gedacht werden, dass jeder beliebige von ihnen ein möglicher Fall des Inbegriffes ist, also für einen dem Inbegriffe angehörigen Fall nur irgend eins der Merkmale der Einzelfälle oder ein alternatives Merkmal des Gesammtbegriffes zu bestehen braucht. Die Umfassung oder Umschliessung beruht hiernach auf der Vereinigung mehrerer alternativer Merkmale und ist immer mit einer Vermehrung der in dem Begriffe liegenden Fälle begleitet. Für diese Vereinigung ist das Etwas die Basis, nicht des Nichts, indem die Vereinigung eines Objektes mit dem Nichts keine Änderung dieses Objektes erzeugen kann.

Trotz der Gleichheit der Stellung, welche die Umfassung in der Logik und die Numeration in der Arithmetik einnimmt, ist der logische und der mathematische Charakter dieser beiden Operationen doch sehr verschieden. Die logische ist nicht wie die mathematische Umfassung eine Zusammenzählung gleicher Einheiten, sondern eine Umfassung der nach der Definition möglichen Fälle, welche unter einander verschieden sind, indem sie sich durch Merkmale unterscheiden, welche für jeden Einzelfall wesentlich, für den Gesammtbegriff aller Fälle aber unwesentlich sind.

Wie mathematische Vielheiten auch durch Addition, also nach dem Fortschrittsgesetze entstehen, so bilden sich auch logisch quantitative Inbegriffe nach dem in §. 487 zu behandelnden zweiten Grundgesetze. Dieselben entsprechen der Anschliessung, Hinzufügung oder Verbindung von Merkmalen, eine Operation, welche das Nichts, resp. den Grenzwerth zum Ausgangspunkte hat. An das Nichts schliesst sich das erste, an dessen Grenze das zweite Etwas an. Die Anschliessung, als das Resultat einer Versetzung, Anfügung, Verbindung von Begriffen ist immer mit einer Vermehrung der Fälle verbunden.

Von besonderer Wichtigkeit ist die Analogie zum mathematischen Vielfachen, welches durch Multiplikation entsteht und als Wirkung des dritten Grundgesetzes in §. 489 und 490 zu behandeln sein wird. Wir bemerken schon hier, dass die Vervielfältigung die logische Bedeutung der Anhäufung von Merkmalen hat, wodurch nicht unmittelbar die Zahl der möglichen konkreten Fälle, sondern die Zahl der Merkmale jedes einzelnen Falles vermehrt wird. Diese Anhäufung der Merkmale setzt also, wenn sie als eine Verdichtung der Merkmale aufgefasst wird, das Zugleichbestehen, die Simultaneität aller Merkmale in jedem einzelnen Falle voraus. Dementsprechend enthält der Begriff desjenigen Deutschen, welcher zugleich Ultramontaner ist und als deutscher Ultramontaner bezeichnet wird, eine Quantitätsbildung durch Verdichtung der Merkmale. Dieses Produkt von Merkmalen, welche zugleich bestehen, pflegen die Logiker den Inhalt eines Begriffes zu nennen, zur Vermeidung von Missverständnissen in mathematisch-logischen Abhandlungen dürfte es jedoch gerathen sein, statt Inhalt einen anderen Ausdruck, etwa Stärke, Dichtigkeit, Fülle zu gebrauchen. Unter der Weite eines Begriffes verstehen wir stets das Numerat von alternativen Merkmalen, welche als mögliche Kennzeichen nebeneinander bestehen und unmittelbar eine Vermehrung der Fälle durch Erweiterung der Grenze nach sich ziehen. Die Anhäufung simultaner oder akkumulativer Merkmale ist in der Wirklichkeit in der Regel, jedoch nicht nothwendig mit einer Einengung des Begriffes oder mit einer Verminderung der Fälle verbunden, indem die Zahl der Fälle, welche sowohl das eine, als auch das andere Merkmal an sich tragen, geringer oder doch nicht grösser ist, als die Zahl der Fälle, welche nur das eines dieser beiden Merkmale an sich tragen. Die Vergrösserung des Inhaltes eines Begriffes, nämlich seiner Stärke oder Dichtigkeit ist daher in der Anwendung auf die in der Wirklichkeit bestehenden Begriffe mit einer Verminderung der Weite verbunden. Sieht man jedoch von dieser Anwendung ab; so ist klar, dass das Prinzip der Erweiterung von dem Prinzipe der Verdichtung völlig unabhängig ist, dass also die simultanen Merkmale eines Begriffes beliebig vermehrt oder vermindert werden können, ohne seine Weite und die Zahl seiner Fälle zu verändern, und dass, umgekehrt, die alternativen Merkmale eines Begriffes und damit seine möglichen Fälle beliebig vermehrt oder vermindert werden können, ohne seine Dichtigkeit oder die Zahl seiner simultanen Merkmale zu beeinflussen.

Fasst man einen Fall eines mit n simultanen Merkmalen gekennzeichneten Begriffes als einen n-fachen Fall auf (sieht man also in jedem ultramontanen Deutschen die Konzentration zweier Fälle, eines Ultramontanen und eines Deutschen); so erscheint der ganze Begriff als ein n-facher und sein logischer Inhalt oder seine Stärke oder Fülle n als ein Ausdruck für die Quantität nach dem Prinzipe der Vervielfachung oder der Verstärkung, während ein Begriff von der Weite m die nach dem Prinzipe der Vermehrung aus m alternativen Merkmalen gebildete Quantität bezeichnet, deren Fälle irgend eins, aber auch nur eins dieser Merkmale an sich tragen (wie der Begriff, welcher entweder einen Ultramontanen und keinen Deutschen, oder einen Deutschen und keinen Ultramontanen darstellt). Durch Kombination der Erweiterung mit der Verdichtung können sich gemischte Begriffe ergeben, welche aus verschiedenen alternativen Theilen von verschiedenem Inhalte zusammengesetzt sind (wie der Begriff ein Ultramontaner und Deutscher, worunter theils ein nichtdeutscher Ultramontaner, theils ein nichtultramontaner Deutscher, theils ein deutscher Ultramontaner verstanden ist).

Die eben betrachtete Vermehrung der simultanen Merkmale versetzt uns aus dem Gebiete der Numeration in das der Multiplikation. Setzt man an die Stelle der Vermehrung die Erweiterung der simultanen Merkmale, welche mit einer Erweiterung des ganzen Begriffes begleitet ist; so hält sich die Betrachtung auf dem eigentlichen Gebiete des Numerates, indem sie jedoch dieses Numerat unter dem Gesichtspunkte des dritten Grundgesetzes in Erwägung zieht.

Als Analogie des mathematischen Numerates bildet die logische Quantität einen Inbegriff von alternativen Merkmalen oder alternativen Fällen; als Analogie des mathematischen Vielfachen bildet sie einen Inbegriff von simultanen Merkmalen oder Simultanfällen. Ein Simultanfall hat grösseren Inhalt, als ein einfacher Fall, d. h. als ein Fall mit nur einem Merkmale; im Übrigen ist er nur ein Fall von der ihm zukommenden Weite. Bezeichnet a, b, c die nach alternativen Merkmalen gemessene Weite mehrerer Begriffe und m, n, p deren Inhalte oder Stärken, entsprechend ihren simultanen Merkmalen; so bezeichnen die Produkte $m a$, $n b$, $p c$ jene Begriffe nach Weite und Inhalt. Der Gesammtbegriff nach Weite und Inhalt, d. h. die gesammte Quantität des darin enthaltenen Seins ist allerdings $m a + n b + p c$. Hierin bezeichnet das erste Glied a Fälle, von welchen jeder eine Verdichtung oder Ineinanderlagerung von m Fällen darstellt. Die vom Inhalte absehende Weite oder Quantität im engeren Sinne ist daher $a + b + c$. Die nach Alternität und Simultanität der Merkmale zugleich bestimmte Substanz $m a + n b + p c$ kann als die volle Substanz des Begriffes angesehen werden.

Wie in der Arithmetik ein Numerat $N(1 + 1 + 1 + \ldots) = n$ als ein Vielfaches der Einheit oder als $n \cdot 1$ erscheint; so erscheint auch der logische Begriff von der durch die Zahl der Fälle gemessenen Weite n wie eine Anhäufung oder Akkumulation von Fällen oder -Merkmalen, welche zwar alternativ für die einzelnen Fälle, jedoch simultan für den Gesammtbegriff bestehen.

Bei dieser Entstehung aus der Einheit durch Vervielfältigung stellt mathematisch und logisch der Numerand 1 die allen möglichen Fällen gemeinschaftliche Einheit oder das allen Fällen gemeinsame Etwas dar, welches von anderen Fällen noch nicht durch wesentliche Merkmale unterschieden ist. So ist z. B. für den Gesammtbegriff Europäer, wenn derselbe die Analogie des Numerates $n \cdot 1$ bildet, der Begriff Mensch eine Einheit, welche als Numerand 1 angesehen werden kann. Diese Einheit unterscheidet sich durch Nichts von der Einheit, welche in jedem anderen möglichen Falle eines Europäers liegt. Die Merkmale nun, welche die einzelnen möglichen Fälle voneinander unterscheiden und welche durch ihre alternative Umfassung den Gesammtbegriff Europäer ergeben oder die Weite dieses Begriffes bedingen, indem sie den Begriff des Europäers als ein logisches Numerat des Begriffes Mensch erscheinen lassen, vertreten die Stelle des mathematischen Numerators n.

Gestützt auf diese Definition und Parallele mit der Mathematik kann man sagen, die logische Umfassung entspreche der als Zusammenzählung gedachten mathematischen Numeration in der Weise, dass das allen

Fällen Gemeinsame den Numerand, das diese Fälle Unterscheidende den Numerator vertritt. Ohne das vom Numerator herrührende spezielle Merkmal ist der Numerand noch kein Theil des speziellen Inbegriffes, sondern eine generelle Einheit, welche auch vielen anderen Begriffen angehören kann; erst durch das in der Definition liegende spezielle Merkmal wird der Numerand, indem er sich zu allen möglichen Fällen gestaltet, ein integrirender Theil des Inbegriffes, d. h. erst durch den Numerator erzeugt der Numerand ein Numerat.

Hieraus ergiebt sich der wichtige Schluss, dass ein Merkmal, welches dem Numerand als genereller Grundeinheit zukömmt oder zukommen kann, für den Inbegriff ein unwesentliches ist, dass aber ein Merkmal des Numerands, welches ihn zu einem Bestandtheile des Numerates macht, für den Inbegriff ein wesentliches ist. So ist z. B., wenn Mensch als Numerand des Begriffes Europäer angesehen wird, das Merkmal des guten, des gelehrten, des liebenden Menschen, des Tischlers, des Reiters, des Deutschen, des Franzosen, des mit Geist begabten Wesens, des aufrecht gehenden Geschöpfes u. s. w., überhaupt jedes Merkmal des allgemeinen Menschen ein unwesentliches Merkmal des Europäers: dagegen ist ein Merkmal, welches den Menschen als Europäer charakterisirt, welches also jedem Europäer oder dem Numerate zukömmt, z. B. die weisse Hautfarbe, die Abstammung von der indogermanischen Race u. s. w. ein wesentliches Merkmal des Europäers.

Dass die soeben als unwesentlich bezeichneten Merkmale des Numerands 1 nur diesen Charakter haben, insoweit es sich um die Ausführung der in Rede stehenden Numeration handelt, dass dieselben aber zur Konstruirung der absoluten Bedeutung jenes Numerands und insofern auch für das Numerat wesentlich sein können, ist selbstverständlich.

Wenn man sich statt auf den eben erörterten Standpunkt der Vervielfältigung auf den Standpunkt der Erweiterung oder Vermehrung stellt, also von der Formel $a + b = c$ ausgeht, worin die Grösse a, als aliquanter Theil des Ganzen c, die Stelle des Numerands, der Theil b die Stelle des Numerators und die Summe c die Stelle des Numerates einnimmt; so kann man sagen, dass durch den Numerator b vertretene Merkmal sei unwesentlich für den Numerand a, solange dieser als ein selbstständiger Begriff, ohne Beziehung zum Ganzen c gedacht wird; dasselbe bilde aber ein wesentliches Merkmal für denselben, sobald er als Bestandtheil des Numerates c gedacht wird, jener Numerator bilde also ein alternatives Merkmal des Numerates. So ist beispielsweise der Belgier oder das Zusammenleben mit dem Belgier ein unwesentliches Merkmal für den Holländer (welcher immer ein Holländer bleibt, gleichviel ob er den Belgier zum Nachbar hat oder nicht); die Zusammengehörigkeit mit dem Belgier wird aber ein wesentliches Merkmal für den Holländer, sobald es sich um dessen Subsumtion unter den Begriff des Niederländers handelt. Der Niederländer erscheint als eine logische Erweiterung des Holländers, wenn zu den Merkmalen des Holländers noch die des Belgiers als alternative Merkmale gefügt werden.

Ob ein Merkmal für einen Begriff wesentlich oder unwesentlich ist, hängt, wie schon früher bemerkt, ganz allein von der Definition desselben, d. h. von der Bedeutung ab, welche wir diesem Begriffe im Gesammtgebiete unserer Erkenntniss geben oder von welchem Standpunkte dieses Gebietes aus wir ihn betrachten. Für den Europäer schlechthin ist die italienische Nationalität ein unwesentliches Merkmal, für den Europäer dagegen, wenn er als die Umfassung aller europäischen Nationalitäten, also der italienischen, französischen u. s. w. definirt wird, ist die italienische Nationalität ein alternativ wesentliches Merkmal; für den italienischen Europäer oder für den Italiener ist dieses Merkmal wesentlich.

Die Wesentlichkeit und Unwesentlichkeit kömmt übrigens so gut bei den die Weite, als bei den den Inhalt betreffenden Merkmalen in Betracht. So ist z. B. für den Angloamerikaner, welcher die Simultaneität des englischen und amerikanischen Typus darstellt, ein Merkmal, welches einem Volkstypus generell zukömmt, ein unwesentliches, ein Merkmal jedoch, welches einen Volkstypus als einen angloamerikanischen charakterisirt, ein wesentliches. Ferner ist auch das Verbundensein mit amerikanischem Typus ein unwesentliches Merkmal für den Engländer, dagegen ein wesentliches Merkmal für den Angloamerikaner.

Das Wesentliche ist nicht gleichbedeutend mit dem Unveräusserlichen und Nothwendigen, auch ist das Unwesentliche nicht gleichbedeutend mit dem Zufälligen. Unveräusserlich sind alle diejenigen Merkmale, welche einem Begriffe als Element einer höheren Gemeinschaft oder Begriffsqualität zukommen. So ist z. B. das Merkmal des Menschen ein unveräusserliches Merkmal des Europäers, ohne ein wesentliches Merkmal desselben zu sein, indem durch jenes Merkmal der Europäer nicht von anderen Menschen unterschieden, sondern nur als der Angehörige einer höheren Gemeinschaft dargestellt wird. Das zufällige Merkmal kann jedem in dem Begriffe liegenden Falle zukommen, es ist ein mögliches Merkmal; dasselbe betrifft die Definition des Begriffes überhaupt nicht: das unwesentliche Merkmal ist ein solches, welches für gewisse Fälle wesentlich ist, welches also den Charakter der Unwesentlichkeit vermöge der Definition trägt. So ist z. B. der Zustand des Schlafes, in welchem sich ein Europäer befindet, für den Europäer ein zufälliges Merkmal, der griechische Typus desselben jedoch ein unwesentliches oder alternativ wesentliches Merkmal.

Ebenso sind die wesentlichen Merkmale von den ausschliesslichen, d. h. von denjenigen zu unterscheiden, welche sämmtlichen in dem Begriffe liegenden Fällen und keinen anderen zukommen. Ein ausschliessliches Merkmal ist immer ein wesentliches, aber ein wesentliches ist nicht immer ein ausschliessliches. So ist z. B. die weisse Farbe ein wesentliches Merkmal des Sonnenlichtes, jedoch kein ausschliessliches. Nur in ihrer Gesammtheit oder Simultaneität sind die wesentlichen Merkmale auch die ausschliesslichen (§. 484).

Demzufolge wiederholen wir hier das schon im vorhergehenden Paragraphen Gesagte, dass ein Begriff durch das System seiner wesentlichen Merkmale (welche ihm in ihrer Simultaneität auch ausschliesslich zukommen) definirt sei und fügen jetzt hinzu, dass sich die Definition eines Begriffes zunächst oder vor allem Anderen auf seine Quantität bezieht. Das Merkmal ist die Vorstellung oder der Werth einer Substanz, welche ein bestimmt begrenztes Stück unseres Erkenntnissgebietes deckt.

Ein gegebenes System von Merkmalen deckt die Substanz des Begriffes, welcher dadurch definirt ist, bestimmt also seine Quantität.

Jedes wesentliche Merkmal ist von der Art, dass seine Ausschliessung, d. h. seine ausdrückliche Verneinung den Begriff ausschliesst oder nicht zulässt. So ist z. B. die Denkfähigkeit ein wesentliches Merkmal des Menschen, die Ausschliessung derselben also mit der Ausschliessung oder Aufhebung des Begriffes Mensch verbunden.

§. 486.
Die Grund- und Hauptstufen der Quantität.

1) Indem wir versuchen, das in der Mathematik dargelegte Kardinalprinzip für die logische Quantität weiter auszuführen, haben wir zunächst die Primitivität der Quantität zu betrachten. Dieselbe erscheint auf einer einzigen Hauptstufe und bezeichnet die durch die Definition bedingte Weite des Begriffes oder sein primitives Sein. Sie stellt die im vorhergehenden Paragraphen erläuterte Vielheit des Seins als ein Ganzes dar, welches seine Theile als miteinander oder nebeneinander alternativ bestehende Partikularitäten enthält, in diesem Sinne eine Zusammengehörigkeit von alternativen Theilen durch Umschliessung oder Vereinigung aller darin liegenden möglichen Fälle zur Erkenntniss bringt und demgemäss auch als Vielheit der Fälle aufgefasst werden kann. Vermöge der durch die Definition bestimmten Weite umschliesst ein Begriff eine bestimmte Substanz als den Inbegriff der darin liegenden speziellen Fälle. Die auf seiner Weite beruhende primitive Bedeutung eines Begriffes ist daher jeder in der Definition begriffene spezielle Fall. So bedeutet primitiv Mensch so viel wie jeder spezielle Mensch, der Begriff Friedrich so viel wie jeder spezielle Fall, in welchem Friedrich auftreten kann, der Begriff Wald so viel, wie jeder Wald, der Begriff dieser Wald so viel wie dieser Wald in jedem Falle, der Begriff Menschheit so viel wie die Menschheit in jedem Falle.

Der Primitivitätsakt der ersten Metabolie ist das Setzen eines Begriffes. Ein Begriff von gegebener Weite wird immer als gesetzt oder gegeben oder als ein vorhandenes Objekt betrachtet. Das Setzen eines Begriffes bedingt das Sein, das Vorhandensein eines Objektes.

Die Simultaneität von Merkmalen, wenn eine solche durch die Definition gegeben ist, lässt die Quantität eines Begriffes nach seinem Inhalte als eine Vervielfachung, Anhäufung, Verdichtung des Seins erscheinen.

2) Die Kontrarietät der Quantität beruht in dem Gegensatze des Theils zum Ganzen. Sie erscheint auf zwei Hauptstufen, der direkten und der indirekten Quantität, welche durch den engeren und den weiteren Begriff angezeigt werden und welche der Operation der Einengung (Einschränkung) und der Erweiterung, also auch der indirekten und direkten oder der negativen und der positiven Erweiterung entsprechen. Der engere und der weitere Begriff bilden die genaue Analogie zu der mathematischen Vorstellung des Kleineren und des Grösseren oder des Theiles und des Ganzen. Die Begriffe Deutscher und Europäer bilden einen quantitativen Gegensatz, da ersterer ein Theil

es letzteren ist. Der Deutsche ist eine Einengung oder eine indirekte der negative Erweiterung des Europäers, und, umgekehrt, ist der uropäer eine direkte oder positive Erweiterung des Deutschen.

Jeder Fall des engeren Begriffes ist ein Fall des weiteren Begriffes, er erstere ist daher in dem letzteren ganz eingeschlossen. Umgekehrt, eckt der weitere Begriff nur mit einem seiner Theile den engeren; ewisse Fälle des letzteren liegen ausserhalb des ersteren, sind also von emselben ausgeschlossen. Die Erweiterung involvirt also eine Einchliessung, die Einengung dagegen eine Ausschliessung von Fällen.

Der Gegensatz von Einschliessung und Ausschliessung entspricht er Bejahung und Verneinung (Affirmation und Negation) von Fällen. ie hier in Rede stehende, lediglich die Quantität betreffende Vereinung bezeichnen wir zur Unterscheidung von der im nächsten aragraphen zu behandelnden Verneinung die quantitative oder die aus-, schliessende Verneinung; sie entspricht dem gewöhnlichen Sprachgebrauche.

Während für den Gegensatz der Erweiterung und Einengung die Grundeinheit oder das Etwas die Basis ist, bildet für den Gegensatz der Ein-' und Ausschliessung der Begriff der Grenze den Ausgangspunkt.

Wenn wir von Europäern reden, bildet der Ausdruck ein Deutscher, welcher eine bestimmte Menge von Fällen einschliesst, einen bejahten Begriff; der verneinte Ausdruck kein Deutscher oder nicht ein.Deutscher heisst dann so viel, als ein Ausserdeutscher, ein vom Begriffe des Deutschen ausgeschlossener Europäer. Redet man überhaupt von Menschen; so bedeutet die Bejahung Alexander der Grosse einen konkreten Fall, dagegen nicht Alexander der Grosse jeden davon ausgeschlossenen oder jeden anderen Menschen. Redet man allgemein von jeder Art von Dingen; so bedeutet die Bejahung „das ist ein Pferd" einen vom Begriffe Pferd eingeschlossenen Fall, dagegen die Verneinung „das ist kein Pferd" oder „das ist nicht ein Pferd" einen vom Begriffe Pferd ausgeschlossenen Fall.

Gleichviel, mit welchem formellen Sprachausdrucke oder durch welche sachliche Definition eine Erweiterung dargestellt ist, immer kann der weitere Begriff als ein Inbegriff einer grösseren und der engere Begriff als ein Inbegriff einer kleineren Zahl von alternativen Merkmalen angesehen werden. So erweitert sich der Begriff des Deutschen zum Begriffe des Europäers durch Vermehrung der alternativen Merkmale des Deutschen unter Hinzufügung der Merkmale des Franzosen, des Engländers u. s. w. Umgekehrt, verengt sich der Begriff des Europäers zu dem Begriffe des grossen gelehrten schwarzäugigen Europäers trotz der Angabe einer grösseren Zahl von simultanen Merkmalen durch Verminderung der alternativen Merkmale, indem die kleinen, die ungelehrten, die blauäugigen Europäer ausgeschlossen werden.

Wenn die Quantität auf den logischen Inhalt oder die Stärke gestützt wird, bildet die Vermehrung und die Verminderung der simultanen Merkmale den Quantitätsgegensatz. Diese Verdichtung und Verdünnung kann ebenso gut wie die Erweiterung und Verengung durch Bejahung und Verneinung ausgedrückt werden, da simultane Merkmale ebenso gut wie alternative ein- und ausgeschlossen werden können.

Der Quantitätsgegensatz liegt zwar immer in dem Gegensatze von Einschliessung und Ausschliessung: die spezielle Basis aber, auf welche sich diese Ein- und Ausschliessung bezieht oder die spezielle Operation, durch welche die Ein- und Ausschliessung bewirkt wird, verleiht jenem Gegensatze eine spezielle Bedeutung oder einen speziellen Charakter, und es kommen, jenachdem man diese Basis aus dem ersten, zweiten, dritten, vierten oder fünften Grundgesetze nimmt, hier, wie immer, fünf Gesichtspunkte in Betracht.

Der erste Gesichtspunkt entspricht der Erweiterung und Verengung oder Einschränkung, analog der mathematischen Vermehrung und Verminderung oder der Vergrösserung und Verkleinerung. Dieser Gegensatz beruht auf der Beziehung des Ganzen zum aliquanten Theile oder des Begriffes von mehr und von weniger Fällen, welche sich gegenseitig ausschliessen. Die Basis für diesen Gegensatz ist ein gegebenes Etwas a, welches sich zu $a - b$ verengt oder zu $a + b$ erweitert.

Der zweite Gesichtspunkt entspricht dem mathematischen Gegensatze des innerhalb und ausserhalb der Grenze einer bestimmten Grösse a Liegenden. Die Basis ist jetzt die Grenze von a, welche, indem sie nach dem zweiten oder dem Fortschrittsgesetze nach aussen oder nach innen fortrückt, bei der Bildung der Grösse $a + b$ oder $a - b$ Etwas ein- oder Etwas ausschliesst (auch das Eingeschlossene oder das Ausgeschlossene vermehrt, auch das Ausgeschlossene oder das Eingeschlossene vermindert, also immer die Wirkung einer positiven oder negativen Grösse hervorbringt). Der betreffende logische Gegensatz ist der des Seins in dem Begriffe a und des Nichtseins in diesem Begriffe oder des Vorhandenseins unter den Fällen von a und des Fehlens unter diesen Fällen, also der Gegensatz der eigentlichen Ein- und Ausschliessung. Die Basis dieses Gegensatzes ist die Grenze des Begriffes a, auf welcher dessen äusserst mögliche oder Grenzfälle liegen. Bejahung und Verneinung hat in der Regel den Sinn dieser Ein- und Ausschliessung.

Der dritte Gesichtspunkt entspricht dem mathematischen Gegensatze des Vielfachen zum aliquoten Theile, welche sich ebenfalls gegenseitig ausschliessen. Die Basis für diesen Gegensatz ist die zur Einheit genommene Grösse a, welche nach dem dritten oder dem Verhältnissgesetze resp. in $a \cdot b$ und $\frac{a}{b}$ übergeht. Der betreffende logische Gegensatz ist der des kleineren und grösseren Inhaltes oder der grösseren und kleineren Anzahl von Merkmalen, welche eine kleinere und grössere Weite nach sich ziehen. Die Basis für diesen Gegensatz ist das einfache, durch ein einziges Merkmal oder durch sich selbst definirte Etwas.

Der vierte Gesichtspunkt entlehnt sich aus dem vierten oder Steigerungsgesetze und entspricht, indem irgend eine Grössenqualität von m Dimensionen oder vom m-ten Grade die Basis bildet, dem Gegensatze zwischen dem Besitze und dem Mangel von Dimensionen oder zwischen dem Ingemeinschaftsein und dem Aussergemeinschaftsein oder der Einverleibung und der Auflösung (Ausscheidung).

Der fünfte Gesichtspunkt ergiebt sich aus dem fünften oder Formgesetze und liefert den Gegensatz zwischen der Zugehörigkeit und Nichtzugehörigkeit zu einem von einem gegebenen Gesetze abhängigen Systeme oder zwischen der Fortbildung und Rückbildung. Die eben erörterten Verschiedenheiten der Auffassung der ausschliessenden Verneinung berühren lediglich die Entstehung des verneinten Begriffes oder seine Beziehung auf die Basen des Begriffssystems, nicht den Werth des unter dem verneinten Begriffe zu verstehenden Objektes. Dieses bleibt dasselbe, gleichviel, ob man Bejahung und Verneinung als Akte der Entstehung aus dem Etwas durch Erweiterung und Einschränkung (Vermehrung und Verminderung der Fälle), oder als Akte der Ein- und Ausschliessung von einer speziell - gegebenen Grenze, oder als Akte der Entstehung aus dem Etwas durch Vermehrung und Verminderung der Merkmale, ansieht. Es giebt aber eine unbegrenzte, eine begrenzte und eine eingeschränkte Verneinung, welche nicht diese logische Auffassung, sondern den Werth des Objektes betrifft. Die Verneinung kann nämlich entweder so gemeint sein, dass jeder von dem bejahten Begriffe A ausgeschlossene Fall des unbegrenzten, ausserhalb des bejahten Begriffes liegenden Begriffsgebietes zugelassen werden soll, dass also die Verneinung den Sinn. hat, jedes beliebige Objekt ausser A. Der Verneinung kann aber auch eine obere Grenze gesetzt oder es kann das Begriffsgebiet gegeben sein, innerhalb dessen der Fall liegen soll, sodass also die Verneinung den Sinn hat, jedes Objekt ausser A, welches einem gegebenen Begriffsgebiete, angehört. Dieser Sinn liegt z. B. in dem Ausdrucke „Diess ist nicht Solon", indem stillschweigend vorausgesetzt wird, dass der Nicht-Solon doch immer ein Mensch sei. Endlich kann die Verneinung eine eingeschränkte sein, indem nicht alle, sondern nur manche oder gewisse von A ausgeschlossene Fälle zugelassen werden sollen. Dieses ist der gewöhnliche oder natürliche Sinn der Verneinung, insbesondere der Sinn des verneinenden Zahlwortes kein: denn unter keinem Menschen versteht man nicht jedes, sondern nur manches Ding, das nicht Mensch ist.

Während das Zahlwort kein fast immer in dem letzteren Sinne der eingeschränkten Verneinung gebraucht wird, dient die Partikel nicht, sowie die Präposition ausser und ohne in der Regel zu einer begrenzten Verneinung innerhalb eines allgemeinen Begriffsgebietes, wogegen die unbegrenzte Verneinung einer ausdrücklichen Hervorhebung, etwa durch die Bezeichnung jedes beliebige Nicht-A bedarf.

Man kann das Sein auf der einen oder auf der anderen der beiden Kontrarietätsstufen, also das bejahte und das verneinte Sein, das Sein und das Nichtsein mit einem gemeinschaftlichen Namen umfassen. Es dürfte sich hierzu der Ausdruck Dasein oder Substanz oder Bestand eignen, indem man die beiden entgegengesetzten Stufen als positiven und negativen Bestand auffasst: ein solches umfassendes Wort hat den Sinn des Seins an einer Stelle, welche entweder innerhalb oder ausserhalb einer gegebenen Grenze liegt, also des Vorhandenseins oder des Fehlens in einem gegebenen, begrenzten Bereiche. Das Fehlen in einem gegebenen Bereiche ist aber logisch dem Vorhandensein in einem anderen Bereiche gleich zu achten. Demzufolge bedingt sowohl die Bejahung, wie die Verneinung stets ein wirkliches Dasein eines Objektes, und man darf die Verneinung eines Begriffes nicht mit der Verneinung des Seins verwechseln oder darunter das Nichts verstehen, welches die Verneinung oder Ausschliessung aller möglichen Objekte wäre.

3) Die Neutralität der Quantität hat drei Hauptstufen, die primäre, sekundäre und tertiäre Quantität, welche die Namen Singularität, Partikularität und Universalität tragen. Das Wesen dieser drei Neutralitätsstufen der logischen Quantität wird umso sicherer erkannt, je vollständiger die Erkenntniss der analogen mathematischen Eigenschaften, der Ganzheit, Rationalität und Irrationalität ist. Demzufolge widmen wir den Letzteren eine besondere Betrachtung.

Zuvörderst heben wir hervor, dass der primitive Quantitätsprozess (die primitive Numeration) auf Wiederholung, der positive Quantitätsprozess auf Hinzufügung, der primäre Quantitätsprozess auf Vervielfältigung beruht, dass also die Quantität oder Vielheit unter dem jetzt in Betracht kommenden Gesichtspunkte des Neutralitätsprinzipes als Vielfachheit erscheint. Wiederholung, Hinzufügung und Vervielfältigung, obwohl prinzipiell verschieden, können in ihrem Effekte aufeinander zurückgeführt werden.

Die primäre Zahl ist die ganze Zahl. Dieselbe entspringt aus der Einheit 1 als Basis. Primäre Quantität ist Ganzheit oder Integrität. Der direkte Entstehungsprozess ist die Vervielfachung, welche die endlose Reihe aller ganzen Zahlen 1, 2, 3 ... liefert. Der indirekte Prozess ist die Theilung oder Herstellung einer in der Einheit vielfach enthaltenen Grösse, welche die endlose Reihe aller aliquoten Theile oder Stammbrüche 1, $\frac{1}{2}$, $\frac{1}{3}$ ... ergiebt. In den beiden Reihen der Vielfachen und der Theile stellt sich der Vervielfältigungsprozess auf seinen beiden Kontrarietätsstufen dar. Die Primitivität der Quantität macht sich in jedem Gliede einer solchen Reihe durch dessen Vielheit oder Vielfachheit geltend. In einer konkreten ganzen Zahl 6 paart sich die primitive mit der primären Quantität. Eine Zahl ist ganz, weil sie die Einheit wiederholt enthält; ob diese Wiederholung ein grosses oder kleines Vielfaches bildet, ändert das Wesen der 'Ganzheit nicht.

Die sekundäre Zahl ist die rationale oder gebrochene Zahl. Dieselbe entspringt nicht unmittelbar aus der Einheit, sondern aus einem Theile der Einheit. Der direkte Prozess giebt durch Wiederholung der Basis $\frac{1}{n}$ die Reihe $\frac{1}{n}$, $\frac{2}{n}$, $\frac{3}{n}$ ... und der indirekte Prozess durch Theilung die Reihe $\frac{1}{n}$, $\frac{1}{2n}$, $\frac{1}{3n}$ .... In der direkten Reihe liegen alle Vielfachen oder alle Glieder der direkten Reihe der ganzen Zahlen und die indirekte Reihe fällt auf lauter aliquote Theile oder auf Glieder der indirekten Reihe der Vielfachen. Eine rationale Reihe von der Basis $\frac{1}{n}$ ergänzt also die primäre Zahlenreihe, indem sie den Zwischenraum zwischen je zwei Ganzen in n gleiche Intervalle von der Differenz $\frac{1}{n}$ abtheilt. Wenn man das Glied $\frac{n}{n}$ zum Ausgangs-, resp. Mittelpunkte der rationalen

Reihe macht und diese Reihe nach §. 84 in ihrem direkten und indirekten Theile nach dem Schema

$$\frac{n}{m} \cdots \frac{n}{n+2} \quad \frac{n}{n+1} \quad \frac{n}{n} \quad \frac{n+1}{n} \quad \frac{n+2}{n} \cdots \frac{m}{n}$$

bildet; so ergänzt nicht bloss ihr direkter, sondern auch ihr indirekter Theil resp. den direkten und den indirekten Theil der primären Reihe durch eine gleiche Gliederzahl zwischen je zwei Gliedern. Die in dem Zwischenraume von n Intervallen der rationalen Reihe getroffenen Glieder der primären Reihe sind zwar der Vielheit nach, jedoch nicht der Zusammensetzung, also nicht der Bedeutung nach einander gleich. Das auf das primäre Glied 1 fallende rationale Glied ist $\frac{n}{n}$, dasselbe stellt also nicht wie jenes eine primäre Einheit, sondern eine Vielheit, nämlich das n-fache eines n-ten Theiles dar, welche wir eine sekundäre Einheit nennen. Denselben, durch den Theiler n bestimmten Charakter der Zusammensetzung aus n-teln der Einheit trägt jedes Glied der rationalen Reihe gegenüber dem korrespondirenden Gliede der primären Reihe. Der Übergang von der primären zu einer rationalen Reihe besteht hiernach nicht in einer Vergrösserung oder Verkleinerung, sondern in einer Verwandlung.

Indem für n alle ganzen Zahlen angenommen werden, ergeben sich ebenso viel rationale Reihen, als es ganze Zahlen oder Glieder der primären Reihe giebt. Schreibt man diese Reihen wie auf S. 218 des ersten Theiles zu einer Gruppe untereinander und legt der Reihe von der Basis $\frac{n}{n}$ den Index n bei; so erfüllen diese Indizes eine Reihe ganzer Zahlen, welche normal gegen die Richtung der primären Grundreihe läuft. Die korrespondirenden, einander deckenden Glieder der rationalen Reihen treten hiernach in eine Beziehung zueinander, welche eine Analogie zu dem Fortschritte in der geometrischen Seitenrichtung oder zu der arithmetischen Imaginarität bildet, d. h. die Rationalität als zweite Neutralitätsstufe des Quantitätsgesetzes ist die Analogie zu der Imaginarität als zweiter Neutralitätsstufe des Fortschrittsgesetzes. Die Rationalität oder Sekundarität einer Zahlenreihe liegt nicht in dem Verhältnisse ihrer Glieder zu ihrem Anfangsgliede (welches letztere Verhältniss stets das primäre Verhältniss ganzer Zahlen ist), sondern sie liegt in dem Verhältnisse jener Reihe zu der primären Grundreihe oder in dem Verhältnisse der korrespondirenden Glieder verschiedener solcher Reihen, also in dem Verhältnisse der Basen dieser Reihen zueinander. Die reine Sekundärreihe ist hiernach die Reihe der sekundären Einheiten; ihr direkter Theil ist $\frac{1}{1}, \frac{2}{2}, \frac{3}{3} \cdots \frac{n}{n}$, in ihm erscheint die Einheit als eine n-malige Wiederholung des n-ten Theiles in der Form $\frac{1}{n} \times n$: ihr indirekter Theil zeigt in der Form $n \times \frac{1}{n}$ die Einheit als den n-ten Theil des n-fachen. (Man kann den Gegensatz auch durch die Formen

$n : n$ und $\dfrac{1}{n} : \dfrac{1}{n}$ darstellen). Eine nicht in dieser Reihe der sekundären Einheiten liegende Zahl wie $\dfrac{m}{n}$ ist eine Zahl von gemischtem Charakter; sie hat zugleich primäre und sekundäre Quantität; sie ist eine rationale Vielheit und wird kurz rationale Zahl genannt, indem Zahl auch den Begriff Vielheit vertritt.

Alle sekundären Zahlenreihen, so zahlreich sie selbst und die Glieder jeder einzelnen sein mögen, bezeichnen durch die Quantität ihrer Glieder doch nur solche Grössenwerthe, welche endliche Zwischenräume zwischen sich lassen. Denn solange die ganzen Zahlen m', n', m'', n'' endlich sind, hat die Differenz $\dfrac{m'}{n'} - \dfrac{m''}{n''}$ einen endlichen Werth $\dfrac{m'n'' - n'm''}{n'n''}$. Allerdings können durch genügende Vergrösserung der Zahl n oder durch genügende Vermehrung der obigen rationalen Reihen die Differenzen zwischen den rationalen Zahlen der verschiedenen Reihen unter jede endliche Grenze herabgedrückt werden; endlich bleiben aber die Differenzen, solange n endlich bleibt. Die Gesammtheit der rationalen Zahlen füllt also das Zahlengebiet nicht vollständig, sondern nur lückenweise oder diskret aus, und die Rationalität erscheint daher als das diskrete Quantitätsgesetz. Diesem gegenüber hat die Ganzheit, welche nicht bloss diskrete, sondern bestimmte Einzelwerthe umfasst, und sich in einer einzigen Reihe darstellt, den Charakter des einzigen Vervielfältigungsgesetzes.

Die tertiäre Zahl ist die irrationale Zahl. Dieselbe entspringt nicht wie die rationale Zahl aus einem endlichen Theile der Einheit, sondern aus einem Elemente oder Grenzwerthe der Quantität, welches sich als ein unendlich kleiner (unter jeden bestimmbaren Werth herabsinkender) Theil der Einheit in der Form $\dfrac{1}{q}$ darstellt, worin q eine unendlich grosse (über jeden bestimmbaren Werth hinaus wachsende) ganze Zahl bedeutet. Ist p eine andere unendlich grosse ganze Zahl; so ergeben sich durch fortgesetzte Vervielfältigung des Elementes $\dfrac{1}{q}$ nicht bloss unendlich kleine Zahlen von der Form $\dfrac{m}{q}$, sondern auch in der Form $\dfrac{p}{q}$ endliche und unendlich grosse Zahlen. Dass die Zahlen $\dfrac{p}{q}$, welche mit unendlich kleinen Intervallen vom Werthe $\dfrac{1}{q}$ fortschreiten, in der That jede endliche ganze Zahl a überschreiten, leuchtet ein, wenn man für p den Werth $aq + r$ annimmt, worin r irgend eine andere unendliche oder endliche ganze Zahl ist, da offenbar $\dfrac{aq + r}{q} = a + \dfrac{r}{q} > a$ ist. Die aus der Basis $\dfrac{1}{q}$ entstehende irrationale Zahlenreihe enthält alle ganzen Zahlen a in der Form $\dfrac{aq}{q}$. Die Einheit erscheint in ihr in der Form $\dfrac{q}{q}$, als ein unendlicher Inbegriff unendlich kleiner Elemente. Diesen durch den unendlichen Theiler q bestimmten Charakter hat jedes Glied der irrationalen Reihe, folglich die gesammte Reihe.

Wenn man in dem Bruche $\dfrac{p}{q}$ statt der unendlichen Zahl q den Werth nq nimmt, worin n eine beliebige endliche ganze Zahl ist; so verwandelt sich die eben genannte irrationale Reihe in n Reihen, also in so viel besondere Reihen, als es ganze Zahlen oder rationale Reihen giebt. In diesen aus den Basen $\dfrac{1}{nq}$ sich bildenden irrationalen Reihen ist auch jede rationale Zahl $\dfrac{m}{n}$ enthalten, indem sich dieselbe in der Form $\dfrac{mq}{nq}$ darstellt. Ausser den rationalen Zahlen enthalten die irrationalen Reihen eine unendliche Menge von nichtrationalen Zahlen: Diess sind die eigentlichen irrationalen Zahlen, nämlich diejenigen, welche nur in irrationaler Form zu erscheinen vermögen. Wenn lediglich die Form, nicht der Werth in Betracht gezogen wird, ist jede Zahl, sobald sie als Vielfaches unendlich kleiner Elemente auftritt, eine irrationale, auch wenn sie einen rationalen Werth hat (gleichwie jede ganze Zahl, wenn sie in Bruchform erscheint, eine gebrochene ist und nach gewöhnlichem Sprachgebrauche überhaupt zu den rationalen Zahlen gerechnet wird).

Wenn man entweder in der Basis $\dfrac{1}{q}$ für die unendlich grosse ganze Zahl q einen Werth $q + a$ oder in der Basis $\dfrac{1}{nq}$ für nq den Werth $nq + a$ setzt, worin a eine endliche ganze Zahl bedeutet, verwandelt sich, wie vorstehend, jede rationale Zahlenreihe in eine irrationale, man erhält also eine Gruppe von irrationalen Zahlenreihen, deren Anzahl der Menge aller rationalen Zahlenreihen gleich ist. Wird nun für a nachundnach jede endliche ganze Zahl gesetzt; so ergeben sich so viel Gruppen irrationaler Zahlenreihen, als es ganze Zahlen giebt oder als die primäre Zahlenreihe Glieder enthält, und die Zahl der irrationalen Reihen einer jeden Gruppe ist gleich der Zahl aller rationalen Zahlenreihen. Diese Gruppen von irrationalen Zahlenreihen schalten sich als Bestandtheile der allgemeinen Zahlenreihe zwischen den rationalen Reihen ein, werden sie aber gruppenweise zusammengefasst und in Gruppen nebeneinander gelagert; so bauen sie sich übereinander und über der Grundgruppe von rationalen Zahlen wie Ebenen über Ebenen auf: wenn man also jeder Gruppe einen Index giebt, welcher einer ganzen Zahl entspricht; so ist der Übergang von einer rationalen Zahlengruppe zu einer irrationalen die Analogie des Fortschrittes in einer tertiären oder überimaginären Richtung. In dieser tertiären Richtung oder in der reinen Tertiärreihe liegen alle tertiären Einheiten von der Form $\dfrac{q}{q}$ resp. $\dfrac{nq + a}{nq + a}$, in welcher sie das unendliche Vielfache eines unendlich kleinen Theiles darstellen. Im indirekten Theile dieser Reihe liegen auch in der Form $\dfrac{1}{q} : \dfrac{1}{q}$ diejenigen Einheiten, welche als Verhältnisse unendlich kleiner Theile zueinander erscheinen. Die Irrationalität, als tertiäre Quantität, berührt die Vielheit oder die primitive Quantität ebenso wenig, wie Diess die Rationalität thut. Eine irrationale Zahl kann beliebig gross oder klein sein: ist ihr Werth verschieden von 1; so hat sie im Allgemeinen einen gemischten Charakter, in welchem sich primäre, sekundäre und tertiäre Quantität mit primitiver Vielheit verknüpfen. So ist z. B. die Zahl 3 primär in der Gestalt 3, primär und sekundär oder eine ganze Zahl in Bruchform in der Gestalt $\frac{3 \cdot 7}{7} = \frac{21}{7}$, primär, sekundär und tertiär in der Gestalt $\frac{3.7.\pi}{7.\pi}$, primär und tertiär oder eine ganze Zahl in Irrationalform in der Gestalt $\frac{3\pi}{\pi}$; ebenso hat die Zahl $\frac{2}{3}$ in dieser Gestalt die sekundäre oder rationale oder Bruchform, in der Gestalt $\frac{2000\ldots}{3000\ldots} = 0,666\ldots$ dagegen die sekundäre und tertiäre Form, d. h. sie ist ein rationaler Bruch in Irrationalform.

Insofern es sich lediglich um die absolute Quantität handelt, bedarf es der Variation der unendlich grossen ganzen Zahl q, also der Herstellung verschiedener Gruppen von irrationalen Zahlenreihen nicht. Veränderlichkeit liegt im Grundwesen jeder unendlichen Zahl q: die eine Gruppe von irrationalen Zahlen, wofür $a = 0$ ist, reicht also aus, um alle möglichen absoluten Quantitätswerthe zu erzeugen. Insofern es sich jedoch auch um die relative Quantität oder um das Verhältniss der Zahlen handelt, ist die Gesammtheit aller Gruppen von irrationalen Zahlen oder die Variation von a wichtig: denn während eine einzelne Gruppe solche Irrationalzahlen ergiebt, welche in einem rationalen Verhältnisse zueinander stehen, wie z. B. $\frac{2\pi}{3\pi}$, liefern die verschiedenen Gruppen auch Irrationalzahlen, welche in einem irrationalen Verhältnisse zueinander stehen, wie z. B. $\frac{log\,2}{log\,3}$.

Die Intervalle zwischen den Gliedern einer irrationalen Zahlenreihe sind überall gleich $\frac{1}{q}$, also unendlich klein oder verschwindend. Demzufolge füllt eine solche Reihe das Zahlengebiet stetig aus. Dieser Umstand rechtfertigt es, eine Irrationalzahl eine stetige Vielheit zu nennen.

Wenn man sich alle aus den verschiedenen Basen $\frac{n}{n}$ entstehenden rationalen Zahlenreihen ineinander oder auf einunddieselbe Grundreihe gelegt denkt, können sie wie eine einzige Reihe aufgefasst werden, deren Basis ein echter Bruch $\frac{m}{n}$ ist, worin m und n beliebige ganze Zahlen sind. Denkt man sich ebenso alle irrationalen Zahlenreihen übereinander gelegt; so erscheinen sie als eine einzige Reihe, deren Basis eine Irrationalzahl $\frac{p}{q} \leq 1$ ist, worin p und q beliebige unendlich grosse ganze Zahlen sind. Die Reihe der ganzen Zahlen durchmisst das Zahlengebiet auf eine einzige Weise; ihre Basis und ihr Theiler ist die Einheit 1. Die rationale Reihe durchmisst dieses Gebiet auf mehrfache, aber diskrete Weise (mittelst endlicher Intervalle); ihre Basis $\frac{m}{n}$ ist ein Vielfaches eines Theiles der Einheit; ihr Theiler n ist ein Vielfaches der Einheit. Die irrationale Reihe durchmisst das Zahlengebiet auf stetige Weise, also vollständig; ihre Basis $\frac{p}{q}$ ist eine unendliche Vielheit p unendlich kleiner Theile $\frac{1}{q}$ der Einheit; ihr Theiler q ist die unendliche Menge aller Einheiten. Einheit, Vielheit, Allheit ist also ein Grundcharakter der Ganzheit, der Rationalität, der Irrationalität, wenn man Eines, Vieles, Alles in dem Sinne von Eines, Manches, Jedes nimmt, also unter dem Einen das auf einzige Weise Begrenzte, unter dem Vielen das auf mehrfache bestimmte Weise oder diskret Begrenzte und unter dem Allen das auf jede beliebige Weise oder stetig Begrenzte versteht.

Jenachdem man den Standpunkt im ersten, zweiten, dritten, vierten, fünften Grundgesetze nimmt, erlangt die Neutralität der Quantität wie jede andere Eigenschaft eine besondere Bedeutung. Unter der Herrschaft des ersten Grundgesetzes bedeuten jene drei Stufen, welche in unserem Systeme die Namen primäre, sekundäre und tertiäre Vielheit tragen, Einzahl, Anzahl, Unzahl, d. h. einfache Menge, diskrete Menge von Theilen, durch unendlich kleine Theile zählbare oder stetige Menge. Unter der Herrschaft des zweiten Grundgesetzes, oder wenn sie als Resultate eines Fortschrittes gedacht werden, welcher auf der ersten Stufe als ein einziger Sprung über ein bestimmtes Intervall, auf der zweiten als ein sprungweiser Fortschritt in Intervallen, auf der dritten als ein stetiger Fortschritt ohne Intervalle erscheint, bedeuten sie Einzelheit (Einstückigkeit), Diskretheit und Allmählichkeit (Sukzessivität). Unter der Herrschaft des dritten Grundgesetzes oder als Resultate einer Verhältnissbildung, einer Messung durch eine gemeinschaftliche Einheit, heissen sie Ganzheit (Integrität), Rationalität und Irrationalität. Unter der Herrschaft des vierten Grundgesetzes oder als Resultate einer Erzeugung aus Elementen können sie als Einzigkeit (Ungetheiltheit, Inbegriff ohne Theile, einziges Stück ohne Abtheilungen), Inbegriff von gleichartigen Theilen oder Abtheilungen, Gesammtinbegriff von kleinsten Theilen oder Elementen gedacht werden. Unter der Herrschaft des fünften Grundgesetzes oder als Resultate einer Variabilität erscheinen sie als Alleinheit (Abgeschlossenheit, Isolirtheit), Diskontinuität (unterbrochener Zusammenhang), Kontinuität (Stetigkeit, ununterbrochener Zusammenhang, Zusammenhang in den Elementen).

Die primäre Einheit 1 ist ein einziges ungetheiltes Stück ohne Theile, ohne Abtheilungen, ohne Zwischenpunkte, ohne Elemente, ohne Zusammenhang, ein Intervall mit bestimmter einziger Grenze (Fig. 1045); sie ist untheilbar und einzig in ihrer Art, es giebt nur eine einzige primäre Einheit. Eine sekundäre Einheit $\frac{n}{n}$ hat n gleiche und gleichartige,

einander begrenzende Theile von bestimmtem endlichen Werthe; sie
stellt eine Verbindung von Intervallen mit Zwischengrenzen dar, welche
sich an diesen Grenzen aneinander reihen (Fig. 1046); sie ist in bestimmter Weise theilbar. Eine tertiäre Einheit $\frac{q}{q}$ hat keine Intervalle
oder Lücken, sondern lauter unendlich kleine Theile, deren Grenzen unmittelbar vor einander liegen und von welchen die Nachbaren mit ihren
Grenzen sich aneinander schliessen (Fig. 1047); sie ist unausgesetzt oder
unendlich theilbar. Die Bestandtheile der tertiären Einheit sind zugleich
ihre Elemente, nämlich erzeugende oder beschreibende Grössen von
niedrigerer Dimension (Grenzwerthe). Ein Element ist als solches oder
in seiner primitiven Bedeutung untheilbar, als Theil der tertiären Einheit
dagegen ist es mit dieser Einheit gleichartig, folglich unausgesetzt theilbar.

Alle eben genannten Eigenschaften kommen der primären, sekundären,
tertiären abstrakten Einheit zu. Ein solche Einheit ist aber ein Begriff,
eine Erkenntniss, eine reine Verstandesgrösse, keine Anschauung, keine
Erscheinung, kein äusseres Ding; sie ist ein gedachtes, kein äusseres
Sein. Für Grössen, welche einem anderen, als dem reinen Erkenntniss-
gebiete angehören, also für Anschauungen, Erscheinungen und Aussen-
dinge haben reine Begriffe keine unmittelbare, sondern diejenige mittelbare Bedeutung, welche durch den von uns frei gewählten Stand- oder
Gesichtspunkt, aus welchem wir die Grössen betrachten, bedingt ist.
Eine sinnliche und eine anschauliche Grösse (z. B. eine Raumgrösse)
kann daher nach Belieben bald als primäre, bald als sekundäre, bald
als tertiäre Einheit, überhaupt als beliebige Vielheit von diskreter oder
stetiger Bildung aufgefasst werden.

Nach dem Kardinalprinzipe ist die Quantität von den übrigen
Grundeigenschaften völlig unabhängig; ein Quantitätsprozess beeinflusst
keine der übrigen Eigenschaften und eine Grösse kann ohne Beein-
trächtigung ihrer Quantität alle übrigen Eigenschaften ändern, also eine
andere Stelle, Richtung, Qualität und Form sowohl im Ganzen, als auch
in ihren Theilen und in ihren Grenzen annehmen. Die einzelnen Theile
einer Grösse, z. B. ihre n n-tel sind keine identischen Grössen, dieselben
unterscheiden sich durch ihren Ort (als erstes, zweites, drittes . . . n-tel),
aber auch durch ihre Richtung und ihre Form. Bei einreihigen oder
einseitigen Grössen (wie z. B. räumlichen Linien) ist die Form der
Grenze einfach, sie besteht aus einem Anfange und einem Ende, und
durch Verknüpfung solcher einseitigen Grössen vermittelst Anschliessung
des Anfanges der einen an das Ende der anderen entstehen nur Grössen,
welche dieselbe einfache Grenzform (einen Anfang und ein Ende haben).
Bei zweireihigen Grössen mit einer Seitendimension (z. B. räumlichen
Flächen) ist die Grenzform nicht einfach; sie stellt sich dar als ein Umfang, welcher eine beliebige Form annehmen kann. Bei dreireihigen Grössen
ist auch die Grenzfigur dreiseitig und bildet eine allseitige Umgrenzung.
Eine zwei- und dreiseitige Grösse kann daher auch in Theile von beliebiger Grenzform zerlegt werden: das n-tel einer solchen Grösse kann
von verschiedener Form gedacht werden. Durch Wiederholung eines
solchen n-tels in verschiedenen Richtungen oder durch Verknüpfung

mehrerer nach Form verschiedenen n-tel in beliebiger Anordnung entstehen Grössen, deren Quantität zwar irgend eine der obigen Vielheiten ist, welche aber wegen der verschiedenen Art und Weise ihrer Zusammensetzung sehr verschiedene Bedeutungen annehmen, die sich durch die eigenthümliche Form und Stellung der erzeugten Grössen kennzeichnen. Diese Bildungen gewinnen in der Geometrie Anschaulichkeit; sie beruhen aber auf allgemeinen Begriffen, welche für die Arithmetik dieselbe Bedeutung haben.

Die Reihe der ganzen Zahlen 1, 2, 3 ... repräsentirt in ihrer Zählrichtung die primäre Richtung. Die Reihe der sekundären Einheiten $\frac{1}{1}, \frac{2}{2}, \frac{3}{3}$ ..., welche die Basen der rationalen Zahlenreihen sind, repräsentirt die sekundäre Zählrichtung. Die Differenzen der Glieder der ersten Reihe sind gleich 1, die der Glieder der zweiten Reihe sind gleich 0: konstant sind die Differenzen der Glieder in beiden Reihen. Bildet man eine Zahlenreihe mit einer konstanten Differenz d, welche zwischen 1 und 0 liegt, also eine Reihe, deren Glieder den Werth 1, $1 + d$, $1 + 2d$, $1 + 3d$ ... haben, giebt jedoch dem ersten, zweiten, dritten ... Gliede die Form eines Gliedes der ersten, zweiten, dritten ... Rationalreihe, sodass dasselbe als ein Bruch resp. mit dem Nenner 1, 2, 3 ... erscheint; so entspricht die Reihe

$$\frac{1}{1}, \quad \frac{2(1 + d)}{2}, \quad \frac{3(1 + 2d)}{3}, \quad \frac{4(1 + 3d)}{4} \quad \dots$$

einer zwischen der primären und sekundären liegenden Zählrichtung. Man kann diese Reihe eine relative oder Verhältnissreihe nennen: denn während die Zählwirkung in der primären Reihe eine volle, dem Fortschritte um eine volle Einheit entsprechende und in der sekundären Reihe null ist, ist sie in der letzteren Verhältnissreihe eine relative oder verhältnissmässige, dem Fortschritte um den Betrag d entsprechende.

Setzt man z. B. $d = \frac{1}{2}$; so ergiebt sich die Reihe

$$\frac{1}{1} \quad \frac{3}{2} \quad \frac{6}{3} \quad \frac{10}{4} \quad \frac{15}{5} \quad \frac{21}{6}$$

Setzt man $d = \frac{2}{3}$; so kömmt

$$\frac{1}{1} \quad \frac{3\frac{1}{3}}{2} \quad \frac{7}{3} \quad \frac{12}{4} \quad \frac{18\frac{1}{3}}{5} \quad \frac{26}{6}$$

In der letzten Reihe sind die Zähler nicht sämmtlich ganze Zahlen, manche Glieder dieser Reihe bilden also systematische Ergänzungsglieder der betreffenden rationalen Reihe. Während die Nenner in einer solchen Verhältnissreihe die Werthe 1, 2, 3, 4 ... mit der konstanten Differenz 1 durchlaufen, bilden die Zähler eine Reihe mit gleichmässig wachsenden Differenzen $(2\frac{1}{3}, 3\frac{2}{3}, 5, 6\frac{1}{3}, 7\frac{2}{3})$.

Schreibt man die rationalen Zahlenreihen aus §. 84, S. 218 so unter einander, dass alle Zahlen von gleichem Werthe in derselben Vertikallinie unter einander stehen, also so:

$$1 \qquad\qquad\qquad 2 \qquad\qquad\qquad 3$$

$$\frac{2}{2} \qquad \frac{3}{2} \qquad \frac{4}{2} \qquad \frac{5}{2} \qquad \frac{6}{2}$$

$$\frac{3}{3} \quad \frac{4}{3} \quad \frac{5}{3} \quad \frac{6}{3} \quad \frac{7}{3} \quad \frac{8}{3} \quad \frac{9}{3}$$

$$\frac{4}{4} \quad \frac{5}{4} \quad \frac{6}{4} \quad \frac{7}{4} \quad \frac{8}{4} \quad \frac{9}{4} \quad \frac{10}{4} \quad \frac{11}{4} \quad \frac{12}{4}$$

so liegen die Glieder einer jeden Verhältnissreihe in einer schrägen Linie, welche vom Gliede 1 aus durch die Zahlenebene läuft und in jeder rationalen Reihe die betreffende Stelle markirt. Hierdurch giebt das Quantitätsgesetz derjenigen Eigenschaft Ausdruck, welche unter dem dritten Grundgesetze Richtung heisst. Wollte man sagen, die um die Differenz d fortschreitende Reihe habe eine Richtung; so wäre Diess doch nur eine ideelle Richtung; die wirkliche Bedeutung der in Rede stehenden Eigenschaft ist Verhältnissmässigkeit.

Reihen, deren Zählwirkungen sich um gleich viel unterscheiden, bilden einen gleichen ideellen Winkel gegeneinander. Theilt man die Einheit in n gleiche Theile; so liefert das allgemeine Schema einer Verhältnissreihe $n + 1$ Reihen, deren ideelle Neigungswinkel gegeneinander gleich und zwar $= \dfrac{1}{n} \cdot 90^{0}$ sind, wenn man sukzessive $d = \dfrac{n}{n}, \ \dfrac{n-1}{n}, \ \dfrac{n-2}{n} \ldots \dfrac{1}{n}$, 0 setzt. So neigen sich z. B. für $n = 3$ die den Zählwirkungen 1, $^{2}/_{3}$, $^{1}/_{3}$, 0 entsprechenden vier Reihen

$$1 \qquad 2 \qquad 3 \qquad 4 \qquad 5 \qquad 6$$

$$\frac{1}{1} \quad \frac{3^{1}/_{3}}{2} \quad \frac{7}{3} \quad \frac{12}{4} \quad \frac{18^{1}/_{3}}{5} \quad \frac{26}{6}$$

$$\frac{1}{1} \quad \frac{2^{2}/_{3}}{2} \quad \frac{5}{3} \quad \frac{8}{4} \quad \frac{11^{2}/_{3}}{5} \quad \frac{16}{6}$$

$$\frac{1}{1} \quad \frac{2}{2} \quad \frac{3}{3} \quad \frac{4}{4} \quad \frac{5}{5} \quad \frac{6}{6}$$

unter dem ideellen Winkel von 30^{0} gegeneinander.

Mit Hülfe der irrationalen Zahlenreihen und Zahlenebenen, welche sich über der rationalen Grundebene aufbauen, ergiebt sich diejenige Verhältnissmässigkeit, welche einer irrationalen Zählwirkung und einer ideellen Richtung im Raume entspricht.

Aus der Komposition mehrerer verschiedenen Zählwirkungen durch Übergang von einer Zahlenreihe zu einer anderen entstehen Zahlformen, deren wir bereits erwähnt haben. Wir fügen nur noch hinzu, dass die Ingression in jeder Zahlenreihe, d. h. die Weite des Sprunges über eine gewisse Anzahl natürlicher Glieder, namentlich aber die Variabilität dieses Sprunges ebenfalls ein Element dieser ideellen Form ist. So entspricht die Reihe 1, 2, 3, 4 ... der natürlichen Reihe der ganzen Zahlen, die Reihe 1, 3, 5, 7 ... dagegen einer primären Reihe mit verdoppelter

Ingression. Ebenso ist $\dfrac{1}{1}$, $\dfrac{7}{3}$, $\dfrac{18^{1}/_{3}}{5}$ ... eine relative Zahlenreihe mit verdoppelter Ingression, $\dfrac{1}{1}$, $\dfrac{4}{4}$, $\dfrac{7}{7}$ ... eine sekundäre Reihe mit dreifacher Ingression.

Aus dieser Charakteristik der drei Neutralitätsstufen der mathematischen Quantität ergeben sich leicht die logischen Analogien. Zuvörderst heben wir hervor, dass Einheit, Vielheit, Allheit zwar Begriffe, aber speziell arithmetische, keine allgemeine logische sind. Dieselben gehören, als Abstraktionen von Anschauungen, dem Kardinalprinzipe der in der Arithmetik sich verkörpernden logischen Mathematik, nicht dem Kardinalprinzipe der Logik an; sie bezeichnen mathematische, keine logischen Eigenschaften; sie kennzeichnen die mathematische, nicht aber die logische Singularität, Partikularität und Universalität; sie sind Merkmale von Grössen, abstrakte Merkmale von Grössenabstraktion, nicht Merkmale von reinen Begriffen.

Wie das Wesen der mathematischen Quantität unter dem Neutralitätsprinzipe vornehmlich nicht als Vielheit, sondern als Vielfachheit erscheint; so tritt auch die logische Quantität hier nicht als Weite, sondern als Allgemeinheit (Generalität) auf. Die Erweiterung, welche wir weiter oben als den primitiven Quantitätsprozess kennen gelernt haben, und die Anschliessung, welche sich als der positive Quantitätsprozess dargestellt hat, verwandelt sich jetzt in den primären Quantitätsprozess, welcher, analog der mathematischen Vervielfältigung, Verallgemeinerung oder Generalisation heisst. Hierdurch ist der direkte Prozess bezeichnet; der entgegengesetzte Prozess, entsprechend der mathematischen Theilung durch Division, ist die Spezialisirung.

Der Grundgedanke der Verallgemeinerung ist nicht unmittelbare Erweiterung des Begriffes oder Vermehrung seiner Fälle, sondern unmittelbare Erweiterung der Merkmale dieses Begriffes, ein Prozess, welcher, ebenso wie die Anschliessung eine Erweiterung des Begriffes mittelbar zur Folge hat, aber doch im Prinzipe davon abweicht. Während bei der Verallgemeinerung die Merkmale sich ändern, bleibt die Einheit, auf welche sich dieselben beziehen, als eine konstante Grundlage des sich verallgemeinernden Begriffes ungeändert, oder die Verallgemeinerung ist eine erweiterte Beziehung auf dieselbe Einheit, wogegen bei der eigentlichen Erweiterung und der Anschliessung auch Begriffe, welche sich auf ganz verschiedene Einheiten beziehen, vereinigt werden können. Für das Verständniss einer Allgemeinheit ist daher die Erkenntniss der Begriffseinheit von entschiedener Wichtigkeit.

Beispielsweise kann der Begriff Maurer mittelst des Begriffes Zimmermann durch Anschliessung zu dem Begriffe Maurer und Zimmermann und durch wiederholte Anschliessung zu dem Begriffe Handwerker erweitert werden: eine eigentliche Verallgemeinerung ist Diess nicht, da eine erweiterte Beziehung auf eine konstante Einheit darin nicht zu erblicken ist. Dagegen liefert der Übergang vom Maurer zum Bauhandwerker und von diesem zum Handwerker fortgesetzte Verallgemeinerungen, wenn man die Begriffe als Beziehungen auf den Handwerker als Einheit betrachtet. Umgekehrt, ist der Übergang vom Handwerker zum Bauhandwerker und von diesem zum Maurer unter demselben Gesichtspunkte eine Spezialisirung, wogegen der Übergang vom Bauhandwerker zum Bauhandwerker ohne den Zimmermann und Tischler eine Ausschliessung ist. Der Übergang vom Deutschen zum Europäer ist eine primitive Erweiterung, keine Verallgemeinerung, dagegen erscheint der Übergang vom deutschen Menschen zum europäischen Menschen als eine Verallgemeinerung, wobei der Begriff Mensch als Einheit auftritt. Umgekehrt, ist der Übergang vom Europäer zum Deutschen keine Spezialisirung, sondern eine primitive Einschränkung, dagegen der Übergang vom europäischen Menschen zum deutschen Menschen eine Spezialisirung. Es liegt auf der Hand, dass man denselben Prozess als eine Erweiterung, als eine Einschliessung und als eine Verallgemeinerung betrachten kann, wie mathematisch eine Vielheit als ein Numerat, als ein Aggregat und als ein Vielfaches angesehen werden kann, dass hiermit jedoch ein Wechsel des Standpunktes in dem Kardinalprinzipe verbunden ist, welcher dem Begriffe eine veränderte Bedeutung giebt.

Der Standpunkt der Verallgemeinerung charakterisirt sich häufig durch die ausdrückliche Nennung der Einheit A, auf welche sich die Verallgemeinerung B bezieht, oder des Begriffes, welcher verallgemeinert werden soll, vermöge der Ausdrucksweise B ist eine Verallgemeinerung von A, z. B. die Ellipse ist ein verallgemeinerter Kreis, der Kegelschnitt eine Verallgemeinerung der Ellipse und, umgekehrt, der Kreis ist eine Spezialität der Ellipse, die Ellipse ist eine Spezialität des Kegelschnittes.

Wie in der Mathematik häufig Vervielfachung synonym mit Vermehrung gebraucht wird; so wird auch in der Logik oftmals Verallgemeinerung synonym mit Erweiterung gebraucht. Diess kann unbedenklich geschehen, wenn es nur auf die Vermehrung der Substanz ankömmt; alsdann kann auch die Verallgemeinerung die erste Metabolie vertreten.

Wir wenden uns nun zur Charakterisirung der drei Neutralitätsstufen der Quantität.

Die logische Singularität oder primäre Quantität korrespondirt mit der mathematischen Ganzheit, resp. Einzelheit. Sie bedeutet Einzigkeit in seiner Art oder Ausschliesslichkeit. Ein singulärer Begriff, welcher zugleich eine singuläre Einheit vertritt, steht einzig da (einzig in seiner Art); er repräsentirt einen einzigen Fall, welchem seine Merkmale ausschliesslich zukommen oder welcher durch ausschliessliche Merkmale, d. h. durch solche Merkmale charakterisirt ist, die nur ihm allein und keinem anderen Begriffe zukommen. Die Ausschliesslichkeit der Merkmale verlangt nicht die Ausschliesslichkeit jedes einzelnen Merkmals, sondern die Ausschliesslichkeit des Systems aller Merkmale, welche den Begriff definiren. So stellt Johann Bernouilli einen singulären Menschen oder eine Singularität des Begriffes Mensch und zwar in Form einer singulären Einheit oder einer absoluten Singularität dar. Wie durch Vervielfältigung der mathematischen Einheit ein Ganzes entsteht; so entsteht durch Generalisirung einer absoluten Singularität eine generelle Singularität. Eine solche ist, wenn Johann Bernouilli eine absolute ist, der Begriff „ein Bernouilli", d. h. irgend einer der Mathematiker jenes

Namens. Wird, umgekehrt, der Begriff „ein Bernouilli" zur singulären Einheit angenommen; so ist Johann Bernouilli eine spezielle Singularität. Ein Hohenstaufe kann als singuläre Einheit, ein deutscher Kaiser als eine generelle und der Hohenstaufe Konradin als eine spezielle Singularität aufgefasst werden.

So gut wie Individuen, können auch Gattungen singularisirt werden. Die Rose (jede beliebige Rose) ist eine singuläre Gattung der Blumen oder die Singularität eines Gattungsbegriffes; die Kletterrose kann als eine speziellere Singularität der Blume, die Gartenblume als eine generellere Singularität, deren Einheit die Rose ist, angesehen werden. Auch Gesammtbegriffe, welche Gattungen umfassen, sind zu singularisiren. So bildet z. B. der Begriff Blume, als Inbegriff unendlich vieler Gattungen eine Singularität des Pflanzenreiches, die Gartenblume eine speziellere Singularität. Endlich liefern auch die Zustände eines einzelnen Individuums Singularitäten; so ist z. B. Napoleon im Tode ein singulärer Zustand Napoleons, Napoleon im Augenblicke seines höchsten Glückes und Unglückes eine generellere Singularität Napoleons.

Die Qualität eines Begriffes ist ganz unwesentlich für die Singularisation, gleichwie mathematisch ebenso gut eine Punktgrösse, eine Liniengrösse, eine Flächengrösse und eine Körpergrösse die Rolle einer Einheit, eines ganzen Vielfachen, eines aliquoten Theiles spielen kann.

Es hängt ganz von der Willkür des Denkenden ab, ob er einen Begriff als eine Singularität, insbesondere als eine absolute, spezielle oder generelle auffassen will: jeder Begriff, wenn er als ein Unikum gedacht wird, ist eine Singularität. Der Deutsche erscheint als eine Singularität des Menschen, wenn man im Deutschthum ein ausschliessliches Merkmal erblickt; unter derselben Voraussetzung ist der Preusse eine speziellere, der Europäer eine generellere Singularität. Sieht man aber das Deutschthum nicht als ein ausschliessliches, sondern als ein solches an, welches auch anderen Begriffen, z. B. dem Germanen, dem Künstler u. s. w. oder manchen in diesen Begriffen liegenden Fällen zukömmt; so ist der Deutsche keine Singularität des Menschen, sondern eine Partikularität, welche sogleich betrachtet werden wird.

Singularisation (spezielle und generelle) ist nach Vorstehendem Eintheilung, resp. Zusammensetzung in einer einzig zulässigen Weise, z. B. die durch Fig. 1048 veranschaulichte einzige Eintheilung des Begriffes A.

Der sprachliche Ausdruck für ein Objekt, welches eine natürliche Singularität darstellt, ist der Eigenname. So sind Plato, Europa, der Montblanc, der Rhein, Sirius, die Milchstrasse, Gold, Eisen, Wasser natürliche singuläre Einheiten, ein Stern des grossen Bären, ein Gott des Olymp, eine Stadt Italiens, ein Grieche sind natürliche generelle Singularitäten. Das Demonstrativpronom dieser, jener stempelt einen Begriff zur Singularität: dieser Mensch ist ein singulärer Mensch; diese Nation ist eine singuläre Nation.

Die Partikularität oder sekundäre Quantität ist die logische Analogie zur mathematischen Rationalität; ein partikulärer Begriff korrespondirt mit einem Bruche und zwar schliesst sich die echte logische Partikularität dem echten Bruche an, welcher kleiner ist als die Einheit. Der echte partikuläre Begriff wird vom Einheitsbegriffe eingeschlossen; er wird nicht durch ausschliessliche, sondern durch solche Merkmale definirt, welche auch anderen in jener Einheit enthaltenen Begriffen oder manchen Fällen solcher Begriffe zukommen. Die Partikularität a des Begriffes A (Fig. 1049) umfasst daher manche, jedoch nicht alle in A enthaltenen Fälle und Begriffe, und ausserdem umfasst sie die ihr angehörigen Fälle nicht ausschliesslich, sondern lässt Begriffe wie b und c zu, welche mit a gemeinschaftlich Fälle und Merkmale besitzen.

Partikularisation (spezielle und generelle) ist daher Eintheilung, resp. Zusammensetzung in einer beliebigen von mehreren zulässigen Weise oder in einer Weise, welche nicht durch ausschliessliche, sondern nur durch einfach unterscheidende Merkmale gekennzeichnet ist. Diese unterscheidenden Merkmale charakterisiren eine Partikularität a als eine bestimmte, als einen bestimmten Bestandtheil des Einheitsbegriffes A; sie sind also für diese Partikularität wesentlich, nicht aber für den Einheitsbegriff.

Die Partikularität wird sprachlich an dem Einheitsbegriffe durch ein dazu geeignetes Epitheton gekennzeichnet. Hierzu eignen sich Adjektiven, Adverbien und Hauptwörter. Beispielsweise ist der tapfere Mann eine Partikularität des Mannes, welche nicht alle, sondern manche Fälle des Mannes umfasst, diese Umfassung auch mit manchen anderen Partikularitäten, z. B. mit dem freien Manne ganz oder theilweise theilt, indem mancher tapfere Mann frei und mancher freie tapfer ist. Ebenso ist der Bauhandwerker eine Partikularität des Handwerkers, das Reitpferd eine Partikularität des Pferdes. Der Eigenname bezeichnet eine Singularität; soll also ein solcher Name, wie der Deutsche, eine Partikularität, etwa die des Menschen darstellen; so muss die partikularisirte Einheit in Gedanken ergänzt werden: in diesem Sinne bedeutet dann der Deutsche den deutschen Menschen. Das sehr Grosse ist eine Partikularität des Grossen, schnell laufen eine solche von laufen. Viele Partikularitäten werden durch Sammelnamen, wie z. B. Künstler, Reiter, Held, Fluss, Planet dargestellt, wenn man darunter die durch gewisse Merkmale gekennzeichneten Fälle des Menschen, des Gewässers, des Sternes versteht.

Durch Erweiterung spezieller Partikularitäten entstehen generelle. So führt die Verbindung des Schneiders, Schuhmachers, Tischlers, Schmiedes u. s. w. zu der generelleren Partikularität des Handwerkers oder die Aufhebung des partikularisirenden Merkmales in dem Begriffe Bauhandwerker zu der verallgemeinerten Partikularität des Handwerkers.

Durch Generalisation kann die Partikularität über die Grenzen des Einheitsbegriffes ganz und theilweise hinausgeführt werden. Die hierdurch sich ergebenden unechten Partikularitäten entsprechen den unechten Brüchen. So ergiebt der Begriff Bauhandwerker, welcher eine Partikularität des Handwerkers ist, durch Erweiterung der partikularisirenden Merkmale den Begriff Arbeiter, welcher weiter ist als der Einheitsbegriff Handwerker.

Der allgemeine Ausdruck einer rationalen Zahl ist $\frac{m}{n}$, wodurch das m-fache des n-ten Theiles der Einheit dargestellt ist. Der mathematischen Einheit, welche jetzt nicht als primäre Einheit 1, sondern als sekundäre

Einheit $\dfrac{n}{n}$ (als das in n Theile zerlegbare n-fache eines solchen Theiles) auftritt, entspricht der logische Einheitsbegriff und zwar der sekundäre Einheitsbegriff, nämlich derjenige, welcher als ein in speziellere Begriffe zerlegbarer Gesammtbegriff gedacht wird. Demgemäss erscheint der Begriff Handwerker als eine sekundäre Einheit, wenn er als der Inbegriff des Schneiders, Tischlers u. s. w. gedacht wird. Eine Partikularität, wie der Schneider, wenn sie als ein einfacher Begriff (ein durch ein einfaches Merkmal definirter Begriff) angesehen wird, entspricht dem mathematischen aliquoten Theile $\dfrac{1}{n}$ und bezeichnet einen sowohl nach Quantität, als auch nach seiner sonstigen Beschaffenheit (nach seiner Form und Stelle in der Reihe $\dfrac{1}{n} + \dfrac{1}{n} + \dfrac{1}{n} + \ldots = 1$) bestimmt definirten Partikularbegriff, welcher die Basis für Verallgemeinerungen oder für die Erzeugung der mit der Grösse $\dfrac{m}{n}$ korrespondirenden generellen Partikularitäten z. B. für den Bauhandwerker, welcher den Tischler, Zimmermann, Schmied u. s. w. umfasst, bildet.

Die Universalität oder tertiäre Quantität ist die logische Analogie zur mathematischen Irrationalität: übrigens versteht man unter dem eigentlichen universellen Begriffe einen solchen, welcher weiter ist als die Begriffseinheit, welcher also mit einer irrationalen Zahl korrespondirt, die grösser ist als 1. Ein solcher die Einheit A einschliessender universeller Begriff a (Fig. 1050) fasst alle möglichen oder erdenklichen in dem als universelle Einheit auftretenden Begriffe A liegenden Fälle und Begriffe b, c, d in sich: das Merkmal eines solchen Begriffes ist also von der Art, dass es allen möglichen Fällen von A zukömmt, mithin für keinen dieser Fälle ein unterscheidendes oder wesentliches, noch weniger ein ausschliessliches ist.

Die Basis eines universellen Begriffes ist die Analogie zu einem unendlich kleinen Theile $\dfrac{1}{q}$ der Einheit, welche jetzt als tertiäre Einheit $\dfrac{q}{q}$ auftritt; diese Basis entspricht einem möglichen Falle des Einheitsbegriffes, der nun als ein tertiärer Einheitsbegriff oder als ein unendlicher Inbegriff von möglichen Fällen erscheint. Ein solcher möglicher Fall, wenn derselbe als Begriffsbasis $\dfrac{1}{q}$ genommen wird, charakterisirt sich durch den gänzlichen Mangel an Merkmalen. Der durch Verallgemeinerung einer solchen Basis entstehende universelle Begriff $\dfrac{p}{q}$, mag er nun enger oder weiter sein, als die Einheit $\dfrac{p}{q} = 1$, erhält natürlich einen dem Zahler p entsprechenden bestimmten Umfang oder wird in seiner Totalität durch bestimmte Merkmale gekennzeichnet; seinen Bestandtheilen fehlen aber die charakteristischen Merkmale gänzlich. Universalisation ist daher Eintheilung, resp. Zusammensetzung in jeder beliebigen denkbaren Weise ohne irgendwelche unterscheidende Merkmale gekennzeichneten Weise.

Beispielsweise kann der Deutsche, wenn derselbe nicht als ein partikulärer Inbegriff von manchen Staatsangehörigen (Preussen, Baiern, Sachsen u. s. w.) aufgefasst wird, als ein universeller Inbegriff von unendlich vielen möglicheu Menschen gedacht werden. Auf diese Weise repräsentirt er eine tertiäre logische Einheit $\dfrac{q}{q}$, deren Basis $\dfrac{1}{q}$ irgend ein Mensch ist. Durch unendliche Erweiterung dieses Begriffes entsteht der Preusse $\dfrac{p}{q}$ als eine generelle Universalität, welche von der Einheit $\dfrac{q}{q}$ eingeschlossen ist, und der Europäer $\dfrac{p}{q}$ als generelle Universalität, welche weiter ist, als jene Einheit. Insofern diese letzteren Universalitäten im Vergleich zu der Einheit des Deutschen eine bestimmte endliche Quantität haben, insbesondere durch Merkmale begrenzt sind, repräsentiren sie eine endliche Universalität, wogegen die von den Grenzmerkmalen ganz befreite Universalität, wie z. B. der Begriff Mensch eine absolute ist.

Aus Vorstehendem ist ersichtlich, dass ein Begriff als singulärer Inbegriff aus einzelnen bestimmten, sich gegenseitig ausschliessenden Begriffen besteht, welche man seine Singularfälle nennen kann. Wird derselbe als partikulärer Inbegriff aufgefasst; so lassen sich unendlich viel verschiedene Partikularitäten oder Partikularfälle, welche sich theilweise decken, daraus bilden, z. B. aus dem Deutschen der Preusse, der Norddeutsche, der deutsche Künstler u. s. w.; derselbe kann aber auch in solche Partikularitäten zerlegt werden, welche sich gegenseitig ausschliessen, wie z. B. in den Preussen, Baier, Sachsen u. s. w. Die Zahl der letzteren Partikularitäten, welche man die sich ausschliessenden Partikularfälle des Begriffes nennen kann, erscheint als eine endliche. Sobald der Begriff als ein universeller Inbegriff gedacht wird, lassen sich unendlich viel Universalitäten daraus bilden, welche sich zum Theil decken oder ausschliessen: immer erscheint jedoch der gegebene Inbegriff, sowie jeder daraus gebildete Universalbegriff als ein unendlicher Inbegriff aller möglichen Elementarfälle.

Dass sich die drei Neutralitätsstufen miteinander kombiniren lassen, um komplexe Begriffsquantitäten zu erzeugen, welche der arithmetischen gemischten (aus ganzen, rationalen und irrationalen Theilen bestehenden) Zahl entsprechen, leuchtet ein.

In Beziehung auf die Verneinung einer Neutralitätsstufe der Quantität haben wir noch zu bemerken, dass die Ausschliessung der einen Stufe die beiden anderen bestehen lässt. Die Verneinung der Partikularität oder der mittleren Stufe lässt also sowohl die Singularität, als auch die Universalität zu: „nicht mancher" kann sogut „ein einzelner", wie auch „jeder" sein. Die Verneinung der Partikularität liefert hiernach einen Begriff von unbestimmtem Umfange, solange diese Unbestimmtheit nicht durch einen besonderen Zusatz oder den Sinn der Rede oder den Sprachgebrauch beseitigt wird. So versteht man unter „nicht wenig" in der Regel „viel". Die Verneinung der Singularität lässt die Partikularität und die Universalität zu, bedingt also jedenfalls eine Erweiterung des

Begriffes, die nur insofern unbestimmter ist, als der ursprüngliche Begriff, weil der weitere Begriff die Fälle des engeren und noch andere in sich fasst. „Nicht ein einzelner" kann . sogut „mancher" wie auch „jeder" sein. Häufig versteht man unter der Verneinung einer Singularität wiederum eine Singularität und zwar eine andere: so bedeutet „nicht dieser" gewöhnlich soviel wie „jener". Die Verneinung der Universalität lässt die **Partikularität** und die **Singularität** zu: beide sind enger als der verneinte Begriff und in dieser Hinsicht bestimmter; ausserdem ist die Singularität ein spezieller Fall der Partikularität. So bedeutet „nicht jeder" zunächst „manchen", sodann auch „einen einzelnen", ferner „nicht alle" soviel wie „einige" oder auch „einen einzelnen".

Die Durchschreitung der drei Neutralitätsstufen der Quantität von unten nach oben ist die Verallgemeinerung und von oben nach unten die Spezialisirung. Die Verneinung einer Allgemeinheit ist daher Spezialisirung oder Beschränkung. Diese beschränkende Wirkung, welche die Verneinung auf eine Allgemeinheit hervorbringt, rechtfertigt die Taktik der Abstimmungen bei parlamentarischen Verhandlungen, indem danach die allgemeineren Anträge zuerst zur Abstimmung gebracht werden, was zur Folge hat, dass eine Verneinung des Antrages das festzustellende Objekt in immer engere Grenzen einschliesst. Um aber diesen Zweck zu erreichen, muss nothwendig in dem zur Abstimmung gebrachten Antrage die Allgemeinheit als das zur Bejahung oder Verneinung Verstellte hervorgehoben sein, da die schlechthin ausschliessende Verneinung das Objekt auf das ausgeschlossene Gebiet verlegt, welches unbegrenzt ist, wenn das bejahte Gebiet ein begrenztes ist. Einfach ausschliessende Verneinungen liefern nur dann ein fest begrenztes Gebiet, wenn das zu verneinende ein unbegrenztes ist. Demnach können zweckmässig bei parlamentarischen Debatten auch unbegrenzte Fälle mittelst einfacher Bejahung oder Verneinung zur Abstimmung gebracht werden, indem die eventuelle Verneinung das unbegrenzte Gebiet der möglichen Fälle in ein begrenztes verwandelt. Über begrenzte, endliche, bestimmte Fragen abzustimmen, ist, wenn durch den Beschluss ein bejahter Satz hergestellt werden soll, nur dann zweckmässig, wenn die Ausschliessung des begrenzten Gebietes nur ein ebenfalls begrenztes Gebiet übrig lässt, also alle möglichen Fälle in einem Entweder-oder liegen. Wenn in dem Beschluss auch eine Verneinung zugelassen werden soll, können und müssen sogar auch begrenzte, endliche, bestimmte Fragen zur Abstimmung gebracht werden.

3) Die Heterogenität der Quantität erscheint auf vier Hauptstufen, der primogenen, sekundogenen, tertiogenen und quartogenen Quantität, welche wir als Elementarität, Individualität, Sozietät und Totalität ankündigen und zu deren Erläuterung wir folgende mathematische Exkursion anstellen.

Eine Zahl, welche als eine Einheit oder lediglich in ihrer Beziehung zu sich selbst gedacht wird, heisse eine elementare oder **primogene Zahl** und die Eigenschaft derselben die **Elementarität**.

Wird eine Zahl n in Beziehung zu einer Einheit, als eine Reihe von Einheiten $1 + 1 + 1 + \ldots$ oder, allgemeiner, als ein nach einer Seite oder Zählrichtung sich erstreckender Inbegriff von Einheiten aufgefasst; so erscheint sie vermöge dieser Entstehung durch eine einfache oder einseitige Reihenbildung als eine einreihige, einseitige, eingradige Quantität oder eine erste Potenz, welche wir eine sekundogene Zahl nennen. Ihr Charakter ist die quantitative Ausfüllung einer einfachen Reihe oder die Zählung nach Einheiten, welche wir Eingradigkeit nennen, wogegen bei der primogenen Zahl nur die Ausfüllung einer einzelnen Stelle in Betracht kam.

Sobald an die Stelle jeder in der Reihe $1 + 1 + 1 + \ldots$ gezählten Einheit eine gleiche Reihe tritt, wenn also nicht nach Einheiten, sondern nach Reihen gezählt wird, entsteht eine zweireihige, zweiseitige, zweigradige Quantität, eine zweite Potenz, welche wir eine tertiogene Zahl nennen. Beispielsweise ist $3^2 = (1 + 1 + 1) + (1 + 1 + 1) + (1 + 1 + 1)$ eine tertiogene Zahl von der primitiven Vielheit 9. Der Charakter einer solchen Zahl ist Ausfüllung einer Zahlengattung mit Reihen oder einfache Zählung nach Reihen oder zweifache Zählung nach Einheiten, welche Zweigradigkeit heissen möge. Die zweigradige Zahl liegt wie die eingradige und wie die elementare Zahl in der natürlichen Zahlenreihe; der zweigradige Zählungsprozess 1^2, 2^2, 3^2, $4^2 \ldots$ geht aber in dieser Reihe mit wachsenden Intervallen vor sich, wesshalb wir das vierte Grundgesetz oder die Pontenzirung, von welchem jener Zählungsprozess ein spezieller Ausfluss ist, im ersten Theile dieses Buches das Steigerungsgesetz genannt haben. Wenn man die in der zweigradigen Zahl gezählten Reihen nicht ineinander, sondern nebeneinander gelagert denkt, erfüllen sie in der Form

$$1 + 1 + 1$$
$$1 + 1 + 1$$
$$1 + 1 + 1$$

eine Zahlenebene durch die Werthe aller Quadratzahlen und die Richtung, in welcher die Reihen gezählt werden, unterscheidet sich von der Richtung, in welcher die Einheiten gezählt werden, wie sich geometrisch die normale von der Grundrichtung und allgemein die imaginäre von der reellen Richtung unterscheidet.

Eine Substitution von eingradigen Reihen an die Stelle der Einheit einer zweigradigen Reihe oder die Substitution von zweigradigen Reihen an die Stelle der Einheit einer eingradigen Reihe erzeugt eine dreireihige, dreiseitige, dreigradige Quantität, eine dritte Potenz oder quartogene Zahl, z. B. die Zahl $2^3 = [(1 + 1) + (1 + 1)] + [(1 + 1) + (1 + 1)]$. Der Charakter dieser Zahl ist Zählung nach Doppelreihen oder nach Zahlengattungen oder dreigradige Zählung, welche die Dreigradigkeit liefert. Wenn die zweigradigen Gattungen der dreigradigen Zahl übereinander geordnet werden, entsteht ein Zahlenraum, welcher durch Kubikzahlen ausgefüllt wird, indem sich die Zählrichtung, in welcher die Quadratzahlen zu Kubikzahlen zusammengezählt werden, wie eine auf der zweigradigen Zählrichtung normal stehende Dimension darstellt.

Über dieses Zahlengebiet hinaus kann die Pontenzirung oder mehrgradige Zahlenbildung systematisch fortgesetzt werden, um n-gradige Zahlen x^n von n Dimensionen oder auf n-ter Heterogenitätsstufe zu erzeugen: Anschaulichkeit haben jedoch nur die vier ersten Stufen, indem jedes Anschauungsgebiet, wozu auch der Raum gehört, nur drei

Dimensionen hat und ein Raum von mehr als drei Dimensionen eben kein Raum, sondern eine Idee ist.

Bei der Potenzirung oder Graduirung als dem unter dem Qualitätsgesetze sich vollziehenden Quantitätsprozesse kömmt die primitive Vielheit nicht unmittelbar in Betracht. Jede Vielheit, wie z. B. 6, kann als primogene Zahl 6, als sekundogene Zahl $1+1+1+1+1+1$, als tertiogene Zahl $(a+a+...)+(a+a+...)+(a+a+...)+... = (\sqrt[3]{6})(\sqrt[3]{6})$ und als quartogene Zahl $(\sqrt[3]{6})(\sqrt[3]{6})(\sqrt[3]{6})$, überhaupt als Potenz von jedem Grade erscheinen. Die Anzahl der ausgefüllten Stellen der Reihen, welche in den verschiedenen Dimensionen eine verschiedene sein kann, bedingt die primitive Vielheit der durch diese Reihen dargestellten Zahl. So ist $1+1+1=3$ eine Kombination der primitiven Quantität 3 mit der Eingradigkeit, $6 = 2 \times 3 = (1+1)+(1+1+1)$ oder

$$1+1+1$$
$$1+1+1$$

eine Kombination der primitiven Vielheit 2 in der einen, 3 in der anderen Dimension, überhaupt der Vielheit 6 mit der Zweigradigkeit. Der Werth der ausgefüllten Stellen bedingt die primäre Vielheit (Vielfachheit). So ist $\frac{1}{2}+\frac{1}{2}+\frac{1}{2}=\frac{1}{2}(1+1+1)=\frac{3}{2}$ eine Kombination der primitiven Vielheit mit der Rationalität (sekundären Quantität) und der Eingradigkeit (sekundogenen Quantität). Mögen die einzelnen Stellen einer eingradigen Reihe mit Werthen ausgefüllt sein, welche grösser oder mit solchen, welche kleiner als 1 sind, immer geht die Grundauffassung dahin, dass durch eine solche Reihe eine Strecke der allgemeinen stetigen Zahlenlinie von der Länge des Gesammtwerthes jener eingradigen Reihe stetig ausgefüllt sei, dass also ·sowohl die Reihe $1+1+1+1$, als auch die Reihe $\frac{1}{2}+\frac{1}{2}+\frac{1}{2}+\frac{1}{2}+\frac{1}{2}+\frac{1}{2}+\frac{1}{2}+\frac{1}{2}$, als auch die Reihe $2+2$ die Strecke der Zahlenlinie von der Länge 4 stetig erfülle, indem die Reihe mit mehr Gliedern kürzere, die Reihe mit weniger Gliedern längere Intervalle überspringt, eine jede aber die stetig aneinandergereihten unendlich kleinen Elemente vom Werthe $\frac{1}{\infty}$ ausfüllt. Die Elementarität liegt hiernach in der Erfüllung einer Stelle oder eines Elementes einer Zahlenlinie, die Eingradigkeit in der Erfüllung aller Punkte einer Strecke der stetigen Zahlenlinie, die Zweigradigkeit in der Erfüllung aller unendlich benachbarten Zwischenlagen in der Seitenrichtung der Zahlenebene (Zwischenlagen, welche in der Seitenrichtung nur eine unendlich geringe Dimension haben, also durch Reihen von der Form $\frac{1}{\infty}\left(\frac{1}{\infty}+\frac{1}{\infty}+\frac{1}{\infty}+...\right)$ vertreten sind), die Dreigradigkeit in der Erfüllung aller unendlich benachbarten Höhenlagen des Zahlenraumes. Für jede höhere Heterogenitätsstufe ist eine Grösse der niedrigeren Stufe ein Element und· die höhere Stufe stellt wegen der Stetigkeit der Erfüllung in einer neuen Entstehungsrichtung oder Dimension einen unendlichen Inbegriff von unendlich kleinen Grössen der niedrigeren Stufe, also ·eine Allheit solcher Grössen dar. Die primogene Zahl ist als eine Anhäufung unendlich kleiner Theile in einunddemselben· Punkte oder Orte anzusehen. Wenn das Bildungsprinzip an der Basis der Zahlenreihe oder Einheit, welche durch Zählung vervielfältigt wird, ausgedrückt wird, erscheint die elementare Zahl in der Form $n.1^0$, die eingradige in der Form $n.1^1$, die zweigradige in der Form $n.1^2$, die dreigradige in der Form $n.1^3$, wobei die Grössen 1^0, 1^1, 1^2, 1^3 die elementare und die ein-, zwei-, dreigradige Einheit bezeichnen, indem sie die stetige Erfüllung der Basis in keiner, einer, zwei, drei Grundrichtungen mit unendlich vielen unendlich kleinen Theilen anzeigen.

Hiernach wenden wir uns zu den vier Heterogenitätsstufen der logischen Quantität. Das Verhältniss irgend einer dieser Hauptstufen zu der nächst höheren, welches der mathematischen Unendlichkeit entspricht, ist die Allheit, nämlich der unendliche Inbegriff aller möglichen oder aller erdenklichen Fälle.

Zur Unterscheidung der Allheit von der Allgemeinheit (Generalität) und von der Universalität, welche Begriffe der Neutralität der Quantität, nicht der Heterogenität der Quantität angehören, heben wir hervor, dass die Allgemeinheit auf einer Erweiterung der Merkmale, die Universalität auf der Aufhebung aller wesentlichen Merkmale, die Allheit dagegen auf der Beseitigung der Begrenzung beruht, dass Allgemeinheit die Erweiterung der Beziehung zur Einheit, Universalität die Aufhebung jeder bestimmten Beziehung zur Einheit, Allheit den unendlichen Inbegriff von Einheiten bedeutet, sodass die Allgemeinheit eine Vermehrung der wirklichen Fälle, die Universalität eine Zulassung jedes möglichen Falles, die Allheit eine Zusammenfassung aller möglichen Fälle in einem Inbegriffe hervorbringt.

Die drei Neutralitätsstufen Singularität, Partikularität, Universalität stehen zu einander in endlichem Quantitätsverhältnisse: die Begriffe Plato, Grieche, Mensch sind alle drei endlich oder limitirt, indem die logische Limitation die mathematische Endlichkeit im Sinne der Begrenztheit vertritt. Zwei Heterogenitätsstufen stehen jedoch in dem Verhältnisse des Endlichen zum Unendlichen oder des Limitirten zum Illimitirten, des konkreten Falles zum Inbegriffe aller denkbar möglichen Fälle. Demnach steht der Begriff „dieser Mensch" und der Begriff „alle Menschen" (alle möglichen Fälle eines einzelnen Menschen) in der Beziehung zweier benachbarten Heterogenitätsstufen der Quantität. Die Möglichkeit des Seins ist charakteristisch für einen Fall, welcher das Element einer eigentlichen oder unendlichen Allheit sein soll; die Wirklichkeit des Seins charakterisirt einen Fall nicht als Element einer solchen Allheit. Diejenige Allheit, welche den Inbegriff einer endlichen Anzahl wirklicher Fälle bezeichnet, stellt keine echte Allheit dar, kann aber als Erweiterung oder Verallgemeinerung eines speziellen Falles angesehen werden. So ist der Begriff Mensch ein endlicher, allgemeiner, wenn wir darunter alle wirklichen Menschen, mögen es die jetzt lebenden allein oder nebst allen früher oder später lebenden sein, verstehen, dagegen ein unendlicher, eine echte Allheit, wenn wir darunter alle möglichen Menschen verstehen, welche gar nicht sämmtlich existiren, auch nicht existirt haben und existiren werden, welche aber möglicherweise existiren können oder denkbar sind. Ebenso ist der Begriff alle Tage eines Jahres eine endliche Allheit, auch eine Verallgemeinerung eines speziellen Jahrestages.

Wie die unendlichen Zahlenwerthe mit den endlichen in derselben Grundreihe liegen; so bedingt auch die Allheit des unendlichen Inbegriffes nicht ein Heraustreten aus der Reihe der durch Erweiterung sich bildenden logischen Inbegriffe: Totalisirung ist in rein quantitativer Beziehung eine unendliche Erweiterung, lediglich entsprechend der mathematischen unendlichen Grösse $a\infty$, gegenüber der endlichen Grösse b, welche beide auf dieselbe Einheit 1 bezogen sind, also gleiche Qualität oder Dimensität haben, indem sie z. B. eine endliche und eine unendlich grosse eingradige Zahl oder eine endliche und eine unendliche Quadratzahl oder geometrisch eine endliche oder eine unendliche lange Linie oder eine endliche und eine unendlich grosse Fläche darstellen. Bei rein quantitativer Auffassung nennen wir ein in einem Begriffe enthaltenes oder von dem Begriffe vertretenes Objekt einen Fall des Begriffes und den Begriff selbst einen Inbegriff seiner Fälle oder aller seiner Fälle. Der Fall ist daher mit dem Begriffe gleichartig und kann sowohl ein Singularfall, als auch ein Partikularfall oder ein Universalfall sein, indem wir hierbei das Quantitätsverhältniss zwischen dem Falle und dem Begriffe als etwas Unwesentliches ansehen. Sobald jedoch im Sinne des Heterogenitätsprinzipes das letztere Verhältniss ausdrücklich ein unendliches ist, wird der Fall ein möglicher (denkbarer) Fall des Begriffes und der Begriff ein unendlicher Inbegriff aller seiner möglichen Fälle.

Hiernach steht auf der ersten Heterogenitätsstufe der Quantität der Fall und zwar der mögliche Fall, z B. Sokrates mit dem Giftbecher oder Sokrates im Monde, als möglicher Fall des Individuums Sokrates, d. h. des als unendlicher Inbegriff von Fällen gedachten Sokrates, ebenso auch Sokrates, als möglicher Fall des Inbegriffes von Fällen, welchen wir Mensch nennen. In Verbindung mit den übrigen Grundeigenschaften der Quantität kann an der Stelle eines einzelnen Falles auch eine Mehrheit von Fällen als primogene Quantität auftreten. Wir nennen das Wesen der primogenen Quantität die Elementarität.

Die sekundogene Quantität heisse Individualität. Es wird darunter zunächst nur der unendliche Inbegriff aller möglichen Fälle, insbesondere der Elementarfälle verstanden, z. B. Sokrates, als der Inbegriff aller möglichen Fälle, in welchen er aufzutreten vermag. Sobald zur Messung eines unendlichen Inbegriffes ein Begriff als Einheit gebraucht wird, welcher selbst einen unendlichen Inbegriff darstellt, erscheint der erstere nicht mehr mit unendlicher, sondern mit endlicher Quantität, als ein endliches Vielfaches der aus unendlich viel Fällen zusammengesetzten Einheit. Demgemäss tritt Sokrates trotz der darin enthaltenen unendlich vielen Fälle als endlicher Begriff auf, sobald der Einheitsbegriff, auf welchen er bezogen wird, ein unendlicher Inbegriff von Zuständen eines menschlichen Individuums wird. Die sekundogenen Begriffsquantitäten werden hierdurch die Analogien der eingradigen oder einseitigen Zahlen oder der ersten Potenzen, während die primogenen Quantitäten die Reihenelemente vertreten, welche, wenn sie untereinander betrachtet werden, nullgradige oder ungereihte Vielheiten darstellen.

Die Koexistenz aller möglichen elementaren Fälle in dem Individualitätsbegriffe ist keine wirkliche, sondern eine gedachte; sie besteht nur in dem Begriffe oder in unserem Geiste, nicht in der äusseren Wirklichkeit. Einmal gewinnen die möglichen Fälle durchaus nicht sämmtlich faktische Existenz, sind aber sämmtlich in dem Begriffe enthalten; ausserdem existiren auch die wirklichen Fälle nicht auf einmal, sondern es existirt immer nur einer, wogegen sie in dem Begriffe alle zugleich enthalten sind.

Die tertiogene Quantität, welche einen unendlichen Inbegriff von sekundogenen Begriffen darstellt und den unendlichen mathematischen Grössen zweiter Ordnung von der Form ∞^2, bei der Messung durch Einheiten von derselben Ordnung aber den zweigradigen oder Quadratzahlen entsprechen, nennen wir Sozietät. Ein Sozietätsbegriff ist eine Klasse oder eine Gattung aller möglichen darunter fallenden Individualbegriffe. Man kann den Begriff Mensch für einen Sozietätsbegriff nehmen, indem man darunter den Inbegriff aller möglichen individuellen Menschen versteht. Da das, was wir hier logische Sozietät nennen, alle möglichen Individualfälle umfasst; so ist dieser Begriff nicht mit dem einer Gesellschaft gleichbedeutend, worunter gewöhnlich nur ein Inbegriff einer Anzahl wirklicher Individualfälle verstanden wird.

Die quartogene Quantität, welche einen unendlichen Inbegriff von tertiogenen Begriffen darstellt und den mathematischen Grössen dritter Ordnung von der Form ∞^3, bei der Messung durch Einheiten derselben Ordnung aber den Kubikzahlen entspricht, nennen wir Totalität. Eine Totaliaät ist eine gedachte Gesammtheit von Sozietäten, so z. B. der Begriff Thier ein solcher, worin wir uns alle Thierklassen als mögliche Sozietätsfälle oder alle Thiere aller Klassen als mögliche Individualfälle vorstellen.

Man kann die Gesammtheit wiederum als eine Klasse, nämlich als eine Klasse von Sozietäten ansehen. Auf diese Weise lässt sich die Leiter der Heterogenitätsstufen wie die der Neutralitäts- und die der Kontrarietätsstufen beliebig weit fortsetzen und jede Stufe gewinnt eine bestimmte Bedeutung in diesem ideellen Klassensysteme. Ebenso kann man in der Reihe der Zahlen jede Gruppe, welche die Potenzen eines bestimmten Grades umfasst, wie eine selbstständige Klasse betrachten und eine jede solche Potenz als unendlichen Inbegriff von Potenzen des nächst niedrigeren Grades betrachten: allein, wenn die Potenzirung nicht in ausschliesslich quantitativer Beziehung oder wenn dieselbe nicht ausschliesslich als die Pontenzirung einer reinen Zahl betrachtet, vielmehr auch auf äussere Grössen oder auf Repräsentanten der äusseren Wirklichkeit (der ausserhalb des reinen Verstandes liegenden Grössenwelt) angewandt wird, deren Einheit nicht die Zahl 1, sondern eine Grösse λ ist, welche wohl den Quantitätswerth, nicht aber den Qualitätswerth dieser Einheit hat; so gesellt sich zu dem quantitativen Effekte der Potenzirung auch noch ein qualitativer Effekt, welcher darin besteht, dass die Grössen, welche irgend eine Potenz oder Heterogenitätsstufe einnehmen, bei weiterer Potenzirung oder bei dem Aufrücken zu der nächst höheren Stufe oder bei der Bildung eines unendlichen Inbegriffes von höherer Ordnung sich nicht in dem Ordnungsbereiche ihres Grades zusammenreiben, sondern sich in einer Seitenrichtung aneinanderlegen oder, indem sie sich in einer neuen Dimension expandiren, eine höhere

Grössenart beschreiben. Auf diese Weise entstehen aus den Repräsentanten wirklicher Grössen $a\,\lambda$ durch Potenzirung die Grössen $a^2\lambda^2$, welche nicht bloss quantitativ die Quadratzahlen a^2, sondern auch qualitativ eine Grössenart vertreten, welche eine Dimension mehr als $a\,\lambda$ hat, welche also, wenn es sich um Raumgrössen handelt, eine Fläche ist, während $a\,\lambda$ eine Linie war, indem die Linien zu einem unendlichen Inbegriffe nicht durch Anreihung in der linearen Bildungsrichtung, sondern durch Anreihung in der Seitenrichtung oder durch Expansion in der Breitendimension vereinigt sind. Ebenso entsteht durch weitere Multiplikation mit $a\,\lambda$ nicht bloss die Kubikzahl, sondern der Körper $a^3\lambda^3$. Der Punkt erscheint jetzt als das Element der Linie in der Form λ^0 und überhaupt die Punktgrösse in der Form $b\,\lambda^0$: sie unterscheidet sich durch den Qualitätsfaktor λ^0 von der absoluten Zahl b oder $b\cdot 1$.

Die Berücksichtigung der Qualität λ oder, allgemeiner, der Qualität λ^n gehört nun, streng genommen, nicht in das Gebiet der Quantität, auf welchem wir uns jetzt befinden; die vorläufige Hinweisung darauf gereicht jedoch dem Ganzen zum besseren Verständnisse und demzufolge heben wir schon hier hervor, dass wenngleich die ideellen Heterogenitätsstufen der Quantität unbegrenzt sind, die wirklichen Heterogenitätsstufen oder die Heterogenitätsstufen der Wirklichkeit (worunter nicht physische Äusserlichkeit, sondern wirkliches Sein, gegenüber dem möglichen Sein verstanden ist), sich auf die obigen vier beschränken, indem höhere Qualitäten eben nur ideelle Qualitäten sind. Betrachten wir nun die vier wirklichen Heterogenitätsstufen der Qualität oder die vier Hauptqualitäten als quantitative Inbegriffe; so erscheinen sie unter den Namen Zustand, Individuum, Gattung und Gesammtheit. Der obige Begriff Fall verwandelt sich jetzt in den Begriff Zustand. Der Zustand ist ein Element des Individuums und demgemäss insofern ein unendlich kleiner oder verschwindender, ein möglicher Bestandtheil des Letzteren, zugleich aber von niedrigerer logischer Qualität. Der Zustand ist primogene Qualität. Derselbe ist der logische Begriff von einem Objekte, welches unmittelbar aus dem Anschauungsgebiete, also aus dem Gebiete des Raumes, der Zeit, der Materie u. s. w. entlehnt ist. Ein Zustand des Sokrates ist der Begriff von Sokrates, indem dieser Mensch als äusseres Objekt einen bestimmten Raum zu einer bestimmten Zeit, mit einer bestimmten Thätigkeit u. s. w. erfüllt.

Das Individuum ist von sekundogener Qualität, eine qualitative Erhöhung des elementaren Zustandes, ein wirklicher Inbegriff aller Zustände, d. h. der Begriff eines Objektes, in welchem alle elementaren Zustände wirklich zusammen oder auf einmal existiren (wogegen in dem obigen rein quantitativen Individualitätsbegriffe die Koexistenz aller Fälle nicht thatsächlich stattfand, sondern nur eine gedachte war). Demgemäss ist Sokrates der Begriff eines Individuums, welches alle vorhin erwähnten anschaulichen Zustände thatsächlich auf einmal umfasst. Dass ein Individuum nicht nothwendig ein geistiges Wesen zu sein braucht, leuchtet ein; die Zusammenreihung von Zuständen, welche unmittelbar aus dem Anschauungsgebiete stammen, ist das alleinige charakteristische Merkmal eines logischen Individuums, die etwaige Geistigkeit eines solchen kömmt hierbei nur wie eine äussere, unwesentliche Eigenschaft gleich der Räumlichkeit, Zeitlichkeit u. s. w., oder gleich der Farbe, dem Tone u. s. w. in Betracht. Demzufolge ist auch ein konkreter Stein, eine konkrete Farbe, eine konkrete Wärme u. s. w. ein Individuum, insofern ein solches Objekt als ein Inbegriff von elementaren Zuständen aufgefasst wird. Die Gattung hat tertiogene Qualität, indem sie einen wirklichen Inbegriff von Individuen in allen ihren Zuständen darstellt oder ein Objekt bezeichnet, worin alle Individuen thatsächlich zusammen existiren (während in dem obigen rein quantitativen Sozietätsbegriffe die einzelnen Individuen als mögliche Fälle gedacht werden, nicht zugleich thatsächlich existiren). So ist die Menschheit, als wirklicher Inbegriff aller Menschen eine Gattung (wogegen der Mensch als gedachter Inbegriff aller möglichen Fälle eines einzelnen Menschen ein Sozietätsbegriff ist).

Die Gesammtheit ist ein Begriff von quartogener Qualität, ein wirklicher Inbegriff von Gattungen, wie z. B. das Thierreich, worin alle Thiergattungen und alle Thiere mit allen ihren Zuständen auf einmal existiren, während in dem rein quantitativen Totalitätsbegriffe Thier alle Thiere als mögliche Fälle gedacht werden, nicht als faktische Bestandtheile eines Ganzen auf einmal bestehen.

Mit jeder der vier Heterogenitätsstufen kann sich irgend eine der drei Neutralitätsstufen, sowie irgend eine der zwei Kontrarietätsstufen und ausserdem ein Primitivitätswerth der Quantität verbinden. So kann ein Individuum als sekundogene Quantität eine Singularität, eine Partikularität oder eine Universalität sein. Beispielsweise ist Herkules nicht bloss ein Individuum, sondern zugleich eine Singularität, dagegen Herkules als Kind, Herkules auf seinen abenteuerlichen Zügen, eine Partikularität des Individuums Herkules; die Rose ist ein Sozietätsbegriff, die Moosrose, die Zentifolie eine Partikularität davon, jede denkbare Rose eine Universalität. Der Grieche ist als Sozietätsbegriff eine Partikularität des Europäers, eine Verallgemeinerung des Attikers, eine Singularität unter den europäischen Völkern, als Individualitätsbegriff eine Universalität einzelner möglichen Menschen. Der strenge Spartaner ist eine Partikularität von einer Singularität des Griechen. Alle diese Begriffe sind ausserdem bejahte, während sie vom Begriffe Römer ausgeschlossen oder von diesem verneint sind oder denselben verneinen. Der Neger ist eine Partikularität des Menschen, aber auch ein Sozietätsbegriff. Kein junger Neger ist eine verneinte Partikularität dieses Sozietätsbegriffes.

Zwischen dem Begriffe A, in welchem alle Fälle a gedacht werden oder welcher der gedachte Inbegriff aller Fälle a ist, und dem Begriffe A' desjenigen Objektes, in welchem alle den Fällen a oder den Zuständen entsprechenden Objekte faktisch existiren oder welches den äusseren Inbegriff dieser Objekte bildet, besteht nach Vorstehendem eine nahe Beziehung, aber keine Identität. So stehen die Begriffe Mensch und Menschheit in naher Beziehung, ohne identisch zu sein. Der erste Begriff bezeichnet eine Heterogenitätsstufe der Quantität, der zweite die Quantität einer Heterogenitätsstufe, d. h. die Quantität eines Begriffes, welcher auf einer der vier Haupt-Qualitätsstufen steht. Die nahe Beziehung zwischen den Begriffen A und A' besteht darin, dass beide zwischen denselben Grenzen liegen oder durch dieselben Grenzmerkmale definirt sind, dass jedoch der erste das gemeinschaftliche Belegensein oder die Eingeschlossenheit zwischen jenen Grenzen, der zweite dagegen die durch jene Grenzen bedingte Ausfüllung oder die dadurch abgegrenzte ausfüllende Substanz bedeutet. Wenn also die Quantität eines Begriffes A (Mensch) symbolisch durch die Umfangslinie A in Fig. 1051 angedeutet wird; so ist damit gesagt, dass jeder Fall a des Begriffes von jener Linie eingeschlossen ist. Wird daher ein Fall (ein einzelner konkreter Mensch) jenes Begriffes als ein Punkt a aufgefasst; so muss dieser Punkt innerhalb der Linie A liegen und der Begriff A hat die Bedeutung „irgend ein oder jeder beliebige Punkt a an jeder beliebigen von der Linie A eingeschlossenen Stelle (jedes beliebige Individuum der durch die Merkmale des Menschen definirten Gattung)". Derjenige Begriff A' nun, dessen Objekt die den Fällen a entsprechenden äusseren Objekte (alle möglichen konkreten Menschen) faktisch umfasst (die Menschheit), ist durch dieselbe Grenzlinie A in Fig. 1051 bestimmt, stellt aber die von dieser Linie eingeschlossene Fläche oder den Inbegriff aller auf einmal genommenen Punkte dieser Fläche dar. Der erste Begriff ist ein Inbegriff von Fällen, der zweite ist nur ein einziger Fall, aber ein Inbegriff von Elementen oder Zuständen. Stellt man den einzelnen Menschen durch eine zu einer gemeinschaftlichen Richtung parallele Linie dar; so stellt jede beliebige in dem Umfange A liegende Linie b den Begriff Mensch, die Fläche A, als Inbegriff aller dieser Linien aber die Menschheit dar.

Ob man einen Begriff durch eine Fläche oder durch eine Linie oder durch einen Körper symbolisch darstellt oder veranschaulicht, ist gleichgültig, ebenso, ob man seine Fälle durch Punkte oder durch Grössen irgend einer anderen niedrigeren Dimensität darstellt. Man könnte einen Begriff statt durch eine Raumgrösse auch durch eine Zeitgrösse, auch durch eine Kraftgrösse symbolisiren. Das zur oberflächlichen Veranschaulichung gebrauchte Bild darf nicht mit der im Kardinalprinzipe liegenden Analogie verwechselt werden, welche zwischen den korrespondirenden Eigenschaften der Grössen aller Grössengebiete, also zwischen den Raum-, Zeit-, Kraft-, Affinitäts-, Triebgrössen, den Zahlen, den Begriffen, den Erscheinungen u. s. w. besteht. Vermöge dieser Analogie korrespondirt der Begriff eines elementaren Zustandes mit einem räumlichen Punkte, der Begriff eines Individuums mit einer räumlichen Linie, der Begriff einer Gattung mit einer räumlichen Fläche, der Begriff einer Gesammtheit mit einem räumlichen Körper. Der Fall eines gedachten Inbegriffes von Individuen, z. B. der Fall eines Menschen ist selbst ein Individuum, entspricht also einer Linie: der Individualfall einer Sozietät korrespondirt also mit einer Linie. Versteht man dagegen unter dem Falle eines Individuums einen Zustand desselben oder eins ihrer faktischen Elemente; so entspricht Diess einem Punkte in der betreffenden Linie; der Fall einer Gattung, wenn darunter diese Gattung in einem speziellen individuellen Zustande oder ein spezielles Individuum dieser Gattung verstanden wird, korrespondirt mit einer Linie in der betreffenden Fläche; der Fall einer Gesammtheit, wenn darunter diese Gesammtheit in einer speziellen Gattung oder eine spezielle Gattung dieser Gesammtheit verstanden wird, korrespondirt mit einer Fläche in dem betreffenden Körper.

Wenngleich es nach Vorstehendem rationell sein würde, Individuen durch Linien und Gattungen durch Flächen, nämlich durch die ihnen im

Kardinalprinzipe analogen Raumgrössen zu veranschaulichen; so ist es doch zur Verdeutlichung oftmals zweckmässiger, statt der Linien bildliche Symbole von mehr als einer Dimension, insbesondere Flächen zu wählen (welche sich auf dem Papiere leichter als Körper darstellen lassen). Da nämlich der Begriff keine streng begrenzte Grösse ist, wie eine Anschauung, vielmehr auf einer Abstraktion von Anschauungen beruht und innerhalb gewisser abstrakten Grenzen eine freie geistige Bewegung gestattet, welche der mathematischen Grösse völlig fremd ist; so gewährt diejenige Raumgrösse, welche die systematische Analogie eines Begriffes bildet, weil sie eben eine Anschauung, kein Begriff ist, nicht die Vorstellung von der Freiheit des Begriffes, welche letztere, als geistiges Eigenthum, nicht anschaulich ist, also auch nicht im Raume dargestellt werden kann. Ein angenähertes Bild von solcher freien Bewegung innerhalb gegebener Grenzen gewährt eine Fläche besser als eine Linie, da die letztere Ausweichungen nach der Seite gar nicht gestattet und verschiedene Bewegungen nach der Länge, sowie etwaige gemeinschaftliche Überdeckungen solcher Bewegungen und Strecken nicht dem Auge erkennbar macht. Werden z. B. die drei Merkmale (Objekte, Begriffe) A, B, C als Theile einer geraden Linie dargestellt; so lässt es sich nicht versinnlichen, dass und wie dieselben sich partiell zu decken vermögen. Man müsste diese drei Linien nach Fig. 1052 nothwendig isoliren und als abgerissene Linienstücke mit Intervallen (wie die Linie C) darstellen, um nur ein angenähertes Bild von der beabsichtigten Vorstellung zu erwecken. Dagegen gewährt die Darstellung durch Flächen oder als Theile einer in der Papierfläche liegenden Ebene nach Fig. 1053 ein deutliches Bild von den in Rede stehenden Verhältnissen. Bedeutet z. B. die Fläche A das Wahre, die Fläche B das Gute, die Fläche C das Schöne; so schliesst, wenn diese Merkmale alternative sein sollen, die äusserste Grenzlinie der Figur alle Fälle ein, welche wahr, gut oder schön sind. Sollen die Merkmale als simultane gelten; so liegen die Fälle, welche zugleich wahr, gut und schön sind, in dem Flächenraume g, in welchem A, B und C sich gemeinschaftlich decken. Der Raum d enthält die Fälle, die wahr und gut, aber nicht schön, der Raum e die Fälle, die gut und schön, aber nicht wahr, der Raum f die Fälle, die schön und wahr, aber nicht gut sind. Die Fälle, welche nur wahr, aber weder gut, noch schön sind, liegen in a, diejenigen, welche nur gut sind, in b und diejenigen, welche nur schön sind, in c.

Wäre ein Begriff A durch eine Fläche, ein anderer aber durch eine Linie bc (Fig. 1054) dargestellt; so bezeichnete das Stück de der Linie die Fälle, welche Beiden gemeinsam zukommen. Bezeichnete z. B. die Linie bc den Cäsar und die Fläche A das Sein im Kriege; so würde das Linienstück de den Inbegriff der Zustände Cäsars, welche mit dem Sein im Kriege zusammenfallen, also Cäsar im Kriege versinnlichen.

5) Die Alienität der Quantität erscheint auf fünf Hauptstufen, als primoforme, sekundoforme, tertioforme, quartoforme und quintoforme Quantität. Die mathematischen Analogien dieser Quantitätsformen sind die sogenannten unbestimmten Zahlen, d. h. diejenigen Zahlen, welche nach einem gewissen Gesetze gebildet sind oder einer Reihe angehören, die nach einem gewissen Gesetze fortschreitet. Variation oder Variabilität

ist der mathematische Ausdruck für den Fortschritt in dieser Reihe, also für die Vielheitsänderung unter Innehaltung eines bestimmten Gesetzes. Diese Vielheitsänderung ist ein Primitivitätsprozess, welcher sich mit dem Alienitätsprozesse kombinirt, prinzipiell aber davon ganz unabhängig ist. Solange es sich also um Zahlen handelt, welche auf einer bestimmten Alienitätsstufe stehen, ist ihre primitive Vielheit, gegenüber der Form des Bildungsgesetzes etwas Unwesentliches oder beliebig Veränderliches, und diesem Umstande verdanken die fraglichen Zahlen den Namen der unbestimmten Zahlen. Der Ausdruck variabele Zahlen würde zutreffender sein, da nur ihre Vielheit unbestimmt, ihr Bildungsgesetz aber bestimmt ist.

Man darf Unbestimmtheit nicht mit Unbekanntheit verwechseln, wenngleich es üblich ist, sowohl eine unbestimmte, als auch eine unbekannte Zahl mit einem der letzten Buchstaben des Alphabetes x, y, z zu bezeichnen. Die Zahl x, welche der Bedingung $2x + 3 = 9$ entspricht, ist zwar, ehe die Auflösung dieser Gleichung stattgefunden hat, unbekannt, aber dennoch völlig bestimmt, da nur ein einziger Werth von x dem gegebenen Gesetze entspricht. Allgemein, ist eine Grösse, welche, als einzige Unbekannte in ein Gesetz $f(x) = 0$ verwickelt oder durch dieses Gesetz bedingt ist, eine bestimmte Zahl. Dagegen sind die beiden Zahlen x und y, welche durch ein einziges Gesetz $f(x, y) = 0$ bedingt sind, unbestimmt. Diese Unbestimmtheit oder Variabilität waltet fortwährend ob, auch wenn die letzteren Zahlen durch Auflösung der gegebenen Gleichung in der Form $y = \varphi(x)$ oder $x = \psi(x)$ bekannt werden: die Bekanntschaft führt hier nur zur Erkenntniss der Unbestimmtheit, weil es zur Bestimmtheit an ausreichenden Bedingungen fehlt.

Primoforme Quantität ist Bestimmtheit oder konstante Vielheit. Ihr entspricht jeder feste, unveränderliche Zahlwerth wie 3 oder a.

Sekundoforme Quantität oder einförmige Unbestimmtheit ist Angehörigkeit zu einer einfachen oder mit konstanter Differenz der Glieder fortschreitenden Reihe, z. B. zur Reihe 1, 2, 3, 4 ... oder, allgemeiner, zur arithmetischen Progression (Additionsreihe) a, $a + d$, $a + 2d$ ... Der einfachste Ausdruck einer sekundoformen Zahl ist die unabhängige Variabele x, wenn dieselbe als beliebiger Werth einer einförmig wachsenden Reihe vorgestellt wird. In allgemeinerer Gestalt erscheint die sekundoforme Zahl als $a + bx$.

Tertioforme Quantität oder gleichförmige Unbestimmtheit ist durch die Zugehörigkeit zu einer mit gleichförmig wachsenden Differenzen bedingten Reihe, nämlich zu einer geometrischen Progression (Multiplikationsreihe) definirt. Eine solche Reihe ist in einfachster Gestalt b^0, b^1, b^2, b^3 ... , in allgemeinerer Gestalt, d. h. in Kombination mit anderen Grundgesetzen, a, ab, ab^2, ab^3 ... Eine tertioforme Zahl hat also die Form ab^x oder wenn e die Basis der natürlichen Logarithmen bezeichnet, die Form $ae^{\beta x}$, in einfachster Gestalt also die Form e^x und in allgemeinerer Gestalt die Form $e^{a + \beta x}$. Die Exponenten der Basis der tertioformen Reihe bilden eine sekundoforme Reihe.

Die Reihen, deren Glieder die Potenzen der Glieder einer sekundoformen Reihe von konstantem Grade sind, also die Reihe der Quadratzahlen $x^2 = 1$, 2^2, 3^2 ... oder die Reihe der Kubikzahlen $x^3 = 1$,

2^3, 3^3 . . . , überhaupt die Reihe der n-ten Potenzen $x^n = 1^n$, 2^n, 3^n . . .
bilden keine besondere Hauptstufe der Alienität der Quantität, sondern
sind Hauptstufen im Gebiete der Heterogenität der Quantität. Sie stellen
die sekundoforme Variation der zweigradigen, dreigradigen, . . . n-gradigen
Zahlen, also ein einförmiges Wachsthum nach zwei, drei, . . . n Dimensionen dar (vergl. S. 49 und 50).

Ebensowenig stellen die Zahlen von der Form $a + bx + cy$ oder
$a + bx + cy + dz$ u. s. w., worin x, y, z unabhängige Variabelen sind,
Hauptstufen der Alienität der Quantität dar. Dieselben sind vielmehr
die Kombination von zwei, drei, . . . n selbstständigen einförmigen
Wachsthümern oder sie repräsentiren eine zweifache, dreifache, . . .
n-fache sekundoforme Unbestimmtheit.

Auch die Zahlen von der Form xy, xyz u. s. w. stellen keine
Hauptstufen der Alienität der Quantität dar, sondern xy eine zweifache
sekundoforme Unbestimmtheit einer zweigradigen Zahl, xyz eine dreifache sekundoforme Unbestimmtheit einer dreigradigen Zahl u. s. w.

Zahlen von der Form $e^{\alpha + \beta x + \gamma y}$ oder $e^{\alpha + \beta x + \gamma y + \delta z}$ stellen eine
zweifache, resp. dreifache tertioforme Unbestimmtheit dar.

Allgemein, heben wir noch hervor, dass es sich hier, wo wir auf
dem Boden der Quantität stehen, lediglich um solche Formgesetze handelt,
welche eine Vielheitsänderung oder einen reinen Quantitäts-, Erweiterungs-,
Wachsthums-, Numerationsprozess involviren. Es kommen hier also die
Vorstellungen von Fortschritt, Richtung, Dimension lediglich als Kontra-
rietäts-, Neutralitäts- und Heterogenitätsstufen der Quantität oder in
einer speziell quantitativen Bedeutung, also in der Bedeutung eines
ideellen, nicht in der Bedeutung eines eigentlichen oder wirklichen Fort-
schritts-, Drehungs- und Dimensitätsprozesses in Betracht. Demzufolge
haben alle in den vorstehenden Formeln gebrauchten Grössen a, b, c,
x, y, z die Bedeutung reiner Quantitäten; dieselben sind also entschieden primitiv, sie sind positiv, sie sind reell, sie sind von der Grundqualität der abstrakten Zahlen. Weder negative Grössen, welche dem
wirklichen Fortschrittsgesetze, nicht dem Erweiterungsgesetze angehören,
noch imaginäre Grössen, welche dem wirklichen Drehungs- oder Richtungs-
oder Verhältnissgesetze angehören, noch Repräsentanten von wirklichen
Grössen, also auch keine Repräsentanten äusserer Grössen, z. B. keine
Vertreter physischer (sinnlicher), anschaulicher (räumlicher, zeitlicher,
materieller) Grössen kommen hier in Betracht. Die Berücksichtigung
dieser letzteren Eigenschaften findet theils bei der Alienität der übrigen
Grundeigenschaften, vornehmlich aber beim Aufbau der Grund- und
Hauptstufen der fünften Grundeigenschaft, nämlich der eigentlichen oder
wirklichen Form statt.

Quartoforme Quantität oder gleichmässig wachsende Unbestimmtheit
charakterisirt die Reihe, in welcher jedes folgende Glied aus dem vorhergehenden durch Potenzirung zu einem gewissen Grade entsteht und welche
darum die Potenzirungsreihe genannt werden könnte. Dieselbe hat die
Gestalt b, b^c, $(b^c)^c$, $((b^c)^c)^c$ . . . $= b$, b^c, b^{c^2}, b^{c^3} . . . oder, wenn e die Basis
der natürlichen Logarithmen, ferner $b = e^{e^\alpha}$ und $c = e^\beta$ ist, die Gestalt

$$e^{e^{\alpha}} \quad e^{e^{\alpha+\beta}} \quad e^{e^{\alpha+2\beta}} \quad e^{e^{\alpha+3\beta}} \quad \dots$$

Das allgemeine Glied hat die Form $e^{e^{\alpha+\beta x}}$. Während die Glieder
ine quartoforme Reihe bilden, stellen ihre ersten Exponenten eine tertio-
orme, ihre zweiten Exponenten eine sekundoforme und ihre dritten
xponenten die aus einem konstanten Gliede 1 bestehende primoforme
eihe dar.

Quintoforme Quantität oder steigende Unbestimmtheit kömmt der
eihe von Gliedern zu, deren Exponenten eine quartoforme Reihe bilden.
Diese Reihe, welche man die Exponentialreihe nennen kann, hat die Form

$$a^{b} \quad a^{b^{c}} \quad a^{b^{c^2}} \quad a^{b^{c^3}} \dots$$

oder, gestützt auf das natürliche Logarithmensystem die einfachere Form

$$e^{e^{\alpha}} \quad e^{e^{\alpha+\beta}} \quad e^{e^{\alpha+2\beta}} \quad e^{e^{\alpha+\beta x}}$$

deren allgemeines Glied den Exponenten $\alpha + \beta x$ auf dritter Dignitätsstufe enthält.

Jede Alienitätsstufe der Quantität hat die Form einer Dignität,
deren wir schon im ersten Theile erwähnt haben, und zwar besitzt jede
Hauptstufe eine Dignitätsstufe mehr als die vorhergehende. Hiernach
lässt sich die Alienitätsstufenfolge ebenso wie die Heterogenitäts- und
die Neutralitätsstufenfolge ins Unendliche fortsetzen. Diese Unendlichkeit hat jedoch nur eine Bedeutung für das Gebiet der Quantität, nicht
für das Gebiet der eigentlichen Form. Wir haben gefunden, dass die
eigentliche Form wirklicher (realer) Grössen mit der fünften Hauptstufe
ihr Ende erreicht und dass alle höheren Stufen nur ideelle Form-
gebilde sind.

Aus der quantitativen Dignität entspringen eigentliche Formstufen,
wenn zu den darin verflochtenen Grössen auch negative, imaginäre und
heterogene, überhaupt Fortschrittsgrössen, Richtungsgrössen und Grössen
mit mehreren Dimensionen (Qualitäten) zugelassen werden. Hierdurch
wird, was sehr beachtenswerth ist, die Dignität eine allgemeine Formel
für die Form, d. h. sie stellt das Wesen eines Gesetzes oder einer Funktion
als das Resultat einer Grundoperation, der Dignation, dar.

Wenngleich die eigentliche Form hier noch nicht in Frage kömmt;
so ist ihre Erwähnung doch jetzt schon nothwendig, um es klar zu
machen, dass wenn die Formstufen der Quantität sich im Gebiete der
eigentlichen Form zu Formstufen gestalten, eine Formstufe der Quantität
demnächst die Bedeutung der Quantität einer Formstufe, d. h. einer dieser
Formstufe angehörigen Grösse gewinnt. So ergiebt sich z. B. aus der
tertioformen Grösse $a\,e^{\beta x}$, wenn für β ein imaginärer Werth gesetzt wird,
die Grösse $a\,e^{\beta x\sqrt{-1}}$, welche einen um den Nullpunkt sich drehenden
Radius oder eine Linie von variabeler Richtung darstellt, dessen Endpunkt
einen Kreis beschreibt. Durch Aneinanderreihung solcher Linien von
unendlich geringer Länge ∂x oder durch Summirung der Glieder der

entsprechenden tertioformen Reihe oder geometrischen Progression erhält man in der Gestalt des Integrals $\int \partial x \, e^{\beta x \sqrt{-1}}$ die Kreislinie selbst, nämlich die tertioforme oder gleichförmig gekrümmte Linie, und es leuchtet ein, dass die tertioforme Quantität in der Quantität des Tertioformen, die gleichförmig variabele Länge in der Länge der gleichförmig gekrümmten Linie Anschaulichkeit gewinnt.

Zu weiterer Klarstellung dieser Relationen heben wir noch hervor, dass das allgemeine Glied der obigen primoformen, sekundoformen, tertioformen, quartoformen und quintoformen Reihe resp. eine konstante Grösse, eine variabele Länge, eine variabele Richtung, eine variabele Dimensität, eine variabele Krümmung anzeigt, dass dagegen die aus allen Gliedern jener Reihe durch Addition, durch Multiplikation oder durch Potenzirung gebildeten Zusammensetzungen ganz andere Formen darstellen.

Wir gehen jetzt zu den Alienitätsstufen der logischen Quantität über, und erklären zunächst die Bestimmtheit für die primoforme Quantität. Bestimmt ist ein Begriff, dessen Weite fest, konstant, invariabel, unabhängig von Bedingungen ist. Vornehmlich machen singuläre Begriffe wie Phidias, der Vesuv, Europa auf Bestimmtheit Anspruch: aber auch Partikularitäten und Universalitäten erscheinen als bestimmte Begriffe, wenn sie mit fester, unbedingter Weite gegeben sind und lediglich nach dieser Weite in Betracht gezogen werden. Eine generelle Sprachformel für die Bestimmtheit ist der bestimmte Artikel. So bezeichnet der Engländer, der Künstler, der Mensch, der Baum, die Hoffnung einen bestimmten Begriff, nämlich einen Begriff von bestimmter Weite. Ebenso ist der reisende Engländer, der Künstler in Begeisterung, der junge Mensch, Göthe im Alter, die Hoffnung auf Glück, ein bestimmter Begriff.

Sekundoforme Quantität haben die Begriffe, welche einförmig variabel, also in der Weise unbestimmt sind, dass sie eine freie Auswahl von Fällen in einer einförmigen Erweiterungsreihe oder nach einer einfachen Bedingung gestatten. Ein solcher Begriff stellt einen Inbegriff von beliebigen Fällen dar, sodass man diese Alienitätsstufe der Quantität die Beliebigkeit nennen kann, indem man darunter die beliebige Wählbarkeit unter einer Reihe koordinirter Fälle versteht. Die Einzelfälle eines sekundoformen Begriffes sind nur der Bedingung der Zugehörigkeit zu einem quantitativen Ganzen unterworfen, sonst aber völlig unabhängig voneinander, sie stehen in keiner Relation oder Kausalitätsbeziehung zueinander, sondern nur in der Beziehung der Zusammengehörigkeit zu einem gemeinschaftlichen Sein. Die Sprache hat zur Bezeichnung eines solchen Begriffes das Wort irgend einer oder ein beliebiger. So zeigt der Begriff Mensch sofort sekundoforme Quantität, wenn man denselben als einen Inbegriff von Individuen auffasst, unter welchen die Auswahl frei steht, was durch den Ausdruck irgend ein Mensch oder ein beliebiger Mensch geschieht. Ebenso wird der singuläre Begriff Plato sekundoform, wenn man darunter Plato in irgend einem beliebigen Augenblicke seines Lebens oder in irgend einem beliebigen Zustande denkt. Der Handwerker ist von sekundoformer Weite, wenn derselbe als irgend ein beliebiger Handwerker (Schneider, Tischler, Schlosser u. s. w.) aufgefasst wird.

Jede Partikularität kann als ein sekundoformer Inbegriff seiner Singularitäten, jede Universalität als ein sekundoformer Inbegriff seiner Partikularitäten und auch seiner Singularitäten gedacht werden.

Verallgemeinerung ist, abgesehen von ihrem Erweiterungseffekte, der Form nach, als einförmige Anschliessung von Fällen, ein sekundoformer Prozess, welcher der Variabilität der einfachen Zahl x oder der geraden Linie oder der ebenen Fläche entspricht.

Nachdem wir den einfachen Quantitätsprozess unter dem Gesichtspunkte der fünf Grundprinzipien betrachtet haben, heben wir hervor, dass die Sprache für die unter dem ersten, zweiten, dritten, vierten und fünften Grundprinzipe entstandene Quantität einen spezifischen Ausdruck hat. Sie bezeichnet die primitive, durch Umfassung entstandene Quantität entweder ohne Artikel oder mit dem unbestimmten Artikel ein. Für die durch Anschliessung oder Hinzufügung entstandene Quantität gilt die Bezeichnung „der eine und der andere", „sowohl der eine, als auch der andere". Die durch Verallgemeinerung entstandene Quantität wird als Singularität durch das Demonstrativpronom dieser, jener, als Partikularität durch mancher, als Universalität durch jeder bezeichnet. Die durch Qualitätserhöhung, als unendlicher Inbegriff gebildete Quantität wird durch aller dargestellt. Die auf freier Auswahl beruhende, durch einförmige Variation entstehende Quantität entspricht der Bezeichnung irgend ein oder ein beliebiger, während der bestimmte Artikel der für die primoforme Bestimmtheit gebraucht wird. Selbstredend gestattet die Lizenz auch den Gebrauch dieser Wörter für andere Begriffe und anderer Wörter für diese Begriffe, indem dann der Zusammenhang der Rede den Sinn herausstellt.

Die dritte, vierte und fünfte Alienitätsstufe der Quantität nehmen die Begriffe ein, deren Fälle nicht unabhängig oder bedingungslos variabel, sondern abhängig oder bedingt variabel sind, deren Fälle also in mannichfaltigen Beziehungen zueinander stehen. Der Grad dieser Abhängigkeit bedingt die Alienitätsstufe. Das volle Verständniss für diese Stufen kann erst durch die Abhandlung über das fünfte Kategorem oder die logische Form im Allgemeinen erweckt werden: hier, wo es sich ausserdem nicht um eigentliche Form, sondern nur um Quantitätsform handelt, müssen wir uns auf wenige Andeutungen beschränken.

Tertioforme Quantität schreiben wir einem Begriffe zu, dessen Fälle in beliebig variabelen Graden von Abhängigkeit oder, kurz, in beliebig variabeler Beziehung zueinander stehen, welche aber sämmtlich einer gemeinschaftlichen Gattung angehören. Natürlich ist in einem solchen Begriffe auch der Fall selbst oder dessen Spezialität variabel: allein die Unabhängigkeit der Variabilität betrifft nicht unmittelbar die Spezialität dieses Falles, sondern dessen Beziehung zu dem primitiven Sein, und erst, insoweit die Veränderung dieser Beziehung eine Veränderung der Spezialität nach sich zieht, ist auch Letztere variabel: sie ist also nicht unabhängig, sondern abhängig variabel, wogegen die fragliche Beziehung unabhängig variabel ist. Ein Beispiel hierzu ist der Begriff Verwandter; derselbe hat tertioforme Quantität, wenn man darunter einen Menschen von beliebigem Verwandtschaftsgrade, also einen Vater oder Sohn oder Enkel oder Onkel oder Vetter u. s. w. versteht. Die unabhängige Variabilität des Verwandtschaftsgrades zieht auch eine Variabilität der Person selbst nach sich: allein Diess geschieht in Abhängigkeit von der Veränderung jener Relation. Ebenso kann der Staatsbeamte, die menschliche Gesellschaft, ein Organismus u. s. w. als tertioformer Begriff gedacht werden, wenn man dabei die beliebige Variabilität der Relation der darin liegenden Fälle ins Auge fasst.

Wäre in einem Begriffe die Beziehung der Fälle zwar unabhängig variabel, aber doch nicht in jedem denkbaren Grade oder auch nicht ganz willkürlich variabel; so läge nicht gerade ein tertioformer, sondern ein Begriff vor, welcher der generellen, aus primoformen, sekundoformen und tertioformen Begriffen sich bildenden Begriffsklasse angehört. Wird z. B. in dem ersten vorstehenden Beispiele der Verwandtschaftsgrad auf eine gewisse endliche Anzahl von Verhältnissen eingeschränkt; so hat man es mit einer Relation zu thun, deren freie Wahl auf bestimmte gegebene Fälle beschränkt bleibt.

Die logische tertioforme Quantität entspricht der mathematischen, welche ihren Ausdruck in einer Grösse von der Form b^x oder auch in der Summe solcher Grössen findet. Bei unbeschränkter und stetiger Variabilität ist diese Summe das Integral $\int b^x \, \partial x$. Bei diskreter Variabilität, also bei der Beschränkung der freien Variabilität auf eine sprungweise Veränderung hat man die endliche Summe Σb^x und bei der Beschränkung der Wahl auf eine gewisse Zahl von Einzelfällen, welche eine Kombination von primoformer und tertioformer Quantität involvirt, das Aggregat $a^b + c^d + \ldots$

Wir bezeichnen die tertioforme als gleichförmig veränderliche Quantität.

Quartoforme Quantität hat ein Begriff, in welchem die Gattungsgemeinschaft, durch die ein Fall mit einem anderen Falle verbunden ist, unabhängig variabel ist. Bei der tertioformen Quantität war diese Gattungsgemeinschaft unveränderlich: indem dieselbe variabel wird, entsteht die gleichmässig abweichende Quantität. Die Gattungsgemeinschaft, welcher die einzelnen Fälle und Partikularitäten angehören, spricht sich häufig als ein Beweggrund, als ein Zweck, als eine Bestimmung der zwischen einem Subjekte und Objekte stattfindenden Relation aus. So konstituirt z. B. ein Staat, dessen Angehörige nicht bloss in gewissen Relationen oder Rechtsverhältnissen zueinander stehen, sondern sich zu gewissen Zwecken mit einander verbunden haben, bei welchen also nicht das Rechtsverhältniss, sondern der Assoziationszweck die unabhängige Variabele bildet, während jenes Rechtsverhältniss, gleichwie die konkreten Personen, welche in einem solchen Verhältnisse zueinander stehen, als abhängige Variabelen erscheinen. Unter Anderem ist einer der beliebig variabelen Berufszwecke der des Soldaten; dieser Zweck bedingt die Relation des Militärs zu den übrigen Berufsständen und in weiterer Abhängigkeit von dieser letzteren Relation variirt bei beliebiger Änderung derselben, z. B. bei dem Übergange von der Relation zwischen Soldat und Bürger, zur Relation zwischen Soldat und Beamten, zur Relation zwischen Soldat und Geistlichen u. s. w. die Spezialität der betreffenden Personen.

Quintoforme Quantität entspricht der mathematischen Steigung oder der gleichmässigen Steigerung der Intensität des Wachsthums; dieselbe beseitigt die letzte feste Schranke, welche sich bei der quartoformen

Quantität noch der freien und allgemeinen Variabilität entgegenstellte; sie macht auch die Gesammtheit, welcher alle variabelen Gattungen der quartoformen Quantität angehören, variabel. Ein vollständiger Austritt aus dieser Gesammtheit würde, da alles konkrete Sein nur einer einzigen absoluten Gesammtheit, der Wirklichkeit, angehört, mit einem Austritte aus dem Gebiete der Wirklichkeit in ein Gebiet des unwirklichen Seins verbunden sein und demzufolge keine Bedeutung für wirkliches (reales) Sein haben: allein, es handelt sich nicht um ein vollständiges Verlassen der realen Gesammtheit, sondern nur um gewisse Konsequenzen, welche aus der unbegrenzten logischen Stufenleiter des Kardinalprinzipes für Veränderungen innerhalb des realen Begriffsgebietes entspringen. Indem wir die allgemeineren Betrachtungen über die höheren, transzendentalen Formen des Seins für jetzt übergehen, bemerken wir nur, dass die Konsequenz, um welche es sich hier handelt, im mathematischen Sinne die beschleunigte, resp. verzögerte Wachsthumsintensität ist, welche wir im ersten Theile dieses Werkes als Steigung (bei konstanter Ähnlichkeit, §. 138) und auf S. 701 als Stauchung kennen gelernt haben und welche einer allmählich sich steigernden Konzentration aller Verhältnisse entspricht. Dieselbe liefert, wenn es sich um eigentliche Form handelt, die mathematische Figur der logarithmischen Spirale, hier aber, wo nur die Quantitätsform in Frage kömmt, eine rein quantitative beschleunigte, also variabele Verdichtung, resp. Verdünnung der Fälle.

§. 487.
Inhärenz.

Das zweite Kategorem nennen wir Inhärenz oder mit einem deutschen Ausdrucke Beschaffenheit. Die Inhärenz ist die logische Analogie zu der zweiten mathematischen Grundeigenschaft, welche in der Geometrie Ort, in der Arithmetik Stelle und in der Mechanik Zustand (Bewegungszustand) heisst.

Wie der geometrische Ort den Standpunkt einer Figur gegen den Nullpunkt oder den angenommenen Anfangspunkt des Raumes bezeichnet, ebenso bezeichnet die Beschaffenheit den Standpunkt, welchen ein Begriff gegen den Anfangs- oder Ausgangs- oder Grenzzustand des Seins, also gegen das Nichts einnimmt (während die Quantität eine Beziehung auf die Einheit oder auch das Etwas ist). Unter diesem Nichts als Basis der Inhärenz ist übrigens nicht das quantitative oder absolute Nichts zu verstehen, welches das von allem Bestehenden Ausgeschlossene bedeutet, sondern dasjenige relative Nichts, welches mit dem Anfangszustande oder schlechthin mit dem Anfange gleichbedeutend ist.

Die grammatische Sprachform für die Inhärenz ist die Prädikation oder Aussage, wenn wir darunter speziell die Beifügung oder Beilegung (Adjektion) verstehen. Indem wir sagen der grüne Baum oder indem wir den Baum als grün prädiziren, drücken wir durch das Prädikat grün aus, dass der Baum, welcher ohne Prädikat etwa durch die Figur $ABCDE$ (Fig. 1055 und 1056) dargestellt ist, gegen den Gesichtspunkt A in die Lage $A'B'C'D'E'$ parallel mit sich selbst dergestalt verrückt ist, dass der Ort A' oder der Abstand AA' dem Begriffe grün

entspricht. Wir haben jetzt mit dem Baume, ohne seine übrigen Grundeigenschaften irgend wie zu ändern, die Eigenschaft grün verknüpft, sodass
er uns als eine Verbindung, Kombination des früheren Begriffes Baum
mit dem Begriffe grün oder als eine Aneinanderreihung der beiden Begriffe
Baum und grün erscheint. Durch diese Anreihung des Begriffes Baum
an den Begriff grün haben wir die Beschaffenheit des Baumes näher
bestimmt, ihm eine bestimmte Stelle, einen logischen Ort angewiesen,
welcher durch das Prädikat grün bezeichnet ist, und eben in dieser
Stelle beruht die zweite logische Grundeigenschaft oder die Inhärenz,
welche wir gegenwärtig ins Auge fassen.

Der spezielle Werth des Begriffes $A A'$, welcher dem Begriffe
$A' B' C' D' E'$ seinen logischen Ort anweis't oder welcher die Beschaffenheit
des letzteren Objektes bestimmt, ist die Eigenschaft. Die Eigenschaft
ist also die genaue Analogie des geometrischen Abstandes, des arithmetischen Gliedes, der mechanischen Komponente (resp. Ponente); sie
wird sprachlich durch ein Prädikat ausgedrückt. Im vorstehenden
Beispiele bezeichnet das Prädikat grün die Eigenschaft des Baumes (oder
vielmehr des grünen Baumes), d. h. den speziellen Werth der Inhärenz
unter den gegebenen Umständen. Wenn man will, kann man eine Eigenschaft auch ein Inhärenzmerkmal nennen, während die früher betrachteten,
lediglich die Weite des Begriffes betreffenden Merkmale Quantitäts-
merkmale sind.

Hiernach ist Inhärenz gleichbedeutend mit Besitz von Eigenschaften.
Durch die Eigenschaften, als spezielle Werthe der Inhärenz, wird die
Inhärenz in jedem konkreten Falle näher bestimmt. Inhärenz schlechthin
sagt nur, dass einem Gegenstande, wie vorhin dem grünen Baume, Eigenschaften zukommen oder inhäriren (anhangen, anhaften). Beziehen wir
die Eigenschaft eines Objektes auf den absoluten Nullpunkt des Denkens,
auf den Anfang des Seins, oder vergleichen wir dasselbe mit diesem
Anfange des Seins, welcher ein relatives Nichts ist; so bezeichnet die
Eigenschaft den Unterschied des Objektes gegen das Nichts, als Anfang
des Seins. Vergleichen wir das Objekt dagegen mit einem anderen
Objekte, d. h. beziehen wir dasselbe auf den Grenz- oder Endpunkt eines
anderen Objektes als auf einen relativen Nullpunkt; so bezeichnet die
Eigenschaft den Unterschied der beiden Objekte.

Als Besitz von Eigenschaften stellt die Inhärenz ein Haben dar,
während die Quantität ein Sein im engeren Sinne des Wortes ist.

Während dem Gegenstande die Eigenschaften inhäriren, subsistirt
der Gegenstand, wenn man sich dieses Ausdruckes bedienen will, durch
oder unter seinen Eigenschaften. Subsistenz und Inhärenz stehen dann
in Beziehung zueinander: allein der Bestand einer Beziehung zwischen
zwei Begriffen ist offenbar bedeutungslos für das Wesen derselben und
rechtfertigt es durchaus nicht, dieselben nach der Kantischen Schule
als Stufen des Kategorems der Relation aufzustellen, womit sie ganz und
gar keine Verwandtschaft haben.

Die Eigenschaft $A A'$ ist der Begriff, welcher dem Objekte $A' B' C' D' E'$
seinen logischen Ort verleiht; der durch die Eigenschaft $A A'$ bestimmte
Ort A' ist also nicht mit der Eigenschaft selbst identisch: man kann
ihn logisch als den Umstand auffassen, in welchem sich das Objekt

befindet, von dem die Eigenschaft AA' prädizirt ist. Demnach befindet sich der grüne Baum, d. h. der Baum, welcher die Eigenschaft grün (AA') besitzt, in grüner Beschaffenheit oder in einem Umstande A', welcher durch den Begriff grün näher bezeichnet ist.

Die geometrische Figur $A'B'C'D'E'$ lässt zwei verschiedene Auffassungen zu. Einmal kann man darin die Figur $A'B'C'D'E'$ als dasjenige Ganze anschauen, welches durch den Abstand AA' in den ihm zukommenden speziellen Ort gerückt ist. Ausserdem kann man aber auch die Figur $AA'B'C'D'E'$ als das Ganze anschauen, welches keine Verrückung erlitten hat, sich vielmehr mit dem Anfangspunkte A im Nullpunkte des Raumes befindet. Bei der letzteren Auffassung bildet das Stück AA', welches bei der ersten Auffassung den Abstand oder den Ort des Ganzen bezeichnete, jetzt eine Seite, ein Glied, einen Theil, eine Komponente des Ganzen und bestimmt den Abstand des folgenden oder sich daran schliessenden Theiles. Überhaupt bezeichnet jede Seite einer als Ganzes aufgefassten Figur den Ort der folgenden als Ganzes aufgefassten Seiten.

Ganz die nämliche Auffassung gilt für die Logik. Sehen wir in dem Ausdrucke der grüne Baum den Baum als den nach seiner Inhärenz oder Beschaffenheit speziell zu bestimmenden Hauptbegriff an; so ist grün der spezielle Werth seiner Inhärenz oder seine spezielle Eigenschaft. Fassen wir dagegen den grünen Baum als eine einheitliche Gesammt-vorstellung auf; so bildet sowohl grün, wie Baum eine Komponente des Ganzen und die erste Komponente erscheint als eine Eigenschaft der zweiten.

Wie in der Geometrie Abstand und Seite im Wesentlichen die Elemente der Ortsbestimmung sind und sich nur durch die Beziehung zu der als Ganzes oder als Hauptfigur gedachten Figur unterscheiden, wegen dieser Unterscheidung aber besondere Namen tragen; so ist es auch in der Logik nützlich, jene beiden Eigenschaften mit Rücksicht auf ihre Beziehung zum Ganzen mit besonderen Namen zu belegen. Diess geschieht durch die Namen akzidentielle und attributive (zufällige und unauflösliche) Eigenschaften oder Akzidentien und Attribute. In dem Begriffe der grüne Baum ist grün eine akzidentielle oder zufällige Eigenschaft des Hauptbegriffes Baum, nicht jeder Baum ist grün, er kann aber mit dem Akzidens grün belegt werden. Dagegen ist grün ein Attribut des Gesammtbegriffes grüner Baum, weil jeder grüne Baum grün ist. Man kann sagen, ein Attribut inhärire dem Begriffe unauflöslich oder untrennbar, ein Akzidens dagegen nur beiläufig oder zufällig.

Zur genaueren Fixirung der Begriffe dient noch folgende Parallele mit den mathematischen Anschauungen. Die Verbindung des Begriffes AE mit dem Begriffe AA' oder die Beilegung der Eigenschaft AA' zu den übrigen Eigenschaften des Begriffes AE entspricht der mathematischen Addition, wobei der Begriff AE der Addend, die Eigenschaft AA' der Augend und der zusammengesetzte Begriff $AA'E'$ das Aggregat oder die Summe ist. Eine Eigenschaft ist nun ein Akzidens für den noch unverrückten Addend AE, dagegen ein Attribut für den verrückten Addend $A'E'$ oder für das Aggregat $AA'E'$.

Über die Attribute und Akzidentien machen wir noch folgende Bemerkungen. Da die Attribute durch die vermöge der Definition als unveränderlich bezeichneten Seiten einer Figur wie $A A' B' C' D' E'$, die Akzidentien dagegen durch die für veränderlich geltenden Abstände vertreten sind; so bezeichnen Zwischenpunkte wie a, b, c Spezialwerthe der Attribute und sind hinsichtlich ihrer Spezialität akzidentiell, wie z. B. das Dunkele in dem Ausdrucke der dunkelgrüne Baum. Wenn die Figur $A E'$ keinen festen Ort hat, sondern als beliebig verrückbar gilt, erscheinen Seiten wie $F A$, welche beliebig hinzugefügt werden, als Akzidentien: so ist das Grüne ein Akzidens des Baumes (während es ein Attribut des grünen Baumes ist).

Wenn die Figur $A E'$ als unverrückbar, jedoch als ein partikuläres Stück einer allgemeineren Figur $H A E'$ gedacht wird; so stellen Linien wie $H F A$ Eigenschaften der Gesammtfigur $H A E'$ dar, welche als von dem Begriffe $A E'$ ausgeschlossen gelten: so ist z. B. die Einarmigkeit eine Eigenschaft des Menschen, welche aber von dem Begriffe des zweiarmigen Menschen ausgeschlossen ist. Die vom allgemeineren Begriffe ausgeschlossenen Eigenschaften sind Eigenschaften (Attribute oder Akzidentien), welche der speziellere Begriff thatsächlich oder wirklich nicht besitzt, welche er aber bei der Verallgemeinerung erwerben kann, also Eigenschaften, welche durch Verallgemeinerung des Begriffes erreichbar sind oder dem Wesen des Begriffes nicht widersprechen. Dagegen bilden Linien wie $J A$, welche nicht bloss von der Weite, sondern von dem Wesen des allgemeineren Begriffes ausgeschlossen sind, unerreichbare und insofern unmögliche Eigenschaften. So ist z. B. der kaukasische Typus eine unmögliche Eigenschaft des Negers oder der 12. August 1840 ein unmöglicher Geburtstag für den am 7. April 1836 geborenen Menschen. Wenn ein genereller Begriff durch die gerade Linie repräsentirt ist, welche durch den Punkt A geht und die Richtung $H E'$ hat (Fig. 1056); so sind für den durch das Stück $A E'$ dargestellten Begriff Eigenschaften wie $H A$ thatsächlich nicht vorhanden, dagegen Eigenschaften wie $A J$, welche ausserhalb jener geraden Linie liegen, unmöglich. Der normale Abstand $H A$, welcher für die mit $A E'$ parallel laufende Linie $J K$ eine attributive Eigenschaft darstellt, ist also für die $A E'$ eine Unmöglichkeit.

Dass die Attribute eines allgemeinen Begriffes eine ganz andere Bedeutung haben, als die eines konkreten Falles derselben, leuchtet ein. Die Attribute des Begriffes Baum, welche also der ganzen Gattung Baum oder jedem Baume zukommen, sind andere als die Attribute, welche einem einzelnen bestimmten Baume, z. B. dem Apfelbaume des Paradieses zukommen.

Das Adjektiv und das dasselbe in allgemeinerer Form vertretende Prädikat bezeichnet vorzugsweise akzidentielle Eigenschaften, indem es, gegenüber dem Hauptbegriffe oder grammatischen Subjekte, ein zufälliges, beliebig variabeles Element bleibt. Erst wenn die Verknüpfung mit dem Subjekte den Charakter der Unauflösbarkeit annimmt, erlangt das Prädikat die Bedeutung eines Attributes für diesen Gesammtbegriff. Im Allgemeinen aber liegen die Attribute eines Begriffes verhüllt oder unausgesprochen in dem einfachen Namen dieses Begriffes.

Das Adjektiv ist übrigens nur die prinzipielle Sprachform für die

Eigenschaften der durch Substantive ausgedrückten Begriffe. Die Eigenschaften der durch Adjektive und der durch Verben dargestellten Begriffe werden häufig durch Adverben ausgedrückt, z. B. in sehr gross, schön blau, schnell laufen u. s. w. In vielen Fällen bezeichnet übrigens das Adverb eine Partikularität des damit behafteten Adjektivs oder Verbums. Attribute werden auch mit Hülfe des Genitivs, welcher die Stelle des Ganzen oder des Hauptbegriffes vertritt, z. B. in dem Ausdrucke das Herz des Menschen ausgedrückt und in der deutschen Sprache häufig durch Zusammensetzungen miteinander zu einem Gesammtbegriffe wie Sonnenstrahl, Schnellläufer, hellgrün, veilchenblau, grossthun, liebäugeln verschmolzen.

Eine andere spezifische Sprachform für die Inhärenz liefert das Hülfszeitwort haben, z. B. in dem Ausdrucke Karl hat blaue Augen. Die Eigenschaft eines Substantivs erscheint alsdann wiederum als Substantiv. Im Übrigen wird die Inhärenz auch durch Umschreibung und gelegentlich bei dem Ausdrucke anderer Grundeigenschaften in mannichfaltigen Sprachformen mitbezeichnet, und es ist Sache des Redenden und des Hörenden, dieselbe richtig auszudrücken und zu verstehen, z. B. in den Worten der Baum ist grün, der Baum, welcher grün ist, der Baum hat Blätter, der Baum, welcher Blätter hat u. s. w.

Die grammatische Form, welche prinzipiell die Inhärenz bestimmt, also eine Verknüpfung von Eigenschaften darstellt, hat oftmals eine reine quantitative Bedeutung, indem sie die Erweiterung einer, mehrerer oder aller Eigenschaften verlangt oder auch eine Partikularität davon darstellt. So kann man z. B. die Kombination der beiden Begriffe grün und Baum zu dem Begriffe grüner Baum auch als eine Partikularität des Begriffes Baum auffassen.

Indem wir ein Haben in ein Sein, eine Eigenschaft in eine partikuläre Quantität verwandeln, geben wir einem allgemeinen Grundsatze Ausdruck, welcher sich in der Mathematik als der Satz darbietet, dass eine Reihe von Gliedern oder eine Summe auch ein Numerat ist oder dass durch Fortschritt auch Quantität erzeugt wird.

Überhaupt liegt es auf der Hand, dass man eine Linie $A A'$ ganz nach Belieben entweder als die Entfernung der auf A' folgenden Figur $A' B' C' D' E'$, oder als die Entfernung zweier Punkte der Figur $A A' B' C' D' E'$, oder als ein Theil der letzteren Figur ansehen kann. Ebenso kann ein Begriff entweder als die akzidentielle Eigenschaft eines davon ausgeschlossenen Begriffes, oder als die attributive Eigenschaft eines denselben einschliessenden Begriffes, oder als eine Partikularität des Letzteren aufgefasst werden. Häufig lässt der Sinn der Rede die gemeinte Bedeutung aus der einfachsten Ausdrucksweise ohne besondere Definition erkennen. So bezeichnet westfälische Kohle bei natürlicher Auffassung eine akzidentielle Eigenschaft des von dem Begriffe des Westfalen ganz ausgeschlossenen Begriffes Kohle; westfälischer Deutsche oder Westfale bedeutet jedoch eine Partikularität des Deutschen; im westfälischen Frieden endlich zeigt das Adjektiv ein Attribut des Friedens von 1648 an; ebenso ist dieses Wort attributiv im westfälischen Elberfeld, und es bezeichnet einen generelleren Begriff im westfälischen Elberfelder.

Hieraus ersieht man, dass Merkmale, welche eigentlich zur Bestimmung der Quantität dienen, auch die Bedeutung von Eigenschaften annehmen können.

Dass die Eigenschaft AA', welche man dem Begriffe $A'B'C'D'E'$ beilegt, nicht nothwendig eine einfache zu sein braucht, sondern selbst wieder als eine zusammengesetzte erscheinen und demzufolge geometrisch durch eine Figur mit mehreren Seiten vertreten werden kann, leuchtet ein. Ein solcher Fall entspricht z. B. dem Ausdrucke ein hoher, grüner Baum oder ein hoher und grüner Baum oder ein grüner Baum, welcher Früchte trägt u. s. w.

Indem wir die Figur $A'B'C'D'$ als das nach seinem Orte näher zu bestimmende Objekt, also die Linie AA' als den Abstand der Figur $A'B'C'D'$ ansehen, nicht indem wir die Figur $AA'B'C'D'$ als das darzustellende Objekt und AA' als ein Glied desselben oder als den Abstand des darauf folgenden Theiles dieses. Objektes ansehen, befinden wir uns auf dem eigentlichen Boden der Ortsbestimmung, da bei der Variation der Linie AA' alle übrigen Grundeigenschaften der Grösse $A'B'C'D'$ ungeändert bleiben und lediglich ihr Ort nach Maassgabe der Variation von AA' sich ändert. Diese Auffassung entspricht in der Logik der Vorstellung, dass die eigentliche Inhärenz in der akzidentiellen Beschaffenheit des Objektes, also in den äusseren Umständen oder kurz in den Umständen beruht, unter welchen dieses Objekt subsistirt.

Hiernach bildet die Inhärenz eines Objektes auch einen Inbegriff der Umstände, unter welchen dasselbe besteht. Durch diese Umstände wird dem Objekte ein bestimmter Platz im Kreise unserer Vorstellungen angewiesen oder dasselbe wird gegen den Ausgangspunkt unseres Vorstellungsvermögens festgelegt, oder es wird der Standpunkt fixirt, von welchem aus wir jenes Objekt auffassen oder auf welchen wir uns zu dem Objekte stellen. Die Umstände AA', unter welchen ein Objekt $A'B'C'D'$ subsistirt, sind seine akzidentiellen Eigenschaften, welche ihren sprachlichen Ausdruck in dem Prädikate finden.

Wir unterscheiden die Umstände, unter welchen das Objekt $A'B'C'D'$ subsistirt, von den Zuständen, in welchen dieses Objekt existirt. Die Zustände sind die möglichen Fälle des Objektes selbst, also durch Punkte der Linienfigur $A'B'C'D'$ vertreten: die Umstände sind die möglichen Fälle einer akzidentiellen Eigenschaft AA' jenes Objektes. Wie aus der Zusammenfassung der Zustände eines Objektes das Objekt selbst hervorgeht; so geht aus der Zusammenfassung der Umstände eine Eigenschaft desselben hervor. Der Zustand ist ein quantitatives Merkmal eines Falles des Objektes, der Umstand ist ein inhärirendes Merkmal des Objektes oder ein quantitatives Merkmal eines Falles seiner Eigenschaft, und es leuchtet ein, dass wenn man ein Objekt als eine Verbindung von Eigenschaften $A'B'$, $B'C'$, $C'D'$ ansieht, man dasselbe ebenso gut als einen Inbegriff von Umständen, wie als einen Inbegriff von Zuständen betrachten kann.

Durch die Worte der Baum im Garten, der Baum vor 3 Jahren, der Baum im Alter, der Baum in Blüthe, der Baum ohne Zweige, der Baum im Winde, der Baum im Falle werden Zustände des Baumes, durch die Worte der **dunkelgrüne** Baum, der **hellgrüne** Baum, der glänzend grüne Baum werden Umstände des Baumes, welcher immer noch in jedem der ersteren Zustände erscheinen kann, ausgedrückt. Wenn die Umstände, unter welchen ein Objekt besteht, mit diesem Objekte zu einem Vorstellungsganzen zusammengefasst werden, gestalten sich dieselben zu Zuständen des Ganzen und der Inbegriff $A A'$ solcher Umstände wird nun für das Gesammtobjekt $A A' B' C' D'$ ein wesentlicher Bestandtheil oder ein Attribut.

Eine Eigenschaft bestimmt einen Umstand, sowie auch einen Zustand des Objektes oder, was Dasselbe sagt, sie bestimmt das Objekt in einem Umstande oder Zustande; sie verbindet sich mit dem Objekte in einem seiner Zustände und kennzeichnet die Inhärenz als eine Verbindung, ein Verbundensein.

Um den im Vorstehenden enthaltenen Ausspruch, dass die **akzidentiellen** Eigenschaften oder Umstände den Standpunkt charakterisiren, von welchem aus wir ein Objekt betrachten, näher zu erläutern, stelle AB in Fig. 1057 einen konkreten Baum dar. Ist derselbe ohne alle Nebenbestimmungen, einfach durch das Wort dieser Baum gegeben; so stellen wir uns denselben als eine durch die sukzessiven Punkte A, C, B der Linie AB vertretene Reihe von Einzelfällen vor, welche in dem Nullpunkte A unseres Begriffssystemes, nämlich in demselben Punkte beginnt, in welchem unsere Vorstellung vom Sein anhebt. Der Standpunkt, von welchem wir den Baum auffassen, ist also der ursprünglichste und der der Koinzidenz des Anfangspunktes der Entstehungsreihe des Objektes mit dem Anfangspunkte der Entstehungsreihe des Seins überhaupt, er bezeichnet das absolute Nichts.

Indem wir den Standpunkt der Betrachtung verändern, trennen sich diese beiden Anfangspunkte. Denkt man sich den Anfangspunkt der Entstehungsreihe des Seins als den festen Nullpunkt eines absoluten Begriffssystems; so entspricht diese Veränderung einer Verschiebung der Linie AB nach $A'B'$, indem sich an der durch diese Linie vertretenen Vorstellung durchaus nichts Anderes (weder die Länge, noch die Richtung, noch die Art, noch die Form), als ihre Stelle in jenem Begriffsysteme ändert. Wollte man das Objekt AB als etwas Festes oder Absolutes ansehen; so würde die fragliche Trennung auf die Verlegung des absoluten Nullpunktes des Systems nach A'' hinauslaufen, und dieser Vorgang würde der Auffassung entsprechen, dass wir selbst den Standpunkt der Betrachtung gegen das Objekt geändert hätten oder dasselbe von einem anderen Gesichtspunkte aus betrachteten.

Ein Punkt C bedeutet einen einzelnen Fall in der ganzen Reihe, deren Zusammenfassung den Begriff eines bestimmten, individuellen Baumes als Linie AB ergiebt. Diese Bedeutung, als einzelner Fall, in welchem jener Baum erscheinen kann, hat der Punkt C nur in seinem Zusammenhange mit der ganzen Reihe AB ähnlicher Erscheinungen, aus welchen der Begriff jenes Baumes durch Abstraktion hervorgegangen ist. Indem wir uns nun unter C den fraglichen Baum an einem bestimmten Orte oder zu einer bestimmten Zeit oder unter einem bestimmten Umstande, z. B. im Sturme, denken, versetzen wir uns (unter Auffassung des Umstandes als Zustand) mit dem Anfangspunkte der Reihe, welche der Vorstellung des Seins entspricht, in den Punkt C und betrachten den Baum AB von diesem Punkte C aus, oder, was Dasselbe ist, wir denken uns die Linie AB so nach $A'''B'''$ verrückt, dass der Punkt C in den Nullpunkt des Systems fällt. Halten wir jedoch den absoluten Nullpunkt der Betrachtung als unverrückbar an dem Orte A fest; so erscheint uns die konkrete Erscheinung C als eine Verrückung vom Nullpunkte in der Linie AB des Begriffes jenes Baumes um den Abstand AC, welcher die betreffende Eigenschaft ausdrückt.

Das logische Grundgesetz für das Kategorem der Inhärenz, welches die Veränderung der Inhärenz oder der Eigenschaften eines Begriffes zum Zwecke hat, also die zweite Metabolie ist schlechthin die Veränderung. Die Veränderung ist in der Logik die Analogie zur Verrückung oder zum Fortschritte in der Geometrie oder zur Progression in der Arithmetik. Die Veränderung als eine sukzessive Begabung mit anderen Eigenschaften oder als ein sukzessives Eintretenlassen anderer Zustände oder Umstände ist der Ausdruck eines Werdens; sie giebt uns die Vorstellung eines werdenden Seins oder eines Seins im Werden.

Die logische Grundoperation, welche die Verknüpfung mehrerer Eigenschaften im Sinne der Inhärenz bezweckt, ist die Verknüpfung oder Verbindung oder Zusammensetzung der Begriffe. Die entgegengesetzte Operation ist die Zerlegung der Begriffe. Die direkte dieser beiden Operationen entspricht der mathematischen Addition (Komposition), die indirekte der Subtraktion (Dekomposition). Wenn es bei der indirekten Operation nicht bloss auf allgemeine Zergliederung ankömmt, sondern, wenn ausser dem zu zerlegenden Operand b ein bestimmter Operator a, welcher abgetrennt werden soll, gegeben ist, entspricht diese Operation der Vergleichung oder vielmehr der Unterscheidung und das Resultat $b-a$ dem Unterschiede der beiden Begriffe A und B oder überhaupt der Verschiedenheit.

Die Veränderung eines Objektes entspricht der Hinzufügung oder Beilegung von Eigenschaften, kann also auch Beeigenschaftung oder Begabung dieses Objektes genannt werden, während die entgegengesetzte Veränderung die Entziehung von Eigenschaften oder die Enteigenschaftung ist.

Hiernach entspricht der logischen Verknüpfung des Begriffes $(a)=AA'$ (Fig. 1055), worunter wir beispielsweise den Begriff grün denken, mit dem Begriffe $(b)=A'B'C'D'E'$, worunter wir den Begriff Baum denken, die geometrische Figur $AA'B'C'D'E'$ und die arithmetische Summenformel $(a)+(b)$. Soll (b) als Hauptbegriff (fortschreitender Addend) und (a) als dessen Eigenschaft (fortschrittsbestimmender Augend) ausgezeichnet werden; so haben wir die Kombination (das Aggregat) nach den Prinzipien des Situationskalkuls „(a)„$+(b)$ zu schreiben. Die geometrische Figur, die arithmetische Formel und der sprachliche Ausdruck grüner Baum geben uns die Vorstellung eines Ganzen durch seine Eigenschaften oder Theile (a) und (b). Das Ganze erscheint also als ein Aggregat, nicht als ein einfaches Numerat, worin die Theile verschmolzen und als selbstständige Ganze verschwunden wären. Diejenige Grösse, welche dem Aggregate $(a)+(b)$ wie ein einfaches Ganze entspricht, ist arithmetisch das Numerat von $(a)+(b)$ oder der geometrisch durch AE' dargestellte Vektor, welcher vom Nullpunkte A nach dem Endpunkte E' der Figur führt. Dieser Vektor repräsentirt in der That den Gesammteffekt der durch die verschiedenen Theile (a), (b) dargestellten Ortsverrückungen oder im arithmetischen Sinne der hierdurch dargestellten Glieder oder im logischen Sinne der hierdurch vertretenen Eigenschaften. Jeder von dem Punkte A nach dem Punkte E' führende Zug hat denselben logischen Inhärenzwerth.

Zuweilen bildet die Sprache für den aus der Verknüpfung zweier Begriffe hervorgehenden Gesammtbegriff einen besonderen Namen. So heisst z. B. ein junger Mann ein Jüngling. Von diesen beiden Ausdrücken stellt der erste den betreffenden Begriff als Aggregat der beiden Theile $(a) + (b)$ in der Form $A A' B' C' D' E'$, der zweite dagegen als Numerat oder einfache Summe oder als Vektor $A E'$ dar.

Wenn man will, kann man in dem Aggregate $„(a)„ + (b)$ das mit der Eigenschaft (a) begabte Objekt (b), also das ohne diese Eigenschaft gedachte Objekt das ursprüngliche oder Anfangs- oder Grundobjekt nennen.

Unmittelbar bezeichnet ein einfaches Wort, wie Baum, einen Begriff als etwas Einfaches oder als eine einfache Eigenschaft, welche ihren geometrischen Repräsentanten in der geraden Linie $A' E'$ und ihren arithmetischen Repräsentanten in dem einfachen Buchstaben (b) findet, und demgemäss bezeichnet ein zusammengesetzter Ausdruck, wie grüner Baum, unmittelbar einen Begriff als etwas Zusammengesetztes, welches seinen geometrischen Vertreter in der gebrochenen Figur $A A' E'$ und seinen arithmetischen Vertreter in dem Polynome $(a) + (b)$ findet. Die Zerlegung eines Begriffes in seine Eigenschaften, wodurch er als eine zusammengesetzte oder gebrochene Figur $A' B' C' D' E'$ erscheint, und ebenso die Zusammensetzung mehrerer einfacher Eigenschaften (a) und (b) zu dem entsprechenden Aggregate und Numerate, d. h. in geometrischer Anschauung die Bestimmung des Vektors $A E'$ aus den Seiten der Figur $A A' E'$ ist eine wesentliche Aufgabe der logischen Grundoperation, von welcher wir soeben gehandelt haben.

Hinsichtlich der geometrischen Analogien ist noch zu bemerken, dass weil der geometrische Repräsentant für eine Erscheinung, für eine Anschauung, für einen Begriff und für eine Idee resp. eine Punktfigur, eine Linienfigur, eine Flächenfigur und eine Körperfigur ist, auch die Eigenschaften einer Erscheinung, einer Anschauung, eines Begriffes und einer Idee resp. durch Punkte, Linien, Flächen und Körper nach den im Situationskalkul niedergelegten Prinzipien darzustellen sind. Unter dem Vorbehalte der geeigneten Dimension der zum geometrischen Repräsentanten eines logischen Begriffes gewählten Raumfigur wird es der Kürze wegen zulässig sein, dass wir uns im Nachfolgenden zur Erläuterung der logischen Verhältnisse vornehmlich der Linienfiguren bedienen.

Hiernach kann z. B. der Begriff Künstler geometrisch durch eine Linie wie $D_1 D_2$ (Fig. 1058) dargestellt werden, welche zwischen den Grenzen D_1, D_2 eingeschlossen ist. Partikularitäten dieses Begriffes sind Maler, Bildhauer, Musiker u. s. w., welche zwischen engeren Grenzen liegen und durch Theile der Linie $D_1 D_2$ dargestellt werden. Der Punkt E_1 kann vermöge der Länge $A E_1$ irgend einen speziellen Künstler, z. B. Mozart vertreten. Für diese Auffassung bildet A den Nullpunkt der Quantität und auch der Inhärenz; der Begriff Künstler, Musiker, Mozart ist ohne Eigenschaften, nur nach seiner Quantität, gegeben.

Indem wir diesem Begriffe die Eigenschaft europäisch beilegen, verschieben wir die Linie $D_1 D_2$ in der Richtung AD etwa bis $D'D''$. An diesem Orte stellt die Linie $D'D''$ den europäischen Künstler, die Linie DE' einen bestimmten europäischen Musiker (Mozart) dar. Die Eigenschaft europäisch ist aber ein zwischen Grenzen B und C liegender Begriff, welchem als Partikularitäten die Begriffe österreichisch, baierisch, italienisch u. s. w. angebören. Demnach bezieht sich die spezielle Eigenschaft AD auf einen konkreten Österreicher und der Punkt E' kann vermöge seines Ortes, d. h. vermöge des Abstandes (AE'), welcher der Summe der beiden Linien $(AD) + (DE')$ gleich ist, einen konkreten österreichischen Musiker (Mozart) darstellen.

Wenn man voraussetzt, dass die Linie $D_1 D_2$ während der Verrückung ihre Länge ändert, giebt die Figur $B'D'C'D''$ in ihrer Lage gegen den Nullpunkt A und gegen die Grundaxe AC das geometrische Bild des logischen Begriffes europäischer Künstler, indem jeder Punkt E' dieser Figur vermöge seines Ortes gegen den Nullpunkt A oder vermöge seiner Ortsverschiedenheit oder vermöge seines Abstandes AE' einen in jenem Begriffe enthaltenen konkreten Fall bezeichnet. Der Abstand AE' ist nach Länge und Richtung zu nehmen und entspricht demnach der Summe der nach Länge und Richtung genommenen Linien AD und DE', indem man $(AE') = (AD) + (DE')$ hat, ein Resultat, welches sich logisch in dem Urtheile ausspricht, Mozart ist ein österreichischer Musiker.

Wir müssen noch darauf aufmerksam machen, dass die eigentliche Quantität des durch die Linie $BC = a$ dargestellten Begriffes Europäer, welche der Vielheit der darin liegenden Fälle proportional ist, der Länge der Linie BC (der zwischen den einschliessenden Grenzen B und C liegenden räumlichen Ausdehnung) entspricht: diese Quantität bezieht sich auf ein Etwas, als Grundeinheit des Seins. Der Inhärenzwerth dieses Begriffes oder der durch die Eigenschaft europäisch bezeichnete Zustand, welcher die Darstellung der Beziehung zum Nullpunkte A oder der Entstehung aus dem Nichts verlangt, ist durch die Linie BC an dem von ihr eingenommenen Orte dargestellt, entspricht also, wenn $AC = c$ und $AB = b$ ist, der Differenz $c - b$, welche zwar den vorstehenden Quantitätswerth a hat, aber doch in ihrer Form als Differenz zweier vom Nullpunkte ausgehenden Linien sich davon unterscheidet. Ein einzelner Punkt D der Linie BC, für welchen $AD = d$ ist, hat die Quantität 0, ist aber nach seinem Orte oder Inhärenzwerthe durch $d - d$ dargestellt. Der Abstand oder die Entfernung eines solchen Punktes, welcher die Eigenschaft eines in dem Zustande D befindlichen Objektes bezeichnet, ist durch die Linie $AD = d$ dargestellt. Indem nun auch das Objekt E' nach seiner Inhärenz als ein Inbegriff von Eigenschaften aufgefasst wird, ist nicht der Punkt E', sondern die Linie $DE' = e$ sein Vertreter und hieraus ist ersichtlich, dass das mit der Eigenschaft d begabte Objekt als ein Inbegriff von Eigenschaften durch den Abstand (AE') oder durch die Summe der beiden Eigenschaften $(AD) + (DE')$ nach der Formel $(r) = (d) + (e)$ vertreten ist.

§. 488.
Die Grund- und Hauptstufen der Inhärenz.

1) Die Primitivität der Inhärenz, welche nur eine Hauptstufe hat, kann schlechthin als Eigenschaft bezeichnet werden. Die Eigenschaft kann jede beliebige Quantität haben und demzufolge enger und weiter, singulär, partikulär und universell, endlich und unendlich, bestimmt und unbestimmt sein, ohne den Charakter einer primitiven Eigenschaft zu verlieren.

Der Ausgangspunkt der primitiven Inhärenz ist das Nichts, als Anfang des Seins.

2) Die Kontrarietät der Inhärenz hat die Bedeutung des Gegentheiles. Sie erscheint auf zwei Hauptstufen, welche man als Übereinstimmung und als Widerstreit (Gegensatz, Gegentheil) bezeichnen kann. Die Bejahung (Affirmation) und die Verneinung (Negation) entsprechen denselben Stufen, sobald diese Bejahung und Verneinung als Gegensätze zu einem gemeinschaftlichen Nullpunkte, d. h. als kontradiktorische Gegensätze, welche eine gegenseitige Vernichtung oder Aufhebung bekunden, nicht aber als die auf Ein- und Ausschliessung beruhenden Quantitätsgegensätze (§. 486) aufgefasst werden. Der Gegensatz des mathematisch Positiven und Negativen $+a$ und $-a$, welches sich geometrisch in den entgegengesetzten Richtungen des Fortschrittes AB und des Rückschrittes AB' oder BA (Fig. 1059) darstellt, ist die genaue Analogie zu dem logischen Gegensatze der Bejahung und der kontradiktorischen Verneinung. Die Kontradiktion bedingt offenbar die Ausschliessung der ganzen Hälfte einer unendlichen Axe, und diese Beziehung zur Ausschliessung ist der Grund, dass die Kontradiktion und die Ausschliessung durch dieselbe Sprachform, die Verneinung, dargestellt werden können.

Die ausschliessende Verneinung ist, weil sie entweder gar keine oder eine nach Belieben festzustellende obere Grenze hat, von Haus aus ein unbestimmter Begriff: die kontradiktorische Verneinung ist jedoch ebenso bestimmt wie die Bejahung. Wenn der bejahte Begriff der Baum als der seiende Baum aufgefasst und durch die Linie AB vertreten wird; so ist der verneinte Begriff nicht der Baum, wenn er die Bedeutung „der nicht seiende Baum" haben und die Vorstellung von der Aufhebung oder Vernichtung des Seins des Baumes erwecken soll, durch die direkt entgegengesetzte Linie AB' von gleicher Länge wie AB und durch keine andere vertreten. Wäre allgemeiner „der seiende Baum" durch die Linie CD vertreten; so würde „der nicht seiende Baum" durch die Linie $C'D'$ vertreten sein.

Das kontradiktorische Nichtsein ist ein vernichtendes Sein oder eine Vernichtung des Seins, d. h. seine Vereinigung mit dem bejahten Sein bringt eine Vernichtung des Letzteren hervor. Demnach darf man die kontradiktorische Verneinung nicht als eine Ausschliessung des bejahten Objektes in der Bedeutung auffassen, dass jedes beliebige andere Objekt gesetzt werden dürfe, sodass also unter dem nicht seienden Baume AB jedes andere Objekt, z. B. AC gedacht werden könne oder bejaht sei. Das ist keineswegs der Fall. Durch die kontradiktorische Verneinung des Objektes AB bejahen wir durchaus kein beliebiges anderes Objekt, sondern wir setzen oder bejahen damit nur ein einziges, nämlich das als nicht seiend zu denkende, einzig und allein durch AB' dargestellte Objekt, welches die Vernichtung des Objektes AB darstellt. Man muss nämlich wohl beachten, dass nach §. 486 die Bejahung eines Begriffes, sowie auch die Verneinung das Setzen eines Objektes als Primitivitätsakt bedingt und dass demnach die Verneinung eines bestimmten Objektes AB nicht mit der Verneinung aller möglichen Objekte gleichbedeutend ist. Demnach werden, wenn wir das Objekt AB vernichten, beliebige andere Objekte existiren können; das ist selbstredend, ja es ist sogar gewiss, dass dergleichen Objekte noch existiren; diese Thatsache ist durch jene Vernichtung nicht behauptet und nicht geleugnet, es ist lediglich damit ausgesprochen, dass das Objekt AB nicht mehr sei.

Die kontradiktorische Verneinung hat also nicht die Unbestimmtheit der ausschliessenden Verneinung: der kontradiktorisch verneinte Begriff hat dieselbe Weite und Bestimmtheit wie der bejahte Begriff. Ob eine Verneinung ausschliessend oder kontradiktorisch gemeint sei, muss aus dem Sinne der Rede hervorgehen, wenn der sprachliche Ausdruck dafür nicht an sich entscheidend ist. Kein, ohne, ausser werden fast immer und die Partikel nicht in der Regel ausschliessend gebraucht. Den kontradiktorischen Sinn nimmt „nicht" in der Zusammensetzung „ein Nicht-A" an. Im Allgemeinen dient aber das Präfixum un zu kontradiktorischen Verneinungen, wie in ungenau, unstatthaft, unehrenhaft, Untugend, Unhold, Unsitte u. s. w.

Für manche kontradiktorischen Gegensätze hat die Sprache besondere Wörter gebildet, wie z. B. gut und böse, arm und reich, Liebe und Hass, Zukunft und Vergangenheit, erhöhen und erniedrigen. Diese Wörter, wovon offenbar das eine ebenso bestimmt ist, wie das andere, können auch in Form von Negationen gegeben werden, indem man z. B. das Böse als das Nichtgute, das Hassen als das Nichtlieben hinstellt.

Die Verneinung ist nicht mit dem Anderssein oder der Verschiedenheit zu verwechseln. Die quantitative Verneinung schliesst den bejahten Begriff, also jeden darin liegenden Fall aus, und lässt jeden beliebigen ausserhalb jenes Begriffes liegenden Fall zu. Die kontradiktorische Verneinung hebt den bejahten Begriff auf, indem sie ein bestimmtes Objekt mit entgegengesetzten Eigenschaften, ein vernichtendes Objekt setzt. Das Anderssein dagegen ist ein Begriff in Bejahungsform, welcher nur einen bestimmten Fall ausschliesst, sonst aber jeden Fall innerhalb des bejahten Begriffes zulässt. Die im Anderssein liegende Verneinung betrifft also nicht den Begriff des Hauptobjekts oder dessen Quantität, sondern nur den logischen Ort, die Beschaffenheit, die Inhärenz des betreffenden Falles.

So schliesst z. B. die Verneinung „nicht Göthe" oder „Göthe nicht" als quantitative Verneinung die Vorstellung von Göthe aus, lässt aber, in allgemeinster Bedeutung, jedes beliebige andere Objekt dafür zu, während sie als kontradiktorische Verneinung einen Menschen von entgegengesetzten Eigenschaften, als Göthe sie besass, verlangt. Dagegen schliesst der in dem Ausdrucke „ein anderer Mensch als Göthe" oder „ein von Göthe verschiedener Mensch" liegende Begriff des Andersseins lediglich den Fall von Göthe unter den dem Begriffe Mensch angehörigen

Fällen aus, verneint also nicht den Hauptbegriff Mensch oder die Quantität dieses Begriffes, sondern nur diejenige Beschaffenheit, welche dem speziellen Menschen Göthe zukömmt.

Die Sprache kleidet zuweilen das Anderssein in die Form einer Verneinung, z. B. in dem Ausdrucke „dieser Mensch ist nicht Göthe" oder „das ist nicht Göthe", dessen Sinn ein von Göthe verschiedener Mensch, nicht aber eine einfache Verneinung des Begriffes Göthe ist.

Wir fassen die Charakteristik der ausschliessenden Verneinung und des Andersseins (indem wir die kontradiktorische Verneinung als einen hinreichend deutlichen Begriff bei Seite lassen) in folgende Worte.

Die durch das Wort „nicht" angezeigte Quantitätsnegation ist Verneinung des Seins, Ausschliessung vom Sein, also wenn das Sein durch die Axe OX repräsentirt wird, Ausschliessung von der Axe OX, Negation des Objektes selbst.

Das Adjektiv anderer bedeutet prinzipiell keine Verneinung, sondern eine Bejahung eines von dem gegebenen Objekte verschiedenen Objektes innerhalb einer gewissen Gattung. Die in dem Worte anderer liegende Verneinung oder Ausschliessung betrifft also nicht die Quantität des Begriffes, nicht das Objekt unmittelbar, nicht das Sein des Objektes schlechthin, sondern den Ort dieses Seins in einer gegebenen Gattung oder die Inhärenz des Objektes. Das andere verlegt das Objekt aus der Grundaxe OX in irgend eine andere zu OX parallele Linie, verschiebt also nur seinen Anfangspunkt O in irgend einen anderen Punkt des Raumes, schliesst mithin nur den Anfangspunkt des Seins des Objektes von dem Punkte O aus. Wenngleich hiermit eine Ausschliessung von der Axe OX verbunden ist; so ist doch der logische Sinn ein ganz anderer; er entspricht der Verleihung einer beliebigen, von O ausgeschlossenen Beschaffenheit an das Objekt.

Hieraus erklärt sich, dass das Anderssein und das Anderswerden (die Änderung) sprachlich vornehmlich durch die Adjektivform dargestellt wird, weil diese die eigentliche Sprachform für die Inhärenz, nicht für die Quantität ist. Ausserdem aber wird die logische Bedeutung aller Verbindungen des Wortes anderer klar, wenn man festhält, dass die Ausschliessung nicht auf den Hauptbegriff oder die Quantität des Objektes, sondern auf eine Beschaffenheit desselben geht und dass bei der Änderung dieser Beschaffenheit alle sonstigen Eigenschaften des Objektes ungeändert bleiben.

So schliesst die quantitative Verneinungspartikel Nichts jedes Objekt aus, wogegen der Ausdruck irgend etwas Anderes, welcher so viel heisst, als ein anderer Gegenstand als dieser, den Begriff Gegenstand durchaus nicht ausschliesst, sondern nur die Beschaffenheit, welche in dem Worte dieser liegt, negirt. Die Worte ein anderer Mensch negiren nicht den Begriff Mensch, verlangen vielmehr ausdrücklich das Sein in der Gattung des Menschen; sie negiren nur diejenige Beschaffenheit, welche diesen Menschen individuell kennzeichnen; sie negiren auch nicht die Zustände, in welchen sich der Mensch befindet, lassen vielmehr auch diese unberührt, gestatten also, dass der gedachte Mensch sich in demselben Alter, an demselben Orte, in derselben Gesundheit wie dieser Mensch sich befinde; sie negiren lediglich die Attribute, welche diesem Menschen vor allen übrigen zukommen, gestatten also, wie wir alsbald näher zeigen werden, nur eine Verschiebung der Linie, welche das Objekt darstellen soll, aus der Axe OX in einer zu OX normal stehenden Richtung OY. In dem Ausdrucke, dieser Mensch ist etwas anderes, als gelehrt, bleibt nicht nur die Gattung Mensch, sondern auch das Individuum oder dessen Attribut, welches durch das Adjektiv dieser angezeigt ist, völlig un-geändert: es wird nur die akzidentielle Beschaffenheit gelehrt ausgeschlossen.

Die Beziehung des Positiven zum Negativen, der Bejahung zur Ver-neinung, mag Letztere ausschliessend oder kontradiktorisch sein, ist ein wechselseitiger Gegensatz; das Eine ist der Gegensatz des Anderen. Da es nun für die äussere Wirklichkeit keine festen geistigen oder absoluten Ausgangspunkte oder Basen giebt, diese absoluten Basen vielmehr in unserem Geiste, also in dem a priori gegebenen reinen Begriffssysteme liegen; so kann ebensowohl das bejahte, wie das verneinte Sein der äusseren Wirklichkeit als das ursprüngliche erscheinen. Nimmt man die Verneinung als das Ursprüngliche; so erscheint die Bejahung als eine verneinte Verneinung, gleichwie in der Mathematik das Positive als das Negative vom Negativen ($- \cdot - a = + a$) erscheint. So bedeutet z. B. „kein Baum nicht" entschieden einen Baum.

In der Verneinung einer Verneinung liegt die Beziehung oder Relation eines Begriffes auf das verneinte Sein in demselben Verhältnisse, welche das verneinte zum bejahten Sein darstellt. Diesen zweimaligen Ver-neinungsprozess werden wir nach der Besprechung der dritten logischen Grundeigenschaft besser verstehen.

Etwas ganz Anderes, als eine solche Wiederholung der Verneinung oder Verdopplung des Gegensatzes ist die Verbindung zweier Gegensätze. Zwei Gegensätze heben sich bei ihrer Verbindung auf. Die gegenseitige Aufhebung oder Vernichtung zweier Gegensätze entspricht der gegen-seitigen Annullirung einer positiven und negativen Grösse in der mathe-matischen Formel $+ a + (- a) = 0$ oder, kurz, $a - a = 0$. Die geometrische Anschauung hierfür ist, dass der Fortschritt um eine bestimmte Länge AB in einer bestimmten Richtung und sodann der Rückschritt um dieselbe Länge in entgegengesetzter Richtung BA wieder in den Ausgangspunkt A, welcher hier der Nullpunkt ist, zurückführt. Der geometrische Nullpunkt ist durch das logische Nichts vertreten: das Resultat der Verbindung zweier Gegensätze der Inhärenz oder zweier entgegensetzten Eigenschaften ist also die Rückkehr zum Nichts (nicht etwa die Einkehr in irgend einen anderen Zustand). Der Widerspruch oder die Kontradiktion, welche in dem Zusammenbestehen zweier Gegen-sätze beruht, hat hiernach nicht die Bedeutung, dass das Zusammenbestehen eine Unmöglichkeit wäre, sondern dass das Zusammenbestehen auf das Nichts, als den gemeinschaftlichen Ausgangspunkt oder die gemeinschaft-liche Grenze der Bejahung und des kontradiktorischen Gegensatzes zurück-führe, eine Rückkehr, welche man die Aufhebung oder Vernichtung des bejahten Begriffes nennt. Wenn die Kontradiktion in Form der Ver-neinung gegeben ist, führt sie nicht gerade zum absoluten Nichts, sondern zu der gemeinschaftlichen Grenze des bejahten und verneinten Begriffes, welche insofern ein relatives Nichts darstellt, als sie weder dem bejahten, noch dem verneinten Begriffe angehört, aber doch als ein Grenzfall derselben erscheint. So hat z. B. der Widerspruch, welcher in der Behauptung liegt, dass jenes Objekt grün und zugleich nicht grün sei oder dass dasselbe eine grüne und zugleich keine grüne Farbe habe, die Bedeutung, dass jenes Objekt überall keine Farbe habe, dass es farblos, resp. lichtlos (schwarz) sei. Der Widerspruch, dass jenes Wesen ein Mensch und zugleich kein Mensch sei, sagt, dass jenes Objekt Nichts sei oder dass dasselbe nicht sei, oder dass ein Ding nicht existire, welches zugleich Mensch und nicht Mensch sei. Der Widerspruch, dass jener Mensch schläft und zugleich nicht schläft oder wacht, bedeutet, dass der Zustand des Schläfes auf den Nullwerth zurückgeführt ist, dass also der Mensch sich auf dem Grenzzustande von schlafen und wachen befindet. Der Widerspruch, dass Etwas zugleich gut und böse sei, drückt aus, dass dasselbe überhaupt keine oder eine annullirte moralische Qualität habe.

Für den echt quantitativen Gegensatz ist der Ausgangspunkt nicht der Nullpunkt oder das Nichts, sondern die Einheit, ein Etwas. Die Verbindung zweier rein quantitativen Gegensätze führt demnach nicht auf das Nichts, sondern auf das ursprüngliche Ganze zurück. Wenn wir behaupten, dass der Begriff A zugleich weiter und enger sei als der Begriff B; so sagen wir damit nicht, dass der Begriff A Nichts sei: denn in diesem Falle wäre er ja in der That enger als B: wir konstatiren damit vielmehr, dass der Begriff A dieselbe Weite habe wie B. Eine Anzahl, die zugleich grösser und kleiner als 6 ist oder die zugleich über und unter 6 liegt, ist 6 selbst. Was zugleich innerhalb und ausserhalb Europas liegt, liegt auf der Grenze von Europa.

Der quantitative Gegensatz entspricht nicht dem Gegensatze des Positiven und Negativen oder von $+ a$ und $- a$, sondern entweder dem numerativen Gegensatze des Grösseren und Kleineren, also von $a + b$ und $a - b$ oder dem multiplikativen Gegensatze des Vielfachen und des Theiles, also von $a\,b$ und $\dfrac{a}{b}$. Die Verbindung zweier quantitativen Gegensätze fordert also gleichzeitig die Erweiterung um ein bestimmtes Maass und die Einengung um dasselbe Maass, also die Operation $a + b - b = a$, oder die Vervielfältigung und Theilung, also die Operation $a \times b : b = a$, welche auf die ursprüngliche Einheit a zurückführt.

Die quantitative Verneinung, welche eine gewisse Begriffsweite ausschliesst, also Alles zulässt, was ausserhalb der Grenzen dieser Weite liegt, ist, weil ihr Gebiet ein unendliches ist, unbestimmter als die quantitative Bejahung, wenn man dieselbe nach dem numerativen Gegensatze auffasst: denn während der engere Begriff $a - b$ bei der Variation der Grösse b höchstens bis auf den Nullwerth herabsinken kann, also stets endlich bleibt, nimmt der weitere Begriff $a + b$ unendlich viel Werthe an. Sobald man jedoch die Verneinung nach dem multiplikativen Gegensatze auffasst, kann zwar der weitere Begriff $a.b$ ebenfalls unendlich gross und der engere Begriff $\dfrac{a}{b}$ höchstens gleich null werden; allein jedem Falle des weiteren Begriffes entspricht doch stets ein Fall des engeren Begriffes, da die Grösse b in Beiden den nämlichen Werth hat. Bei der letzteren Auffassung erscheint also die Verneinung nicht unbestimmter als die Bejahung.

Wir machen noch darauf aufmerksam, dass die Strenge der Definition eines Begriffes eine Erklärung darüber erfordert, ob die etwa auf der Grenze des Begriffes liegenden Fälle als zu dem Begriffe gehörig gelten sollen oder nicht. Diese Definition, welche den bejahten Begriff beeinflusst, affizirt selbstredend auch den verneinten und zwar in der Weise, dass wenn die Bejahung den Grenzfall einschliesst oder zulässt, die Verneinung ihn ausschliesst, während, wenn die Bejahung den Grenzfall ausschliesst, die Verneinung ihn einschliesst oder zulässt. Wenn das letztere Verhältniss vorliegt, haben die beiden durch Verneinung entgegengesetzten Begriffe niemals einen Fall miteinander gemein, die gemeinschaftliche Grenze ist also das Nichts, und Bejahung und Verneinung heben sich vollständig auf. Rechnet man z. B. den Bewohner der europäischen Grenze mit zum Europäer; so gehört er nicht zum Nichteuropäer und ein Mensch, der weder ein Europäer, noch ein Nichteuropäer ist, ist kein Mensch. Der Ausschluss des Grenzwerthes bei dem bejahten oder verneinten Begriffe charakterisirt also bei der Verbindung der Bejahung mit der Verneinung immer einen Inhärenzgegensatz oder eine Kontradiktion, welche man auch als einen vollständigen Gegensatz bezeichnen kann, indem er eine vollständige Aufhebung des bejahten Begriffes oder eine Reduktion auf das Nichts herbeiführt.

Liegt aber das erwähnte Verhältniss nicht vor, kann also der Grenzfall ebenso wohl der Bejahung, als auch der Verneinung zugezählt werden oder ist dieser Doppelsinn des Grenzfalles durch die Bedeutung der beiden entgegengesetzten Begriffe ausdrücklich anerkannt; so bilden beide einen reinen Quantitätsgegensatz, welchen man auch als einen unvollständigen Gegensatz ansehen kann, indem Bejahung und Verneinung sich nicht vollständig ausschliessen, sondern Etwas, nämlich den Grenzfall miteinander gemein haben, sodass sie sich in der Verbindung nicht vollständig aufheben, sondern als Resultat den Grenzfall herbeiführen.

So kann man z. B. zum Grün auch das unendlich schwache Grün oder das Grün von der Intensität null rechnen, welches schwarz ist, und andererseits kann dieser Grad des Grün auch als nicht grün angesehen werden. Der Widerspruch von grün und nicht grün ist mithin kein vollständiger, indem auch das Schwarz darunter verstanden werden kann. Ebenso kann, wenn über die Nationalität des Bewohners einer geographischen Grenze Nichts ausgemacht ist, ein Mensch, der Europäer und zugleich Nichteuropäer ist, ein Grenzbewohner sein. In ähnlicher Weise kann unter dem Ausdrucke weder rechts, noch links von A der Ort A selbst gedacht werden.

In dem Ausdruck höchstens 6 ist die Grenzzahl 6 mit eingeschlossen, in dem Ausdrucke mindestens 6 ebenfalls. Höchstens und mindestens bilden also einen unvollständigen Gegensatz und das Resultat ihrer Verbindung ist die Grenzzahl 6. Was höchstens 6 Einheiten und mindestens 6 Einheiten enthält, enthält genau 6 Einheiten.

Schliesslich bemerken wir noch, dass gleichwie die Bejahung und ihr Gegensatz sich in der Formel $a - a = 0$ aufheben, auch die Verneinung und ihr Gegensatz sich in der Formel $-a - (-a) = -a + a = 0$ aufheben. Während die Sprachform für den ersten logischen Widerspruch ein und kein ist, kann als Sprachform für den zweiten Wider-

spruch der Ausdruck weder, noch, z. B. weder gross, noch klein gelten,
worin weder und noch zwei Negationen und gross und klein einen
Gegensatz enthalten.

Für Begriffe, welche geometrisch durch Linien dargestellt werden,
bezieht sich der kontradiktorische Gegensatz auf einen Nullpunkt und
bezeichnet den Fortschritt nach den entgegengesetzten Seiten einer Linie,
der Grundaxe. Für Begriffe, welche geometrisch durch Flächen dargestellt werden, bezieht sich der Gegensatz auf eine Nulllinie und bezeichnet die Ausbreitung auf den entgegengesetzten Seiten einer Ebene,
der Grundebene.

Der geometrische Fortschritt selbst entspricht, wenn derselbe generell
als Verrückung oder Ortsveränderung aufgefasst wird, der logischen Veränderung. Ist die Veränderung die fortgesetzte Bejahung von Eigenschaften,
von welchen jede folgende alle früheren einschliesst, ein fortgesetztes
Werden oder Entstehen neuer Zustände; so korrespondirt sie mit dem
positiven Fortschritte, während die Veränderung, welche eine fortgesetzte
Verneinung oder eine fortgesetzte Ausschliessung oder eine fortgesetzte
Aufhebung von Eigenschaften, ein fortgesetztes Verschwinden bestehender
Zustände darstellt, mit dem negativen Fortschritte oder dem Rückschritte
korrespondirt. So enthält der Ausdruck „Karl war klug und schön, aber
nicht reich" einen zweimaligen direkten Fortschritt und einen Rückschritt.

Eine wichtige Sprachform, welche prinzipiell der positiven oder
bejahenden Veränderung in dem ursprünglich gegebenen Sinne Ausdruck
verleiht, ist die grammatische Komparation. Wenn die Linie AD in
Fig. 1058 die Eigenschaft schön oder gross oder klein im Positiv bedeutet,
d. h. wenn sie nach ihrer Länge die Quantität, nach ihrer Richtung aber
den ursprünglichen Sinn der Eigenschaft schön oder gross oder klein
anzeigt, sodass also ein im Endpunkte D beginnendes Objekt wie DD'
etwa einen schönen oder grossen oder kleinen Baum bedeutet; so bezeichnet der Komparativ jener Eigenschaft ein in der Richtung AD
rechts von D liegendes Objekt CC', nämlich einen schöneren oder
grösseren oder kleineren Baum, wogegen der diminuirende Komparativ
vermöge des Ausdruckes ein weniger schöner oder weniger grosser oder
weniger kleiner Baum ein links von D liegendes Objekt BB' bezeichnet.

Der Superlativ stellt in dem Ausdrucke der schönste, grösste, kleinste
oder der am wenigsten schöne, grosse, kleine Baum das Objekt in der
Maximal- oder Minimalentfernung rechts oder links von D dar.

Man sieht, wie schon in §. 485 bemerkt worden, dass grammatischer
Positiv, Komparativ und Superlativ wesentlich eine Inhärenzform, keine
Quantitätsform ist, dass aber, wenn der Komparativ oder Superlativ
eines Adjektivs zu einer Quantitätsbestimmung gebraucht werden, hierunter
immer eine Einschränkung des allgemeinen Subjektes und auch des
Subjektes im Positiv, jedoch keine Erweiterung desselben bewirkt wird (der
grössere und der kleinere, der grösste und der kleinste Baum, quantitativ
gedacht, bezeichnet immer einen engeren Begriff, als der Baum, ausserdem
ist der grössere Baum eine Partikularität des grossen Baumes und der
grösste Baum eine Singularität des grösseren und des grossen Baumes).

Ob die Veränderung einen positiven oder einen negativen Fortschritt
involvire, ist in vielen Fällen aus dem sprachlichen Ausdrucke nicht zu

erkennen, wird auch häufig im Denkprozesse als etwas Gleichgültiges oder Unbestimmtes gar nicht berücksichtigt. Da, wo die Fortschritts-richtung ein wesentliches Moment des Denkaktes ausmacht, giebt sie sich durch die Ein- oder Ausschliessung der Eigenschaften zu erkennen. Eine solche Einschliessung oder Ausschliessung ist jedoch nicht ohne Weiteres durch die Namen der Eigenschaften, sondern lediglich durch die Willkür des Denkenden bedingt. So kann man in dem Übergange vom Rothen zum Klugen nach Belieben einen direkten Fortschritt, eine fortgesetzte Bejahung, eine Einschliessung oder auch einen Rückschritt, eine Ver-neinung, eine Ausschliessung erblicken, jenachdem man dem Rothen und dem Klugen diesen oder jenen Platz vom Nullpunkte der Betrachtung anweis't. Im Allgemeinen werden zwei Begriffe wie roth und klug ge-wisse Fälle miteinander gemein haben, es wird also Objekte geben, welche roth und klug zugleich sind, das Rothe wird also das Kluge theilweise überdecken und die nicht klugen rothen Objekte werden auf der einen, die nicht rothen klugen Objekte dagegen auf der anderen Seite des gemeinschaftlichen Raumes liegen: ob aber das Rothe die zuerst aus dem Nichts gebildete und das Kluge die daraus her-vorgegangene Eigenschaft ist, oder ob das Umgekehrte stattfindet, ob also die ausschliesslich rothen Objekte dem Nullpunkte näher liegen, als die ausschliesslich klugen, kann der Urtheilende nach Willkür fest-setzen.

Bei der Beurtheilung der Ein- und der Ausschliessung darf man sich auch nicht von der Bedeutung irre führen lassen, welche die be-treffenden Eigenschaften im Gebiete der Anschauungen oder der Er-scheinungen, d. h. als mathematische oder als Naturgrössen haben. Hier kömmt lediglich die logische Bedeutung, ihr Werth als Begriffe, als abstraktes Sein ohne jeden materiellen Inhalt in Betracht. Beispiels-weise ist es für den logischen Inhärenzwerth ganz gleichgültig, ob ein Zustand, in welchem ein bestimmter Mensch Karl betrachtet wird, ein vergangener, ein gegenwärtiger oder ein zukünftiger, ob er ein momentaner oder ein dauernder ist, ob dieser Zustand an diesem oder jenem Orte stattgefunden, mit starker oder schwacher Energie gehaftet hat und dergleichen. Ein zweiter ähnlicher Zustand stellt sich nicht etwa auf die positive Seite des ersten, weil er ein chronologisch späterer oder ein länger dauernder oder ein räumlich umfassenderer oder ein mechanisch stärkerer ist: die Zeit, der Raum, die Kraft sind keine logischen Grössen, keine reinen Begriffe, bedingen also keine logischen Unterschiede. Ein späterer, d. h. ein zu späterer Zeit stattfindender, gleichwie ein an einem vorwärts liegenden Orte oder mit einer verstärkten Kraft obwaltender Zustand unterscheidet sich logisch von dem ersten Zustande nur desshalb, weil er ein anderer ist: die Grösse und Richtung der Verschiedenheit bestimmt der logische Unterschied, d. h. der von uns gedachte Unterschied zwischen Beiden, und demnach bleibt es ganz unserer Willkür überlassen, ob wir einen späteren oder einen länger dauernden Zustand als einen durch fortgesetzte Bejahung oder als einen durch fortgesetzte Verneinung, durch Einschliessung oder durch Ausschliessung aus dem ersten Zustande entstandenen und ob wir denselben überhaupt als einen anderen ansehen und nicht etwa das Element der Zeit als etwas ganz Gleichgültiges ignoriren, mithin die bloss zeitlich sich unterscheidenden Zustände für identisch halten wollen.

Die Veränderung, welche das Anderssein bedingt, ist ein spezifischer Inhärenzprozess, die Ein- und Ausschliessung, welche das Zusammensein bedingt, ist ein Quantitätsprozess. Wie mathematisch der Fortschritt eine Vergrösserung herbeiführt, so führt auch logisch die Veränderung eine Umfassung herbei und das Wesen der einen kann in dem Wesen der anderen angeschaut werden, ohne dass beide identisch wären. Man kann also einen anderen Zustand auch als einen solchen auffassen, welcher von dem gegebenen ausgeschlossen ist. Insofern daher der Zustand, in welchem sich ein Mensch früher befand, von seinem gegenwärtigen Zustande ausgeschlossen ist, nimmt er in der Linie AB eine andere Stelle ein, ebenso der Zustand, in welchem sich dieser Mensch später befinden wird. Insofern aber alle zukünftigen Zustände von den früheren ausgeschlossen sind und der gegenwärtige auf der Grenze beider liegt, werden die zukünftigen durch rechts liegende, die vergangenen Zustände dagegen durch links liegende Punkte vertreten.

Durch fortgesetzte Veränderung der Zustände bildet sich eine Folge von Zuständen. Dieselbe stellt das Individuum als ein Werdendes dar. In quantitativer Beziehung ist das Individuum ein Inbegriff von Zuständen oder ein Sein und man sieht, wie in der Logik ganz ebenso wie in der Mathematik das Resultat des Werdens ein Sein, das Resultat des Fortschrittes eine Länge, das Resultat der Anreihung eine Vielheit ist.

Ein Individuum AB (Fig. 1060) ist eine einfache Folge oder Reihe von Zuständen. Eine Gattung ABB_1A_1 ist eine zweifache Reihe von Zuständen. Wird dieselbe durch den Fortschritt des Individuums AB längs AA_1, also durch die Änderung des Individuums entstanden gedacht; so bildet sie einen Inbegriff von Reihen. Wird sie dagegen durch den Fortschritt der Linie AA_1 längs AB entstanden gedacht; so bildet sie, da AA_1 einen Inbegriff von Zuständen darstellt, welche die einzelnen Individuen voneinander unterscheiden, eine Reihe von Inbegriffen.

Durch die Aneinanderreihung von Zuständen zu einem Individuum entfernt sich das Ende der Reihe immer weiter von dem Anfange. Dieser Entfernung des Endpunktes von einem der Reihe selbst angehörigen früheren oder vorangehenden Zustande entspricht eine Annäherung an einen ausserhalb der Reihe liegenden späteren oder nachfolgenden Zustand (wie der quantitativen Einschliessung von Theilen in einen Begriff eine Ausschliessung von Theilen der Aussenwelt entspricht). Wenn dieser nachfolgende Zustand in endlicher Entfernung liegt, wird er endlich erreicht und überschritten: denkt man sich denselben jedoch unendlich entfernt; so wird er nie erreicht, bleibt also stets ein Punkt, welchem der Fortschritt entgegenstrebt. Einen Punkt, welchem sich der fortwährende Zuwachs von reellen Eigenschaften unausgesetzt nähert, kann man das Ziel der Veränderung nennen. Insofern diese Veränderung den Charakter einer Thätigkeit hat (§§. 489 und 490), belegt man das Ziel auch wohl mit dem Namen Zweck, Bestimmung und dergleichen, womit wir jedoch hier nur den eben erklärten, auf Erkenntniss sich stützenden logischen Begriff verbinden, ohne damit auf das dem Verstande gänzlich fremde Gebiet des Willens, der tendentiösen Absicht, der Vorsehung und dergleichen überzutreten.

Wenn $AC = a$ einen bejahten Begriff darstellt, ist $AC' = -a$ der kontradiktorisch verneinte oder überhaupt der entgegengesetzte. Wird der verneinte Begriff $-a$ mit einem bejahten $AB = b$ nach der Formel $b - a$ verbunden; so bezeichnet er einen Rückgang vom Punkte B um den Betrag AC' oder eine theilweise Aufhebung des bejahten Begriffes.

Wenn C den Anfang und B das Ende eines Begriffes oder wenn CB den Inbegriff von Fällen bezeichnet, welche ein bestimmter Begriff umfasst; so steht irgend ein ausserhalb CB liegendes Stück der Linie AX zu diesem Begriffe in der Beziehung eines Begriffes, welcher zwar von dem Begriffe CB faktisch ausgeschlossen ist, welcher jedoch eine mögliche Erweiterung desselben sein kann. Demnach kann CB ein bestimmtes Individuum, irgend ein anderes Stück der Linie AX dagegen ein anderes Individuum darstellen, welches mit dem ersteren in solcher Beziehung steht, dass es möglicherweise aus ihm hervorgehen, also z. B. eine mögliche Fortsetzung seines Daseins bilden könnte.

3) Die Neutralität der Inhärenz hat drei Hauptstufen, welche wir als Reellität, Imaginarität und Überimaginarität ankündigen und folgendermaassen definiren.

Reell sind diejenigen Eigenschaften eines Begriffes, durch welche sich die ihm angehörigen möglichen Fälle voneinander unterscheiden. Bezeichnet also der Begriff beispielsweise ein bestimmtes Individuum, z. B. den Sokrates; so sind die reellen Eigenschaften desselben alle diejenigen, welche die einzelnen möglichen Zustände des Sokrates darstellen. Ob diese Zustände wirklich existiren oder existirt haben, ist gleichgültig: es handelt sich nur um die möglichen. Hiernach ist Sokrates in den Ausdrücken der weise Sokrates, der geduldige Sokrates, Sokrates im Zustande der Anklage, Sokrates mit dem Giftbecher, die Stimme des Sokrates durch reelle Eigenschaften gekennzeichnet. Zu den reellen Eigenschaften derselben gehören aber auch die nicht wirklichen, sondern nur als möglich gedachten. Demnach kann man, wenn man will, sich den grünen Sokrates, den gefiederten Sokrates, den flüssigen Sokrates als etwas Mögliches denken. Selbstredend können aber auch gewisse Eigenschaften nach der Definition des Subjektes, welchem sie zukommen sollen, von dessen reellen Eigenschaften ausgeschlossen werden; derartige Eigenschaften werden wir sogleich als imaginäre Eigenschaften kennen lernen.

Die reellen Eigenschaften eines Objektes liegen hiernach sämmtlich in dem Begriffe desselben: sie umfassen seine akzidentiellen Eigenschaften, ohne seine attributiven Eigenschaften zu berühren. Die Akzidentien des Objektes sind aber die Attribute seiner Elemente oder der darin liegenden konkreten Fälle, welche wir, wenn das Objekt als Individuum aufgefasst wird, dessen Zustände genannt haben. Die reellen Eigenschaften eines Individuums sind daher die Attribute seiner Zustände. Wenn das Objekt geometrisch durch eine Linie vertreten wird; so entsprechen die reellen Eigenschaften den verschiedenen Abständen aller in dieser Linie liegenden Punkte von dem Nullpunkte. Bezeichnet also die durch den logischen Nullpunkt A (Fig. 1060) des Nichts gehende, in der Grundaxe AX des Seins liegende gerade Linie AB das Sein eines einfachen Individuums als eine Reihe von möglichen Fällen oder Zuständen C; so sind alle in der Linie liegenden Längen wie AC die verschiedenen reellen Eigenschaften des Individuums AB und dieses Individuum erscheint als der Inbegriff aller seiner reellen Eigenschaften. Die Grundaxe AX des Seins ist die Axe der Reellität. Die Reellität darf nicht mit Realität oder Wirklichkeit (§. 492) verwechselt werden: sie bezeichnet das Sein schlechthin, das eigentliche Sein, das Sein als eine Reihe von zufälligen oder möglichen Zuständen, deren Wirklichkeit oder wirkliche Existenz nicht untersucht wird. Man kann dieses reelle Sein als Subsistenz bezeichnen.

Um übrigens die Begriffe scharf zu fixiren, müssen wir hinzufügen, dass der Punkt C, als Ort in der Linie AB, einen Zustand des Individuums AB bezeichnet und dass die Linie AC, als Theil der Linie AB, diejenige Partikularität des Objektes AB darstellt, welche den Inbegriff aller seiner Zustände von A bis B umfasst. Denkt man sich aber das Objekt nicht als eine Zusammenfassung von Zuständen, sondern als eine Verbindung von Eigenschaften; so repräsentirt AC eine Eigenschaft, welche nicht mit dem Objekte AB, sondern mit dem Objekte CX verbunden ist, d. h. in diesem Falle muss man sich das Individuum, dessen Eigenschaft AC sein soll, mit seinem Anfangspunkte in den Endpunkt C der Eigenschaft AC verrückt oder nach CX verschoben oder fortgeschritten, d. h. um die Eigenschaft AC verändert denken. Hiernach unterscheiden sich die beiden Ausdrücke Sokrates in Geduld und der geduldige Sokrates dadurch, dass in dem ersteren die Geduld als ein Zustand C im Sein des Sokrates AB oder AC als eine Partikularität von AB, in dem letzteren dagegen das Geduldige als eine Eigenschaft AC des um diesen Betrag veränderten, also nach CX verlegten Sokrates aufgefasst wird.

Ist $A_1 B_1$ irgend ein besonderes Individuum, welches einer gewissen, durch die Ebene XAY dargestellten Gattung angehört; so wird dasselbe durch die mit AB parallele gerade Linie $A_1 B_1$ dargestellt. Die reellen Eigenschaften dieses besonderen Individuums sind durch die Linien $A_1 C_1$, welche nicht bloss nach ihrer Länge, sondern auch nach ihrem Orte zu nehmen sind, vertreten, sodass z. B., wenn AC schlechthin die Klugheit eines Individuums bezeichnet, $A_1 C_1$ die Klugheit jenes besonderen Individuums anzeigt oder jenes kluge Individuum, d. h. jenes Individuum im Zustande der Klugheit darstellt.

Imaginär sind diejenigen Eigenschaften, wodurch sich die einer Gattung angehörigen Individuen voneinander unterscheiden, insofern diese Eigenschaften einem bestimmten Individuum beigelegt werden. Es leuchtet ein, dass die Eigenschaften, wodurch sich zwei Individuen voneinander unterscheiden, für eines derselben unmöglich sind. Die Eigenschaften, welche den Cäsar vom Sokrates unterscheiden, können nicht dem Letzteren beigelegt werden: wenn also die lateinische Race, die Feldherrnkunst, ein bestimmter Geburtstag als reelle Eigenschaften des Cäsar anerkannt werden, sind dieselben imaginäre Eigenschaften des Sokrates. Übrigens kömmt es bei den imaginären Eigenschaften ebenso wenig wie bei den reellen Eigenschaften darauf an, dass dieselben wirkliche oder faktische Unterschiede zwischen zwei Individuen darstellen, sondern nur darauf, dass dieselben mögliche Unterscheidungsmerkmale der einzelnen Individuen, also mögliche Attribute derselben darstellen oder dafür gehalten werden. Eine imaginäre Eigenschaft des Sokrates ist also diejenige, welche einem anderen Menschen als Sokrates zukömmt oder ein Attribut dieses Anderen ist. Die logische Imaginarität entspricht genau der mathematischen. Wenn die Grundaxe AX das individuelle Sein, den Inbegriff von reellen Eigenschaften darstellt; so repräsentirt die rechtwinklige oder sekundäre Axe AY die Individualitätsänderung innerhalb einer durch die Grundebene vertretenen Gattung. Der konkrete Inhalt AA_1 einer solchen imaginären Eigenschaft, welche eine gewisse Individualitätsänderung bedingt, kann ein ganz beliebiger sein. So kann man sich z. B., wenn AB einen Menschen bedeutet, unter AA_1 das Attribut des ersten Individuums der Welt, also unter A_1B_1 den ersten Menschen denken, während in der Richtung AX, welche die Reihenfolge der Zustände, also die reellen Eigenschaften enthält, die Linie AC vielleicht den ersten Zustand eines Individuums, oder die Geburt eines Individuums bedeutet.

Wenn AC das akzidentiell oder zufällig Schwarze und A_1X_1 einen bestimmten Menschen bezeichnet; so stellt der Punkt C_1 diesen Menschen in dem zufällig schwarzen Zustande dar. Wenn aber AA_1 das attributiv Schwarze, also eine imaginäre Eigenschaft des Grundindividuums AX, nämlich eine Eigenschaft, durch welche sich das Individuum A_1X_1 von AX unterscheidet, bezeichnet; so stellt A_1X_1 einen schwarzen Menschen, z. B. einen Mohren dar. Für den Mohren ist die weisse Farbe eine imaginare Eigenschaft; ein weisser Mohr ist nicht möglich; die weisse Farbe kömmt einem anderen Individuum als Attribut zu.

Das zufällige Sein Lessing's in Braunschweig, seine Anwesenheit daselbst in einem möglichen Punkte seines Daseins, ist ein Akzidens für Lessing; der Tod Lessing's in Braunschweig, seine Anwesenheit daselbst in einem unveräusserlichen Punkte seines Daseins, das Zusammentreffen des Endpunktes seines Daseins mit Braunschweig, ist ein Attribut für Lessing; es ist eine imaginäre, unmögliche Eigenschaft für einen Anderen. (Sobald Ort und Zeit des Todes genau angegeben werden, kennzeichnen sie nur Lessing allein: werden dieselben unbestimmt gelassen; so kennzeichnen sie nicht das einzige Individuum, sondern jeden in Braunschweig Gestorbenen).

Die Individualitätsänderung oder ein Fortschritt längs der imaginären Axe AY hat die Bedeutung des Seins eines Anderen, welches man Alternität oder Alternirung nennen kann. Die Alternität setzt lediglich den Übergang zu einem anderen Individuum, nicht zu anderen Zuständen, also keine Veränderung der reellen Eigenschaften oder keinen Fortschritt längs der reellen Axe OX voraus. Wie bei der Verschiebung der Linie AB nach A_1B_1 alle ihre Punkte sich parallel fortbewegen, sodass jeder Punkt wie C denselben reellen Abstand AC beibehält; so bleiben die reellen Eigenschaften oder die Akzidentien, sowie die Zustände des Individuums bei dem Übergange in ein anderes Individuum unverändert; es ändern sich nur die Attribute dieses Individuums. Die Alternität ist daher das Sein eines Anderen, welches man von dem allgemeineren Begriffe des Andersseins oder der Verschiedenheit unterscheiden muss. Die Verschiedenheit lässt jede beliebige Verrückung der

Linie AB, also auch eine Verrückung in schräger Linie AC_1, d. h. eine komplexe Veränderung zu, welche die Verbindung einer reellen mit einer imaginären Veränderung, d. h. eine gleichzeitige Veränderung des Zustandes und der Individualität ist.

Wenn das Individuum einen Eigennamen trägt, so involvirt derselbe schon an sich das unterscheidende Individualitätsmerkmal AA_1. Beispielsweise entsprechen Schiller, Göthe, Laplace besonderen Werthen der imaginären Eigenschaft AA_1.

Sobald man die imaginäre Eigenschaft wie eine mögliche Eigenschaft auffasst, was der geometrischen Verschiebung nach der Seite (anstatt des reellen Fortschrittes in der Grundrichtung) entspricht; so nimmt die Veränderung des Objektes den Charakter der Verwandlung an. Denke ich mir z. B. den Sokrates mit den Eigenschaften des Cäsar behaftet; so verwandele ich damit den Sokrates in den Cäsar. Dieser Prozess geht in meinen Gedanken wirklich vor sich, wenn ich mir nach dem Sokrates den Cäsar oder Beide zugleich vorstelle. Man sieht also, dass und wie sich in der Logik gleichwie in der Mathematik die in der Imaginarität liegende Unmöglichkeit mit der Wirklichkeit versöhnt, indem jene Unmöglichkeit nur eine relative ist, welche darin besteht, dass die fragliche Eigenschaft einem bestimmten Individuum nicht beigelegt werden kann, und dass die erwähnte Wirklichkeit nur eine eingebildete ist, indem sie mit einer Verwandlung des ursprünglichen Objektes verknüpft ist.

Die rein imaginären Eigenschaften, welche geometrisch durch die perpendikularen Abstände vertreten werden, entsprechen der arithmetischen Formel $a\sqrt{-1}$. Die Negation einer solchen Eigenschaft ist durch $-a\sqrt{-1}$ ausgedrückt und entspricht der geometrischen Verschiebung längs AA'_1. Bezeichnet z. B. $AB = b$ einen Menschen und $A_1B_1 = a\sqrt{-1} + b$ den ersten Menschen; so stellt $A'_1B_2 = -a\sqrt{-1} + b$ den nichtersten Menschen dar. $AB' = -b$ bedeutet kein Mensch, $A'_1B'_1 = -a\sqrt{-1} - b$ bedeutet der nichterste Mensch nicht, $A_1B'_2 = a\sqrt{-1} - b$ der erste Mensch nicht.

Während die Verrückung längs der positiv imaginären Axe AY einem Übergange zu anderen Individuen und einer Einschliessung anderer Individuen entspricht, bedeutet die Verrückung in negativ imaginärer Richtung eine Aufhebung oder Ausschliessung gewisser anderen Individuen.

Überimaginär sind diejenigen Eigenschaften, wodurch sich die Gattungen voneinander unterscheiden, insofern diese Eigenschaften einem bestimmten Individuum beigelegt werden. Es leuchtet ein, dass solche Eigenschaften schon eine einfache Imaginarität oder Unmöglichkeit ausdrücken, wenn sie derselben Gattung beigelegt werden, und eine erhöhte Imaginarität oder Unmöglichkeit, wenn sie demselben Individuum zugeschrieben werden. Sie entsprechen dem geometrischen Fortschritt normal zur Grund- oder Gattungsebene oder parallel zur tertiären Axe AZ und dem arithmetischen Zeichen $\sqrt{-1}\sqrt{\div 1}$.

Wenn z. B. die Grundebene die Gattung des Menschen oder das Menschengeschlecht darstellt, so entspricht eine damit parallele Ebene irgend einer Thiergattung (insofern wir den Menschen als eine animalische Spezialität ansehen). Was also die Menschenrace von der Löwenrace unterscheidet, ist für einen bestimmten Menschen, z. B. für Sokrates eine überimaginäre Eigenschaft. Durch Prädikation einer solchen Eigenschaft bildet man z. B. die unmögliche Vorstellung der reissende Sokrates, Sokrates mit der Löwenmähne, Sokrates in der Gestalt des von Herkules erwürgten Löwen.

Die überimaginäre Veränderung ist die Gattungsalternität. Durch eine solche Veränderung werden die Attribute der Gattung geändert, ohne die Attribute der Individuen und ohne die Akzidentien der Individuen, d. h. die Attribute seiner Zustände zu beeinflussen. Die arithmetische Analogie zum Gattungsattribute ist also die Formel $c\sqrt{-1}\sqrt{\div 1}$.

Die überimaginäre Eigenschaft erlangt den Charakter der Wirklichkeit, wenn man die damit verbundene Veränderung des Objekts wie eine Verwandlung ansieht. Eine solche Verwandlung geht in uns vor sich, wenn wir von der Vorstellung des Sokrates zu der Vorstellung des Löwen des Herkules übergehen.

Fortschritt längs der positiv tertiären Axe AZ heisst Einschliessung, Fortschritt längs der negativ tertiären Axe dagegen Ausschliessung von Gattungen.

Zur genauen Feststellung der Begriffe sagen wir, dem mathematischen Fortschritte entspricht die logische Veränderung und zwar ist positiver Fortschritt einschliessende oder bejahende, negativer Fortschritt ausschliessende oder verneinende Veränderung. Reeller Fortschritt ist Veränderung der Zustände eines Objektes oder akzidentielle Veränderung. Imaginärer Fortschritt ist Objekts- oder attributive Veränderung; komplexer Fortschritt ist Zustands- und Objektsänderung zugleich. Überimaginärer Fortschritt ist Gattungsänderung; überkomplexer Fortschritt ist Zustands-, Objekts- und Gattungsänderung zugleich.

Denkt man sich den Punkt C in der Linie AB fortgerückt; so bezeichnet derselbe in jeder neuen Lage einen neuen oder anderen Zustand desselben Individuums, z. B. eine andere Farbe, eine andere Grösse, ein anderes Alter, auch wohl einen bestimmten Geruch, eine bestimmte Form eben derselben Blume: rückt der Punkt C jedoch normal zu AB in der Richtung CC_1 fort; so bezeichnet er immer dieselbe Eigenschaft, also etwa dieselbe Farbe oder dieselbe Grösse oder dasselbe Alter wie der Punkt C, jedoch als Zustände eines anderen Individuums, einer anderen Blume.

Ob man erst vom Nichts A zu der Eigenschaft C in der Grundaxe des Seins AX und sodann von C längs CC_1 zu dem betreffenden Individuum $A_1 X_1$ übergeht oder ob man erst vom Nichts A längs AA_1 zu dem Anfangspunkte des betreffenden Individuums und sodann von diesem Punkte zu der fraglichen Eigenschaft längs $A_1 C_1$ fortschreitet, ist offenbar gleichgültig. Wenn AX das ursprüngliche Sein, das Grundindividuum, $A_1 X_1$ ein bestimmtes anderes Individuum, z. B. jene Rose, ferner C einen bestimmten anderen, als den Grundzustand A des Nichts, z. B. den Zustand des Roth, also AC das Rothe des Grundindividuums und CC_1 den Zustand des Roth aller möglichen Individuen bedeutet; so entspricht der Punkt C_1, wenn er auf dem Wege ACC_1 erreicht wird, dem Begriffe ein bestimmtes anderes Roth, nämlich jenes Rosenroth, wenn derselbe jedoch auf dem Wege $A A_1 C_1$ erreicht wird, dem Begriffe das Roth jener Rose. Die Quantität beider Vorstellungen ist durch den Vektor $A C_1$ vertreten.

Allgemein, kann man, wenn C einen bestimmten Zustand und A_1 das Merkmal eines Anderen bedeutet, den Weg $A C C'$ als den auf einen Anderen übertragenen Zustand (z. B. als ein anderes Roth), den Weg $A A_1 C_1$ dagegen als einen in jenen Zustand versetzten Anderen (z. B. als ein rothes Anderes oder auch als das Roth eines Anderen) ansehen. Die Identität der in beiden Fällen sich ergebenden Vorstellung entspricht im geometrischen Sinne der Identität des Vektors $A C_1$, welcher sich ergiebt, jenachdem die Linie $A C_1$ in normaler Richtung nach $A_1 C_1$ oder die Linie $A A_1$ in normaler Richtung nach $C C_1$ fortschreitet. Diese Identität hat den arithmetischen Sinn der Gleichung $a + b \sqrt{-1}$ $= b \sqrt{-1} + a$ oder, allgemein, der Gleichung $a + b = b + a$, welche ausdrückt, dass die Summe unabhängig ist von der Reihenfolge der Summanden.

Wir bemerken noch, dass nicht das Wort, sondern der Sinn, d. h. die dem Worte vom Denkenden beigelegte logische Bedeutung ein Merkmal zu einem reellen (akzidentiellen) oder zu einem imaginären (attributiven) stempelt. Das eben gebrauchte Wort roth kann bald eine reelle, bald eine imaginäre Bedeutung haben, jenachdem dasselbe ein Merkmal bezeichnet, wodurch sich gewisse Zustände eines Individuums unterscheiden, oder ein Merkmal, wodurch sich gewisse Individuen voneinander unterscheiden. Wenn ich den Ausdruck „der rothe Mensch" so verstehe, dass darunter ein Mensch gedacht wird, der zufällig roth ist, z. B. durch Erröthen oder durch Bemalung oder durch Bestrahlung, wie es z. B. in dem Satze „Heinrich erröthete bei ihrem Eintritte" der Fall ist; so bezeichnet roth eine akzidentielle Eigenschaft, entsprechend der reellen Linie $A C$. Wenn ich dagegen unter dem Ausdrucke „der rothe Mensch" einen Menschen der amerikanischen Race verstehe, also durch die Eigenschaft roth die Verschiedenheit von Individuen kennzeichne, wie es z. B. in dem Satze „als Pizarro die rothen Menschen in Peru erblickte" der Fall ist; so bezeichnet roth eine attributive Eigenschaft, entsprechend der imaginären Linie $A A_1$. Der mit dem Attribute roth behaftete Indianer kann sogar akzidentiell oder zufällig weiss sein (z. B. durch Bemalung), er kann auch akzidentiell roth sein (durch Bemalung, Beleuchtung, Erröthen u. s. w.).

Die Gattung $A B B_1 A_1$, welche nach der Formel $x + y \sqrt{-1}$ eine Doppelreihe von Zuständen darstellt, hat, wenn man sich dieselbe durch den Fortschritt der Linie $A B$ längs $A A_1$ in der Form $y \sqrt{-1} + a$ entstanden denkt, die Bedeutung einer einfachen Reihe von Individuen oder des Grundindividuums in verschiedenen Zuständen des Anderen, und wenn man sich dieselbe durch Fortschritt der Linie $A A_1$ längs $A B$ in der Form $x + b \sqrt{-1}$ entstanden denkt, die Bedeutung einer einfachen Reihe von Inbegriffen oder des Anderen in verschiedenen Zuständen des Grundindividuums. In beiden Fällen enthält die Doppelreihe von Zuständen alle Zustände des Grundindividuums und des Anderen, also jedes Individuums der Gattung.

. Wenn die akzidentielle Eigenschaft AB die Quantität der attributiven Eigenschaft AA_1 hat, ist die Länge $AB = AA_1$ und die Figur ABB_1A_1, deren anderer Eckpunkt B_1 den Zustand eines Individuums bezeichnet, welches sich akzidentiell und attributiv in derselben Beschaffenheit befindet, wie z. B. der roth bemalte Indianer, stellt ein logisches Quadrat dar.

Die attributiven Eigenschaften werden häufig durch dieselben Wörter ausgedrückt wie die akzidentiellen; und es ist Sache des Denkenden, zu erkennen, dass der Ausdruck schwarz im schwarzen Schornsteinfeger akzidentiell, im schwarzen Neger dagegen attributiv ist.   Zuweilen wird der Charakter der Attribution durch besondere Zusätze hervorgehoben, z. B. in der Ausdrucksweise schwarz von Geburt, von Race, von Haus aus und dergl.   Die Attribute der singulären Individuen liegen meistens in ihren Eigennamen verhüllt.   Die Attribute der Gattungen sind ebenfalls in der Regel aus dem Gattungsnamen zu abstrahiren.   Diese Attribute, welche die einzelnen Gattungen, z. B. im Thierreiche den Menschen, den Löwen, den Bären voneinander unterscheiden, sind immer auf Eigenschaften zurückzuführen, welche allen Individuen derselben Gattung zukommen, welche also die Zustände der einzelnen Individuen und auch deren individuelle Eigenthümlichkeiten gar nicht berühren, vielmehr nur Gattungseigenthümlichkeiten, z. B. das Organisationsprinzip, die Bestimmung einer Gattung und dergl. betreffen.

So bezeichnet z. B. das Wort geflügelt eine akzidentielle Eigenschaft in dem Ausdrucke das geflügelte Rad (das zufällig mit Flügeln versehene Rad), dagegen eine attributive Eigenschaft in dem Ausdrucke der geflügelte Amor (das mit Flügeln geborene Individuum) und ein Gattungsattribut in dem Ausdrucke der Vogel, als geflügeltes Thier (das zum Fliegen bestimmte Thier). Ein zum Fliegen organisirtes Thier, ein Vogel, kann auch einmal ohne Flügel geboren werden; es kann ihm also das betreffende Individualattribut fehlen: der zum Fliegen bestimmte und mit Flügeln geborene Vogel kann auch einmal die Flügel verlieren, also flügellos erscheinen; es kann ihm mithin das betreffende Akzidens fehlen.   Der Zustand eines zum Fliegen bestimmten, mit Flügeln geborenen und jetzt wirklich Flügel besitzenden Vogels ist durch eine reelle, eine imaginäre und eine überimaginäre Eigenschaft von gleicher Quantität a, also durch die Formel $a + a\sqrt{-1} + a\sqrt{-1}\sqrt{\div 1}$ und geometrisch durch die Diagonale eines Würfels von der Seitenlänge a dargestellt.

Die Alternität eines Individuums stellt sich hiernach unmittelbar durch das Attribut dar, welches dieses Individuum von allen übrigen Individuen derselben Gattung unterscheidet oder welches dasselbe als ein bestimmtes Individuum dieser Gattung, als einen bestimmten Anderen darstellt.   Wenn es sich um eine Definition handelt, muss das fragliche Attribut angegeben werden; in Ermanglung einer genauen Definition, liegt die Alternität verhüllt in dem Namen des Objektes.   Handelt es sich um ein einzelnes konkretes Objekt, welches einzig in seiner Art existirt; so ist sein Name ein Eigenname; handelt es sich jedoch um eine Klasse von Individuen oder um eine Partikularität einer Gattung; so ist der Name des Objektes ein Klassenname und selbstredend hat das

Attribut des Objektes keinen bestimmten einzigen, sondern einen zwischen gewissen Grenzen liegenden variabelen Werth. Bezeichnen z. B. die in der Grundebene XY (Fig. 1061) mit der Grundaxe OX parallel laufenden Linien, welche zwischen den Grenzen $B_1 A_1$ und $B_3 A_3$ liegen, die Menschen; so ist das Attribut des Begriffes Mensch dasjenige, welches die Alternität $B_1 B_2$ bestimmt, also eine Grösse $a\sqrt{-1}$, deren Quantität a zwischen zwei Grenzen $OB_1 = a_1$ und $OB_3 = a_3$ variirt: $a\sqrt{-1} + b$, worin auch der reelle Theil b zwischen bestimmten Grenzen variirt, stellt dann jeden beliebigen Menschen dar. Ein bestimmter Mensch, wie Alexander der Grosse, entspricht der bestimmten Linie $B_2 A_2$ oder dem bestimmten Ausdrucke $a_2 \sqrt{-1} + b_2$ und die Alternität $a_2 = OB_2$ ist das mathematische Maass für das Attribut, welches in dem Eigennamen Alexanders sich verhüllt.

Bei der vorstehenden Erläuterung der Reellität und Imaginarität sind wir von der Vorstellung des Individuums, als dem ursprünglichen Begriffsobjekte ausgegangen. Bildet der Sozietätsbegriff die ursprüngliche Vorstellung; so ändert Diess Nichts an der prinzipiellen Bedeutung der in Rede stehenden Beziehungen. Die reelle Eigenschaft einer bestimmten Sozietät ist eine solche, welche die Einzelfälle derselben oder ihre möglichen Zustände voneinander unterscheidet. Handelt es sich z. B. um den Begriff der germanischen Race; so sind reelle Eigenschaften diejenigen, welche die einzelnen Zustände dieser Race im Glück, im Unglück, während der Völkerwanderung, in Asien, in Europa, in Deutschland, im Heidenthum, nach Annahme des Christenthums, im achtzehnten Jahrhundert, in monarchischer Staatsform u. s. w. voneinander unterscheiden. Imaginär dagegen sind für diese Race diejenigen Eigenschaften, welche sie von anderen Racen, z. B. von der mongolischen Race, von den Griechen, von den Eskimos, sowie von den verschiedenen Thierracen unterscheiden. Überimaginär endlich sind die Eigenschaften, wodurch sich animalische Racen von anderen Arten von Geschöpfen und Dingen, z. B. von Pflanzen, Steinen, Instrumenten, Farben u. s. w. unterscheiden.

Ein Sozietätsbegriff findet seinen geometrischen Vertreter in einer Flächengrösse. Der Zuwachs und die Abtrennung von reellen Eigenschaften erweitert und verengt die Fläche durch Hinzufügung oder Abtrennung von Theilen, welche in derselben Flächenrichtung liegen, welche also das Wesen der gegebenen Sozietät bestehen lassen und nur ihren Zustand ändern. Die Verbindung mit imaginären Eigenschaften rückt die Fläche in normaler Richtung aus sich hinaus, indem sie Flächen hinzufügt, welche auf der ursprünglichen Fläche normal stehen und durch eine bestimmte Grundaxe (die Individualitätsaxe) gehen. Die imaginären Eigenschaften einer Sozietät ändern also das Grundwesen der Sozietät durch Hinzufügung von Eigenschaften, welche mit der ursprünglichen Individualität eine Gattungsgemeinschaft haben; sie erzeugen andere Objekte, welche aber doch nur andere Sozietäten sind. Die Verbindung mit überimaginären Eigenschaften verrückt die Fläche ebenfalls normal zu sich selbst, indem sie jedoch Flächen hinzufügt, welche nicht bloss auf ihr selbst, sondern auch auf der imaginären Fläche oder auf der Grundaxe (der Individualitätsaxe) normal stehen.

Hierdurch wird das Grundwesen der ursprünglichen Sozietät dergestalt geändert, dass sie aufhört eine Sozietät zu sein, indem die Gattungsgemeinschaft mit der ursprünglichen Individualität verloren geht.

Der Effekt der überimaginären Verschiebung einer Fläche hat in der Geometrie nicht die volle Anschaulichkeit wie die überimaginäre Verschiebung einer Linie, indem sowohl die imaginäre, als auch die überimaginäre Verschiebung der Fläche wie eine partikuläre reelle Verschiebung nebst einer normalen Verschiebung aufgefasst werden kann. Das nämliche Verhältniss findet in der Logik statt, indem die Verwandlung der Sozietät in andere Sozietäten und in beliebige andere, den Charakter der Sozietät nicht mehr an sich tragende Objekte als eine allgemeine Verwandlung in dem Bereiche der Totalität aufgefasst werden kann, wenn man mit dieser Verwandlung, mit diesem Austritte aus der ursprünglichen Sozietät zugleich eine reelle Veränderung in gewissen Richtungen verknüpft.

Hinsichtlich der Reellität und Imaginarität der Inhärenz der durch Punkte vertretenen Elementarbegriffe und der durch Körper vertretenen Totalitätsbegriffe ist Folgendes zu bemerken.

Ein Elementarbegriff, welcher einen bestimmten Zustand eines Individuums bezeichnet, hat nur eine einzige, spezielle reelle Eigenschaft. Jede andere Eigenschaft bezeichnet einen anderen Zustand, ist also in Beziehung auf jenen Zustand imaginär. Man muss hier wohl zwischen den Eigenschaften des Individuums, welchem der fragliche Zustand angehört und dem Zustande selbst unterscheiden. Demselben Individuum kommen sehr verschiedene Zustände zu und stellen ebenso viel reelle Eigenschaften dieses Individuums dar: ein gegebener Zustand dagegen lässt keine verschiedenen Eigenschaften zu, ohne sofort ein anderer Zustand zu werden.

Ein Totalitätsbegriff hat reelle Eigenschaften, aber durchaus keine imaginären. Indem ein Totalitätsbegriff andere Eigenschaften annimmt, bildet der neue Begriff eine Erweiterung oder Verengung oder eine partielle Erweiterung und partielle Verengung des früheren, bleibt aber immer ein Theil des absoluten All, wird also keine andere Totalität oder gehört keinem anderen Universum an. Diess entspricht dem geometrischen Körper, welcher keine imaginäre Richtung haben kann, sondern stets die Richtung des allgemeinen Raumes oder ein Theil dieses Raumes bleibt.

Die Alternität bezeichnet den Übergang von dem Individualitätsbegriffe AB zu dem anderen Individualitätsbegriffe $A_1 B_1$ oder den Unterschied zwischen beiden und wird demzufolge durch die auf AB normal stehende Linie AA_1 dargestellt (Fig. 1060). Denkt man sich unter der reellen Axe AX das Wesen des Ich; so veranschaulicht die imaginäre Axe AY das Wesen des Du und die überimaginäre Axe AZ das Wesen des Er, die Grundaxen des Seins werden also sprachlich durch die drei Personen ich, du, er zur Erkenntniss gebracht. Übrigens sind die Vorstellungen des Ich, des Du und des Er keine rein logischen Begriffe, sondern philosophische Ideen: für die Logik kömmt nur das Sein und das Anderssein, d. h. das Sein desselben und das Sein eines anderen

Individuums, resp. einer anderen Gattung in Betracht ohne Rücksicht auf die ideelle Person des Seienden.

Für Gattungsbegriffe, welche den geometrischen Flächen entsprechen, treten an die Stelle der drei Personen des Singulars die drei Personen des Plurals wir, ihr, sie, indem sich wir auf die reelle Gattung, ihr auf die imaginäre Gattung, d. h. auf eine andere Gattung und sie auf die überimaginäre Gattung bezieht.

Wenn AB das denkende Ich oder das Ich des Denkenden oder schlechthin den Denkenden bezeichnet; so kann man sich unter $A_1 B_1$ einen bestimmten anderen Menschen, z. B. den Euklid vorstellen, welcher mit dem Denkenden in einer Gattungsgemeinschaft steht, welche ihren Ausdruck darin findet, dass man diesen anderen Menschen Du, also Du Euklid nennt. Das Du ist nicht durch $A_1 B_1$, sondern durch $A A_1$ dargestellt, indem $A_1 B_1$ einen Menschen gleich dem Ich AB, ferner $A A_1$ den Unterschied zwischen den beiden Menschen AB und $A_1 B_1$, also den Unterschied zwischen zwei verschiedenen Ichs und $A A_1 B_1 = A A_1 + A_1 B_1$ die Verbindung der beiden Begriffe Du und Mensch bezeichnet.

Das Du stellt weder logisch, noch geometrisch ein bestimmtes Objekt, sondern nur eine Beziehung des Ich zu einem bestimmten Objekte dar. Wir dürfen uns über den Sinn des Du nicht dadurch täuschen lassen, dass in einem Zwiegespräche der eine Mensch den anderen ohne Weiteres Du nennt und darunter doch eine ganz bestimmte Person versteht. Dieses gegenseitige Verständniss beruht auf Konvention. Wenn Kajus zu Sempronius sagt „du denkst"; so drückt er sich im Bewusstsein, verstanden zu werden, abgekürzt aus: er erwartet, dass Sempronius dieses Du auf sich bezieht. Eine vollständigere Ausdrucksweise würde verlangen zu sagen „Du Sempronius denkst".

Ganz ebenso unbestimmt wie das Du ist das Ich. Ich kann jeder sein: der Zusammenhang der Rede ergiebt, wer unter dem redenden Ich zu verstehen sei. Eine vollständige Ausdrucksweise würde die nähere Bezeichnung des Ich, z. B. in den Worten „Ich Kajus" verlangen.

Allgemein, bezeichnet das Ich das reelle Sein als die Aufeinanderfolge von Zuständen eines Objektes, mit welchem sich der Redende identifizirt, also z. B. das Sein in der Richtung der Linie AX, wogegen das Du das imaginäre Sein als einen Übergang von einem Objekte zu einem Anderen in der auf AX normal stehenden Richtung AY bedeutet.

In jedem speziellen Falle erlangt der Begriff des Du seine Bestimmtheit durch die Definition des darunter verstandenen Objektes. So ist im vorstehenden Beispiele das Du, welches der Linie $A A_1$ entspricht, durch den Unterschied zwischen dem Kajus und Sempronius bestimmt.

Eine auf der Grundebene XY normal stehende Linie vertritt den Begriff Er, worunter hier ein Austritt aus der Gattungsgemeinschaft des Ich und Du verstanden wird. Dieser Austritt ist im Allgemeinen ein Eintritt in eine andere Gattung von Geschöpfen und wird in dieser Allgemeinheit durch das Wort Es vertreten. Lässt man unter dem Begriffe Er wiederum Menschen zu; so entspricht Diess der Vorstellung, dass es ausser der durch Ich und Du bezeichneten Gattung noch andere Menschengattungen gebe.

Die reelle Axe AX ist die Veranschaulichung des Wesens des Ich, wenn dasselbe in seiner völligen Einfachheit gedacht wird. Die im Nullpunkte A beginnende Linie AB sagt dann „ich, oder ich bin", weiter Nichts. Indem man das Ich mit speziellen Merkmalen ausrüstet oder seine Eigenschaften prädizirt, verrückt man die Linie AB. Die akzidentiellen Eigenschaften haben eine Verrückung in der reellen Axe AX selbst zur Folge, sodass die im Punkte C beginnende Linie oder überhaupt der Punkt C in der reellen Axe vermöge des Akzidens AC etwa die Bedeutung hat „ich bin jung oder ich habe Freude oder ich, der Kranke". Die attributiven Eigenschaften dagegen haben eine Verrückung längs der Alternitätsaxe AY zur Folge: der Satz „ich bin am 10. Oktober 1820 geboren" oder „ich, der am 10. Oktober 1820 Geborene" wird durch die Linie $A_1 B_1$ dargestellt, indem das so prädizirte Ich ein spezielles, von der einfachen Grundvorstellung AB des Ich schlechthin unterschiedenes aufgefasst wird. Ein im Abstande $A_1 C_1 = AC$ von der Alternitätsaxe liegender Punkt bezeichnet das Individuum $A_1 B_1$ in demselben durch C dargestellten Zustande oder mit derselben akzidentiellen Eigenschaft der zufälligen Jugend, Freude, Krankheit u. s. w. Durch Veränderung des Attributes $A A_1$, welches soeben den Geburtstag des Individuums darstellte, ändert sich das Individuum, verwandelt sich also z. B. aus Euklid in Plato.

Die Grundvorstellung des Ich wird in der Sprache allgemein durch das grammatische Subjekt vertreten, welches durch das Prädikat in seinem Inhärenzwerthe näher bestimmt wird, und zwar ist das Ich ein reelles grammatisches Subjekt. Das Du ist ein imaginäres und das Er ein überimaginäres grammatisches Subjekt. Die durch das Du oder Er bestimmten Vorstellungen spielen, dem als Subjekt gedachten Ich gegenüber, die Rolle von anderen Subjekten oder von Objekten in engerer Bedeutung des Wortes, und zwar bezeichnet das Du ein Objekt der Grundgattung, das Er dagegen ein Objekt in einer anderen Gattung.

Die in den Personalpronomen ich, du, er liegende Beziehung erlangt die Bedeutung einer eigentlichen Eigenschaft, wenn jene Pronomen in die Possessivpronomen mein, dein, sein verwandelt werden. Bezeichnet z. B. der Punkt C in der Linie AB, welche einen bestimmten Menschen, den Kajus, darstellt, die Hand desselben; so ist, wenn wir den Kajus zum grammatischen Subjekte, also zum Ich annehmen, die Linie AC der geometrische Repräsentant für den Ausdruck meine Hand. Wenn die mit AB parallele Linie $A_1 B_1$ einen anderen Menschen, etwa den Sempronius, darstellt; so bezeichnet der Punkt C_1 oder vielmehr der Vektor $A C_1$ die Hand desselben. Nimmt man den Sempronius zum Subjekte; so bedeutet die Linie $A A_1$ oder $C C_1$ das Du; die Linie $A_1 B_1$ oder genauer die Summe $(A A_1) + (A_1 B_1)$ hat die Bedeutung Du Sempronius und die Linie $A C_1$ oder vielmehr die Summe $(A A_1) + (A_1 B_1)$ vertritt den Ausdruck Deine Hand, d. h. die Hand des Sempronius.

4) Auf den vier Heterogenitätsstufen der Inhärenz stehen die primogenen, sekundogenen, tertiogenen und quartogenen Eigenschaften. Dieselben erscheinen, wenn man sie nach der Beschaffenheit der mit ihnen behafteten Objekte definirt, als Eigenschaften der Zustände, Eigenschaften der Individuen, Eigenschaften der Gattungen und Eigenschaften

der Gesammtheiten. Wenn man dieselben nach ihrer eigenen Beschaffenheit definirt; so ist die primogene Eigenschaft die zufällige oder akzidentielle, also diejenige, welche dem möglichen Zustande, worin sich ein Objekt befinden kann, zukömmt.

Die sekundogene Eigenschaft ist alsdann die attributive, welche dem ganzen Objekte oder allen seinen Zuständen zukömmt, indem sie dieses Objekt von anderen Objekten seiner Gattung unterscheidet. Die attributive Eigenschaft tritt hier als individuelle Eigenschaft auf, welche einen Inbegriff von Zuständen darstellt. Für das damit begabte Individuum ist die attributive Eigenschaft eine thatsächliche, wirkliche, gewisse. Eine zufällige Eigenschaft, auch wenn sie faktisch besteht, ist keine wirkliche für das Objekt, welches ja einen Inbegriff von Fällen darstellt, sondern nur für einen seiner Zustände oder für einen der darin liegenden Fälle.

Die attributive Eigenschaft darf nicht mit der imaginären verwechselt werden. Imaginär ist für ein Objekt eine Eigenschaft, welche einem Anderen zukömmt, also die Eigenschaft eines Anderen; für diesen Anderen, welcher durch jene Eigenschaft in seiner Individualität bestimmt wird, ist dieselbe attributiv. Das Attributive braucht auch nicht nothwendig in der Alienitätsaxe zu liegen; dasselbe kann einer schrägen, dem Komplexe angehörigen Richtung entsprechen, indem dadurch ein Objekt nicht bloss nach seiner Alternität, sondern zugleich auch nach einem seiner Zustände, z. B. nach seinem Anfangszustande bestimmt ist.

Ebenso darf die akzidentielle Eigenschaft nicht mit der reellen verwechselt werden. Die akzidentielle Eigenschaft ist akzidentiell, zufällig, möglich für das Objekt, sie ist aber wirklich, gewiss für den Zustand, in welchem sich dieses Objekt befindet und sie erscheint als eine reelle Eigenschaft des Objektes nur insofern, als sie eine Umfassung von Zuständen darstellt.

Was für das Individuum attributiv ist, ist für die Gattung solcher Individuen akzidentiell, indem dasselbe einen Fall dieser Gattung bezeichnet. Was aber für die Gattung attributiv ist, also das Gattungsattributiv, welches die eine Gattung von der anderen unterscheidet, nimmt eine höhere, nämlich die dritte Heterogenitätsstufe der Inhärenz ein oder bezeichnet eine tertiogene Eigenschaft.

Endlich erscheinen die Totalitätsattribute, denen gegenüber die Gattungsattribute die Rolle von Akzidentien spielen, als quartogene Eigenschaften.

Die Zustände, als Elementarbegriffe, haben nur Attribute, keine Akzidentien, weil ein Zustand als ein fester Begriff gedacht ist, in welchem es keine konkreten Fälle giebt. Die Individuen, die Sozietäten und die Totalitäten haben Akzidentien und Attribute; wenn man jedoch die Totalitäten als Partikularitäten der einen, absoluten Totalität der Welt auffasst, von welcher sie nur spezielle Zustände darstellen, kann man ihre Eigenschaften als Akzidentien der letzteren ansehen.

Zur Erläuterung mögen folgende Beispiele dienen. In dem Ausdrucke, der geniale Napoleon oder Napoleom auf Elba, ist das Subjekt Napoleon in einem bestimmten Zustande dargestellt: das Geniale oder Sein auf Elba hat also die Bedeutung einer primogenen Eigenschaft, eines

Akzidens. In dem Ausdrucke, der auf Korsika geborene Napoleon, ist Napoleon als ein besonderes Individuum dargestellt: die Geburt auf Korsika ist eine sekundogene Eigenschaft, ein Attribut, welches dem Napoleon nicht zufällig, sondern unveräusserlich zukömmt. In dem Ausdrucke, der zweibeinige Napoleon, ist Napoleon als ein Spezialfall einer Gattung von Geschöpfen, nämlich der Menschen, dargestellt: die Zweibeinigkeit ist eine tertiogene Eigenschaft, ein Gattungsattribut, welches die Gattung der Menschen, zu der Napoleon gehört, von anderen Gattungen unterscheidet. In dem Ausdrucke, der mit freiem Willen begabte Napoleon, ist Napoleon als der Angehörige einer Totalität von Gattungen, nämlich aller animalischen Gattungen dargestellt: die Begabtheit mit freiem Willen ist eine quartogene Eigenschaft, ein Totalitätsattribut, welches die spezielle Totalität der animalischen Wesen von anderen Totalitäten unterscheidet, welches aber auch, wenn man die Gesammtwelt als die absolute Totalität auffasst, als ein Akzidens der letzteren angesehen werden kann.

Ein Akzidens, welches sich auf einen Zustand bezieht, wird nicht dadurch zu einem Attribute, dass dieser Zustand variabel ist, dass also darunter eine Vielheit oder eine Klasse von Zuständen desselben Individuums verstanden wird, sondern nur dadurch, dass darunter die Eigenthümlichkeit eines speziellen Individuums, also eine solche Vielheit von Zuständen verstanden wird, welche ein besonderes Individuum charakterisiren. Das Individualattribut bleibt auch Individualattribut, wenn dadurch nicht bloss ein einzelnes, sondern eine ganze Klasse von Individuen derselben Gattung (eine Partikularität dieser Gattung) verstanden wird. Das Attribut wird erst dann ein Gattungsattribut, wenn dasselbe sich auf eine bestimmte Gattung bezieht, und dasselbe behält diesen Charakter, auch wenn es eine bestimmte Klasse von Gattungen bezeichnet. Dasselbe wird erst dann ein Totalitätsattribut, wenn es eine spezielle Totalität kennzeichnet.

Demnach bleibt grün, welches in dem Ausdrucke, dieser grüne Baum, eine akzidentielle Eigenschaft bezeichnet, akzidentiell, selbst wenn dieser grüne Baum in den verschiedensten Zuständen betrachtet wird, wie es in dem Ausdrucke, dieser grüne, hohe, kräftige, fruchttragende Baum, geschieht. Grün kann jedoch als ein Attribut aufgefasst werden, wenn damit Baumindividuen von einander unterschieden werden sollen: eine solche Auffassung ist zwar keine natürliche, da jeder Baum als grün gedacht werden kann, mithin der grüne Baum eigentlich soviel wie der Baum im grünen Zustande, nicht aber ein Individuum mit der unveräusserlichen Eigenschaft des Grün bedeutet; dessenungeachtet steht logisch dem Gebrauche des Wortes grün als Attribut der Bäume Nichts entgegen. Natürlicher ist die attributive Bedeutung in dem Ausdrucke dieses grüne Glas, indem darunter Glas verstanden ist, welches von Haus aus grün ist und bleibt. In diesem Falle bleibt aber grün immer ein Individualattribut, auch wenn unter dem Glase nicht ein einzelnes Individuum, z. B. dieses Rheinweinglas, sondern die ganze Klasse von Individuen verstanden wird, welche als grüne Gläser eine Partikularität der Gattung der Gläser bilden.

Die Attribute eines Objektes sind nach Vorstehendem mit dem Objekte gleichartig und durch die Verbindung von Attributiven untereinander und mit Objekten entsteht ein gleichartiges Ganze, entsprechend der mathematischen Anschauung, wonach die Glieder einer Summe unter-einander gleichartig sind und ein gleichartiges Ganze erzeugen.

Es wird wiederholt darauf aufmerksam gemacht, dass bei dem Mangel absoluter Basen für die Wirklichkeit der Name eines Begriffes nichts absolut Festes bezeichnet, dass also seine logische Bedeutung durch die Annahme beliebiger Basen mannichfaltig variiren kann. Ins-besondere haben die zur Prädikation von Eigenschaften dienenden Adjektiven von vorn herein durchaus keine bestimmte Qualität; dasselbe Adjektiv kann ein Akzidens und ein Attributiv, überhaupt eine Eigen-schaft von erster, zweiter, dritter oder vierter Heterogenitätsstufe be-zeichnen. Das hängt lediglich von der Meinung des Sprechenden resp. Denkenden oder vom Sinne der Rede ab: als allgemeine Sprachregel gilt aber, dass das Adjektiv diejenige Heterogenitätsstufe einnimmt, welche der Qualität des Substantivs entspricht. Allerdings erfordert die Bestimmung der Qualität des Substantivs oftmals selbst erst eine besondere Erkenntniss, da es auch in dieser Hinsicht der Willkür des Denkenden überlassen bleibt, jedem Substantive eine beliebige Qualität zu verleihen, dasselbe also als einen Elementarzustand oder als ein Individuum oder als eine Gattung oder als eine Totalität aufzufassen. Hier wie in allen logischen Beziehungen entscheidet die reale Wirklich-keit Nichts, sondern nur die gedachte.

Wenn wir sagen „der grausame Nero"; so ist grausam ein Akzidens, steht also auf der ersten Heterogenitätsstufe, wenn wir unter der Grau-samkeit einen kontreten Zustand, in welchem sich Nero einmal befunden hat, bezeichnen wollen. Alsdann erscheint uns aber Nero selbst lediglich als ein Fall oder als eine partikuläre Reihe von Fällen oder Zuständen, welche dem allgemeinen Begriffe des Individuums Nero angehören. Deutlicher tritt daher diese Bedeutung der Grausamkeit in dem Aus-drucke „Nero, im Zustande der Grausamkeit", hervor.

In vorstehendem Beispiele „der grausame Nero" wird grausam ein Attribut, tritt also auf die zweite Heterogenitätsstufe, wenn wir unter der Grausamkeit eine Eigenschaft verstehen, welche für Nero als Indi-viduum charakteristisch ist und wodurch er sich von anderen Menschen unterscheidet, was deutlicher durch den Ausdruck der grausame Mensch Nero angezeigt wird. Jetzt erscheint die Grausamkeit, als Attribut des speziellen Individuums Nero, zugleich als Akzidens der Gattung Mensch. In dem Ausdrucke der grausame Mensch tritt Diess klarer hervor, indem hierin die Grausamkeit bestimmter als eine Eigenschaft erkannt wird, wodurch sich der eine Mensch von einem anderen Menschen unterscheidet.

In dem Ausdrucke „der grausame Tiger" kann, wenn wir unter Tiger eine ganze Thiergattung oder jedes Individumm einer solchen Gattung verstehen wollen, die Grausamkeit als das Attribut einer Gattung, folglich als eine Eigenschaft auf dritter Heterogenitätsstufe gedacht werden. Die attributive Grausamkeit der Tigergattung erscheint jetzt zugleich als eine akzidentielle Eigenschaft der Totalität von animalischen Wesen oder von Wesen überhaupt. Deutlicher tritt diese Bedeutung der Grausamkeit in dem Ausdrucke das grausame Thier hervor.

Endlich kann in dem Ausdrucke „das grausame Thier" die Grausam-keit sogar als Totalitätsattribut aufgefasst werden, sobald wir uns unter

Thier eine Totalität von Thiergattungen denken. Deutlicher prägt sich diese Bedeutung in dem Ausdrucke das grausame Wesen aus. Man erkennt aber zugleich, dass jetzt die Grausamkeit als eine akzidentielle Eigenschaft der absoluten Totalität der Welt, nämlich als ein Zustand des Totalitätsbegriffes Wesen erscheint.

Das Akzidens ist nach Vorstehendem die Eigenschaft, welche dem Objekte möglicherweise oder zufällig zukömmt, das Attribut diejenige, welche ihm wesentlich angehört, ihm also auch wirklich oder gewiss zukömmt, das Gattungsattribut diejenige, welche ihm nothwendigerweise zukömmt, da sie allen Objekten derselben Gattung angehört; das Totalitätsattribut endlich ist diejenige Eigenschaft, welche dem Objekte selbstverständlich zukömmt, da sie allen Objekten der Welt angehört, wesshalb es für die speziellen Totalitäten nur Akzidentien geben kann.

5) Die Alienität der Inhärenz hat fünf Hauptstufen. Jede dieser Stufen steht zu der nächst höheren in der Beziehung der Einfachheit zur Mannichfaltigkeit und zwar einer solchen Mannichfaltigkeit, welche eine auf der vorhergehenden Stufe noch als konstant bestehende Grundbeziehung variabel macht, ihr also eine Abweichung von der ursprünglichen einfachen Beziehung auf Grund einer gewissen Bedingung gestattet (vergl. §. 486 Nr. 5). Wir haben es also mit den bedingten Eigenschaften zu thun.

Die erste Alienitätsstufe der Inhärenz enthält die bestimmten, konstanten, festen Eigenschaften, welchen also keine Veränderlichkeit zukömmt oder nach der Meinung des Denkenden zukommen soll. So ist z. B. braun eine konstante Eigenschaft, insofern wir uns darunter ein ganz bestimmtes Braun, von unveränderlicher Nuance, Intensität u. s. w. vorstellen, was deutlicher durch den Ausdruck „dieses Braun" bezeichnet wird. Die bestimmte Eigenschaft entspricht dem geometrischen Fortschritte um einen konstanten Abstand oder bis zu einer bestimmten Grenze und bezeichnet logisch einen bestimmten Unterschied.

Die zweite Alienitätsstufe der Inhärenz enthält die als einfach gedachten Eigenschaften, also solche, welche eine Mannichfaltigkeit von bedingslos variabelen Fällen umfassen und demnach als einförmige Eigenschaften angesehen werden können. Die Eigenschaft braun ist sofort eine einfache oder einförmige, sobald wir darunter ein Braun von irgend einer beliebigen Nuance, Intensität u. s. w., also jedes beliebige Braun verstehen. Die einförmige Eigenschaft entspricht dem geometrischen Fortschritte in gerader Linie oder in ebener Ausbreitung, überhaupt dem Fortschritte in konstanter Richtung bei variabeler oder unbestimmter Grenze; sie bezeichnet logisch einen einfach variabelen Unterschied.

Die dritte Alienitätsstufe der Inhärenz nehmen diejenigen Eigenschaften ein, welche eine Mannichfaltigkeit der Beziehungen innerhalb derselben Gattung, insbesondere eine Variabilität der Relation oder des Kausalverhältnisses oder des Grades anzeigen. Die in Rede stehende Alienitätsstufe setzt übrigens voraus, dass diese Variabilität einem einfachen Gesetze folge. Die hieraus entstehenden Eigenschaften kann man als gleichförmige, d. h. einer gleichförmigen Bedingung unterliegende ansehen. So ist z. B. in dem Ausdrucke verwandtschaftliche Regung die Verwandtschaftlichkeit eine gleichförmige Eigenschaft, indem sie jeden beliebigen Verwandtschaftsgrad zulässt.

Das Begriffsgebiet der Alienität der Inhärenz bis hinauf zur dritten Hauptstufe füllt die dritte Hauptklasse der Eigenschaften. Die sich in dieser Klasse kombinirenden Eigenschaften brauchen dann nicht mehr gleichförmig variabel zu sein, sondern können beliebig variabel sein und beliebige Mannichfaltigkeiten innerhalb derselben Gattung darstellen. Ein Beispiel hierzu ist der heiter lächelnde, zufriedene und arbeitsame (Mensch).

Auf der vierten Stufe stehen diejenigen Eigenschaften, welche eine Mannichfaltigkeit der Beziehungen innerhalb derselben Totalität, insbesondere eine Variabilität der Beweggründe nach einfachem Gesetze ausdrücken.

Der fünften Stufe endlich gehören diejenigen Eigenschaften an, welche eine steigende Mannichfaltigkeit mit variabelen Totalitätsbeziehungen bezeichnen.

Nach der Erörterung der fünften Kategorie wird die Alienität der Inhärenz an Verständlichkeit gewinnen. Der wesentlichste Charakter dieser Alienität ist die Mannichfaltigkeit oder Zusammengesetztheit der Eigenschaften, welche der mathematischen Verbindung von Gliedern entspricht.

Über das wahre Wesen der Verbindung von mehreren Eigenschaften darf man sich durch die grammatische Form nicht täuschen lassen. In der Verbindung zweier Eigenschaften bestehen dieselben zugleich, jedoch dieses Zugleichbestehen charakterisirt die Verbindung noch nicht als eine dem Inhärenzgesetze angehörige. Damit sie eine solche sei, muss das eine Glied als eine Eigenschaft des anderen erscheinen, also dieses andere Glied in einem speziellen Zustande näher bestimmen. Diess geschieht z. B. durch den Ausdruck französischer Dichter, worin dem Begriffe des Dichters die Eigenschaft französisch beigelegt, also Ersterer durch Letztere prädikativ näher bestimmt wird. Wenn in Fig. 1062 $AD = BC = (b)$ den Dichter und $AB = (a)$ französisch darstellt, entspricht der französische Dichter der arithmetischen Formel $(a) + (b)$ mit der aus der Figur sich ergebenden geometrischen Bedeutung. Wenn $CE = (c)$ den Racine bezeichnet, entspricht $(a) + (b) + (c)$ dem französischen Dichter Racine.

Nicht selten sind aber sprachlich in adjektivischer Form Begriffe verbunden, deren Zugleichsein eine gemeinschaftliche Zugehörigkeit zu zwei Partikularitäten eines allgemeineren Begriffes unter der Herrschaft des Quantitätsgesetzes bedeutet. Wenn man im vorstehenden Beispiele unter dem Franzosen eine Partikularität des Menschen und unter dem Dichter ebenfalls eine Partikularität des Menschen versteht; so setzt der Ausdruck französischer Dichter voraus, dass jene beiden Partikularitäten sich partiell decken und dass der in Rede stehende Begriff der Deckungsstelle angehöre.

Die Verbindungen mit der Konjunktion „und" oder „auch" gehören oftmals dem letzteren Falle an, z. B. in dem Ausdrucke Franzose und Dichter sein. Der Ausdruck der erfahrene und gelehrte Jurist zerfällt in die beiden Glieder der erfahrene Jurist und der gelehrte Jurist, von welchen ein jedes in Form einer Inhärenzverbindung eine Partikularität bezeichnet. Wenn der Ausdruck der erfahrene gelehrte Jurist die Bedeutung eines erfahrenen Gelehrten aus dem Stande des Juristen haben soll, stellt er eine reine Inhärenzverbindung dar.

Übrigens kann die Konjunktion „und" statt der Zugehörigkeit zu zwei Partikularitäten auch die Zusammenfassung oder Umschliessung zweier partikularen Begriffe zu einem erweiterten Begriffe verlangen.

Hinsichtlich der geometrischen Analogie bemerken wir noch mit Beziehung auf Fig. 1063, wenn wir uns unter dem Objekte ein Individuum denken, welches durch eine in der Axe OX liegende Linie dargestellt ist, dass der Punkt a einen Zustand, also die Linie Oa eine akzidentielle Eigenschaft jenes Individuums darstellt. Die Linie bc vertritt eine akzidentielle Eigenschaft von der durch die Grenzpunkte b und c bestimmten Partikularität, z. B. das Schöne. de bezeichnet eine andere partikuläre Eigenschaft, z. B. das Grosse. Insofern diese beiden Eigenschaften keinen Fall miteinander gemein haben, erscheinen sie als zwei voneinander getrennte Linien; ihre Kombination im Schönen und Grossen würde also dem Inbegriffe der Linien bc und de entsprechen, welche Nichts miteinander gemein, vielmehr eine Lücke zwischen sich haben. Dagegen bezeichnen die Linien de, fg, hi drei partikuläre Eigenschaften, welche Fälle miteinander gemein haben, und das Stück he vertritt den Inbegriff aller gemeinschaftlichen Fälle, z. B. das Gemeinsame des Schönen, Grossen und Guten. Irgend ein Punkt k der letzteren Linie bezeichnet einen Zustand des Individuums, in welchem dasselbe zugleich schön, gross und gut ist. Wenn bei der Verbindung von n Eigenschaften sowohl die Kombination aus je einer, je zwei, je drei u. s. w. ohne die übrigen möglich sein soll, muss man sich jede einzelne als einen Inbegriff von isolirten Stücken der Linie OX vorstellen, wenn dieselbe überhaupt als Stück derselben geraden Linie gedacht werden soll: eine solche intermittirende Linie wie z. B. $(bc) + (de)$ hat, wenn sie z. B. die Eigenschaft des Schönen vertreten soll, die Bedeutung, dass die verschiedenen möglichen Fälle des Schönen nicht in Kontinuität stehen, sondern dass sie in isolirte Gruppen zerfallen.

Es wird nützlich sein, noch einige Worte dem Unterschiede zwischen Merkmal und Eigenschaft zu widmen. Allgemein, ist das Merkmal der Ausdruck für einen speziellen Quantitätswerth, die Eigenschaft der Ausdruck für einen speziellen Inhärenzwerth eines Objektes. Das Merkmal grenzt ein bestimmtes Stück unseres Erkenntnissgebietes ab, welches die Quantität des Objektes darstellt oder das Sein aller seiner möglichen Fälle einschliesst; die Eigenschaft verlegt das Objekt oder dessen durch Merkmale quantitativ eingeschlossene Substanz an einen bestimmten Ort unseres Erkenntnissgebietes oder ertheilt ihm eine bestimmte Beschaffenheit oder verbindet dasselbe mit einem anderen Objekte, welches von jener Quantität ganz unabhängig ist. Die Merkmale decken, umfassen das Objekt, die Eigenschaften hangen ihm an, inhäriren ihm, sind mit ihm verknüpft. Der Nichtbesitz des Merkmals schliesst das Objekt aus, hebt es auf. Die Trennung der Eigenschaft, wenn sie trennbar, also wenn sie ein Akzidens ist, verrückt das Objekt, verleiht ihm eine andere Beschaffenheit, ändert dasselbe; wenn die Eigenschaft untrennbar, wenn sie also ein Attribut ist, hat ihre Änderung eine Alternirung, einen Übergang auf ein anderes gleichartiges Objekt von gleicher Quantität zur Folge.´

Das Merkmal umfasst und bestimmt alle Zustände des Objektes auf einmal, die Eigenschaft bestimmt einen Zustand des Objektes oder, was dasselbe ist, das Objekt in einem Zustande. Das Merkmal deckt das ganze Objekt oder· alle seine Fälle; die akzidentielle Eigenschaft deckt höchstens einige Zustände oder Fälle des Objektes; die attributive Eigenschaft deckt mindestens einige Zustände oder Fälle des Objektes: die Eigenschaft ist daher immer nur ein Merkmal für Partikularitäten des Objektes. · Quantität ist ein Zusammensein, ein Zugleichsein von Fällen, was alle Merkmale eines Objektes zugleich decken, macht seine Quantität aus: Inhärenz ist ein Verbundensein, in Verbindung sein; was sich mit dem Objekte (trennbar oder untrennbar) verbindet, ist eine Eigenschaft von ihm.

Von Haus aus hat ein bestimmtes Wort unserer Sprache weder die Bedeutung eines Merkmals, noch die einer Eigenschaft, sondern empfängt dieselbe erst durch den Sinn, welchen wir ihm beilegen, sodass dasselbe Wort bald ein Merkmal, bald eine Eigenschaft und zwar sowohl eine akzidentielle, wie eine attributive bezeichnen kann.

Schliesslich machen wir noch folgende mathematisch - logische Parallele. Das Aggregat $a + b$ gestattet die Vertauschung zwischen Augend a und Addend b, d. h. $a + b$ führt in denselben Endpunkt wie $b + a$ oder der Vektor beider Ausdrücke, welcher die Entfernung zwischen dem Anfangs- und Endpunkte misst, ist in beiden Fällen derselbe. Da nun zugleich der Addend b unmittelbar die fortschreitende Grösse und' der Augend a den Fortschritt misst; so kann man die verschiedenen Formstufen der Fortschrittsgrössen ebensowohl nach den Veränderungen einer als Augend gedachten Grösse, wie nach den Veränderungen einer als Addend gedachten Grösse klassifizieren. Eine krummlinig fortschreitende Grösse b, d. h. eine Grösse b, welche parallel mit sich selbst fortrückt, indem ihr Anfangspunkt die krumme Linie a beschreibt, führt in denselben Ort und gewährt dasselbe Fortschrittsbild wie ·eine gradlinig fortschreitende Kurve a, d. h. wie eine krumme Linie a, welche parallel mit sich selbst fortrückt, indem ihr Anfangspunkt die gerade Linie b durchläuft. Hiernach kann man z. B. sekundoformen Abstand oder sekundoformen Fortschritt wie einen Abstand oder Fortschritt des Sekundoformen betrachten. Letzteres ist nicht bloss in der Mathematik, sondern auch in der Logik zulässig: bedingte Eigenschaft oder Beschaffenheit kann wie´ Eigenschaft oder Beschaffenheit des Bedingten aufgefasst werden.

§. 489.

Relation.

Das dritte Kategorem heisst Relation. Sie entspricht der geometrischen Richtung und bedeutet die Beziehung eines Objektes zu einem anderen Objekte. Dasjenige Objekt, von welchem die Beziehung ausgeht oder auf welches ein anderes wie auf eine Grundlage bezogen wird, ist das Subjekt der Relation, welches gewöhnlich Subjekt schlechthin genannt wird. Für die absolute Auffassung der Relation ist das Subjekt, von welchem die Beziehung ausgeht, das einfache Sein, welches der Richtung der geometrischen Grundaxe ˙ entspricht: die absolute Relation ist daher die Beziehung zum Sein. Die Beziehung beruht auf einem Wirken oder Bewirken des Subjektes, welches vermöge dieser Wirksamkeit die Rolle einer Ursache spielt, während das Ergebniss dieses Wirkens die Wirkung ist. Die Wirkung wird oftmals nicht unmittelbar, sondern durch das von ihr betroffene Objekt oder auch durch die Relation, welche zwischen diesem Objekte und dem Subjekte besteht, angeschaut.

Im Allgemeinen ist das Subjekt nicht mit der Ursache und das Objekt nicht mit der Wirkung identisch: wir werden die Begriffe alsbald vollständig klären, und sagen vorläufig nur, das Subjekt übt die Wirksamkeit aus und das Objekt empfängt sie, im Subjekte liegt also die wirkende Ursache, dasselbe vertritt den ursächlichen oder wirkenden Begriff, das Objekt dagegen den von der Wirkung betroffenen Begriff.

Das logische Subjekt und Objekt ist gewöhnlich auch das grammatische. Beide sind von dem philosophischen Subjekte und Objekte zu unterscheiden, indem das philosophische Subjekt der Denkende und das philosophische Objekt das Gedachte ist, mithin die logischen Subjekte und Objekte sämmtlich zu den philosophischen Objekten gehören. Selbstredend haben wir im Nachstehenden nur die logischen Subjekte und Objekte im Auge.

Die unmittelbare Beziehung zwischen Ursache und Wirkung ist die Kausalität (Ursächlichkeit); sie entspricht dem geometrischen Winkel α. Dieser Winkel bestimmt die geometrische Richtung oder den arithmetischen Richtungskoeffizienten $e^{\alpha \sqrt{-1}}$, welcher die logische Relation zwischen Ursache und Wirkung darstellt. Die Kausalität ist also der Grund der Relation zwischen Ursache und Wirkung: die Relation selbst erscheint als ein Kausalitätsverhältniss, welches der geometrischen Richtung und dem arithmetischen Richtungskoeffizienten, also dem Verhältnisse einer Grösse zur Grundeinheit entspricht. Die Relation ist eine auf der Kausalität beruhende Beziehung, welche das Subjekt mit dem Objekte verknüpft. Das Wirken oder Bewirken, insofern man darunter die allmähliche Entstehung der Relation oder die allmähliche Äusserung der Kausalität, die allmähliche Entstehung des Winkels α versteht, korrespondirt mit der geometrischen Drehung. Wenn man die Kausalität als eine Thätigkeit ansieht, welche das Subjekt in einem bestimmten Zustande ausübt und welche seine Wirksamkeit in diesem Zustande ausmacht; so ist dieselbe durch den mit dem Endpunkte des Subjektes beschriebenen Bogen vertreten und die Beschreibung dieses Bogens oder die Variation des Winkels α bei konstanter Länge des sich drehenden Radius entspricht der Bethätigung der Wirksamkeit seitens des Subjektes: insofern man jedoch nicht die Wirksamkeit selbst, sondern das sukzessive Sein der unter dieser Wirksamkeit erfolgenden speziellen Wirkungen oder Kausalitätsäusserungen oder die Vollführung der Wirkungen oder die vermöge der Kausalität vor sich gehende Stiftung aller möglichen Verbindungen zwischen dem Subjekte und den von der Wirkung betroffenen Objekten, das sukzessive Bewirktwerden, als die zu definirende Thätigkeit ansieht;

so veranschaulicht sich dieselbe durch den Fortschritt in der durch den Winkel α bestimmten Richtung oder durch die Variation der Länge des Radius bei konstantem Drehungswinkel α. Die letztere Vorstellung entspricht dem Thätigsein, welches dem Sein in einer schrägen Richtung analog ist und kann als ein Sein in Relation oder als ein relatives Sein aufgefasst werden. Wir nennen dieses Thätigsein eine effektvolle oder eine effizirende Thätigkeit, die zuerst gedachte, der Beschreibung eines Bogens entsprechende Wirksamkeit dagegen eine kausale Thätigkeit. Es wäre gut, den Ausdruck Thätigkeit auf die effizirende Thätigkeit zu beschränken und die kausale Thätigkeit als Wirksamkeit zu behandeln.

In allen Fällen haben wir es hier nur mit der Erkenntniss der Kausalität und ihrem logischen Effekte, der Relation, also mit einer reinen Verstandesoperation, nicht mit den in der Wirklichkeit vorkommenden praktischen Bestimmungsgründen der physischen Thätigkeiten oder Handlungen, am wenigsten mit einer dabei etwa in Frage kommenden Willensäusserung zu thun, welche dem Gebiete des Verstandes ganz fern liegt.

Die dritte Metabolie entspricht der eben erwähnten Erkenntniss und Stiftung der Relation, ist also das Beziehen der Objekte aufeinander auf Grund eines Kausalitätsverhältnisses, vermöge dessen das eine als ein aus dem anderen Gewordenes, durch dasselbe Bewirktes erscheint.

Beispielsweise drückt Vaterschaft die Relation $e^{\alpha\sqrt{-1}}$ zwischen zwei Individuen aus, wovon das Subjekt, wenn dasselbe als Ursache gedacht wird, der Vater heisst, während das Objekt, wenn dasselbe als Wirkung gedacht wird, der Sohn genannt wird. Die Kausalität α, auf welcher diese Relation beruht, ist die Zeugung. Der Vater ist als der Zeugende die Ursache des Sohnes, welcher Letztere als der Erzeugte die Wirkung des Vaters darstellt. Wenn das Zeugen als kausale Thätigkeit oder allmähliche Ausübung der Wirksamkeit eines bestimmten Subjektes aufgefasst wird, entspricht es der geometrischen Drehung eines bestimmten Radius r, welcher den zeugenden Vater vertritt, um den Winkel α, also der Beschreibung des Bogens αr durch den Endpunkt von r: es ergiebt sich daraus nur eine Wirkung, ein bestimmter Sohn. Wenn dagegen die Zeugung als eine effizirende Thätigkeit, nämlich als eine Wiederholung von Zeugungsakten oder als ein Inbegriff solcher Akte angesehen wird, entspricht sie dem Fortschritte in der unter dem Winkel α geneigten Richtung, also der Erzeugung aller möglichen Söhne und Kinder durch ein Subjekt r, welches jetzt nicht mehr als ein einziges, sondern als ein beliebiger Inbegriff von Individuen (als eine variabele Grösse) gedacht wird.

Schlagen ist eine ähnliche Thätigkeit, resp. Wirksamkeit. Das Kausalitätsverhältniss, die dem Richtungskoeffizienten $e^{\alpha\sqrt{-1}}$ oder der geometrischen Richtung entsprechende Relation zwischen Ursache und Wirkung ist der Schlag. Die Ursache ist der Schlagende oder der Schläger, d. h. der durch Schlag Wirkende: die Wirkung ist das Geschlagene oder vielmehr das Geschlagensein, d. h. das durch Schlag Bewirkte oder vielmehr das Bewirktsein durch Schlag. Die Beschreibung des Winkels α oder die Drehung des Radius von der Länge 1 ist die Kausalität des Schlagens, die Beschreibung des Winkels αr durch den

7*

Endpunkt des Radius r entspricht der kausalen Thätigkeit oder der Wirksamkeit oder der Wirkungsäusserung des Schlägers, dem Wirken durch Schlag; die Beschreibung der unter dem Winkel a geneigten Linie, der schräge Fortschritt durch alle Schlagwirkungen ist die **effizirende Thätigkeit** des Schlagens oder die Vollführung des Schlages auf die verschiedenen möglichen Objekte, welcher sukzessive alles Geschlagene umfasst oder verbindet. Bei ungenügender Unterscheidung wird sowohl das Wirken durch Schlag, als auch die Vollführung von Schlägen schlagen genannt; in der Regel drückt jedoch der Infinitiv des Verbums die effizirende Thätigkeit oder den Fortschritt in der Richtung der Wirkung aus. Immer erscheint die Thätigkeit, mag sie dem Fortschritte in der schrägen geraden Linie oder in dem Kreisbogen entsprechen, als eine Aneinanderreihung von Zuständen oder als ein Erzeugen aus Zuständen.

Indem die Relation oder das Kausalitätsverhältniss, welches dem Richtungskoeffizienten $e^{a\sqrt{-1}}$ entspricht, das Verhältniss $\dfrac{b}{a}$ der Wirkung b zur Ursache a darstellt, erscheint vermöge der arithmetischen Formel $b = a\,e^{a\sqrt{-1}}$ die Wirkung als das Produkt des als Ursache auftretenden Subjektes a und des Kausalitätsverhältnisses oder der Relation, vermöge der geometrischen Anschauung aber als das Resultat der Drehung einer Grundlinie a um einen bestimmten Winkel a. Hiernach heisst wirken soviel wie Relation erzeugen oder in Relation versetzen. Dasselbe entspricht der geometrischen Drehung und der arithmetischen Multiplikation: die Ursache ist Multiplikand, die Relation ist Multiplikator, die Wirkung ist Produkt. So ist z. B. Friedrichs Sohn als Wirkung Friedrichs das Produkt des als Ursache auftretenden Friedrich und der in der Sohnschaft liegenden Relation (vermöge der durch die Zeugung bedingten Kausalität). Mein Schlag ist das Produkt des Subjektes Ich und des Schlages. Wenn wir sagen, der Baum ist die Wirkung des Samenkornes; so ist dieses 'Urtheil unvollständig, ebenso, wenn wir sagen, der Baum ist die Wirkung der Vegetation. Im ersten Falle nennen wir bloss die Ursache ohne das Kausalitätsverhältniss, im zweiten Falle nur das Kausalitätsverhältniss ohne die Ursache. Das vollständige Urtheil würde lauten, der Baum ist das Resultat der auf das Samenkorn wirkenden Vegetation, indem das Samenkorn das ursächliche Subjekt und die Vegetation die Kausalität bezeichnet.

Es muss mit Nachdruck hervorgehoben werden, dass die Wirkung eine Zusammenwirkung von Subjekt und Objekt, eine gemeinschaftliche Thätigkeit Beider voraussetzt: das Subjekt vollführt die Wirkung, das Objekt empfängt sie; Ersteres ist aktiv thätig, Letzteres ist passiv thätig, aber durchaus .nicht unthätig; es findet eine Gegenseitigkeit statt, in Folge deren das Wesen des Objekts das Wesen der Wirkung beeinflusst. So lange das spezielle Wesen des Objektes irrelevant bleibt, solange dafür also nur ein allgemeiner Begriff steht, ist natürlich auch die Wirkung eine allgemeine, welche von keiner Spezialität des Objektes, weil eine solche nicht besteht, beeinflusst wird. So ist z. B. das allgemeine Wesen des Schlages von der Natur des geschlagenen Objektes unabhängig, weil eben nur ein allgemeines, kein spezielles Objekt vorausgesetzt wird. Sobald jedoch ein spezielles Objekt gegeben ist, erhält man auch eine spezielle Wirkung des Schlages, welche durch das Wesen des Objektes bedingt ist. Jenachdem der Schlag auf einen Menschen, auf ein Thier, auf einen Stein geführt ist, hat er eine andere Bedeutung; wenn er auf ein Doppelobjekt geführt wird, trifft er zwei Objekte; wenn er auf einen festen Körper trifft, verursacht er Erschütterung; wenn er auf eine Glasscheibe fällt, bewirkt er eine Zertrümmerung; wenn er die Luft trifft, veranlasst er einen Strom, einen Knall u. s. w.

Ebenso wie das Objekt, ebenso beeinflusst das Subjekt bei der nämlichen Kausalität die Wirkung. Jenachdem der Schlag mit dem Hammer oder mit der Peitsche, von einem Menschen oder von zehn Menschen geführt wird, bedingt er eine besondere Wirkung.

Endlich beeinflusst das spezielle Mittel oder die spezielle Kausalität die Wirkung. Jenachdem der Schlag fest oder sanft oder mit anderen Modalitäten geführt wird, ergiebt sich eine besondere Wirkung. Wir haben jetzt nur die Absicht, die Mitthätigkeit oder Mitleidenschaft des Objektes im Kausalitätsprozesse zu konstatiren.

Vermöge der Formel $e^{a\sqrt{-1}} = 1 \cdot e^{a\sqrt{-1}}$ erscheint die Relation als die Wirkung der logischen Einheit des als Ursache auftretenden Subjektes, d. h. als die Wirkung irgend Jemandes. So ist die Relation Sohn die von irgend Wem ausgehende Wirkung der Zeugung, die Relation Schlag die von irgend Wem vollführte Schlagwirkung. Hiernach können bei den Untersuchungen, wo die Quantität des als Ursache wirkenden Subjektes irrelevant ist, Relation und Wirkung als gleichbedeutend behandelt werden.

Während das Produkt aus der Ursache a und dem Kausalitätsverhältnisse oder der Relation $e^{a\sqrt{-1}}$ die Wirkung $b = a e^{a\sqrt{-1}}$ darstellt, ergiebt das Produkt aus der Ursache a und der Kausalität α die kausale Thätigkeit $a\alpha$ (den vom Endpunkte des Radius a-beschriebenen Bogen). Wenn man die Kausalität als einen auf dem sich drehenden Radius stets normal stehenden Bogen mit $\alpha\sqrt{-1}$ bezeichnet, so erscheint die Kausalität als der Exponent in dem Ausdrucke $e^{a\sqrt{-1}}$ der Relation. Die kausale Thätigkeit ist dann $a\alpha\sqrt{-1}$ und wenn man dieselbe mit c bezeichnet, ist die Kausalität das Verhältniss $\dfrac{c}{a}$ der kausalen Thätigkeit zur Ursache.

Wenn man die affizirende Thätigkeit, das Sein in der Wirkung, die Erstreckung in der schrägen Linie, ins Auge fasst; so entspricht die logische Relation der geometrischen Richtung dieser Linie oder der als Fortschrittsgrösse gedachten arithmetischen Grösse $e^{a\sqrt{-1}}$, also einem bewirkten Sein, welches sich nach der Formel $p + q\sqrt{-1}$ aus einem Sein p im Sinne der wirkenden Ursache (einem reellen Sein) und aus einem Sein im Sinne eines Anderen (einem imaginären Sein des Subjektes), d. h. aus einem auf einen Anderen übertragenen Sein $q\sqrt{-1}$ zusammensetzt. Während die Relation in der effizirenden Thätigkeit eine Richtung schlechthin darstellt, entspricht die Wirkung in der effizirenden Thätigkeit einer in dieser Richtung liegenden Linie von der Länge a.

Wir ergänzen jetzt die hier in Rede stehenden Grundbegriffe, indem
wir sagen, die Ursache sei nicht das Subjekt der bei der Wirkung sich
vollziehenden Thätigkeit selbst, sondern ein in dem Subjekte enthaltenes
Vermögen, sich mit einem Objekte in Beziehung zu setzen oder eine
Relation in dem Gebiete aller Objekte anzunehmen. Ferner, die Wirkung
sei nicht das Objekt dieser Thätigkeit selbst, sondern ein Vermögens-
antheil, welchen das Objekt durch die Wirkung erwirbt. Die Ursache
ist hiernach ein Bestandtheil des logischen Inhaltes oder der Stärke des
Subjektes, welche man eine intensive Eigenschaft oder eine Kraft desselben nennen kann. Das Kriterium dieser Kraft ist die Kausalität oder
die Wirkungstendenz. Indem das Subjekt die Wirkung vollbringt, ver-
äussert dasselbe ein Stück seines logischen Inhaltes oder Vermögens,
indem es dasselbe unter der durch die Wirkung veränderten Relation
auf das Objekt überträgt. Bei dieser Änderung des Inhaltes ändert das
Subjekt seine auf Begrenzung beruhende Quantität oder Weite nicht.

Im Wirken liegt ein Erzeugen oder Produziren in der Hinsicht,
dass die im Subjekte als Kraft wohnende Kausalität eine Thätigkeit
entwickelt oder zur That wird, welche als Produkt erscheint. Der
daraus entspringenden Bereicherung des Objektes steht jedoch eine Ver-
armung des Subjektes gegenüber. Die Ursache ist der eine, die Kausalität
der andere Faktor des Produktes, welches die Wirkung darstellt. Es
ist nützlich, in dem Kausalitätsprozesse das Resultat der aktiven Thätigkeit des Subjektes von dem Resultate der passiven Thätigkeit des Objektes
zu unterscheiden; das erstere ist die subjektive Wirkung, welche in
der Mechanik der Arbeit des Subjektes entspricht, das letztere ist die
objektive oder eigentliche Wirkung, welche das Objekt empfängt (z. B.
als lebendige Kraft in der Mechanik).

Man kann nach Vorstehendem sagen, die Wirkung sei eine Kausalitätsäusserung des Subjektes, welche gegen ein Objekt gerichtet ist und auf
dasselbe übergebt.

Die zwischen zwei Objekten A und B bestehende Beziehung oder
die von dem Objekte A auf das Objekt B ausgeübte Wirkung ist von
dem sonstigen logischen Werthe der beiden Objekte ganz unabhängig.
Das eine wie das andere Objekt kann ein ganz beliebiges Wesen, ein
Mensch, ein Thier, ein Baum, ein Stein, ein Dreieck sein und gleichwohl
kann zwischen beiden eine bestimmte Relation stattfinden, ganz ebenso,
wie zwischen zwei sehr verschiedenen Grössen einunddasselbe mathematische Verhältniss bestehen kann. Die Relation zwischen zwei Objekten
wird sprachlich häufig durch ein Verbum ausgedrückt, welches auch für
die kausale und für die effizirende Thätigkeit gebraucht wird, während
die Objekte selbst gewöhnlich durch Substantiven benannt werden. So
bezeichnet in dem Ausdrucke „dieser Mensch schlägt jenen Hund" das
Zeitwort schlagen die Relation zwischen dem speziellen Objekte dieser
Mensch und jener Hund. Ganz dieselbe Relation kann aber auch zwischen
einem Hammer und einem Amboss gedacht werden, indem wir sagen
„dieser Hammer schlägt jenen Amboss". Das thätige und das leidende
Objekt sind also für die Thätigkeit selbst irrelevant: der generelle Ausdruck des Thätigkeitsverhältnisses enthält keine speziellen Objekte; das
thätige Subjekt wird vielmehr im Allgemeinen durch das Partizip der

Gegenwart und das leidende Objekt durch das Partizip der Vergangenheit des die Thätigkeit bezeichnenden Verbums ausgedrückt. So bezeichnet für die Relation des Schlagens der Schlagende das thätige Subjekt und der Geschlagene das leidende Objekt generell. Der Infinitiv schlagen bezeichnet gewöhnlich die kausale Thätigkeit und das von diesem Infinitive abgeleitete abstrakte Substantiv Schlag die Kausalität oder Wirksamkeit, oder auch die Relation, d. h. das Kausalitätsverhältniss.

Das letztere Substantiv, wie der erstere Infinitiv werden auch zur Bezeichnung der effizirenden Thätigkeit, der Vollführung der Wirkungen gebraucht, indem ihm dann eine entschieden transitive Bedeutung beigelegt wird (indem z. B. der Schlag nicht als Wirksamkeit des Subjektes, sondern als Thätigkeit auf Objekte verstanden wird).

Ebenso stellt der Liebende, der Erwärmende (Erwärmer), der Verrathende (Verräther), der Handelnde (Thäter) eine Ursache, der Geliebte, der Erwärmte, der Verrathene, das Gethane eine Wirkung, lieben, erwärmen, verrathen, handeln eine kausale Thätigkeit, Liebe, Wärme, Verrath, Handlung (That) eine Kausalität, Liebe, Erwärmung, Verrath, Handlung in transitivem Sinne eine effizirende Thätigkeit dar.

Bei manchen Relationen hat die Sprache besondere Wörter für das thätige und für das leidende Objekt gebildet, ohne die Thätigkeit durch ein Verbum nachdrücklich hervorzuheben. Die Relation ist alsdann in den gedachten Wörtern implizirt enthalten. Hierzu gehören z. B. die Wörter Vater und Sohn, welche ganz generell die Relation des Erzeugens (Zeugens) aussprechen, ohne einen bestimmten Erzeuger oder Erzeugten zu nennen. Soll in der Relation von Vater und Sohn, ebenso wie in der Relation „dieser Mensch schlägt jenen Hund" das thätige und das leidende Objekt speziell erkannt werden, soll sich also das Verhältniss von Vater und Sohn auf einen konkreten Fall beziehen; so muss der Vater und der Sohn als bestimmte Individuen ausdrücklich benannt werden, wie es z. B. in dem Satze „dieser Vater jenes Sohnes" oder „Philipp, der Vater Alexanders" oder „Alexander, der Sohn Philipps" oder „mein Sohn Hermann" geschieht. In ähnlicher Weise involvirt das Wort Hammer die Relation des Schlagens und das Wort Amboss die Relation des Geschlagenwerdens; der Ausdruck „dieser Hammer" bezeichnet also nicht bloss ein Ding von gewisser Form, sondern einen Gegenstand, welcher in einer bestimmten Beziehung, nämlich in der Beziehung des Schlagens zu einem anderen, vorläufig noch unbestimmt gelassenen Gegenstande gedacht wird.

Die Sprache bezeichnet im Interesse der Kürze häufig ein Objekt durch die Relation, in welcher dasselbe zu diesem oder jenem anderen Objekte steht. So ist z. B. durch die Worte „Philipps Sohn" ein gewisser Mensch, nämlich Alexander vermöge der Relation Sohn in seiner Beziehung zu einem anderen Menschen, nämlich zu Philipp bezeichnet. Bei diesem linguistischen Verfahren ist es sehr wichtig, darauf aufmerksam zu machen, dass die Ausdrücke wie Vater, Sohn, Freund u. s. w. lediglich Beziehungen, durchaus nicht Individuen bezeichnen, und dass, wenn ein solches Beziehungswort, wie z. B. Sohn oder Philipps Sohn, nach dem Sinne der Rede einen Menschen bedeutet, Diess lediglich auf einer Symbolik der Sprache beruht, welche bei dem Hörenden das nöthige Verständniss dafür voraussetzt, dass der Sprechende ein konkretes Individuum, den Alexander, meint, welcher zu einem anderen Individuum, dem Philipp, in der Relation des Sohnes steht.

Aus Vorstehendem folgt, dass wenn in Fig. 1064 die Linie AB ein Individuum, z. B. den Philipp darstellt, der Sohn Philipps nicht etwa durch eine gegen AB geneigte Linie AC dargestellt wird. Alexander, der Sohn Philipps, ist vielmehr, als ein dem Philipp in seiner absoluten oder Grundbeziehung völlig gleiches Individuum, durch eine mit AB parallele Linie CD dargestellt, welche sich von AB, als ein anderer Mensch, durch eine imaginäre Eigenschaft des Philipp, welche zugleich ein Attribut des Alexander ist, also durch den Individualitäts-unterschied AE unterscheidet, der in dem Eigennamen Alexander liegt. Dass Alexander ein Sohn Philipps sei oder zu Philipp in der Relation des Sohnes stehe, drückt sich geometrisch dadurch aus, dass zwei Zustände A und C im Sein des einen und des anderen Objektes durch eine Linie AC verbunden sind, deren Richtung der Relation des Sohnes entspricht, deren Neigungswinkel BAC also die Kausalität des Erzeugens oder die Vaterschaft darstellt.

Wenn die Richtung der Grundaxe AX das Sein schlechthin bezeichnet; so ist jedes konkrete Sein, also jeder Mensch, jedes Thier, jeder Stein durch eine Parallele zu AX dargestellt. Die in der Grundebene XY liegenden Parallelen gehören einer bestimmten Gattung solcher Individuen, z. B. allen Menschen, überhaupt allen denjenigen Individuen an, welche der Denkende nach seinem Belieben soeben zu einer Gattung rechnet. Eine schräge Linie wie AC bedeutet alsdann kein einfaches Sein, sondern ein Bewirktsein, eine Wirkung. Fasst man nicht ein fertiges Stück AC der schrägen Linie AG, welches eine bestimmte Wirkung darstellt, sondern die sukzessive Beschreibung dieser Linie oder den schrägen Fortschritt ins Auge; so repräsentirt diese Beschreibung ein Thätigsein oder eine effizirende Thätigkeit, welche sukzessive alle Wirkungen umfasst.

Stellt man sich unter dem Winkel $BAC = \alpha$ eine bestimmte Kausalität, z. B. die Erzeugung vor; so ist AB ein Erzeugendes, AC ein Erzeugtes und die Linie CD, welche geometrisch als eine aus der Grundrichtung AX längs AO verschobene Linie oder arithmetisch als die Summe $(AC) + (CD)$ erscheint, entspricht dem Begriffe „eines erzeugten Menschen", etwa des von Philipp (AX) erzeugten Alexander (CD).

Während das verursachende logische Objekt AB dem grammatischen Subjekte entspricht, ist das grammatische Objekt nicht durch die Linie AC (welche die Wirkung der Ursache AB darstellt), sondern durch das von der schrägen Linie AC getroffene logische Objekt CD vertreten. Die grammatisch durch ein Zeitwort bezeichnete Thätigkeit des Objektes AB entspricht dem Bogen BC, insofern man darunter die Bethätigung einer Kausalität versteht, und sie entspricht dem Fortschritte längs AC, insofern man darunter die Umfassung aller speziellen Wirkungen versteht. Demnach ist der Gedanke „dieser Mensch schlägt jenen Hund" durch den geometrischen Prozess der Drehung der Linie AB (dieser Mensch), wobei der Endpunkt B den Bogen BC (schlägt) durchläuft, und bei C die Linie CD (jenen Hund) trifft, vertreten. Der Gedanke „der geschlagene Hund" ist durch die Verschiebung der Linie AX längs AC in den Ort CD oder durch die Verknüpfung der beiden Linien AC (geschlagen) und CD (jener Hund) veranschaulicht.

Die Wirkung trifft das Objekt in einem Punkte C (wenn es sich um Individuen handelt; Gattungen treffen sich in Linien, Totalitäten in Flächen); die Wirkung und das bewirkte Objekt haben also einen gemeinschaftlichen Punkt, sonst aber verschiedene Richtungen. Wenn bei den bisherigen Betrachtungen die Ursache mit dem Subjekte nicht bloss einen Punkt, sondern auch die Richtung AX gemein hat; so hat Diess nur seinen Grund darin, dass wir das einfache Sein als Subjekt angenommen haben: im Allgemeinen kann man sich auch unter dem Subjekte ein Individuum CD und unter der Ursache ein relatives Sein oder eine Thätigkeit ACG denken, welches mit dem Subjekte CD ebenfalls nur einen Punkt, nicht aber die Richtung gemein hat, sodass die Kausalität β jetzt zu einem Objekte HJ führt, für welches der Winkel $GCH = \beta$, also der Winkel $DCH = \alpha + \beta$ ist. Weitere Aufklärungen über diese allgemeinere Relation behalten wir uns vor.

Die Kausalität, als Wirksamkeit eines Individuums, entspricht der Drehung einer Linie, umfasst also eine Summe elementarer Drehungen, nämlich diejenigen Thätigkeiten, welche das wirkende Individuum unter verschiedenen Umständen, welche Zustände seines Seins sind, ausübt oder ausüben kann. Indem alle Punkte der Linie AB sich mit den ihren Abständen entsprechenden Radien wie $A'B'$ um den Winkel α drehen (Fig. 1065), beschreiben sie lauter unendlich kleine Bögen wie $B'C'$. Der Bogen BC, welcher den Endpunkt des Radius AB bei seiner Drehung um A beschreibt, ist die Summe aller jener elementaren Bögen. Aber auch dann, wenn man die Linie AB in beliebig viel Stücke von endlicher Länge wie AA', $A'B'$, $B'B$ zerlegt (Fig. 1066), stellt BC die Summe aller Theilbögen nach der Formel $a\alpha = a_1\alpha + a_2\alpha + a_3\alpha + \dots$ dar. Ein jeder dieser Punkte A', B', B vertritt einen Umstand, unter welchem das Subjekt die durch den Winkel α bezeichnete Wirkung ausübt oder möglicherweise ausüben kann. Denkt man sich unter dem Winkel α das Schlagen; so haben die Punkte A', B' ... die Bedeutung der verschiedenen Umstände, unter welchen das Subjekt AB schlägt, z. B. mit der Hand, mit dem Stocke, im Zorne, zu Wien, am 1. April u. s. w. und der Bogen BC misst durch seine Länge die logische Quantität der Thätigkeit des Schlagens mit der Hand, mit dem Stocke, im Zorne u. s. w.

Wenn das Subjekt AB nicht durch die einzelnen Fälle (welche den Punkten A', B' ... entsprechen), sondern durch die logischen Quantitäten der in ihm liegenden Besonderheiten (entsprechend den Linien AA', $A'B'$, $B'B$), wenn z. B. der Begriff Europäer (AB) durch die quantitativen Besonderheiten Franzose (AA'), Italiener ($A'B'$), Russe ($B'B$) gegeben ist, stellt der Bogen BC als Summe jener Theilbögen die von Franzosen, Italienern, Russen u. s. w. verursachten Schläge dar. Ebenso kann man sich unter AB ein Individuum mit einer gewissen Summe von Partikularitäten seiner Zustände, z. B. einen bestimmten Menschen als Knabe, Jüngling und Mann, als Beamter, Soldat und Gelehrter, zu Braunschweig, Frankfurt und Wien vorstellen.

Wenn man sich eine fortgesetzte effizirende Thätigkeit als den allmählichen Fortschritt längs der Richtung $A\,C$ vorstellt; so erscheint dieselbe als eine sukzessive Aneinanderreihung von elementaren Wirkungen wie $A'\,C'$ (Fig. 1067), wobei eine neue elementare Partikularität $A'\,B'$ des Subjektes die elementare kausale Thätigkeit $B'\,C'$ entwickelt, oder mit konstanter Kausalität $B'\,A'\,C' = B\,A\,C$ wirksam ist.

Durch die Fortsetzung einer effizirenden Thätigkeit bei konstanter Kausalität werden immer neue Objekte getroffen, das vom ersten, zweiten, dritten Schlage getroffene Objekt ist immer ein logisch anderes Objekt, wenngleich dasselbe häufig mit demselben Namen belegt bleibt. Der von einem ersten Schlag getroffene Amboss ist nicht mehr das frühere, sondern ein in seiner Beziehung zum Subjekte verändertes Objekt. Soll derselbe als ein unveränderliches Individuum erscheinen; so muss dasselbe als ein Inbegriff von Zuständen gedacht werden, welche durch lauter parallele Linien vertreten werden, auf die sich die einzelnen Schläge entladen, oder, wenn der Amboss als eine zum Subjekte parallele Linie aufgefasst wird, muss das Schlagen als eine einfache, begrenzte, konstante Thätigkeit gedacht werden, deren Quantität von der Anzahl der Schläge ganz unabhängig ist.

Der Winkel $B\,A\,C$ kann durch den von der Längeneinheit beschriebenen Bogen (arcus) oder durch die Grösse α des Exponenten in dem arithmetischen Richtungskoeffizienten $e^{\alpha\sqrt{-1}}$ gemessen werden: ebenso kann die Kausalität durch die Wirksamkeit eines Subjektes gemessen werden, dessen logische Quantität dem Begriffe des Seins ohne weitere Partikularitäten oder konkrete Fälle entspricht. Die Kausalität ist von der Quantität der wirkenden Ursache ganz unabhängig. (Wer schlägt, wann, womit, wie oft er schlägt, ist für den Begriff des Schlagens irrelevant); dagegen ist der Quantitätswerth der mit einer bestimmten Kausalität ausgeübten Thätigkeit (die Bogenlänge) von der Quantität der Ursache direkt abhängig: jene Thätigkeit hat einen grösseren oder kleineren Umfang, jenachdem die wirkende Ursache ihn hat. So wächst z. B. die logische Quantität der Thätigkeit des Schlagens mit den Umständen, welche die Quantität des schlagenden Subjektes, d. h. die Umstände, unter welchen dasselbe schlägt, bedingen: das Schlagen mit der Hand und mit dem Stocke und im Zorne und zu Wien hat diejenige Quantität, welche den Inbegriff der Partikularitäten des Schlagens mit der Hand, des Schlagens mit dem Stocke, des Schlagens im Zorne u. s. w. bildet. Die geometrische Analogie des letzteren Satzes liegt darin, dass die Bogenlänge $B\,C$ mit der Länge des Radius $A\,B$ wächst, und die arithmetische Analogie darin, dass die Bogenlänge $r\,\alpha$, welche der Grösse $r\,e^{\alpha\sqrt{-1}}$ entspricht, mit der Quantität der Grösse r zunimmt.

Es leuchtet ein, dass eine Fortsetzung oder Erweiterung der effizirenden Thätigkeit stets mit einer entsprechenden Erweiterung der kausalen Thätigkeit begleitet ist, während die Kausalität α und die Relation oder das Kausalitätsverhältniss hierbei konstant bleiben.

Ferner ist klar, dass die Wirkung (die durch die Kausalität gestiftete Beziehung) die nämliche logische Quantität hat wie die Ursache, entsprechend dem geometrischen Satze, dass der Radius $A\,B$ bei jeder

Drehung seine ursprüngliche Länge behält, und dem arithmetischen Satze, dass die Grösse $e^{\alpha\sqrt{-1}}$ immer den Quantitätswerth 1 behält, wie sehr sich auch die Grösse α ändere. In der That, übertragen sich alle Umstände und Partikularitäten der Ursache auf die Wirkung und die letztere enthält weder mehr, noch weniger, noch andere Partikularitäten, als die Ursache: indem ich z. B. mit der Hand oder mit dem Stocke oder im Zorne schlage, treffe ich in der Wirkung ein Objekt, welches mit der Hand oder mit dem Stocke oder im Zorne geschlagen ist, also ein mit der Hand oder mit dem Stocke oder im Zorne geschlagenes Objekt, und es leuchtet ein, dass die Wirkung, welche das Geschlagensein mit der Hand, mit dem Stocke, im Zorne darstellt, dieselbe logische Weite hat wie die Ursache, welche das Schlagen mit der Hand, mit dem Stocke, im Zorne darstellt.

Ebenso, wenn man die verschiedenen Wirkungseffekte eines Elternpaares als dessen Kinder bezeichnet, worunter verschiedene Söhne mit Namen M, N, O und verschiedene Töchter mit Namen P, Q, R gemeint sind, vertreten die Zustände des ursächlichen Subjektes (Elternpaares), welche den einzelnen Kindern (resp. Wirkungsakten) entsprechen, die Punkte A', B' ... und bedingen die Quantität der Ursache AB ebenso wie die Quantität der Wirkung AC für eine gegebene Kausalität $BAC = \alpha$.

Hiernach leuchtet auch ein, dass singuläre, partikuläre, universelle Ursachen singuläre, partikuläre, universelle Wirkungen hervorbringen, und dass sie singulären, partikulären, universellen Thätigkeiten entsprechen. Viel Ursache bedingt viel Wirkung und viel Thätigkeit.

Übrigens müssen wir jetzt hervorheben, dass das Wort Subjekt häufig zur Bezeichnung des Individuums oder Begriffes gebraucht wird, von welchem nur ein gewisser Theil oder eine gewisse Partikularität als die mit der gegebenen Kausalität wirkende Ursache auftritt. In diesem Falle ist das Subjekt ein viel weiterer Begriff als die Ursache und man kann dann nur sagen, die Ursache sei ein dem Subjekte innewohnendes Vermögen, eine Kraft von gegebenem Umfange, womit dasselbe unter den gegebenen Umständen die gegebene kausale Thätigkeit vollzieht. Wenn wir z. B. sagen, Göthe dichtet, so meinen wir damit nicht, dass Göthe unausgesetzt dichtet und niemals etwas Anderes thut, als dichten, sondern, dass Göthe unter Umständen und mit einem gewissen Umfange seines Seins dichtet, dass also die Ursache dieser Wirkung nicht die Quantität des ganzen Göthe, sondern nur die einer Partikularität desselben habe.

Anstatt die Partikularitäten an dem wirkenden Subjekte zu bezeichnen, können dieselben auch an der Thätigkeit, welche das Subjekt unter den entsprechenden Umständen ausübt, bezeichnet werden, d. h. die Thätigkeit kann partikularisirt werden. So kann man z. B. hämmern, feilen, behobeln als Partikularitäten der Bearbeitung ansehen. Der Partikularisation der Thätigkeit liegt aber, wenn sie die vorstehende Bedeutung haben soll, eine Partikularisation des wirkenden Subjektes bei der nämlichen Kausalität, nicht etwa eine Partikularisation der Kausalität zu Grunde. Indem wir nämlich die Bearbeitung eines Gegenstandes als eine Behämmerung oder Befeilung oder Behobelung desselben ansehen, fassen wir alle diese Partikularitäten als eine der Kausalität der Bearbeitung unterliegende Wirkung des Subjektes unter verschiedenen Umständen, und zwar als eine mit dem Hammer oder mit der Feile oder mit dem Hobel ausgeführte Bearbeitung auf.

Was die Partikularisation und die Generalisation der Kausalität betrifft; so stützt sich dieselbe nicht auf einen Quantitäts-, sondern auf einen Kausalitätsprozess. Der letztere, welcher geometrisch der fortgesetzten Drehung des Radius AB und arithmetisch der fortgesetzten Multiplikation mit einem Richtungskoeffizienten entspricht, beruht auf einer fortgesetzten Wirksamkeit der Ursache, bei welchem Vorgange jede erzeugte Wirkung zu einer erzeugenden Ursache wird, um die entstandene Wirkung zu verstärken. Zwei Wirkungen AC und AD erscheinen also nur dann als zwei durch Kausalität miteinander verbundene oder im Kausalitätszusammenhange stehende Wirkungen, wenn die letztere AD eine Wirkung der ersteren AC ist. So kann z. B. die Richtung AD oder der Winkel BAD in Fig. 1068 die Erwärmung darstellen, welche von der durch die Richtung AC oder den Winkel BAC dargestellten Reibung hervorgebracht ist, also die durch Reibung bewirkte Erwärmung. Bezeichnet der Winkel $\alpha = BAC$ die Reihung, der Winkel $BAD = \beta$ die Erwärmung; so fassen wir bei dieser Darstellung die Erwärmung $e^{\beta \sqrt{-1}}$ und die Reibung $e^{\alpha \sqrt{-1}}$ wie zwei unmittelbare Wirkungen derselben Ursache AB auf, indem wir die letztere als die Vermittlung zur Erzeugung der ersteren ansehen, also die Grösse $e^{(\beta - \alpha)\sqrt{-1}}$, worin $\beta - \alpha$ den Winkel CAD bezeichnet, als die erwärmende Wirkung der Reibung betrachten. Es steht uns aber auch frei, nur die Reibung $e^{\alpha \sqrt{-1}}$ als die unmittelbare Wirkung der Ursache AB anzusehen und die Erwärmung als eine unmittelbare Wirkung der Reibung AC, also als eine mittelbare Wirkung der Ursache AB zu betrachten, sodass, wenn man den Winkel $CAD = \gamma$ setzt, die Erwärmung durch Reibung in der Formel $e^{(\alpha + \gamma)\sqrt{-1}}$ angeschaut wird.

Die durch Adverben spezialisirten Thätigkeiten können, was lediglich vom Ermessen des Denkenden abhängt, als Partikularitäten dieser Thätigkeiten angesehen werden. So kann man z. B. fest schlagen als eine Partikularität CD von schlagen BD betrachten, in welchem Falle natürlich die dem ersteren Begriffe zu Grunde liegende Kausalität als eine Partikularität der dem letzteren Begriffe zu Grunde liegenden aufzufassen ist.

Die Ursache AB verwandelt sich durch die Kausalität (entsprechend der Drehung) in die Wirkung AC, nicht in das von der Wirkung betroffene Objekt CD (Fig. 1064). Das letztere Objekt wird von dem durch die Kausalität thätigen Subjekte in einem Zustande getroffen, welcher einem Punkte C entspricht. In diesem Punkte C verbindet sich das getroffene Objekt mit der Wirkung des Subjektes. Die letztere Verbindung entspricht einer logischen Kombination zweier Begriffe, nämlich der Wirkung AC mit dem getroffenen Objekte oder einer Prädikation von dem getroffenen Objekte, indem die Wirkung AC als eine Eigenschaft erscheint, welche von dem Objekte ausgesagt wird. Die letztere Eigenschaft AC des Objektes CD wird grammatisch durch das Partizip der Vergangenheit des die Thätigkeit BC bezeichnenden Verbums ausgedrückt, wogegen das Partizip der Gegenwart dieses Verbums die Eigenschaft AB des .wirkenden Subjektes AX darstellt. Beide Partizipien nehmen in dieser Bedeutung den Charakter von Adjektiven an. So bedeutet für die Thätigkeit des Schlagens die Linie CA geschlagen und die Linie AB schlagend, indem CD oder genauer $(AC) + (CB)$ den geschlagenen Hund darstellen kann.

Für die Thätigkeit der Zeugung BC (Fig. 1069) ist AB der Zeugende oder der Vater, CA das Erzeugte oder das Kind, CD der erzeugte Mensch, also etwa Alexander, der Sohn Philipps. $C'D'$ und $C''D''$ sind andere Kinder des Vaters AB, also die Wirkungen der Ursachen AB', AB'' oder die Resultate der Zeugung unter den Umständen B', B'', z. B. der jüngste Sohn und die älteste Tochter.

Wenn man sich den Zustand A variabel denkt, worin das Subjekt die Wirkung vollbringt, kann $C'D'$ das zuerst, FD' das später, GD' das noch später von demselben Subjekte AX geschlagene Objekt, es kann aber auch $C'D'$ einunddasselbe von dem Subjekte AX wiederholt geschlagene Objekt darstellen.

Wenn man will, kann man auch unter $C''D''$ ein Objekt verstehen, welches von dem Subjekte AX zu wiederholten Malen geschlagen oder von den drei partikulären Schlägen AC', $C'C$, CC'' getroffen ist.

Dass man sich der Partizipien der Gegenwart und der Vergangenheit zur Bezeichnung einer Ursache und einer Wirkung bedient, hat übrigens nicht seinen Grund in einer chronologischen Beziehung zwischen Ursache und Wirkung, sondern nur darin, dass diese Partizipien die aktive und die passive Thätigkeit bezeichnen. Nur als Aktiv- und Passivformen, nicht als Zeitformen sind jene Wörter die Repräsentanten der logischen Begriffe von Ursache und Wirkung; dieselben haben überhaupt die letztere Bedeutung als tempora erst in den neuen Sprachen erlangt, während sie in den alten Sprachen nur die logische Bedeutung als modi haben.

Nach Vorstehendem haben wir die logischen Begriffe von Ursache und Wirkung sorgfältig von den Begriffen von Subjekt und Objekt zu unterscheiden. Während Ursache und Wirkung durch die Richtungen der beiden Linien AB und AC (Fig. 1070) vertreten sind, stellt die Linie AB in ihrem Quantitätswerthe oder als Inbegriff von Zuständen das wirkende Subjekt, die Linie CD, dagegen das von dem thätigen Subjekte durch die Wirkung AC in C getroffene Objekt dar.

Die Wirkung, welche durch die Drehung der Linie AB um den Punkt A hervorgebracht wird, sowie auch die Wirksamkeit oder kausale Thätigkeit, welche durch den Fortschritt des Punktes B längs des Kreisbogens BC veranschaulicht wird, ist weder eine quantitative Erweiterung des Begriffes AB, noch ein reelles Werden, wie es einer Verlängerung der Linie AB, resp. einem Fortschritte des Punktes B längs BX entsprechen würde. Die Wirkung ist vielmehr eine durch Kausalität entstehende Umwandlung der Ursache, wobei alle Theile der Ursache die nämliche Umwandlung erleiden, die Quantität also ungeändert bleibt. Indem wir das durch AB als Ursache dargestellte Subjekt in Kausalität oder in Thätigkeit, z. B. in der Thätigkeit des Schlagens denken, stellen wir uns dasselbe in seiner Totalität als schlagend oder auch als Schläger dar. Jede Partikularität, welche dem Subjekte zukommen kann, erscheint als Schläger. Bedeutete AB etwa Stock; so könnte jeder mögliche Stock, z. B. jeder kurze, lange, trockene, grüne, eichene, buchene Stock als Schläger gedacht werden.

Für irgend ein bestimmtes, konkretes Subjekt AB stellen die Zwischenpunkte wie G, G' (Fig. 1070) die verschiedenen möglichen Zustände oder Fälle des Seins dar. Wenngleich nun das Subjekt in seiner vollen logischen Quantität als eine wirkende Ursache gedacht wird; so tritt dasselbe doch nur in einem Zustande mit dem Objekte CD dergestalt in Verbindung, dass wir in Gedanken von diesem Zustande des Subjektes auf das Objekt übergehen oder dass wir diesen Zustand als einen Endpunkt im Sein des Subjektes ansehen, welcher zugleich der Anfangspunkt im Sein des Objektes, d. h. in dem auf die Wirkung folgenden oder mit der Wirkung verknüpften Sein des Objektes wird. Der eben gedachte Zustand im Sein des Subjektes AB, in welchem sich die Kausalverbindung mit dem Objekte CD vollzieht, ist der Fusspunkt G der normalen Ordinate GC. Dieser Punkt G kennzeichnet zugleich einen möglichen Zustand des Subjektes, welcher mit dem Zustande C übereinstimmt, in welchem das Objekt von dem Subjekte getroffen wird, ohne dass zwischen dem Zustande G und dem Subjekte AB die zwischen dem Zustande C und dem Subjekte obwaltende Kausalitätsbeziehung stattfände. So repräsentirt z. B. für die Thätigkeit des Schlagens G den Zustand des Geschlagenseins oder AG hat die Bedeutung der reellen Eigenschaft des Geschlagenen, eine Eigenschaft, welche jedem die Ordinate GC passirenden Objekte, also auch dem Subjekte AB zukommen kann, welche aber, als Wirkung des Schlages des Subjektes AB, nur dem Objekte ED zukömmt, während sie für jedes andere Objekt einen Zustand bezeichnet, welcher eben mit dem Zustande G des Subjektes ED übereinstimmt, ohne durch das Subjekt bewirkt zu sein. Die Abszisse AG der Wirkung AC bezeichnet hiernach die bewirkte Eigenschaft, welche das subjektive Bewirktsein oder Bewirkthaben oder die Beschaffenheit charakterisirt, in welcher sich ein von der Wirkung Betroffener befindet.

Während der Punkt G den Zustand des Subjektes bezeichnet, in welchem dasselbe seine Inhärenzverbindung mit dem Objekte stiftet, d. h. den Zustand, welcher hinsichtlich der durch ihn angedeuteten allgemeinen Eigenschaft mit dem Zustande C des von der Wirkung betroffenen Objektes übereinstimmt, stellt C den Punkt des Objektes dar, in welchem dasselbe die Wirkung empfängt, also den Anfangspunkt, von wo aus wir das mit dem Subjekte verbundene Objekt auf Grund des gegebenen Kausalzusammenhanges denken (andere Eigenschaften, als die aus diesem Kausalzusammenhange entspringenden, können uns natürlich auch zur Betrachtung des Objektes ED in anderen Zuständen als dem Zustande C veranlassen). Die Ordinate GC misst den logischen Abstand des durch die Kausalität BAC mit dem Subjekte verbundenen Objektes von der Axe des reellen Seins oder die Alternität des Objektes. Vermöge dieser Alternität GC erscheint das Objekt CD als ein durch die Wirksamkeit des Subjektes gewordenes Objekt: die Ordinate GC entspricht also dem Gewordensejn eines Objektes oder dem objektiven Gewordensein, d. h. dem Attribute, welches dem Objekte unter der gegebenen Kausalität zukömmt. Der von dem Menschen AB geschlagene Hund CD ist ein Objekt, welches durch Schlag geworden ist und durch dieses Gewordensein $GC = AC$ sich von dem Subjekte AB oder dem ursächlichen Sein der Grundaxe unterscheidet. Derselbe Hund hat die reelle Beschaffenheit AG eines Geschlagenen. Durch die schräge Linie AC ist dieser Hund mit dem schlagenden Menschen AB verknüpft: der Fortschritt in dieser Linie ist die Thätigkeit des Schlagens, die bestimmte Strecke AC aber bezeichnet die spezielle Wirkung des Schlagens des Menschen AC, in Folge deren der Hund als ein durch Schlag Bewirktes erscheint. Wenn die Linie AC ebenfalls mit dem Worte geschlagen belegt wird; so hat dieses Wort hier entschieden den Sinn des Partizips von schlagen, während dasselbe Wort, als Vertreter der Linie AG den Sinn des Adjektivs (Eigenschaftswortes) hat. Zuweilen existirt für AG ein wirkliches Adjektiv: handelt es sich z. B. um die Erwärmung AC; so ist AG die Eigenschaft des Erwärmten, also das Warme, während AB das Erwärmende, GC das Erwärmtwordene, das durch Erwärmung Gewordene bezeichnet.

Wenn $AG = a$, $GC = b$, $AB = AC = r$ und der Winkel $BAC = \alpha$ ist; so erscheint die Wirkung $(AC) = a + b\sqrt{-1}$ als eine aus einer reellen Eigenschaft a und einer imaginären Eigenschaft $b\sqrt{-1}$ zusammengesetzte Inhärenz oder als eine komplexe Eigenschaft des Objektes CD. Ist $CD = x$; so hat man für irgend einen Zustand D des Objektes den doppelten Ausdruck

$$r\, e^{\alpha\sqrt{-1}} + x = a + b\sqrt{-1} + x$$

Vermöge der linken Seite dieser Formel nennen wir im letzten Beispiele den Hund CD einen geschlagenen Hund oder, genauer, einen vom Menschen geschlagenen Hund. Vermöge der rechten Seite aber erscheint dieser Hund als ein in der Beschaffenheit des vom Menschen Geschlagenen befindlicher, durch die Schlagwirkung des Menschen gewordener Hund.

Für das von der Wirkung betroffene Objekt x stellt das Glied a eine akzidentielle Eigenschaft dar, welche das Objekt mit dem Subjekte gemein hat, während das Glied $b\sqrt{-1}$ eine attributive Eigenschaft bezeichnet, welche das Objekt vom Subjekte unterscheidet.

Die Quantitäten a und b stehen in dem Verhältnisse $\dfrac{b}{a} = tang\, \alpha$, welches nur von der Kausalität α, nicht von konkreten Umständen, unter welchen die Wirkung erfolgt, abhängt. In der That ist, wenn man für $AB = r$ die Längeneinheit substituirt, der Punkt G der geometrische Repräsentant nicht des wirklichen Zustandes, in welchem das Subjekt seine Wirkung ausübt, sondern jedes möglichen Zustandes oder des Zustandes überhaupt, in welchem diese Wirkung erfolgt, und ebenso vertritt alsdann der Punkt C nicht den Zustand, in welchem ein bestimmtes Objekt getroffen wird, und die Linie GC nicht die Alternität, welche zu einem bestimmten Anderen als Objekt führt, sondern die Alternität, welche zu jedem möglichen Objekte, also schlechthin zu einem getroffenen Objekte führt. Hieraus ergiebt sich die

Unabhängigkeit der dem Werthe $AB = 1$ entsprechenden Grössen a und b von den konkreten Subjekten, Objekten und Zuständen und die alleinige Abhängigkeit von der Kausalität α.

Wenn AB nicht die Quantität der Einheit, sondern die Quantität des wirklichen Subjektes hat; so nehmen a und b die dem konkreten Falle entsprechenden Werthe an; beide erweitern und verengen sich gleichmässig, sodass ihre Relation zueinander den früheren Werth $tang\,\alpha$ behält, welcher lediglich von der Kausalität α abhängt.

Durch den Ausdruck $(AC) = a + b\sqrt{-1}$ ist die Kombination zwischen dem Subjekte und dem Objekte ausgedrückt, und man kann den reellen Theil $AG = a$ den Kausalitätsantheil des Subjektes oder den Subjektsantheil der Wirkung und den Theil $b\sqrt{-1}$, welcher für das Subjekt AB imaginär, für das Objekt CD aber attributiv ist, den Kausalitätsantheil des Objektes oder den Objekts- oder Alternitätsantheil der Wirkung nennen. Die Wirkung AC selbst erscheint alsdann als der Inbegriff eines subjektiven und eines objektiven Antheils und dieser Inbegriff bezeichnet zugleich die durch die Kausalität bedingte Eigenschaft des Objektes CD.

Nimmt man zum wirkenden Subjekte AB das Ich; so tritt die Bedeutung der subjektiven und objektiven Antheile der Wirkung in den Worten „das von mir durch die Kausalität α Bewirkte" hervor. Die reelle Abszisse a repräsentirt den von mir als wirkender Ursache bedingten Antheil, während die imaginäre Ordinate $b\sqrt{-1}$ den durch diese Kausalität veranlassten Übergang zu einem Anderen (dem betroffenen Objekte) oder die durch meine Wirkung CD bedingte Alternität darstellt. So bedeutet für die Thätigkeit des Schlagens der Subjektsantheil AG soviel wie die Eigenschaft des von mir Geschlagenen oder das Vonmirgeschlagensein oder, als Adjektiv, von mir geschlagen. Der Objektsantheil GC bedeutet dann die durch meinen Schlag bewirkte, gewordene Veränderung (Alternität) oder das Attribut des durch meinen Schlag charakterisirten Objektes. Für die Thätigkeit des Zeugens bezeichnet AG den Antheil, welchen ich an meinem Sohne als an dem von mir Gezeugten habe, während GC die Alternität meines Sohnes als des durch meine Zeugung gewordenen Individuums misst.

Der Antheil AG des Subjektes AB an der Wirkung AC ist offenbar etwas ganz Anderes, als das Subjekt AB im Zustande B des Wirkens oder als das wirkende Subjekt; jener Antheil ist eine Partikularität dieses Subjektes, welche zu dem Subjekte stets in derselben Relation steht, wie sich auch der Zustand B, in welchem das Subjekt seine Thätigkeit vollzieht, ändern möge, vorausgesetzt nur, dass die Thätigkeit α stets dieselbe bleibe. Ein Subjekt hat also z. B. an dem von ihm vollzogenen Schlage stets denselben verhältnissmässigen Antheil, gleichviel, ob der Schlag mit dem Stocke oder mit dem Degen, ob er in Aufregung oder mit Überlegung, ob er bei Tage oder bei Nacht, ob er von einem Spanier oder von einem Russen erfolgt.

Der Subjektsantheil $AG = a$ ist zugleich dem Akzidens oder der akzidentiellen Eigenschaft EC gleich, welche den Zustand bezeichnet, in welchem das Objekt CD von der Wirkung des Subjektes getroffen wird, während der Objektsantheil $GC = b\sqrt{-1}$ dem Attribute oder der attributiven Eigenschaft AE gleich ist, welche das Objekt vom Subjekte unterscheidet.

Ein Subjekt AB hat nur so lange, als man dasselbe als mathematische Grösse auffasst, eine feste Grenze B: der logische Begriff lässt innerhalb der Definition jeden möglichen Fall zu, hat also keine festen mathematischen Grenzen. Das logische Subjekt entspricht vielmehr, wenn wir uns zunächst ein Individuum darunter denken, einer Linie, deren Endpunkt zwischen den Grenzen B und B' variiren kann (Fig. 1071). Die Punkte zwischen B und B' vertreten die verschiedenen möglichen Zustände und Mittel, wodurch das Subjekt eine bestimmte Thätigkeit $BAC = a$ vollführen kann. Handelt es sich z. B. um das Schlagen eines Europäers; so bezeichnet eine von A nach irgend einem Punkte zwischen B und B' führende Linie einen Deutschen oder einen Italiener oder einen Griechen mit dem Stocke oder mit dem Degen oder mit dem Hammer, zu Paris oder zu Athen u. s. w. So variabel das Subjekt ist, ebenso variabel ist das geschlagene Objekt: alle von dem Europäer geschlagenen Objekte liegen zwischen den Linien CD und $C'D'$.

Die zwischen C und C' liegenden Punkte veranschaulichen die verschiedenen Zustände, worin das Objekt getroffen werden kann. Diese Zustände können sowohl durch Akzidentien wie AB'', AB''', als auch durch Attribute wie AE, AE' definirt werden; immer kann die Wirkung zwischen zwei Punkte F und C''' eingeschlossen werden, welche die Zustände der getroffenen Objekte umfassen. Beispielsweise können zwischen den Grenzlagen $C''D''$ und $C'''D''$ die auf das Haupt, vor die Brust, in ihrer Wohnung, im freien Felde Geschlagenen und zwischen den Grenzlagen FG und $F'G'$ die geschlagenen Gothen, Barbaren, Insurgenten, zwischen den Grenzlagen FG und $C'''D'''$ also die auf das Haupt, vor die Brust, in ihrer Wohnung, auf freiem Felde geschlagenen Gothen, Barbaren, Insurgenten eingeschlossen werden. Alle Fälle, welche den über das Subjekt und den über das Objekt getroffenen Bestimmungen zugleich entsprechen, liegen dann zwischen den Grenzen CD und $C'''D'''$.

Ebenso kann die Wirksamkeit selbst zwischen Grenzen wie AH und AJ liegen, indem dieselbe z. B. als ein Hieb, ein Stich, ein Stoss oder auch als ein schwerer, heftiger, wiederholter, vernichtender Schlag definirt wird.

In Fig. 1072 umschliesst die kleine Ellipse alle möglichen Zustände C, in welchen ein Objekt CD von der Wirkung AC getroffen werden kann. Die möglichen wirkenden Ursachen liegen zwischen AB und AB', die möglichen Eigenschaften der bewirkten Zustände liegen zwischen AG und AG', die Attribute der möglicherweise getroffenen Objekte zwischen AE und AE', die möglichen Kausalitäten zwischen BAH und BAJ.

Auch der Anfangspunkt A des Subjektes sowie des getroffenen Objektes kann variabel gedacht werden. Wenn man sich den Punkt A als den Ursprung eines Individuums vorstellt, gleichviel ob dasselbe die Rolle einer wirkenden Ursache spielt oder nicht; so kann man sich dieses Individuum, um dasselbe in den Zustand zu versetzen, worin es zu einer wirkenden Ursache wird, parallel mit sich selbst verschoben denken, sodass sein Anfangspunkt in irgend einen Punkt der Linie AB rückt. Diess entspricht einer Verschiebung der Wirkung AC parallel mit sich selbst, z. B. einem Schlage in der Jugend oder einem jugendlichen Schlage, einem Schlage in Zorn, einem Schlage auf dem Schlachtfelde, einem Schlage zu Moskau, wenn man diese Bestimmung als eine Definition des Zustandes auffasst, in welchem das Subjekt, das die Wirkung herbeiführt, seinen Anfang nimmt.

Endlich kann man sich auch das getroffene Objekt beliebig verrückt denken, d. h. man kann sich vorstellen, dass ein Objekt, welches seinen natürlichen Anfangspunkt irgendwo im Raume hat, so verschoben wird, dass sein Anfangspunkt in den Punkt C fällt, wo es von der Wirkung des Subjektes AB getroffen wird. Diese letztere Vorstellung hat eine besondere Wichtigkeit. Die Möglichkeit, jede beliebige mit AB parallele Linie durch Verschiebung an die Stelle CD zu versetzen, ist der geometrische Ausdruck für die Möglichkeit, eine Wirkung auf jedes mögliche Objekt zu äussern, also auch ein Objekt, welches von vorn herein gar nicht den Ort CD einnimmt, sondern erst in diesen Ort transportirt (in diesem Orte gedacht) wird. Statt der Verschiebung des Objektes unter Festhaltung des Subjektes kann man selbstredend auch eine Verschiebung des Subjektes unter Festhaltung des Objektes denken. Immer charakterisirt sich die in Rede stehende Wirkung als eine solche, welche von jedem Subjekte auf jedes Objekt geäussert werden kann und wir nennen dieselbe eine gelegentliche oder zufällige Wirkung. So ist z. B. der Schlag eine gelegentliche Wirkung. Ein Mensch kann jeden beliebigen anderen Menschen, jeden Stein, jeden Baum, jedes Ding, jedes Buch, seinen Feind, seinen Sohn, ja sogar sich selbst schlagen, d. h. er kann mit jedem Objekte durch Schlag in Verbindung gesetzt werden. Diess geschieht, indem das zu schlagende Objekt in die Wirkungssphäre des Subjektes gebracht, gewissermaassen auf die Linie CD projizirt wird.

Eine Wirkung dagegen, welche das Subjekt AB mit dem Objekte CD, d. h. mit der unvermeidlichen Folge der Kausalität in Verbindung setzt, ist eine zwingende Wirkung. So ist der Sohn eine zwingende Wirkung des Vaters, dagegen Alexander eine gelegentliche Wirkung Philipps. Der Schlag ist eine zwingende Wirkung des Schlägers, allein der Schlag auf einen Stein ist eine gelegentliche Wirkung eines Menschen. Das Bild ist eine zwingende Wirkung des Malers, die bunte Leinwand ist eine gelegentliche Wirkung des Malers, d. h. des Bemalers.

Das Wesen der gelegentlichen und der zwingenden Ursache oder Wirkung tritt besonders deutlich hervor, wenn nicht die Relationen auf Objekte, sondern die Beziehungen der Thätigkeiten unter sich ins Auge gefasst werden. So ist, wenn lediglich die thatsächliche Erscheinung berücksichtigt wird, die Erwärmung eine gelegentliche Ursache der Ausdehnung: wenn aber das physikalische Gesetz berücksichtigt wird, ist sie eine zwingende Ursache der Ausdehnung. Logisch erscheint allgemein eine vorhergehende Thätigkeit nur als eine gelegentliche Ursache einer nachfolgenden Thätigkeit β: dagegen erscheint sie als eine zwingende Ursache der Gesammtthätigkeit $\alpha + \beta$. So ist z. B., allgemein logisch, die Erwärmung eine gelegentliche Ursache der Ausdehnung, aber eine zwingende Ursache der Ausdehnung durch Erwärmung.

Die gelegentliche und die zwingende Ursache ist auf dem Gebiete der Kausalität die Analogie zu dem unwesentlichen und dem wesentlichen Merkmale auf dem Gebiete der Quantität, sowie zu der akzidentiellen und der attributiven Eigenschaft auf dem Gebiete der Inhärenz.

Die mathematische Analogie der gelegentlichen und der zwingenden Wirkung ist die, dass in dem Produkte $a \cdot b$ der eine Faktor ein zufälliger Faktor des anderen (oder des Operandes), aber ein nothwendiger Faktor des Produktes (oder des Operates) ist. So erscheint logisch der Schlag AC als eine gelegentliche Wirkung auf jedes beliebige Objekt, welches sich in die Lage CD bringen oder mit AB in Relation setzen lässt, dagegen als eine zwingende Wirkung auf das im Punkte C beginnende Objekt CD, welches das Resultat der von AB ausgeübten Kausalität ist.

Ein Subjekt kann dieselbe Kausalität auf mehrere Objekte CD, $C'D'$ (Fig. 1073) äussern (ein Vater kann mehrere Söhne, Hermann und Fritz, haben). Mehrere Subjekte AB, EG können dieselbe Kausalität AC, EF auf dasselbe Objekt FD ausüben (Leibnitz und Kant rangen nach Wahrheit). Zwei verschiedene Wirkungen $A_1 H$ und $A_2 H$ können sich auf demselben Objekte HD vereinigen, indem sie dieses Objekt in H zugleich treffen, aber von verschiedenen Zuständen A_1, A_2 des Subjektes ausgehen, oder indem sie wie AC, AJ von demselben Zustande des Subjektes ausgehen und das Objekt in verschiedenen Zuständen C, J treffen, oder indem sie wie $A_1 H$ und $A_3 K$ von verschiedenen Zuständen des Subjektes ausgehen und das Objekt in verschiedenen Zuständen treffen (z. B. ich unterrichte meinen Sohn).

Dasselbe Subjekt kann aber auch auf einmal mehrere sich deckende Wirkungen auf dasselbe Objekt ausüben und das Letztere unter denselben Umständen treffen. Die letztere kombinirte Thätigkeit ist durch Fig. 1074 dargestellt. Wenn AH und AJ die Grenzen einer Thätigkeit des Subjektes AB, z. B. des Schlagens, AK und AL dagegen die Grenzen einer anderen Thätigkeit, z. B. des Reibens anzeigen; so entsprechen die zwischen AK und AJ liegenden Richtungen demjenigen Schlagen, welches zugleich ein Reiben ist, die zwischen AH und AK liegenden dem ausschliesslichen Schlagen und die zwischen AJ und AL liegenden dem ausschliesslichen Reiben.

Wiewohl das Subjekt von beliebiger Quantität und an beliebigem Orte, das Objekt in beliebigem Abstande, die Kausalität von beliebiger Winkelgrösse gedacht werden kann; so haben diese Grössen für jeden konkreten Fall doch einen konkreten Werth. Das Prinzip der gegenseitigen Abhängigkeit wird durch die Variabilität der möglichen Fälle nicht beeinflusst, und wir kehren, nachdem wir auf diese Variabilität der Zustände des Subjektes, des Objektes und der Kausalität hingewiesen haben, zur Betrachtung des Verhältnisses zurück, in welchem der subjektive Antheil a zu dem objektiven Antheile b der Wirkung $e^{\alpha \sqrt{-1}} = a + b \sqrt{-1}$ und in welchem Beide zu der Kausalität α stehen. Für den Fall $\alpha = 0$, d. h. wenn gar keine Kausalität wirksam ist, fällt die Wirkung mit der Ursache oder das bewirkte Objekt mit dem wirkenden Subjekte AB zusammen. Die Thätigkeit, welche keine Kausalität hat, heisst sein:

indem das Subjekt ist oder existirt, erscheint es als die Ursache und die Wirkung seiner selbst oder als die Ursache und Wirkung seines eigenen Seins, jedoch unter der Kausalität null. Jetzt ist der subjektive Antheil a dem ganzen Subjekte gleich, alle Thätigkeit und Wirkung des Subjekts erscheint in seinem Sein, die bewirkte Eigenschaft ist das Subjekt selbst, d. h. es ist $a = 1$, während der objektive Antheil $b = 0$ ist, indem ein Übergang auf ein Objekt überall nicht stattfindet oder das durch sein gewordene Objekt das seiende Subjekt selbst ist. Diese Wirkung des Seins, welche sich selbst hervorbringt, erfordert keine kausale Thätigkeit, ist also nur ein Fortbestehen.

Für jede bejahte und aktive Thätigkeit, welche dem mathematischen Falle entspricht, wo der Winkel a kleiner als ein rechter ist, wird $AG < AB$ oder $a < 1$ sein (Fig. 1070), d. h. der subjektive Antheil wird einen Theil, eine Partikularität des Seins des Subjektes ausmachen. Gleichzeitig wird der objektive Antheil AE einen bestimmten Werth haben, welcher unter demjenigen Maximum AH liegt, das der objektive Antheil für irgend eine Kausalität überhaupt erreichen kann.

Das letztere Maximum des objektiven Antheils tritt ein für diejenige Kausalität, welche den subjektiven Antheil a auf null reduzirt. Diese Kausalität, welche dem mathematischen Falle entspricht, wo a ein rechter Winkel wird, ist diejenige, bei welcher das Subjekt überall nicht in Anspruch genommen wird, bei welcher dasselbe theilnahmlos, indifferent bleibt, bei welcher der Antheil des Subjektes ganz vernichtet, keine reelle Eigenschaft bewirkt oder $a = 0$ wird. Man kann diese Kausalität neutrales oder indifferentes Verhalten gegen das Objekt HM nennen. Das neutrale Verhalten des Subjektes AB gegen das Objekt HM entspricht einer Parallelverschiebung · der Linie AB in perpendikularer Richtung, wobei alle Zustände, von AB dieselben bleiben, also dem Übergange aus dem einfachen Sein AB in ein anderes Sein oder Individuum, welches mit dem ersteren den Anfangszustand und alle übrigen Zustände gemein hat. Die Wirkung des neutralen Verhaltens ist die Verwandlung des reellen Seins AB in ein imaginäres Sein oder in ein Anderssein AH, welches dieselbe Quantität hat wie die sich verwandelnde Ursache AB; das Maximum des objektiven Antheils b ist mithin = 1. Das neutrale Verhalten oder die Indifferenz erscheint hiernach als die umfassendste Wirkung, welche ein Subjekt auszuüben vermag: in der That, kann ein Subjekt durch eine-bestimmte Thätigkeit nur gewisse Objekte erreichen; gegen alle durch irgend eine Thätigkeit überhaupt erreichbaren Objekte vermag sich das Subjekt aber neutral zu verhalten, die möglicherweise neutralen Objekte umfassen also alle durch eine mögliche Wirkung erreichbaren Objekte. Die in objektiver Hinsicht umfassendste Thätigkeit der Neutralisation ist mit einer Vernichtung des Subjektantheils begleitet, involvirt also eine Aufhebung des subjektiven Seins.

Wenn die Kausalität das neutrale Verhalten übersteigt, wird der subjektive Antheil a negativ und der objektive Antheil b sinkt unter das Maximum b herab. Die Bedeutung der in dieser und in die folgenden Quadranten fallenden Wirkungen werden wir weiter unten betrachten. Für jetzt beschäftigen wir uns noch einen Augenblick mit den relativen Werthen des subjektiven und objektiven Kausalitätsantheils und mit der

Wirkung einer verstärkten Kausalität, welche der fortgesetzten geometrischen Drehung des Radius AB entspricht. Die Abszisse $AG = a$ ist die reelle Eigenschaft schlechthin, welche dem vom Subjekte AB durch die Kausalität $BAC = \alpha$ erzeugten Zustande C des durch die Wirkung AC betroffenen Objektes CD zukömmt. Für die Kausalität schlagen und für das Subjekt Mensch heisst also AG das vom Menschen Geschlagene, und es ist darunter eine Eigenschaft zu verstehen, welche einen bestimmten Zustand G oder eine bestimmte Beschaffenheit oder ein bestimmtes Sein AG ohne alle Rücksicht auf die Ursache der Entstehung darstellt. Die Ursache der Entstehung kömmt nur für das Objekt ED, welches von dem Menschen wirklich geschlagen ist, in Betracht. Insofern aber, als diese Eigenschaft von dem Menschen AB wirklich erzeugt wird, erscheint sie als eine solche, welche dem Menschen möglicherweise selbst zukommen kann, d. h. als eine solche, welche von seinem Sein AB eingeschlossen ist oder eine engere Quantität AG als er selbst hat oder eine Partikularität des Subjektes darstellt. Nur in der Erwägung, dass das vom Menschen Geschlagene etwas von ihm Bewirktes ist, erscheint das Geschlagensein als eine dem Menschen möglicherweise selbst zukommende Eigenschaft: handelte es sich um etwas nicht vom Menschen, sondern vom Blitze Geschlagenes; so würden wir nicht ohne Weiteres behaupten können, dass dieses Geschlagensein eine mögliche Eigenschaft des Menschen sein könne. Nur, wenn die letztere Ursache eine Partikularität der ersteren wäre, würde eine solche Annahme berechtigt sein, z. B. wenn ein starker Mensch oder ein Europäer, welches Beides Partikularitäten des Menschen sind, als Subjekt gesetzt würden, könnte kein Zweifel bestehen, dass das vom Europäer Geschlagene auch ein vom Menschen Geschlagenes und demzufolge eine mögliche Eigenschaft des Menschen sei. Setzte man dagegen als Subjekt ein lebendes Wesen; so wäre es möglich, dass das vom lebenden Wesen Geschlagene ausserhalb der möglichen menschlichen Eigenschaften fiele, also quantitativ den Begriff des Menschen überschritte.

Der Subjektsantheil AG vermindert sich mit zunehmender Kausalität: derselbe bildet also eine mit wachsender Kausalität sich immer mehr einschränkende Partikularität des Subjektes, welche für die Kausalität des neutralen Verhaltens ganz verschwindet.

Der Objektsantheil $AE = b$ umfasst die Attribute der von der Wirkung betroffenen Objekte und bezeichnet insofern eine Partikularität der Klasse oder Gattung AH von Objekten, welche durch die umfassendste Kausalität, nämlich durch das neutrale Verhalten des Subjektes getroffen werden können. Die Alternität AH dieser Klasse hat dieselbe Quantität wie das verwandelte Subjekt AB selbst; der Objektsantheil ist daher in quantitativer Hinsicht ebenfalls eine Partikularität des Subjektes, aber eine mit der Kausalität sich erweiternde. Wie durch die Wirkung des Subjektes überhaupt andere Individuen getroffen, also eine Klasse von Individuen gebildet wird, welche das Subjekt AB als erstes (der Kausalität null entsprechendes) Individuum einschliessen; so werden durch fortgesetzte Wirkung erweiterte Klassen von Individuen gebildet, welche die früher gebildeten einschliessen.

Wenn durch irgend einen Punkt C' der Ordinate GE (Fig. 1075) die Linie $E'C'D'$ parallel zu AX gezogen wird; so stellt dieselbe ein Objekt dar, dessen Zustand C' dem Zustande C des von der Wirkung des Subjektes AB getroffenen Objektes CD gleich ist, ohne dass jenes Objekt unmittelbar von dem Subjekte AB getroffen wäre. Um dieses andere Objekt $E'D'$ durch dieselbe Kausalität BAC zu treffen, muss eine andere Ursache wirksam sein, deren Quantität AD' grösser oder kleiner ist, als die von AB, jenachdem das Objekt $E'D'$ von dem wirklich getroffenen ED aus- oder eingeschlossen ist und welche auch das Objekt in einem anderen Zustande D' trifft.

Damit das andere Objekt $E'D'$ in demselben Zustande C' getroffen werde, ist eine andere Kausalität BAC' erforderlich, welche entweder stärker oder schwächer ist, als die frühere, jenachdem das Objekt $E'D'$ von dem wirklich getroffenen ED aus- oder eingeschlossen ist und welche auch mit einer Ursache von anderer Quantität AC' wirksam ist.

Die Änderung des Objektes (d. h. des Objektsantheils der Wirkung) erfordert also bei der Konstanz der Kausalität eine Änderung der Ursache und des Zustandes oder bei der Konstanz des Zustandes eine Änderung der Ursache und der Kausalität.

Wenn irgend ein anderer Zustand J des Objektes ED mit dem Subjekte AB durch die Wirkung AJ in Relation gesetzt wird; so ist dadurch angezeigt, dass dasselbe Objekt, welches durch die Wirkung AC im Zustande C getroffen wird, durch die andere Wirkung AJ in einem anderen Zustande J getroffen wird und dass hierzu auch eine Ursache von anderer Quantität AJ erforderlich ist. Um den anderen Zustand J durch dieselbe Kausalität BAC zu erzeugen, würde sich nicht bloss die Quantität der Ursache in AJ'', sondern auch das Objekt in $J''D''$ ändern müssen.

Die Änderung des Zustandes (d. h. des Subjektsantheils der Wirkung) erfordert also bei der Konstanz des Objektes eine Änderung der Ursache und der Kausalität und bei der Konstanz der Kausalität eine Änderung der Ursache und des Objektes.

Der Subjektsantheil AG ist eine Partikularität des Subjektes AB: damit also der Subjektsantheil einer Wirkung die Quantität des Subjektes AB erlange, muss die wirkende Ursache eine grössere Quantität haben, als das Subjekt AB, oder sie muss ausserhalb dieses Subjektes liegen. Damit z. B. der Begriff des Menschen AB in seiner Ganzheit durch den Begriff des Geschlagenseins gedeckt werde, sodass also das Geschlagensein nicht bloss als eine mögliche menschliche Eigenschaft AG, sondern als eine das menschliche Wesen ganz umfassende Eigenschaft AB erscheine, muss die Ursache, welche diesen Subjektsantheil durch die Wirkung des Schlages hervorbringt, als eine weitere oder äussere AM angesehen werden. Das von dieser weiteren Ursache $AM = AK$ durch die Kausalität BAC des Schlages unmittelbar getroffene Objekt KL hat auch einen grösseren Objektsantheil BK, als das vom Menschen geschlagene Objekt CD, oder die von jener Ursache getroffenen Objekte umfassen die vom Menschen geschlagenen Objekte.

Wenn für verschiedene Kausalitäten der Subjektsantheil dem ursprünglichen Subjekte AB stets gleich erhalten wird, wächst die Quantität der Ursache $AM = AK$ und auch der Objektsantheil $BK = b = a \tan g a$

mit der Verstärkung der Kausalität α über jedes Maass hinaus und wird für die Kausalität der Verwandlung unendlich. Hiermit ist gesagt, dass wenn der Subjektsantheil bei der Verwandlung irgend einen endlichen Werth hat, die Verwandlung alle möglichen Objekte erzeugt, indem die verwandelnde Ursache AM jede Quantität übersteigt.

Als Kausalitätsverhältniss fassen wir die Beziehung der Wirkung AC zu der Ursache AB auf. Ist also die Quantität der Ursache $AB = r$ und die Kausalität $BAC = \alpha$, folglich die Wirkung $(AC) = r\,e^{\alpha\sqrt{-1}}$ $= r\,cos\,\alpha + r\,sin\,\alpha\sqrt{-1} = a + b\sqrt{-1}$; so ist das Kausalitätsverhältniss $\dfrac{r\,e^{\alpha\sqrt{-1}}}{r} = e^{\alpha\sqrt{-1}} = cos\,\alpha + sin\,\alpha\sqrt{-1}$. Dieses, durch den Richtungskoeffizienten ausgedrückte Kausalitätsverhältniss ist die Relation zwischen der Ursache AB und der Wirkung AC. Die Relation zwischen dem Subjekte AB und dem Objekte CD findet ihren Ausdruck durch das Verhältniss zwischen dem Subjekts- und Objektsantheile, also durch $\dfrac{b}{a} = tang\,\alpha$ oder durch den umgekehrten Werth $\dfrac{a}{b} = cot\,\alpha$. Das letztere Verhältniss des Subjekts- zum Objektsantheile kann als das Subjektivitätsverhältniss zwischen Subjekt und Objekt angesehen werden, während der Richtungskoeffizient das Kausalitätsverhältniss der Wirkung zur Ursache darstellt. Hiernach ist die Kausalität α, welche ein Subjekt mit sich selbst verbindet, null, d. h. ein Subjekt steht mit sich selbst in keiner Kausalität oder äussert keine Thätigkeit gegen sich selbst oder keine Thätigkeit, um sich selbst hervorzubringen. Das Subjektivitätsverhältniss gegen sich selbst, als bewirktes Objekt, ist $\dfrac{1}{0}$ oder unendlich, d. h. alle Subjekte, als Objekte betrachtet, besitzen nur Subjektsantheil, gar keinen Objektsantheil. Das Kausalitätsverhältniss gegen sich selbst, als einer Wirkung, ist 1, d. h. das Subjekt existirt als Wirkung des Seins reell in seiner Ganzheit oder Vollständigkeit. Der Verwandlung in ein indifferentes Objekt HM (Fig. 1070) entspricht eine Kausalität $\alpha = \dfrac{\pi}{2}$ oder 90°, welche die Neutralität oder die Neutralisirung bezeichnet.

Mit dem indifferenten Objekte ist also das Subjekt AB durch Neutralität verbunden, d. h. es steht zu ihm im Neutralitätszusammenhange. Das Subjektivitätsverhältniss zum neutralen Objekte ist $\dfrac{0}{1}$ oder null, d. h. das Subjekt steht in keinem Subjektivitätsverhältnisse zum neutralen Objekte. Das Kausalitätsverhältniss zwischen der Ursache und der Wirkung einer Neutralitätsthätigkeit ist $e^{\frac{\pi}{2}\sqrt{-1}} = \sqrt{-1}$, also imaginär, d. h. die Wirkung der neutralen Thätigkeit oder der Neutralisation ist kein reelles Sein, hat auch gar keinen reellen Bestandtheil (Subjektsantheil), sondern ist ein volles, imaginäres Sein, d. h. lediglich eine Alternität, ein Übergang auf andere Objekte.

Während die Relation eines neutralen Seins zu dem subjektiven Sein imaginär ist (eine Neutralität darstellt), bleibt die kausale Thätigkeit oder die Wirksamkeit, welche aus dem Subjekte das Neutrale erzeugt oder durch welche sich das Subjekt neutralisirt, doch eine reelle Grösse $a = \dfrac{\pi}{2}$, da sie ja nur einen gewissen Grad der für alle Relationen qualitativ gleichen Thätigkeit (der Drehung) ausmacht.

Wir müssen noch hervorheben, dass das von der Wirkung AC getroffene Objekt CD (Fig. 1070) mit dem Subjekte AX, wenn wir die in demselben wirksame Ursache $AB = r$ setzen, einmal unmittelbar durch die Wirkung $AC = r\,e^{a\sqrt{-1}}$, sodann durch die beiden Komponenten $AG = a$ und $GC = b\sqrt{-1}$ dieser Wirkung, welche nach der Formel $r\,e^{a\sqrt{-1}} = a + b\sqrt{-1}$ den Inbegriff des Subjekts- und Objektsantheiles der Wirkung darstellen, endlich aber auch durch das Subjekt $AB = r$ und den Bogen BC, welcher die kausale Thätigkeit des Subjektes vertritt, in Verbindung steht. Dieser Bogen BC hat die Länge $r\,a$, wird aber nach Länge und Richtung durch das Integral $r\sqrt{-1}\int_0^a \partial a\,e^{a\sqrt{-1}}$ dargestellt, sodass man

$$(AC) = r\,e^{a\sqrt{-1}} = a + b\sqrt{-1} = r + r\sqrt{-1}\int_0^a \partial a\,e^{a\sqrt{-1}}$$

hat. Die logische Bedeutung dieser letzten Verbindung $(AC) = (AB) + (BC)$ besteht darin, dass die Wirkung AC gleichbedeutend sei mit der Ursache AB, wenn dieser die kausale Thätigkeit BC als Akzidens beigelegt wird, oder dass das Objekt CD durch die Wirkung des Subjektes in demselben Zustande C getroffen werde, in welchen sich das Subjekt AB durch Ausübung der kausalen Thätigkeit BC versetzt (wobei es nach geometrischer Auffassung parallel mit sich selbst in der Ebene XY so verrückt wird, dass sein Anfangs- und Endpunkt eine Bogenlinie BC beschreibt).

Für eine jede unendlich schwache Wirkung, für welche also der Winkel $BAC = a$ unendlich klein ist, wird die kausale Thätigkeit BC unendlich geringfügig $= b\sqrt{-1} = r\,\partial a\sqrt{-1}$ und ist geometrisch durch ein Element einer auf AB normal stehenden, also mit der Alternitäts-axe AY parallel laufenden Linie vertreten. Eine verschwindend kleine Wirkung bedeutet also logisch die Tendenz oder die Absicht des Subjektes, aus sich heraus zu treten oder sich mit einem Anderen in Verbindung zu setzen, sich zu äussern. Jede konkrete Wirkung, der Schlag, die Liebe, der Kauf u. s. w., beginnt mit derselben Tendenz sich zu äussern, und in jedem Zustande, welchen ein Subjekt bei der Vollbringung einer konkreten Wirkung durchläuft, äussert es generell die Tendenz, aus der eben erlangten Thätigkeit zu einer anderen Thätigkeit überzugehen.

Hinsichtlich der Theilnahme der Partikularitäten der Ursache an der Wirkung bemerken wir noch Folgendes. Wie sich bei der Drehung der Linie AB in die Richtung AC (Fig. 1073) jeder Theil dieser Linie mitdreht und jeder ihrer Punkte einen Kreisbogen beschreibt; so thut bei der Kausalitätsäusserung einer Ursache jede Partikularität derselben ihre Wirkung. Alle Partikularitäten der Ursache wirken also mit. Die Thaten des Europäers enthalten die Thaten der Franzosen, Engländer, Deutschen u. s. w., der unter den Europäern befindlichen Gelehrten, Künstler, Krieger u. s. w., also der europäischen Gelehrten, Künstler, Krieger.

ϰ Ebenso wie die Partikularitäten, betheiligen sich die Attribute der Ursache an der Wirkung. Die akzidentiellen Eigenschaften dagegen wirken nicht mit; sie gebören nicht mit zu der wirkenden Ursache, sondern bezeichnen nur den Zustand, in welchem die Ursache ihre Wirkung vollführt, also die Lage des Drehungspunktes A_1 für eine darüber hinaus liegende wirkende Ursache, welche die Wirkung $A_1 H$ hervorbringt. So sind z. B. die Kriege der Deutschen im siebzehnten Jahrhundert durch die Linie $A_1 H$ dargestellt, wenn $A A_1$ das Sein im siebzehnten Jahrhundert, Winkel $A_2 A_1 H$ die Kriegführung und $A_1 H$ die Wirkung dieser Kausalität für den Deutschen von der Quantität $A_1 H$, also $H D$ ein bekriegtes Volk bezeichnet.

Ob eine Eigenschaft als ein mitwirkendes Attribut oder als ein nicht mitwirkendes Akzidens anzusehen ist, hängt ganz von der Definition oder dem Belieben des Denkenden ab. So muss in dem Ausdrucke der Schlag Barbarossa's mit dem Schwerte die Eigenschaft mit dem Schwerte als eine ·attributive, mitwirkende angesehen werden, wenn das Schwert ein Mittel zum ˙ schlagen sein soll. Dieselbe Eigenschaft erscheint in dem Ausdrucke die Landung Barbarossa's mit dem Schwerte an der Küste Palästina's als eine akzidentielle, bei der Landung nicht mitwirkende, also nur den Punkt A_1 bestimmende, indem der Winkel $A_2 A_1 H$ die Landung und die Linie $H D$ die Küste Palästina's bezeichnet. Denkt man sich im letzten Beispiele A_1 als den Anfangspunkt des die Ursache der Landung vertretenden Barbarossa; so entspricht die Figur $A A_1 H$ der Vorstellung, dass im Zustande A_1 des Seins mit dem Schwerte ein Mensch Barbarossa $A_1 A_3$ die Landung $A_1 H$ vollbringt. Natürlicher ist jedoch die Vorstellung, dass das Sein mit dem Schwerte ein Zustand Barbarossa's sei, dass also Barbarossa durch die schon in A beginnende Linie $A A_3$ dargestellt sei, dass die Wirkung $A_1 H$ jedoch von der Partikularität $A_1 A_3$ dieses Individuums als wirkender Ursache vollbracht sei.

Was wir soeben von den Akzidentien, Attributen und Partikularitäten der Ursache gesagt haben, gilt von dem die kausale Thätigkeit vollführenden Subjekte nur insofern und insoweit, als dieses Subjekt die eigentliche wirkende Ursache darstellt, also nicht etwa von diesem Subjekte, insoweit dasselbe schlechthin ein seiendes Individuum darstellt. Als existirendem Individuum kann ihm manche Eigenschaft als Attribut oder Partikularität zukommen, welche doch bei der in Rede stehenden Thätigkeit unwirksam ist oder als unwirksam gedacht wird. So sind z. B. die Zweibeinigkeit, die Sehkraft, das Denkvermögen Attribute des Menschen: bei dem Trinken eines Glases Wassers spielen dieselben jedoch nicht die Rolle wirksamer, sondern nur akzidentieller Eigenschaften, welche ausserhalb der kausalen Thätigkeit liegen; sie sind eben keine Attribute des Menschen als der beim Trinken wirkenden Ursache.

Hiernach muss man zwischen den wirksamen und unwirksamen Eigenschaften und Partikularitäten des Subjektes unterscheiden. Wenn in Fig. 1075 $A X$ das Subjekt ist, von welchem die Wirkung ausgeht; so ist doch nur eine bestimmte Partikularität $B B'$ desselben wirksam: nur die von dieser Partikularität bei der Drehung getroffenen Objekte treten mit dem Subjekte in das fragliche Kausalitätsverhältniss. Es ist übrigens nicht gesagt, dass der Drehungspunkt der Anfangspunkt B der wirksamen Partikularität BB' sei: vielmehr kann der Zustand A, in welchem das Subjekt seine Wirkung äussert, jeder beliebige andere Punkt A sein. Die Linie AB' umfasst dann alle Partikularitäten und Eigenschaften des Subjektes, womit dasselbe unter gewissen Umständen möglicherweise wirksam sein kann, das Stück BB' diejenigen, womit es unter gegebenen Umständen wirksam ist, die Stücke AB und $B'X$ diejenigen, deren Wirksamkeit als effektlos von der betrachteten Wirkung ausgeschlossen ist. Wenn z. B. A das Sein im siebzehnten Jahrhundert, AB' den Deutschen, BB' den Norddeutschen bezeichnet; so kann die Linie AC' die Kriege der Deutschen im siebzehnten Jahrhundert und das Stück CC' die Kriege der Norddeutschen in jener Zeit bezeichnen. Die Kriege AC der Süddeutschen gelten dann als mögliche, jedoch hier ausgeschlossene Wirkungen und die Kriege der Norddeutschen werden als eine Partikularität der Kriege der Deutschen aufgefasst und erscheinen als diejenigen Kriege der Deutschen, welche von den Norddeutschen geführt sind. Wollte man die Süddeutschen AB als wirksame Ursachen ausschliessen, was einer Drehung der Linie BB' um den Punkt B entspräche; so erhielte man die Vorstellung der im siebzehnten Jahrhundert von den Norddeutschen geführten Kriege, wobei die Norddeutschen als selbstständiges Volk ohne Partikularitätsbeziehung zu einer umfassenderen Nation gedacht werden.

Zwei Richtungen AC und AC' (Fig. 1070) können in ihrer Beziehung zueinander und auch in ihrer Beziehung zu der Grundaxe AX, also nach ihrem relativen und nach ihrem absoluten Werthe aufgefasst werden. Nach ihrem absoluten Werthe stellen diese Richtungen zwei unmittelbare Wirkungen der Grundursache AB dar. Die Richtung von AC' gegen AC repräsentirt eine unmittelbare Wirkung der Wirkung AC oder eine mittelbare Wirkung der Grundursache AB. Wenn z. B. $BAC = a$ den Schlag mittelst eines Stockes AB, ferner $CAC' = \beta$ die Verletzung in Folge jenes Schlages und $C'D'$ das verletzte Auge bedeutet; so erscheint die Verletzung des Auges als eine unmittelbare Wirkung des Schlages und als eine mittelbare Wirkung des Stockes (Schlägers). Wenn die fernere Wirkung AC' als eine unmittelbare und selbstständige Wirkung der Wirkung AC, folglich als eine mittelbare Wirkung der Grundursache aufgefasst wird, erscheint sie als eine gelegentliche Wirkung der Grundursache: wenn dieselbe aber als eine unmittelbare Wirkung der Grundursache AB durch die Vermittlung der Wirkung AC aufgefasst wird, erscheint sie als eine zwingende Wirkung der Grundursache, entsprechend dem Winkel BAC' mit der Partikularität des Winkels BAC. Im vorstehenden Beispiele bezeichnet der Winkel CAC' durch seine Grösse β die Verletzung, durch seine Grösse und Lage am Schenkel des Winkels BAC aber bezeichnet er die Verletzung durch Schlag, und derselbe stellt, wenn er als die unmittelbare Wirkung des Schlages gedacht wird, eine gelegentliche Wirkung des Schlägers dar. Wenn aber die Verletzung durch Schlag als eine unmittelbare Wirkung des Schlägers gedacht wird, ist sie eine zwingende Wirkung desselben durch die Vermittlung des Schlages.

Die Mittelbarkeit hat hiernach die beiden Bedeutungen der Wirkung eines Mittels und der Wirkung durch ein Mittel. Die erstere bezeichnet eine gelegentliche, die letztere eine zwingende Wirkung. Die gewöhnliche Auffassung einer mittelbaren Wirkung ist die einer zwingenden, nothwendigen Verstärkung der Kausalität der Grundursache durch die Beihülfe des Mittels. Wenn wir von der letzteren Auffassung ausgehen, also die Verletzung durch Schlag ebenso wie den Schlag als eine unmittelbare Wirkung des Schlägers ansehen, ergiebt sich hinsichtlich des relativen Werthes der den Wirkungen AC und AC' angehörigen Koordinaten oder Subjekts- und Objektsantheile Folgendes.

Es ist offenbar AG' kleiner als AG: denn der Antheil AG' des schlagenden Subjektes an der Verletzung durch Schlag ist offenbar geringer, als der Antheil AG an dem Schlage; auch erscheinen nicht bloss AG und AG' als zwei Partikularitäten desselben Subjektes AB, sondern auch AG' als eine Partikularität von AG, indem das verletzte Geschlagene jedenfalls ein Geschlagenes ist, sofern Beiden dasselbe ursächliche Subjekt zu Grunde liegt. Dagegen ist AE' grösser als AE: denn das durch Schlag verletzte Objekt ist keine Partikularität des geschlagenen Objektes, sondern umfasst alle geschlagenen Objekte, weil die Verletzung durch Schlag als eine nothwendige Verstärkung oder Fortsetzung der unmittelbaren Wirkung des Schlages aufgefasst wird. Unter dem durch Schlag verletzten Auge wird also nicht ein solches geschlagenes Auge verstanden, welches zufällig verletzt ist, welches also eine Partikularität der geschlagenen Objekte bildet: vielmehr wird angenommen, dass jeder der hier in Betracht gezogenen Schläge eine Verletzung nach sich ziehe, dass mithin $C'D'$ jedes mögliche Objekt darstelle, welches durch Schlag verletzt sein kann. Bei der Betrachtung der durch Schlag verletzten Objekte werden überhaupt gar nicht alle geschlagenen Objekte (welche allen möglichen von Punkten der Richtung ACJ ausgehenden, zu AX parallelen Linien entsprechen würden), sondern nur diejenigen (durch die eine Linie CD repräsentirten) in Betracht gezogen, welche die Ursache einer Verletzung sind, sodass die durch Schlag verletzten Objekte eine Klasse $XAE'D'$ bilden, welche aus der Klasse $XAED$ der geschlagenen Objekte entspringt. Da bei diesem Entspringen neuer Objekte aus alten die Existenz der alten als erzeugender Ursachen vorausgesetzt wird; so involvirt dieser Übergang von den geschlagenen zu den durch Schlag verletzten Objekten eine Erweiterung der Alternität AE in AE'. Demgemäss erscheint das geschlagene Objekt als das partikuläre und das durch Schlag verletzte als das generelle, welches ersteres einschliesst, oder der Punkt E bezeichnet die Grenze einer engeren imaginären Quantität, als der Punkt E', indem das Geschlagene einem Durchgange zu dem durch Schlag Verletzten entspricht.

Die Verstärkung der Kausalität beruht nach Vorstehendem immer auf der Vorstellung fortgesetzter Wirkung, wobei eine frühere Wirkung als Ursache einer späteren oder eine spätere Wirkung als Folge einer früheren erscheint. Blosse Quantitätserweiterung des Begriffes der Thätigkeit bedingt durchaus keine verstärkte Kausalität. Wenn man beispielsweise die Thätigkeiten hämmern, feilen, hobeln u. s. w. unter dem generelleren Begriffe bearbeiten quantitativ zusammenfasst; so erscheint damit die Bearbeitung nicht als eine Wirkung des Hämmerns oder

Feilens, folglich auch die Bearbeitung nicht als eine Verstärkung der Kausalität des Hämmerns. Die Kausalität der generelleren Thätigkeit ist vielmehr der Kausalität der spezielleren gleich. Das Hämmern, Feilen, Hobeln ist ein Bearbeiten mit besonderen Instrumenten oder Mitteln: der Unterschied dieser Thätigkeiten charakterisirt sich daher dadurch, dass man sich das Subjekt unter verschiedenen Umständen oder mit verschiedenen Mitteln oder verschiedenen Quantitätswerthen in derselben Thätigkeit vorstellt, was geometrisch durch eine Variation der Länge $AB = r$, welche eine proportionale Variation der Koordinaten $AG = a$ und $GC = b$ zur Folge hat, ohne den Winkel $BAC = \alpha$ oder das Verhältniss $\frac{a}{b}$ zu ändern, dargestellt wird. Bei dieser Variation erscheint der grösser werdende Bogen BC als der quantitative Inbegriff der mit kleineren Radien in demselben Winkel BAC beschriebenen kleineren Bögen, ganz entsprechend der grösseren logischen Quantität des Begriffes der Bearbeitung gegenüber den partikulären Begriffen des Hämmerns, Feilens, Hobelns (vergl. Fig. 1065 und 1066).

Hämmern, feilen, hobeln u. s. w. sind nur quantitative Partikularitäten der Bearbeitung, keine partikulären Kausalitäten; sie entsprechen den Theilen der Ursache $AB = r$ in dem Ausdrucke $r e^{\alpha \sqrt{-1}}$, und demzufolge auch den Theilen der von der Quantität der Ursache abhängigen Thätigkeit $BC = r\alpha$, wenn man diese Thätigkeit als die Summe $r_1\alpha + r_2\alpha + r_3\alpha + \dots$ mit konstanter Winkelgrösse α darstellt; sie entsprechen aber nicht ·den Theilen des Winkels α bei konstanter Ursache r, also nicht der Zerlegung der Grösse $r\alpha$ in $r\alpha_1 + r\alpha_2 + r\alpha_3 + \dots$ Anders ist es dagegen mit den Begriffen Vater, Sohn, Onkel, Neffe, Vetter, welches Partikularitäten der Relation des Verwandten sind und in Relation zueinander stehen, also solchen Richtungen entsprechen, welche innerhalb des die Verwandtschaft vertretenden Winkels α liegen: ebenso beruhen die Thätigkeiten reiben, durch Reibung erwärmen, durch die mittelst Reibung erzeugte Erwärmung ausdehnen u. s. w. auf partikulären Kausalitäten.

Bei der vorstehenden Auffassung der unmittelbaren und der mittelbaren oder der näheren und der entfernteren Ursachen und Wirkungen, muss man wohl darauf achten, dass es die kausalen Thätigkeiten oder die Kausalitäten sind, welche eine fortgesetzte Reihe derselben Grundthätigkeit, nämlich der Wirksamkeit, bilden, nicht aber die Individuen, welche von den Wirkungen betroffen werden, auch dass es sich um einen gedachten Kausalitätszusammenhang handelt, bei welchem die Übereinstimmung mit der äusseren Wirklichkeit ganz gleichgültig ist. So ist in dem obigen Beispiele unter AC und AC' resp. der Schlag und die Verletzung durch Schlag (Fig. 1070), nicht aber das geschlagene und das verletzte Individuum CD und $C'D'$ verstanden. Ebensowenig kann, wenn der Winkel BAC die Vaterschaft und der Winkel CAC' die Herrschaft darstellt, unter AC' der Diener meines Sohnes verstanden werden: vielmehr kann CD als mein Sohn und eine gegen CD unter dem Winkel CAC' geneigte Linie, welche die Relation der Dienerschaft ausdrückt, als diejenige angesehen werden, welche zu dem Diener meines

Sohnes führt. Wenn man von der durch die Vaterschaft bewirkten Herrschaft reden könnte oder wollte, würde dieselbe ihren Repräsentanten in der Richtung AC' finden, welche alsdann die generelle Bedeutung des „Dieners eines Sohnes" annähme, sodass $C'D'$ einen solchen Diener in Person darstellte.

Aus dem letzten Beispiele folgt zugleich, dass wenn man den Winkel $CAC' = BAC = \alpha$ setzt und unter α die Vaterschaft, also unter AC den Sohn von AB versteht, die Linie AC' bei gewöhnlicher Auffassung nicht ein Individuum darstellt, welches ein bestimmter Sohn eines bestimmten Sohnes von AB oder ein bestimmter Enkel von AB ist: denn wennauch der Enkel eine Wirkung des Sohnes ist; so ist doch generell die Erzeugung des Enkels durch den Sohn durchaus keine unmittelbare Wirkung der Erzeugung des Sohnes durch den Vater. Der Enkel entspricht vielmehr, wenn der Winkel $DCJ = \alpha$ ist, der Linie CJ, welche mit AC parallel läuft. Sobald man jedoch die Erzeugung des Enkels als eine Wirkung der Erzeugung des Sohnes ansieht, stellt die Richtung von AC' gegen AB die Relation des Enkels oder des Sohnessohns dar. Diese Auffassung, wonach der Enkel als eine unmittelbare Wirkung des Vaters erscheint, ist zwar eine logisch zulässige oder mögliche, aber keine natürliche, da die eigentliche Ursache des Enkels nicht in den Vater, sondern in den Sohn und zwar in das Individuum CD verlegt wird, welches mit dem Subjekte AB in der Relation der Vaterschaft steht.

Wir haben schon früher erwähnt, dass das Subjekt nicht mit der Ursache verwechselt werden dürfe: nur die absolute Grundursache des Seins fällt mit dem Grundsubjekte zusammen. Bei den mittelbaren Wirkungen, wo Zwischenwirkungen und Zwischenobjekte auftreten, ergeben sich wesentliche Unterschiede. Die Wirkung AC kann zur mittelbaren Ursache für die fernere Wirkung AC' werden, aber nicht zum mittelbaren Subjekte dieser zweiten Wirkung. Bei der mittelbaren Wirkung des Grundsubjektes AB kömmt vielmehr für die unmittelbare Fortwirkung der Wirkung AC ein Subjekt gar nicht in Betracht, weil alle Wirkung als von dem Grundsubjekte AB ausgehend angesehen wird. Würde durch die erste Wirkung ein besonderes Objekt CD getroffen; so stände dasselbe zu der ferneren Wirkung AC' gar nicht in direktem Kausalitätszusammenhange, käme also für die Fortwirkung nicht in Betracht. Ob z. B. bei der Verletzung des Auges $C'D'$ durch Schlag der Schlag AC gegen den Kopf CD geführt worden, ist für die Gesammtwirkung gleichgültig: die Verletzung des Auges $C'D'$ wird als eine Wirkung des Schlages AC, nicht aber als eine Wirkung des Kopfes CD betrachtet. Durch die Zulassung der von den früheren Wirkungen betroffenen Objekte CD als Subjekte oder Ursachen für spätere Wirkungen entsteht eine ganz andere Art von mittelbaren Wirkungen, nämlich die Fortsetzung der Wirkungen durch Mittelsobjekte. Diese Wirkungen sind keine eigentlichen Fortwirkungen eines konstanten Subjektes, sondern Übertragungen der Kausalität auf andere Subjekte.

Ein Beispiel dieser Art ist die Nachkommenschaft des Menschen AB, welche sich zunächst in dessen Kindern CD, welche die Wirkung der Zeugung AC sind, sodann in den Kindern JD' der Kinder CD, welche die Wirkung der Zeugung CJ der Subjekte CD sind, u. s. w. darstellt. Ein anderes Beispiel ist der Fall, wo der Mensch durch Schlag AC den Hund CD trifft und dieser Hund durch den Biss CL das Schaf LD' verletzt, wo also eine Verletzung des Schafes durch den Schlag des Menschen auf den Hund als eine unmittelbare Wirkung des geschlagenen Hundes, nicht als eine unmittelbare Wirkung des Schlages angenommen wird.

Bei der Nachkommenschaft ist die Kausalität (der Winkel BAC, DCJ) konstant und es wird im Allgemeinen auch die Quantität der bei jeder Zwischenwirkung in Betracht kommenden Ursache als konstant gedacht: es wechselt aber die Individualität des Subjektes. Für manche Verhältnisse wird die Kausalität und zugleich die Individualität des Subjektes konstant gehalten, aber die Quantität der Ursache variirt. Dieser Fall betrifft also im Wesentlichen die Wirkungen, welche aus den verschiedenen Partikularitäten einer Ursache hervorgehen und je nach der Beschaffenheit dieser Partikularitäten mit besonderen Namen belegt werden. So heissen z. B., wenn AC und AJ partikuläre Wirkungen desselben Subjektes AX darstellen, die Objekte CD und JD' die Kinder von AX und in ihrer Beziehung zueinander, jedoch als gleichnamige Wirkungseffekte desselben Subjektes Geschwister.

Den vorstehenden Betrachtungen über das Wesen der Relation fügen wir noch folgende theils logischen, theils grammatischen Bemerkungen hinzu.

Die Relation wird nicht bloss durch transitive Verben wie schlagen, sondern allgemein durch objektive Verben oder solche ausgedrückt, welche generell oder in einem vorliegenden speziellen Falle eine Beziehung zwischen einem grammatischen Subjekte und Objekte enthalten, z. B. vertrauen auf, sich verlassen auf, klagen über, sich freuen über, eindringen in etwas, über etwas hinweg gehen u s. w. Subjektive Verben drücken dagegen in der Regel keine eigentliche Relation, sondern ein Sein oder eine Beschaffenheit aus, wie z. B. leben (lebendig sein), schlafen, erröthen, zittern, sich freuen (freudig sein) u. s. w., in welchem Falle sie geometrisch lediglich dem Abstande eines Punktes im Sein des betreffenden Objektes, also einem geometrischen Orte, nicht einer Richtung entsprechen. Der Mangel absoluter Basen für die Wirklichkeit oder die Willkür des Denkenden, welche ihm gestattet, das ihm innewohnende feste, a priori gegebene, absolute Begriffsgebiet nach Belieben mit konkreten Begriffen zu erfüllen, kann übrigens dahin führen, dass intransitive Verben als Ausdrücke für wirkliche Relationen gebraucht werden, wie es z. B. mit dem Verbum sich freuen geschieht, wenn ein Objekt, über welches wir uns freuen, hinzugedacht wird oder hinzugedacht werden kann. Umgekehrt, können auch transitive Verben mit intransitivem Sinne, also zur Bezeichnung einer bestimmten Art des Seins, sowie auch zur Bezeichnung einer Inhärenz oder einer Beschaffenheit gebraucht werden. Letzteres geschieht z. B. mit dem Verbum schlagen, wenn wir uns das Schlagen ohne die Wirkung auf einen geschlagenen Gegenstand, sondern lediglich als einen Zustand des Seins denken wollen.

Die echte Bedeutung der subjektiven Verben entspricht jedoch der geometrischen Vorstufe der Relation oder dem numerischen Verhältnisse, welches keine Richtungs-, sondern nur eine Quantitätsveränderung zur Folge hat, worauf wir in dem nächsten Paragraphen zurückkommen werden.

Die primitive Auffassung der Wirkung nimmt den Ausgang von der Ursache oder vom Subjekte, entspricht also der Aktivität des Subjektes. Die Zeitwörter, welche dieser Auffassung entsprechen, sind die eigentlichen aktiven Verben wie lieben, schlagen, reiben u. s. w.: das grammatische Subjekt dieser Verben ist auch das logische und ihr grammatisches Objekt ist das logische. Allein die Mitthätigkeit des Objektes im Kausalitätsprozesse führt das Bedürfniss nach solchen Zeitwörtern herbei, welche das Empfangen der Wirkung durch das Objekt ausdrücken, also der Passivität des Objektes entsprechen und demzufolge echte passive Verben sind. Hierzu gehört nicht bloss die Passivform jedes aktiven Verbums wie geliebt werden, geschlagen werden, sondern auch die grammatische Aktivform der Verben sich freuen, sich ärgern u. s. w., welche reflexive Verben genannt werden. Die Passivbedeutung dieser Verben, wenn sie nicht zur Bezeichnung rein subjektiver Thätigkeiten, sondern zur Bezeichnung von Relationen zwischen einem Subjekte und Objekte gebraucht werden, ist unverkennbar: das grammatische Subjekt derselben ist das logische Objekt und ihr grammatisches Objekt ist das logische Subjekt, von welchem, als von einer Ursache die aktive Thätigkeit ausgeht. Wenn wir sagen, der Mensch freut sich über seine That; so ist die That die logische Ursache, welche den Menschen erfreut, mithin das Erfreuen die Kausalität oder die Wirkung und der Mensch das logische Objekt dieser Wirkung.

Wenn aktive Verben reflexiv gebraucht werden; so setzen sie entweder das Subjekt als Ursache und einen Bestandtheil desselben als Objekt voraus, wie in dem Ausdrucke, sich reiben (sich die Hände reiben), oder sie bezeichnen die Gegenseitigkeit der Beziehung zwischen Subjekt und Objekt bei einundderselben Wirkung wie in dem Ausdrucke, sich pressen oder einander pressen, oder sie vertreten zwei ganz verschiedene Wirkungen, eine Wirkung des Individuums A auf B und eine gleichnamige Wirkung des Individuums B auf A, wie in dem Ausdrucke, sich gegenseitig schlagen oder täuschen.

Immer verbindet sich mit dem Begriffe einer Thätigkeit der Begriff einer Tendenz zur Veränderung: man kann daher den Zustand eines in Thätigkeit begriffenen Individuums AB als einen Punkt B auffassen, welcher bei objektiven oder transitiven Thätigkeiten die Tendenz des Fortschrittes normal zu AB, bei subjektiven Thätigkeiten dagegen die Tendenz des Fortschrittes parallel zu AB hat.

Ausser durch Zeit- und Hauptwörter wird manche Relation auch durch Adjektiven und Pronomen ausgedrückt. Die Adjektiven sind zumeist Partizipien, wie schlagend, liebend, geschlagen, geliebt u. s. w. Was die Pronomen betrifft; so bezeichnen die Possessivpronomen mein, dein, sein die Relation des Besitzens oder des Eigenthums. So kann, wenn AB das Ich bedeutet, die Linie AC mein Eigenthum, also die Linie CD etwa mein Geld, meine Hand darstellen. Im Übrigen haben die Possessiven zuweilen auch eine rein personelle Bedeutung, namentlich wenn sie mit Hauptwörtern verknüpft sind, welche eine Relation anzeigen. So bedeutet mein Sohn nicht den Sohn, den ich besitze, sondern lediglich den Sohn des Ich, den von mir Erzeugten.

Die Sprache in ihrer symbolischen Form verhüllt oftmals den eigentlichen Sinn des Gedankens und gestattet mehrfache Auslegung: andererseits ist sich der Redende nicht immer des logischen Werthes seiner Worte bewusst, bedient sich vielmehr der Sprache mit einer gewissen Laxheit. Aus diesem Grunde bedarf es, so sonderbar es klingt, einer sorgfältigen Überlegung, um sich der einfachsten Grundlagen des eigenen Denkens und Dessen, was man mit einer sprachlichen Kundgabe seines Gedankens eigentlich sagen will und gesagt hat, deutlich bewusst zu werden oder um sich selbst zu verstehen. In dieser Hinsicht machen wir hier auf zwei ganz verschiedene Bedeutungen aufmerksam, welche der Ausdruck „die Wirkung von N" haben kann. Wenn das als Quantitätseinheit angenommene Subjekt N als die eigentliche Ursache Oa (Fig. 1076), oder als die wirkende Ursache angesehen wird, von welcher die Kausalitätsäusserung oder die Thätigkeit, entsprechend der Drehung um den Winkel $aOr = a$ ausgeht, welche also durch die Kausalität a die Wirkung Or hervorbringt; so ist die Wirkung dieser Ursache Oa durch die in der Richtung Or liegende Linie von der Länge Oa oder durch die Relation der Linie Or zu Oa dargestellt. Ist die Thätigkeit a, um die es sich handelt, etwa das Erwärmen, und stellt Oa, als Ursache dieser Thätigkeit, etwa die Reibung dar; so ist Or die Wirkung der Reibung, d. h. die Wirkung der erwärmenden Reibung oder die Erwärmung, welche durch Reibung hervorgebracht wird. Der Bogen ar stellt die kausale Thätigkeit der Ursache Oa, also die erwärmende Thätigkeit der Reibung dar. Wenn man aber das Warmwerden eine Wirkung der Erwärmung nennt, wie es häufig geschieht; so erscheint die Erwärmung durchaus nicht wie in dem soeben gebrauchten Beispiele der Wirkung der Reibung als eine wirkende Ursache Oa, sondern als eine kausale Thätigkeit ar, oder auch als eine effizirende Thätigkeit längs Or, immer aber als eine Thätigkeit, und der Ausdruck, Wirkung der Erwärmung, wenn derselbe jetzt ebenfalls die Linie Or darstellen soll, hat den Sinn des Resultates der erwärmenden Thätigkeit. Sobald in dem Ausdrucke, Wirkung der Erwärmung, die Erwärmung (wie vorhin die Reibung) als wirkende Ursache gedacht wird, stellt derselbe nicht die Richtung Or, sondern eine Richtung Os dar, welche eine bestimmte Relation zu Or hat oder in einem bestimmten Kausalitätsverhältnisse rOs zu Or steht. Diese Kausalität kann z. B. durch die Thätigkeit des Ausdehnens ausgedrückt sein: alsdann ist die Wirkung der Erwärmung die Ausdehnung, die Richtung Os bezeichnet also die Ausdehnung als Wirkung der Erwärmung Or. Die Erwärmung Or selbst erschien als die Wirkung der Reibung Oa, und die Ausdehnung Os erscheint zugleich als die mittelbare Wirkung der Reibung Oa durch Erwärmung Or. Wollte man Os eine Wirkung der Ausdehnung nennen; so wäre darunter nicht die Wirkung einer Ursache zu verstehen, da die ausdehnende Ursache ja nicht die Ausdehnung, sondern die Erwärmung Or ist; der Ausdruck hätte vielmehr die Bedeutung des Resultates der ausdehnenden Thätigkeit.

Ebenso zweideutig ist die Ausdrucksweise „Wirkung durch N", z. B. Wirkung durch Erwärmung. Versteht man darunter die Richtung Or;

so heisst der Ausdruck so viel wie Resultat der erwärmenden Thätigkeit: versteht man dagegen darunter die Richtung Os; so heisst derselbe entweder unmittelbare Wirkung der Erwärmung Or, d. h. der als Kausalitätsursache angesehenen Erwärmung, oder auch mittelbare Wirkung der höheren Ursache Oa, z. B. der Reibung.

Wie das Wort Wirkung, wird auch das Wort Ursache in verschiedenem Sinne gebraucht: zunächst als verursachendes Subjekt Oa, von welchem die Kausalität a ausgeht und die Wirkung Or hervorgebracht wird, wie in dem Ausdrucke, die Reibung Oa ist die Ursache der Erwärmung Or; sodann aber als wirkende Thätigkeit ar oder als Wirksamkeit a, wie in dem Ausdrucke, die Erwärmung ar ist die Ursache des Warmseins Or.

Ausserdem heben wir hervor, dass die Wörter „verursachen" und „bewirken" synonym gebraucht werden, dass der Sinn beider in der Aktivform aber die vom Subjekte ausgehende Verursachung, in der Passivform (verursacht werden, bewirkt werden) dagegen das vom Objekte ertragene Bewirktwordensein ist.

Endlich bemerken wir, dass auch das Wort Thätigkeit in verschiedenen Bedeutungen gebraucht wird. Die erste Bedeutung ist Aktivität oder Wirksamkeit, welche geometrisch der Drehung oder der Beschreibung eines Winkels BAC und logisch der Äusserung einer Kausalität, der Hervorbringung einer Wirkung, der Stiftung einer Relation entspricht und weiter oben die kausale Thätigkeit genannt ist. Die zweite Bedeutung ist Wiederholung oder Fortsetzung der Wirksamkeit, Vereinigung oder Zusammenfassung von Wirkungen, allmähliche Aneinanderreihung der durch die Wirkung betroffenen Objekte, Vollführung der Wirkungen, welche geometrisch dem Fortschritte in schräger Richtung OA oder der Verlängerung des Radius AB oder AC entspricht und weiter oben die effizirende Thätigkeit genannt ist. Wenn wir die Thätigkeit des Hammers schlagen nennen; so verstehen wir darunter nach der ersteren Bedeutung die Ausübung einer bestimmten Kausalität, ohne Rücksicht auf die Zahl möglicher Schläge: wenn wir aber sagen, der Arbeiter zerschlägt Steine; so verstehen wir unter der Thätigkeit des Zerschlagens eine fortgesetzte Übertragung jener Wirksamkeit auf verschiedene Objekte, also ein Anwachsen von Wirkungen. Zu diesen beiden Bedeutungen, welche man dem Begriffe einer Thätigkeit beilegt, gesellt sich dann noch die im Vorstehenden erläuterte Redeweise, nach welcher man eine kausale oder eine effizirende Thätigkeit die Ursache einer Wirkung (z. B. die Zeugung die Ursache des Sohnes oder den Sohn die Wirkung der Zeugung) nennt, während sie in Wahrheit die Kausalitätsäusserung ist und die eigentliche Ursache im wirkenden oder thätigen (aktiven) Subjekte liegt. Wenn man die Wirkung mit der Thätigkeit vergleicht; so erscheint sie als das Resultat einer Thätigkeit.

Die Verknüpfungen der Relation mit den schon früher betrachteten beiden Kategoremen, nämlich mit der Quantität und der Inhärenz sind leicht verständlich. Als Beispiel der Kombination der Relation mit der Quantität haben wir schon im Vorstehenden den Begriff der Bearbeitung angeführt, welcher ein quantitativer Inbegriff verschiedener auf derselben Kausalität beruhenden partikulären Thätigkeiten wie feilen, sägen, behobeln,

d. h. bearbeiten mit der Feile, mit der Säge, mit dem Hobel ist. Die geometrische Analogie zu dieser Kombination ist die Verknüpfung der Länge der Linie AC mit ihrer Richtung: je grösser jene Länge, je grösser die logische Begriffsweite der durch dieselbe Richtung dargestellten Thätigkeit.

Die Kultur des Europäers bildet ebenfalls eine Kombination der Relation der Kultur mit der Quantität des Europäers. Dieser Begriff ist in dem Maasse umfassender als der Begriff der Kultur des Italieners, wie die Quantität des Europäers umfassender ist als die des Italieners.

Ein Beispiel der Kombination der Relation mit der Inhärenz (der Thätigkeit mit der Eigenschaft) ist die saubere Arbeit. Die geometrische Analogie hierzu ist die Verschiebung der Richtung AK (Fig. 1070), welche die Arbeit darstellt, längs der Linie AF, welche die Eigenschaft sauber bezeichnet, also die gebrochene Linie AFC. Bezeichnet die hinzugefügte Eigenschaft kein einfaches Sein, sondern ein Thätigsein; so erscheint das betreffende Adjektiv in Partizipform (als Resultat einer Thätigkeit), wie z. B. das Wort erzwungen in dem Ausdrucke erzwungene Arbeit. Insofern die Eigenschaft, welche das Resultat einer Thätigkeit ist, mit derjenigen Thätigkeit, welche das Subjekt darstellt, nicht in Kausalverbindung steht, wenn also das Erzwingen nicht als der Grund der Arbeit angesehen wird oder wenn die Arbeit nicht auf dem Zwange beruht, wenn vielmehr das Prädikat erzwungen lediglich eine Beschaffenheit bedeutet, welche das Resultat einer Thätigkeit ist; so ist die geometrische Analogie jener Eigenschaft immer eine in der Grundaxe des Seins liegende Linie wie AF, sodass die gebrochene Linie AFC ebenso gut eine erzwungene Arbeit, wie eine saubere Arbeit darstellt. Die Thätigkeit, deren Resultat die Erzwungenheit in dem hier vorliegenden Sinne einer Beschaffenheit, eines einfachen Seins, eines Quantitätsbegriffes ist, entspricht nicht der geometrischen Drehung, sondern der Vervielfältigung oder der Quantitätsvermehrung durch gleichmässige Inhaltsverstärkung (Verdichtung).

Sobald aber die als Resultat einer Thätigkeit prädizirte Eigenschaft als der Grund der als Subjekt erscheinenden Thätigkeit ist, oder die Letztere auf der Ersteren vermöge eines Kausalitätszusammenhanges beruht, wenn also der Zwang als die Ursache der Arbeit angesehen, mithin unter erzwungener Arbeit Zwangsarbeit verstanden wird, erscheinen Zwang und Arbeit als zwei Begriffe, welche eine bestimmte Relation zueinander haben oder durch eine bestimmte Kausalität miteinander verknüpft sind, mithin als zwei Begriffe, deren geometrische Repräsentanten eine Neigung gegeneinander haben wie die beiden Linien AC und AK. Jetzt erscheint das Erzwungene oder der Zwang als AC, die Arbeit als CL, folglich die Zwangsarbeit als der gebrochene Zug ACL.

Wenn AK die Relation Sohn bezeichnet, wenn ferner FC parallel zu AK ist und CD eine bestimmte Person, z. B. Alexander bedeutet, während FX das Sein des Vaters Philipp anzeigt; so kann der gebrochene Zug AFC den geliebten Sohn und die Linie CD Alexander, den geliebten Sohn Philipp's darstellen. Hierbei hat das Geliebte AF nur die Bedeutung einer quantitativen Eigenschaft: die Liebe ist mit der Kindschaft in keine Kausalverbindung gebracht. Wollte man eine solche Verbindung herstellen; so nähme der Gedanke die Bedeutung eines Sohnes aus Liebe oder eines durch Liebe entstandenen Sohnes an. Jetzt würde die Liebe durch eine geneigte Linie AC darzustellen sein und die gebrochene Linie ACL erhielte die Bedeutung eines Liebessohnes.

Selbstredend steht es dem Denkenden frei, unter einer erzwungenen Arbeit auch eine Partikularität der Arbeit zu verstehen, in welchem Falle beide Begriffe sich entweder nur durch die Richtung oder durch die Länge unterscheiden, jenachdem man diese Partikularität auf die Kausalität oder auf die Quantität bezieht.

Die Kombination zweier Relationen oder Kausalitäten hat die Bedeutung der Verbindung einer Wirkung mit einer daraus folgenden zweiten Wirkung, also der Zusammenwirkung zweier Komponenten. Ein Beispiel hierzu ist die Verschönerung durch Bearbeitung. Sie entspricht der Addition zweier Winkel oder der Neigung einer Linie AC' gegen eine andere geneigte Linie AC.

Wie man geometrisch gegen jede Richtung AC eine Linie AC' legen kann, welche sich unter einem bestimmten Winkel CAC' dagegen neigt, ebenso kann man logisch jede durch AC dargestellte Thätigkeit als die Ursache einer bestimmten anderen Thätigkeit AC', z. B. als die Ursache von Liebe ansehen. Diess entspricht der Liebe des Freundes, der Liebe des Vaters, der Liebe des Geretteten u. s. w.

Es kann aber auch jede Thätigkeit AC' als die Wirkung einer bestimmten anderen Thätigkeit AC, z. B. als die Wirkung von Liebe angesehen werden. Diess entspricht der Liebe zum Freunde, der Liebe zum Vater, der Liebe zum Geretteten u. s. w.

Wenn die Thätigkeit FCL nicht unmittelbar auf das Subjekt AB bezogen, sondern als eine von dem Objekte CD auf Veranlassung der Thätigkeit AC des Subjektes AB vollführte angesehen wird, entspricht der gebrochene Zug ACL dem Beispiele, ich wünsche, dass die Wahrheit siegt, oder, ich wünsche den Sieg der Wahrheit, indem AB das Ich, BC das Wünschen, CD die Wahrheit, CL den Sieg der Wahrheit bedeutet.

Soll die zweite Thätigkeit eine unmittelbare Folge der ersten Thätigkeit, aber doch eine Thätigkeit des Subjektes AB, also eine mittelbare Thätigkeit des Letzteren, nicht eine unmittelbare Thätigkeit des Objektes CD sein; so kann, wenn BAC die Reibung, CAC' die Erwärmung, AB meine Hand, CD das Holz bedeutet, KD das durch die Reibung meiner Hand erwärmte Holz darstellen. Wird die Erwärmung als eine Thätigkeit des geriebenen Holzes aufgefasst; so stellt, wenn CL parallel zu AK ist, LD' die Luft dar, welche durch das von mir geriebene Holz erwärmt ist. Würde die Erwärmung der Luft durch das Holz nicht als eine Wirkung meiner Reibung angesehen; so ständе das von mir geriebene Holz CD mit der von ihm erwärmten Luft $E'D'$ in keiner Kausalverbindung, die zu AK parallele Linie, welche das Holz ED mit der Luft $E'D'$ verbände, würde also von irgend einem von C verschiedenen Punkte der Linie ED auslaufen.

Die Summe zweier Winkel hängt ebenso wie die Summe zweier Theile, was den Endwerth betrifft, nicht von ihrer Reihenfolge ab: es ist $\alpha + \beta$ gleich $\beta + \alpha$, wennauch nicht damit identisch. Dieser mathematische Satz hat auch seine logische Bedeutung, indem zwei mittelbare Ursachen zu demselben Endresultate, d. h. zu einem Begriffe führen, welcher jene beiden Relationen quantitativ umfasst. Beispielsweise hat die aufopfernde Liebe oder die durch Liebe bewirkte Aufopferung denselben Begriffsumfang wie die durch Aufopferung hervorgerufene Liebe oder die liebevolle Aufopferung, wiewohl beide Vorstellungen nach der Verschiedenheit ihrer Gliederung durchaus nicht identisch sind.

Eine Kausalität, eine Thätigkeit, eine Relation, welche sich unbedingt auf das Sein bezieht, oder welche nur das Sein zur Ursache nimmt, kann man eine absolute nennen, weil sie eine feste oder absolute Basis hat. Dieselbe entspricht geometrisch einer absoluten Richtung AC im Raume, d. h. einer Richtung, welche mittelst des Winkels $BAC = a$ auf die Grundaxe AX bezogen ist oder sich unter diesem Winkel gegen die feste Axe AX neigt, und sie entspricht arithmetisch dem Werthe des Richtungskoeffizienten $e^{a\sqrt{-1}}$ oder dessen Verhältnisse zur Einheit 1. Eine Kausalität, eine Thätigkeit, eine Relation, welche sich nicht unbedingt auf das Sein bezieht, sondern auf jedes beliebige Gewordensein als Ursache bezogen werden darf, kann man eine relative nennen, weil sie eine relative Basis hat. Dieselbe entspricht geometrisch der relativen Richtung oder Neigung gegen irgend eine andere Richtung, z. B. der Neigung der Linie AC' gegen die Linie AC unter dem Winkel $CAC' = a$, und sie entspricht arithmetisch dem Verhältnisse der Grösse $e^{\varphi\sqrt{-1}} e^{a\sqrt{-1}}$ zu der Grösse $e^{\varphi\sqrt{-1}}$.

Obwohl man geometrisch und arithmetisch und so auch logisch eine Kausalität sowohl mit absoluter, als auch mit relativer Bedeutung gebrauchen, sie sogut auf die Grundaxe, wie auf jede andere Axe beziehen kann; so hat doch die Sprache gewisse Wörter mit vorherrschend absoluter Bedeutung und andere mit vorherrschend relativer Bedeutung geschaffen. So bezeichnet z. B. bei ungekünstelter Auffassung Erwärmung eine absolute Thätigkeit oder eine feste Richtung AC, welche nicht auf jede beliebige Basis, sondern nur auf das Sein AX bezogen werden kann. Auch Ausdehnung ist eine solche absolute Thätigkeit, entsprechend der festen Richtung AC'. Indem wir zwei absolute Thätigkeiten aufeinander beziehen oder in ihrem relativen Verhältnisse, d. h. die eine als die Wirkung der anderen anschauen, erscheint die eine als die Wirkung der anderen in Folge einer einfachen Kausalitätserweiterung, d. h. die Kausalität der einen erscheint als die generellere oder weitere und die der anderen als die speziellere oder engere. Indem wir z. B. von der Ausdehnung durch Erwärmung reden oder die Ausdehnung AC' als eine Wirkung der Erwärmung AC auffassen, erkennen wir den Winkel $BAC = a$ als den kleineren und den Winkel $BAC' = \beta$ als den grösseren und vergegenwärtigen uns den Übergang von der festen Richtung AC zu der festen Richtung AC' durch die Weiterdrehung um den Winkel $CAC' = \beta - a$, welcher die Verstärkung der Kausalität der Erwärmung behuf Erzeugung der Ausdehnung darstellt. Diese letztere Kausalitätsverstärkung $CAC' = \beta - a$ hat keinen anderen Namen, als die Erzeugung der Ausdehnung durch Erwärmung.

Soll die Erwärmung selbst als die Wirkung einer Ursache von schwächerer Kausalität, z. B. als die Wirkung der Reibung angesehen werden; so repräsentirt die Reibung eine Richtung von kleinerem Winkel als BAC.

Durch das blosse Wort ist der Kausalitätswerth der darunter zu verstehenden Thätigkeit noch nicht bestimmt. Zwei einfache Ausdrücke für Thätigkeiten, wie Erwärmung und Ausdehnung, lassen daher ihr Kausalitätsverhältniss noch völlig unbestimmt; es kann sogut der einen, wie der anderen eine grössere absolute Kausalität zukommen, d. h. es kann logisch ebenso gut Ausdehnung durch Reibung, wie Reibung durch Ausdehnung entstehen. Die wirkliche Kausalität der Erwärmung und der Ausdehnung und demnach auch ihr Kausalitätsverhältniss kann nur durch die Definition festgesetzt werden. Ob diese Definition gewissen Erscheinungen der Aussenwelt entspricht, ist logisch gleichgültig, nur philosophisch nicht, insofern beabsichtigt wird, unsere logische Vorstellung mit der vorgestellten äusseren Thatsache in Übereinstimmung zu bringen. Indem wir die Ausdehnung für eine Wirkung der Erwärmung erklären, dokumentiren wir mehr, als eine logische Erkenntniss einer Relation zwischen einer Ursache und einer Wirkung, wir geben zugleich die Bekanntschaft mit einem gewissen physikalischen Gesetze kund.

Andere Ausdrücke bezeichnen bei ungezwungener Auffassung eine relative Thätigkeit, Kausalität, Relation und können demnach auf jede beliebige Wirkung als Basis angewandt werden. Hierher gehört z. B. das Wort Wirkung selbst, ferner das Wort Erzeugung. Jede Thätigkeit wie die Erwärmung kann erzeugen, wirken, d. h. jede Richtung AC kann um bestimmte Winkelgrössen CAC' weitergedreht werden. Die relative Kausalität, welche dem Winkel CAC' entspricht, kann eine unbestimmte oder generelle sein, wie die der Erzeugung, der Wirkung, der That; sie kann aber auch eine bestimmte oder spezielle sein. Solche speziellen relativen Kausalitäten sind z. B. Kindschaft, Freundschaft, Feindschaft, Verwandtschaft oder Zeugung, Befreundung, Befeindung. Wenn also die Richtung AC die Erwärmung, der Winkel CAC' die Verwandtschaft bezeichnet, stellt die Richtung AC' einen der Erwärmung verwandten Prozess dar.

, Dass sich relative Thätigkeiten auch wie absolute gebrauchen lassen, wenn man sie auf die Grundaxe des Seins bezieht, leuchtet ein. Die Liebe kann eine feste Richtung AC' vertreten, wenn man ihrer Kausalität BAC' einen nach Quantität und Lage festen Werth α verleiht. Sie kann aber auch eine beliebige Richtung vertreten, welche sich gegen jede als Ursache der Liebe angenommene Richtung AC unter dem Winkel $CAC' = \alpha$ neigt, wenn man ihrer Kausalität einen Werth verleiht, dessen Quantität zwar gleich α bleibt, dessen Ort aber jeder beliebige, also auch ein an den Schenkel AC sich anschliessender sein kann. In dem Ausdrucke die Liebe des Kindes oder die Kindesliebe hat die Liebe unverkennbar einen relativen Sinn, in dem Ausdrucke das Verbrechen aus Liebe oder die Liebe aus Mitleid dagegen einen absoluten. Führt man die Relation Sohn auf die Kausalität der Zeugung zurück;

so erscheint dieselbe, wenn die Zeugung als eine absolute Thätigkeit angesehen wird, als eine Linie AC von bestimmter Richtung gegen die Grundaxe.

Ebenso leuchtet ein, dass absolute Thätigkeiten wie relative zu gebrauchen sind. So gewinnt die Erwärmung, welche in den Ausdrücken die Erwärmung durch Reibung, die Ausdehnung durch Erwärmung einen absoluten Sinn hat, in den Ausdrücken die Erwärmung des Eiferers, des Freundes einen relativen Sinn.

Beim reinen Denken kömmt es nicht darauf an, welche Bedeutung eine Relation zwischen zwei Dingen nach grammatischen Sprachgesetzen möglicherweise haben kann oder welche sie nach physischen (äusseren) Gesetzen zwischen jenen Dingen thatsächlich hat, sondern nur auf ihre logische Bedeutung, nämlich auf diejenige, welche sie in unserer Erkenntniss, in unserer Auffassung, in unseren Verstandes- oder Denkgesetzen besitzt, welche wir also nach freiem Ermessen beliebig variiren, bald in eine absolute, bald in eine relative verwandeln können: die Anforderungen der reinen Denkgesetze dürfen nicht mit den Bedingungen verwechselt werden, welche zu bestimmten Zwecken, z. B. zu dem Zwecke der Übereinstimmung unserer Vorstellungen mit der äusseren Wirklichkeit zu erfüllen sind, welche also der Definition der fraglichen Relation bestimmte Grenzen setzen.

Übrigens ist zu beachten, dass die meisten Ausdrücke, wenn sie eine spezielle Thätigkeit bezeichnen, bei natürlicher Auffassung eine absolute Bedeutung haben, also feste Richtungen im Raume oder bestimmte Neigungen gegen die Grundaxe vertreten, indem das in der letzteren Axe liegende Sein, als Subjekt der Thätigkeit, die wirkende absolute Ursache darstellt.

Hinsichtlich der Mittelbarkeit und Unmittelbarkeit einer Wirkung haben wir noch hervorzuheben, dass jede Wirkung AC', deren Kausalität BC' die Kausalität BC der Wirkung AC als einen niedrigeren Grad von Wirksamkeit einschliesst, als eine unmittelbare Wirkung von AC und auch als eine mittelbare Wirkung der Grundursache AB erscheint (Fig. 1070). Diese Vermittlung der Wirkung des Subjektes AB auf das Objekt $C'D'$ geschieht durch eine vermittelnde oder Zwischenwirkung AC, welche für die fernere Wirkung die Rolle einer Ursache übernimmt. Man kann sich aber auch eine Vermittlung denken, bei welcher nicht eine Zwischenwirkung, sondern das von einer Zwischenwirkung getroffene Objekt CD, also ein Zwischenobjekt den Vermittler spielt, indem dasselbe als ein Subjekt, ein Hülfssubjekt auftritt, welches vermittelst der Wirkung CL unmittelbar das Objekt $C'D'$ trifft. Beispiele der Vermittlung durch eine Zwischenwirkung sind die Ausdehnung durch Erwärmung, das Kindeskind (der Enkel), der Muth der Liebe: Beispiele der Vermittlung durch ein Zwischenobjekt sind die Ausdehnung der Luft durch einen erwärmten Ofen, der Herzog Wilhelm als Sohn des Herzogs Friedrich Wilhelm, welcher der Sohn des Herzogs Karl Wilhelm Ferdinand ist, der Muth gegen die eindringenden Feinde, welchen das geliebte Vaterland einflösst.

Das von dem Subjekte AB durch die Wirkung AC getroffene Objekt CD hat in unseren Gedanken seinen Anfangspunkt in C, insoweit dieses Objekt als eine Wirkung des Subjektes oder als durch diese Wirkung mit ihm verbunden erscheint. Die Wirkung AC bezeichnet also den Kausalzusammenhang zwischen Subjekt und Objekt. Allein dieser Kausalzusammenhang bestimmt nicht das ganze Sein des Objektes CD, sondern nur eine bestimmte, durch AC dargestellte Eigenschaft; er stellt vermöge der Linie AC nur eine spezielle, dem Punkte C entsprechende Beschaffenheit, einen speziellen Zustand des Objektes fest. Im Übrigen kann das Objekt CD eine beliebige Quantität und Beschaffenheit haben, insbesondere braucht der Zustand C, in welchem seine Kausalverbindung mit dem Subjekte beginnt, nicht sein absoluter Anfangspunkt, nicht der Anfang seines Seins zu sein. In der That, existirt der von dem Menschen AB geschlagene Hund CD schon vor dem Schlage oder der Zustand C des Geschlagenwerdens ist ein von dem Sein des Hundes eingeschlossener Zustand. Der Anfang des Seins des geschlagenen Hundes kann also in K liegen.

Allgemein, wenn über den Anfang des Objektes nichts Bestimmtes ausgesagt ist, muss derselbe in dem absoluten Anfange jedes Seins, also in der rechtwinkligen Axe AY liegend angenommen werden. Ebenso muss das Ende jedes Objektes, solange dasselbe durch keine Definition bestimmt oder zwischen bestimmte Grenzen eingeschlossen ist, in unbestimmte Entfernung von seinem Anfange verlegt werden.

Würde hiernach ein Objekt ED als Hülfsursache einer neuen Wirkung aufgefasst, ohne dass über den Zustand, in welchem dasselbe diese Wirkung vollbringt, irgend eine Bestimmung vorläge oder aus dem Kausalzusammenhange AC zu folgern wäre; so könnte nur sein absoluter Anfangspunkt E als der Ausgangspunkt seiner Wirkung angenommen werden. Sagte man z. B., der vom Menschen AB geschlagene Hund CD beisst ein Schaf $E'D'$; so kann man sich zwischen dem Schlagen des Menschen und dem Bisse des Hundes einen Kausalzusammenhang denken oder auch nicht. Soll der Biss des Hundes die Folge des Schlages des Menschen sein; so beginnt die Wirkung CL des Hundes in dem Punkte C: das Dasein des Hundes kann jedoch schon in E beginnen. Soll der Biss des Hundes ausser Zusammenhang mit dem Schlage des Menschen stehen; so kann die Beisswirkung in jedem beliebigen früheren oder späteren Punkte K oder D erfolgen: es wäre dann mit jenem Satze nur gesagt, dass der Hund ED, welcher das Schaf $E'D'$ vermöge der Wirkung KC' beisst, auch einmal einen Schlag AC von dem Menschen AB empfangen hat.

Die Wirkung AC des Subjektes AB verbindet dieses Subjekt mit dem von der Wirkung betroffenen Objekte ED, ohne dessen übrige Eigenschaften zu ändern. Indem sich also die Wirkung AC mit diesem Objekte ED verbindet, verleiht sie ihm eine von seinen übrigen Eigenschaften und Merkmalen unabhängige Eigenschaft (welche möglicherweise noch andere Eigenschaften, mit welchen sie in Kausalzusammenhang steht, nach sich ziehen kann). Alle durch Wirkung erlangten oder von anderen Objekten verliehenen Eigenschaften unterscheiden sich von denjenigen Eigenschaften, die von anderen Objekten unabhängig gedacht werden, durch einen gemeinschaftlichen Charakter: es sind bezügliche Eigenschaften oder solche, welche auf einer Relation mit anderen Objekten beruhen oder welche das gegebene Objekt mit den ausser ihm existirenden Objekten in Relation setzen, welche es befähigen, mit äusseren Objekten in Relation zu treten, eine Thätigkeit auf diese Objekte auszuüben oder von ihnen zu empfangen. Demnach kann man die Eigenschaften, welche durch Wirkung erworben werden, und welche einen Besitz von Wirkungsmitteln, ein Vermögen, ein Besitzthum anzeigen, als wirksame oder intensive Eigenschaften bezeichnen: sie erscheinen, gegenüber den alternativen Eigenschaften, als simultane Eigenschaften, welche einen logischen Inhalt (nicht eine Quantität und auch nicht eine Inhärenz) bestimmen.

§. 490.

Die Grund- und Hauptstufen der Relation.

1) Die Primitivität der Relation oder, besser, die der Kausalität, hat eine Hauptstufe, welche die quantitative Weite der Kausalität, auf der die Relation beruht, zur Erkenntniss bringt. Man kann die primitive Kausalität daher die Kausalitätsweite nennen. Dieselbe wird, wenn die aufeinander bezogenen Objekte geometrisch durch Linien AB und AC vertreten sind, durch die Grösse des Neigungswinkels $CAB = \alpha$ gemessen (Fig. 1077), wogegen das Kausalitätsverhältniss selbst oder die Relation dem Richtungskoeffizienten $e^{\alpha \sqrt{-1}}$ entspricht.

Ist das ursprüngliche Objekt AB, auf welches das andere Objekt AC bezogen wird, das absolute Sein; so entspricht der Winkel CAB der absoluten Kausalitätsweite.

Im vorhergehenden Paragraphen ist erläutert, dass die Grösse α, als Ausdruck der Kausalitätsweite, eine Zusammensetzung aus näheren und entfernteren Ursachen, also einen wahren Kausalzusammenhang unter den speziellen Wirkungen voraussetzt, dass also z. B. der Winkel α die Verletzung durch Schlag, ein kleinerer Winkel aber den Schlag und auch die Verletzung bedeuten kann.

Indem eine Wirkung $e^{\alpha \sqrt{-1}}$ zur Ursache einer neuen Wirkung $e^{\alpha_1 \sqrt{-1}}$ wird, verstärkt sich die Kausalität, entsprechend der Addition der Winkel α und α_1 in dem Richtungskoeffizienten $e^{\alpha \sqrt{-1}} e^{\alpha_1 \sqrt{-1}} = e^{(\alpha + \alpha_1) \sqrt{-1}}$. Beispiele hierzu sind Erwärmung durch Reibung, Ausdehnung in Folge der Erwärmung durch Reibung, Schlag zur Erwärmung, Enkel als Kindeskind, Onkel als Vaters Bruder u. s. w. Auch die Partikeln weil, damit, auf dass, denn u. s. w. werden gebraucht, um eine Fort- oder Rückwirkung des Kausalitätsgesetzes zu verkünden.

Der Ausgang der absoluten Wirkung, ihre Ursache, liegt im Sein des Subjektes, sie ist also das Sein schlechthin, welchem die Kausalität α gleich null und die Relation $e^{\alpha \sqrt{-1}} = 1$, d. h. die Relation zu sich selbst entspricht.

2) Die Kontrarietät der Relation hat zwei Hauptstufen, deren Gegensatz sich als Ursache und Wirkung, oder wenn man die Kausalität betrachtet, als Aktivität und Passivität, und wenn man die Thätigkeit betrachtet, als thun und leiden ausspricht. Wenn AB die Ursache von AC; so ist AC die Wirkung von AB. Die direkte Kausalität erzeugt durch direkte Thätigkeit oder durch ein Thun, entsprechend der positiven geometrischen Drehung α von AB gegen AC aus der Ursache AB

die Wirkung AC: sie erzeugt die direkte Relation, d. h. das Verhältniss der Wirkung AC zur Ursache AB, entsprechend dem Richtungs- koeffizienten $e^{\alpha\sqrt{-1}}$ mit positivem Werthe von α, welcher das Verhältniss $e^{\alpha\sqrt{-1}} : 1$ vertritt. Die indirekte oder umgekehrte Kausalität, welche auf einer negativen Thätigkeit, einem Leiden beruht, entspricht der negativen geometrischen Drehung $-\alpha$ von AC gegen AB oder dem umgekehrten Verhältnisse $1 : e^{\alpha\sqrt{-1}} = e^{-\alpha\sqrt{-1}}$, welches das Ver- hältniss der Ursache zur Wirkung ist. So sind Vater und Sohn entgegengesetzte Relationen; der Vater ist die Ursache des Sohnes und der Sohn die Wirkung des Vaters; der eine Begriff steht auf der ersten, der andere auf der zweiten Kontrarietätsstufe der Relation.

Ebenso sind schlagend und geschlagen oder schlagend sein und ge- schlagen worden sein entgegengesetzte Kausalitäten, ferner schlagen und geschlagen werden entgegengesetzte kausale Thätigkeiten, Schläger und Schlag entgegengesetzte effizirende Thätigkeiten.

Wenn die beiden entgegengesetzten Relationen in ihrer absoluten Bedeutung aufgefasst, also auf die Grundaxe des absoluten Seins bezogen werden; so stellt die direkte Relation die Richtung AC, die indirekte dagegen die Richtung AC' dar, welche letztere den negativen Neigungs- winkel $BAC' = -\alpha$ hat.

Die Kontrarietät der Relation betrifft hiernach den Gegensatz zwischen den auf reeller, positiver und negativer Kausalität α beruhenden Be- ziehungen.

Die generelle Sprachform für eine direkte oder positive Thätigkeit ist das Aktivum (ich schlage) und für eine indirekte oder negative Thätigkeit das Passivum (ich werde geschlagen). Ein aktives Subjekt wird, wie schon erwähnt, durch das Partizip der Gegenwart (der Schlagende), ein leidendes Subjekt durch das Partizip der Vergangenheit (der Ge- schlagene, Geschlagenwerdende) ausgedrückt, falls nicht für Beide be- sondere Namen (wie Hammer und Amboss) gebraucht werden.

Demgemäss haben wir uns unter der Linie AB, wenn sie sich nach AC dreht, einen Schlagenden, d. h. ein Subjekt, welches den Schlag AC gegen ein im Zustande C getroffenes Objekt vollführt, wenn sie sich aber nach AC' dreht, einen Geschlagenen oder vielmehr einen Geschlagen- werdenden, d. h. ein Subjekt vorzustellen, welches den Schlag AC' von einem Objekte aus dem Zustande C' empfängt oder von diesem Objekte geschlagen wird. Im ersten Falle ist das Subjekt AB thätig und das Objekt AC leidend; im zweiten Falle ist das Subjekt AB leidend und das Objekt AC' thätig. Immer ist die Ursache AB, von welchem die Thätigkeit ausgeht, mag die Thätigkeit eine aktive oder mag sie eine passive sein, das Subjekt, während das durch die Wirkung AC oder AC' mit der Ursache verbundene, resp. in C oder C' getroffene Individuum das Objekt ist. Sowohl in dem Satze der Wolf beisst den Hund, als auch in dem Satze der Wolf wird vom Hunde gebissen ist der Wolf die Ursache der (positiven und negativen) Kausalität und das Subjekt der Rede (welches sich sprachlich durch den Nominativ ankündigt).

Das Verhältniss der Ursache zur Wirkung ist das umgekehrte der Wirkung zur Ursache. Demnach steht das Subjekt zum Objekte in der entgegengesetzten Relation wie das Objekt zum Subjekte: das Objekt ist passiv, wenn das Subjekt aktiv ist, und es ist aktiv, wenn das Subjekt passiv ist. Aus dem Satze, der Wolf beisst den Hund, folgt der umgekehrte Satz, der Hund wird vom Wolfe gebissen. Mit dieser Umkehrung der Relation ist eine Vertauschung zwischen Subjekt und Objekt verbunden, welche auch geometrisch in die Augen springt und dem arithmetischen Satze entspricht, dass wenn sich AB zu AC wie $1 : e^{\alpha\sqrt{-1}}$ verhält, umgekehrt AC zu AB sich wie $1 : e^{-\alpha\sqrt{-1}}$ verhält.

Wenn AB ein bestimmtes Subjekt, z. B. das Ich oder den Redenden und AC den Sohn von AB, nämlich die Relation des Sohnes zu der Ursache des Sohnes ausdrückt; so bedeutet AC mein Sohn. AB steht zu AC in umgekehrter Relation und bedeutet, ich, als Vater meines Sohnes. Für den negativen Winkel $C'AB = -\alpha$ stellt AC' den Vater von AB, nämlich meinen Vater dar. Jetzt erscheint auch AB als Sohn von AC' oder ich, als Sohn meines Vaters. Das Verhältniss von AC zu AC', entsprechend dem arithmetischen Quotienten $e^{\alpha\sqrt{-1}} : e^{-\alpha\sqrt{-1}}$ $= e^{2\alpha\sqrt{-1}}$ oder der Richtung von AC gegen AC', bezeichnet die Relation meines Sohnes zu meinem Vater. Wird zum Ausgangspunkte der Vergleichung nicht mein Vater AC', sondern das Ich selbst, welches in AB liegt, genommen; so geht die Relation meines Sohnes zu meinem Vater oder der Ausdruck $\dfrac{e^{\alpha\sqrt{-1}}}{e^{-\alpha\sqrt{-1}}}$ in den Ausdruck $\dfrac{e^{2\alpha\sqrt{-1}}}{1}$ über, welcher die Bedeutung mein Enkel hat, während die umgekehrte Relation $\dfrac{1}{e^{2\alpha\sqrt{-1}}}$ $= e^{-2\alpha\sqrt{-1}}$ meinen Grossvater darstellt.

Zur Verhütung von Missverständnissen heben wir nochmals hervor, dass die Individuen oder das Sein der Objekte, auf welche sich Relationen beziehen, mit den Relationen selbst, welche stets Verhältnisse darstellen, nicht verwechselt werden dürfen, und dass der logische Sinn, welcher einem sprachlichen Ausdrucke nach dem Willen des Denkenden beigelegt wird, das Wesen der korrespondirenden geometrischen Figur oder arithmetischen Formel in mannichfacher Weise bedingt. So kann z. B. in Fig. 1078 AB als Grundaxe das Ich AA'' die Relation des Sohnes und $A'B'$ einen bestimmten meiner Söhne, $A''B''$ einen anderen bestimmten meiner Söhne darstellen: in diesem Falle ist das Individuum $A'B'$ durch AA', sowie auch das Individuum $A''B''$ durch AA'' direkt auf AB bezogen und als ein selbstständiges Sein vermöge eines Prädikates AA' oder AA'' dargestellt. Man kann aber auch nach Fig. 1079 unter $A'B'$ meinen Sohn und unter $A''B''$ einen bestimmten Sohn dieses Sohnes denken, wenn man $A'B'$ wie vorher direkt auf AB, das Individuum $A''B''$ jedoch nicht auf das Ich AB, sondern auf das andere Individuum $A'B'$ bezieht. Wenn die Figur 1078 oder 1079 unterhalb der Linie AB fortgesetzt wird, erscheint das Ich AB als der Sohn von $A_1 B_1$, und die Linie $A_2 B_2$ kann dazu dienen, $A_1 B_1$ als den Sohn von $A_2 B_2$ oder auch das Ich AB als einen anderen Sohn von $A_2 B_2$ erscheinen zu lassen. In allen Fällen haben wir die Deszendenz, also die Relation des

Sohnes, nicht die umgekehrte Relation der Aszendenz oder des Vaters dem Gedanken zu Grunde gelegt. Sobald Letzteres geschehen soll, ergiebt sich statt der Figur 1078 die Figur 1080, worin $A_1 B_1$ als der Vater von AB und andererseits AB als Vater von $A'B'$ erscheint.

Sobald der Sohn des Sohnes nicht als das Ergebniss einer selbstständigen Thätigkeit des als Individuum gedachten Sohnes, sondern als eine entferntere Wirkung des Ich vorgestellt wird, erscheint in Fig. 1081, wenn AA' den Sohn bezeichnet, AA'' als Enkel, $A''B''$ als ein bestimmter Enkel, $C''D''$ als ein anderer Enkel oder auch als ein bestimmter Enkel des Enkels $A''B''$. AA''' ist dann mein Grossenkel und $A'''B'''$ ein bestimmter Grossenkel. Bei entgegengesetzter Drehung um die Winkel $-a$, $-2a$, $-3a$ entsteht mein Vater AA_1, mein Grossvater AA_2, mein Urgrossvater AA_3 u. s. w. als Relation und in der Linie $A_1 B_1$, $A_2 B_2$, $A_3 B_3$ als seiendes Individuum.

Wenn in Fig. 1078 unter der Richtung von AA' das Kind verstanden wird, kann unter $A'B'$ ein bestimmtes meiner Kinder, also ein bestimmter Sohn und unter $A''B''$ ein anderes bestimmtes Kind, also auch eine bestimmte Tochter verstanden werden.

Die unbegrenzte Verstärkung einundderselben Kausalität, wobei die Wirkung immer zur Ursache der nächst folgenden Wirkung angenommen wird, führt endlich nach Fig. 1082 zu einer Überschreitung des Winkels von 90, von 180, von 270 und von 360 Grad. Wenn für jede spätere Wirkung das wirkende Subjekt eine andere (grössere) Quantität hat; so decken sich trotz der halben und ganzen Umdrehungen doch die getroffenen Objekte $A'B'$, $A''B''$ u. s. w. nicht, dieselben schliessen sich vielmehr an den Umfang einer um den Punkt A sich drehenden Spirale an. Zwei solche Objekte können zwar möglicherweise, wie z. B. die Objekte AB und CX, in dieselbe Linie AX fallen: allein Diess bedeutet keine Identität, da die Anfangspunkte A und C verschieden sind; es ist damit nur angezeigt, dass das Objekt CX die mögliche Fortsetzung des Seins des Objektes AB darstellen kann. Wäre z. B. das Zeugen a ein aliquoter Theil von 360 Grad, also vom Wiedererzeugen; so würde irgend ein Nachkomme in CX fallen und damit wäre gesagt, dass ein Nachkomme als eine mögliche Fortsetzung des Seins eines Vorfahren erscheint, was der Voraussetzung auch vollkommen entspricht.

Würde die Relation des Objektes $A'B'$ zum Subjekte AB nach Fig. 1083 durch das Verhältniss $\dfrac{b}{a} = \dfrac{CA'}{AC}$ des Objektsantheiles zum Subjektsantheile vorgestellt (cfr. S. 112); so würden die mittelbaren Wirkungen des Subjektes AB auf die Objekte $A''B''$, $A'''B'''$ für solche Relationen, bei welchen der Subjektsantheil AC konstant bleibend gedacht wird, durch die verschiedenen Linien AA'', AA''' dargestellt sein, welche von A nach den Punkten des Perpendikels CA''' gezogen werden.

Als Individuum oder als Sein gedacht, spielt die Relation $e^{a\sqrt{-1}}$ oder der Ausdruck $a e^{a\sqrt{-1}}$ die Rolle eines arithmetischen Gliedes; als Wirkung gedacht, spielt sie dagegen die Rolle eines Faktors. Demzufolge ergeben sich in Fig. 1078 die einzelnen Punkte A', A'' ..., welche ebenso viel verschiedenen Individuen $A'B'$, $A''B''$ ... entsprechen, durch die Formel $a\,e^{a\sqrt{-1}} + b\,e^{a\sqrt{-1}} + ...$ Diese Formel vermittelt die Vorstellung der einzelnen bestimmten Söhne des Ich, indem z. B., wenn die mit dem Faktor $e^{a\sqrt{-1}}$ behafteten Grössen als eingliedrige Werthe genommen werden, $a\,e^{a\sqrt{-1}} + c$ den bestimmten Sohn $A'B'$ und $(a+b)\,e^{a\sqrt{-1}} + c$ den bestimmten Sohn $A''B''$ des Ich darstellen kann. Der letztere bestimmte Sohn $A''B''$ erscheint, wenn $(a+b)\,e^{a\sqrt{-1}}$ als zweigliedriger Ausdruck genommen wird, in der Form $a\,e^{a\sqrt{-1}} + b\,e^{a\sqrt{-1}} + c$ als ein zweiter, von dem ersten verschiedener Sohn. Wenn die Formel $a\,e^{a\sqrt{-1}} + b\,e^{a\sqrt{-1}}$ nicht einfach als eine zweigliedrige Summe, sondern so gedacht wird, dass sie aus dem Binom $a\,e^{a\sqrt{-1}} + b$ durch Multiplikation des zweiten Gliedes mit $e^{a\sqrt{-1}}$ hervorgegangen ist; so entspricht sie dem Falle, wo $A''B''$ nicht einen anderen Sohn von AB, sondern einen bestimmten Sohn des Individuums $A'B'$, welches selbst als ein bestimmter Sohn von AB gedacht ist, darstellt.

Wird endlich $e^{a\sqrt{-1}}$ nicht als Faktor eines einzelnen nachfolgenden Gliedes, sondern als wiederholter Faktor derselben ursprünglichen Grösse a gebraucht; so erzeugt derselbe in den Formeln $a\,e^{a\sqrt{-1}}$, $a\,e^{a\sqrt{-1}}\,e^{a\sqrt{-1}} = a\,e^{2a\sqrt{-1}}$, $a\,e^{2a\sqrt{-1}}\,e^{a\sqrt{-1}} = a\,e^{3a\sqrt{-1}}$ u. s. w. die Vorstellungen des Sohnes, des Enkels, des Grossenkels u. s. w., indem z. B. $a^{2a\sqrt{-1}} + b$ einen bestimmten Enkel darstellt.

Die gemeinschaftliche Grenze entgegengesetzter Relationen ist das absolute Sein AX (Fig. 1084).

Entgegengesetzte Relationen heben sich auf wie entgegengesetzte Quantitäten und entgegengesetzte Eigenschaften, d. h. ihre Vereinigung führt zum beziehungslosen Sein. Wenn ein Objekt zugleich die gleichwerthige Ursache und die Wirkung eines anderen sein soll, steht dasselbe zu dem letzteren in keinem Kausalitätsverhältnisse. Der Vater eines Menschen kann nicht zugleich dessen Sohn sein. Ebenso kann ein Objekt nicht zugleich aktiv und passiv in derselben Thätigkeit, z. B. nicht zugleich das schlagende und das geschlagene in Beziehung auf dieselbe Handlung sein. (Wenn A auf B schlägt und zugleich B auf A schlägt; so sind das zwei ganz verschiedene Handlungen, welche koexistiren; sie bilden nicht einunddieselbe Handlung).

Der präzise Sinn der Vereinigung von Wirkung und Ursache ist aber, dass das Objekt b, welches zugleich die Ursache und die Wirkung des Subjektes a sein soll, das Objekt a selbst ist. Jedes Objekt erscheint als die Ursache und auch als die Wirkung seiner selbst mit der Kausalitätsweite null oder mit keiner Kausalitätsweite oder mit dem Kausalitätsverhältnisse des absoluten Seins, welches Verhältniss in der Mathematik durch die Einheit $1 = e^{0\sqrt{-1}}$ ausgedrückt wird.

Selbstredend gilt das eben Gesagte nur von denjenigen Relationen, welche auf zwingenden Kausalitätsverhältnissen beruhen, nicht von solchen, denen gelegentliche Kausalitätsverhältnisse zu Grunde liegen, indem in die letzteren jedes beliebige Objekt eingeführt werden kann. So ist

z. B. in dem Ausdrucke „Jeder liebt sich selbst" das Subjekt Jeder zugleich das Objekt für jede beliebige gelegentliche Thätigkeit, als welche hier die Liebe auftritt. Übrigens ist in einem solchen Falle die Identität von Subjekt und Objekt doch nur eine scheinbare: es ist ein Anderes in mir, welches liebt und welches geliebt wird; die Liebe liebt sich niemals selbst. Bei logischer Trennung der wahren Ursachen und Wirkungen liegt also gar keine Ausnahme vor.

Wenn man zwischen der direkten und der indirekten Thätigkeit überhaupt nicht unterscheidet, diese Thätigkeit vielmehr nur nach ihrer absoluten Bedeutung auffasst, kann von dem im Vorstehenden behandelten Effekte des Gegensatzes ebenfalls keine Rede sein. Diess geschieht bei der sogenannten Gegenseitigkeit oder Reziprozität, z. B. bei den Begriffen einander lieben, miteinander verkehren, sich aufeinander beziehen, einander anziehen, sich miteinander verbinden, miteinander befreundet sein, Geschwister voneinander sein, miteinander verwandt sein, in Wechselwirkung stehen u. s. w. Wenn man übrigens beachtet, dass in einer Reziprozität zwei verschiedene Relationen mit verschiedenen Subjekten und Objekten vorliegen, indem bei der reziproken Thätigkeit das frühere Objekt zum Subjekte und das frühere Subjekt zum Objekte wird; so verliert auch dieser Fall den Charakter der Ausnahme.

Man darf die gemeinschaftliche Grenze AX zwischen Ursache und Wirkung oder zwischen thun und leiden, überhaupt zwischen der positiven Thätigkeit CAX und der negativen Thätigkeit $C'AX$, eine Grenze, welche der annullirten Thätigkeit, also der Unthätigkeit oder der Unwirksamkeit, dem beziehungslosen Sein, entspricht, nicht mit dem Nullpunkte des Seins oder mit dem Nichts verwechseln, welches durch den Punkt A repräsentirt wird (Fig. 1084).

Die Unthätigkeit ist das Sein eines Subjektes als Ursache einer möglichen Kausalität, entspricht also immer einem Begriffe von irgend einer Quantität; das Nichts dagegen ist ein Zustand, ein Anfangszustand ohne Quantität oder von unendlich geringer Quantität. Diesen Anfangszustand oder Ausgangspunkt A haben alle effizirenden Thätigkeiten untereinander und mit dem absoluten Sein gemein; Das will sagen, das Nichts steht zu sich selbst in jedem möglichen Thätigkeits- oder Kausalitätsverhältnisse. Das Nichts kann als die Ursache und auch als die Wirkung vom Nichts in jedem beliebigen Thätigkeitsverhältnisse angesehen werden, entsprechend der mathematischen Formel $0 = 0 . e^{\alpha \sqrt{-1}}$, welche durch die Division mit einer ähnlichen Formel $0 . e^{\beta \sqrt{-1}}$ zu dem völlig unbestimmten Werthe $\frac{0}{0} . e^{(\alpha - \beta) \sqrt{-1}}$ des Verhältnisses zwischen zwei quantitätslosen Objekten führt. Die Null oder die auf einen Punkt reduzirte Linie entspricht auch dem Begriffe einer Ursache oder eines Subjektes von mangelnder Quantität, welche man keine Ursache nennt: demzufolge hat der vorstehende Satz auch die Bedeutung, dass keine Ursache auch keine Wirkung hervorbringt, welchen Werth auch die Kausalität habe. Nimmt man z. B. das Schreiben zur Kausalität; so repräsentirt das Wort kein Mensch oder Niemand ein annullirtes Subjekt oder ein Subjekt ohne Quantität: demzufolge ist Das, was Niemand schreibt, ein Nichts oder, genauer, nichts Geschriebenes. Im Nichts treffen daher auch zwei entgegengesetzte Thätigkeiten, eine Ursache mit der korrespondirenden Wirkung zusammen. Der logische Sinn des geometrischen Satzes, dass sich die beiden geraden Linien $A\,X$ als Ursache und $A\,C$ als Wirkung in dem Nullpunkte A durchschneiden, ist daher, dass Ursache und Wirkung das Nichts, als den Anfang des Seins oder weiter Nichts, als diesen Anfang des Seins miteinander gemein haben.

In dem Beispiele Hammer und Amboss oder der Schlagende und der Geschlagene repräsentirt die Grundaxe $A\,X$ den Fall, wo die Thätigkeit zwischen beiden Objekten null ist oder den Zustand der Unthätigkeit beider Objekte, d. h. den Fall eines Hammers, welcher nicht schlägt, und eines Ambosses, welcher nicht geschlagen wird, überhaupt eines Objektes, welches sich nicht in Thätigkeit befindet, von welchem man also auch sagen kann, dass es gleichzeitig ein schlagendes und ein geschlagenes oder dass es gleichzeitig Hammer und Amboss sei oder dass es nur zu sich selbst in einer Thätigkeitsbeziehung steht. Der Nullpunkt A dagegen repräsentirt in diesem Beispiele, unter der Voraussetzung der wirklichen Ausübung des Schlagens oder der Existenz von Hammer und Amboss in ihrer wirklichen Bedeutung, denjenigen Fall, wo die Objekte ganz verschwinden, alle Eigenschaften verlieren, sich auf Nichts reduziren, wo es also keinen Hammer, keinen Amboss giebt, ein Fall, wo man bei stets sich gleich bleibender Effektlosigkeit den annullirten Objekten jede mögliche Thätigkeit, jedes mögliche Kausalitätsverhältniss zuschreiben kann.

Wesentlich verschieden von der Wirkung einer entgegengesetzten Kausalität ist eine entgegengesetzte Wirkung als Resultat einer entgegengesetzten effizirenden Thätigkeit. Eine entgegengesetzte, indirekte Kausalität entspringt aus der Verwandlung einer Aktivität in eine Passivität oder aus der geometrischen Drehung nach entgegengesetzten Seiten oder aus dem negativen Werthe des Exponenten α.

Eine entgegengesetzte effizirende Thätigkeit entspricht dagegen einer Umkehrung dieser Thätigkeit und der Erzeugung von Zuständen, welche den früheren kontradiktorisch entgegengesetzt sind, oder von Wirkungen, deren Eigenschaften das Gegentheil der Eigenschaften der früheren Zustände sind.

Wenn in Fig. 1084 $A\,X$ das liebende Subjekt, der Winkel $X\,A\,C = \alpha$ die Kausalität der Liebe, $A\,C$ das Geliebtwerden oder die effizirende Thätigkeit der Liebe bezeichnet; so ist der Gegensatz der durch die Wirkung $A\,C$ bedingten Eigenschaft $(A\,C) = a + b\sqrt{-1}$ die in entgegengesetzter Richtung liegende Eigenschaft $(A\,C_1) = -a - b\sqrt{-1}$. Die entgegengesetzte effizirende Thätigkeit $A\,C_1$ entspricht zugleich der dem überstumpfen Winkel $\pi + \alpha$ zukommenden Kausalität oder dem Hasse. Liebe und Hass stehen also nicht in einem Gegensatze der Kausalität, sondern in einem Gegensatze der effizirenden Thätigkeit. Die Kausalität der Liebe würde ihren Gegensatz in der Kausalität des Geliebtwerdens, also in dem negativen Winkel $-\alpha = X\,A\,C'$ finden. Hass ist aber nicht passive Liebe oder Geliebtwerden, sondern kontradiktorisches Gegentheil von Liebe.

In Ermanglung besonderer Namen für die positive Thätigkeit AC, wird die entgegengesetzte Thätigkeit AC_1, zuweilen durch Negationen, wie Unliebe, ausgedrückt: man darf aber die ausschliessende (quantitative) Negation nicht mit der kontradiktorischen (inhäsiven) Negation, also den Hass oder die Unliebe nicht mit keiner Liebe oder Mangel an Liebe verwechseln, wodurch eine ausserhalb der Richtung AC oder, wenn die Liebe durch einen zwischen gewissen Grenzrichtungen liegenden Winkel bestimmt ist, eine ausserhalb dieser Grenzen liegende beliebige Thätigkeit zu verstehen ist.

Der Gegensatz zwischen Liebe und Hass oder zwischen zwei entgegengesetzten effizirenden Thätigkeiten erscheint hiernach als der Gegensatz, welcher zwischen der Beziehung $a\,e^{\alpha\,\sqrt{-1}} : a\,e^{0\,\sqrt{-1}}$ und der Beziehung $a\,e^{(\pi+\alpha)\,\sqrt{-1}} : a\,e^{0\,\sqrt{-1}} = -\,a\,e^{\alpha\,\sqrt{-1}} : a\,e^{0\,\sqrt{-1}}$ liegt und welcher ein Gegensatz der positiven und negativen Grössen $a\,e^{\alpha\,\sqrt{-1}}$ und $-\,a\,e^{\alpha\,\sqrt{-1}}$ ist. In der Form $e^{(\pi+\alpha)\,\sqrt{-1}}$ entspricht der Richtungskoeffizient, welcher der entgegengesetzten Thätigkeit AC_1 zukömmt, dem überstumpfen Winkel $\pi + \alpha = XCX_1A_1$, welcher von der Ursache AX bei der positiven Drehung von AX bis zur Wirkung AC_1 beschrieben wird. Die Richtung AC_1 kann aber auch durch eine negative Drehung von AX nach unten um den negativen stumpfen Winkel $XAC_1 = -\,(\pi - \alpha)$, also durch eine passive Kausalität erzeugt werden. Die Bedeutung dieser letzteren Beziehung ergiebt sich aus folgender allgemeinen und wichtigen Betrachtung.

Das Subjekt steht zu dem Objekte in einer doppelten Beziehung: einmal in der durch den positiven Winkel $XAC = \alpha$ dargestellten direkten Beziehung, vermöge welcher das Subjekt die Ursache einer auf das Objekt ausgeübten aktiven Thätigkeit ist, sodann aber auch in der durch den negativen Winkel $XAC = -\,(2\pi - \alpha)$ oder durch die entgegengesetzte Drehung der Linie AX von X über Y_1, X_1, Y bis C dargestellten indirekten Beziehung, vermöge welcher das Subjekt die Ursache einer passiven Thätigkeit ist. Wegen der ersten oder direkten Relation wirkt das Subjekt oder ist aktiv; wegen der zweiten oder indirekten Relation ist das Subjekt passiv oder wird zu einer Thätigkeit veranlasst. Der Ausdruck, der Mann liebt die Ehre, stellt das direkte Verhältniss des Subjektes Mann zum Objekte Ehre, entsprechend dem positiven Winkel α dar, der Ausdruck, der Mann wird durch die Ehre veranlasst zu lieben, stellt das indirekte Verhältniss zwischen demselben Subjekte und Objekte, entsprechend dem negativen Winkel $-\,(2\pi - \alpha)$ dar.

Hiernach hat die Richtung AC_1, welche auf Grund des positiven Winkels $\pi + \alpha$ die Bedeutung des vom Subjekte AX ausgehenden aktiven Hasses besitzt, auf Grund des negativen Winkels $-\,(\pi - \alpha)$ die Bedeutung des Veranlasstwerdens zum Hasse.

Die Richtung AC' hat unter dem negativen Winkel $-\,\alpha$ die passive Bedeutung, das Subjekt AX wird vom Objekte geliebt, unter dem positiven Winkel $2\pi - \alpha$ aber die aktive Bedeutung, das Subjekt veranlasst (giebt Veranlassung) vom Objekte geliebt zu werden.

Die Richtung AC'_1 bedeutet unter dem negativen Winkel $-\,(\pi + \alpha)$, das Subjekt AX wird vom Objekte gehasst, unter dem positiven Winkel

$\pi - \alpha$ aber, das Subjekt $A\,X$ giebt Veranlassung, vom Objekte gehasst zu werden.

In allen diesen Fällen ist $A\,X$ das Subjekt der aktiven oder passiven Liebe oder des aktiven oder passiven Hasses. Die Vertauschung des Subjektes mit dem Objekte führt zu Vorstellungen, welche sich von den vorstehenden wesentlich unterscheiden. So liefert z. B. die Beziehung von $A\,X$ auf $A\,C$ als Ursache vermöge des negativen Winkels den Satz, Du wirst von mir geliebt, während die Beziehung von $A\,C'$ zu $A\,X$ vermöge desselben negativen Winkels, aber des Ich als Subjekt, den Satz liefert, ich werde von dir geliebt.

Wir heben auch noch hervor, dass die Ausdrücke „veranlasst werden" und „Veranlassung geben" nur mit der aktiven oder passiven Thätigkeit des Liebens und Hassens zusammen die Kausalitätsweite der auf das Objekt gerichteten Thätigkeit bezeichnen, dass sie aber für sich allein kein Objekt haben. Ich werde veranlasst, dich zu lieben, darf also nicht so verstanden werden: ich werde von dir veranlasst, zu lieben. Ebenso darf der Satz, ich gebe Veranlassung von dir geliebt zu werden, nicht so verstanden werden: ich gebe dir Veranlassung geliebt zu werden. Auf die letztere Bedeutung werden wir sogleich zurückkommen.

Die Grundaxe $A\,X$ stellt das Sein als effizirende Grundthätigkeit dar. Der rein quantitative oder ausschliessende Gegensatz des Seins ist das Nichtsein; der inhäsive oder kontradiktorische Gegensatz kann zwar mit demselben Worte Nichtsein belegt werden, hat aber eine andere Bedeutung, welche darin besteht, dass das kontradiktorische Sein ein reelles Sein nicht bloss ausschliesst, sondern aufhebt, annullirt, vernichtet. In diesem Sinne erscheint das Nichtsein als ein Widerspruch des Seins und kann eher ein Unsein genannt werden. Wenn wir die kausale Relation zwischen dem Sein und dem Nichtsein oder zwischen der Bejahung und Verneinung ins Auge fassen wollen, kömmt nur die letztere Bedeutung des kontradiktorischen Gegensatzes in Betracht. Die kausale Thätigkeit oder die Kausalität, welche das Nichtsein $A\,X_1$ als eine Wirkung aus dem Sein $A\,X$ erzeugt, ist die Vernichtung oder das Vernichten, und zwar ist hierunter die direkte oder aktive, auf dem positiven Winkel π beruhende Kausalität verstanden. Die indirekte oder passive, auf dem negativen Winkel $-(2\,\pi - \pi) = -\pi$ beruhende Kausalität zwischen demselben Sein und Nichtsein ist das Veranlasstwerden zur Vernichtung. In diesen beiden Fällen hat die kausale Thätigkeit einmal die aktive und einmal die passive Richtung: es ist aber nicht verlangt, dass ihre Quantität (der Drehungswinkel) gleich gross bleibe, vielmehr ist nur verlangt, dass die Wirkung $A\,X_1$ dieselbe sei. Wenn man die Konstanz der Wirkung $A\,X_1$ nicht zur Bedingung macht, dagegen verlangt, dass bei der Umkehrung der Thätigkeit die Quantität der Kausalität gleich gross bleibe, also den Winkelwerth π behalte; so ergiebt sich als passiver Gegensatz des aktiven Vernichtens das Vernichtetwerden. Der letzteren passiven Thätigkeit entspricht der negative Winkel $-\pi$. Dieser Winkel ist dem Winkel $-\pi$, welcher dem Veranlasstwerden zum Vernichten entspricht, gleich: das Objekt, welches mich unbedingt zu seiner Vernichtung veranlasst, ist also dasselbe, von welchem ich selbst vernichtet werde oder welches mich vernichtet. Der Begriff des Vernichtens darf hier nicht mit der Vorstellung einer physischen Zerstörung, welche lediglich eine Formveränderung oder besondere Wirkung, durchaus keine logische Vernichtung ist, verwechselt werden: die hier in Betracht kommende logische Vernichtung ist Widerspruch des Seins und demnach ist klar, dass ein Sein, welches im Widerspruche mit meinem Sein steht, welches also nicht besteht, wenn ich bestehe, auch mich selbst vernichtet, d. h. mein Sein unmöglich macht, wenn sein eigenes Sein besteht.

Die dem negativen Winkel $- \pi$ angehörige Richtung $A X_1$ deckt aber auch die dem positiven Winkel π angehörige Richtung, fällt mit derselben zusammen, ohne doch nach Entstehung und Sinn, also in ihrer Beziehung zur Grundaxe, identisch zu sein. Demnach ist das Objekt, welches ich vernichte, auch dasselbe, von welchem ich vernichtet werde oder welches mich vernichtet: vernichten und vernichtet werden deckt sich für dasselbe Subjekt und Objekt, das Subjekt, welches ein Objekt vernichtet, wird auch von diesem Objekte vernichtet.

Wir haben gezeigt, dass eine Richtung $A C$ als die Wirkung einer aktiven und auch als die einer passiven Thätigkeit desselben Subjektes angesehen werden kann: sie kann aber als die Wirkung aktiver Thätigkeiten von verschiedener Quantität betrachtet werden, welche mehrmaligen ganzen Umdrehungen oder den Winkeln α, $\alpha + 2\pi$, $\alpha + 4\pi$ u. s. w. entsprechen. Der logische Sinn einer geometrischen Umdrehung ist die Wiederholung oder Wiederherstellung. Wenn wir uns das Sein in der Grundaxe $A X$, dessen Fundamentalbedeutung dem Winkel $\alpha = 0$ entspricht, als das Resultat einer Kausalität denken, welcher der Winkel 2π oder 360 Grad angehört; so ist es ein Wiedersein, ein Wiederumsein, ein wiedergekehrtes Sein, ein Wiederhergestelltsein, eine Wiederherstellung, eine Wiederholung. Diese Vorstellung setzt, analog der Drehung von X über Y, X_1, Y_1 nach X, eine allmähliche Aufhebung, eine Vernichtung und eine Wiederherstellung voraus.

Ebenso kann die Richtung $A C$, welche unter dem Winkel $X A C = \alpha$ der Liebe entspricht, unter dem Winkel $\alpha + 2\pi$ die Wiederherstellung der einmal verminderten, verlorenen, in Hass verwandelten und wiedererweckten Liebe darstellen. Dass bei dieser Veränderung auch der Gegensatz der Liebe oder der Hass als ein mögliches Durchgangsstadium erscheint, darf nicht befremden, da die Veränderung eine Verminderung des reellen Bestandtheiles involvirt, eine Verminderung aber die Kombination mit einer entgegengesetzten Thätigkeit voraussetzt.

Aber nicht bloss eine positive, sondern auch eine negative Zahl von ganzen Umdrehungen kann dem Winkel α hinzugefügt werden, ohne die Grundrichtung $A C$ zu ändern, d. h. man kann die Werthe $\alpha - 2\pi$, $\alpha - 4\pi$ u. s. w. dafür annehmen. Allgemein, bezeichnet die Richtung der Grundaxe $A X$, wenn sie als das Resultat einer mehrmaligen negativen Umdrehung $- 2\pi$, $- 4\pi$ u. s. w. angesehen wird, ein wiederkehrendes Sein, d. h. ein Sein, welches sich wiederholen oder wiederkehren wird, welches erst durch Wiederkehr dasjenige sein wird, das soeben die Grundlage in der Vorstellung des Denkenden bildet. Demzufolge stellt $A C$ als eine mehrmals zurückgedrehte Linie etwa eine Liebe dar, welche sich wiederholen wird, auch eine solche, welche erst entstehen soll. Das Subjekt, welches die betreffende Kausalität ausübt, ist ein solches, welches lieben wird oder lieben soll, und wenn es sich um die passive Wirkung $A\,C'$ handelt, ein solches, welches geliebt werden soll.

Es ist von besonderer Wichtigkeit, dass die Relation zwischen der Bejahung und Verneinung oder zwischen zwei Gegensätzen des Seins, eine Relation, welche der geometrischen Richtung der negativen Linie gegen die positive Linie oder der Umkehrung der positiven Richtung entspricht, zugleich als die Wirkung einer Thätigkeit und zwar derjenigen Thätigkeit erscheint, deren nochmalige Wirkung wiederum zu dem bejahten Begriffe führt, ganz analog der geometrischen Drehung um 180^0, deren nochmalige Wiederholung die um 360^0 gegen die ursprüngliche Richtung geneigte, d. h. eine in diese Richtung fallende positive Linie erzeugt. Der Satz, dass eine doppelte Verneinung eine Bejahung sei, erlangt erst durch das Kategorem der Relation vermittelst des vorstehenden Gesetzes seine wahre Bedeutung. Indem der verneinte Begriff nochmals verneint wird, wird an demselben diejenige Wirkung wiederholt, welche mit dem bejahten Begriffe vorgenommen ist, um den verneinten zu erzeugen: die zweite Verneinung ist also nicht unmittelbar eine Rückkehr zu dem bejahten Begriffe, sondern eine Fortsetzung der vermöge der ersten Verneinung vollzogenen Veränderung. Dass dieser Denkprozess einen Begriff erzeugt, welcher den ursprünglich bejahten Begriff deckt, hat denselben Grund wie die geometrische Thatsache, dass die Wiederholung der Drehung um 180^0 wieder in die positive Richtung führt oder wie die arithmetische Thatsache, dass die Wiederholung der Multiplikation mit dem Richtungskoeffizienten -1 den positiven Koeffizienten $+1$ hervorbringt. Ebensowenig aber, wie die geometrische Drehung oder Winkelabweichung um 360^0 eine Identität mit der ursprünglichen Richtung von null Grad; sondern nur eine Deckung oder ein Zusammenfallen dieser beiden Richtungen (indem man dieselben als Fortschrittsgrössen auffasst), bedeutet, und ebensowenig wie die arithmetische Grösse $(-1) \times (-1) = (-1)^2$ mit der Grösse $(-1)^0$ identisch, sondern nur mit derselben und mit $+1$ kongruent oder im abgekürzten Richtungskoeffizienten (indem man dieselbe als Additions- oder Fortschrittsgrösse auffasst) gleich ist, ebensowenig ist eine doppelte Verneinung mit der ursprünglichen Bejahung logisch identisch, sondern nur kongruent. In der ausdrücklichen Ausschliessung des Gegensatzes liegt eine verstärkte Bejahung, indem sie eine Rückkehr zu dem Ausgangspunkte darstellt. So ist „keine Wahrheit nicht" oder „kein Irrthum" bestimmtere Wahrheit. Allgemein, stellt das Gegentheil vom Gegentheile das Ursprüngliche wieder her und involvirt wegen dieser Wiederherstellung oder Verdopplung der Grundvorstellung eine Bekräftigung der Letzteren. Das Gegentheil von Liebe ist Hass, das Gegentheil von Hass ist wieder Liebe und verhasster Hass ist gewissere Liebe.

Die Halbirung derjenigen Kausalität, welche vom bejahten Sein bei kontinuirlich gesteigerter kausaler Thätigkeit zu einem diesem Sein kongruenten Begriffe führt, liefert nach Vorstehendem das verneinte Sein, also dasjenige Sein, welches den Gegensatz zu dem bejahten Sein bildet oder welches, wenn es mit dem bejahten Sein·verbunden wird, das letztere aufhebt oder vernichtet. Eine Halbirung derjenigen Kausalität nun, welche aus dem bejahten Sein das verneinte Sein erzeugt, bringt dasjenige

Sein hervor, welches in Verbindung mit dem bejahten oder mit dem verneinten Sein weder das erstere, noch das letztere ändert, welches also in Neutralitätsbeziehung zu dem bejahten und dem verneinten Sein steht und geometrisch der um 90^0 abweichenden Richtung und arithmetisch dem Richtungskoeffizienten $(-1)^{\frac{1}{2}} = \sqrt{-1}$ entspricht. Dieses neutrale Sein steht zum reellen Sein in neutraler oder imaginärer Relation, ist jedoch durch reelle Kausalität $\alpha = \frac{\pi}{2} = 90^0$ damit verknüpft.

Ist der bejahte Begriff eine Thätigkeit, insbesondere ein Thätigsein, z. B. lieben, welches durch die Richtung AC (Fig. 1085) vertreten ist, während die entgegengesetzte oder um 180^0 davon abweichende Richtung AC_1 den Gegensatz jener Thätigkeit, also hassen darstellt; so wird die neutrale Thätigkeit durch die Normale AL auf AC und deren Gegensatz durch die Verlängerung AL_1 vertreten. Die neutrale Thätigkeit AL ist eine solche, welche für die ursprüngliche Thätigkeit AC gleichgültig, indifferent, irrelevant ist. Während mehrere gleichnamige Thätigkeiten oder mehrere Grade derselben Thätigkeit sich zu einer verstärkten Thätigkeit summiren, und während die entgegengesetzte Thätigkeit AC_1 in Verbindung mit der ursprünglichen die letztere ganz, oder wenn ihre Intensität schwächer ist, theilweise aufhebt (weniger lieben heisst mehr hassen), während also entgegengesetzte Thätigkeiten sich wie subtraktive Grössen schwächen, äussern neutrale Thätigkeiten weder eine verstärkende, noch schwächende Wirkung aufeinander.

So kann z. B. im Vergleich zum Lieben und Hassen das Unterrichten als eine neutrale Thätigkeit angesehen werden. Weder die Liebe, noch der Hass zweier Personen wird dadurch, dass die eine die andere unterrichtet, unmittelbar vermehrt oder vermindert. Stellt man das Unterrichten durch die Normale AL dar; so ist der Gegensatz vom Unterrichten oder vom Belehren, nämlich das Verdummen durch AL_1 dargestellt.

Die Neutralität, um welche es sich hier handelt, betrifft das Neutralitätsverhältniss zwischen zwei effizirenden Thätigkeiten oder auch zwischen zwei Eigenschaften (Fortschrittsrichtungen), welche geometrisch durch zwei aufeinander normal stehende Linien dargestellt werden. Indem man die eine dieser Richtungen als das Resultat der Drehung der anderen um 90 Grad oder der Multiplikation der anderen mit dem Richtungskoeffizienten $e^{\frac{\pi}{2}\sqrt{-1}} = \sqrt{-1}$ auffasst, erscheint die zweite Fortschrittslinie oder Thätigkeit oder Inhärenz als das Resultat einer bestimmten reellen Kausalität von der Weite $\frac{\pi}{2}$. Es handelt sich hier also um die Erkenntniss der reellen Relation, welche zwischen einer reellen und einer imaginären Eigenschaft besteht, nicht aber um eine neutrale oder imaginäre Kausalität und auch nicht um ein Neutralitätsverhältniss zwischen kausalen Thätigkeiten, welche wir erst unter Nr. 3 dieses Paragraphen betrachten werden.

Die Neutralität der effizirenden Thätigkeit kann sowohl als eine

10*

positive oder aktive, wie auch als eine negative oder passive erscheinen, indem die erstere dem Winkel von 90 Grad oder der Drehung von AC nach oben in die Normale AL, die letztere dagegen dem Winkel — 90 Grad oder der Drehung von AC nach unten in die Normale AL_1 entspricht. Wir haben es also mit aktiver und passiver Neutralität zu thun. Immer beruht diese Neutralität oder Indifferenz auf einer bestimmten reellen Kausalitätsweite, welche positiv oder negativ sein kann: so mannichfaltig also auch die konkreten Thätigkeiten sein mögen, welche zu einer gegebenen Thätigkeit AC in Neutralitätsbeziehung stehen, diese Beziehung ist doch keine beliebige unbestimmte, sondern hat einen ganz bestimmten (der Drehung um 90 Grad entsprechenden) logischen Werth. Diese bestimmte Kausalität, welche die neutrale Thätigkeit erzeugt, kann man Abwendung, Ablehnung oder ablehnendes Verhalten nennen. Die effizirende Thätigkeit, welche zur Liebe im Neutralitätsverhältnisse steht, würde dann die Abwendung oder Ablehnung in Beziehung auf die Thätigkeit der Liebe sein.

Nach dieser Erläuterung tritt die Bedeutung der oberen und der unteren Normale AL und AL_1 deutlicher hervor. Die erstere ist die aktive Ablehnung, die untere die passive Ablehnung oder das Abgelehntwerden. Wenn also AC die Liebe darstellt, bezeichnet AL das ablehnende Verhalten der Liebe und AL_1 das Abgelehntwerden, welches der Liebe wiederfährt, oder die gegen die Liebe gekehrte Ablehnung. Fasst man die aktive Ablehnung als die Abwendung des Subjektes auf; so ist die passive Ablehnung die Abwendung vom Subjekte (die Abwendung der Liebe, resp. die Abwendung von der Liebe).

Aktive und passive Neutralität AL und AL_1 stehen im Kontrarietätsverhältnisse oder bilden einen Gegensatz. Derjenige politisch Neutrale, welchen ich im Kriege schone, und derjenige Neutrale, welcher, als Kriegführender, mich schont (von welchem ich geschont werde), stehen sich einander als Widersacher gegenüber; die Handlungen des Letzteren, welche mich unbetheiligt lassen, benachtheiligen Denjenigen, welchen ich unbehelligt lasse; wenigstens muss das Verhältniss der Gegner unter den Neutralen zu dem Subjekte logisch so aufgefasst werden, und wir müssen nachdrücklich hervorheben, dass die logische Neutralität nicht durch zufällige, sondern durch nothwendige Indifferenz, nämlich durch die Vorstellung bedingt ist, dass die Indifferenz in dem Wesen der betreffenden Thätigkeiten nothwendig begründet sei.

Die untere Normale AL_1 entsteht nicht bloss durch negative Drehung um 90 Grad aus AC, sondern auch durch positive Drehung um 90 Grad aus AC_1, nämlich aus dem Gegensatze von AC. Die passive Neutralität stimmt daher mit der aktiven Neutralität des Gegensatzes überein. Derjenige, gegen welchen ich mich neutral (ablehnend) verhalte, und derjenige, gegen welchen sich mein Gegner neutral (ablehnend) verhält, sind selbst Gegner; was die Liebe ablehnt und was der Hass ablehnt, bildet einen Gegensatz.

Aus der Normalen AL führt eine nochmalige Drehung um 90 Grad in die zu AC negative Linie AC_1, welche dem Gegensatze, resp. der Vernichtung der Thätigkeit AC entspricht. Das Neutrale des Neutralen oder Dasjenige, was der Abgelehnte ablehnt, oder Dasjenige, wovon Der sich abwendet, von welchem das Subjekt sich abwendet, ist das Entgegengesetzte.

Wenn es sich nicht um eigentliche Thätigkeiten, sondern um Eigenschaften handelt, kann man die Neutralisation als eine Verwandlung betrachten. Der positiven und negativen Neutralisation entspricht dann die Verwandlung und das Verwandeltwerden oder auch das Verwandeln des Subjektes in ein Objekt und das Verwandeln eines Objektes in das Subjekt.

Niemals aber darf Neutralisation mit Annullirung verwechselt werden. Bei der Neutralisation verschwindet zwar das Reelle; es entsteht aber etwas Anderes, das Imaginäre oder Neutrale, nicht der Nullzustand.

Das Perpendikel AQ auf AB bezeichnet das neutrale Sein oder das gegen AB Neutrale. Der Winkel QAL ist gleich BAC. Demnach bezeichnet AL auch die Thätigkeit des Neutralen, welche dieselbe Kausalitätsweite hat, wie die Thätigkeit AC des Grundsubjektes AB. Die neutrale Thätigkeit ist daher gleich der Thätigkeit des Neutralen. Bedeutet z. B. AC die Liebe; so ist AL ebensowohl das zur Liebe Neutrale, als auch die Liebe des Neutralen.

Wenn als bejahtes Sein oder als Grundsubjekt AB der philosophische Begriff des Ich angenommen wird; so stellt die Normale AQ den Begriff des Du dar. Das Du erscheint also als das Neutrale des Ich. Die Relation zwischen dem Ich und dem Du liegt auf der Mitte zwischen dem bejahten und dem verneinten Ich, oder zwischen dem Ich und dem Nichtich. Eigentlich kömmt jedoch das Ich hier nicht als eine Quantität oder als eine Bejahung, sondern als eine Ursache oder ursächliche effizirende Thätigkeit in Betracht und demnach ist auch unter dem Gegensatze des Ich nicht das einfach verneinte Ich oder das Nichtich als Ausschliessung des Ich, sondern als eine entgegengesetzt wirkende Ursache, d. h. als eine effizirende Thätigkeit zu betrachten, welche die Thätigkeit des Ich vernichtet. Man kann für dieses entgegengesetzte Ich oder für den Gegensatz des Ich das Wort Unich gebrauchen, über dessen wahre Bedeutung niemals ein Zweifel entstehen kann. Ist z. B. das Ich oder das Grundsubjekt der Kausalität durch die Liebe vertreten; so bedeutet das Unich den Hass: ist das Ich die Ursache des Sohnes oder das Subjekt der Erzeugung, das Erzeugende, das Lebenweckende; so bedeutet das Unich das Subjekt der lebentödtenden Thätigkeit oder das Lebentödtende: ist das Ich die Wärme; so bedeutet das Unich die Kälte.

Die von dem Unich AB_1 unter der Kausalität α ausgeübte effizirende Thätigkeit AC_1 ist gleich der vom Ich AB unter der Kausalität $\pi + \alpha$ ausgeübten Thätigkeit: ebenso aber ist auch die von dem Unich AB_1 unter der Kausalität $\pi + \alpha$ ausgeübte Thätigkeit AC gleich der vom Ich unter der Kausalität α ausgeübten Thätigkeit. So ist die Liebe des Unich der Hass des Ich, ferner der Hass des Unich die Liebe des Ich. Bedeutet AB die Wärme, also AB_1 die Kälte, ferner AC die Ausdehnung als Wirkung α der Wärme; so ist AC_1 die Zusammenziehung als Wirkung α der Kälte oder als die durch Vermittlung des Gegensatzes der Wärme erzeugte Wirkung $\pi + \alpha$ der

Wärme; auch ist die Ausdehung AC die durch Vermittlung des Gegensatzes der Kälte erzeugte Wirkung $\pi + a$ der Kälte.

Der Gegensatz der vom Subjekte und der vom Gegensatze des Subjektes unter derselben Kausalität a verrichteten Thätigkeit entspricht sowohl der geometrischen Anschauung, als auch der arithmetischen Formel $-\left(1 . e^{a\sqrt{-1}}\right) = (-1) e^{a\sqrt{-1}}$. Ebenso entspricht die Übereinstimmung der vom Subjekte unter der Kausalität a und der vom Gegensatze des Subjektes unter der Kausalität $\pi + a$ ausgeübten Thätigkeit sowohl der geometrischen Anschauung, als auch der arithmetischen Formel $1 . e^{a\sqrt{-1}} = (-1) e^{(\pi + a)\sqrt{-1}}$ oder $1 . e^{(\pi + a)\sqrt{-1}} = (-1) e^{a\sqrt{-1}}$.

Es ist nicht unzulässig, anstatt der effizirenden Thätigkeiten reine Quantitäten zu betrachten, also den Gegensatz von direkter und kontradiktorisch entgegengesetzter Thätigkeit in den Gegensatz von Bejahung und Verneinung zu verwandeln (wodurch das Nichtich an die Stelle des Unich tritt), wenn man dabei der quantitativen Bedeutung dieses Gegensatzes, welche auf Ein- und Ausschliessung beruht, während der kontradiktorische Gegensatz auf dem Fortschritte und Rückschritte (der Bewegung nach rechts und nach links) beruht, gehörig Rechnung trägt. Diess geschieht, indem man nicht bloss statt des entgegengesetzten Subjektes das verneinte Subjekt, sondern auch statt der entgegengesetzten Kausalität die verneinte Kausalität einführt. Hiernach erscheint AC_1 vermöge des Winkels $B_1 A C_1 = a$ als die Liebe des Nichtich und vermöge des überstumpfen Winkels $B A C_1 = \pi + a$ als die Nichtliebe des Ich, auch erscheint AC vermöge des Winkels $B A C = a$ als die Liebe des Ich und vermöge des überstumpfen Winkels $B_1 A C = \pi + a$ gegen $A B_1$ als die Nichtliebe des Nichtich.

Wenden wir uns jetzt wieder zum Neutralen.

Wie wir ein Subjekt von seinem Gegensatze (das Ich von dem Unich) unterscheiden und die positive Thätigkeit eines Subjektes als die entgegengesetzte Thätigkeit seines Gegensatzes (das Lieben des Ich als das Hassen des Unich, das Hassen des Ich als das Lieben des Unich) annehmen, ebenso unterscheiden wir auch den Anderen von dem Unanderen (das Du von dem Undu), d. h. den Anderen $A Q$, welcher zum Subjekte $A B$ in der direkten Neutralitätsbeziehung steht oder welchen ich neutralisire, von dem Gegensatze $A Q_1$ dieses Anderen, welcher zu dem Subjekte in der negativen Neutralitätsbeziehung steht oder welcher mich neutralisirt, und sehen eine positive Thätigkeit des ersten als eine entgegengesetzte Thätigkeit des zweiten, z. B. die Liebe des positiven Anderen als den Hass des negativen Anderen an, wie es sowohl mit den geometrischen, als auch mit den arithmetischen Prinzipien übereinstimmt. Während der Andere als positiv Neutraler der Grösse $e^{\pi\sqrt{-1}} = \sqrt{-1}$ entspricht, so entspricht der Unandere als negativ Neutraler der Grösse $e^{-\pi\sqrt{-1}} = -\sqrt{-1}$.

Indem wir von der Thätigkeit des Neutralen $A Q$ reden, nehmen wir diesen Neutralen zum Subjekte der Thätigkeit $Q A L = B A C = a$. Der Neutrale $A Q$ ist in allgemein logischer Bedeutung der Andere, es handelt sich also um die Thätigkeit eines Anderen. (Unter dem Anderen ist hier immer die Alternität oder der Inbegriff von Attributen anderer

Individuen, nicht ein zweites Individuum, welches nur Objekt und zum Subjekte AB parallel sein könnte, zu verstehen). In dem Begriffe der neutralen Thätigkeit des Subjektes AB bleibt dagegen das Grundsubjekt AB das unmittelbare Subjekt der Thätigkeit, deren Kausalitätsweite

$$BAL = \frac{\pi}{2} + \alpha \text{ ist. Wenn wir von allem konkreten Inhalte einer solchen}$$

neutralen Thätigkeit absehen, kann sie als die Thätigkeit α angesehen werden, welche das Subjekt AB durch einen positiven Anderen AQ verrichten oder vermitteln lässt, d. h. als das thun lassen des Subjektes AB, wobei das Lassen nicht die Bedeutung von dulden (laisser), sondern von veranlassen oder machen (faire) hat, indem es sich um eine aktive Kausalität des Grundsubjektes AB (um eine Drehung in der Grundebene von AB aus nach der positiven Seite herum), nicht um eine neutrale Kausalität oder um ein neutrales Verhalten des Subjektes handelt, die in Rede stehende Neutralität vielmehr nur das Verhältniss der effizirenden Thätigkeiten AC und AL betrifft. Hat also die Thätigkeit AC vermöge des Winkels $BAC = \alpha$ die Bedeutung lieben, indem sie sagt, das Subjekt AB liebt; so bedeutet die zur Liebe neutrale Thätigkeit

AL desselben Subjektes vermöge des Winkels $\frac{\pi}{2} + \alpha$ die Veranlassung

der Liebe seitens des Subjektes durch einen Anderen, die Richtung AL sagt also, das Subjekt AB veranlasst einen Anderen AQ zu lieben, d. h. es ruft die Liebe mittelbar hervor, indem es nicht selbst liebt, sondern auf einen Anderen AQ als Objekt wirkt, welcher bei der ferneren Wirkung als Subjekt auftritt, um die Liebe zu äussern. Wenn das philosophische Subjekt Ich zu Grunde gelegt wird, bedeutet AQ ich veranlasse dich zur Liebe oder ich vermittele die Liebe durch dich oder ich veranlasse deine Liebe.

Die Richtung AK unter dem positiven Winkel $\frac{\pi}{2} - \alpha$ bedeutet

die Veranlassung des Geliebtwerdens, indem sie sagt, ich veranlasse, dass du geliebt wirst (dass ein Anderer geliebt wird).

Eine unter einem negativen Winkel gegen AB geneigte Linie bezeichnet eine passive, eine auf das Subjekt gerichtete Thätigkeit, ein Leiden dieser Thätigkeit. Wenn diese passive Thätigkeit durch einen Anderen vermittelt wird, gestaltet sie sich zu einem thun lassen oder geschehen lassen, worin das Lassen nur die Bedeutung des Duldens (laisser) hat. Beachten wir sodann, dass die untere Normale AQ_1 den Gegensatz des durch die obere AQ vertretenen positiven Anderen, also den negativen Anderen oder den Unanderen bezeichnet; so bedeutet die

Richtung AK_1 unter dem negativen Winkel $-\left(\frac{\pi}{2} + \alpha\right)$ das Geschehen-

lassen der Liebe eines Unanderen, indem sie sagt, ich leide, dass ein Unanderer liebt. Die Richtung AL_1 unter dem negativen Winkel

$-\left(\frac{\pi}{2} - \alpha\right)$ bedeutet das Geschehenlassen des Geliebtwerdens, indem

sie sagt, ich leide, dass ein Unanderer geliebt wird. Übrigens müssen wir nachdrücklich hervorheben, dass der Gebrauch des Wortes lassen durchaus kein indifferentes Verhalten des Subjektes, sondern ein passives Verhalten desselben, ein Leiden, Dulden, Ertragen voraussetzt.

Wie die vier Richtungen AL, AK, AK_i, AL_i in ihrer Beziehung zu der positiven Thätigkeit AC (der Liebe) betrachtet sind, können sie auch in ihrer Beziehung zu der negativen Thätigkeit AC_i (dem Hasse) betrachtet werden. Alsdann sagt AL ich leide, dass ein Unanderer gehasst wird, AK ich leide, dass ein Unanderer hasst, AK_i ich veranlasse, dass ein Anderer gehasst wird, AL_i ich veranlasse, dass ein Anderer hasst. Es leuchtet auch ein, dass AK_i die Bedeutung hat, ich veranlasse, dass ein Unanderer geliebt wird, sowie dass AL_i auch bedeutet, ich veranlasse, dass ein Unanderer liebt.

Schliesslich bemerken wir, dass die positive Normale AQ als der von mir Neutralisirte oder als die neutralisirende Wirkung, die negative Normale AQ_i dagegen als der von meinem Gegensatze (dem Unich) Neutralisirte oder auch als der mich Neutralisirende, die gegen das Ich gerichtete, dem Ich wiederfahrende Neutralisation angesehen werden kann. So erscheint, wenn AC die Liebe bedeutet, AL als die neutralisirende Wirkung der Liebe, AL_i dagegen als die neutralisirende Wirkung des Hasses oder als die der Liebe wiederfahrende Neutralisation.

Im Allgemeinen werden zwei verschiedene Thätigkeiten nicht im reinen Neutralitätsverhältnisse, sondern in einer solchen Beziehung zueinander gedacht werden, dass die eine, wenn sie mit der anderen verbunden wird, eine gewisse Verstärkung oder Schwächung hervorbringt, dass der Grad dieser Verstärkung oder Schwächung jedoch nicht der ganzen Intensität der verbundenen Thätigkeit entspricht, sondern geringer ist, dass aber gleichzeitig eine neutrale Änderung vor sich geht, deren Grad ebenfalls schwächer ist, als die volle Intensität der verbundenen Thätigkeit. Dieser allgemeinere Fall ist geometrisch durch die Linie AM dargestellt, welche sich gegen die ursprüngliche Linie AC unter einem bestimmten, von 90^0 und 180^0 abweichenden Winkel MAC neigt. Fällt man von M auf AC das Perpendikel MN; so entspricht die in die Richtung AC fallende Abszisse oder Komponente AN dem Grade, um welchen die Thätigkeit AM, wenn sie mit der Thätigkeit AC zusammenwirkt, die letztere verstärkt, wogegen die rechtwinklige Ordinate MN die bei dieser Zusammenwirkung auftretende neutrale Veränderung bezeichnet.

Beispielsweise ist Achtung keine Liebe; noch weniger aber ist Achtung Hass. Dieses „noch weniger“ lehrt schon, dass die Achtung, obwohl sie keine Liebe ist, sich doch auch nicht völlig neutral zur Liebe verhält, sondern eine Komponente hat, welche mit der Liebe zusammenfällt, während die andere Komponente eine zur Liebe neutrale Empfindung darstellt. Ebenso neigt sich der Gegensatz von Achtung, die durch AM_i dargestellte Verachtung, mehr dem Hasse AC_i, als der Liebe AC zu.

Die Zerlegung einer Thätigkeit AM in ihre beiden Komponenten AN und NM parallel und normal zu einer anderen Thätigkeit AC entspricht der arithmetischen Zerlegung des Richtungskoeffizienten $e^{\alpha \sqrt{-1}}$ in die aus einem reellen und imaginären Gliede bestehende Summe

$$a + b\sqrt{-1}.$$

Wenn AC als eine Ursache und AM als deren Wirkung auf Grund des in dem Winkel $MAC = \alpha$ liegenden Kausalitätsverhältnisses $e^{\alpha\sqrt{-1}}$ aufgefasst wird; so hat der arithmetische Satz $e^{\alpha\sqrt{-1}} = a + b\sqrt{-1}$ den logischen Sinn, dass die Wirkung ein Inbegriff von zwei Eigenschaften ist, von welchen die eine $a = AN$ eine reelle Eigenschaft des Wirkenden AC, die andere $b\sqrt{-1} = AP$ aber eine imaginäre Eigenschaft des Wirkenden AC oder eine reelle Eigenschaft eines gegen AC sich neutral verhaltenden Anderen AL oder eine attributive Eigenschaft eines mit dem Subjekte AC gleichartigen anderen Objektes PM ist.

Demzufolge involvirt die Relation Sohn AM ein reelles Sein AN des als Vater gedachten Menschen AC und zugleich das Sein AP eines Anderen AL, oder der Sohn ist ein auf ein anderes Objekt PM übertragenes Resultat des Vaters. Dieses andere Objekt PM, auf welches sich die Wirkung des Vaters AC vermittelst der imaginären Eigenschaft AP überträgt, wird als ein Sein aufgefasst, welches mit dem Sein des Vaters eine durch die Ebene XAY dargestellte Gattungsgemeinschaft besitzt. Abstrahirt man von dieser Gattungsgemeinschaft; so entsteht eine Wirkung, welche nicht mehr in der letzteren Ebene liegt, sondern eine Neigung gegen diese Ebene hat, indem dieselbe jedoch mit AC immer noch den Winkel α bildet. Das vom Vater Erzeugte trägt dann nicht mehr den Namen Sohn, sondern einen beliebigen anderen Namen. Dasselbe steht mit dem Vater nur in der Gemeinschaft einer Gesammtheit und zerlegt sich in die drei Theile $a + b\sqrt{-1} + c\sqrt{-1}\sqrt{-1}$, von welchen der dritte Theil auf der Gattungsebene normal steht, also, wenn diese Gattungsebene die Gemeinschaft von Menschen darstellt, eine überimaginäre Eigenschaft des Individuums AC oder eine imaginäre Eigenschaft von Menschen oder eine reelle Eigenschaft einer Sache ist. Auf diese aus der Grundgattung hinaus tretenden Wirkungen, welchen keine reelle, sondern imaginäre Kausalität zukömmt, werden wir weiter unten zurückkommen. In das unserer jetzigen Betrachtung unterliegende Kontrarietätsgebiet der Relation gehören nur die in der Grundgattung vor sich gehenden Wirkungen, bei welchen das Subjekt reell thätig, also entweder aktiv oder passiv ist, und wir heben nochmals nachdrücklich hervor, dass das Subjekt bei allen bis jetzt untersuchten Thätigkeiten, mag ihre Wirkung nun ein Erzeugen, ein Vernichten, ein Neutralisiren, ein Veranlassen oder ein Erzeugtwerden, ein Vernichtetwerden, ein Neutralisirtwerden, ein Veranlasstwerden sein, stets aktiv oder passiv wirksam ist.

Jede direkte Kausalität, wie z. B. die des Liebens, ist eine Annäherung an die Neutralisation. Je stärker die Kausalität, desto stärker diese Annäherung, d. h. desto grösser das Feld der Objekte, welche durch die betreffende Thätigkeit erreicht werden können. Dieser Satz entspricht dem Wachsthume des Quotienten $\dfrac{b}{a}$ von 0 bis ∞, während der Winkel XAC von 0 bis $\dfrac{\pi}{2}$ wächst.

Durch Neutralisation wird das reelle Sein oder das Sein des Subjektes aufgehoben und in das imaginäre Sein oder in das Sein eines Anderen verwandelt. Wenn der Neutralisationsprozess auf das neutrale Sein AY angewandt, also das Neutrale neutralisirt wird; so wird zunächst das Sein des Anderen aufgehoben, also ein reelles Sein hergestellt: allein dieses reelle Sein kann nicht das positive Sein AX des Subjektes sein, weil sonst die Wiederholung der Neutralisation mit einer Vernichtung des Effektes der Neutralisation gleichbedeutend wäre, was nur bei Gegensätzen denkbar ist. Demnach kann das fragliche reelle Sein nur das negative Sein AX_1 oder der Gegensatz des Seins des Subjektes sein. Die Neutralisation des Neutralen erzeugt also logisch den Gegensatz ebenso, wie geometrisch eine zweimalige Drehung um 90 Grad die entgegengesetzte Richtung oder, arithmetisch, die zweimalige Multiplikation mit $e^{\frac{\pi}{2}\sqrt{-1}} = \sqrt{-1}$ das Negative hervorbringt.

Beispielsweise erzeugt die Kausalität, welche das Gefühl der Liebe hemmt und in eine diesem Gefühle ganz fremde Regung, z. B. in Hunger verwandelt, wenn sie nochmals neutralisirend wirkt, also durch Hemmung der letzteren Regung wieder in die Grundrichtung des ersteren Gefühles lenkt, nicht die positive, sondern die negative Liebe, d. b. den Hass.

Zu weiterer Erläuterung der einer halben und einer Viertelumdrehung entsprechenden Verhältnisse bedeute die Richtung AC (Fig. 1086) die Relation Sohn, sodass das Objekt CF ein bestimmter Sohn des Subjektes ist, welches in der Axe AX liegend gedacht wird. AC' ist dann der Vater des Subjektes. Zieht man CE parallel zu AC'; so bedeutet diese Linie, indem man dieselbe unmittelbar auf das Objekt CF und dieses auf das Subjekt AX bezieht, Vater des Sohnes und das Objekt EX ist der Vater des Sohnes CF, also das Subjekt selbst, wie es auch der geometrischen Anschauung entspricht. AB stellt den Antheil des Vaters an dem Sohne dar, während BC der Antheil des Objektes CF an dieser Relation ist. Bei dem Objekte EX, welches vermöge der Konstruktion ACE als Vater seines Sohnes erscheint, ist der objektive Antheil null, während der subjektive Antheil AE doppelt so gross ist, als AB oder die Summe $AB + BC$ darstellt, was so viel sagt, als dass der subjektive Antheil, welchen das Subjekt als Vater seines Sohnes hat, den subjektiven Antheil, welchen dasselbe am Sohne, und den, welchen es am Vater hat, umfasst. Die vollständige Bedeutung des Dreieckes ACE oder der Formel $(AE) = (AC) + (CE)$ liegt in dem Satze „das Subjekt AE ist der Vater seines Sohnes" und der aus diesem Satze sich ergebende Quantitätswerth von AE ergiebt sich aus der Definition „das Subjekt als Vater seines Sohnes".

Vermöge der Konstruktion $AC'E$ erscheint dasselbe Objekt EX als der Sohn seines Vaters.

Bezöge man eine zweite Richtung wie CE nicht unmittelbar auf das mit dem Subjekte parallel laufende Objekt CF, sondern auf die durch AC dargestellte Wirkung; so wird ihre logische Bedeutung eine von der vorstehenden abweichende. So hat AX, wenn diese Linie vermöge ihres Neigungswinkels auf AC bezogen wird, die Bedeutung Sohnesvater, womit eine Relation ausgesprochen ist, während der Begriff Vater seines Sohnes ein Objekt bezeichnet, welches mit dem Subjekte zusammenfällt. Wird die Richtung AC' unmittelbar auf die Richtung AC bezogen; so bedeutet sie Sohnesgrossvater. Diess ist eine Relation, welche die Relation Vater deckt; der Begriff sein Vater bezeichnet dagegen ein Objekt $C'F'$.

Die Richtung AC_1 bedeutet, wenn man das Ich zum Subjekte nimmt, bei einem Quantitätsgegensatze nicht mein Sohn, die Richtung AC'_1 nicht mein Vater. Verlängert man EC bis D; so bedeutet diese Linie CD nicht der Vater meines Sohnes. An dem Objekte DG ist das Subjekt Ich gar nicht, sondern nur ein Anderer AD betheiligt. Die Verlängerung von EC' bis D' entspricht der Relation nicht der Sohn meines Vaters. Auch jetzt ist der subjektive Antheil null und es existirt nur ein objektiver Antheil AD'; derselbe erscheint aber als Gegensatz des objektiven Antheils AD, gleichwie auch der objektive Antheil BC' des Vaters den Gegensatz zu dem objektiven Antheile BC des Sohnes bildet.

Vollendet man das Parallelogramm EDE_1D'; so bedeutet DG vermöge der Konstruktion AC'_1D ein Sohn Jemandes, der nicht mein Vater ist. Das hierunter verstandene Objekt DG ist sicherlich ein Anderer, als ich, mein subjektiver Antheil an der betreffenden Relation ist null. Vermöge der Konstruktion AC_1D' ist $D'G'$ der Vater Jemandes, welcher nicht mein Sohn ist. Auch an dieser Relation habe ich keinen Antheil; der objektive Antheil AD' ist jedoch dem vorhergehenden AD entgegengesetzt.

Vermöge der Konstruktion AC'_1E_1 gehört der Punkt E_1 einem Objekte an, welches nicht der Sohn Jemandes ist, der nicht mein Vater ist. Zu den möglichen Objekten, welche dieser Bedingung entsprechen, gehört auch das Subjekt selbst, und diese Thatsache spricht sich in den Worten aus, ich bin nicht der Sohn meines Vaters nicht. Auf Grund der Konstruktion AC_1E_1 erscheint dasselbe Objekt als nicht der Vater Jemandes, der nicht mein Sohn ist. Hierzu gehört auch das Subjekt selbst, indem ich nicht der Vater meines Sohnes nicht bin.

Die Konstruktion ACA, welche einen Hin- und Rückgang in der Richtung AC, also eine Summe von AC und $CA = AC_1$ darstellt, enthält den Satz „ich (nämlich das in A beginnende Subjekt AX) bin nicht der Sohn meines Sohnes". $AC'A$ sagt „ich bin nicht der Vater meines Vaters", AC_1A sagt „ich bin nicht meines Sohnes Sohn", $A.C'_1A$ sagt „ich bin nicht meines Vaters Vater". Ohne spezielle Nennung des in A getroffenen Objektes AX und des in C getroffenen Objektes CF bedeutet der Hinundrückgang ACA oder die Formel $AC + CA$ „nicht der Sohn des Sohnes". Findet keine Beziehung zu den Objekten CF und AX statt, handelt es sich also lediglich um die Rückkehr zum Anfangspunkte A oder um die annullirte Summe $AC + CA = 0$ oder $AC - AC = 0$; so bedeutet dieselbe „Sohn und nicht Sohn sein", oder, allgemeiner, Wirkung und nicht Wirkung sein, bewirkt und nicht bewirkt sein, d. h. im Anfange einer Wirkungsäusserung sein (sich im Begriffe zu wirken befinden). Ebenso hat ein Hinundrückgang AXA in der reellen Axe die Bedeutung „sein und nicht sein" d. h. beginnen oder in der Entstehung begriffen sein oder im Anfange sein.

Wenn die Negation in einer Relation wie vorstehend lediglich den Sinn der quantitativen Ausschliessung hat, sodass damit nicht ein kontradiktorischer Gegensatz zur Richtung AC, sondern eine Ausschliessung von der Linie AC ausgedrückt werden soll; so hat man zu unterscheiden, ob durch die Negation das Subjekt, oder ob die Kausalität, oder ob das Objekt ausgeschlossen werden soll. Soll der Ausdruck „nicht mein Sohn" soviel bedeuten, wie nicht m e i n Sohn, soll also durch den Satz Alexander ist nicht m e i n Sohn das durch AM dargestellte Subjekt Ich ausgeschlossen werden (Fig. 1087); so kann als Subjekt eine Grösse wie AM' angenommen werden, welchem unter der Relation der Sohnschaft MAC Alexander $C'F'$ als das gegebene Objekt entspricht. Soll durch den Ausdruck „nicht mein Sohn" die Relation AC der Sohnschaft ausgeschlossen werden, sodass derselbe den Sinn hat „Alexander ist nicht mein S o h n"; so hat man unter dem Ich ein gegebenes Subjekt AM, unter Alexander ein gegebenes Objekt $C''F$ und unter der Relation zwischen Beiden eine Richtung AC'' zu verstehen, welche von der die Relation des Sohnes darstellenden Richtung AC ausgeschlossen ist. Soll endlich durch den Ausdruck „nicht mein Sohn" das Objekt ausgeschlossen werden, sodass derselbe die Bedeutung erlangt „nicht A l e x a n d e r ist mein Sohn"; so kann man sich unter AM das Subjekt ich, unter der Richtung AC die Sohnschaft, unter Alexander aber eine von der CF ausgeschlossene Linie wie etwa $C'''F'''$ vorstellen.

Wir haben schon angeführt, dass die Wirkung AC (Fig. 1086) mit der Ursache AX das Nichts oder den Anfang des Seins, welcher durch den Punkt A dargestellt ist, gemein hat. Diess entspricht der geometrischen Thatsache, dass die Drehung der Linie AX eine Drehung um einen Punkt dieser Linie ist. Die verschiedenen Kausalitäten oder Relationen, welche den verschiedenen Werthen des Winkels XAC entsprechen, bezeichnen ebenso verschiedene Wirkungen AC desselben Subjektes. Der Schlag ist etwas Anderes als der Sohn oder der Kauf oder die Liebe u. s. w.; indem ich schlage, verrichte ich eine andere kausale Thätigkeit, thue ich eine andere Wirkung, als indem ich kaufe oder liebe. So verschieden nun aber auch alle diese kausalen Thätigkeiten wie schlagen, kaufen, lieben sind und so verschieden auch die verschiedenen effizirenden Thätigkeiten oder die Quantitäten der Ursache und Wirkung sein mögen; so haben sie doch sämmtlich das durch den Punkt A dargestellte Element, nämlich den Zustand des Subjektes miteinander gemein, in welchem dasselbe seine kausale und effizirende Thätigkeit beginnt. In diesem Zustande koinzidirt die Ursache mit der Wirkung; die längs der Linie AX gemessene Quantität der von der wirkenden Ursache ausgeübten effizirenden Thätigkeit ist nämlich für jenen Anfangszustand der Thätigkeit null, ebenso wie die längs der Linie AC gemessene Quantität der beschafften Wirkung für jenen Anfangszustand null ist. Wenn die effizirende Thätigkeit null ist oder wenn die Ursache keine Quantität hat, ist auch immer die Wirkung ohne Quantität, welchen Werth auch die Kausalität haben möge.

Ausser dem Anfangszustande A haben alle Wirkungen des Subjektes wie schlagen, kaufen, lieben keinen weiteren Zustand miteinander gemein, wie gross auch die Quantität der effizirenden Thätigkeit werden möge. Der geometrische Satz, dass zwei gerade Linien von verschiedener Richtung sich nur in einem einzigen Punkte schneiden, entspricht also dem logischen Satze, dass zwei verschiedene einfache (einförmige) effizirende Thätigkeiten bis auf den Anfangszustand keinen Zustand miteinander gemein haben oder dass sie quantitativ Nichts miteinander gemein haben.

Mit der Quantität AX der Ursache wächst proportional die ihr gleiche Quantität AC der Wirkung. Dieser Satz entspricht dem logischen Satze, dass jede bestimmte (endliche) Wirkung auch eine bestimmte (zu ihrer Erzeugung ausreichende) Ursache haben oder dass jede bestimmte Ursache auch eine bestimmte Wirkung hervorbringen müsse. Wenn Ursache oder Wirkung quantitativ auf den Nullwerth herabsinkt, lautet dieser Satz: keine Ursache keine Wirkung, oder auch, aus Nichts wird Nichts (d. h. Nichts bewirkt Nichts), wie gross auch die Kausalität sein möge.

Zwei gleiche Thätigkeiten, welche von verschiedenen Subjekten ausgehen, wie AC und FG (Fig. 1088), oder welche von verschiedenen Zuständen desselben Subjektes ausgehen, wie AC und DE repräsentiren zwei geometrische Parallelen. Dieselben koinzidiren weder geometrisch, noch logisch in irgend einem Punkte, insofern sie nicht wie AC und $C_1 C$ sich in allen Punkten decken. Der Schlag, welchen ein Mensch ausübt, und der Schlag, welchen ein anderer Mensch oder welchen derselbe Mensch in einem anderen Zustande ausübt, thut immer eine andere Wirkung, wie lange auch die effizirende Thätigkeit des Schlagens in diesem oder jenem Falle ausgeübt werde. Wenn diese verschiedenen Schläge gegen einunddasselbe Individuum JE geführt werden; so wird Letzteres entweder in verschiedenen Zuständen H, C, E getroffen, oder wenn diese Zustände gleich sind, decken sich die Thätigkeiten wie AC und $C_1 C$ vollständig, sodass die Verschiedenheit der Wirkung dann nur in der Verschiedenheit des Umfanges AC und $C_1 C$ der ausgeübten Thätigkeit beruht.

Mathematische Grössen, welche sich decken oder ineinander fallen, haben gewisse, jedoch keineswegs alle Eigenschaften miteinander gemein, insbesondere können sie auf verschiedene Weise entstanden sein und demzufolge einen verschiedenen logischen Sinn haben. So ist z. B. $a + b$ nach Quantität, aber nicht nach der Gliederfolge gleich $b + a$, ferner ist $a \times b$ nach dem Produkte, aber nicht nach seiner Zusammensetzung gleich $b \times a$, ebenso deckt $(-1)^2$ die Grösse $+1$, ist aber nach ihrer Entstehung nicht damit identisch. Ebenso ist $e^{\alpha \sqrt{-1}}$ zwar nach seinem Anfangs- und Endpunkte, aber nicht nach Sinn und Entstehung gleich $cos \alpha + sin \alpha \sqrt{-1}$; die erstere Grösse ist arithmetisch das Resultat eines Verhältniss- oder Vervielfältigungsgesetzes und geometrisch das Resultat einer Drehung aus der Grundrichtung um den Winkel α, die letztere Grösse dagegen ist arithmetisch und geometrisch das Resultat eines Fortschrittsgesetzes in einer schrägen Richtung. Der letztere Unterschied hat eine hochwichtige logische Analogie.

Wirkung ist Erzeugung einer Relation durch Kausalität, genau entsprechend der geometrischen Drehung in eine Richtung um einen Winkel α oder der arithmetischen Multiplikation mit einem Richtungskoeffizienten $e^{\alpha \sqrt{-1}}$. Die Beziehung des verursachenden Subjektes OA zu dem von der Wirkung OB betroffenen Objekte BM

(Fig. 1089) liefert das grammatische Transitätsverhältniss des Akkusativs (des Nominativs zum Akkusativ), wie z. B. in den Ausdrücken ich liebe dich, ich schlage dich. Der Winkel AOB bezeichnet die Kausalität der Wirkung, der Bogen AB die kausale Thätigkeit des Subjektes. In der kausalen Thätigkeit liegt ein Erzeugen, ein Produziren (gleich einer mathematischen Produktbildung), auf welchem das grammatische Akkusativverhältniss beruht.

Ein Fortschritt in der schrägen Richtung OB ist keine Drehung, ist überhaupt kein Prozess unter der Herrschaft des dritten, sondern ein Prozess unter der Herrschaft des zweiten Grundgesetzes. Dieser Fortschritt in einer gegebenen, durch Drehung bereits erzeugten Richtung ist in Beziehung zu einem davon getroffenen Objekte BM gleichbedeutend mit der Verschiebung dieses Objektes längs einer schrägen Richtung und entspricht logisch der effizirenden Thätigkeit des Subjektes gegen ein Objekt BM. Eine solche effizirende Thätigkeit hat durchaus nicht den Sinn einer Erzeugung, sondern den einer Übertragung, Verleihung, eines Gebens an das Objekt BM. In Beziehung auf dieses Objekt ist der Prozess ein Aneignungs-, ein Empfangs-, ein Inhärenzprozess. Diese Fortschiebung längs einer schrägen, also durch Drehung bereits entstandenen Richtung liefert zwischen dem Subjekte OA und dem Objekte BM das grammatische Intransitätsverhältniss des Dativs (des Nominativs zum Dativ), wie in den Beispielen, ich traue dir, ich gehorche dir, ich gebe dir, ich glaube dir. An die Stelle des Dativs tritt zuweilen ein von einer Präposition regierter Kasus, wie z. B. ich rechne auf dich, ich erinnere an Das, ich bitte um Etwas, ich verkaufe an dich, ich kaufe von dir, ich glaube an dich.

Ganz entschieden tritt die Bedeutung des Gebens und Empfangens bei der später näher zu erörternden Intensitätswirkung hervor. Da bei einer solchen Wirkung das Subjekt keine Relationsänderung erleidet, diese Wirkung vielmehr eine Verstärkung ist; so findet bei einer Übertragung dieser Wirkung auf ein äusseres Objekt lediglich eine Verminderung des Inhaltes des Subjektes und eine Vermehrung des Inhaltes des Objektes statt. Ein Beispiel dieser Art ist die Erwärmung der Erde durch die Sonne, worunter die Übertragung der durch eine Intensitätswirkung erzeugten Sonnenwärme auf die Erde ohne Relationsänderung verstanden werden kann.

Wirkung und Verleihung, Drehung und Fortschritt können sich miteinander kombiniren. Die wichtigste Kombination ist diejenige, wo die Richtung der Verleihung zugleich die durch Drehung entstandene Richtung ist, wo also geometrisch ein Objekt BM, welches durch die Drehung des Subjektes OA getroffen ist, in der Richtung OB bis CN fortgeschoben wird. Hierdurch kombinirt sich ein Transitäts- mit einem Intransitäts-, ein Akkusativ- mit einem Dativverhältnisse, indem das Subjekt OA für das im Akkusative stehende Objekt BM eine Ursache, für das im Dativ stehende Objekt CN dagegen ein Geber ist. Ein Beispiel hierzu ist, ich schenke dir das Geld, worin OA das Subjekt ich, BM das Geld, CN das Du ist und die Richtung OBC das Schenken darstellt; auch, ich verkaufe dir das Haus, ist ein solches Beispiel.

Manche Zeitwörter sind in ihrer Grundbedeutung transitiv, wie lieben, schlagen, malen, manche dagegen sind intransitiv wie vertrauen, befehlen, helfen, manche sind von Haus aus zu der Kombination des Transitäts- und Intransitätsverhältnisses angelegt, wie geben, bitten, erinnern (ich gebe dir Etwas, ich bitte dich um Etwas, ich erinnere dich an Etwas). Der Mangel absoluter Basen gestattet übrigens, jedes Transitätsverhältniss in ein Intransitätsverhältniss aufzulösen oder als ein solches zu denken, und umgekehrt, allgemein aber, jedes Verhältniss als eine Transität, als eine Intransität oder als eine Kombination aus Beiden darzustellen. So kann man das Transitätsverhältniss, ich schlage dich, in das intransitive, ich gebe dir Schläge, und das intransitive, ich gebe dir, ich rathe dir, in das transitive, ich beschenke dich, ich berathe dich, das kombinirte Verhältniss, ich male dir eine Landschaft, in das transitive, ich male eine für dich bestimmte Landschaft, und in das intransitive, ich landschaftsmale für dich übersetzen. Jedes Transitätsverhältniss gestattet die Ergänzung oder Hinzufügung durch ein Intransitätsverhältniss, und umgekehrt; so kann man dem transitiven Satze, ich schlage den Hund, hinzufügen, zur Strafe, und dem intransitiven Satze, ich helfe dir, kann man zusetzen, das Pferd besteigen.

Möglicherweise können auch zwei unter derselben Kausalität stehende Wirkungen oder Transitätsverhältnisse miteinander verbunden werden, z. B. ich nenne dich meinen Vormund. Eine solche Kombination kann auch in ein Transitäts- oder Intransitätsverhältniss verwandelt werden, z. B. ich ernenne dich zu meinem Vormunde.

Endlich können auch zwei unter derselben Inhärenz stehende Intransitätsverhältnisse miteinander verknüpft werden, z. B. ich gebe dir zu einem Unternehmen, und es kann noch ein Transitätsverhältniss hinzugefügt werden, z. B. ich gebe dir Geld zu einem Unternehmen.

Eine besondere Beachtung verdient die grammatische Passivform eines Intransitätsverhältnisses, welches dem Fortschritte in der Richtung OB_1 unter der negativen Kausalität — α entspricht. Während das aktive Transitätsverhältniss, ich liebe dich, zu dem passiven Transitätsverhältnisse, ich werde von dir geliebt, führt, lautet der Übergang von dem aktiven Intransitätsverhältnisse, ich gebe dir, nicht etwa, ich werde dir gegeben, sondern, mir wird von dir gegeben. Der Gedanke ist vollständiger, wenn das im Akkusativ stehende Transitätsverhältniss hinzugefügt wird. So liefert das durch OBC dargestellte aktive Verhältniss, ich schenke dir (CN) das Geld (BM), das durch OB_1C_1 dargestellte passive Verhältniss, mir wird von dir (C_1N_1) das Geld (B_1M_1) geschenkt. In dem Satze, dir wird von mir das Geld geschenkt, ist nicht das Ich, sondern das Du das Subjekt. In dem Satze, ich werde dir von ihm geschenkt, ist das Ich durchaus nicht das Subjekt, vielmehr ist das Du das Subjekt, das Ich ist das Transitätsobjekt und das Er ist das Intransitätsobjekt, wogegen in dem reinen passiven Transitätsverhältnisse, ich werde von ihm verschenkt, das Ich das Subjekt und das Er das Transitätsobjekt ist.

Viele passive intransitive Thätigkeiten tragen in unserer Sprache besondere Namen in Aktivform. So hat die Passivform OB_1C_1, mir wird von dir das Geld gegeben, den Sinn der Aktivform, ich empfange von dir das Geld. Während die Grundlage des Fortschrittes in einer positiv geneigten Richtung OB oder des Inhärirens unter einer aktiven Thätigkeit oder die Grundbedeutung einer aktiven intransitiven Thätigkeit ein Geben ist, ist die Grundlage des Fortschrittes in einer negativ geneigten Richtung OC_1 oder des Inhärirens unter einer passiven Thatigkeit oder die Grundbedeutung einer passiven intransitiven Thätigkeit ein Empfangen.

Die der aktiven intransitiven Thätigkeit OC kontradiktorisch entgegengesetzte intransitive Thätigkeit OB' ist ein Nehmen, Wegnehmen, Entziehen, z. B. ich nehme dir das Geld. Die der passiven intransitiven Thätigkeit OB_1 entgegengesetzte intransitive Thätigkeit OB_1' ist ein Verlieren, Aufgeben, z. B. ich verliere an dich das Geld. Als fernere Beispiele aktiver und passiver, direkter und entgegengesetzter intransitiver Thätigkeiten führen wir noch folgende an.

aktiv	passiv	entgegengesetzt aktiv	entgegengesetzt passiv
geben	empfangen	nehmen	verlieren
kaufen	verkaufen	durch Kauf verlieren	durch Kauf erwerben
verkaufen	kaufen	durch Kauf erwerben	durch Kauf verlieren
herrschen	dienen	gehorchen	befehlen
bringen	annehmen	holen	ablehnen

Der eben besprochene Unterschied zwischen einer kausalen (der Drehung resp. Multiplikation mit einem Richtungskoeffizienten entsprechenden) und einer effizirenden oder inhärirenden (dem schrägen Fortschritte, resp. der Addition komplexer Grössen entsprechenden) Thätigkeit nöthigt uns, noch einige Bemerkungen über die Bedeutung eines einfachen Seins oder eines Subjektes OA oder eines Objektes BM zu machen, jenachdem dasselbe als das Resultat einer Kausalität (einer Drehung oder Multiplikation) oder als das Resultat einer Inhärenz, d. h. einer Einverleibung primärer Eigenschaften (durch Fortschritt oder Addition) oder endlich als das Resultat eines Quantitäts- oder Erweiterungsprozesses (durch Grenzerweiterung oder Numeration) gedacht wird.

Im letzten dieser drei Fälle, nämlich als Quantitätsresultat, stellt das Subjekt OA und das Objekt BM ein bejahtes Wesen dar, dessen Gegensatz jedes davon ausgeschlossene oder verneinte Wesen ist. Das entgegengesetzte Objekt OA' ist ohne Frage ein von OA ausgeschlossenes, gehört also zu den quantitativ entgegengesetzten oder verneinten Subjekten; ebenso gehört BN zu den verneinten Objekten, gleichwie die der OB entgegengesetzte Thätigkeit OB' zu den verneinten gehört. (Fig. 1090).

Lassen wir den Quantitätsgegensatz auf sich beruhen und vergleichen wir den Inhärenzgegensatz, welcher eine Aufhebung durch entgegengesetzte Eigenschaften, eine Aufhebung des Seins bedeutet, mit dem Relationsgegensatze, welcher eine Aufhebung durch entgegengesetzte Thätigkeit, eine Vernichtung durch Wirkung oder eine vernichtende

Wirkung bedeutet. Als Relationsgegensatz entspricht das Subjekt OA' einer halben Umdrehung des Subjektes OM, ist also nach der Formel $(+1)e^{\pi\sqrt{-1}}$ ein positives Subjekt $+1$ mit vernichtender Wirkung $e^{\pi\sqrt{-1}}$. In diesem Sinne ist, wenn OA die Liebe, die Wärme, den Menschen bedeutet, OA' der Hass, die Kälte, der Unmensch. Als Inhärenzgegensatz erscheint das Subjekt OA' als ein durch negativen Fortschritt in der Richtung OX' oder als ein durch Rückschritt entstandenes negatives Wesen, welches in der Verbindung mit einem positiven Wesen OA den Fortschritt annullirt oder aufhebt, also als ein rückläufig gebildetes Wesen. Von dieser Art ist der Gegensatz zwischen der Zukunft OA und der Vergangenheit OA', welcher nicht auf direkter und entgegengesetzter Wirkung oder Kausalität, sondern auf Fortschritt und Rückschritt beruht. Denkt man sich also unter OA einen alternden Menschen oder überhaupt einen solchen, dessen Sein sich aus Zuständen zusammensetzt, welche in der Richtung OA aufeinander folgen; so ist OA' ein gewissermaassen sich verjüngender, d. h. ein solcher Mensch, dessen Dasein nicht von seinem Anfange gegen sein Ende hin, sondern von seinem Ende gegen seinen Anfang hin gedacht wird. Wenn man die Kälte als eine Verminderung der Wärme ansieht, stellt sich die Kälte zur Wärme nicht mehr wie früher in einen Relations-, sondern in einen Inhärenzgegensatz.

Der Charakter des Subjektes überträgt sich auf die Wirkung, welche dieses Subjekt unter einer gegebenen Kausalität α ausübt. Das positive Subjekt OA verrichtet unter der Kausalität α die Wirkung OB. Das negative Subjekt OA' verrichtet unter dieser Kausalität die Wirkung OB', welche der OB entgegengesetzt ist: der Gegensatz der beiden Wirkungen OB und OB' erlangt aber sein Verständniss durch den Gegensatz zwischen OA und OA', derselbe ist also ein Relations-, ein Inhärenz-, ein Quantitätsgegensatz, jenachdem der Gegensatz zwischen OA und OA' ein solcher ist. Bedeutet die Kausalität α das Lieben; so gewinnt, jenachdem man OA' im Quantitätsgegensatze als keinen Menschen oder im Inhärenzgegensatze als einen vergangenen Menschen oder im Relationsgegensatze als einen dem Menschlichen widersprechendes Wesen ansieht, die Wirkung OB' die resp. Bedeutung: der Mensch liebt nicht, der Mensch hat geliebt (wird also nicht lieben), der Mensch hasst (der Unmensch liebt).

Die Begriffe eines entgegengesetzten Subjektes übertragen sich leicht auf ein entgegengesetztes Objekt, insofern es sich dabei lediglich um die Richtung seines Seins handelt, dessen Grundrichtung mit der des Subjektes OA übereinstimmt. Wenn man aber zugleich den logischen Ort des Objektes BM, also die reelle und imaginäre Ordinate des Punktes B oder die akzidentielle und die attributive Eigenschaft des Objektes mit in Betracht zieht; so kommen noch zwei Dinge zur Erwägung, welche bei der vorstehenden Untersuchung keine Rolle gespielt haben, indem das Subjekt OA als in der Grundaxe liegend und im Anfangspunkte O des Seins beginnend gedacht ist. Jenachdem man nun an dem Objekte BM dessen Sein, welches durch die Richtung BM vertreten ist, ferner dessen Akzidens, welches durch die reelle Abszisse a

des Punktes B vertreten ist und die Eigenschaft des Zustandes anzeigt, in welchem das Objekt von der Wirkung OB des Subjektes getroffen wird, endlich dessen Attribut, welches durch die imaginäre Ordinate $b\sqrt{-1}$ des Punktes B vertreten ist und das Attribut des von der Wirkung OB betroffenen Individuums anzeigt, unterscheidet, indem man $(OB) = a + b\sqrt{-1}$, also das Objekt $((BM)) = {}_{n}a + b\sqrt{-1}{}_{,,} + BM$ setzt; so kann man die verschiedenen Fälle von partiellem und totalem Gegensatze in Betracht ziehen, welche sich ergeben, jenachdem das Zeichen von einem, von zwei oder von drei der Glieder a, $b\sqrt{-1}$, BM umgekehrt wird.   Diess giebt folgende 8 Kombinationen:

$$
\begin{array}{llll}
1) & a + b\sqrt{-1} + BM & \text{entsprechend} & BM \\
2) & -.a + b\sqrt{-1} + BM & \text{\textquotedbl} & B_1{}'N_1{}' \\
3) & a - b\sqrt{-1} + BM & \text{\textquotedbl} & B_1 M_1 \\
4) & a + b\sqrt{-1} - BM & \text{\textquotedbl} & BN \\
5) & -a - b\sqrt{-1} + BM & \text{\textquotedbl} & B'N' \\
6) & -a - b\sqrt{-1} - BM & \text{\textquotedbl} & B_1{}'M_1{}' \\
7) & a - b\sqrt{-1} - BM & \text{\textquotedbl} & B_1 N_1 \\
8) & -a - b\sqrt{-1} - BM & \text{\textquotedbl} & B'M'
\end{array}
$$

Der totale Gegensatz des Objektes BM ist das Objekt $B'M'$, indem dasselbe nicht bloss entgegengesetzte Relation, sondern auch entgegengesetztes Akzidens und Attribut hat.   Dieses Objekt ist es, welches in den Gegensatz des Satzes, Napoleon liebte den Krieg, nämlich in den Satz, Napoleon hasste den Frieden, eintritt: unter dem Frieden hat man sich hier nicht bloss den Relationsgegensatz des Krieges, sondern diesen Gegensatz unter allen Umständen, also nach den verschiedenen Akzidentien a (Krieg zu dieser oder jener Zeit, mit diesen oder jenen Mitteln) und den verschiedenen Attributen $b\sqrt{-1}$ (Krieg gegen diese oder jene Nation, wegen dieses oder jenes Zweckes u. s. w.) zu denken.   Soll bei der Kausalität $a =$ lieben und $\pi + a =$ hassen das Objekt nicht $B'M' = -a - b\sqrt{-1} - BM$, sondern $B'N' = -a - b\sqrt{-1} + BM$ sein; so ist der Gedanke ausgesprochen, Napoleon hasst diesen Krieg: dieser Krieg $B'N'$ aber, welchen Napoleon hasst, kann nicht der Krieg BM sein, welchen er liebt; es ist vielmehr ein Krieg, welcher entgegengesetzte Eigenschaften $-a$ und $-b\sqrt{-1}$ hat.   Soll $BN = a + b\sqrt{-1} - BM$ das Objekt sein; so lautet der Satz, Napoleon liebt diesen Frieden: dieser Frieden BN aber, auf welchen die Liebe OB fällt, welche Napoleon dem Kriege BM zuwendet, welcher also mit dem letzteren Kriege das Akzidens und Attribut des Punktes B gemein hat, muss nothwendigerweise, wie es auch der Figur entspricht, eine Richtung BN haben, welche der von BM entgegengesetzt ist.   Setzt man OA' zum Subjekte und drückt diesen Gegensatz des früheren Subjektes durch die Worte „kein Napoleon" aus (wodurch eigentlich ein quantitativer Gegensatz von Napoleon bezeichnet ist); so lautet der Satz für das Objekt BM, kein Napoleon hasst den Krieg, für das Objekt $B'M'$, kein Napoleon liebt den Frieden, für das Objekt $B'N'$ kein Napoleon liebt diesen Krieg, und für das Objekt BN kein Napoleon liebt diesen Frieden.

Logisch, sind die Objekte BM, $B'M'$, BN, $B'N'$, B_1M_1, $B_1'M_1'$, B_1N_1, $B_1'N_1'$ der Thätigkeiten OB, OB', OB_1, OB_1', welche von dem Subjekte OA oder OA' ausgehen können, verschieden. Was ein Mensch liebt, kann er nicht unter denselben Umständen hassen; was sein Gegensatz liebt, kann er selbst nicht lieben; wenn er ein Objekt lieben wird, hat er dasselbe nicht bereits geliebt, d. h. das demnächst zu liebende Objekt BM schliesst das bereits geliebte Objekt BN aus oder das eine ist ein zukünftiges, während das andere ein vergangenes ist; was ein Mensch liebt, ist nicht dasjenige, von welchem er geliebt wird. Für manche dieser acht Objekte fallen zwar die Richtungen des Seins in einunddieselbe Linie, wie bei den vier Objekten BM, BN, $B_1'N_1'$, $B_1'M_1'$ und bei den vier Objekten B_1M_1, B_1N_1, $B'N'$, $B'M'$: allein dieselben unterscheiden sich theils durch die Richtung des Seins, theils durch das Akzidens, unter welchem das Objekt von der Wirkung betroffen wird und die Verschiedenheit dieses Akzidens bedingt im Allgemeinen eine Verschiedenheit des Objektes selbst.

Der letzten Behauptung über die Verschiedenheit der erwähnten acht Objekte scheint die Erfahrung oder die Thatsache zu widersprechen: dieser Widerspruch beruht jedoch lediglich in einer missverständlichen Auffassung des logischen oder begreiflichen oder gedachten, d. h. in dem Verstande eines bestimmten Menschen existirenden und des thatsächlich oder äusserlich, ausserhalb dieses Verstandes existirenden Werthes eines Dinges. So scheint es, dass wenn Jesus den Johannes liebt, Jesus auch von Johannes geliebt werden könne, dass also die beiden Objekte BM und B_1M_1 einunddemselben Individuum (Johannes) angehören können. Das ist logisch unmöglich: der Johannes, welchen Jesus liebt, ist nicht dasselbe logische Objekt, als der Johannes, von welchem Jesus geliebt wird. Äusserlich mögen diese beiden logischen Werthe in einunddemselben physischen Menschen, welcher Johannes heisst, zusammen existiren: das ist für Jesus als logisches Subjekt ganz irrelevant; für den denkenden und empfindenden Jesus kömmt nicht der physische, sondern der gedachte und empfundene Johannes, d. h. derjenige Begriff und diejenige Empfindung in Betracht, welche ihm das Gefühl der Liebe oder des Geliebtwerdens verursacht. Ohne alle Frage ist aber das Gefühl der aktiven Liebe ein ganz anderes, als das des passiven Geliebtwerdens, und demzufolge muss das innere oder logische Objekt, welches die Liebe hervorruft, ein ganz anderes sein, als dasjenige, welches das Geliebtwerden hervorruft.

Die beiden Objekte BM und B_1M_1, das Objekt, welches ich liebe, und das Objekt, von welchem ich geliebt werde, unterscheiden sich durch entgegengesetzte Attribute, können also niemals in einunddemselben logischen Individuum zusammentreffen. Die beiden Objekte BM und $B_1'N_1'$ unterscheiden sich durch entgegengesetzte Akzidentien, können also möglicherweise in einunddemselben logischen Individuum zusammentreffen, d. h. das Objekt, welches ich liebe, kann dasselbe logische Individuum sein, von welchem ich gehasst werde, jedoch findet dieses Gehasstwerden unter anderen Umständen statt, als jene Liebe. So können in den beiden Sätzen, Jesus liebt den treuen Judas, und Jesus wird von

11*

dem falschen Judas gehasst, die beiden logischen Objekte Judas in einunddemselben physischen Menschen Judas wohnen, sie unterscheiden sich
aber durch entgegengesetzte Akzidentien, welche ebenfalls nur logischen
oder inneren Werth für Jesus als Subjekt haben und in unserem Beispiele
mit den Ausdrücken treu und falsch belegt sind, welche hier so viel
bedeuten, als von Jesus für treu gehalten, resp. gegen Jesus sich als
falsch bewährt habend.

Ein anderes Beispiel ergiebt sich aus der Thätigkeit OB des
Zeugens, OB_1 des Gezeugtseins, OB' des Tödtens, OB_1' des Getödtet-
seins. Mein Sohn BM kann nicht mit meinem Vater $B_1 M_1$, mein
Mörder $B_1' M_1'$ nicht mit dem von mir Getödteten $B'M'$ in einer Person
zusammenfallen; Beide stellen jedenfalls Individuen mit verschiedenen
Attributen dar. Es kann auch nicht mein Sohn BM, als der von mir
Geschaffene, mit dem von mir Getödteten $B'M'$ und mein Vater $B_1 M_1$,
als der mich Schaffende, mit meinem Mörder $B_1' M_1'$, als dem mich
Tödtenden, begrifflich sich identifiziren. Dächte man sich, dass mein
Sohn BM mit meinem Mörder $B_1' M_1'$ und mein Vater $B_1 M_1$ mit dem
von mir Getödteten zusammenfiele; so würde doch ein Unterschied und
zwar ein Gegensatz in den Akzidentien verbleiben, indem z. B. der eine
einem früheren, der andere einem späteren Ereignisse angehört.

Zwei Objekte wie z. B. BM und $B_1 M_1$ oder BM und $B'M'$,
welche verschiedene logische Attribute haben, also verschiedene logische
Objekte sind, können allerdings, wie schon erwähnt, durch einunddasselbe physische Objekt vertreten werden. Logisches Sein und physisches Sein, logische Wirklichkeit und physische Wirklichkeit, Gedachtes
und Äusseres sind, wie wir in §§. 491, 492 noch deutlicher zeigen
werden, ganz heterogene Dinge. Ein physisches Ding kann in unendlich verschiedener Weise ein Gegenstand unseres Denkens oder ein
logisches Objekt sein; dasselbe kann also verschiedene logische Objekte
vertreten. Demnach kann ich den konkreten Menschen lieben, von welchem
ich geliebt werde; dieser Mensch ist aber in beiden Fällen logisch ein
Anderer, d. h. die Zustände, Eigenschaften, Attribute, unter welchen ich
den Menschen liebe, sind andere, als diejenigen, welche mir seine Liebe
zuziehen. Ein physischer Mensch ist gewissermaassen eine zufällige
Erfüllung des Begriffes Mensch mit äusserlicher Wirklichkeit; diese Erfüllung ist für die beiden logischen Objekte, welche ich liebe und von
welchen ich geliebt werde, eine entschieden andere: ob aber die erste
und die zweite Erfüllung Zustände in dem physischen Sein einunddesselben
äusseren Gegenstandes sind, hat für den logischen Werth derselben gar
keine Bedeutung. Ganz ebenso kann einunddasselbe physische Objekt,
z. B. ein an einem Faden hängender und dabei auf einem Tische ruhender
Stein zugleich ziehen und drücken, d. h. er kann zugleich eine mechanische
Zugkraft und eine mechanische Druckkraft äussern, also zwei ganz verschiedene mechanische Grössenwerthe repräsentiren: allein die Kraft,
womit er zieht, ist doch eine andere Kraft, eine andere mechanische
Grösse, ein anderer Theil seines Gewichtes, als diejenige, womit er drückt.
In ähnlicher Weise kann derselbe physische Mond bald eine Scheibe, bald
eine Sichel vertreten, und er enthält thatsächlich zugleich (jedoch nicht
vermöge der Gesammtheit seiner Theile, sondern vermöge gewisser

Partikularitäten seiner Theile) ebenso gut einen Kubus, wie ein Tetraeder, ist also ein Repräsentant sehr verschiedener mathematischer Anschauungen, jedoch keineswegs auf einmal und unter denselben Umständen. Wenn OB kaufen und OB_1 verkaufen bedeutet, ist es möglich, dass ich (OA) der Käufer und auch der Verkäufer desselben Objektes und in Beziehung auf dieselbe kontrahirende Person bin; allein doch immer nur in zwei ganz verschiedenen Kaufhandlungen: in einundderselben Handlung kann ich niemals Käufer und Verkäufer zugleich sein.

Dass, umgekehrt, einunddasselbe logische Objekt durch unendlich viel physische Objekte vertreten werden, dass z. B. der von mir Geliebte jeder beliebige Mensch sein kann, ja, dass die zufällige Erfüllung des logischen Begriffes mit physischem Sein für diesen Begriff ganz irrelevant ist, gleichwie es für ein mathematisches Dreieck gleichgültig ist, ob dasselbe aus rothen oder aus goldenen oder aus seidenen Fäden oder aus Lichtstrahlen oder aus chemischen Spannungen besteht, leuchtet ebenfalls ein: das physische Sein ist ein möglicher Fall des anschaulichen (mathematischen), das anschauliche Sein ein möglicher Fall des logischen (§§. 491 und 492).

Wir haben im Vorstehenden die Wirkung als Erzeugung einer Relation durch Kausalität definirt, und fügen jetzt noch hinzu, dass diese Vorstellung von Wirkung, welche der geometrischen Drehung entspricht, gleichbedeutend ist mit Kausalitätsäusserung oder kausaler Thätigkeit. Eine solche Thätigkeit beeinflusst nicht die Quantität der Ursache oder des wirkenden Subjektes. Fasst man nun generell Thätigkeit als eine veranlasste Zustandsänderung auf; so ist kausale Thätigkeit eine Relationsänderung bei konstanter Quantität der Ursache. Effizirende oder vollbringende Thätigkeit dagegen ist, entsprechend dem Fortschritte in gerader Linie, Quantitätsänderung bei konstanter Relation. Blosse Relationsänderung ohne effizirende Thätigkeit oder reine Kausalitätsäusserung entspricht der Änderung der Absicht des wirkenden Subjektes oder der Änderung des Zieles der Thätigkeit, ohne wirkliche Vollführung der That: erst die Kombination der Relation mit der Quantität, der kausalen mit der effizirenden Thätigkeit erzeugt den Wirkungseffekt.

Wenn eine wirksame Ursache ihre Kausalität und Quantität zugleich ändert, also sich zugleich in einer kausalen und in einer effizirenden Thätigkeit befindet, erzeugt sie Wirkungseffekte von verschiedener Relation und verschiedener Quantität. Die allgemeine Thätigkeit eines individuellen (linearen) Subjektes stellt sich also durch irgend eine (gerade, gebrochene oder krumme) Linie im Raume dar, deren Vektoren, vom Anfangspunkte des Subjektes aus gezogen, die Wirkungen dieses Subjektes darstellen; so repräsentirt in Fig. 1064 die Linie FH durch die von A aus gezogenen Vektoren AC eine Thätigkeit des Subjektes AB mit variabeler Kausalität und Quantität.

Dieselbe Linie im Raume kann auch auf ein anderes Subjekt bezogen werden und stellt alsdann eine andere Thätigkeit dar; so ist FH eine effizirende Thätigkeit mit konstanter Kausalität für die in F beginnende Ursache FB.

3) Die Neutralität der Relation oder vielmehr der Kausalität hat drei Hauptstufen, welche wir als primäre, sekundäre und tertiäre Kausalität

oder auch als primäre, sekundäre und tertiäre Wirkung bezeichnen, indem die Wirkung den Effekt der kausalen Thätigkeit vertritt.

Die betreffenden mathematischen Anschauungen sind in §. 98 entwickelt und wir generalisiren dieselben folgendermaassen.

Primäre Drehung oder Deklination, entsprechend der arithmetischen Multiplikation mit dem Deklinationszeichen $e^{\alpha\sqrt{-1}}$, ist Drehung einer Grösse um ihr Anfangselement (wenn es sich also um die Deklination der Linien handelt, Drehung um den Nullpunkt O, welcher das Anfangselement der Linien ist). Die primäre Richtung ist das Verhältniss zur Grundrichtung der Grössen (wenn es sich also um die Richtung von Linien handelt, das Verhältniss zur Grundrichtung OX). Bei der Deklinationsdrehung bleibt die Projektion der Grösse auf ihr Anfangselement konstant (wenn es sich also um die Drehung von Linien handelt, bleibt die Projektion auf den Nullpunkt konstant). Die Deklinationsdrehung ist eine Bewegung in der Gattung, welcher die Grösse angehört, ein Eintritt aus der Grundaxe dieser Gattung in das Bereich der Letzteren (wenn es sich also um die Drehung von Linien handelt, eine Bewegung in der Grundebene XY oder in derjenigen Ebene, in welche die ursprüngliche Grundebene gelangt ist).

Sekundäre Drehung oder Inklination, entsprechend der arithmetischen Multiplikation mit dem Inklinationszeichen $e^{\beta\sqrt{-1}}$, ist Wälzung einer Grösse um sich selbst oder in sich selbst, solange sich die Grösse in der Grundrichtung befindet, allgemein aber, Wälzung einer Grösse um das Anfangselement der Grundgattung, welcher diese Grösse angehört (wenn es sich also um die Inklination von Linien handelt, Wälzung um die Grundaxe OX). Die sekundäre Richtung ist das Verhältniss zur Richtung der Grundgattung. Bei der Wälzung bleibt die Projektion der Grösse auf das Anfangselement der Grundgattung konstant (wenn es sich also um die Wälzung von Linien handelt, bleibt die Projektion auf die Grundaxe OX konstant). Die Wälzung ist eine Bewegung in der Gesammtheit, welcher die Grösse angehört, ein Eintritt aus der Gattung in die Gesammtheit (bei Linien aus der Ebene XY in den Raum XYZ).

Das Bereich der Gesammtheit ist das höchste Gebiet von anschaulichen Grössen, bei Raumgrössen das Gebiet von drei Dimensionen oder von vierter Dimensität, indem die Punkte von keiner Dimension die Grössen von erster Dimensität darstellen. Durch formelle Erweiterung des Systems von Vorstellungen stellt sich der Begriff von höher dimensionirten Grössengebieten, also für die Geometrie von Grössen mit 4, 5, 6 u. s. w. Dimensionen ein. Alle diese Vorstellungen haben keine Anschaulichkeit, es giebt keinen Raum von mehr als drei Dimensionen: sie sind aber logische Konsequenzen der Grundanschauungen, haben eine ideelle Bedeutung als Glieder eines abstrakten Begriffssystems und gewinnen als solche eine erhebliche Wichtigkeit für die Verallgemeinerung der Grössengesetze, namentlich für solche, welche von den Gesetzen des benachbarten höheren Gebietes abhängen: denn sobald es sich z. B. um geometrische Gesetze des Grössengebietes von drei Dimensionen handelt, welche von den Grössen von vier Dimensionen abhängen, werden die anschaulichen Vorgänge in dem ersten Gebiete durch die ideellen Gesetze der vierten

Dimension beeinflusst werden, also Eigenthümlichkeiten zeigen, welche von den Eigenschaften der dreidimensionalen Grössen wesentlich abweichen. Die auf die sekundäre Drehung folgende höhere Neutralitätsstufe der Drehung ist ein Fall dieser Art. Die Fortsetzung des Prozesses, welcher von der Drehung zur Inklination fortschreitet, giebt sofort folgende Definition, welche von der in §. 98 gegebenen etwas abweicht:

Tertiäre Drehung oder Reklination, entsprechend der arithmetischen Multiplikation mit dem Reklinationszeichen $e^{\gamma \sqrt{\div 1}}$ ist Drehung einer Grösse um ihre Gattung; sie erzeugt das Verhältniss zur Richtung der Gesammtheit, beruht auf einer Bewegung in dem Bereiche von vier Dimensionen, wobei die Projektion auf das Anfangselement der Gesammtheit konstant bleibt. Diese Definition erfordert Erläuterungen, welche wir geben, indem wir die Drehung von Linien ins Auge fassen. Die Grundgattung der Linien ist die Grundebene XY und ihre Grundgesammtheit der Raum XYZ. Reklinationsdrehung einer Linie soll also Drehung derselben um die Grundebene $X\dot Y$ sein und es soll dadurch ein Verhältniss zum Raume XYZ hergestellt werden, wobei die Projektion auf die Grundebene XY konstant bleibt. Der anschauliche Effekt einer solchen Bewegung kann kein anderer, als eine Niederdrückung der zu reklinirenden Linie gegen die Grundebene XY oder eine entgegengesetzte Bewegung sein, wobei sich nur ihre zur Axe OZ parallele Koordinate $z\sqrt{-1}\,\sqrt{\div 1}$ ändert, während die Projektion $x + y\sqrt{-1}$ keine Änderung erleidet.

Stellt man sich neben den drei anschaulichen Dimensionen OX, OY, OZ des Raumes unter OU die vierte, unter OV die fünfte u. s. w. vor; so wird eine Linie, welche in dem Raume von vier Dimensionen liegt, vier Projektionen auf die Axen OX, OY, OZ, OU haben und sich in einer der beiden Formen

$$r\,e^{\alpha\sqrt{-1}}\,e^{\beta\sqrt{\div 1}}\,e^{\gamma\sqrt{\div 1}} = a + b\sqrt{-1} + c\sqrt{-1}\sqrt{\div 1} + d\sqrt{-1}\sqrt{\div 1}\sqrt{\div 1}$$

darstellen. Die linke Seite stellt eine um den Winkel α deklinirte, um den Winkel β inklinirte und um den Winkel γ reklinirte Linie von der Länge r dar: die rechte Seite zeigt diese Linie als den Vektor eines vierseitigen Polygons, dessen Seiten die Längen a, b, c, d haben. Von diesen vier Seiten sind aber nur die ersten drei anschaulich; die vierte $d\sqrt{-1}\,\sqrt{\div 1}\,\sqrt{\div 1}$ ist der vierten Dimension parallel. Da diese Dimension rein ideell ist; so existirt sie im anschaulichen Raume überhaupt nicht, sondern liegt, unserem Anschauungsvermögen verhüllt, im Endpunkte des dreiseitigen Polygons $a + b\sqrt{-1} + c\sqrt{-1}\,\sqrt{\div 1}$.

Überhaupt kann man sich die vierte geometrische Dimension, weil sie in jedem Punkte wie O auf den drei anschaulichen Dimensionen OX, OY, OZ normal stehen muss, nur als eine in dem Punkte O verhüllt liegende Grösse denken. Während die Linie OU von vierter Dimension oder die quartäre Linie in den Punkt O fällt, verhüllt sich die quartäre Fläche ZU in der tertiären Axe OZ, die Ebene XU in der Axe OX, die Ebene YU in der Axe OY, und der Raum von vier Dimensionen $XYZU$ in dem Raume von drei Dimensionen XYZ, der Raum von drei Dimensionen $X\dot YU$ in der Ebene XY, der Raum von drei Dimensionen YZU in der Ebene UZ und der Raum von drei Dimensionen XZU in der Ebene XZ.

Geht man zum Raume von 5 Dimensionen über; so liegt die quartäre und quintäre Linie OU und OV verhüllt im Punkte O; die quartäre Ebene ZU in der Axe OZ, die quintäre Ebene UV im Punkte O, die Ebene XU und die Ebene XV in der Axe OX u. s. w., der Raum von drei Dimensionen XUV in der Linie OX, der Raum von drei Dimensionen XYU in der Ebene XY u. s. w.

Bei der tertiären Drehung γ muss nun nach dem allgemeinen Drehungsgesetze eine auf der Grundebene normal stehende Linie OZ von der Länge c in eine ideelle Ebene hinein gedreht werden. In Folge dessen verkürzt sich diese Normale auf die Länge $c\cos\gamma$, welche die Projektion der gedrehten Linie c auf die Axe OZ darstellt, und die in die ideelle Ebene hineintretende Ordinate wird eine ideelle, also für die Anschauung verschwindende Linie von der ideellen Länge $c\sin\gamma$, welche die Projektion der gedrehten Linie c auf die ideelle Axe OU darstellt. Der Drehungskoeffizient für diese Drehung ist $e^{\gamma\sqrt{\div 1}} = \cos\gamma + \sin\gamma\sqrt{\div 1}$ und die gedrehte Linie $c\cos\gamma\sqrt{-1}\sqrt{\div 1} + c\sin\gamma\sqrt{-1}\sqrt{\div 1}\sqrt{\div 1}$. Da der zweite oder ideelle Theil dieser Linie verschwindet; so erscheint die tertiäre Liniendrehung hierbei als eine Niederdrückung des Endpunktes des anschaulichen Linientheiles in normaler Richtung gegen die Grundebene, womit eine Verkürzung der anschaulichen Linie verbunden ist. Man hat nämlich, wenn eine beliebige Linie $r\,e^{\alpha\sqrt{-1}}e^{\beta\sqrt{\div 1}}$ dieser tertiären Drehung $e^{\gamma\sqrt{\div 1}}$ unterworfen wird,

$$r\,e^{\alpha\sqrt{-1}}e^{\beta\sqrt{\div 1}}e^{\gamma\sqrt{\div 1}} =$$
$$r\cos\alpha + r\sin\alpha\cos\beta\sqrt{-1} + r\sin\alpha\sin\beta\cos\gamma\sqrt{-1}\sqrt{\div 1}$$
$$+ r\sin\alpha\sin\beta\sin\gamma\sqrt{-1}\sqrt{\div 1}\sqrt{\div 1}$$

Anschaulich ist hiervon nur der Theil

$$r\cos\alpha + r\sin\alpha\cos\beta\sqrt{-1} + r\sin\alpha\sin\beta\cos\gamma\sqrt{-1}\sqrt{\div 1}$$

dessen Länge nicht mehr der früheren r gleich ist, sondern sich auf

$$\sqrt{r^2\cos^2\alpha + r^2\sin^2\alpha\cos^2\beta + r^2\sin^2\alpha\sin^2\beta\cos^2\gamma} = r\sqrt{1 - \sin^2\alpha\sin^2\beta\sin^2\gamma}$$

verkürzt hat. Die ideelle Länge der vollständigen Linie bleibt dagegen unverändert

$$\sqrt{r^2\cos^2\alpha + r^2\sin^2\alpha\cos^2\beta + r^2\sin^2\alpha\sin^2\beta\cos^2\gamma + r^2\sin^2\alpha\sin^2\beta\sin^2\gamma} = r$$

Bei der Reklinirung einer Grösse von den drei Dimensionen a, b, c verkürzt sich die Ordinate c, indem sie in die Ebene XY hineingedrückt wird. Bei der Reklinirung einer Grösse von vier Dimensionen a, b, c, d wird die dritte Dimension c je nach der Reklinationsrichtung verkürzt oder verlängert, d. h. resp. in die Ebene XY hinein- oder aus derselben herausgedrückt, während die Veränderung der vierten Dimension d sich in dem Endpunkte von c verhüllt.

Bei der auf die Reklination folgenden nächst höheren Neutralitätsstufe der Drehung, also bei der quartären Drehung muss nach dem allgemeinen Drehungsgesetze die Projektion auf den Raum XYZ konstant bleiben: der ganze anschauliche Theil der Grösse kann also bei dieser Drehung keine Änderung erleiden; alle Änderungen gehen vielmehr nur mit den über der dritten liegenden Dimensionen vor sich, verhüllen sich also dem Anschauungsvermögen vollständig und existiren nur in der begrifflichen oder logischen Erkenntniss. Eine höhere als die dritte Neutralitätsstufe der Drehung giebt es daher im Anschauungsgebiete nicht.

Ebenso giebt es keine unter der primären Drehung stehende Neutralitätsstufe der eigentlichen oder anschaulichen Drehung. Eine ideelle Fortsetzung der Stufenleiter nach unten führt aber zu einer Vorstufe der Drehung, nämlich zu der numerischen Vervielfachung, d. h. zu der verhältnissmässigen Vergrösserung oder Verkleinerung. Die Vorstufe der Richtung ist das Verhältniss einer Grösse zu ihrer Einheit und die auf der Vorstufe der Drehung stehende Operation die Änderung des Verhältnisses zur Einheit (weshalb wir das Drehungsgesetz früher auch als das Verhältnissgesetz aufgeführt haben, indem wir den Begriff des Verhältnisses in allgemeiner Bedeutung nahmen). Die Vervielfachung, als Vorstufe der Drehung oder als Multiplikationsprozess, hat zwar den Effekt einer Quantitätsänderung, ist aber durchaus keine Vergrösserung im Sinne des Erweiterungsgesetzes; bei der Vervielfachung vergrössern sich alle Theile der Grösse verhältnissmässig: die geometrische Vervielfachung kann also wie eine Bewegung der Grösse $ABCD$ (Fig. 1091) von dem Nullpunkt O hinweg oder gegen denselben hin gedacht werden, wobei die Grösse ihre Form nicht ändert, vielmehr sich stets ähnlich bleibt.

Wie neutrale Fortschrittsgrössen als Glieder eines Polynoms sich aneinanderreihen, so setzen sich neutrale Richtungsgrössen als Faktoren eines Produktes zusammen und bilden die verschiedenen Hauptklassen der Richtungsgrössen. So entspricht eine Linie, welche in der Ebene YZ liegt und sich unter dem Winkel β gegen die Axe OY neigt, der aus der Deklination $\frac{\pi}{2}$ und der Inklination β zusammengesetzten Richtung

$$e^{\frac{\pi}{2}\sqrt{-1}} e^{\beta\sqrt{\div 1}}.$$

Zum genaueren Verständnisse dieser Effekte erinnern wir daran, dass die auf irgend einer Neutralitätsstufe stehende Drehung die Drehungsebenen und Drehungsaxen aller niedriger stehenden Drehungen wie bewegliche Ebenen und Axen mit sich herumführt, dass sie jedoch die Drehungsebenen und Drehungsaxen der höher stehenden Drehungen wie feste Ebenen und Axen ungeändert lässt. Demnach führt die sekundäre Drehung die Drehungsebene der primären Drehung und ebenso führt die tertiäre Drehung die Drehungsebene der sekundären und auch die der primären Drehung mit sich, wogegen die primäre Drehung die Drehungsebene der sekundären und die der tertiären Drehung ungeändert lässt, gleichwie die sekundäre Drehung die Drehungsebene der tertiären Drehung nicht beeinflusst. Hierauf beruht es, dass mehrere Drehungen von verschiedener Neutralität sowohl geometrisch, als auch arithmetisch dasselbe Resultat geben, gleichviel in welcher Reihenfolge sie ausgeführt werden, dass z. B. $e^{\alpha\sqrt{-1}} \times e^{\beta\sqrt{\div 1}} = e^{\beta\sqrt{\div 1}} \times e^{\alpha\sqrt{-1}} = e^{\alpha\sqrt{-1}} e^{\beta\sqrt{\div 1}}$ ist, und dass überhaupt die Reihenfolge der im Neutralitätsverhältnisse zu einander stehenden Grössen, resp. Zeichen, r, $e^{\alpha\sqrt{-1}}$, $e^{\beta\sqrt{\div 1}}$, $e^{\gamma\sqrt{\div 1}}$ u. s. w. für das Endresultat irrelevant ist, indem neutrale Grössen sich einander nicht beeinflussen.

Vervielfachung der Einheit 1, Deklination um den Nullpunkt O, Inklination um die Grundaxe OX, Reklination um die Grundebene XY, überhaupt Beziehung auf absolute Basen erzeugt die absoluten Verhältnisse oder Richtungen, welche den arithmetischen Zeichen r, $e^{\alpha\sqrt{-1}}$, $e^{\beta\sqrt{\div 1}}$, $e^{\gamma\sqrt{\div 1}}$ entsprechen. Im anschaulichen Raume giebt es aber keine absoluten, sondern nur willkürlich gewählte Basen: indem nun für die Basen der Drehungsprozesse beliebige Grössen, Punkte, Linien, Flächen angenommen werden, erhält man relative Verhältnisse oder Richtungen. Während in der Arithmetik, als logischer Wissenschaft, die absoluten Verhältnisse die Hauptrolle spielen, thun es in der Geometrie, als Anschauungswissenschaft, die relativen Verhältnisse. Selbstverständlich entsprechen aber die letzteren nicht den einfachen Zeichen r, $e^{\alpha\sqrt{-1}}$, $e^{\beta\sqrt{\div 1}}$, $e^{\gamma\sqrt{\div 1}}$, sondern gewissen Zusammensetzungen daraus.

Aus den absoluten Verhältnissen der Glieder einer Figur bildet sich die absolute Form dieser Figur, aus den relativen Verhältnissen die relative Form. So stützt sich die absolute Form eines Polygons, von welchem $r\,e^{\alpha\sqrt{-1}}e^{\beta\sqrt{\div 1}}$ und $r_1\,e^{\alpha_1\sqrt{-1}}e^{\beta_1\sqrt{\div 1}}$ zwei benachbarte Seiten sind, auf das absolute Verhältniss dieser Seiten, nämlich auf den Quotienten $\frac{r}{r_1}e^{(\alpha-\alpha_1)\sqrt{-1}}e^{(\beta-\beta_1)\sqrt{\div 1}}$. Dieser Quotient ist das Verhältniss der Verhältnisse, in welchen jene beiden Seiten zu den absoluten Basen des Verhältnissgesetzes stehen: es ist aber nicht das unmittelbare Verhältniss der einen Seite zu der anderen, stellt also nicht die relative Beziehung dieser Seiten dar. Die relative oder geometrische oder unmittelbar anschauliche Form stimmt daher nicht mit der absoluten oder arithmetischen Form überein. Wenn das Polygon einer Deklinationsdrehung $e^{\varphi\sqrt{-1}}$ unterworfen wird, ergiebt sich

$$\left(ae^{\alpha\sqrt{-1}}e^{\beta\sqrt{\div 1}}+be^{\alpha_1\sqrt{-1}}e^{\beta_1\sqrt{\div 1}}\right)e^{\varphi\sqrt{-1}}=ae^{(\alpha+\varphi)\sqrt{-1}}e^{\beta\sqrt{\div 1}}+be^{(\alpha_1+\varphi)\sqrt{-1}}e^{\beta_1\sqrt{\div 1}}$$

Das neue Polygon hat die nämliche arithmetische, aber nicht die nämliche geometrische Form wie das frühere, indem sich der relative Neigungswinkel der beiden Seiten gegeneinander geändert hat. Die Drehung des Polygons unter Beibehaltung seiner geometrischen Form entspricht nicht der Multiplikation mit dem einfachen Zeichen $e^{\varphi\sqrt{-1}}$, sondern einem zusammengesetzten arithmetischen Prozesse, bei welchem die erste Seite einer anderen Operation unterworfen wird, als die zweite: sie entspricht nämlich einem geformten oder variirten Drehungsprozesse.

Für die geometrische Anschauung, welche sich auf relative Grösse, relativen Ort, relative Richtung, relativen Zusammenhang stützt, nimmt das System der neutralen Drehungen eine von dem vorstehenden arithmetischen Systeme etwas abweichende Gestalt an: dasselbe verwandelt sich nämlich in das in §. 103 erwähnte System der totalen Drehungen um drei rechtwinklige Axen, eine Deklinations-, Inklinations- und Reklinationsaxe, von welchen man die erste als beweglich bei einer

Inklinations- und Reklinationsdrehung, die zweite als beweglich bei einer Reklinationsdrehung und die dritte als unbeweglich ansehen kann. Die drei Neutralitätsstufen der totalen oder relativen oder geometrischen Drehung unterscheiden sich also dadurch, dass Deklination Drehung um eine durchaus bewegliche Axe OZ, Inklination Drehung um eine gegen die Deklination fest liegende Axe OX, Reklination Drehung um eine gegen die Deklination und Inklination fest liegende Axe OY ist. Die verhältnissmässige Vervielfältigung bildet bei diesem geometrischen Drehungssysteme ebenso gut eine Vorstufe wie bei dem arithmetischen Systeme.

Das arithmetische Neutralitätssystem der Drehungen entspricht auch dem abstrakten logischen Neutralitätssysteme der Wirkungen: für die praktische Logik oder für die Anwendung auf die wirklich existirenden Objekte schliesst sich dagegen das logische System vornehmlich dem geometrischen an; wiewohl auch das arithmetische seine prinzipielle Berechtigung behält.

Die logischen Analogien zu den vorstehenden drei Neutralitätsstufen der Drehung nach geometrischem Systeme ergeben sich leicht. Wenn man zunächst die Relation oder die Wirkung zwischen Individuen oder individuellen Thätigkeiten, entsprechend den geometrischen Winkeln zwischen Linien, ins Auge fasst; so stehen die Individuen und effizirenden Thätigkeiten der Grundgattung in primärer Relation oder Kausalität, indem die kausale Thätigkeit α, welche sie verbindet, eine primäre und zwar eine aktive $+\alpha$ oder passive $-\alpha$, entsprechend dem Richtungskoeffizienten $e^{\pm\alpha\sqrt{-1}}$ ist. Beispielsweise ist die auf aktiver Kausalität beruhende Relation Sohn, Kauf, Schlag, Ausdehnung als Wirkung der Wärme, so gut eine primäre Relation, wie die auf passiver Kausalität beruhende Relation Vater, Verkauf, Geschlagenwerden, Wärme als Ursache der Ausdehnung. Die primären Wirkungen umfassen also alle aktiv und passiv reellen Wirkungen oder prinzipiell diejenigen, welche die Beziehungen in der Grundgattung darstellen. Dass Subjekt und Objekt in primärer Gattungsgemeinschaft miteinander stehen, ist hiernach die wesentliche Voraussetzung für eine primäre Wirkung; im Übrigen ist nicht bloss das Zeichen dieser Wirkung (ihre Aktivität oder Passivität), sondern auch ihre Quantität oder ihr Grad (welcher dem numerischen Werthe der Grösse α entspricht) gleichgültig. Demnach gehören, wenn die Kausalität α das reelle Lieben bedeutet, sowohl die aktive Liebe α, als auch die passive Liebe oder das Geliebtwerden $-\alpha$, ferner der Gegensatz der Liebe oder der Hass $\pi+\alpha$, ferner die Veranlassung der Liebe $\dfrac{\pi}{2}+\alpha$ u. s. w. zu den primären Wirkungen. Das Objekt einer primären Wirkung ist immer ein Anderer, welcher als mit dem Subjekte in derselben Gattungsgemeinschaft existirend gedacht wird; auch die Fortsetzung einundderselben effizirenden Thätigkeit unter derselben Kausalität, z. B. ein fortgesetztes Lieben trifft immer in unserer logischen Vorstellung ein anderes Objekt. Demnach ist der Mensch, welchen ich fortgesetzt, heute, morgen, an diesem Orte, an jenem Orte, in diesem Zustande, in jenem Zustande liebe, immer ein anderer, d. h. ein anderes oder ein verändertes logisches Objekt, selbst wenn er denselben Namen trägt, und solange dem Begriffe lieben dieselbe primäre Kausalität zu Grunde liegt, steht das geliebte Objekt mit dem Subjekte stets in primärer Gattungsgemeinschaft oder ist ein Sein wie das Subjekt selbst, d. h. ein Ding, welches wir nur nach seinem absoluten Sein auffassen, gleichviel, ob wir dasselbe mit dem Namen Mensch oder Thier oder Baum oder Stein belegen.

Zur Erläuterung der sekundären Wirkung vergegenwärtigen wir uns die Faktoren und den Vorgang der primären Wirkung. Bei letzterer wird ein Subjekt als Ursache mit einer Kausalität thätig, vermöge welcher sich dieses Subjekt mit einem Objekte in primäre Relation setzt. Diese Thätigkeit zwischen Subjekt und Objekt erfolgt in einer primären Gattung von vorgestellten Dingen, welche auf einer bestimmten Zusammengehörigkeit oder Gemeinschaft beruht und demzufolge die primäre Relations- oder Aktivitäts- oder Aktionsgemeinschaft genannt werden kann. Wie das Subjekt a eine Zusammengehörigkeit von Zuständen in der Grundaxe OX bildet, so bildet die Relationsgemeinschaft, in welcher dieses Objekt seine primäre Wirkung vollzieht, die Grundebene XY, und die primäre Wirkung entspricht der geometrischen Drehung in der Grundebene, also der Deklination oder der arithmetischen Multiplikation mit dem Deklinationszeichen $e^{\alpha \sqrt{-1}}$.

Sekundäre Wirkung nun ist kausale Änderung der Aktionsgemeinschaft oder der Zusammengehörigkeit von Subjekt und Objekt, also diejenige Thätigkeit, welche eine Änderung der Aktionsgemeinschaft bewirkt oder welche eine Relation zwischen der Grundgemeinschaft und derjenigen Gemeinschaft, in welcher sich die primäre Wirkung vollziehen soll, herbeiführt. Die sekundäre Kausalität entspricht der geometrischen Inklination oder Wälzung aller in der Grundebene XY liegenden Linien um die Grundaxe OX oder der arithmetischen Multiplikation mit dem Inklinationszeichen $e^{\beta \sqrt{-1}}$. Diese Operation hat zur Folge, dass sich die primäre Wirkung $e^{\alpha \sqrt{-1}}$ des Subjektes in eine ganz andere Gemeinschaft verlegt, ohne an ihrem absoluten Werthe irgend etwas zu verlieren (in dem Resultate $a e^{\alpha \sqrt{-1}} e^{\beta \sqrt{-1}}$ besteht die primäre Kausalität a neben der sekundären Kausalität β, ohne dass sich beide beeinflussen). Man kann die sekundäre Kausalität β, welche von der primären Gemeinschaft ausgeht, um die Aktivität des Subjektes in eine andere Gemeinschaft zu verlegen, oder auch die sekundäre Relation $e^{\beta \sqrt{-1}}$ zwischen der neuen und der ursprünglichen Aktionsgemeinschaft den Grund der entstehenden Wirkung, das Resultat dieser Wirkung aber die Folge derselben nennen. Die primäre Wirkung, welche in der primären Gattung XY vor sich geht, hat dann keinen Grund, oder keine Begründung, d. h. sie erfolgt, ohne dass ein Grund zum Verlassen der primären Gemeinschaft vorläge, gleichwie das Sein in der Axe OY keine Ursache oder keine Kausalität hat.

Ein Beispiel einer sekundären Relation ist der Fleiss des Schülers, wenn man unter dem Schüler eine Gattung von Individuen versteht, welche zu der Gattung der Lehrer in der Relation $e^{\beta \sqrt{-1}}$ steht. Im Fleisse des Schülers ist dann durch den Fleiss eine primäre Relation dargestellt, welche zwischen den Individuen einer Gattung obwaltet, die zu der Grundgattung in der Relation von Schülern zu Lehrern steht; der Fleiss des Schülers ist demnach die Kombination von primärer und sekundärer Relation zwischen Individuen gewisser Gattungen. Die Leistungen der Angehörigen einer Nation, welche mit der römischen verwandt ist, bezeichnen eine primäre Wirkung (die Leistung) unter einer sekundären Relation (der Verwandtschaft). Die Leiden des deutschen Volkes in Folge des dreissigjährigen Krieges, d. h. die Leiden, welche die Deutschen auf Grund des Krieges zu ertragen hatten, bezeichnen eine primäre passive Thätigkeit der Deutschen unter der sekundären Kausalität, welche der Krieg zwischen Deutschland und dem Auslande involvirt.

Die sekundäre Wirkung ist zuweilen durch eine subjektive Thätigkeit, d. h. durch eine solche Thätigkeit angezeigt, welche kein Objekt hat, sondern der Aktivität des Subjektes eine bestimmte Richtung, einen bestimmten Grund verleiht. So liefert z. B. die subjektive Thätigkeit zürnen die sekundären, im Zorne vollbrachten Wirkungen, z. B. den Schlag im Zorn, wobei der Schlag die primäre und der Zorn die sekundäre Relation bezeichnet. Andere Beispiele dieser Art sind die Liebe aus Furcht, der Kampf zum Zweck des Daseins. Nach dem Willen des Denkenden können auch objektive Verben, wie z. B. lieben mit subjektivem Sinne, also zur Bezeichnung sekundärer Relationen gebraucht werden, wie Diess in dem Ausdrucke die Handlung aus Liebe geschieht.

Während die primäre Wirkung ein der Grundgattung XY angehöriges Objekt $a\sqrt{-1}+x$ trifft, richtet sich die sekundäre Wirkung, welche in einer mit der Grundgattung in sekundärer Relation stehenden Gattung (in einer durch OX gehenden, gegen die Grundebene XY geneigten Ebene) erfolgt, gegen ein Objekt, welches in einer anderen Gattung (in einer zu XY parallelen Ebene) liegt und daher durch $b\sqrt{-1}\sqrt{\div 1}+a\sqrt{-1}+x$ dargestellt ist. Demgemäss wird die sekundäre Wirkung zuweilen durch den Namen des Objektes angedeutet, wenn daraus zu erkennen ist, dass dieses Objekt nicht der Grundgattung, sondern einer anderen Gattung angehört. Versteht man z. B. unter lieben eine Zuneigung zwischen Menschen; so ist die Liebe zur Arbeit, zur Natur u. s. w. keine primäre, sondern eine sekundäre Thätigkeit, deren Objekt ausserhalb der Grundgattung liegt, welche also in einer Aktionsgemeinschaft erfolgt, die zur Gattung der Menschen in einer bestimmten sekundären Relation steht. Ebenso würde, wenn erzeugen im Sinne von zeugen, also in der Relation zu Menschen gedacht wird, das Erzeugen von Schriften eine sekundäre Thätigkeit sein, welche in der Aktionsgemeinschaft des Geschriebenen erfolgt und ein Objekt trifft, welches ausserhalb der Grundgattung der Menschen liegt.

Drehung in einer gegen die XY geneigten Ebene ist Drehung um eine gegen die OZ geneigte Axe. Wenn die Relation, in welcher die Aktionsgemeinschaft zur Grundgattung des Seins steht, das Verhältniss der Indifferenz ist; so erfolgt die Thätigkeit in der auf der Grundgattung XY normal stehenden Ebene XZ und trifft Objekte, welche ausserhalb der Grundgattung XY liegen, aber mit der Grundaxe OX parallel laufen. Nehmen wir also zum Subjekte OX das Ich (das philosophische Subjekt); so vertritt die Axe OY das Du und die Axe OZ das Er. Eine primäre Wirkung in der Relationsgemeinschaft des Ich und Du liegt in der Formel ich liebe dich; eine der Indifferenzebene XZ entsprechende sekundäre Wirkung enthält die Formel ich liebe ihn. Das arithmetische Zeichen dieser Wirkung ist $e^{\alpha \sqrt{-1}} e^{\frac{\pi}{2}\sqrt{-1}}$. Die allgemein sekundäre Wirkung $e^{\alpha \sqrt{-1}} e^{\beta \sqrt{+1}}$, welche in schräger Ebene oder in einer zur Grundgattung des Ich und Du in bestimmter Relation stehender Aktionsgemeinschaft erfolgt, würde etwa der Formel entsprechen, ich liebe dich, der du in seiner Gattung liegst.

Die Drehung in der Ebene YZ oder um die Axe OX, entsprechend dem Zeichen $e^{\frac{\pi}{2}\sqrt{-1}} e^{\beta \sqrt{+1}}$ bedeutet Wirkungen eines Anderen OY, bei welchen sich das Subjekt OX neutral oder indifferent verhält. Definirt man diese Wirkungen als solche, welche das Subjekt geschehen lässt; so ist das Wort lassen nicht wie früher (S. 151) als ein passives, leidendes, duldendes, sondern als ein indifferentes, unbetheiligtes Verhalten aufzufassen. Die Formel dafür ist, du liebst ihn.

Vermöge der sekundären Wirkung ändert sich die primäre Aktionsgemeinschaft in der Totalität aller Gemeinschaften oder in der allgemeinen Gesammtheit (die Grundebene XY wälzt sich um OX im Raume, wobei die Drehungsaxe OZ die Ebene XY beschreibt). Eine tertiäre Wirkung würde nun nach absoluter Auffassung diejenige sein, welche die Aktionsgesammtheit ändert oder in Relation zu der ursprünglichen Gesammtheit setzt. Ausser der ursprünglichen giebt es nun keine verständliche Gesammtheit; demzufolge führt diese absolute logische Auffassung ganz ebenso wie die arithmetische Reklination mittelst des Zeichens $e^{\gamma \sqrt{+1}}$ aus dem Bereiche der drei Dimensionen des Ich, Du, Er hinaus in ein formales Begriffsbereich. Wenn man aber die absolute Operation der Arithmetik mit der auf relative Basen gestellten anschaulichen Operation der Geometrie vertauscht; also an die Stelle der absoluten Deklination, Inklination und Reklination die anschauliche totale Deklination, Inklination und Reklination um drei rechtwinklige Axen setzt, wovon die erste Axe durch die zweite und dritte Operation und die zweite Axe durch die dritte Operation mitgenommen wird; so wird auch die tertiäre Wirkung eine verständliche Operation, welche darauf hinausläuft, die sekundäre Kausalität in Gemässheit einer gegebenen Relation zu ändern. Ein Beispiel hierzu ist der Streit zwischen Soldaten, deren Subordinationsverhältniss zu dem Offizierskorps durch die Unfälle des Krieges erschüttert war. Hierin bezeichnet der Streit die primäre Relation zwischen den Individuen, das Subordinationsverhältniss die sekundäre Relation zwischen den Gattungen, die Erschütterung durch Kriegsunfälle die sekundäre Relation, welche die Gattungsthätigkeit ablenkt.

Nach der vorstehenden Abhandlung der primären, sekundären und tertiären Wirkung haben wir noch der Vorstufe des Wirkungsgesetzes, nämlich der logischen Analogie zur mathematischen Vervielfachung oder

Vervielfältigung zu gedenken. Dieser Prozess fordert diejenige Veränderung des Verhältnisses zur Begriffseinheit, bei welcher jeder Fall,
jeder Zustand, jede Partikularität, jedes Element des gegebenen Begriffes
dieselbe Erweiterung oder Verallgemeinerung oder Inhaltsvermehrung
erleidet, welche also nicht, wie die quantitative Verallgemeinerung, eine
Erweiterung der Begriffsgrenzen durch Subsumtion neuer Fälle, sondern
eine gleiche Verallgemeinerung aller gegebenen Fälle ohne Hinzufügung
neuer Fälle bezweckt. Diese relative Verallgemeinerung ist eine Verstärkung oder Vermehrung der Substanz in allen Elementen des gegebenen Begriffes; sie entspricht einer Verdichtung der Merkmale, kann
aber auch als eine gleichmässige Verallgemeinerung aller Merkmale angesehen werden: überhaupt ist sie eine Vermehrung des logischen Inhaltes,
eine Verstärkung oder Verdichtung, welche wir auch als Intensitätswirkung bezeichnen.

Die in diesem Prozesse liegende Thätigkeit hat keine äussere,
sondern eine innere Relation; sie geht vom Subjekte aus und vollzieht
sich in demselben; sie bildet einen Übergang des Subjektes in einen
Zustand verallgemeinerten Seins oder verstärkten Vermögens, ein Anwachsen, ein wiederholtes, verstärktes Sein, ein Werden; überhaupt eine
subjektive Thätigkeit ohne unmittelbares äusseres Objekt; ihre unmittelbare Wirkung ist ein Gewordensein oder ein Gewordenes.

Gleichwie die subjektive Thätigkeit kein unmittelbares äusseres
Objekt hat oder keine äussere Wirkung vollbringt, ebenso hat die
Wirkung derselben kein unmittelbares äusseres Subjekt oder keine
äussere Ursache. Vermöge dieser Thätigkeit macht das Subjekt aus
sich ein anderes, verstärktes Subjekt. Der Mangel des unmittelbaren
äusseren Objektes und Subjektes hindert nicht die Existenz eines mittelbaren äusseren Objektes und Subjektes oder die Übertragung einer
Intensitätswirkung auf ein äusseres Objekt.

Ein Beispiel von Intensitätswirkung liegt in dem Satze, der Baum
ist die Wirkung des Samenkornes, wenn man den Baum als ein durch
die im Samenkorne liegende Kraft oder Kausalität entwickeltes Samenkorn ansieht. Ebenso repräsentirt der Besitz eines Hauses, als Frucht
angestrengter Thätigkeit eine Intensitätswirkung.

Die Intensitätswirkung entspricht ebensogut wie die Relations-
wirkung dem arithmetischen Produkte, indem die Ursache der Multiplikand
nd die Relation der Multiplikator ist. Während bei der Relations-
wirkung die Relation durch einen Richtungskoeffizienten $e^{\alpha \sqrt{-1}}$ mit einer
aus dem reellen Subjekte heraustretenden Kausalitätsthätigkeit $\alpha \sqrt{-1}$
dargestellt war, ist die Relation bei der Intensitätswirkung durch einen
numerischen Faktor e^{α} dargestellt, welchem eine in dem Subjekte selbst
liegende Kausalitätsthätigkeit mit reeller Thätigkeitsrichtung entspricht.

Indem man einen Fall, welcher mit mehreren Merkmalen existirt,
welcher also ein mehrfacher Fall ist, wie mehrere Fälle behandelt, verwandelt man den logischen Inhalt in logische Quantität, und unter diesem
Gesichtspunkte involvirt die vorstehende Wirkung eine Quantitätserweiterung gerade so, wie die numerische Multiplikation bei veränderter
Auffassung des Sinnes eine Quantitätsvergrösserung oder ein Numerations-
resultat in sich schliesst.

Das Wort Relation wird in der deutschen Sprache bald durch Verhältniss, bald durch Beziehung wiedergegeben. Im engeren Sinne bezeichnet jedoch Verhältniss (Proportion) die bei der Intensitätswirkung vorliegende Relation mit innerer Kausalität oder die subjektive Relation, dagegen Beziehung die bei der allgemeinen Wirkung vorliegende Relation mit äusserer Kausalität oder die objektive Relation.

Ein Beispiel von Intensitätswirkung oder Inhaltsvermehrung eines Individuums bietet sich dar, wenn Napoleon zum Feldherrn Napoleon oder dieser zum Feldherrn, Staatsmann, Gesetzgeber und Kaiser Napoleon wird oder sich dazu macht, indem diese Veränderung so gedacht wird, dass sich ohne Vermehrung der Zustände dieses Individuums oder ohne Quantitätsveränderung die Merkmale aller seiner Zustände in gleicher Weise vermehren. Der umgekehrte Prozess oder die Einschränkung der Merkmale entspricht einer indirekten Wirkung.

Das Sein im Raume (z. B. in Paris) bezeichnet einen logischen Zustand, ebenso das Sein in der Zeit, auch das Sein in Materie u. s. w. Daher bezeichnet das Sein in Raum und Zeit und das Sein in Raum, Zeit und Kraft eine logische Inhaltserweiterung von Zuständen oder eine Intensitätswirkung im Raume, in der Zeit und in der Materie.

Die Veränderung des logischen Inhaltes wird häufig nicht durch Aufzählung der vermehrten oder verminderten Merkmale, sondern durch besondere Namen ausgedrückt, welche das Resultat einer solchen Veränderung trägt. So drücken z. B. die Wörter Knabe, Jüngling, Mann, Greis Intensitätswirkungen oder Objekte aus, welche in Inhaltsrelation stehen, wenn man bei ihnen nicht an verschiedene Lebensperioden desselben Menschen, sondern an einen Menschen, dessen Zustände sämmtlich in derselben Weise verändert sind, denkt. Die Relation eines späteren zu einem früheren dieser Begriffe entspricht der subjektiven Thätigkeit des Alterns; der Mann ist aus dem Jüngling durch altern geworden. Ebenso stehen Zwerg und Riese in logischer Quantitätsrelation auf Grund der subjektiven Thätigkeit des Wachsens. Der Greis von 60 Jahren, als ein 60 Jahr alt gewordener Mensch, ist ein Mensch, welcher sowohl das 1ste, als auch das 2te, 3te ... 60ste Jahr (alle diese Jahre sämmtlich) zurückgelegt hat, welcher also die Merkmale aller dieser Alter (nicht irgend ein einzelnes derselben) an sich trägt.

Die mathematische Vervielfältigung, Vergrösserung und Verstärkung, welche theils durch die Pluralform, theils mit Hülfe von bestimmten und unbestimmten Zahlwörtern, wie viel, manche, sechs u. s. w., theils mit Hülfe von Verstärkungspartikeln wie sehr u. s. w. ausgedrückt wird, haben im Wesentlichen die Bedeutung einer Intensitätswirkung. Häufig werden auch Adjektive lediglich in diesem Sinne gebraucht, wie es z. B. der Fall ist, wenn der alte Mensch die Bedeutung von Greis, gegenüber dem Jünglinge, oder wenn der übermässig grosse Mensch die Bedeutung des Riesen, gegenüber dem Zwerge, haben soll.

Eine Intensitätsrelation kann auch durch subjektive Verben, welche die entsprechende kausale Thätigkeit bezeichnen, wie altern, wachsen, sich ausdehnen, sich verstärken, sich vergrössern u. s. w. dargestellt werden. Überhaupt kann man in jedem subjektiven Verbum wie gehen, laufen, frieren, athmen, sich freuen, sich ärgern u. s. w. eine Intensitätsthätigkeit erblicken. Dass nach dem Willen des Denkenden auch objektive Verben als subjektive gebraucht werden können, indem man z. B. unter schreiben nur die subjektive Thätigkeit des Schreibers ohne Rücksicht auf das geschriebene Objekt versteht und dass man, andererseits, subjektive Verben mit objektivem Sinne gebrauchen kann, indem man z. B. sagt, ich lebe eine kurze Zeit, ist einleuchtend.

Die eben erwähnte subjektive Thätigkeit, welche eine Inhaltsvermehrung des Subjektes bezweckt und die Vorstufe der kausalen Thätigkeiten bildet, darf nicht mit derjenigen subjektiven Thätigkeit verwechselt werden, welche das Subjekt bei der sekundären Wirkung (Inklination) ausübt, indem es seine Aktivitätsgemeinschaft ändert, um eine primäre Wirkung darin zu vollbringen. Dasselbe Wort, wie z. B. zürnen, kann je nach dem Willen des Denkenden eine subjektive Thätigkeit bald der einen, bald der anderen Art ausdrücken.

Die Intensitätswirkung vollzieht sich nach Vorstehendem in dem Subjekte, also ohne Relationsänderung, weil die Wirkung die Relation oder Wirkungsrichtung des Subjektes selbst annimmt. Die mechanische Arbeit sp einer Kraft p, deren Angriffspunkt den Weg s in der Wirkungsrichtung dieser Kraft zurücklegt, ist ein Beispiel von Intensitätswirkung. Eine solche Wirkung kann übrigens auch ein äusseres Objekt erhalten oder auf ein äusseres Objekt übertragen werden. Diess geschieht z. B. bei der Erzeugung von lebendiger Kraft durch mechanische Arbeit, wobei die durch einen Intensitätsprozess des Subjektes erzeugte Arbeit auf das Objekt übertragen wird.

Die durch Intensitätswirkung erlangten Eigenschaften unterscheiden sich von den alternativen oder prädikativen Eigenschaften (den Akzidentien und Attributen), welche die Inhärenz oder den logischen Ort des Objektes (den Umstand, unter welchem sich dasselbe befindet, seine Beschaffenheit) bestimmen, durch die Simultanität, indem sie für alle Zustände oder Fälle des Objektes zugleich gültig sind. Diese Eigenschaften bezeichnen einen Inhalt, einen Besitz, ein Vermögen, und darum kann man sie intensive Eigenschaften oder Wirkungsgrössen nennen.

Bislang haben wir die primäre, sekundäre und tertiäre Wirkung nur an der Wirkung von Individuen, entsprechend der geometrischen Deklination, Inklination und Reklination von Linien, erläutert. Wenn man Flächen an die Stellen von Linien setzt, ergeben sich die betreffenden Neutralitätsstufen der Drehung aus dem ersten Theile dieses Buches. Die Deklination der in der Grundebene XY liegenden Flächen erfolgt um die Axe OX. Die Inklination dieser Flächen vollzieht sich um die Axe OZ, welche die Deklinationsaxe mitnimmt; sie ist eine Wälzung jener Flächen in ihrer eigenen Ebene. Die absolute Reklination vollzieht sich in dem Raume von vier Dimensionen, ist also, da hierbei die Projektionen auf die Grundebene XY und auf die sekundäre Ebene XZ konstant bleiben, mit einer Veränderung der Projektionen auf die tertiäre Ebene YZ oder mit einer Kontraktion, resp. Ausdehnung der zur Ebene YZ parallelen Dimensionen verbunden. Für die anschaulichen relativen geometrischen Drehungen gestaltet sich die Deklination, Inklination und Reklination der Flächen zu einer totalen Drehung resp. um die Axe OX, OZ, OY, wobei jede spätere Drehung die Drehungsaxe der früheren

Drehungen mit sich nimmt. Für Flächendrehungen kann man die Drehungen um die Axen OX, OZ, OY auch Drehungen in den Ebenen YZ, XY, XZ, also in der tertiären, primären, sekundären Ebene nennen, und man sieht, dass diese Stufenfolge prinzipiell die nämliche ist, wie bei den Drehungen der Linien, welche ebenfalls zuerst um die tertiäre Axe OZ, dann um die primäre Axe OX und zuletzt um die sekundäre Axe OY erfolgen.

Die logischen Analogien zur Drehung der Flächen sind die Wirkungen der Gattungen, resp. der abstrakten Begriffe, also die abstrakten Wirkungen, während die obigen Wirkungen der Individuen die konkreten Wirkungen vertreten. Beispiele einer primären Gattungswirkung ist der Krieg eines Volkes, die Produktion einer Nation, die Schöpfungen des Künstlers (der Künstlerschaft), die Religion (als Bekenntniss einer Sekte), der Hass des Muhamedaners gegen den Christen, Freiheitsdrang (Drang nach Freiheit), Staatsvertrag (Vertrag eines Staates mit einem anderen Staate). Das getroffene Objekt einer Gattungswirkung ist wiederum eine Gattung.

Die tertiären Gattungswirkungen verdanken, wie die gleichnamigen Individualwirkungen, ihre Entstehung einem Grunde, welcher die sekundäre Wirkung in eine andere Bahn lenkt und der mathematischen Wälzung um die Axe OZ entspricht. Beispiele hierzu sind Eroberungskrieg (Krieg zur Eroberung), Rachekrieg (Krieg aus Rache), Glaube aus Überzeugung, Kindespflicht, Freundestreue.

Die Vorstufe im Neutralitätssysteme der Gattungswirkungen, welche einer Inhaltsverstärkung oder Quantitätswirkung einer Gattung entspricht, und in der gleichmässigen Expansion oder Kontraktion einer Fläche ihren geometrischen Vertreter findet, bedarf keiner weiteren Erläuterung.

Zur Verhütung von Missverständnissen machen wir über die Bedeutung der Wörter, welche Wirkungen darstellen sollen, folgende Bemerkungen. Die Freiheit des Denkens gestattet es, einunddasselbe Wort als Individualthätigkeit und auch als Gattungsthätigkeit zu gebrauchen. Der konkrete Mensch kann lieben und die Menschheit kann lieben. Die Liebe, welche ein konkreter Mensch empfindet, ist eine individuelle Thätigkeit, die der Menschheit eine Gattungsthätigkeit. Unter Religion wird gewöhnlich das Bekenntniss einer Gattung verstanden; man kann jedoch auch von der Religion des Einzelnen als von einem individuellen Bekenntnisse reden. Kindespflicht, Freundestreue können als begründete Wirkungen eines Individuums und auch als die einer Gattung gedacht werden.

Dasselbe Wort kann eine sekundäre und auch eine tertiäre Wirkung oder eine objektive Wirkung und einen subjektiven Grund bezeichnen. Liebe ist in der Regel eine objektive Thätigkeit, kann aber auch als subjektiver Grund, wie in den Beispielen, sich hingeben in Liebe, heirathen aus Liebe, gebraucht werden. Wenn man das Wort Wunderglaube als einen Glauben an Wunder auffasst, ist der Glaube eine objektive Thätigkeit und das Wunder das geglaubte Objekt; in dem Ausdrucke Glaubenseifer oder Eifer aus Glauben ist jedoch der Glaube als ein subjektiver Grund des objektiven Eifers anzusehen.

Wenn man dem Grunde die Bedeutung einer Wirkung giebt, stellt das Resultat einer begründeten Wirkung eine mittelbare Wirkung des Subjektes OX in der Grundgattung XY, nämlich eine durch jenen

Grund verrichtete oder vermittelte Wirkung dar. Der arithmetische Ausdruck dieses Prozesses ist nicht mehr $e^{\alpha\sqrt{-1}}e^{\beta\sqrt{-1}}$, sondern $e^{\alpha\sqrt{-1}}e^{\beta\sqrt{-1}} = e^{(\alpha+\beta)\sqrt{-1}}$. Ein Beispiel hierzu ist der Glaubenseifer, wenn man darunter nicht den Eifer aus Glauben, sondern den Eifer als primäre Wirkung des Glaubens versteht.

Dasselbe Wort, welches eine Wirkung oder einen Grund bezeichnet, kann auch zur Darstellung einer Eigenschaft und auch zur Kennzeichnung einer Partikularität gebraucht werden. So kann man unter dem Glaubenseifer eine Partikularität des Eifers, unter dem Wunderglauben eine Partikularität des Glaubens, unter dem Rachekriege eine Partikularität des Krieges verstehen.

Selbstredend ist mit jeder veränderten Auffassung eines Wortes eine Veränderung des logischen Sinnes verbunden und dem Denkenden steht jede willkürliche Auffassung und Vorstellung frei, solange es sich lediglich um subjektive, fingirte Erkenntniss handelt. Sobald indess das von ihm zu denkende Objekt als etwas Wirkliches gegeben ist, beschränkt sich natürlich die Freiheit des Denkens auf Dasjenige, was ohne Widerstreit mit dem Gegebenen variirt werden kann, also auf solche Dinge, welche von der gegebenen Wirklichkeit unabhängig sind.

Wenn an die Stelle der Flächen Körper gesetzt werden, ergeben sich die Drehungen der Körper. Da ein Körper bei der absoluten Deklination mit seiner dritten Dimension z in den Raum von vier Dimensionen eintreten würde; so muss diese Operation mit einer Kompression in der Richtung OZ verbunden sein: dieselbe hat also keine Anschaulichkeit. Der anschaulichen geometrischen Drehung um die drei Axen OX, OY, OZ lässt sich jedoch ein Körper so gut unterwerfen wie eine Linie und eine Fläche. Der letzteren Auffassung schliessen sich leicht die logischen Begriffe der primären, sekundären und tertiären Wirkung von Gesammtheiten und von idealen Begriffen an, von welchen die Funktionen des Thierreiches, die Beziehungen des Thierreiches zum Pflanzenreiche, die Wunder der Welt, das Verhältniss des Staates zur Kirche, das Prinzip der Liebe einige Beispiele sind. Ebenso ist die Quantitätswirkung (Vorstufe der Wirkung) einer Gesammtheit, welche auf einer Quantitätsrelation oder auf der Thätigkeit des Werdens beruht, leicht verständlich.

4) Die Heterogenität der Wirkung hat vier Hauptstufen, die primogene, sekundogene, tertiogene und quartogene Wirkung. Ihre geometrischen Analogien sind in §. 102 charakterisirt; wir fügen jedoch noch Folgendes hinzu.

Wenn man die Benennung nach der zu drehenden Grösse oder nach dem Multiplikand wählt, heissen die vier Stufen die Drebung der Punkte, der Linien, der Flächen und der Körper: wenn man dieselbe aber nach dem Drehungsprozesse oder nach dem Multiplikator wählt, heissen sie punktuelle, lineare, superfizielle und kubische Drehung.

Primogene oder punktuelle Drehung einer Grösse ist Drehung um einen unendlich entlegenen, also um einen nicht existirenden Punkt; sie fällt mit einem geradlinigen Fortschritte jener Grösse zusammen. Durch punktuelle Drehung wird ein Punkt in gerader Linie an einen anderen

Ort versetzt. Die punktuelle Drehung einer Linie, einer Fläche, eines Körpers bekundet sich in einem geradlinigen Fortschritte dieser Grösse in paralleler Stellung.

Während wir die durch eine Drehung erzielte Stellung die Wirkung dieser Drehung genannt haben, wollen wir den Inbegriff aller Stellungen, welche die Grösse bei der Drehung nach und nach einnimmt, als den Gesammteffekt der Drehung bezeichnen. Dieser Effekt wird bei den räumlichen Drehungen immer eine Grösse sein, welche eine Dimension mehr besitzt, als die gedachte Grösse und eben wegen dieser Dimensitäts-erhöhung hat sie eine Bedeutung für das Heterogenitätssystem der Drehung. Bei primogener Drehung eines Punktes ist der an einen anderen Ort versetzte Punkt die Wirkung, die von dem Punkte beschriebene Linie dagegen der Gesammteffekt.

Sekundogene oder lineare Drehung ist Drehung um einen Punkt. Sie ist die eigentliche Drehung der Linien oder die Drehung in einer Fläche. Ihr Gesammteffekt, nämlich die von der gedachten Linie beschriebene Grösse ist eine Fläche, insbesondere bei einfacher Drehung die Winkelfläche. Wenn die gedachte gerade Linie die Länge r hat, wenn sie sich um ihren Anfangspunkt und in einer Ebene dreht und wenn der Winkel oder Bogen der Drehung α ist; so ist der Gesammt-effekt der Drehung $\frac{1}{2} r^2 \alpha$ (wogegen ihre Wirkung die Richtung $r\, e^{\alpha \sqrt{-1}}$ ist). Der Gesammteffekt ist so gut der Inbegriff aller Richtungen, $r\, e^{\varphi \sqrt{-1}}$, welche die Linie r bei der Drehung erreicht, d. h. er ist so gut der Inbegriff aller elementaren Winkelflächen nach dem Integrale $\int_0^\alpha \frac{1}{2} r^2\, \partial \alpha$, als auch der Inbegriff der Effekte der punktuellen Drehungen aller Längenelemente jener Linie nach dem Integrale $\int_0^r a r\, \partial r$.

Wenn die Drehung nicht um den Anfangspunkt der Linie, sondern um einen in ihrer Verlängerung liegenden Punkt erfolgt, welcher den Abstand a von dem Anfangspunkte der Linie r hat; so ist die Wirkung der Drehung eine unter dem Winkel u geneigte, nach dem Drehungs-punkte zeigende Linie von der Länge r, der Gesammteffekt oder die Grösse des Ausschnittes der betreffenden Ringfläche ist aber, wenn man den Abstand des Mittelpunktes der Linie r von dem Drehungs-punkte $a + \frac{1}{2} r = b$ und den von dem Mittelpunkte oder Schwerpunkte der Linie beschriebenen Kreisbogen $u b = s$ setzt,

$$\alpha r (a + \tfrac{1}{2} r) = \alpha r b = r s.$$

Wenn man die lineare Drehung oder die Drehung um einen Punkt O auf einen Punkt A überträgt, führt sie den Punkt A als Endpunkt des Radius OA auf einem Bogenwege AB an einen anderen Ort B.

Tertiogene oder superfizielle Drehung ist Drehung um eine Linie. Sie ist die eigentliche Drehung der Flächen oder die Drehung im Raume. Wenn die gedrehte Fläche eben ist und sich um eine in dieser Ebene liegende Linie dreht; so ist der Gesammteffekt der Drehung ein Körper, dessen Inhalt gleich dem Produkte der gedrehten Fläche r und dem von ihrem Schwerpunkte beschriebenen Wege s ist.

Quartogene oder kubische Drehung ist Drehung um eine Fläche.

Sie ist die eigentliche Drehung der Körper oder die Drehung in dem Raume von vier Dimensionen, welche mit Kompression verbunden ist und welcher die Anschaulichkeit fehlt.

Es leuchtet ein, dass jede höhere Heterogenitätsstufe der Drehung ein unendlicher Inbegriff von Drehungen der nächst niedrigeren Stufe, dass z. B. die Wirkung einer Flächendrehung ein Inbegriff von Wirkungen, von Liniendrehungen oder dass eine Liniendrehung ein Inbegriff von Wirkungen, von Punktdrehungen ist.

Die zu drehende Grösse, deren Dimensität die Heterogenitätsstufe der Drehung bezeichnet, kann jeder beliebigen Neutralitätsstufe der Drehung unterworfen werden. Hierdurch ergeben sich die verschiedenen Kombinationen von Neutralitäts- und Heterogenitätsstufen. So kann eine Fläche deklinirt, inklinirt und reklinirt, auch vervielfältigt werden; wird sie deklinirt, so hat man eine Kombination von primärer und tertiogener Drehung. Diese Kombinationen, sowie auch ihre logischen Analogien sind schon bei der Neutralität der Drehung vorgeführt worden, bedürfen also keiner weiteren Erläuterung.

Hiernach führen wir noch folgendes Beispiel an, in welchem sekundogene und tertiogene individuelle und abstrakte Wirkungen konkurriren. Wenn OA (Fig. 1092) ein Stück der Grundaxe in der Grundebene OAB ist, kann dasselbe die Partikularität eines bestimmten Menschen Kato zwischen zwei bestimmten Akzidentien oder Zuständen O und A, also ein Objekt von bestimmter Quantität $OA = a$ darstellen. Dieses Objekt kann als Subjekt einer Kausalität α oder als Ursache einer Wirkung $OB = a e^{\alpha \sqrt{-1}}$, z. B. als die Ursache einer Arbeit angesehen werden. Versteht man unter der Arbeit die Wirkung oder effizirende Thätigkeit; so ist sie durch $OB = a e^{\alpha \sqrt{-1}}$ dargestellt: versteht man darunter die Kausalität; so ist sie durch den Winkel $AOB = \alpha$ dargestellt: versteht man darunter die kausale Thätigkeit; so ist sie durch den Bogen $AB = a\alpha$ dargestellt: versteht man darunter die Relation zum Subjekte; so ist sie durch die Richtung von OB oder durch den Richtungskoeffizienten $e^{\alpha \sqrt{-1}}$ dargestellt: versteht man darunter das bewirkte oder die Wirkung betroffene Objekt, z. B. das durch Arbeit erzeugte Haus; so ist sie durch die Linie BD' dargestellt, welche, durch B gehend, mit der Grundaxe OA parallel läuft.

Die Wirkung $OB = a e^{\alpha \sqrt{-1}}$ ergiebt sich geometrisch durch die Drehung (Deklination) des Subjektes OA um den Winkel α; sie hat dieselbe Quantität wie die Ursache. Damit diese Quantität einen endlichen Werth habe, muss auch die Ursache eine endliche Quantität haben: nur ein Sein von Quantität kann eine Wirkung von Quantität hervorbringen. Hat das Subjekt OA keine Quantität, reduzirt sich dasselbe also auf den Anfangszustand O eines Subjektes; so ist die Wirkung null oder vielmehr derselbe Zustand O. Auch die Wirkung jedes anderen Zustandes A des Subjektes ist null, wenn dieser Zustand die eigentliche Ursache der Wirkung enthält: nur, wenn ein solcher Zustand A als ein Theil oder eine Partikularität des wirkenden Subjektes OA, welches seine Wirkung mit der ganzen Quantität OA vollführt, gedacht wird, ergiebt sich als Wirkung jenes Zustandes A der Zustand B oder die entsprechende Partikularität der Wirkung OB. Wenn das Subjekt OA endliche Quantität a hat; so fällt sein Anfangszustand O, womit es die Kausalität äussert, mit dem Anfangszustande der Wirkung zusammen: Ursache und Wirkung haben also stets einen Zustand, aber auch nur einen Zustand miteinander gemein. Hierbei ist jedoch unter der Ursache stets das verursachende oder wirkende Subjekt verstanden: wollte man unter Ursache generell ein ursächliches Sein verstehen; so entspräche Diess geometrisch der zur Grundaxe OX parallelen Richtung oder der Grundrichtung, unbekümmert um den Ort, welchen diese Richtung einnimmt. Die Wirkung wäre alsdann die Richtung, welche sich unter dem Winkel α gegen die Grundrichtung neigt und welche die Relation von OB zu OA anzeigt. Bei dieser generellen Auffassung wäre kein bestimmtes Subjekt gegeben und es könnte daher auch von keiner bestimmten Wirkung, mithin auch nicht von der Konstanz eines bestimmten Zustandes die Rede sein: man würde alsdann ebenso generell sagen müssen, der Anfangszustand der Ursache ist der Anfangszustand der Wirkung und Beide decken sich nur in diesem einen Zustande.

Wird jetzt die Ebene AOB um die Grundaxe OA um den Winkel $\beta = BAC$ gedreht (was einer Wälzung der darin liegenden Linien um die Axe OA entspricht); so kann dieser Winkel eine abstrakte oder Gattungskausalität, z. B. das Pflichtgefühl repräsentiren. Eine solche Kausalität setzt nothwendig eine Gattung als wirkende Ursache voraus. Diese Gattung ist der Inbegriff der Individuen, welche durch die zu OA parallel gezogenen Linien der Grundebene, also durch die Individuen von allen möglichen Attributen vertreten werden. Das einzelne Individuum OA ist nur ein Anfangszustand, ein konkreter Fall jener Gattung, keine eigentliche Partikularität derselben, kein Gattungsbegriff von endlicher Quantität. Gäbe es nur ein einziges Individuum OA; so könnte von der kausalen Thätigkeit β und der sekundären Relation $e^{\beta\sqrt{-1}}$ überall keine Rede sein; diese Thätigkeit erlangt erst durch die Gemeinschaft von Individuen eine Bedeutung. So ist der Begriff Pflicht nur durch die Gemeinschaft von Individuen verständlich: ein einziges Individuum in der Welt kann keine Pflichten haben.

Indem das Individuum $OA = a$ die primäre Wirkung der Arbeit α im Gefühle der Pflicht oder aus Pflichtgefühl verrichtet oder mit der sekundären Kausalität β verbindet, dreht sich die Linie $OA = a$ in der geneigten Ebene um den Winkel α in die Richtung $OC = a\,e^{\alpha\sqrt{-1}}\,e^{\beta\sqrt{-1}}$. Diese Entstehung der Wirkung OC entspricht der Auffassung, dass das Subjekt OA die Arbeit aus Pflicht oder in der Gattung der Pflichthandlungen verrichtet. Denkt man sich, die Drehung werde erst in der Grundebene nach OB vollführt und sodann die Linie OB um die Grundaxe gewälzt; so entspricht Diess der Auffassung, dass der Arbeit OB des Subjektes OA die Relation der Pflichthandlungen verliehen wird.

Die Pflicht erscheint hier, indem sie eine Gattungswirkung vertritt, als der Grund der Arbeit, welche eine Individualwirkung α darstellt.

Der Winkel β bezeichnet als Wälzung der Linie OB um die Axe OA eine Inklination oder sekundäre Drehungsbewegung für Linien; derselbe kann aber auch als Drehung der Fläche OAB um die Axe OA als eine Deklination oder primäre Drehungsbewegung von Flächen angesehen werden. Logisch kann also der Grund einer Individualwirkung als eine Gattungswirkung betrachtet werden. Der Grund einer Gattungswirkung entspricht dann der Inklination der Flächen, also der Wälzung derselben um die tertiäre Axe OZ. Lässt man daher das System der beiden Ebenen OAB und OAC um die Axe OZ die Winkelbewegung $\gamma = XOA$ machen; so erscheint, indem jetzt OX als Grundaxe gilt, γ als Grund der Gattungswirkung β oder als Grund des Grundes der Individualwirkung α.

Beispielsweise kann γ die Kausalität der Relation von Vater zu Sohn, d. b., wenn $OX = a$ das Subjekt ist, kann $OA = ae^{\gamma \sqrt{-1}}$ die Relation Sohn bedeuten (welche auf der Kausalität der Zeugung γ beruht). Jetzt bezeichnet der in der Grundebene gemessene Winkel α, welcher als Fortsetzung der Drehung γ in die Richtung OB führt, eine Wirkung des Sohnes, also, da diese Wirkung vorhin als Arbeit gedacht ist, die Arbeit oder Handlung eines Sohnes. In der Ebene OAC aber bedeutet der Winkel α, welcher die Richtung OC erzeugt, die aus Pflichtgefühl entspringende Handlung des Sohnes, wobei die Pflicht als der Grund der Handlung, die Sohnschaft dagegen als der Grund der in Rede stehenden Pflicht erscheint.

Statt die Grundebene um den Winkel β um OX und sodann die erhaltene geneigte Ebene um den Winkel γ um OZ zu drehen, kann man auch erst die Grundebene um den Winkel γ um OZ und sodann die erhaltene Ebene, welche in der Grundebene liegt, um den Winkel β um OA drehen. Der logische Sinn der zweiten Operation erläutert sich durch Fig. 1093. Wenn nämlich die Parallelen zu OX die verschiedenen möglichen Menschen sind, welche ein Stück der Grundgattung füllen; so sind die Parallelen zu OA die verschiedenen möglichen Söhne, welche ein Stück der Grundgattung füllen, dessen Nulllinie in OA liegt. Dreht man das letztere Stück um die Linie OA; so entspricht Diess einer Wirkung der Gattung der Söhne. Eine in der geneigten Ebene liegende Linie OB erscheint hierbei als die Handlung eines Sohnes, deren Grund die Pflicht ist, wobei die Sohnschaft als die Ursache der Handlung und die Pflicht als eine Gattungskausalität der Söhne auftritt.

Die vorstehenden Betrachtungen über die sekundäre Wirkung oder über die Begründung der Wirkung, welche der mathematischen Inklination oder Wälzung entspricht, eröffnet uns zugleich das Verständniss für folgende Begriffe, welche für das Wesen des Kategorems der Relation von Wichtigkeit sind.

Die primäre Kausalität wirkt in der Grundgattung; sie entspricht der mathematischen Deklination oder Drehung in der Grundebene XY (insofern es sich überhaupt um die Richtung von Linien, resp. um die Relation von Individuen handelt). Statt der Drehung in der Grundebene XY um den Nullpunkt O kann man auch die Drehung um die auf der Grundebene normal stehende Axe OZ als Kriterium der primären Kausalität ansehen: alsdann repräsentirt allgemein die Drehungsaxe statt der Drehungsebene den logischen Grund der Kausalität. Zur systematischen Entwicklung der Vorstellungen ist es sowohl mathematisch wie logisch nothwendig, wenn man von Drehungsaxen wie ZZ' redet, die beiden darin liegenden Richtungen $Z'Z$ und ZZ' oder, indem man die Richtung stets einseitig vom Nullpunkte O aus rechnet, die beiden entgegengesetzt

liegenden Halbaxen OZ und OZ' zu unterscheiden, und daneben fest-
zusetzen, dass positive Drehung die Drehung nach einer bestimmten
Seite herum, z. B. von rechts nach links herum für einen Beobachter
sei, welcher in der Richtung der Drehungshalbaxe mit den Füssen auf
der Drehungsebene steht. Diese Anschauung läuft, wenn man statt der
Drehung um eine Axe die Drehung in einer Ebene ins Auge fasst, auf
die Unterscheidung der beiden Seiten dieser Ebene und auf die Annahme
hinaus, dass die positiv gedrehten Linien auf der oberen und die negativ
gedrehten Linien auf der unteren Seite der Drehungsebene liegen.

Jetzt erscheint die positive Drehung α der Linie OX als die
Drehung um OZ von rechts nach links in die Richtung OA (Fig. 1094).
In die Richtung der mit negativem Neigungswinkel $-\alpha$ behafteten
Linie OB kann man aber auf zwei verschiedenen Wegen gelangen, ein-
mal durch negative Drehung $-\alpha$ um die positive Drehungsaxe OZ,
oder durch positive Drehung $+\alpha$ um die negative Drehungsaxe OZ'.
Die durch die erste Bewegung erlangte Linie OB liegt auf der oberen
Fläche der Drehungsebene XY, die durch die zweite Bewegung erlangte
Linie dagegen liegt auf der unteren Fläche der Drehungsebene: beide
sind daher nach Sinn und Entstehung durchaus nicht identisch, wenngleich sich ihre Richtungen decken.

Dieser Unterschied tritt in den logischen Begriffen sehr markant
hervor. Die durch direkte Kausalität α mit direktem oder ursprünglichem Grunde OZ entstehende Wirkung OA ist Aktivität oder aktive
Wirkung des Subjektes OX. Die durch indirekte Kausalität $-\alpha$ mit
ursprünglichem Grunde OZ entstehende Wirkung OB ist Passivität
oder passive Wirkung (Bewirktwerden) des Subjektes OX. Die durch
direkte Kausalität α mit indirektem, dem ursprünglichen entgegengesetzten Grunde OZ' entstehende Wirkung OB ist nicht Passivität
sondern Gegen- oder Rückwirkung (Reaktion).

Offenbar entsteht die Rückwirkung aus der direkten Wirkung
mathematisch durch Umwälzung oder Inklination um $\beta = 180^0$, also
durch eine sekundäre Wirkung von demjenigen Grade, welcher erforderlich
ist, um den ursprünglichen Grund OZ in seinen kontradiktorischen
Gegensatz OZ' zu verwandeln (während die Passivität aus der Aktivität
durch Umkehrung der kausalen Thätigkeit unter Beibehaltung des
ursprünglichen Grundes entsteht). Während also der arithmetische
Ausdruck der direkten Wirkung OA den Werth $e^{\alpha\sqrt{-1}} e^{0\sqrt{-1}}$ hat, ist
der Ausdruck der beiden durch OB repräsentirten Wirkungen, nämlich
der indirekten Wirkung und der Rückwirkung resp. $e^{-\alpha\sqrt{-1}} e^{0\sqrt{-1}}$ und
$e^{\alpha\sqrt{-1}} e^{\pi\sqrt{-1}}$. Wenn z. B. die aktive Kausalität α, welche die Richtung
OA bestimmt, Liebe bedeutet; so ist die indirekte Wirkung OB, ent-
sprechend der passiven Kausalität $-\alpha$, das Geliebtwerden, die Rückwirkung OB aber, welche bei aktiver Kausalität α dem entgegengesetzten
Grunde oder der Inklination $\beta = \pi$ zukömmt, die Gegenliebe des
Subjektes. Ebenso nimmt für den entgegengesetzten Grund die Linie
OA, welche bei positivem Grunde die Liebe anzeigt, die Bedeutung des
Gegengeliebtwerdens an.

Unter den wichtigen Gegensätzen spielt auch die der Wirkung OA

entgegengesetzte Wirkung OA', welche den kontradiktorischen Gegensatz der effizirenden Thätigkeit OA darstellt, eine wichtige Rolle und wir stellen dieselbe den beiden in der Richtung OB liegenden Gegensätzen zur Vergleichung gegenüber. Diese entgegengesetzte Wirkung OA' kann entweder der direkten Kausalität $\pi + \alpha$ des ursprünglichen Subjektes OX bei ursprünglichem Grunde OZ, oder der direkten Kausalität α des entgegengesetzten Subjektes OX' bei ursprünglichem Grunde, sie kann aber auch der negativen Kausalität, d. h. der Passivität $-(\pi - \alpha)$ des ursprünglichen Subjektes OX bei ursprünglichem Grunde OZ, sie kann ferner der positiven Kausalität $\pi - \alpha$ des ursprünglichen Subjektes OX bei entgegengesetztem Grunde OZ' und sie kann der negativen Kausalität $-\alpha$ des entgegengesetzten Subjektes OX' mit entgegengesetztem Grunde OZ' zugeschrieben werden. Diese fünf Bedeutungen der in OA' liegenden Wirkungen sind durchaus nicht identisch, sondern unterscheiden sich logisch und mathematisch durch Sinn und Entstehung; insbesondere sind dieselben mathematisch durch die fünf Ausdrücke $e^{(\pi + \alpha)\sqrt{-1}} e^{0\sqrt{\div 1}}$, $- e^{\alpha\sqrt{-1}} e^{0\sqrt{\div 1}}$, $e^{-(\pi - \alpha)\sqrt{-1}} e^{0\sqrt{\div 1}}$, $e^{(\pi - \alpha)\sqrt{-1}} e^{\pi\sqrt{\div 1}}$, $- e^{-\alpha\sqrt{-1}} e^{\pi\sqrt{\div 1}}$ dargestellt, welche sämmtlich den Fundamentalwerth $- \cos\alpha - \sin\alpha\sqrt{-1} = - (\cos\alpha + \sin\alpha\sqrt{-1})$ haben.

Wenn man die hauptsächlichen Bedeutungen, welche eine Richtung OA je nach ihrer Entstehung aus der Grundrichtung OX annimmt, vollständig entwickeln will, kommen eine viel grössere Anzahl als die vorstehenden fünf in Betracht. Es ist für das System der logischen Begriffe von Wichtigkeit, diese Klassifikation hier vorzunehmen. Dieselbe hängt ab, erstens, von der Positivität oder Negativität des Grundes, also von der Lage der Linie OA auf der oberen oder unteren Seite der Ebene XY oder von der Inklinationsaxe OZ oder OZ', d. h. von dem Inklinationswinkel $\beta = 0$ oder $\beta = \pi$; zweitens davon, ob die Entstehung aus dem positiven Subjekte $+1$, welches in der Grundrichtung OX liegt, oder aus dem negativen Subjekte -1, d. h. aus dem Gegensatze des Subjektes, welches in der Richtung OX' liegt, gedacht wird; drittens, ob die Wirkung als eine Aktivität oder Passivität, d. h. als eine Drehung nach rechts oder nach links herum oder als eine mit positivem oder negativem Deklinationswinkel behaftete angesehen wird; viertens, ob die Wirkung in Beziehung auf das von ihr getroffene Objekt AM oder in Beziehung auf den Gegensatz $A'M'$ dieses Objektes, zu welchem die rückwärts gerichtete Verlängerung von OA, also die entgegengesetzte Wirkung OA' führt, betrachtet wird. Ausserdem kann man noch erwägen, ob der Fundamentalwerth der Wirkung α oder die aus mehrmaliger positiver oder negativer Umdrehung entstehende Wirkung $\alpha \pm 2n\pi$ gemeint ist. Indem wir die letzteren wiederholten oder zu wiederholenden Wirkungen jetzt ausser Acht lassen, bleiben unter den vorher genannten vier Gesichtspunkten sechzehn verschiedene Bedeutungen zu betrachten. Dieselben gruppiren sich, wenn wir für α die kausale Grundthätigkeit lieben und als positives Subjekt das Ich, als positives Objekt das Du annehmen, unter Nebensetzung des mathematischen Richtungskoeffizienten folgendermaassen.

A. Positiver Grund.

Nummer	Das Subjekt ist	Das Objekt ist	Richtungskoeffizient	Logische Bedeutung von OA
1	aktiv	positiv	$(+1)\,e^{\alpha}\sqrt{-1}\,e^0\sqrt{-1}$	ich liebe dich
2	passiv	positiv	$(+1)\,e^{(2\pi-\alpha)}\sqrt{-1}\,e^0\sqrt{-1}$	ich werde veranlasst, dich zu lieben
3	aktiv	positiv	$(-1)\,e^{(\pi+\alpha)}\sqrt{-1}\,e^0\sqrt{-1}$	mein Gegensatz haßt dich
4	passiv	positiv	$(-1)\,e^{(\pi-\alpha)}\sqrt{-1}\,e^0\sqrt{-1}$	mein Gegensatz wird veranlaßt, dich zu hassen
5	aktiv	negativ	$(+1)\,e^{(\pi+\alpha)}\sqrt{-1}\,e^0\sqrt{-1}$	ich hasse deinen Gegensatz
6	passiv	negativ	$(+1)\,e^{(\pi-\alpha)}\sqrt{-1}\,e^0\sqrt{-1}$	ich werde veranlasst, deinen Gegensatz zu hassen
7	aktiv	negativ	$(-1)\,e^{\alpha}\sqrt{-1}\,e^0\sqrt{-1}$	mein Gegensatz liebt deinen Gegensatz
8	passiv	negativ	$(-1)\,e^{(2\pi-\alpha)}\sqrt{-1}\,e^0\sqrt{-2}$	mein Gegensatz wird veranlaßt, deinen Gegensatz zu lieben.

B. Negativer Grund.

Nummer	Das Subjekt ist	Das Objekt ist	Richtungskoeffizient	Logische Bedeutung von OA
9	aktiv	positiv	$(+1)\,e^{-\alpha}\sqrt{-1}\,e^{\pi}\sqrt{-1}$	ich werde von dir wiedergeliebt
10	aktiv	positiv	$(+1)\,e^{(2\pi+\alpha)}\sqrt{-1}\,e^{\pi}\sqrt{-1}$	ich veranlasse dich, mich wiederzulieben
11	passiv	positiv	$(-1)\,e^{-(\pi+\alpha)}\sqrt{-1}\,e^{\pi}\sqrt{-1}$	mein Gegensatz wird von dir wiedergehasst
12	aktiv	positiv	$(-1)\,e^{(\pi-\alpha)}\sqrt{-1}\,e^{\pi}\sqrt{-1}$	mein Gegensatz veranlasst dich, meinen Gegensatz wiederzuhassen
13	passiv	negativ	$(+1)\,e^{-(\pi+\alpha)}\sqrt{-1}\,e^{\pi}\sqrt{-1}$	ich werde von deinem Gegensatze wiedergehasst
14	aktiv	negativ	$(+1)\,e^{(\pi-\alpha)}\sqrt{-1}\,e^{\pi}\sqrt{-1}$	ich veranlasse deinen Gegensatz, mich wiederzuhassen
15	passiv	negativ	$(-1)\,e^{-\alpha}\sqrt{-1}\,e^{\pi}\sqrt{-1}$	mein Gegensatz wird von deinem Gegensatze wiedergeliebt
16	aktiv	negativ	$(-1)\,e^{(2\pi-\alpha)}\sqrt{-1}\,e^{\pi}\sqrt{-1}$	mein Gegensatz veranlasst deinen Gegensatz, meinen Gegensatz wiederzulieben.

Durch Vertauschung des Subjektes mit dem Objekte können diese 16 Formen in 16 andere Formen gekleidet werden, bei welchen die Aktivität in Passivität oder, umgekehrt, sich verwandelt, indem z. B. der Satz, ich liebe dich, in den Satz, du wirst von mir geliebt, oder der Satz, ich werde veranlasst dich zu lieben, in den Satz, du veranlassest mich dich zu lieben, oder der Satz, ich werde von dir wiedergeliebt, in den Satz, du liebst mich wieder, u. s. w. übergeht.

Wie die entgegengesetzte oder gegensätzliche Wirkung, so trägt auch zuweilen die Gegenwirkung oder die Rückwirkung besondere Namen; so ist z. B. die Gegenwirkung gegen den Druck der „Widerstand gegen Druck" oder die Gegenthätigkeit gegen drücken ist „dem Druck widerstehen". Übrigens darf man mit der Gegenwirkung nicht die Passivität gewisser intransitiver Thätigkeiten verwechseln, welche nach S. 159 zuweilen durch aktive Zeitwörter ausgedrückt werden. So ist z. B. verkaufen die in Aktivform dargestellte Passivität der intransitiven Thätigkeit des Kaufens (aktiv: ich kaufe von dir das Haus; passiv: durch dich wird das Haus von mir gekauft oder, in Aktivform: ich verkaufe an dich das Haus); verkaufen ist aber nicht die Gegenwirkung von kaufen, welche Letztere vielmehr den Namen zurückkaufen trägt.

Zur Erläuterung führen wir noch folgende Beispiele von Gegenwirkung an, indem wir zur Unterscheidung die entgegengesetzte Wirkung mit anführen.

Wirkung	Entgegengesetzte Wirkung	Gegenwirkung
Liebe	Hass	Gegenliebe
Hass	Liebe	Gegenhass
Zug	Druck	Gegenzug / Widerstand gegen Zug
Druck	Zug	Gegendruck / Widerstand gegen Druck
Kauf	Verlust durch Kauf	Rückkauf
Verkauf	Gewinn durch Kauf	Rückverkauf
Erwärmung	Abkühlung	Gegenerwärmung / Widerstand gegen Erwärmung
Ausdehnung	Zusammenziehung	Wiederausdehnung / Widerstand gegen Ausdehnung
Anziehung	Abstossung	Gegenanziehung

In den vorstehenden Betrachtungen über Gegenwirkung und Neutralwirkung sind nur Individualwirkungen in Betracht gezogen, welche geometrisch durch Liniendrehungen dargestellt werden. Handelt es sich um Gattungswirkungen oder auch um abstrakte Wirkungen, welche geometrisch durch Flächendrehungen darzustellen sind; so erscheint das Subjekt als ein Stück der Grundebene XY. An die Stelle der früheren Drehung um den Nullpunkt O tritt jetzt die Drehung um die Nulllinie OX; an die Stelle der früheren Drehung um die Axe oder Axiallinie

OZ tritt jetzt die Drehung um die Axialebene YZ, indem Alles, was in dieser Ebene liegt, auch in derselben verbleibt; an die Stelle der früheren Drehung in der Grundebene XY tritt jetzt die Drehung in dem Grundraume XYZ. Die Drehung um die Linie OX oder um die Axialebene YZ ist auch hier wie früher eine zweiseitige, jenachdem man die Linie OX in dieser oder in entgegengesetzter Richtung XO denkt oder jenachdem man sich bei dieser Drehung auf die vordere oder auf die hintere Seite der Axialebene YZ stellt. Die abstrakte Wirkung und Gegenwirkung befolgt also die nämlichen Grundgesetze wie die konkrete.

Auch für die Wirkungen von Gesammtheiten oder für ideelle Wirkungen bleiben diese Gesetze den früheren gleich, indem jetzt, wo die zu drehende Grösse ein Körper ist, der ursprüngliche Nullpunkt O zur Nullfläche XY, die ursprüngliche Axiallinie OZ zum Axialraume XYZ und die ursprüngliche Drehungsebene XY zu einem Raume von vier Dimensionen $XYZU$ wird.

Die bisher betrachteten Kombinationen von Kontrarietäts-, Neutralitäts- und Heterogenitätsstufen der Drehung bilden nur gewisse Spezialitäten unter den vielen möglichen Fällen von Kombinationen mehrerer Grundeigenschaften: wir sehen uns veranlasst, hier noch des für die Anwendung wichtigen Falles zu erwähnen, wo die Faktoren eines Produktes, also generell die Ursache und das Kausalitätsverhältniss verschiedenartigen Grössengebieten angehören oder wo die Relation zwischen Ursache und Wirkung kein abstraktes Verhältniss ist. Wenn der Multiplikand eine Grösse von der Qualität μ und von der Quantität a, also gleich $a\mu$ und der Multiplikator eine ähnlich gebildete Grösse $b\nu$ von der Qualität ν und der Quantität b ist; so involvirt die Multiplikation bei der Bildung des Produktes $ab.\mu\nu$ einen Potenzirungsakt, indem eine Grösse von der Qualität $\mu\nu$ gebildet wird, in welcher sich die Dimensionen von μ und ν vereinigen: hätte nämlich für eine gemeinsame Qualitätsbasis λ die Qualität μ den Werth λ^m und die Qualität ν den Werth λ^n; so wäre die Qualität des Produktes $\mu\nu = \lambda^{m+n}$ die $(m+n)$te Potenz von λ.

Neben dem letzteren Akte, welcher dem Produkte seinen Qualitätswerth verleiht und dem in §. 491 und 492 zu betrachtenden Qualitätsgesetze angehört, involvirt die Multiplikation der beiden Faktoren a und b eine numerische oder quantitative Multiplikation. Stellen wir systematisch im Prinzipe des dritten Grundgesetzes, welches das Drehungs-, resp. Wirkungsgesetz ist, die numerischen Faktoren a und b als Grössen, welche auf der Vorstufe der Drehung stehen, durch die Koeffizienten e^α und e^β, ferner die Qualitäten μ und ν dieser Faktoren durch die Koeffizienten λ^m und λ^n dar; so ist die Kombination von Quantitäts- und Qualitätswirkung durch die Formel $e^\alpha \lambda^m \times e^\beta \lambda^n = e^{\alpha+\beta} \lambda^{m+n}$ ausgedrückt.

Wenn die Faktoren nicht bloss das Resultat einer Quantitäts- und Qualitätswirkung, sondern auch das einer primären, sekundären und tertiären Drehung sind, stellen sie sich in der Form

$$A = e^{\alpha}\, e^{\beta\; \sqrt{-1}}\, e^{\gamma\; \sqrt{\div 1}}\, e^{\delta\; \sqrt{\div 1}}\, \lambda^{m}$$
$$B = e^{\alpha_1}\, e^{\beta_1\; \sqrt{-1}}\, e^{\gamma_1\; \sqrt{\div 1}}\, e^{\delta_1\; \sqrt{\div 1}}\, \lambda^{n}$$

dar. Das Produkt oder die Wirkung des Multiplikand unter der Kausalität des Multiplikators ist dann

$$A B = e^{\alpha + \alpha_1}\, e^{(\beta + \beta_1)\; \sqrt{-1}}\, e^{(\gamma + \gamma_1)\; \sqrt{\div 1}}\, e^{(\delta + \delta_1)\; \sqrt{\div 1}}\, \lambda^{m + n}$$

Aus diesem Ausdrucke geht hervor, dass der Quantitäts-, Deklinations-, Inklinations-, Reklinations- und Qualitätswerth einer Grösse A sich nicht beeinflussen, sodass sie bei der Erzeugung dieser Grösse in beliebiger Reihenfolge ausgeführt werden können. Dasselbe gilt so gut vom Multiplikand A, als vom Multiplikator B, als auch von dem Produkte AB Beider, sodass in diesem Produkte beide Faktoren miteinander vertauscht und alle eben genannten Grundoperationen in beliebiger Reihenfolge darin vorgenommen werden können. Das Produkt oder, allgemein, die Wirkung stellt immer eine Zusammensetzung aus der Ursache A und der auf der Kausalität beruhenden Relation B dergestalt dar, das das Produkt die Ursache a mit einer durch die Relation B bestimmten Veränderung ihrer Einheit wiedergiebt. Man kann aber auch die Relation B wie eine Ursache und die frühere Ursache A wie eine Relation denken: das Produkt BA, welches dem Produkte AB gleich ist, zeigt dann die Ursache B mit einer durch die Relation A bestimmten Verwandlung ihrer Einheit.

Wenn die Ursache A ein seiendes Etwas von der Quantität $e^{\alpha} = a$ und von der Qualität λ^{m}, wenn also $A = a\lambda^{m}$ ist und die Relation B eine reine Beziehung auf das Sein des Subjektes (geometrisch eine Richtung, arithmetisch ein Zeichen) darstellt, sodass man $e^{\alpha_1} = 1$ und $\lambda^{n} = \lambda^{0} = 1$ also $B = e^{\beta_1\; \sqrt{-1}} e^{\gamma_1\; \sqrt{\div 1}} e^{\delta_1\; \sqrt{\div 1}}$ hat; so besitzt die Wirkung $A B = a\, e^{\beta_1\; \sqrt{-1}} e^{\gamma_1\; \sqrt{\div 1}} e^{\delta_1\; \sqrt{\div 1}} \lambda^{m}$ die Qualität und Quantität der Ursache, stellt also einen der Ursache qualitativ und quantitativ völlig gleichen Begriff dar, welcher nur die durch die Wirkung bezeichnete Relation zum Subjekte hat. Hierher gehörige Beispiele sind das Kind eines Menschen, worin die Ursache A ein Subjekt von der Quantität a und der Qualität der Individuen $\lambda^{m} = \lambda^{1} = \lambda$, also $A = a\lambda$ ist, während die Relation der Kindschaft $B = e^{\beta_1\; \sqrt{-1}}$ der Kausalität der Zeugung β_1 entspricht. Das Kind $A B = a\, e^{\beta_1\; \sqrt{-1}} \lambda$ hat dieselbe logische Quantität und Qualität $a\lambda$ wie der Vater und stellt nur diesen Begriff in der Relation $e^{\beta_1\; \sqrt{-1}}$ zu der Ursache dar (die Gleichheit der logischen Quantität zwischen Vater und Kind erkennt man in den Sätzen: europäischer Vater, europäisches Kind; französischer Vater, französisches Kind; menschlicher Vater, menschliches Kind; Thiervater, Thierkind; viel Väter, viel Kinder; wiederholt Vater, wiederholt Kind u. s. w.). Diese, auf primärer Relation beruhende Wirkung $a\lambda^{m} \times e^{\beta_1\; \sqrt{-1}} = a\, e^{\beta_1\; \sqrt{-1}} \lambda^{m}$ kann durch keinen Werth der Kausalität β_1 verschwinden oder null werden; sie behält vielmehr für jeden Werth dieser Kausalität die Quantität a des Subjektes. Immer hat die primäre Wirkung eines Subjektes, worin auch diese Wirkung bestehen möge, die Quantität des Subjektes: diese Quantität kann nur dadurch verschwinden, dass das Subjekt A selbst verschwindet

oder dessen Quantität $a = 0$ wird. Während also jede beliebige primäre
Wirkung der Europäer immer eine europäische Wirkung bleibt und die
Quantität des Begriffes der Europäer behält, mag ihre Kausalität sein,
welche sie wolle, so verschwindet die Quantität jeder Wirkung der
Europäer, wenn die Quantität derselben verschwindet, wenn also kein
Europäer mit der gegebenen Kausalität, welchen Werth diese auch habe,
wirksam wird.

Wenn die Ursache A ein Subjekt $a\mu$ von der Quantität a und
Qualität μ und ebenso die Relation B ein Objekt $b\nu$ von der Quantität
b und der Qualität ν ist; so hat die Wirkung $AB = ab.\mu\nu$ die Qualität
$\mu\nu$. Die Quantität ab der Wirkung ist das b-fache von a oder das
a-fache von b, überhaupt das numerische Produkt der Quantitäten a
und b der Faktoren; die Quantität dieser Wirkung bildet sich also durch
Vervielfachung oder durch einen auf der Vorstufe des Wirkungsgesetzes
stehenden Prozess, nämlich durch Quantitätswirkung. Gleichwohl gehört
der vorliegende Wirkungsprozess durchaus nicht dieser Vorstufe an oder
ist keine reine Quantitätswirkung: denn es handelt sich bei ihm nicht
bloss um die Quantitätsbildung ab, sondern auch um die Qualitätsbildung $\mu\nu$. Die Qualität $\mu\nu$ der Wirkung ist nun keineswegs die
Qualität μ der Ursache: der Wirkungsprozess geht also nicht in dem
wirkenden Subjekte vor sich, wie es die Vorstufe des Wirkungsgesetzes
voraussetzt, sondern er tritt aus dem Subjekte heraus. Wäre z. B.
$\mu = \lambda$ und $\nu = \lambda$, d. h. wäre Ursache und Relation ein individueller
Begriff (geometrisch eine Linie); so wäre $\mu\nu = \lambda^2$ ein Gattungsbegriff
(geometrisch eine Fläche, also $AB = ab\lambda^2$ ein Rechteck). Die Qualitäten
μ und ν können aber jeden beliebigen verschiedenen Grössengebieten
angehören; wäre z. B. μ eine mechanische Kraftqualität, also $A = a\mu$
ein Druck von a Pfund und ν eine räumliche Länge, also $B = b\nu$
eine Linie von b Fuss; so wäre die Wirkung $AB = ab.\mu\nu$ eine
sogenannte mechanische Arbeit von ab Fusspfund, indem $\mu\nu$ die Qualität
der mechanischen Arbeitsgrössen darstellt.

Eine Wirkung des Subjektes $a\mu$ von beliebiger Qualität μ vermöge
der Relation $b\nu$, welche ebenfalls ein Subjekt von beliebiger Qualität ν
darstellt, wollen wir eine Leistung oder Arbeit des Subjektes unter der
produzirenden Thätigkeit $b\nu$ nennen. Ihr Quantitätswerth ab setzt sich
aus der Quantität des Subjektes und der der produzirenden Thätigkeit
zusammen. Ein generelles Beispiel dazu ist die Leistung der Griechen
in der Kunst: je grösser die Quantität der Griechen und je grösser die
Quantität ihrer produzirenden Thätigkeit, desto grösser die Kunst-
produktion. Eine solche Leistung unterscheidet sich von einer Vervielfachung oder von einer reinen Quantitätswirkung unter der Thätigkeit
des Werdens (entsprechend der Multiplikation mit einer abstrakten
Zahl b) dadurch, dass sie aus dem Subjekte heraustritt oder nach aussen
wirkt, also auf ein äusseres Objekt geht oder überhaupt ein Objekt hat,
während bei der Vervielfachung des Subjektes das Objekt in dem Subjekte
selbst liegt. So kann z. B. die Wirkung eines Druckes bei Beschreibung
eines räumlichen Weges auf ein äusseres Objekt, eine Masse, gerichtet
sein und darin als Wirkung eine der Arbeit gleiche lebendige Kraft
hervorbringen. Die Vervielfältigung oder Verstärkung eines Druckes,

welcher keinen Weg beschreibt, erzeugt jedoch niemals Arbeit und eigentliche, primäre Wirkung. Wenn man die Affektion, welche ein Körper durch die Anbringung eines Druckes erleidet, eine Wirkung dieses Druckes nennt; so bedeutet dieses Wort im logischen Sinne doch nicht primäre Wirkung, sondern eine auf der Vorstufe des Wirkungsgesetzes stehende Wirkung: die Verstärkung des Druckes oder die Anbringung eines verstärkten Druckes ist dann natürlich ebenfalls eine auf dieser Vorstufe stehende Wirkung.

Die Wirkung $a\mu \times b\nu = ab.\mu\nu$ ist das Resultat einer vom Subjekte $a\mu$ nach aussen (d. h. aus dem Subjekte heraus) gerichteten Thätigkeit, weil die produzirende Thätigkeit $b\nu$ nur in dem einzigen Falle eine Bewegung in dem Qualitätsgebiete des Subjektes verlangt, wo sie eine abstrakte reelle Zahl b ist oder ein Werden bedeutet.

Das Heraustreten aus dem Subjekte ist darum von Wichtigkeit, weil damit die Möglichkeit gegeben ist, eine eigentliche Wirkung nach aussen zu verpflanzen. Diese Wirkung nach aussen kann aber unter zwei verschiedenen Umständen geschehen: einmal, wenn der Multiplikator $b\nu$ eine reelle, aber benannte Zahl ist, also irgend eine von den reinen Zahlen verschiedene Qualität hat oder, logisch gesprochen, wenn die Relation $b\nu$, unter welcher das Subjekt wirkt, kein reines Quantitätsverhältniss oder kein Werden, sondern ein Produziren, eine produzirende Thätigkeit ist: denn unter solchen Umständen bedingt der Faktor $b\nu$ eine Veränderung der Dimensität oder der Qualität μ des Subjektes. Der zweite Fall der Wirkung nach aussen ist der, wo der Multiplikator $b\nu$ zwar eine reine Zahl, aber keine reelle, sondern ein Zeichen wie $e^{\beta_1 \sqrt{-1}}$ oder $e^{\beta_1 \sqrt{-1}} e^{\gamma_1 \sqrt{\div 1}}$ ist, wo also eine primäre oder sekundäre oder tertiäre Wirkung gefordert wird, indem jetzt zwar die Qualität der Ursache ungeändert bleibt, aber eine Drehung erfolgt, welche die Wirkung aus dem Subjekte verlegt.

Diese beiden Fälle der Wirkung nach aussen unterscheiden sich dadurch, dass der erste Fall mit einer Qualitätsänderung ohne Richtungsänderung, der zweite Fall aber mit einer Richtungsänderung ohne Qualitätsänderung begleitet ist. Ausserdem aber unterscheiden sie sich durch etwas sehr Wesentliches, nämlich dadurch, dass im ersten Falle das ganze wirksame Subjekt $a\mu$ das Anfangselement der Wirkung $ab.\mu\nu$ ist oder den Anfang der Wirkung bezeichnet (wie z. B. in dem Rechtecke aus zwei Linienfaktoren $a\lambda \times b\lambda = ab.\lambda^2$ der ganze Multiplikand $a\lambda$ das Anfangselement oder die Seitenlinie des Rechteckes ist), dass dagegen im zweiten Falle nur ein Zustand oder ein Element des Subjektes $a\mu$ das Anfangselement der Wirkung $a\mu e^{\beta_1 \sqrt{-1}}$ ist oder dass in diesem zweiten Falle die Wirkung nur durch ein Element des Subjektes mit diesem zusammenhängt.

Wenn das Subjekt einer primären Wirkung ein Individuum $a\mu$ ist, welches ein Stück der unendlichen Grundaxe OX des Seins bildet; so kann man sich eine primäre Thätigkeit denken, deren Kausalität β_1 einen gegebenen Werth hat, deren Anfangspunkt O aber ausserhalb des Subjektes $a\mu$ liegt. In diesem Falle steht die Wirkung $a\mu e^{\beta_1 \sqrt{-1}}$ mit dem Subjekte nicht im Zusammenhange, ist also auch keine Wirkung dieses Subjektes: die Wirkung hat dann die Bedeutung einer Partikularität der Wirkung eines allgemeineren Subjektes $O\,X$, von welchem das gegebene $a\,\mu$ eine Partikularität ist. So befinden sich z. B. unter den Werken der Deutschen auch die Werke von Kant; dieselben erscheinen hierunter nicht als eine unmittelbare Wirkung Kants, sondern als eine Partikularität der Wirkungen eines allgemeineren Subjektes (des Deutschen).

Indem der Ausgangspunkt einer primären Wirkung in unendliche Ferne rückt, nimmt diese Wirkung die Bedeutung einer primogenen Wirkung an, deren Resultat mit dem Subjekte parallel läuft, also ein individuelles Sein respräsentirt, wenn das Subjekt $a\,\mu$ ein solches ist. Wir haben den logischen Sinn dieses geometrischen Resultates schon früher betont: er ist der, dass ein Sein niemals die Wirkung eines gleichnamigen Seins ist. Die verschiedenen Individuen einer Gattung, können weder die Ursachen, noch die Wirkungen eines Individuums dieser Gattung sein, weil der Ausgangspunkt der Wirkung, welcher aus dem einen Sein ein anderes Sein erzeugen sollte, unendlich weit entfernt liegen und ausserdem ein wirkendes Subjekt von unendlicher Quantität voraussetzen würde, welche Beide nicht wirklich existiren. Durch die der geometrischen Drehung entsprechende Relationswirkung, wie sie hier in Frage kömmt, wird überhaupt nur eine Relation geändert: das Subjekt wird vermöge der Kausalität β_1 in eine Relation $e^{\beta_1 \sqrt{-1}}$ zu einem Objekte versetzt; es wird aber kein Objekt erzeugt. Nur die Verbindung zwischen Subjekt und Objekt, also eine gewisse Eigenschaft des Objektes, nicht das Sein des Objektes oder seine Substanz erscheint als die Wirkung des Subjektes. Zuweilen geben wir dem von der Wirkung des Subjektes betroffenen Objekte von dem durch diese Wirkung gestifteten Zustande an einen besonderen, auf jene Verbindung mit dem Subjekte hinweisenden Namen, behandeln es also in unserer Vorstellung wie ein neu entstandenes Individuum. Diese Willkür darf jedoch nicht zu dem Irrthume verleiten, dass durch jene Wirkung des Subjektes eine Substanz geschaffen sei oder dass Substanz das Resultat einer Relationswirkung sei.

So erzeugt ein Mensch eine Maschine, ein Bild, einen Menschen (sein Kind) nicht in der Weise, dass er der Schöpfer eines Seins wird, sondern dadurch, dass er sich durch kausale Thätigkeit mit Objekten in Relation setzt und dadurch einen Zustand in dem Sein von äusseren Dingen herbeiführt, welchen wir als den Anfangspunkt eines besonderen individuellen Seins betrachten, eines Seins, welches wir mit dem Namen Maschine, Bild, Kind belegen.

Das Sein des Objektes könnte nur die Wirkung eines seienden Subjektes von unendlicher Quantität und von einem unendlich weit vor dem Anfangspunkte des Objektes liegenden Zustande aus unter der Kausalität null sein. Nur bei solcher Auffassung kann das Sein in allen möglichen Reihen des individuellen Seins aus einunddemselben Anfangspunkte entspringend vorgestellt werden. Da diese Vorstellung eine ideelle ist, welcher keine äussere Wirklichkeit entspricht; so müssen wir immer darauf zurückkommen, dass das Sein keine Wirkung ist, und keinen Grund hat, sondern dass es durch sich selbst besteht, wogegen die Wirkung nicht durch sich selbst, sondern vermöge der Ursache auf Grund der Kausalität besteht.

Unser Satz, dass das Sein oder die Substanz keine Ursache habe oder keine Wirkung sei, dass es vielmehr als eine der fünf Grundeigenschaften (Kategoreme) völlig unabhängig von jeder anderen Grundeigenschaft, z. B. der Relation sei, darf nicht missverstanden werden. Trotz dieser prinzipiellen Unabhängigkeit zwischen Substanz und Kausalität hat doch jedes Ding, weil ihm alle fünf Grundeigenschaften zukommen, sowohl Substanz, als auch Relation, d. h. es besteht als Substanz und hat auch eine Ursache. Die Ursache bedingt seine Relation zur Welt, nämlich die speziellen Umstände, welche einen Zustand seines Daseins ausmachen und diesem Zustande die Bedeutung eines Anfangspunktes eines speziellen Individuums verleihen. Das von diesem Punkte auslaufende Sein ist aber nicht durch Kausalitätsgesetze, sondern durch Quantitätsgesetze bedingt.

Wenn man bei primärer Wirkung des Subjektes a alle Stellungen, welche dieses Subjekt bei der Drehung um den Winkel β annimmt, zu dem früher erwähnten Gesammteffekte zusammenfasst; so stellt dieser Effekt, welcher geometrisch durch eine Winkelfläche vertreten ist, ebenfalls eine Leistung dar, deren Objekt die Gesammtheit aller derjenigen Objekte ist, welche von der Ursache a bei jener Drehung getroffen werden.

Zum Beschlusse unserer Betrachtungen über die Heterogenitätsstufen der Wirkung machen wir darauf aufmerksam, dass räumliche, zeitliche, mechanische (materielle), chemilogische (stoffliche) und physiometrische Wirkungen die Wirkungen in den verschiedenen Anschauungsgebieten sind, also sich durch die Qualität ihrer Subjekte und ihrer kausalen Thätigkeiten unterscheiden. Das Wort Wirkung ist der Mechanik entlehnt und demzufolge ist räumliche, zeitliche, chemilogische und physiometrische Wirkung nicht mit mechanischer Wirkung identisch, sondern bezeichnet nur eine Analogie dazu. Räumliche Wirkung ist Drehung (Richtungsänderung), zeitliche Wirkung ist Veränderung während des Alterns, mechanische Wirkung ist Beschleunigung, chemilogische Wirkung ist Affinitätsäusserung, physiometrische Wirkung ist Äusserung eines Gestaltungstriebes: sie alle sind Spezialitäten der mathematischen Wirkung, welche ihren logischen Repräsentanten in dem arithmetischen Produkte findet. Die physischen Wirkungen haben die Qualität der Erscheinungen; sie sind Farbenbildung, Tonbildung u. s. w. Alle mathematischen und physischen Wirkungen sind wiederum nur Spezialitäten der allgemeinen logischen Wirkung oder des Begriffes von Wirkung.

5) Die Alienität der Relation hat fünf Hauptstufen, die primoforme, sekundoforme, tertioforme, quartoforme und quintoforme Relation, zu deren Erläuterung wir einen kurzen Blick auf die mathematischen Analogien werfen. Dieselben entsprechen der Richtung der Formgrössen oder der variabelen Grössen, welche auf der Drehung derselben beruht. Durch Vertauschung des Operands und des Operators erscheint die Drehung einer variabelen Grösse als eine variabele Drehung einer konstanten Grösse oder schlechthin als eine variabele Drehung. Die fünf Alienitätsstufen der Drehung können daher auch als die Drehung der Grössen von den fünf Hauptformen angesehen werden.

Die ebene Figur $O\,A\,B_1\,C_2$ in Fig. 1095 geht durch die Drehung φ

um den Nullpunkt O in die Stellung $O\,A'\,B'\,C'$ über. Wenn wir die erstere Figur als das Resultat der sukzessiven Drehung der geraden Linie $O\,C$, deren Länge gleich der Umfangslänge $O\,A + A\,B_1 + B_1\,C_2$ ist, erst um den Punkt A in die Richtung $O_1\,C_1$, dann um den Punkt B_1 in die Richtung $O_2\,C_2$ u. s. w. ansehen; so erscheint die Drehung jener Figur in die Stellung $O\,A'\,B'\,C'$ als eine sukzessive Drehung der Linie $O\,C$ um die Punkte O, A', B', u. s. w. oder auch um die in ihr liegenden Punkte O, A, B u. s. w. unter gleichzeitiger gemeinschaftlicher Drehung des ganzen Systems der Drehpunkte oder Drehaxen um den Punkt O. Eine solche Drehung um variabele Axen ist eine variabele Drehung, und dieselbe ist äquivalent der Drehung einer variabelen Grösse (einer Formgrösse). In Fig. 1095 haben wir die Drehung einer polygonalen Grösse oder eine Drehung mit diskreten Sprüngen der variabelen Drehungsaxen dargestellt; wenn sich die eckige Grösse in eine stetig gekrümmte verwandelt, geht die sprungweise Drehung in eine stetig variabele über, bei welcher die Drehungsaxen sich stetig verändern.

Um den Charakter einer variabelen Drehung nach der Variabilität der Drehungsaxe zu beurtheilen, muss nicht bloss die Variation des Drehungspunktes, welcher längs der zu drehenden Grundgrösse $O\,C$ fortrückt, sondern auch die Variation der Richtung der Drehungsaxe und die Variation der Intensität der Drehung in Betracht gezogen werden: wenn man diese Intensität als einförmig voraussetzt, muss dem Fortschritte des Drehungspunktes längs $O\,C$ im Allgemeinen eine variabele Intensität zugeschrieben werden. Man kann in jedem Punkte A der Grundgrösse $O\,C$ die diesem Punkte zukommende Drehungsaxe mit der ihr angehörigen Richtung verzeichnen und durch die Länge dieser Axe den Winkel darstellen, welcher um diese Axe beschrieben werden soll; die Drehungsaxen formiren sich alsdann zu einer Fläche, deren Form ein Ausdruck für den Charakter der Drehung ist. (Bei unstetigen Drehungen besteht dieser Ort der variabelen Axe in einer diskreten Anzahl durch O, A, B gehender Linien).

Mit Hülfe dieser Anschauungen ergiebt sich die primoforme Drehung als der Stillstand der Drehung oder die Undrehbarkeit, entsprechend der Multiplikation mit einem absoluten, indess nach Grösse variabelen Zahlenkoeffizienten, also mit einer rein quantitativen Vergrösserung ohne irgend eine Richtungsveränderung, mithin auch ohne irgend eine Formveränderung, da eine solche jedenfalls eine partielle Richtungsänderung sein würde. Primoforme Drehung ist auch äquivalent der Drehung des Primoformen, Formlosen, also auch Richtungslosen (da das Geformte aus gerichteten Theilen besteht), also des reinen Quantitätsverhältnisses, welches eine geometrische Form nicht hat. Sekundoforme Drehung ist Drehung um eine konstante Axe, äquivalent einer Drehung des Sekundoformen, Einförmigen, Geraden, Ebenen. Sie entspricht der Multiplikation mit einem einförmig variabelen Richtungskoeffizienten $e^{\varphi\sqrt{-1}}$. Tertioforme Drehung ist Drehung um eine einförmig variabele Axe, d. h. um eine parallel mit sich selbst in einer Zylinderfläche sich verschiebenden Axe von konstanter Länge, äquivalent einer Drehung des Tertioformen, Gleichförmigen, Kreisförmigen. Sie entspricht der Multiplikation mit einer variabelen Grösse von der Form $a + a e^{\alpha \sqrt{-1}} + a e^{2\alpha \sqrt{-1}} + a e^{3\alpha \sqrt{-1}} + \ldots = \Sigma a e^{ns \sqrt{-1}}$ oder für stetige Grössen von der Form $\int \partial s\, e^{ns \sqrt{-1}}$. Quartoforme Drehung ist Drehung um eine sich verschiebende und ihre Richtung gleichmässig ändernde (um eine Linie rotirende) Axe von konstanter Länge, äquivalent einer Drehung des Quartoformen, gleichmässig Abweichenden, Schraubenförmigen. Sie entspricht der Multiplikation mit einer Grösse, von der Form $a e^{\alpha \sqrt{-1}} + a e^{\alpha \sqrt{-1}} e^{\beta \sqrt{\div 1}} + a e^{\alpha \sqrt{-1}} e^{2\beta \sqrt{\div 1}} + a e^{\alpha \sqrt{-1}} e^{3\beta \sqrt{\div 1}} + \ldots = \Sigma a e^{\alpha \sqrt{-1}} e^{ns \sqrt{\div 1}}$ oder für stetige Grössen von der Form $\int \partial s\, e^{\alpha \sqrt{-1}} e^{ns \sqrt{\div 1}}$. Quintoforme Drehung ist Drehung um eine Axe, deren Richtung sich in steigendem Grade ändert (indem sie parallel zu den Seitenlinien eines sich aufrollenden Kegels variirt und ihre Länge steigend ändert), äquivalent einer Drehung des Quintoformen, Steigenden, nach logarithmischer Spirale Gekrümmten. Sie entspricht der Multiplikation mit einer aus steigend variabelen Theilen bestehenden Grösse von der Form $a e^{\alpha \sqrt{-1}} + a e^{m} e^{\alpha \sqrt{-1}} e^{\beta \sqrt{\div 1}} + a e^{2m} e^{\alpha \sqrt{-1}} e^{2\beta \sqrt{\div 1}} + a e^{3m} e^{\alpha \sqrt{-1}} e^{3\beta \sqrt{\div 1}} + \ldots = \Sigma a e^{ms} e^{\alpha \sqrt{-1}} e^{ns \sqrt{\div 1}}$ oder für stetige Grössen von der Form $\int \partial s\, e^{ms} e^{\alpha \sqrt{-1}} e^{ns \sqrt{\div 1}}$ (vergl. §. 134 bis 138).

Jenachdem man an die Stelle des Multiplikands eine Punkt-, Linien-, Flächen-, Körpergrösse setzt, ergiebt sich die Drehung des Primogenen, Sekundogenen, Tertiogenen, Quartogenen auf den vorstehenden fünf Alienitätsstufen, also die primoforme, sekundoforme etc. Drehung des Primogenen, Sekundogenen etc; und wenn man diese Qualitätsverwandlung mit dem Multiplikator vornimmt, ergiebt sich die primogene, sekundogene, tertiogene, quartogene Drehung auf den fünf Alienitätsstufen, also die primoforme, sekundoforme etc. punktuelle, lineare, superfizielle, kubische Drehung.

Von besonderer Wichtigkeit sind die Kombinationen eines Multiplikators von irgend einer der fünf Alienitätsstufen mit einem Multiplikand von irgend einer dieser Stufen. Diess giebt in leicht verständlicher Weise zuvörderst die primoforme Drehung des Primoformen, Sekundoformen, Tertioformen, Quartoformen und Quintoformen, sodann die sekundoforme (um eine konstante Axe erfolgende) Drehung des Primoformen, Sekundoformen, Tertioformen, Quartoformen und Quintoformen, alsdann die tertioforme (um eine sich verrückende Axe erfolgende) Drehung des Primoformen, Sekundoformen (Geraden), Tertioformen (Kreisförmigen), Quartoformen (Schraubenförmigen) und Quintoformen (logarithmisch Spiralförmigen), sodann die quartoforme und endlich die quintoforme Drehung dieser fünf Hauptformen.

Diese mathematischen Anschauungen übertragen sich auf logische Begriffe, indem man sich vergegenwärtigt, dass an die Stelle der Richtung (des Verhältnisses zur Grundaxe) die Relation, an die Stelle der Drehung die Kausalität, an die Stelle des Multiplikands die wirkende Ursache oder das wirkende Subjekt, an die Stelle des Multiplikators das Wirken mit der betreffenden Kausalität oder der betreffenden Relation, an die Stelle eines Drehungsresultates die Wirkung resp. das Bewirkte, resp. das bewirkte Objekt tritt, und wenn man ausserdem beachtet, was in §§. 493 und 494 näher ausgeführt werden wird, dass die Modalität die Form, Variabilität, gesetzliche Abhängigkeit oder Bedingtheit der Begriffe betrifft, dass also die verschiedenen Alienitätsstufen die Hauptbedingungsformen repräsentiren. Hieraus ergiebt sich folgende Charakteristik.

Primoforme Relation ist Relation der unbedingten, also auch kausalitätslosen Begriffe oder die Beziehung der in keiner eigentlichen Relation, sondern in reinem Quantitätsverhältnisse zueinander stehenden Begriffe.

Sekundoforme Relation ist die Relation der einförmigen oder einfach bedingten Begriffe, z. B. eines seienden Individuums, einer einförmigen Thätigkeit u. s. w., überhaupt eines Begriffes, welcher durch eine einfache Kausalität auf die Grundaxe OX des absoluten Seins bezogen oder durch eine einfach veränderliche Kausalität aus diesem Sein entsprungen ist.

Tertioforme Relation ist die Relation der gleichförmigen oder gleichförmig veränderlichen Begriffe, also diejenigen, welche aus verschiedenen Thätigkeiten innerhalb derselben Gattung zusammengesetzt sind, insofern diese partiellen Thätigkeiten durch ein einfaches Kausalitätsgesetz voneinander abhängen.

Quartoforme Relation ist die Relation der gleichmässig abweichenden, also solcher zusammengesetzten Begriffe, deren Partikularitäten nicht in einunddersleben Gattung, sondern in einer Gesammtheit variiren.

Quintoforme Relation ist die Relation der steigend variabelen, also derjenigen Begriffe, deren Partikularitäten nicht bloss in einer Gesammtheit auf Grund eines gewissen Kausalitätsgesetzes variiren, sondern bei dieser Variation auch ihre Quantitätsrelation steigend ändern.

Das zwischen diesen Hauptstufen liegende Alienitätsgebiet von Relationen füllt sich mit den betreffenden Hauptklassen aus, wodurch sich die Relationen aller beliebig bedingten Begriffe ergeben.

In der Welt des reinen Verstandes herrschen die diskreten Bildungen vor den stetigen Bildungen vor; demzufolge kommen vornehmlich solche Begriffe in Betracht, deren Partikularitäten nicht etwa unendlich geringe Quantität mit unendlich geringen Relationsunterschieden zeigen, also den stetig gekrümmten Linien oder Flächen gleichen, sondern solche Begriffe, deren Partikularitäten endliche Quantität mit endlichen Relationsunterschieden aufweisen, welche also den eckigen Polygonen und Polyedern entsprechen.

Was die logischen Analogien der Alienität der Drehung oder des Winkels betrifft; so treten dafür die variabelen Wirkungen, welche den Wirkungen variabeler Ursachen äquivalent sind, oder in mehr logischer Ausdrucksweise, die bedingten Wirkungen, welche den Wirkungen bedingter Ursachen äquivalent sind, an die Stelle. Primoforme, sekundoforme u. s. w. Drehung ist äquivalent einer primoformen, sekundoformen u. s. w. Wirkung.

Primoforme Wirkung ist unbedingte Wirkung, Wirkung ohne Kausalität, Quantitätswirkung.

Sekundoforme oder einfach bedingte Wirkung oder Wirkung unter einförmiger Kausalität ist die Wirkung einer Ursache, deren Kausalität durch das einfache Gesetz des quantitativen Wachsthums oder der Verstärkung bedingt ist. Die Wirkung oder die Wirkungen eines Menschen, welche er mit veränderlicher Kausalität in der Grundgattung hervorbringt, sein Schlag, seine Liebe, sein Sohn u. s. w. stellen einzelne Glieder aus der Reihe seiner sekundoformen Wirkung dar.

Tertioforme oder gleichförmig bedingte Wirkung oder Wirkung unter gleichförmiger Kausalität ist die Wirkung einer Ursache, deren Kausalität nicht bloss quantitativ sich ändert, sondern zugleich den Angriffspunkt ihrer Aktivität O, A', B' in Fig. 1095) oder den akzidentiellen Zustand, welcher ihren Ausgangspunkt bezeichnet, verrückt. Mit der Verrückung des Drehpunktes von O nach A' und dann nach B' ist zugleich eine Verkürzung des vorausliegenden Radius, welcher sich dreht, verbunden: um O dreht sich vorn der Radius OC, um A' der Radius AC, um B' der Radius BC. Diess hat die logische Bedeutung, dass bei der tertioformen Wirkung nicht bloss die Quantität der Kausalität (des Drehungsbogens), sondern auch die Quantität der Ursache (des sich vorn drehenden Radius) ändert.

Um ein Beispiel einer tertioformen Wirkung zu geben; so bedeute in Fig. 1096 OA die reelle Eigenschaft dankbar, die Richtung AB die Relation Sohn, also die gebrochene Figur OAB den dankbaren Sohn. Dieser Begriff (dessen quantitatives Resultat sich in dem Vektor OB veranschaulicht) ist ein tertioformer Begriff oder er gehört wenigstens (als ebene Figur) in die dritte Hauptklasse der Alienität; der Sohn erscheint hier unter der Dankbarkeit oder es ist ein Sohn gemeint, insofern er dankbar ist. Wenn der Winkel AOA' oder BOB' die Kausalität der Aufopferung bedeutet; so stellt die um diesen Winkel gedrehte Figur $OA'B'$ als Wirkung eines tertioformen Begriffes die Aufopferung des dankbaren Sohnes dar. Wird Operand und Operator vertauscht; so ist das Resultat $OA'B'$ als tertioforme Wirkung einer einfachen Ursache OX aufzufassen: Diess geschieht, wenn wir uns in jenem Resultate eine Kombination der Wirkung der Dankbarkeit OA mit der Wirkung des Sohnes AB, als dem von AX Erzeugten vorstellen. Immer ist in dem als wirkende Ursache gegebenen dankbaren Sohne OAB die Eigenschaft der Dankbarkeit OA ein Attribut, welches bei der Wirkung ebenso gut mitwirkt wie der Begriff des Sohnes. Sowie man jene Eigenschaft als ein zufälliges Akzidens ansieht, handelt es sich nicht mehr um die Aufopferung des dankbaren Sohnes, sondern um die Aufopferung des Sohnes AB, welcher zufällig ein dankbarer ist oder die Dankbarkeit als eine zufällige, nicht mitwirkende Eigenschaft besitzt. Das Resultat dieser Wirkung ist nicht durch $OA'B'$, sondern durch OAB'' dargestellt. Ein Fall, welcher die Unwesentlichkeit der Eigenschaft OA deutlicher hervortreten lässt, ist die Aufopferung des mit der Eisenbahn angekommenen Sohnes oder auch die Frau des dankbaren Sohnes. Wenn der dankbare Sohn lediglich als akzidentielles Prädikat eines Objektes BM dient, welches das wirkende Subjekt sein soll, während jenes Prädikat unwirksam bleibt; so stellt die Figur $OABM'$ das Resultat dar. So kann $OABM$ den dankbaren Sohn Friedrich und $OABM'$ die Aufopferung Friedrichs, welcher zufällig ein dankbarer Sohn ist, darstellen. Deutlicher tritt diese Beziehung in der Aufopferung des grauen Jägers Friedrich oder in der Wohnung des dankbaren Sohnes Friedrich hervor.

Ein anderes Beispiel tertioformer Wirkung, bei welchem die tertioforme Bedingtheit des wirkenden Subjektes schon durch den sprachlichen Ausdruck markirt ist, besteht in der Wirkung der Beobachtung des Himmels, unter der Voraussetzung, dass diese Beobachtung zu Entdeckungen führt. Der Begriff „wenn der Himmel beobachtet wird" enthält die Bedingung für den Begriff „so werden Entdeckungen gemacht", und wenn man diese Bedingtheit in die sprachliche Form einer Prädikation kleidet, kann man das bedingte, als wirkende Ursache geltende Subjekt „die durch Beobachtung des Himmels gemachten Entdeckungen" nennen und durch OAB darstellen. Eine solche Wirkung ist in dem Satze enthalten „die durch Beobachtung des Himmels gemachten Entdeckungen führen eine Verbesserung des Kalenders herbei". Hier ist der als Verbesserung gedachten Wirkung $OA'B'$ noch ein Objekt $B'N$ unter dem Namen des Kalenders hinzugefügt: wollte man die Winkeldrehung BOB' sogleich als Kalenderverbesserung auffassen; so fiele natürlich das Objekt $B'N$ hinweg.

Quartoform ist diejenige Wirkung, welche unter gleichmässig abweichender Kausalität vor sich geht oder durch veränderliche Gründe bedingt ist oder von quartoformen Ursachen ausgeht.

Quintoform endlich ist diejenige Wirkung, welche durch steigend veränderliche Ursachen bedingt ist oder von solchen Ursachen ausgeht.

Das zwischen diesen Hauptstufen liegende Alienitätsgebiet der Wirkung füllen die verschiedenen Hauptklassen aus, welche die Wirkungen darstellen, die durch Ursachen von jeder möglichen Mannichfaltigkeit der Bedingungen beherrscht werden. Nach der Abhandlung des Kategorems der Modalität in §§. 493 und 494 werden diese Begriffe verständlicher werden.

Indem ein auf irgend einer Alienitätsstufe stehendes Subjekt eine auf irgend einer Alienitätsstufe stehende Wirkung verrichtet, ergiebt sich eine Kombination, welche der schon vorhin erwähnten Verknüpfung eines geformten Multiplikands A mit einem geformten Multiplikator B entspricht. Wenn der Multiplikand als ein Inbegriff von beliebig vielen einfachen Gliedern von der Form $e^\alpha e^{\beta \sqrt{-1}} e^{\gamma \sqrt{\div 1}}$ gegeben ist und es bezeichnet $e^\varphi e^{\psi \sqrt{-1}} e^{\chi \sqrt{\div 1}}$ die Resultante dieser Glieder oder den vom Anfangs- nach dem Endpunkte gezogenen Vektor, sodass man

$$A = e^\varphi e^{\psi \sqrt{-1}} e^{\chi \sqrt{\div 1}} = e^{\alpha_1} e^{\beta_1 \sqrt{-1}} e^{\gamma_1 \sqrt{\div 1}} + e^{\alpha_2} e^{\beta_2 \sqrt{-1}} e^{\gamma_2 \sqrt{\div 1}} + \text{etc.}$$

und ebenso für den Multiplikator

$$B = e^{\varphi'} e^{\psi' \sqrt{-1}} e^{\chi' \sqrt{\div 1}} = e^{\alpha'} e^{\beta' \sqrt{-1}} e^{\gamma' \sqrt{\div 1}} + e^{\alpha''} e^{\beta'' \sqrt{-1}} e^{\gamma'' \sqrt{\div 1}} + \text{etc.}$$

hat; so wird das Produkt

$$C = AB = e^{\varphi + \varphi'} e^{(\psi + \psi') \sqrt{-1}} e^{(\chi + \chi') \sqrt{\div 1}}$$

Es darf jedoch nicht ohne Weiteres für eine Resultante wie A oder B das aus Gliedern bestehende Aggregat ihrer Komponenten gesetzt und die partielle Multiplikation an den Komponenten vollzogen werden, da im Allgemeinen $(a + b) \times c$ nicht gleich $a.c + b.c$ ist, die letztere Operation vielmehr eine Umformung der Komponenten voraussetzt (vergl. den Situationskalkul, §. 26, S. 173). Nur bei geometrischer totaler Drehung stimmt das Ergebniss der Drehung der Resultante mit der

Resultante der Ergebnisse der Drehung der Komponenten überein. Unter der Voraussetzung der Operation im Sinne der geometrischen Totaldrehung ist das Produkt zweier aus Gliedern komponirten Aggregate gleich dem Produkte der Resultanten oder, umgekehrt, das Produkt zweier Grössen A und B gleich dem Produkte der Systeme von Komponenten, in welche man diese Grössen A und B nach Belieben zerlegt hat. Dieser Satz ist für die Logik von ebenso grosser Wichtigkeit wie für die Mathematik. Für jene lautet er: Wenn eine einfache Ursache, welcher eine einfache Kausalität zukömmt, in beliebiger Weise in Partialursachen und ebenso die Kausalität einer jeden Partialursache in beliebiger Weise in Partialkausalitäten zerlegt wird; so stimmt der Inbegriff aller Partialwirkungen stets mit der einfachen Wirkung der einfachen Ursache überein.

Die Zerlegung der wirkenden Ursache ist gewöhnlich durch die Natur des Subjektes, die Zerlegung der kausalen Thätigkeit aber meistens durch die Natur des Objektes, auf welches gewirkt wird, bestimmt, da, wie wir schon in §. 489 angeführt haben, das Subjekt und das Objekt sich an der Wirkung gemeinschaftlich, das Erstere aktiv, das Letztere passiv betheiligen.

Zur Erläuterung des letzteren Satzes führen wir zunächst ein Beispiel aus der Mechanik und Physik an. Die Kraft p entwickelt bei der Beschreibung des Weges a die Arbeit ap. Sie thut Diess, auch wenn sie in zwei Komponenten p_1, p_2 zerlegt wird, wovon die eine in ihrer Richtung den Weg a_1 und die andere in ihrer Richtung den Weg a_2 beschreibt: es ist stets $a_1 p_1 + a_2 p_2 = ap$. Die Wirkung dieser Arbeit hat stets den Werth ap, wie sie sich auch auf Objekte zerlegen möge. Wird damit ein Gewicht q auf die Höhe h gehoben, ferner ein elastischer Körper komprimirt, wozu etwa die Arbeit b erforderlich ist, ausserdem etwa eine Masse m dergestalt beschleunigt, dass sie die Geschwindigkeit v, also die halbe lebendige Kraft $\frac{1}{2} m v^2$ gewinnt, ferner eine gewisse Menge Wärme erzeugt, welche der Arbeit c äquivalent ist, endlich unter dem Kraftaufwande d eine Reibung überwunden, z. B. ein Nagel ausgezogen; so besteht stets die Gleichung

$$a_1 p_1 + a_2 p_2 = hq + b + \tfrac{1}{2} m v^2 + c + d$$

Ein allgemeineres Beispiel ist folgendes. Ein Mensch trägt in seinen körperlichen und geistigen Kräften einen Inbegriff von Fähigkeiten, welche eine Leistung zu vollbringen vermögen, auch besitzt er in seinen materiellen Kräften, seinem Geldvermögen etc., einen Inbegriff von Objekten, welcher einer Summe angesammelter Leistungen äquivalent ist. Die verschiedenen Arbeiten, welche er mit seinen körperlichen Kräften zu vollbringen vermag, stehen zueinander, ähnlich wie Wärme, mechanische Arbeit, chemische Verbindung u. s. w., in einem natürlichen Äquivalenzverhältnisse, welches der menschlichen Werthschätzung jener Leistungen im bürgerlichen Leben zu Grunde liegt; sie können sich also nach gewissen Werthverhältnissen einander ersetzen; manche von diesen Arbeiten können gleichzeitig verrichtet werden, manche nicht. Die verschiedenen geistigen Thätigkeiten sind ebenfalls untereinander, sowie auch den körperlichen nach gewissen Werthverhältnissen äquivalent. Ebenso ist das materielle Vermögen einer Leistung körperlicher und geistiger

Kräfte äquivalent. Die Machtmittel, über welche der Mensch etwa zu verfügen hat, dienstbare Geister und Hände, repräsentiren ebenfalls entweder eine Arbeitskraft, oder eine angesammelte Arbeitsleistung, können also den Kräften oder dem Vermögen nach entsprechenden Verhältnisszahlen äquivalent gesetzt werden. Die Summe der Äquivalente P, Q, R . . . der in einem bestimmten Zeitraume z. B. einem Jahre effektiv verrichteten körperlichen und geistigen Arbeit, sowie des verbrauchten Vermögens (einschliesslich der Arbeit, welche dieses Vermögen in dieser Zeit etwa verrichtet hat oder der aufgelaufenen Zinseszinsen) hat einen gewissen Gesammtwerth $S = P + Q + R + \ldots$ welcher derselbe bleibt, gleichviel, was mit jenen Komponenten bewirkt worden ist, sobald für die einzelnen Wirkungen ebenfalls ihre Äquivalente A, B, C . . . substituirt werden. Arbeitete der Mensch z. B. nur zur Deckung seiner nothwendigen Lebensbedürfnisse vom Geldwerthe A und erwürbe daneben die Geldsumme B; so würde $A + B = S$ sein. Befriedigte er dabei gewisse Luxusbedürfnisse oder Liebhabereien vom Geldwerthe C; so wäre $A + B + C = S$. Machte er ausserdem Geschenke vom Betrage D, d. h. bereicherte er Andere um D, würde er um die Summe E betrogen, wodurch ein Anderer sich um E bereicherte, verwendete er einen Theil F seines Vermögens zu einer Badekur, um seinen Körper zu stärken oder dessen Leistungsfähigkeit um einen dem Geldwerthe F äquivalenten Betrag zu erhöhen, widmete er einen Theil seiner geistigen Thätigkeit vom Äquivalenzwerthe G dem öffentlichen Wohle; so würde immer $A + B + C + D + E + F + G = S$ sein.

Allgemein wird die objektive Gesammtwirkung immer der Inbegriff der **Partialwirkungen** und dieser wird der Inbegriff der subjektiven Wirkungen, d. h. der mit ihren Kausalitäten vollzogenen Thätigkeiten der partiellen Ursachen sein.

§. 491.
Qualität.

Das vierte Kategorem ist die Qualität, ihre arithmetische Analogie die Potenz. Vergegenwärtigen wir uns ein Individuum, z. B. ein bestimmtes Pferd; so erscheint dasselbe als ein Inbegriff von aneinander gereihten Zuständen. Jeder Zustand bildet in dieser Reihe einen speziellen oder möglichen Fall desjenigen Begriffes, welchen wir mit dem Namen dieses Pferd belegen. Der Begriff selbst umfasst das Gemeinsame, welches alle darunter enthaltenen speziellen Fälle an sich tragen, entsprechend der geometrischen Linie, welche alle unter einer gewissen Bedingung gegebenen Punkte in sich aufnimmt. Wie die Linie eine geometrische Dimension mehr hat, als der Punkt oder eine Grösse von nächst höherer geometrischer Qualität ist, ebenso stellt auch dieses Pferd einen Begriff von höherer logischer Qualität dar, als irgend ein spezieller Zustand, in welchem uns das Pferd erscheinen kann. Die Qualität des Begriffes dieses Pferd ist also die Gemeinschaft aller darunter denkbaren, möglichen Fälle oder das Sein in Gemeinschaft für alle diese Fälle.

Wenn man die Qualität des Seins, welche sich in dem gemeinschaftlichen Sein aller seiner Zustände darstellt, als ein wirkliches oder reales Sein auffasst, ist das Sein eines speziellen Zustandes ein mögliches Sein. Wenn also dieses Pferd ein wirklich existirendes Objekt oder ein Objekt der Wirklichkeit, ein wirkliches Sein ist; so ist irgend ein Zustand, in welchem sich dieses Pferd befindet oder befinden kann, ein möglicherweise existirendes Objekt oder ein Objekt der Möglichkeit, ein mögliches Sein.

Wenn ein wirkliches Sein zum Maassstabe für andere Begriffe genommen wird, hat dasselbe bestimmte endliche Quantität (entsprechend der Länge einer Linie); das mögliche Sein besitzt dann eine verschwindend kleine oder unendlich geringe Quantität (entsprechend der Länge eines Punktes).

Die geistige Operation, mittelst welcher wir die höhere logische Qualität erzeugen, also die vierte Metabolie ist die Abstraktion; sie bildet die Analogie zur geometrischen Beschreibung oder zur arithmetischen Potenzirung. In der Ausübung dieser Funktion ist der Verstand ein Abstraktions- oder schlechthin Begriffsvermögen. Durch Abstraktion aus den einzelnen Zuständen, in welchen uns ein Pferd erscheint oder erscheinen kann, bilden wir den Begriff des Individuums, welches wir dieses Pferd nennen, d. h. wir abstrahiren das wirkliche Sein als Gemeinschaft aller möglichen Zustände aus der Erkenntniss einzelner Zustände.

Die Qualität ist nach den vorstehenden Erläuterungen die Art des Seins, wobei die Art nicht als eine Form oder Weise, sondern als eine Gemeinschaft erscheint, sodass das qualitative Sein schlechthin als das Sein in Gemeinschaft aufgefasst werden kann.

Behuf näherer Erläuterung der generellen und der speziellen Qualität und behuf festerer Umgrenzung des Gebietes der generellen und der speziellen Logik, führen wir die Parallele zwischen der Logik und der Mathematik etwas näher aus. Das Gebiet einer jeden der fünf Anschauungswissenschaften, nämlich der Raum, die Zeit, die Materie, der Stoff und das Formwesen (Organismus) hat seine besondere Qualität, welche in Beziehung zu den diesem Gebiete angehörigen Grössen eine generelle ist. Diese Qualität zeigt sich als eine gewisse Gemeinschaft oder als eine gemeinschaftliche Art des Seins. Für den Raum ist diese Gemeinschaft die Ausdehnung (das Nebeneinandersein), für die Zeit die Sukzession (das Nacheinandersein), für die Materie die Kraft (das Ineinandersein oder das Zusammenwirken), für den Stoff die Affinität (das Sein in Gemeinschaft oder die Fähigkeit, sich zu einer Gemeinschaft zu verbinden), für das Formwesen oder den Organismus der Trieb (das Füreinandersein oder die Weise des Seins in Abhängigkeit oder im Dienste oder als Organ eines einheitlichen Systems oder Wesens).

Aus jedem dieser fünf Anschauungsgebiete abstrahirt der Verstand Vorstellungen von der gemeinschaftlichen Qualität der Begriffe, welche mathematische Grössen heissen und durch das arithmetische Symbol der Zahl dargestellt werden. Die Arithmetik ist die logische Mathematik, welche in den Gesetzen der abstrakten Zahl die Gesetze aller konkreten, geometrischen, chronologischen, mechanischen, chemilogischen und physiometrischen Anschauungen entwickelt.

Die Grundgesetze des Raumes, der Zeit, der Materie, des Stoffes und des Formwesens sind einander völlig analog, weil das Kardinalprinzip in jedem Grössengebiete seine gestaltende Kraft ausübt: allein die besondere Qualität eines jeden dieser fünf Grössengebiete verleiht den Grössen und Gesetzen eines jeden Gebietes einen eigenthümlichen Charakter, in Folge dessen das eine Anschauungsgebiet die unmittelbare Unterlage für eine gewisse Klasse von arithmetischen Abstraktionen wird, wogegen ein anderes Anschauungsgebiet unmittelbar eine andere Klasse von arithmetischen Abstraktionen erzeugt oder darin seine nächste Analogie findet. So ist der Raum vornehmlich ein Quantitätsgebiet, die Raumgrössen bestehen aus Entfernungen und stellen sich in arithmetischer Abstraktion zunächst als Numerate dar, indem die Numeration die Erweiterung vertritt. Die Zeitgrössen dagegen bestehen aus Gliedern und stellen sich als Reihen oder gegliederte Aggregate dar, indem die Anreihung das Dauern vertritt. Die Kraftgrössen bestehen aus Komponenten und stellen sich als Produkte von Faktoren dar, indem die Multiplikation (die Produkt- oder Verhältnissbildung) das Wirken vertritt. Die Stoffe bestehen aus Sozien und stellen sich als Potenzen dar, deren Exponenten die Eigenarten oder Affinitäten anzeigen, während die Potenzirung die Qualifizirung und Affinitätsäusserung vertritt. Die Organismen bestehen aus Formelementen oder Organen und stellen sich als Funktionen dar, deren Variabelen oder Parameter die Organe oder Triebe, von welchen das organische System abhängt, vertreten.

Indem nun Zeitabschnitte, welche eigentlich Glieder sind, oder Kräfte, welche eigentlich Faktoren sind, oder Affinitäten, welche eigentlich Exponenten sind, oder Triebe, welche eigentlich Parameter sind, als räumliche Entfernungen aufgefasst werden, wird die Chronologie, die Mechanik, die Chemilogie und die Physiometrie in Geometrie verwandelt. Umgekehrt wird, indem man der räumlichen Entfernung die Bedeutung eines Zeitabschnittes, einer Kraft, einer Affinität, eines Triebes verleiht, die Geometrie zugleich der Repräsentant der chronologischen, mechanischen, chemilogischen und physiometrischen Gesetze. Hieraus geht hervor, dass jede reine Wissenschaft, einfach entwickelt, die Grundgesetze jeder anderen Wissenschaft liefert, wobei jedoch der Vorbehalt zu machen ist, dass diese Gesetze für jede Wissenschaft angemessen gedeutet werden.

Wenn dagegen sämmtliche fünf Anschauungswissenschaften, von dem sie alle beherrschenden höheren Standpunkte der Arithmetik aufgefasst werden; so ist die Geometrie die Konkretion desjenigen Theiles der Arithmetik, welcher aus der vollständigen Entwicklung der Gesetze der Quantität oder des Numerates nach dem Kardinalprinzipe entspringt; die Chronologie ist die Konkretion desjenigen Theiles, welcher aus der Entwicklung der Gesetze der Inhärenz oder des Aggregates entspringt; die Mechanik ist die Konkretion desjenigen Theiles, welcher aus der Entwicklung der Gesetze der Relation oder des Produktes entspringt; die Chemilogie ist die Konkretion desjenigen Theiles, welcher aus der Entwicklung der Gesetze der Qualität oder der Potenz entspringt; die Physiometrie ist die Konkretion desjenigen Theiles, welcher aus der Entwicklung der Gesetze des Formwesens oder der Funktion entspringt.

Wenn man endlich die arithmetischen Zahlen nicht als Repräsentanten spezieller Anschauungen, sondern als die einem einfachen Abstraktionsgebiete angehörigen gleichartigen Grössen ansieht; so tritt uns die

Arithmetik wie ein Grössensystem entgegen, welches wie das System der Raumgrössen oder ein jedes andere spezielle Anschauungsgebiet nach den Grund- und Hauptstufen des Kardinalprinzipes angeordnet ist. Dieses System ist die reine Arithmetik. Jede Formel dieser reinen Arithmetik gestattet eine Anwendung auf jedes Anschauungsgebiet, und bei dieser generellen Auffassung geht die Arithmetik in allen ihren Entwicklungen konform mit jeder beliebigen Wissenschaft. Bei speziellerer Auffassung zeigt sich aber jede Grundstufe des Kardinalprinzipes in der Arithmetik als der spezielle Vertreter eines bestimmten Anschauungsgebietes, und eine nähere Entwicklung der Gesetze der auf dieser Grundstufe stehenden oder mit der betreffenden Grundeigenschaft behafteten arithmetischen Grössen liefert die speziellen Gesetze des betreffenden Anschauungsgebietes.

Diese theils selbstständige, theils abhängige, oder theils absolute, theils relative Bedeutung der Grössen und Gesetze einer Wissenschaft entspringt daraus, dass das Weltgesetz eine fortgesetzte Wiederholung des Kardinalprinzipes sowohl nach der Breite, als nach der Tiefe der Dinge oder eine unausgesetzte Nebeneinanderlagerung und Ineinanderlagerung desselben ist. Da die Betrachtung eines Grössensystems als selbstständiges Ganze den Vortheil der grösseren Einfachheit, Abgeschlossenheit, Konzentration, jedoch neben dem Nachtheile der Einseitigkeit hat, die Betrachtung als untergeordneter Fall eines höheren Systems unter Berücksichtigung der koordinirten Systeme aber den mit der Gewinnung eines höheren Gesichtspunktes verbundenen Vortheil neben der Schwierigkeit der Verallgemeinerung besitzt; so werden sich bei der Deduktion der Weltgesetze leicht die beiden Methoden der Anschauung und der Abstraktion miteinander vermischen, es werden sich also mit den geometrischen, chronologischen, mechanischen, chemilogischen und physiometrischen Anschauungen leicht arithmetische Rechnungen verflechten, wie es in den ersten beiden Theilen unseres Werkes geschehen ist.

Der logische Theil dieses Werkes bietet eine genaue Analogie zu der eben erwähnten Verschmelzung einer speziellen und einer generellen Wissenschaft. Das Sein ist die Analogie zur Ausdehnung, der Begriff die Analogie zu der Raumgrösse, die spezielle Logik die Analogie zur Geometrie. Die übrigen vier der speziellen Logik koordinirten Wissenschaften, welche wir erst später kennen lernen werden, lassen wir für jetzt auf sich beruhen. Die Erkenntniss ist die Analogie zur arithmetischen Grösse, die Erkenntnisstheorie zur Arithmetik. Wir entwickeln in diesem Abschnitte prinzipiell die spezielle Logik oder die Wissenschaft der reinen Begriffe oder der reinen Verstandesfunktionen; haben es darin also mit der Quantität der Begriffe, mit der Inhärenz der Begriffe, mit der Relation der Begriffe (der begrifflichen Kausalität), mit der Qualität der Begriffe und mit der Modalität der Begriffe zu thun.

Aus diesem einfachen Systeme der reinen Begriffe kann leicht das einfache System der reinen Erkenntnisse in ähnlicher Weise abstrahirt werden, wie aus dem Systeme der Raumgrössen das System der arithmetischen Grössen abgeleitet werden kann. Es bedarf hierzu nur hinundwieder einiger Nachhülfe durch generalisirende Betrachtungen. In diesem Sinne tragen wir die Logik vor, geben also im gegenwärtigen Abschnitte vornehmlich die speziellen Gesetze der reinen Begriffe oder

Verstandesfunktionen, erweitern dieselben jedoch sogleich in der Weise, dass sie das Grundsystem der Vernunfterkenntnisse darstellen. Hierbei bleibt die Spezialisirung der Erkenntnisse für die dem Verstande koordinirten Geistesvermögen ausgeschlossen, wir betrachten also keine Handlungen, keine Gefühle und dergl. und die daraus entspringenden Erkenntnisse, behalten dieselben vielmehr späteren Abschnitten vor. Demzufolge haben wir in den beiden vorhergehenden Paragraphen als dritte logische Grundeigenschaft die Relation und Kausalität der Begriffe oder die abstrakte Relation und Kausalität behandelt, das Wesen der in der Wirklichkeit vorkommenden Kausalitätsgrössen und Wirkungen jedoch nur nebenher und zur Veranschaulichung durch konkrete Beispiele betrachtet. Ebenso kömmt jetzt als vierte logische Grundeigenschaft vornehmlich die Qualität der Begriffe in Betracht, wogegen das Wesen der in der Wirklichkeit existirenden Qualitätsgrössen und die daraus sich ergebenden speziellen Abstraktionen am Schlusse des nächsten Paragraphen angedeutet werden sollen.

§. 492.
Die Grund- und Hauptstufen der Qualität.

1) Die Primitivität der Qualität hat eine Hauptstufe, welche man den Abstraktions- oder Qualitätsgrad oder den Grad der Gemeinschaft nennen kann. Derselbe entspricht der Anzahl der geometrischen Dimensionen oder der Grösse des arithmetischen Exponenten. So hat der Begriff dieses Pferd einen höheren Qualitätsgrad, als die Vorstellung eines möglichen Zustandes, in welchem das Pferd erscheinen kann.

2) Die Kontrarietät der Qualität hat zwei Hauptstufen. Dieselben bilden den Gegensatz zwischen Abstraktion und Konkretion oder zwischen dem abstrakten und dem konkreten Begriffe. Die Abstraktion bezeichnet das Aufsteigen von dem möglichen Falle zu dem Inbegriffe aller Fälle oder vom möglichen zum wirklichen Sein, die Konkretion dagegen das Herabsteigen von dem Inbegriffe zu dem Einzelfalle oder vom wirklichen zum möglichen Sein. Indem man von den möglichen Erscheinungen eines Pferdes zu dem Begriffe dieses Pferd übergeht, bethätigt man eine Abstraktion; indem man sich dagegen aus dem Begriffe dieses Pferd diese oder jene Einzelerscheinung, in welcher das Pferd auftreten kann, vergegenwärtigt, macht man den umgekehrten Schritt, den der Konkretion. Ebenso vollführt man bei dem Gedanken, der Inbegriff aller Menschen ist die Menschheit, einen aufsteigenden, bei dem Gedanken, Christus ist der beste aller Menschen, einen absteigenden Qualitätsprozess.

Der aufsteigende Prozess stiftet die Gemeinschaft zwischen selbstständigen Objekten, hebt die Eigenart der Einzelnen im Interesse der Gemeinschaft auf; der absteigende Prozess hebt die Gemeinschaft auf und stiftet die Selbstständigkeit der Einzelobjekte, giebt deren Eigenart frei.

Die Zusammenwirkung dieser beiden qualitativen Gegensätze hebt sich auf, wie es die Zusammenwirkung der beiden quantitativen, prädikativen und relativen Gegensätze thut. Ein Objekt kann nicht zugleich auf einer höheren und auf einer niedrigeren Qualitäts- oder Abstraktionsstufe stehen, es kann nicht zugleich dieses Pferd, d. h. die ganze Reihe von konkreten Fällen und ein einziger Einzelfall sein; es kann nicht zugleich Begriff und Anschauung sein.

Die anschaulichen Qualitäten der Raumgrössen existiren nur auf vier diskreten Qualitätsstufen mit 0, 1, 2, 3 Dimensionen, entsprechend den arithmetischen Potenzen λ^0, λ^1, λ^2, λ^3. Die allgemeineren arithmetischen Qualitäten lassen stetige Übergänge, also eine allmähliche Veränderung des Exponenten x in der Potenz λ^x zu. Für diese allgemeinere Auffassung ist der Gegensatz zwischen der Erhöhung und der Erniedrigung der Qualität durch die beiden Formeln λ^x und $\sqrt[x]{\lambda} = \lambda^{\frac{1}{x}}$ dargestellt. Die Forderung also, dass die höhere Qualität λ^x und ihr Qualitätsgegensatz $\lambda^{\frac{1}{x}}$ sich in einunddderselben Grösse vereinigen soll, führt daher zu der Bedingung, dass $x = 1$ oder dass die fragliche Grösse von der Qualität λ sei. Die gegenseitige Vernichtung zweier Qualitätsgegensätze hat demnach die Bedeutung, dass der resultirende Begriff von der Qualität desjenigen Begriffes sei, welcher zugleich durch aufsteigende Abstraktion erhöht und durch absteigende Konkretion erniedrigt werden soll.

Auch wenn man die stetigen Übergänge der Qualitäten in aufsteigender Richtung nach der Formel λ^{1+x} und in absteigender Richtung nach der Formel λ^{1-x} bildet, führt die Forderung, dass eine Grösse die höhere und die niedrigere Qualitätsordnung in sich vereinige, zu der Bedingung $x = 0$, d. h. zu der unveränderten Qualität λ.

3) Die Neutralität der Qualität hat drei Hauptstufen, primäre, sekundäre und tertiäre Qualität, welche der geometrischen Länge, Breite und Höhe entsprechen.

Wie eine Linie nur Länge hat, so hat auch der logische Begriff eines Individuums nur eine logische Dimension, die Qualität des individuellen Seins, in welchem sich mögliche Zustände zu einer einfachen realen Reihe zusammenfügen.

Länge und Breite kömmt den geometrischen Flächen zu, indem deren Höhe den Nullwerth hat. Dementsprechend haben die logischen Societätsbegriffe, welche einen Inbegriff von Individuen, also eine Gattung darstellen, z. B. ein Volk, zwei logische Dimensionen. Die erste ist repräsentirt durch das reale Sein der Individuen, die zweite durch die Reihe von Zuständen, welche die einzelnen Individuen voneinander unterscheiden, also durch ein Sein, welches in Beziehung zum individuellen Sein ein imaginäres, der rechtwinkligen Breite entsprechendes ist, ein Sein, welches den Inbegriff der möglichen Attribute der verschiedenen Individuen darstellt.

Während also primäre Qualität auf der Gemeinschaft aller möglichen verschiedenen Zustände desselben Objektes beruht, bezeichnet sekundäre Qualität die Gemeinschaft desselben Zustandes für alle möglichen verschiedenen Objekte einer Gattung. Alexander ist das Beispiel eines Begriffes von primärer Qualität, die Geburt der Menschen dagegen das Beispiel eines Begriffes von sekundärer Qualität.

Länge, Breite und Höhe bezeichnet die Dimensität der geometrischen Körper, und dementsprechend haben die logischen Totalitätsbegriffe, welche eine Reihe von Gattungen umfassen, die beiden Dimensionen des Gattungsbegriffes und die dritte Dimension, welche die Reihe von Zuständen enthält, durch welche sich die einzelnen Gattungen voneinander unterscheiden, welche also das Sein der Attribute der Gattungen darstellt. Die letztere Dimension bezeichnet ein Sein, welches in Beziehung zum Sein der Gattung ein imaginäres oder neutrales, der geometrischen Höhe analoges ist. Tertiäre Qualität ist die Gemeinschaft desselben Zustandes aller möglichen Gattungen, wie sie sich z. B. in dem Begriffe „Entstehung aller möglichen Thierarten" ausspricht.

Hiernach kann man sagen, die drei Neutralitätsstufen der Qualität seien, erstens, das individuelle Sein oder die Individualität, als eine Gemeinschaft von reellen Zuständen oder die Abstraktion aus solchen Zuständen, zweitens, die Gemeinschaft gleichnamiger Zustände, wodurch sich alle möglichen Individuen einer Gattung attributiv voneinander unterscheiden, oder die Abstraktion aus Individuen, drittens, die Gemeinschaft von Zuständen, wodurch sich alle möglichen Gattungen einer Gesammtheit attributiv voneinander unterscheiden, oder die Abstraktion aus Gattungen.

4) Die Heterogenität der Qualität hat vier Hauptstufen, primogene, sekundogene, tertiogene und quartogene, welchen die vier Hauptqualitäten entsprechen.

Die erste Stufe nehmen die im vorhergehenden Paragraphen und schon früher charakterisirten möglichen Fälle oder Zustände ein, in welchen ein wirkliches Sein erscheinen kann, z. B. die einzelnen möglichen Zustände, in welchen wir uns dieses Pferd Mirza denken können, indem wir uns dasselbe in dieser oder jener Stellung, Zeit, Beschaffenheit vorstellen. Ein Sein dieser Art ist ein mögliches oder problematisches Sein, wenn man das Sein eines Individuums als wirkliches Sein auffasst. Hiernach kann man den primogenen Grundbegriff die Möglichkeit nennen: sein Wesen entspricht den geometrischen Punktgrössen, überhaupt den Grössen von der Dimension null.

Die zweite Hauptstufe nehmen die Begriffe ein, welche eine stetige Reihe, einen vollen Inbegriff aller möglichen Fälle, ein Individuum oder ein individuelles Sein bilden. Dieselben stellen ein wirkliches oder reales Sein dar; sie entsprechen den geometrischen Linien; sie haben eine einzige wirkliche logische oder geistige Dimension oder bilden ein Sein von einer Dimension. Den sekundogenen Grundbegriff kann man daher Wirklichkeit oder Realität nennen. Realität darf nicht mit Reellität oder Sein schlechthin verwechselt werden (§. 488), wir werden aber finden, dass das wirkliche Sein mit Dasein oder Existenz gleichbedeutend ist. Dieses Pferd Mirza, jener Stein, Alexander der Grosse, der Lärm bei der gestrigen Feuersbrunst, die Stadt Braunschweig, die Schlacht bei Leipzig u. s. w. sind Beispiele von realen Begriffen. Überhaupt hat jeder Begriff, welchen wir uns von einem in der anschaulichen Aussenwelt in Raum, Zeit, Kraft, Neigung und Trieb existirenden Objekte bilden, indem wir die verschiedenen Zustände, in welchen dieses Objekt auftreten kann, als die möglichen Fälle jenes Begriffes denken, Realität, während jene einzelnen Zustände, aus welchen wir jenen Begriff abstrahirt haben, und welche die Elemente desselben bilden, mögliche Fälle desselben oder Möglichkeiten darstellen. Man nennt derartige Begriffe, die ein individuelles Objekt charakterisiren, gewöhnlich konkrete Begriffe.

Auf der dritten Hauptstufe stehen die aus einer Gemeinschaft von realen Begriffen abstrahirten Begriffe, welche durch die Nebeneinanderlagerung der realen Vorstellungen oder durch Variation der Attribute der realen Begriffe eine logische Dimension mehr erhalten, als die realen Begriffe. Diese Begriffe bezeichnen eine Gemeinschaft von Individuen; wir haben dieselben schon früher Sozietätsbegriffe genannt. Ein Beispiel dazu ist der Begriff Pferd, worunter nicht ein einzelnes bestimmtes Pferd, sondern alle möglichen, d. h. alle als mögliche Fälle gedachten realen Pferde verstanden werden. Die erste Dimension dieser Begriffe ist das primäre Sein, welches die Aufeinanderfolge der verschiedenen Zustände eines Individuums bezeichnet; die zweite Dimension dagegen ist das sekundäre Sein, welches die Aufeinanderfolge der verschiedenen Individuen einer Gattung bei Variation der Attribute der Individuen bezeichnet.

Da jedes der betreffenden Gattung angehörige Individuum in dem Gattungsbegriffe enthalten sein muss; só stellt der Letztere ein nothwendiges oder apodiktisches Sein gegenüber dem wirklichen Sein dar. Man kann daher den tertiogenen Grundbegriff Nothwendigkeit nennen. In der Gattung ist jedes wirkliche Individuum der Gattung nothwendig enthalten oder die Gattung ist ein nothwendiges Sein des Individuums, wogegen ein Zustand des Letzteren ein mögliches Sein desselben bezeichnet.

Die Ausdrücke Pferd, Stein, Wasser, Stadt, Lärm, insofern darunter jedes Pferd, jeder Stein, jedes Wasser u. s. w. enthalten ist, sowie die Kollektivnamen Heer, Flotte, Wald, Gesellschaft, Volk, Nation, Staat u. s. w., stellen ein Sein von zwei logischen Dimensionen, nämlich bestimmte Inbegriffe aller zwischen gewissen Grenzen liegenden Individuen dar.

Alle diese Beispiele sind Analogien zu einer geometrischen Fläche, welche durch die Beschreibung einer Linie entstanden gedacht oder als ein Ort von Linien aufgefasst wird. Jede dieser Linien repräsentirt ein spezielles Individuum und die Abstände dieser Linien voneinander vertreten die Unterschiede der einzelnen Individuen (ihre Attribute), während die Ortsunterschiede der in jeder Linie liegenden Punkte die Unterschiede der Zustände eines einzelnen Individuums (seine Akzidentien) bezeichnen. Die Fläche erscheint hiernach auch als ein Ort von Punkten, welcher die logische Bedeutung einer Gemeinschaft von primären und sekundären Zuständen hat.

Die echte Qualität einer Fläche besteht aber nicht in dem Wesen eines Ortes von Linien, sondern in der Ausbreitung, welche eine Konstruktion von Linien in unendlich verschiedenen Richtungen zulässt, ohne dass jedoch die Entstehung aus solchen Linien durch Beschreibung bestimmt gekennzeichnet oder die Fläche durch ihre linearen Dimensionen charakterisirt ist. Die logische Analogie hierzu ist die gewöhnlich mit dem Namen abstrakter Begriff oder Abstraktum belegte Vorstellung. Beispiele hierzu sind Hoffnung, Ehrgeiz, Liebe, Stolz, Verstand, Begriff, Treue, Fleiss, Verhältniss, Wissenschaft, Kenntniss, Zweckmässigkeit, Ehrlichkeit, Menschheit, Kindheit, Verwandtschaft u. s. w. Dieselben bilden Abstraktionen von realen Begriffen und bezeichnen demgemäss immer eine Gemeinschaft, eine Gattung von Realitäten: sie stellen sich aber zugleich als aus gleichartigen Theilen von zwei Dimensionen oder aus Partikularitäten bestehende Ganze dar.

So umfasst der Begriff Hoffnung jede partikuläre Hoffnung, z. B. die Hoffnung auf Frieden, auf Erlösung, auf Genesung u. s. w. Diese partikulären Hoffnungen sind Theile des universellen Begriffes der Hoffnung und bilden abstrakte Begriffe. Die Hoffnung, welche ein bestimmter Mensch hegt, z. B. die Hoffnung Hannibals, ist ein realer Begriff, entsprechend einer Linie in der Fläche der Hoffnung. Streng genommen, vertritt der Ausdruck die „Hoffnung Hannibals" ein längs einer bestimmten Linie hinziehendes Flächenelement, und der eigentliche reale Begriff, welcher dieser Linie entspricht ist „der hoffende Hannibal" oder generell „der Hoffende".

Die partikuläre Hoffnung, welche ein bestimmter Mensch hegt, z. B. die Hoffnung Hannibals auf Sieg ist eine Partikularität des letzteren realen Begriffes. Die Hoffnung, welche ein bestimmter Mensch auf ein bestimmtes Ziel hegt, z. B. die Hoffnung Hannibals auf den Sieg bei Kannä ist gleich einem Punkte ein Element eines realen Begriffes, kann aber auch als eine Singularität der Hoffnung angesehen werden. Unter dem letzteren Gesichtspunkte erscheint die Hoffnung als eine Abstraktion von Realitäten. Diese Realitäten sind die Hoffnungen der einzelnen bestimmten Menschen oder die konkreten Gemüthsstimmungen der verschiedenen hoffenden Menschen. Das aus diesen konkreten Gemüthsstimmungen gebildete Abstraktum ist das denselben zukommende Gemeinsame, die Hoffnung.

Auf der vierten Heterogenitätsstufe der Qualität stehen die Totalitätsbegriffe, welche eine Gemeinschaft von Gattungsbegriffen bilden. Dieselben besitzen ausser den beiden logischen Dimensitäten der letzteren Begriffe noch die der geometrischen Höhe entsprechende dritte Dimension, welche diejenigen Merkmale enthält, durch welche sich die einzelnen Gattungen voneinander unterscheiden.

Von dieser Qualität ist beispielsweise der Begriff Thier, welcher die Gattung Pferd und ausserdem alle übrigen Thiergattungen als Elemente enthält. Die dritte Dimension enthält die Merkmale, durch welche sich die eine Thiergattung von der anderen, z. B. das Pferd vom Löwen, Bären, Vogel, Menschen unterscheidet, also die Gattungsattribute.

Wie jeder Zustand nothwendig in dem Individuum und jedes Individuum nothwendig in der Gattung enthalten ist; so ist jede Gattung nothwendig in der Gesammtheit enthalten. Wie irgend ein Zustand ein möglicher Fall des Individuums und irgend ein Individuum ein möglicher Fall der Gattung ist, so ist irgend eine Gattung ein möglicher Fall der Gesammtheit. Beispielsweise ist der Gattungsbegriff Pferd ein möglicher Fall des Totalitätsbegriffes Thier; ein als Thier gedachtes Objekt kann ein Pferd sein: umgekehrt, ist der Totalitätsbegriff Thier ein nothwendiges Sein des Pferdes; ein als Pferd gedachtes Objekt muss ein Thier sein.

Die Zeitwörter können, sein, müssen drücken resp. ein mögliches, ein wirkliches, ein nothwendiges Sein aus.

Der Mangel absoluter Qualitätseinheiten in der Aussenwelt gestattet es, jeder Vorstellung eine beliebige Qualität beizulegen: nur die Absicht des Denkenden entscheidet über die subjektive Vorstellung, um die allein es sich handelt. So kann man z. B. den Begriff Pferd, welchen wir im Vorstehenden als Gattungsbegriff behandelt haben, als Totalitätsbegriff auffassen, wenn man als Gattung nicht das Pferd schlechthin, sondern eine bestimmte Klasse von Pferden, z. B. das Zugpferd ansieht. Bei der natürlichen oder gewöhnlichen Auffassung versteht man jedoch unter dem Zugpferde eine Partikularität des Pferdes, nicht eine Gattung, stellt sich also unter dem Zugpferde, dem Reitpferde, dem Arbeitspferde, dem Droschkenpferde, dem arabischen Pferde, dem wilden Pferde u. s. w. Theile derselben Ebene vor, welche die Gattung aller Pferde darstellt. Bei dieser gewöhnlichen Auffassung hat die höchste Heterogenitätsstufe, welche der Begriff Pferd erreicht, zwei Dimensionen; dieser Begriff bleibt Gattungsbegriff und gelangt nicht auf die Stufe des mit drei Dimensionen behafteten Totalitätsbegriffes.

Geht man dagegen von dem Begriffe Hoffnung aus; so ist derselbe, wenn er so allgemein als möglich gefasst, also allen möglichen Gattungen von Geschöpfen zugeschrieben wird, ein Totalitätsbegriff; wenn derselbe aber als die Gemüthsstimmung einer bestimmten Gattung von Individuen, z. B. von Menschen gedacht wird, ist er ein Gattungsbegriff und wenn er endlich als die Gemüthsstimmung eines bestimmten Individuums gedacht wird, ist er ein Individualitätsbegriff.

Zwischen einem Gattungsbegriffe und einem abstrakten Begriffe besteht zwar eine nahe Verwandtschaft, aber doch keine Identität. Die Gattung ist ein Inbegriff von Individuen, sie erscheint also wie eine Fläche, wenn dieselbe als ein Ort von Linien aufgefasst wird. Mag man diese Individuen einander auch noch so nahe und in unendlicher Zahl denken, immer haftet dem Ganzen die Qualität des Elementes an; es bleibt immer eine Liniengrösse: in diesem Sinne kann man also die Gattung von konkreten Individuen eine konkrete Gattung nennen. So ist z. B. dieser Mensch oder der Mensch Kepler ein konkretes Individuum, dagegen Mensch eine konkrete Gattung.

Anders liegen die Sachen, wenn wir aus einem Inbegriffe von Individuen oder aus der Gattung das allen Individuen Gemeinsame in Betracht ziehen. Diess giebt uns eine abstrakte Vorstellung, entsprechend der geometrischen Fläche, wenn wir sie als ausgebreitete Grösse, nicht als Linienort vorstellen. Die Gattung deckt durch ihre Individuen die abstrakte Vorstellung, sie hat aber eine andere logische Qualität: sie besitzt als abstrakter Begriff zwei Qualitätsdimensionen, die Gattung aber als Inbegriff von konkreten Individuen stellt sich dar als eine stetige oder unendliche Wiederholung von Individuen, von welchen ein jedes, als konkreter Begriff nur eine Qualitätsdimension hat, während die zweite Dimension sich durch die unendliche Aneinanderreihung der Individuen bildet. Beispielsweise bezeichnet die Menschheit die Gemeinsamkeit aller Menschen; sie enthält die Gattung Mensch, ist aber mit dieser konkreten Gattung nicht identisch, sondern stellt einen abstrakten Begriff dar.

Ebenso wie eine Fläche als Linienort angesehen werden kann, ebenso kann ein Körper als Linienort und auch als Flächenort angesehen werden. Im ersten Falle hat er die Qualität der Linie, im zweiten die der Fläche. Als Raumgrösse von höherer Qualität ist der Körper weder

Linienort, noch Flächenort, sondern Raumgrösse von allseitiger Ausdehnung oder von drei Dimensionen. Analog diesem geometrischen
Vorgange kann die oberste Qualität der Begriffe als ein Inbegriff von
Individuen angesehen werden: diese Auffassung charakterisirt die eigentliche Gesammtheit oder Totalität, z. B. den Begriff Thier, wenn darunter
alle Individuen aller verschiedenen animalischen Gattungen verstanden
werden. Die Qualität einer solchen aus unendlich vielen Individuen bestehenden Totalität ist der Qualität des Individuums gleich; sie kann
daher eine konkrete Totalität genannt werden. Ausserdem kann eine
Totalität als ein Inbegriff von Gattungen oder auch von abstrakten Begriffen betrachtet werden. Diess geschieht z. B. bei dem Begriffe Thierreich, wenn man darunter den Inbegriff aller Thiergattungen versteht,
oder mit dem Begriffe Liebe, wenn man darunter die Liebe aller Gattungen,
also die Liebe der Menschen, der Pferde, der Vögel u. s. w. versteht.
Die Qualität der Totalität bleibt in diesem Falle der der Gattung gleich.
Endlich aber kömmt die Totalität als höchste eigenartige logische Qualität
in Betracht. Diese Qualität wollen wir einen ideellen Begriff nennen.
Von einer solchen Qualität ist z. B. der Begriff Liebe, wenn man darunter
die generelle Kraft der Liebe, welche die Welt beherrscht, versteht.

Unter dem Gesichtspunkte des unendlichen Inbegriffes aller denkbar
möglichen Fälle entsteht das Individuum aus dem Zustande durch Verallgemeinerung des Attributes dieses Zustandes, wobei sich die Attribute
der Zustände in Akzidentien des Individuums verwandeln. Ebenso entsteht die Gattung aus dem Individuum durch Verallgemeinerung des
Attributes des Individuums, wobei sich diese Attribute in Akzidentien der
Gattung verwandeln. Endlich entsteht die Gesammtheit aus der Gattung
durch Verallgemeinerung des Attributes der Gattung, wobei diese Attribute
in Akzidentien der Gesammtheit übergehen. Abstraktion erscheint hierbei
als Verallgemeinerung des Attributes eines singulären Individuums und
Konkretion als Singularisirung der Akzidentien einer allgemeinen Gattung.

Wenn man jedoch den unendlichen Inbegriff von Elementen bei Seite
lässt, hat man es mit vier Qualitätsgraden endlicher Begriffe zu thun,
von denen ein jeder aus dem nächst niedrigeren durch Abstraktion und
zwar resp. durch Individualabstraktion, Gattungsabstraktion und Totalitäts-
abstraktion entsteht, und welche dann die Namen elementarer, konkreter,
abstrakter und ideeller Begriff tragen und der geometrischen Qualität der
Punkte, Linien, Flächen und Körper entsprechen.

. Die erste, dem Punkte entsprechende Stufe enthält den möglichen
Fall oder das Element eines Individuums. Diese Auffassung entspricht
der Auffassung eines geometrischen Punktes, wenn derselbe als unendlich
kleine Linie, also als eine Grösse von linearer Qualität, jedoch von unendlich kleiner Quantität gedacht wird. Die möglichen Fälle, in welchen
ein Individuum vorgestellt werden kann, sind in der That unendlich
kleine Partikularitäten des Individuums, also von individueller Qualität.
Der eigentliche Punkt hat durchaus keine lineare Ausdehnung; er hat
nur einen Ort, bildet eine Grenze der Linie und hat eine selbstständige
geometrische Qualität, nämlich die punktuelle Dimensität. Ebenso hat
auch der mögliche Fall eines Individuums, wenn derselbe als selbstständiges Objekt gedacht wird, eine vom Individuum verschiedene Qualität.

In dieser Qualität erscheint das logische Sein noch auf dem Nullwerthe; die Abstraktion ist bei den Vorstellungen dieser Elementarbegriffe überall noch nicht thätig gewesen: gleichwohl gehören diese Vorstellungen bereits dem Gebiete der Logik an; sie sind die Elemente der Erkenntnisse, keine Anschauungen. In dieser Bedeutung nennen wir die fraglichen Vorstellungen nicht mögliche Fälle eines Individuums, sondern Zustände desselben. Ein Zustand ist also ein Begriff auf erster Qualitätsstufe, eine Grenze für Individuen.

Der Begriff eines Zustandes deckt zwar vermöge seines quantitativen Inhaltes den Begriff eines möglichen Falles, unterscheidet sich aber von demselben durch die Qualität. Der Zustand hat die erste logische Qualität von der Dimension null, er ist Grenze des Seins: der mögliche Fall hat die zweite logische Qualität von einer Dimension; er hat Individualität, aber von unendlich geringer Quantität, er ist also ein lineares Element, welches den Raum eines Punktes einnimmt, aber doch qualitativ nicht mit ihm identisch ist.

Hiernach stellen sich die vier Heterogenitätsstufen der Qualität als Zustand, konkreter, abstrakter und idealer Begriff dar. Dieselben werden gedeckt durch den möglichen Fall, das Individuum, die Gattung und die Gesammtheit, ohne deren Qualität zu besitzen. Diese Qualität kann nach der Willkür des Denkenden jede beliebige sein, indem man sich z. B. unter einer Gesammtheit ebensowohl ein ideelles Objekt, als auch einen unendlichen Inbegriff von Gattungen, als auch einen unendlichen Inbegriff von Individuen, als auch einen unendlichen Inbegriff von möglichen Fällen denken kann. Die Unendlichkeit der zugehörigen Objekte ergänzt zwar die durch diese Auffassung in den Hintergrund gedrängten Qualitätsdimensionen, jedoch nur im Sinne des Quantitätsgesetzes, nicht im Sinne des Qualitätsgesetzes.

Das Individuum ist der unendliche Inbegriff aller seiner Zustände, die Gattung der unendliche Inbegriff aller ihrer Individuen, die Gesammtheit der unendliche Inbegriff aller ihrer Gattungen. Umgekehrt, ist ein Zustand ein unendlich kleines Element des Individuums, das Individuum ein unendlich kleines Element der Gattung, die Gattung ein unendlich kleines Element der Gesammtheit. In dieser rein quantitativen Beziehung, in welcher die verschiedenen Qualitätsgrade als unendliche Inbegriffe, resp. als unendlich kleine Elemente (wie die geometrischen Örter der beschreibenden Elemente, resp. wie die beschreibenden Elemente der Örter) zu einander stehen, heissen je drei aufeinander folgende Qualitäten wie konkreter, abstrakter und idealer Begriff ein mögliches, wirkliches und nothwendiges Sein: der konkrete Begriff hat Möglichkeit, der abstrakte Begriff hat Wirklichkeit, der ideelle Begriff hat Nothwendigkeit. Indessen haben die Wörter Möglichkeit, Wirklichkeit, Nothwendigkeit neben dieser Bedeutung, welche insofern als eine absolute gelten kann, als sie von einer bestimmten Qualität (dem individuellen Sein) als Basis der Wirklichkeit ausgeht, auch eine relative Bedeutung, in welcher sie sogar vornehmlich gebraucht werden. Man kann sowohl das Sein eines Zustandes, als auch das eines Individuums, als auch das einer Gattung und auch das einer Gesammtheit als ein wirkliches Sein ansehen. Das mögliche Sein ist immer die nächst niedrigere, das nothwendige Sein die nächst höhere Qualitätsstufe des Seins im Vergleich zu der für das wirkliche Sein angenommenen Stufe.

Nimmt man das individuelle Sein zur Qualitätsbasis oder als wirkliches Sein an, und bezeichnet dasselbe durch die erste Potenz λ^1 der als allgemeines Qualitätssymbol dienenden Grösse λ; so hat ein Zustand die Qualität λ^0 des möglichen Seins und eine Gattung die Qualität λ^2 des nothwendigen Seins.

Solange man die Möglichkeit und die Nothwendigkeit immer auf die nächste (resp. nächst niedrigere oder nächst höhere) Qualitätsstufe desjenigen Seins bezieht, welches der Wirklichkeit entspricht; so reichen die drei Wörter Möglichkeit, Wirklichkeit, Nothwendigkeit nur aus, um drei benachbarte Qualitätsstufen genau zu bezeichnen. In dieser Anwendung auf die nächste Qualitätsstufe besteht die engere Bedeutung jener drei Wörter. In erweiterter Bedeutung bezeichnet die Möglichkeit irgend eine tiefere Stufe und die Nothwendigkeit irgend eine höhere Stufe des Seins. Allgemein, muss man also sagen, habe die Möglichkeit, sowie die Nothwendigkeit einen Grad, welcher bis zur Zahl 3 aufsteigen kann. So ist ein gewisses Individuum ein möglicher Fall einer bestimmten Gattung; diese Möglichkeit ist eine ersten Grades. Ein gewisser Zustand dieses Individuums ist ein möglicher Fall ersten Grades des Individuums, also ein möglicher Zustand eines möglichen Individuums, und demzufolge bezeichnet jener Zustand eine Möglichkeit zweiten Grades in Bezug auf die Wirklichkeit der Gattung. Das Urtheil, diese Erscheinung ist möglicherweise Alexander, spricht eine Möglichkeit ersten Grades aus; dagegen involvirt das Urtheil, diese Erscheinung ist möglicherweise ein Mensch, d. h. sie gehört möglicherweise der Menschheit an, oder das Urtheil, diese Erscheinung ist möglicherweise der Ausdruck der Hoffnung, eine Möglichkeit zweiten Grades, indem sie den möglichen Zustand eines möglichen Individüums in einer als wirklich seiend angenommenen Gattung voraussetzt.

Ebenso liegt in dem Urtheile, Alexander (dieses bestimmte, als wirklich existirend gedachte Individuum) erscheint nothwendig in irgend einem seiner Zustände, oder in irgend einem Zustande, eine Apodiktion ersten Grades, ebenso in dem Urtheile, der Mensch erscheint nothwendig als irgend ein Individuum, oder die Menschheit repräsentirt sich nothwendig durch Menschen; dagegen enthält das Urtheil, der Mensch (die Menschheit) stellt sich nothwendig in menschlichen Zuständen dar, eine Apodiktion zweiten Grades, und das Urtheil, das Thierreich zeigt sich nothwendig in Zuständen von Individuen, eine Apodiktion drittes Grades, indem dasselbe aussagt, dass das Thierreich der nothwendige Inbegriff seiner Gattungen sei, welche selbst der nothwendige Inbegriff ihrer Individuen sind, welche ihrerseits der nothwendige Inbegriff ihrer Zustände sind.

In dem Urtheile, diese Kugel ist vielleicht eine Billardkugel, spricht sich eine Möglichkeit ersten Grades, in dem Urtheile diese Billardkugel ist nothwendig eine Kugel, eine Nothwendigkeit ersten Grades, in dem Urtheile, dieses Ding ist möglicherweise eine Billardkugel eine Möglichkeit höheren Grades, in dem Urtheile, diese Billardkugel ist nothwendig ein Ding, eine Nothwendigkeit höheren Grades aus.

Wenn man hiernach das individuelle Sein zur Basis der Qualität oder zur absoluten Wirklichkeit annimmt, bildet das Sein der Gattung oder das abstrakte Sein das nothwendige Sein ersten Grades und das Sein der Gesammtheit oder das ideelle Sein das nothwendige Sein zweiten Grades, welches man allenfalls höhere oder absolute oder unbedingte Noth-wendigkeit nennen könnte. Wenn man dagegen das Sein der Gattung oder das abstrakte Sein zur Wirklichkeit annimmt, ist das individuelle Sein ein mögliches und das ideelle Sein ein nothwendiges.

Möglichkeit, Wirklichkeit, Nothwendigkeit bedeutet mögliches, wirk-liches, nothwendiges Sein. Das möglicherweise, wirklich, nothwendig Seiende oder das mögliche, wirkliche, nothwendige Objekt, d. h. diejenige Vorstellung, welcher die Qualität der Möglichkeit, Wirklichkeit, Noth-wendigkeit zukömmt, trägt im ersten der beiden eben bezeichneten Fälle die Namen Zustand, Individuum, Gattung, und im zweiten Falle die Namen Individuum, Gattung, Gesammtheit.

Zwischen Möglichkeit und Wirklichkeit besteht immer dasselbe Ver-hältniss wie zwischen Wirklichkeit und Nothwendigkeit. Die Wirklichkeit enthält nothwendig mögliche Fälle, sie kann nur mögliche Fälle ent-halten, sie muss möglich sein und sie ist selbst ein möglicher Fall der Nothwendigkeit oder der nothwendigen Fälle, die Nothwendigkeit thut ihre Möglichkeit in der Wirklichkeit kund, die nothwendigen Fälle be-stehen wirklich.

Die vier Hauptqualitäten entsprechen geometrisch den Punkten, Linien, Flächen und Körpern und arithmetisch den vier Potenzen des individuellen Seins λ, nämlich den Potenzen λ^0, λ^1, λ^2, λ^3. Diese vier logischen Haupt-Qualitäten sind das Sein als anschaulicher Zustand, als konkretes Individuum, als abstrakter Begriff, als ideeller Begriff. Zwei Objekte von gleicher Qualität stehen zueinander in der durch λ^0 dar-gestellten Relation, d. h. man hat $\dfrac{\lambda^1}{\lambda^1} = \dfrac{\lambda^2}{\lambda^2} = \dfrac{\lambda^3}{\lambda^3} = \lambda^0$. (Im mathe-matischen Sinne vertritt λ^0 die Qualität der reinen Zahlen oder auch das Verhältniss von Zahlen zu Zahlen; im logischen Sinne dagegen die Relation gleichartiger Begriffe, überhaupt also in allen Wissenschaften die reine Relation). Ein Objekt von irgend einer Hauptqualität steht zu einem Objekte der nächst niedrigeren Stufe in der Beziehung λ^1 und zu einem Objekte der nächst höheren Stufe in der Beziehung λ^{-1}. Im gewöhnlichen Sprachgebrauche haben die Ausdrücke Möglichkeit, Wirklich-keit, Nothwendigkeit zwei verschiedene Bedeutungen. Einmal die vorhin erläuterte, wonach sie mögliches Sein, wirkliches Sein, nothwendiges Sein bedeuten und die logische Qualität von Begriffen anzeigen, welche auf drei benachbarten Qualitätsstufen stehen, z. B. einen Zustand, einen kon-kreten Fall und einen abstrakten Begriff. Ausserdem aber gelten die Ausdrücke Möglichkeit, Wirklichkeit, Nothwendigkeit auch häufig für das Verhältniss λ^{-1}, λ^0, λ^1, in welchem eine Qualitätsstufe zu einer höheren, zu einer gleichen, zu einer niedrigeren steht. Wenn wir z. B. sagen, die Eiche ist wirklich ein Baum oder die Eiche ist in Wirklichkeit ein Baum; so verstehen wir unter dem wirklichen Sein das Verhältniss λ^0, in welchem die Qualität der Eiche λ^1 zu der Qualität λ^1 des Baumes steht. Wenn wir sagen, diese Pflanze (dieses konkrete vegetabilische Individuum λ^1 ist vielleicht ein Baum, ein Element der Gattung Baum λ^2); so ist unter dieser Möglichkeit des Seins das Verhältniss λ^{-1}, in welchem die Qualität der Individuen zu der der Gattung steht, verstanden. In dem Ausspruche, die Baumgattung λ^2 umfasst nothwendig diesen konkreten Eichbaum λ^1, verstehen wir unter dieser Nothwendigkeit des Seins das Verhältniss λ^1.

Die Grösse λ^0 bezeichnet hiernach als Symbol einer bestimmten Qualitätsstufe die Qualität eines Zustandes, welcher ein Element des Individuums λ^1 ist. Als Relation zwischen Qualitäten bezeichnet λ^0 das Verhältniss eines Begriffes zu einem gleichartigen Begriffe und dieses Verhältniss heisst ein reales Verhältniss oder Realität, Wirklichkeit, wogegen λ^1 das Verhältniss eines unendlichen Inbegriffes zu seinem Elemente darstellt, welches Nothwendigkeit heisst, während, umgekehrt, λ^{-1} das Verhältniss eines Elementes zu dem unendlichen Inbegriffe, welches Möglichkeit heisst, bezeichnet.

Der Gegensatz dieser Relationen, also die Unmöglichkeit, die Unwirklichkeit (das Nichtsein) und die Unnothwendigkeit (das nicht nothwendige Sein) entsprechen den Werthen $-\lambda^{-1}$, $-\lambda^0$, $-\lambda^1$.

Es ist wichtig, darauf aufmerksam zu machen, dass die Sprache in ihren Worten eine ungemein biegsame Symbolik ausübt, sodass dasselbe Wort je nach seiner Stellung und Verbindung eine ganz andere Bedeutung gewinnt und mancher Gedanke seinen Ausdruck überhaupt nicht durch Worte, sondern lediglich durch die Satzfügung erhält. Namentlich erfordert die Erkenntniss der logischen Qualität eine besondere Überlegung. Das Wort Mensch kann bald eine menschliche Erscheinung, einen konkreten Zustand eines konkreten Individuums, bald kann es ein konkretes Individuum, also einen unendlichen Inbegriff von menschlichen Zuständen, bald kann es die ganze Menschengattung, also einen unendlichen Inbegriff von Individuen, bald kann es einen Inbegriff von Menschengattungen, also eine Gesammtheit bezeichnen. Im ersten Falle ist seine absolute Qualität λ^0, im zweiten λ^1, im dritten λ^2, im vierten λ^3. Die Relation oder das Verhältniss zwischen zwei solchen Qualitäten ist ein reales, wenn beide Begriffe von derselben Art sind. Dieses Verhältniss wird zwar zuweilen mit dem Worte wirklich ausdrücklich benannt, meistens jedoch durch ein besonderes Wort nicht hervorgehoben. Plato ist ein Mensch, heisst soviel wie, Plato ist wirklich ein Mensch. Wenn wir Plato als ein Individuum denken, muss auch Mensch mit individueller Qualität gedacht werden; der Satz, Plato ist ein Mensch, hat also den Sinn, Plato ist ein konkreter Mensch oder ein konkreter Fall der Menschengattung.

Jeder mögliche Fall einer Gattung gehört dieser Gattung nothwendig an: demzufolge heisst, ein möglicher Fall von A sein, so viel wie, nothwendig ein A sein. Wenn z. B. Plato ein möglicher Fall der Menschengattung ist; so ist Plato nothwendig ein Mensch.

Der Inbegriff aller Fälle oder die Gattung ist eine mögliche Qualitätserhöhung oder Abstraktion aus jedem einzelnen ihrer Fälle: demnach heisst, der Inbegriff A aller Fälle sein, so viel wie, möglicherweise ein A sein. Wenn z. B. die Menschengattung alle konkreten Menschen enthält; so ist ein Mensch (d. h. irgend ein beliebiger Mensch, irgend ein als konkretes Individuum gedachter Fall der Menschheit) möglicherweise jener Plato, ein konkreter Mensch, welcher soeben in Frage steht, kann möglicherweise Plato sein.

Die Ausdrücke möglich und nothwendig werden übrigens, wie die Wörter vielleicht und unvermeidlich, häufig nicht in qualitativem, sondern in quantitativem Sinne gebraucht, sodass sie nicht ein Verhältniss zwischen Element und unendlichem Inbegriffe, sondern zwischen zwei sich ausschliessende Partikularitäten bezeichnen. Wenn wir z. B. sagen, der Grieche ist möglicherweise oder vielleicht ein Weiser; so liegt durchaus kein Qualitäts-, sondern nur ein Quantitätsverhältniss vor: der Grieche ist weder ein Inbegriff aller Weisen, noch ein Element der Gattung aller Weisen. Beides sind vielmehr Partikularitäten des Menschen, welche gewisse Fälle miteinander gemein haben, gewisse Fälle aber nicht, sodass der Grieche eine Erweiterung des Inbegriffes der gemeinschaftlichen Fälle und der letztere Inbegriff eine Partikularität des Griechen darstellt. In qualitativer Hinsicht sind Grieche und Weiser völlig gleich; sie bilden Gattungen, haben also als solche die Qualität λ^2. Sie stehen also zueinander in der Relation der Wirklichkeit $\frac{\lambda^2}{\lambda^2} = \lambda^0$ und demnach ist der wahre Sinn jenes Urtheils, mancher Grieche ist wirklich ein Weiser. Liegt indessen die Absicht vor, durch jenes Urtheil ein echtes Qualitätsverhältniss zu begründen; so muss unter dem Griechen eine Gattung, unter dem Weisen jedoch ein konkreter Fall (nämlich ein konkreter Fall des Inbegriffes von Fällen, welche die Gattung der Griechen und die Gattung der Weisen miteinander gemein haben) gedacht werden: unter solchen Umständen kann man sagen und denken, ein Grieche, d. h. irgend ein beliebiger, soeben in Betracht kommender Grieche ist möglicherweise ein konkreter Fall des Weisen.

Wenn zwischen zwei Objekten das Qualitätsverhältniss λ^0 der Wirklichkeit besteht, oder wenn zwei Objekte gleiche Qualität haben; so folgt daraus nicht, dass sie auch gleiche Quantität und Inhärenz haben oder dass sie überhaupt einander gleich sind. Das Sein in Wirklichkeit bedeutet also kein Gleichsein.

Das entscheidende Kriterium der vier Qualitätsstufen liegt nach Obigem in der Verschiedenheit der Dimensität des Begriffes, der Übergang vom Zustande zum Individuum, vom Individuum zur Gattung und von der Gattung zur Gesammtheit, ebenso wie der Übergang von der Möglichkeit zur Wirklichkeit und von der Wirklichkeit zur Nothwendigkeit, entspricht also einer Erhöhung um je eine logische Dimension. Es wäre irrthümlich, eine Verallgemeinerung für eine Dimensitätserhöhung, überhaupt für eine logische Qualitätsänderung zu halten. Die Singularität, die Partikularität und die Universalität, ebenso die Spezialität und die Generalität haben stets gleiche Qualität; sie sind zusammen entweder möglich, oder sie sind wirklich, oder sie sind nothwendig. Jenachdem z. B. der Europäer ein möglicher, ein wirklicher, ein nothwendiger Begriff ist, ist es der durch Quantitätserweiterung daraus gebildete universelle Begriff Mensch ebenfalls.

Das Nämliche gilt von den Akzidenzen und Attributen. Auch diese stellen keine verschiedenen Qualitäten, sondern verschiedene

Inhärenzen von gleicher Qualität dar. Ist z. B. der Mensch ein wirkliches Sein; so ist jede akzidentielle und jede attributive Eigenschaft desselben, jede zufällige und jede unveräusserliche Eigenschaft desselben, seine zufällige Schönheit, sowie sein unveräusserliches Denkvermögen ebenfalls eine wirkliche Eigenschaft.

Auch Ursache und Wirkung haben gleiche Qualität. Jenachdem die eine möglich, wirklich, nothwendig ist, ist es auch die andere, insofern nicht etwa die kausale Thätigkeit eine Dimensitätserhöhung involvirt. Ist der Mensch ein physisches Wesen; so sind es seine Wirkungen auch: ist die Hoffnung eine Abstraktion; so sind es die Wirkungen derselben auch. Die Kausalität hat in ihrer Grundbedeutung für jede Begriffsqualität eine entsprechende Bedeutung, welche die Qualität der wirkenden Ursache nicht ändert (sie ist für Linien eine Drehung um einen Punkt, für Flächen eine Drehung um eine Linie). Nur wenn man die Grundbedeutung der Kausalität erweitert, lassen sich logische Prozesse schaffen, welche die Qualität der Ursache ändern. Dieselben sind übrigens auf zwei Prozesse zurückzuführen, wovon der eine die Qualität der Ursache ändert, während der andere ein einfacher Kausalitätsprozess ist. So verlangt z. B. das Urtheil, dieser Mensch denkt nothwendig, die Vorstellung, dass ein konkretes, wirkliches Individuum eine nothwendige Thätigkeit vollführe, welche den Gattungen zukömmt oder dass die Produkte seines Denkens den Charakter der Nothwendigkeit an sich tragen oder einer Gattung von Objekten angehören. Ungezwungener ist die Auslegung dieses Gedankens, dass jeder Mensch und demzufolge auch dieser Mensch denkt, dass also das Resultat des wirklichen Denkens dieses Menschen den Resultaten des Denkens der ganzen Menschengattung angehöre. Die letztere Vorstellung verlangt die qualitative Verwandlung dieses konkreten Menschen in die Menschengattung und sodann die Herstellung der einfachen Wirkungen dieser Gattung, worunter sich dann auch die Wirkung jenes konkreten Menschen nothwendig findet.

Generalisation ist also keine Abstraktion, und Abstraktion ist keine Generalisation. Durch Generalisation des Attributes eines Individuums entsteht allerdings, wie wir schon früher angeführt haben, ein Inbegriff, welcher vermöge seiner Quantität, nicht aber vermöge seiner Qualität den von dem gegebenen Individuum abstrahirten Begriff deckt.

Die Qualität des Seins oder die Qualität schlechthin ist eine Art des Seins, das Ingemeinschaftsein; es leuchtet also ein, dass durch die Negation einer Qualität nicht das Sein des betreffenden Objektes oder vielmehr die Quantität desselben, sondern die besondere Art seines Seins oder seiner Gemeinschaft in einer gewissen Gattung, also entweder seine Möglichkeit, oder seine Wirklichkeit, oder seine Nothwendigkeit negirt wird. So negirt das Urtheil, jene Linie kann nicht durch diesen Punkt gehen, nicht das Sein jener Linie, sondern nur die Möglichkeit des Seins in Gemeinschaft mit diesem Punkte. Das Urtheil, Homer kann unmöglich gelebt haben, negirt nicht das Sein des Homer genannten Individuums, sondern die Gemeinschaft dieses Individuums mit der Gattung der Menschen. Der Satz, die Ursache kann nicht die Wirkung, der Vater kann nicht der Sohn sein, negirt weder Vater, noch Sohn, sondern die Gleichheit entgegengesetzter Relationen.

Übrigens kann die Negation der Qualität bald den Sinn der Ausschliessung, bald den Sinn des Gegensatzes haben; die erstere Negation wird in der Regel durch die Verneinungspartikel nicht ausgedrückt und liefert die Begriffe des nicht Möglichen, des nicht Wirklichen, des nicht Nothwendigen, wogegen die letztere Negation durch die Vorsilbe Un gekennzeichnet wird, wodurch sich die Unmöglichkeit, die Unwirklichkeit und die Unnothwendigkeit ergiebt. Der Gegensatz ist immer ein spezieller Fall der Ausschliessung und man pflegt in der Regel zwischen diesen beiden Ausdrucksweisen nicht zu unterscheiden, indem man an der Bedeutung der Ausschliessung festhält. Während man also sagen kann, das Nothwendige muss sein, muss wirklich und auch möglich sein, das Wirkliche ist, muss möglich sein und kann nothwendig sein, das Mögliche kann sein, kann wirklich und auch nothwendig sein, lässt sich von den Gegensätzen sagen, das Unnothwendige ist nicht nothwendig, kann aber wirklich und möglich sein, braucht jedoch nicht wirklich und nicht möglich zu sein, das Unwirkliche ist nicht, ist entschieden nicht nothwendig, kann aber möglich sein, das Unmögliche ist nicht möglich, kann nicht wirklich und durchaus nicht nothwendig sein.

Durch die Negation der Quantität wird die Qualität des Seins nicht geändert. Das Nichtsein eines Falles, als quantitative Ausschliessung desselben, lässt die Qualität, also die Möglichkeit, Wirklichkeit oder Nothwendigkeit seines Seins unberührt: der ausgeschlossene Fall besteht resp. als möglicher, wirklicher oder nothwendiger Fall trotz seiner Ausschliessung fort.

Auch der kontradiktorische Gegensatz und die Imaginarität des Seins beeinflusst nicht die Qualität desselben.

Da die einzelnen Grundeigenschaften der Begriffe (die Kategoreme) voneinander völlig unabhängig sind; so kann eine jede derselben beliebig variirt werden, ohne die übrigen zu beeinflussen. Hiernach kann eine Vorstellung, mag sie nun auf der ersten, zweiten, dritten oder vierten Qualitätsstufe stehen, die nämlichen, d. h. die gleichnamigen Grundeigenschaften in Beziehung auf Quantität oder auf Inhärenz oder auf Relation haben.

Betrachten wir zunächst die quantitativen Beziehungen; so kann jeder Begriff, mag er ein konkreter realer Individualitätsbegriff oder ein abstrakter Sozietätsbegriff oder ein Totalitätsbegriff sein, immer ein singulärer, ein partikulärer, ein universeller, er kann ein endlicher und ein unendlicher, ein bestimmter und ein unbestimmter sein. Für ein Individuum beruht die Singularität in der Beschränkung auf einzelne Zustände, die Partikularität in der Eingrenzung zwischen gewissen Zuständen, die Universalität in der Befreiung von allen Einschränkungen. So ist z. B. Plato als Individualitätsbegriff ein universeller, indem darunter das betreffende Individuum in voller Unbegrenztheit gedacht wird; dagegen ist Plato im Alter oder Plato unter seinen Schülern ein partikulärer und Plato bei seinem Tode ein singulärer Begriff. Ganz ebenso ist Mensch als Sozietätsbegriff ein universeller, indem darunter jeder Mensch verstanden wird; dagegen ist der europäische Mensch oder

der Europäer ein partikulärer Begriff und Plato, sowie eine Gruppe fest
bestimmter Menschen ein singulärer Begriff.   Ausserdem aber erscheint
der einzelne Mensch auch als Element des Begriffes Mensch, folglich
als ein unendlich kleiner Begriff.   Ferner ist das Thierreich als Totalitätsbegriff ein universeller, dagegen das Reich der Säugethiere ein
partikulärer und das Reich der Menschen ein singulärer.   Ausserdem
erscheint jede Thiergattung, auch der Mensch, als ein Element des Begriffes Thierreich und demzufolge als ein unendlich kleiner Begriff.

Wenden wir uns zu den Inhärenzen; so kann man jeder Begriffsqualität dieselben Eigenschaften beilegen.   Wir können z. B. einen
elementaren Zustand schön nennen, z. B. indem wir sagen, Helena war
schön, als Paris sie erblickte.   Wir können aber auch das ganze Individuum als schön bezeichnen, z. B. indem wir von der schönen Helena
reden.   Ebenso kann eine Gattung und ein abstrakter Begriff schön
genannt werden, z. B. die schönen Frauen, das schöne Geschlecht, der
schöne Traum, das schöne Glück der Liebe, und nicht minder kann dasselbe Prädikat auf einen Totaltätsbegriff angewandt werden, z. B. die
schöne Welt.

Man erkennt leicht, dass das Prädikat von Haus aus keine bestimmte
Qualität hat, dass dasselbe vielmehr die Qualität des Subjektes annimmt.
Ein konkreter Begriff hat konkrete, ein abstrakter Begriff abstrakte
Eigenschaften.   Dieses logische Gesetz entspricht dem geometrischen
Gesetze, wonach der Ort eines Punktes durch eine Anzahl von Punkten,
der Ort einer Linie durch eine Linie, der Ort einer Fläche durch eine
Fläche, der Ort eines Körpers durch einen Körper gemessen wird: denn
der Ort oder der Abstand einer Grösse entsteht durch den Fortschritt
seiner Grenze, ist mithin mit der Grösse gleichartig.   Die Sprache trägt
diesem Gesetze dadurch Rechnung, dass sie das Adjektiv nach Geschlecht
und Numerus mit dem Substantive in Übereinstimmung setzt.

Die mathematische Operation, durch welche sich eine Grösse mit
ihrem Abstande zusammensetzt, ist die Addition: die in dem vorstehenden
Satze liegende allgemeine Forderung besteht also darin, dass die Glieder,
welche sich zu einer Grösse vereinigen sollen, gleichartig sein müssen.
Demgemäss lassen sich auch logisch nur Begriffe von gleicher Qualität
miteinander zu einem Ganzen kombiniren.   Beispielsweise ist Cicero ein
konkreter Mensch: demzufolge ist aber auch die Hand Cicero's, die Rede
Cicero's, der Stil Cicero's eine konkrete, einer geometrischen Linie entsprechende Vorstellung, wogegen die Menschenhand, die menschliche Rede,
der Redestil ein Gattungsbegriff, resp. eine abstrakte, einer geometrischen
Fläche entsprechende Vorstellung ist.   Die Stimme der lebenden Wesen
ist ein einem geometrischen Körper entsprechender Totalitätsbegriff und
der akustische Laut der Stimme Cicero's beim Worte „quousque" in der
Rede gegen Catilina ist ein einem geometrischen Punkte entsprechender,
den Zustand eines Individuums bezeichnender Elementarbegriff.

Wegen der Unabhängigkeit der Qualität von der Inhärenz und
Quantität kann jeder Begriff bejaht und verneint werden: das Wesen
des Gegensatzes bleibt dasselbe; seine Wirkung aber trägt die Qualität
des verneinten Objektes.   Der Gegensatz eines Individuums ist daher
wieder ein Individuum, der einer Gattung wieder eine Gattung.

Ebenso hat die Vorstellung von reellen und von imaginären Eigenschaften dieselbe Bedeutung für jede Begriffsqualität: jene Eigenschaften haben aber dieselbe Qualität wie das Objekt selbst. In dem Ausdrucke, jener grüne Baum, bezeichnet grün eine reelle Eigenschaft des betreffenden Baumes, welche individuell ist, wie jener Baum selbst. Trocken ist dann eine imaginäre individuelle Eigenschaft desselben Baumes, indem diese Eigenschaft einem anderen Baume zukömmt. Das Prädikat flüssig kömmt überhaupt keinem Baume zu, ist also eine überimaginäre individuelle Eigenschaft jenes trockenen Baumes. Indem wir an die Stelle des individuellen Begriffes jener Baum den Gattungsbegriff Baum setzen, wird grün eine reelle, aber abstrakte Eigenschaft des abstrakten Begriffes der grüne Baum, d. h. jeder beliebige grüne Baum, während nun trocken eine imaginäre abstrakte und flüssig eine überimaginäre abstrakte Eigenschaft wird.

Nicht minder variirt die Qualität der Akzidentien und der Attribute eines Objektes mit der Qualität desselben.

Aus den nämlichen Gründen ist auch die Qualität des Du der Qualität des Ich gleich. Jenachdem das Eine konkret oder abstrakt ist, ist es auch das Andere. Wenn der Mensch dichterisch den Stein, den Menschen, die Hoffnung, Gott Du nennt; so erhebt er das nach gewöhnlicher Auffassung auf einer niedrigeren, als der Individualitätsstufe stehende Objekt auf diese Stufe hinauf oder er zieht das höher qualifizirte Objekt auf diese Stufe herab, d. h. er individualisirt das angeredete Objekt. Spricht er nicht als Individuum, sondern als Repräsentant einer Gattung; so ertheilt er dem angeredeten Objekte die Sozietätsqualität, was sprachlich seinen Ausdruck darin findet, dass er sich selbst Wir und das Objekt Ihr nennt. Die Qualität des Ich und Du hat auch das Er oder das Es.

Wie die Qualität von der Quantität und Inhärenz, so ist sie auch von der Relation unabhängig. Sowohl ein Zustand, wie auch ein Individuum, eine Gattung und eine Gesammtheit können die gleichnamige Thätigkeit ausüben oder die gleichnamige Relation erzeugen. Die Relation und Kausalität zwischen Zuständen trägt den Charakter der geometrischen Beziehung zwischen Punkten; diese logische Relation beruht auf Zufälligkeit und entspricht einem äusseren physischen Prozesse: so erzeugt z. B. ein mechanisches Agens einen mechanischen Effekt, ein Stock schlägt in einem gewissen Zustande ein Thier in einem gewissen Zustande; ein räumliches Agens bewirkt räumliche Effekte, die Bewegung eines Menschen ist eine räumliche Veränderung seiner Zustände; ein zeitliches Agens ruft zeitliche Wirkungen hervor, das Altern eines Menschen ist eine zeitliche Veränderung seiner Zustände.

Die Relation zwischen Individuen trägt den Charakter der geometrischen Beziehung zwischen Linien oder den der linearen Richtung und Drehung; diese Relation beruht auf individueller Kausalität, sie geht von Individuen aus und erzeugt Individuen. Das Verhältniss der Vaterschaft, der Freundschaft, der Treue, der Liebe, der Vormundschaft, des Gehorsams u. s. w., welches zwischen zwei bestimmten Individuen besteht, ist von dieser Art.

Die Relation zwischen Gattungen und abstrakten Objekten trägt den Charakter der geometrischen Beziehung zwischen Flächen oder den der Flächenrichtung und Flächendrehung; diese Relation beruht auf abstrakter

Kausalität. Sobald es sich nicht um die Relation zwischen zwei bestimmten Individuen, sondern zwischen zwei bestimmten Gattungen, z. B. zwischen zwei Nationen handelt, nimmt der Begriff der Freundschaft, der Treue, der Liebe, der Nachkommenschaft u. s. w. die Bedeutung einer Sozietätsrelation an. Das Nämliche ist auch der Fall, wenn diese Begriffe auf jedes beliebige Individuum einer Gattung bezogen werden, in welchem Falle die Kausalität eine abstrakte wird.

Die Relation zwischen Totalitäten und ideellen Begriffen trägt den Charakter der geometrischen Beziehung zwischen Körpern.

Hinsichtlich des Einheitsmaasses der vier Begriffsqualitäten bemerken wir noch, dass für einen Begriff, welcher Zustände darstellt, dasjenige Etwas, welches die Grundeinheit vertritt, der Begriff des möglichen Falles ist. Ein Individuum dagegen wird durch ein einfaches wirkliches Sein gemessen, welches der geometrischen Längeneinheit entspricht. Für eine Gattung und für eine Abstraktion ist die logische Einheit ein der geometrischen Flächeneinheit entsprechender Begriff, also ein solcher, welcher ein Zusammensein von Individuen in einer Gattung bezeichnet. Das geometrische Quadrat entspricht derjenigen Gattung, in welcher jedes Individuum die nämlichen Zustände als Akzidentien hat, welche den einzelnen Individuen als Attribute zukommen. Denkt man sich z. B. die Weite eines individuellen Seins durch die Zustände weiss, roth, jung, lebhaft, französisch definirt; so ist das dieser reellen Weite entsprechende logische Quadrat diejenige Gattung, in welcher jedes Individuum diese Zustände hat und in welcher alle weissen, rothen, jungen, lebhaften, französischen enthalten sind. Ob in einer solchen logischen Kombination faktische Ungereimtheiten liegen, ist irrelevant.

Wenn a die Anzahl der Zustände oder Merkmale des reellen und des imaginären Seins in dem Gattungsquadrate bezeichnet, ist a^2 die Anzahl der durch dieses Quadrat vertretenen Zustände. Ist ein reelles Sein von a Merkmalen mit einem imaginären Sein von b Merkmalen zu einem Gattungsrechtecke verbunden; so liegen darin $a.b$ verschiedene Zustände, z. B. wenn alle Römer, Griechen, Schweizer in der Jugend, in Thätigkeit, im Freiheitsdrange, im Kriege, zu Pferde vorgestellt werden.

Eine Totalität wird durch einen Gesammtheitsbegriff gemessen und die Analogie zu einem geometrischen Kubus ist diejenige Totalität oder Idealität, deren Gattungen dieselben Merkmale haben, wie die darin enthaltenen Individuen und die in diesen gedachten Zustände. Ist die Zahl der letzteren gleich a; so repräsentirt der Würfel überhaupt a^3 verschiedene Zustände und ein logisches Parallelepipedum, dessen Seiten a, b, c sind, repräsentirt $a.b.c$ verschiedene Zustände.

Wir haben noch eine Beziehung, welche den Standpunkt des Denkenden bei der Beurtheilung der Qualität betrifft und welche vollständigeres Licht über das Wesen der Qualität verbreitet, zu erörtern. Unsere Sprache sagt, indem sie einunddasselbe Sachverhältniss darstellt, jeder Punkt a ist ein möglicher Ort der Linie A, sodann aber auch, die Linie A ist der mögliche Ort jedes ihrer Punkte a; einmal ertheilen wir also dem Punkte das Epitheton des Möglichen und der Linie das des Wirklichen, das andere Mal bezeichnen wir die Linie als das Mögliche und den Punkt als das Wirkliche. Es entsteht hieraus die Frage:

bildet nach absoluter Auffassung Möglichkeit, Wirklichkeit, Nothwendigkeit die aufsteigende Stufenfolge der Qualität, entsprechend der Potenz
vom Grade 1, 2, 3 oder dem Punkte, der Linie, der Fläche, oder bilden
diese Begriffe die absteigende Stufenfolge der Qualität, entsprechend der
Potenz vom Grade 3, 2, 1 oder der Fläche, der Linie, dem Punkte, und
wodurch charakterisirt sich die Umkehrung der Stufenfolge?

Zunächst machen wir darauf aufmerksam, dass die bislang betrachtete
Umkehrung dieser Stufenfolge in einer Vertauschung des Subjektes a
mit dem Prädikate A unter Beibehaltung derselben Basis des Qualitätsprozesses besteht, indem einmal das Verhältniss $\dfrac{A}{a} = \lambda$ und sodann
das Verhältniss $\dfrac{a}{A} = \lambda^{-1}$ oder einmal A nach der Formel $A = a\lambda$
und sodann a nach der Formel $a = A\lambda^{-1}$ bestimmt wurde. Ein Beispiel
zu einer solchen Vertauschung bilden die beiden Sätze, a ist ein möglicher
Fall von A und A enthält nothwendig alle a. Auch die beiden Sätze,
A ist der Ort aller möglichen a und a ist nothwendig in A enthalten,
entsprechen dieser Vertauschung.

Im ersten und dritten dieser vier Sätze sind nun ebenfalls a und A
miteinander vertauscht, ebenso im zweiten und vierten Satze: allein bei
dem Übergange vom ersten zum dritten oder vom zweiten zum vierten
Satze ist der Qualitätsprozess nicht wie vorher in seiner Fortschrittsrichtung unter Beibehaltung der Basis, sondern dergestalt umgekehrt,
dass die Qualitätsbasis von a an die Stelle der Basis von A getreten
ist, d. h. dieser Prozess hat eine graduelle Umkehrung erlitten. Während
nämlich im ersten Satze A nach der Formel $A = a^2$ bestimmt ist, ist
im dritten Satze a nach der Formel $a = \sqrt{A} = A^{1/2}$ bestimmt.

Im Übrigen geben alle vier Sätze einunddemselben Sachverhältnisse
Ausdruck. Der erste Satz, a ist ein möglicher Fall von A, und der
dritte Satz, A ist das Möglichkeitsgebiet von a, sagen also Dasselbe,
obgleich der erste den Begriff der Möglichkeit unmittelbar an das
Objekt a, der dritte Satz dagegen an das Objekt A knüpft, freilich in
einer anderen und zwar in solcher Weise, dass sich daraus dasselbe
Sachverhältniss ergiebt.

Unter Berücksichtigung der letzteren Umkehrungsweise kann man
nun offenbar die drei Begriffe von Möglichkeit, Wirklichkeit, Nothwendigkeit ebenso gut an eine aufsteigende Stufenfolge von 1, 2, 3 Dimensionen,
als auch an eine absteigende Stufenfolge vom Grade 1, $\frac{1}{2}$, $\frac{1}{3}$, d. h.
von einer erst auf die Hälfte und dann auf den dritten Theil der
Dimensionen sich reduzirenden Qualität knüpfen. Charakterisirt man
die Qualität des ganzen Gebietes der Möglichkeit, Wirklichkeit, Nothwendigkeit, wie es durch den dritten obigen Satz, A ist das Möglichkeitsgebiet der wirklichen a, geschieht; so ist die Stufenfolge ohne
Frage die absteigende 3, 2, 1: das Gebiet der Möglichkeit ist weiter
als das der Wirklichkeit und das der Wirklichkeit ist weiter als das
der Nothwendigkeit; denn alles Nothwendige ist auch wirklich oder ein
Wirkliches und alles Wirkliche ist auch möglich oder ein Mögliches,
nicht ist aber, umgekehrt, alles Mögliche wirklich und alles Wirkliche
nothwendig. Hiernach ist Punkt, Linie, Fläche oder auch Linie, Fläche,

Körper der geometrische Repräsentant und λ^n, λ^{n+1}, λ^{n+2} der arithmetische Repräsentant resp. des Gebietes der Nothwendigkeit, der Wirklichkeit, der Möglichkeit, nicht aber umgekehrt.

Jeder Fall oder jedes Objekt, welches einem solchen Gebiete wirklich angehört, hat die Qualität dieses Gebietes: ein Objekt, welches dem Möglichkeitsgebiete wirklich angehört, ist ein mögliches; ein Objekt, welches dem Wirklichkeitsgebiete wirklich angehört, ist ein wirkliches; ein Objekt, welches dem Nothwendigkeitsgebiete wirklich angehört, ist ein nothwendiges. Charakterisirt man jetzt aber die Qualität eines Falles oder eines Objektes, als einen möglichen Fall des weiteren oder allgemeineren, als Wirklichkeitsgebiet angenommenen Gebietes, wie es in dem ersten der obigen Sätze, a ist ein möglicher Fall von A, d. h. a ist ein möglicher Fall in demjenigen Gebiete, welches der denkende Geist eben als das der Wirklichkeit angenommen oder in welches er soeben die Wirklichkeitsbasis verlegt hat, auf welches er sich mit seinem Erkenntnissvermögen freiwillig gestellt hat; so kehrt sich, weil die Basis zur Beurtheilung eines Objektes nicht in sein eigenes, sondern in ein höheres Qualitätsgebiet verlegt ist, die obige Stufenfolge um. Der Punkt erscheint als ein möglicher Fall der zur Wirklichkeit angenommenen Linie und die Linie als ein möglicher Fall der zur Wirklichkeit angenommenen Fläche. Das vorher Äussere erscheint als das Innere, das Innere als das Äussere. Während vorher die Punktqualität zur Linienqualität im Verhältnisse des Wirklichkeitsgebietes zum Möglichkeitsgebiete stand, erscheint jetzt der Punkt zur Linie in dem Verhältnisse des Möglichen zum Wirklichen. Ebenso erscheint die Linie zur Fläche in dem Verhältnisse des Möglichen zum Wirklichen und wenn die Wirklichkeitsbasis in der Linie festgehalten wird, in dem Verhältnisse des Wirklichen zum Nothwendigen. Demzufolge erscheint für den Standpunkt der Wirklichkeit in der Linie der Punkt, die Linie, die Fläche resp. als das Mögliche, das Wirkliche, das Nothwendige. Für den Standpunkt der Wirklichkeit in der Fläche erscheint die Linie, die Fläche, der Körper als das Mögliche, das Wirkliche, das Nothwendige.

Bei Qualifizirung des ganzen Gebietes von Fällen (nicht des möglichen Falles) ist das ganze logische Begriffsgebiet ein Möglichkeitsgebiet gegenüber dem mathematischen Anschauungsgebiete, auch gegenüber dem physischen Erscheinungsgebiete. Bei Qualifizirung des möglichen Falles ist für den denkenden Verstand die mathematische Anschauung ein möglicher Fall des Begriffes oder eine Möglichkeit, ebenso ist für den Verstand und auch für das Anschauungsvermögen eine physische Erscheinung ein möglicher Fall der mathematischen Anschauung und auch des logischen Begriffes.

Vom ersten Standpunkte aus lassen sich wegen der dabei obwaltenden Konstanz der Qualitätsbasis und der darin liegenden Charakteristik des ganzen Gebietes von Fällen diejenigen generellen Beziehungen, welche alle Qualitätsgebiete zugleich umfassen, am leichtesten und deutlichsten entwickeln. Setzt man für den ganzen Raum XYZ die Möglichkeit, für eine darin liegende Grundebene XY die Wirklichkeit, für die Grundaxe OX die Nothwendigkeit und für den Grundpunkt O die den Begriff der höheren oder absoluten Nothwendigkeit (welcher erst später deutlicher verstanden werden wird); so sieht man auf den ersten Blick, dass das Wirkliche zugleich ein Mögliches und das Nothwendige zugleich ein Wirkliches ist, ferner aber in Betreff der Gegensätze dieser Begriffe, dass das Unmögliche das von dem Gesammtraume von drei Dimensionen Ausgeschlossene, also dem ideellen Raume von vier Dimensionen Angehörige ist, dass das Unwirkliche oder Nichtseiende das ausserhalb der Grundebene XY Liegende ist, mithin ein Mögliches sein kann, dass also manches **Nichtseiende** doch möglich ist, auch dass das Mögliche zum Theil wirklich ist, zum Theil auch nothwendig ist. Sodann ergiebt sich, dass das Unnothwendige das ausserhalb der Grundaxe OX Liegende ist, dass dasselbe also zum Theil möglich und zum Theil auch wirklich ist.

Es ist irrthümlich, das Unnothwendige für das Zufällige zu halten. Das Zufällige ist dasjenige Unnothwendige, welches zugleich wirklich ist, welches also, obwohl nicht in der Grundaxe OX, doch in der Grundebene XY liegt. Das Unnothwendige ist hiernach stets möglich, zum Theil ist es wirklich und dann zufällig, zum Theil ist es nicht wirklich oder existirt nicht. Das Zufällige ist stets möglich. Das Mögliche ist zum Theil wirklich, zum Theil nicht; zum Theil ist es nothwendig, zum Theil nicht. Dasjenige Mögliche, welches nicht nothwendig, aber wirklich ist, ist zufällig, und demgemäss wird ein Akzidens bald eine mögliche, bald eine zufällige Eigenschaft genannt, indem an eine wirklich existirende Möglichkeit gedacht wird.

Was ausserhalb des Grundpunktes O liegt, würde das nicht absolut Nothwendige sein.

Von dem eben besprochenen ersteren Standpunkte kann man sagen, er sei ein vom subjektiven Geiste unabhängiger, ein ausser ihm liegender, ein objektiver. Der zweite obige Standpunkt hingegen, bei welchem nicht das ganze Qualitätsgebiet, sondern der darin liegende mögliche Fall oder das betrachtete Objekt charakterisirt wird, ist derjenige, bei welchem der denkende Geist sich selbst die Qualität der Wirklichkeit, des wirklichen Seins beilegt und das Objekt als etwas ausser ihm Seiendes, von ihm Gedachtes, als einen möglichen Fall seiner Begriffe ansieht; es ist also ein subjektiver Standpunkt und derjenige, von welchem aus der Geist die Aussenwelt betrachtet und erkennt, also auch derjenige, welchen wir bei unseren logischen Betrachtungen in der Regel voranstellen werden.

Als einen Gegenstand von ausserordentlicher Wichtigkeit heben wir hervor, dass es im Gebiete des reinen logischen Denkens ebenfalls nur vier Qualitätsstufen des Seins giebt, wie in jedem Anschauungsgebiete, z. B. im Raume, indem dem räumlichen Punkte, der Linie, der Fläche und dem Körper resp. der logische Zustand, das Individuum, die Gattung und die Gesammtheit entspricht, und über die Gesammtheit hinaus keine höhere Begriffsqualität gedacht werden kann. Die Gesammtheit umfasst Alles, und mehr als Diess kann nicht umfasst werden: es giebt keine Abstraktion von der Totalität. Hierbei ist jedoch immer vorausgesetzt, dass es sich um Begriffe handele, welche Objekten der wirklichen Welt entsprechen sollen, nicht etwa um Fiktionen, welche nach einem selbstgeschaffenen Schema gebildet werden, ohne in der Wirklichkeit ihre Vertreter zu finden. Dass durch den unbeschränkten Gebrauch der

Verstandeskräfte das System des Kardinalprinzips über die Schranken der Wirklichkeit hinaus erweitert werden kann, leuchtet ein. Wir haben Diess schon bei dem Kategoreme der Quantität, der Inhärenz und der Relation angezeigt und müssen es hier bei der Qualität wiederholen. So gut man einen Raum von 4, 5, 6 . . . Dimensionen, eine tertiäre, quartäre, quintäre . . . Drehung schaffen kann, ebenso kann man auch quintogene, sextogene . . . Begriffe (welche über den Totalitätsbegriff hinausgehen) und auch solche Qualitätsstufen schaffen, deren Grad nicht einer ganzen, sondern einer ganz beliebigen Zahl entspricht, welche also generell durch das Symbol λ^n vertreten werden. Die Arithmetik ignorirt jede durch die Wirklichkeit gezogene Schranke und charakterisirt, wenn λ eine wirkliche Grösse (keine abstrakte Zahl) vertritt, durch die Formel λ^n jeden beliebigen Qualitätsgrad, gleichviel, ob derselbe im Raume, in der Zeit, in der Materie oder in einer anderen Form der Wirklichkeit existirt oder nicht.

Ganz das Nämliche zu thun, also einen transzendentalen Gebrauch von den Verstandeskräften zu machen, steht auch der Logik zu. Man kann also Begriffsqualitäten konstruiren, welche zwischen der des Individuums und der der Gattung liegen, also durch λ^n repräsentirt werden, worin $n > 1$, aber < 2 ist. Ebenso wenig wie eine Raumgrösse von dieser Dimensität anschaulich ist, ebenso wenig ist ein logisches Objekt von dieser Qualität intelligibel, begreifbar oder verständlich; dasselbe füllt nur eine Stelle in einem fingirten Begriffssysteme aus und kann nur dadurch verständlich werden, dass von den Grundeigenschaften der wirklichen Dinge ganz abgesehen und dafür generelle Hypothesen substituirt werden, welche jede mögliche Variation zulassen, ohne die Bedingung der Realisirbarkeit zu berücksichtigen. So kann man z. B. in der Geometrie eine Fläche λ^2 als einen Ort von Linien auffassen, worin die Linien mit einer bestimmten Dichtigkeit nebeneinander gelagert erscheinen: jenachdem nun diese Linien dichter oder weniger dicht gelagert sind, kann man dieser Raumgrösse die Qualität λ^{2+x} oder λ^{2-x} zuschreiben. Diese Auffassung führt dazu, jede Raumgrösse, den Punkt, die Linie, die Fläche, den Körper und alle Raumgrössen, deren Dimensität dazwischen, darüber und darunter liegt, als Linienörter mit verschiedenen endlichen und unendlichen Verdichtungsgraden zu betrachten. Hieraus entspringt zwar eine verständliche Bedeutung der allgemeinen arithmetischen Formel λ^n, aber diese Verständlichkeit wurzelt in dem fingirten Schema, nicht in der Wirklichkeit, da die Anschauung der Dimensität daraus gänzlich verloren gegangen ist.

5) Die Alienität der Qualität hat fünf Hauptstufen, welche die variabelen, zusammengesetzten oder bedingten Qualitäten umfassen. Dieselben werden nach der Abhandlung des fünften Kategorems verständlicher sein; wir skizziren daher hier nur das zum Systeme Erforderliche. Die Alienitätsstufen der Qualität lassen sich sowohl unter dem Gesichtspunkte der Qualität der verschiedenen Formgrössen, d. h. der Qualität des Bedingten, als auch unter dem Gesichtspunkte der verschiedenen Form der Qualitäten, d. h. der bedingten Qualitäten betrachten. Im ersten Theile haben wir unser Augenmerk zunächst auf die Qualität des Bedingten gerichtet und dabei das Bedingte, dessen Qualität

in Frage kam, als eigentliche Formgrösse, d. h. als etwas nur durch
eigentliche Formgesetze Bedingtes in Betracht gezogen. Sodann haben
wir in §. 120 den Gesichtspunkt angedeutet, von welchem die bedingte
Qualität oder die Qualitätsvariabilität zu betrachten sein wird. Unter dem
letzteren ergeben sich die fünf Alienitätsstufen der Qualität folgendermaassen.

Primoforme Qualität ist invariabele Qualität, wie sie einer konstanten,
nicht aus variabelen Theilen bestehenden Grösse, einem Grenzwerthe,
einem Elemente zukömmt. Sie bezeichnet das Sein ausser Gemeinschaft,
die Qualität des Isolirten, des Zusammenhangslosen. Ein Begriff, welcher
nicht die Abstraktion von unendlich vielen möglichen Zuständen bildet,
sondern nur einen einzigen gegebenen unveränderlichen Zustand darstellt, bei welchem eine Gemeinschaft überall nicht in Frage kömmt, ist
von primoformer Qualität.

Sekundoforme Qualität ist Gleichartigkeit oder Homogenität. Sie
bildet die Analogie zu der aus gleichartigen Bestandtheilen zusammen-
gesetzten mathematischen Grösse $a\lambda + b\lambda + c\lambda + \ldots$, worin die
Qualität $\lambda = e^{\mu}$ oder ihr Exponent μ einen konstanten Werth hat,
welche also geometrisch eine beliebige Linienfigur oder eine beliebige
Flächenfigur oder eine beliebige Körperfigur sein kann. Der einfachste
Fall entspricht der Qualität der einförmigen Grösse $x\lambda$, z. B. einer geraden
Linie, einer ebenen Fläche, eines Körpervolums. So stellt ein aus lauter
Zuständen bestehendes logisches Individuum oder eine aus lauter Individuen zusammengesetzte Gattung oder eine aus lauter Gattungen zusammengesetzte Gesammtheit, einen homogenen Begriff als das Resultat
einer einförmigen Abstraktion, dar. Ein aus mehreren Individuen oder
Thätigkeiten zusammengesetzter Begriff hat nicht gerade sekundoforme
Qualität, besteht aber aus Partikularitäten von sekundoformer Qualität;
er bildet eine Mischung von sekundoformer und primoformer Qualität
mit gewissen Stufen der Quantität, Inhärenz und Relation, wird aber
wegen der sekundoformen Qualität seiner Partikularitäten gewöhnlich
als homogener Begriff aufgefasst.

Tertioforme Qualität ist gleichförmig variabele Qualität, also ein
unterer Grad von Ungleichartigkeit. Ihre arithmetische Analogie ist
die Grösse $\Sigma a\lambda^x$ oder, bei stetiger Bildung, die Grösse $a\int \lambda^x \partial x$, worin
der Exponent von λ mit einer unabhängigen Grundgrösse x einförmig
variirt. Eine materielle Linie, welche sich in ihrer Längenrichtung
sukzessiv verdichtet, ist eine mechanische Analogie zu einer tertioformen
Qualität. Wenn man für λ^x die Grösse $e^{x\sqrt{-1}}$ setzt, stellt die Formel
eine Kreislinie dar und hieraus ergiebt sich, dass die tertioforme Qualität
mit der Qualität des Tertioformen in naher Beziehung steht. Demgemäss
kann einem aus gleichförmig variirenden Kausalitäten abstrahirten Begriffe
tertioforme Qualität zugeschrieben werden.

Quartoforme Qualität ergiebt sich als Resultat eines Abstraktionsprozesses, welcher von der vorstehenden Gleichförmigkeit gleichmässig
abweicht oder nach einer gleichmässigen Regel von dem einen in ein
anderes benachbartes Grössengebiet übertritt, also der generellen Formel
$a\lambda^m + b\mu^n + c\nu^r + \ldots$ worin λ, μ, $\nu \ldots$ die verschiedenen Grössengebieten angehörigen Qualitätseinheiten sind, entspricht.

Quintoforme Qualität endlich stellt sich als das Ergebniss eines gesteigerten Abstraktionsprozesses heraus, welcher, indem er in das transzendentale Begriffsgebiet übertritt, die letzte Alienitätsstufe der Qualität bezeichnet.

Am Ende des vorhergehenden Paragraphen haben wir bemerkt, dass hier für uns die Qualität·der Begriffe von hauptsächlicher, das Wesen wirklicher Qualitätsgrössen jedoch von nebensächlicher Bedeutung sei. Über die Letzteren gestatten wir uns daher nur wenige Bemerkungen.

Qualitätsgrössen, z. B. chemische Stoffe, unterscheiden sich qualitativ, d. h. sie haben verschiedene Eigenart oder sie sind spezifisch verschieden. Sowie die Eigenart als ein partikuläres Quantitätsmerkmal aufgefasst wird, spielt sie keine andere Rolle wie irgend ein anderes Merkmal. Chemilogische Affinitäten, menschliche Gefühle und sonstige Qualitätsgrössen können hiernach, nachdem ein Begriff von ihnen gebildet ist, logisch ebenso behandelt werden, wie alle anderen Begriffe. Es gelten von ihnen die bereits entwickelten allgemeinen Gesetze der Quantität, der Inhärenz, der Relation und der Qualität, wobei nur, wie sich das auch von anderen Merkmalen von selbst versteht, die von dem Wesen der neuen Merkmale abhängige Bedeutung dieser Gesetze richtig erfasst werden muss.

Wenn jedoch die Qualitätsgrössen als die Grössen eines besonderen Grundgebietes, welches in der Reihe der fünf koordinirten Gebiete die vierte Stelle einnimmt; also dem chemilogischen Gebiete unter den fünf Anschauungsgebieten analog ist, angesehen werden; so erscheinen ihre Gesetze nicht als partikuläre Fälle eines allgemeineren Gesetzes, sondern als allgemeine Gesetze von eigenartigem Charakter. Unter diesem Gesichtspunkté wird die Eigenart das charakteristische Merkmal der in Rede stehenden Objekte. Eigenart aber ist die Geeignetheit oder Fähigkeit, sich mit anderen Objekten zu verschmelzen, d. h. eine Gemeinschaft des Seins zu bilden, in welcher die Eigenart jedes Sozius verschwindet, um der Eigenart des Gemeinwesens Platz zu machen. Eine solche Geeignetheit kann man auch als eine Fähigkeit zum Können auffassen und schlechthin als qualitative Eigenschaft bezeichnen. Das Verschwinden von qualitativen Eigenschaften der sich verschmelzenden Sozien ist eine Fesselung oder eine Bindung, welche der chemilogischen Bindung entspricht, und welcher in dem Erscheinen der eigenartigen Eigenschaften des Gemeinwesens eine Entfesselung oder Entbindung zur Seite steht: Bindung und Entbindung zusammen bilden eine in der Verschmelzung zu Tage tretende Verwandlung. Insofern ein Objekt die Fähigkeit sich zu verschmelzen in höherem Grade gegen dieses und in schwächerem Grade gegen jenes Objekt hat, also bei der Möglichkeit der Verbindung mit dem einen oder anderen die Auswahl zu Gunsten des ersteren trifft, trägt diese Fähigkeit den Charakter der Verwandtschaft und wir nehmen kein Bedenken, dieselbe mit dem Namen der logischen Affinität zu belegen.

Beispielsweise haben die Begriffe Husar und Ross logische Affinität, indem beide sich zu dem selbstständigen Begriffe des Reiters verschmelzen, worin sie ihre Eigenartigkeit als Mensch und als Pferd verlieren, um die eines selbstständigen Begriffes anzunehmen. Der Mann zu Ross ist nicht mehr der auf eigenen Füssen sich bewegende Mensch und das bestiegene Ross nicht mehr das freie Thier. In der Verschmelzung zum

Reiter binden sich gewisse Fähigkeiten des Menschen und des Pferdes gegenseitig, insbesondere die der individuellen Freiheit. Dafür treten eigenartige Fähigkeiten: des Gemeinwesens auf, insbesondere die der beflügelten menschlichen Thatkraft: indem der Mensch unter Aufopferung seiner eigenen Freiheit den Willen des Pferdes zwingt, gewinnt er die Schnelligkeit des Pferdes, und indem das Pferd unter Einbusse seines Willens den Mann an dessen freier Bewegung hindert, gewinnt es den in der Führung des Reiters liegenden Schutz. Wenn sich keine Eigenschaften binden und verwandeln oder wenn die sich verändernden Eigenschaften keine qualitativen, d. h. keine Fähigkeiten sind; so liegt keine echte Verschmelzung vor. Indem sich z. B. zwei Menschen mit gewissen Geld-summen bei einem Unternehmen betheiligen, stiften sie eine Vergesell-schaftung dieser Vermögensantheile, welche eine quantitative Vereinigung, aber keine qualitative Verschmelzung ist, da die beiden Geldsummen in der Vereinigung keine Fähigkeiten verlieren, um andere dafür zu gewinnen.

In einem Begriffe können irgend welche konkreten Eigenschaften eines Objektes zusammengefasst, die übrigen aber als unwesentliche Dinge bei Seite gestellt sein: die Verschmelzung kann also gewisse Eigenschaften der verschmolzenen Objekte, nicht aber die übrigen betreffen. So ver-schmilzt sich z. B. im Reiter nicht die Religion, die Nationalität, das Alter des Menschen und die Rasse, das Alter des Pferdes: derartige Eigenschaften sind in dem gegebenen Falle unwesentlich für die Affinität. Die hierzu wesentlichen Eigenschaften bilden einen Inbegriff, welcher etwa dieselbe Rolle spielt, wie bei der chemilogischen Verbindung die Valenz und das Äquivalentgewicht. Könnte ein Mensch mit dem Aufgebot derselben Eigenschaften, welche er als Reiter opfert, ein anderes Gemein-wesen stiften, z. B. der Lenker von vier Wagenpferden sein; so würde man vier Wagenpferde als ein Äquivalent für ein Reitpferd ansehen können. Die logische Äquivalenz kann daher als erste Grundeigenschaft der Qualitätsgrössen angesehen werden. Natürlich ist dieselbe für Begriffe nur eine gedachte, also nach Willkür des Denkenden zu bestimmende, insofern es sich nicht um eine faktische Verschmelzung in der Wirklichkeit handelt, bei welcher faktische Grössenwerthe maassgebend werden.

Als zweite Grundeigenschaft, analog der chemilogischen Vivazität oder Verbindungsbegierde oder Spannung, erscheint dann der bessere oder schlechtere Grad oder die Güte der Verschmelzbarkeit, welche ein Objekt gegenüber einem anderen Objekte hat. Auch diese Güte kann, wenn es sich nicht um thatsächliche Verschmelzungen handelt, nur eine gedachte sein. So sind wir eher geneigt sein, einen uniformirten Kavalleristen oder den als Soldat vorgestellten Mann mit seinem Pferde zu einem Reiter, als mit seiner Frau zu einem Ehepaare zu verschmelzen, ihm also einen höheren Grad von logischer Affinität zu dem ersteren, als zu der letzteren zuzuschreiben. Betrachten wir den Mann als soziales Wesen, wird das Umgekehrte der Fall sein: es ist also nicht der Mann an sich, welcher die Affinität zu Ross und Frau bedingt, sondern gewisse Eigenschaften desselben. Der Gegensatz von positiver Verschmelzbarkeit ist negative Verschmelzbarkeit oder Unvereinbarkeit.

Als dritte Grundeigenschaft der eigenartigen Grössen erscheint uns der Zweck, welchen man als eine Affinitätsrelation oder Richtung der

Affinität definiren kann. Der Zweck eines Objektes darf nicht mit seiner Wirkung verwechselt werden, da der Zweck des Objektes fortbesteht, auch wenn gar kein Gebrauch gemacht, das Objekt also gar nicht in Wirksamkeit gesetzt wird: der Zweck ist auch unabhängig von der Absicht oder dem Beweggrunde des etwaigen Benutzers. Der logische Zweck eines Objektes beruht lediglich auf der Geeignetheit, durch Verschmelzung mit anderen Objekten ein bestimmtes Resultat zu erreichen, also ein geeigneter Faktor zu einem Produkte von gegebener Qualität zu sein. Ein Objekt, welches diese Eigenschaft besitzt, ist ein Mittel zu dem fraglichen Zwecke; der Zweck selbst ist durch die Qualität des Produktes, dessen Faktor jenes Mittel ist, vertreten. So ist z. B. der Zweck des Schiessgewehres die Tödtung aus der Ferne; zur Hervorbringung dieses Resultates ist das Gewehr ein geeignetes Mittel, weil dasselbe den Schützen befähigt, in Verbindung mit dem Gewehre die bezeichnete Wirkung hervorzubringen.

Als vierte Grundeigenschaft der eigenartigen Grössen bietet sich die Gemeinschaft dar. Diese, der chemilogischen Ordnung der Verbindungen analoge Eigenschaft ist das generelle Merkmal der durch die logische Affinität gestifteten Verschmelzung. Für alle einfachen unverschmolzenen Objekte steht die Gemeinschaft auf der untersten Stufe oder hat den Nullgrad. Alle aus der Verschmelzung einfacher Objekte hervorgehenden Verbindungen, in welchen also die Selbstständigkeit der einfachen Objekte aufgehoben und ihre Verschmelzungsfähigkeit Befriedigung erlangt hat, nehmen die Qualitätsordnung vom ersten Grade ein und entsprechen den chemilogischen Verbindungen der Elementarstoffe. Die verschiedenen Verschmelzungen derselben Ordnung nehmen unter dem Gesichtspunkte der Ordnung oder als Qualitätsgrössen mit befriedigter Grundverbindungsfähigkeit einunddenselben Rang ein, d. h. sie bilden Individuen einer Gattung oder die möglichen Fälle dieses Gattungsbegriffes. Gleichwohl unterscheiden sich dieselben durch eigenartige Eigenschaften: allein die Eigenart derselben und ihre Affinität nimmt eine höhere Rangstufe ein, als die der einfachen unverschmolzenen Objekte. Vermöge dieser höheren Affinität stiften die Objekte erster Ordnung Qualitätsgrössen zweiter Ordnung und diese wieder Qualitätsgrössen dritter Ordnung, wobei immer die Angehörigen der einen Ordnung zu den Angehörigen der nächst höheren Ordnung in dem weiter oben erörterten Verhältnisse der Zustände zu einem Individuum oder der Individuen zu einer Gattung oder der Gattung zu einer Gesammtheit stehen.

Die fünfte Grundeigenschaft der Qualitätsobjekte besteht in der Verbindungsweise oder in dem Charakter der Gemeinschaft.

§. 493.

Modalität.

Das fünfte Kategorem nennen wir Modalität. Wir verstehen darunter den Modus oder die Weise des Seins oder die gesetzliche Form des Seins, resp. der Erkenntniss. Die zu einer einheitlichen Erkenntniss, zu einem logischen Ganzen, zu einem System zusammengefasste Mannichfaltigkeit von Vorstellungen stellt ein Gesetz dar und die Modalität bezeichnet den gesetzlichen oder systematischen Zusammenhang der logischen Bestandtheile einer Erkenntniss, also die zwischen den Elementen eines Systems bestehende Abhängigkeit.

Die grammatische Form, in welcher sich die Modalität ausprägt, ist der Satz. Die arithmetische Analogie der Modalität ist die Funktion $y = F(x)$ oder das Abhängigkeitsgesetz zwischen Grössen wie x und y; die geometrische Analogie ist die Form oder Figur; die mechanische Analogie ist das System von Kräften.

Wenn wir bei der geometrischen Analogie stehen bleiben; so beruht das Grundwesen der Form auf der Krümmung oder Biegung einer geraden oder einförmigen Grösse: da jedoch jede Grösse alle fünf Grundeigenschaften besitzt; so leuchtet ein, dass man die Theile einer durch Biegung entstandenen Figur auch nach ihrer Grösse, nach ihrem Orte, nach ihrer Richtung auffassen, also das Formgesetz bald als eine Variabilität der Kurvenlänge, d. h. des Inbegriffes der nach Länge und absoluter Richtung aufgefassten Kurvenelemente oder als ein Gesetz der Reihenfolge oder Verbindung von variabelen Gliedern, bald als ein Gesetz der Abweichung eines beschreibenden Punktes von der Grundaxe während eines gleichförmigen Fortschritts oder als ein Gesetz der Längenveränderung einer parallel fortrückenden Ordinate, bald als ein Gesetz der Drehung der Kurvenelemente um ihre Endpunkte oder ihrer Neigung gegeneinander oder als eine Variabilität der Richtung auffassen kann. Das Nämliche gilt auch von der logischen Modalität. Der Fortschritt in einer geraden Linie von bestimmter Richtung entspricht im Allgemeinen einer bestimmten einförmigen Thätigkeit, der Fortschritt in einer krummen oder gebrochenen Linie einer modifizirten Thätigkeit, die Krümmung selbst einer Modifikation. Die Kurve, als das unter dem Modalitätsgesetze stehende System von Erkenntnissen kann aber bald als ein Inbegriff verschiedener Thätigkeiten und, allgemeiner, als eine Kombination von Begriffen, bald als eine Reihenfolge von Veränderungen, welche aus der Veränderung eines unabhängig veränderlichen Begriffes entspringen, bald als ein System von Relationen oder von Wirkungen einer variabelen Kausalität, d. h. als ein Kausalzusammenhang aufgefasst werden.

Der wahre Charakter eines gesetzlichen Zusammenhanges ist immer die zwischen den Bestandtheilen bestehende Abhängigkeit oder Bedingtheit oder die Konditionalität. Demzufolge ist die fünfte Metabolie das Bedingen oder, wenn man die Herstellung des Resultates ins Auge fasst, das Bilden, Entwickeln nach Bedingungen.

Beispielsweise spricht sich in dem Satze, „jeder Mensch hat eine endliche, durch seine Individualität bestimmte Lebensdauer" ein Gesetz der Abhängigkeit zwischen dem Wesen des Menschen und seiner Lebensdauer aus.

Wenn wir unter y die Lebensdauer irgend eines Menschen und unter x das Attribut desselben, d. h. diejenige attributive Eigenschaft verstehen, welche diesen Menschen in der Gattung der Menschheit von allen anderen unterscheidet oder welches ihm seinen logischen Ort in dieser Gattung anweis't, ein Attribut, das in der Regel durch den Eigennamen dieses Menschen vertreten wird; so entspricht der vorstehende Satz der Formel

$y = F(x)$, worin die Funktion F das Gesetz bezeichnet, vermöge dessen die Lebensdauer y von dem Attribute x abhängig ist, oder das Bildungsgesetz der Lebensdauer y. Der geometrische Repräsentant dieses Gesetzes ist die Kurve PB (Fig. 1097), deren Abszisse $OA = x$, deren Ordinate $AB = y$ und deren Gleichung $y = F(x)$ ist. Jenes Gesetz ist ein allgemeines, für jeden beliebigen Menschen gültiges, gleichwie die letztere Gleichung für jede beliebige Abszisse x und Ordinate y gilt. Für den speziellen Menschen Archimedes nehmen die allgemeinen Symbole x und y spezielle Werthe a und b an, wofür man $b = F(a)$ hat. Der mathematischen Substitution des Werthes a für x in jener Gleichung entspricht die logische Folgerung, welche die Anwendung des allgemeinen Gesetzes auf einen konkreten Fall ausdrückt.

Indem man in dem letzteren Beispiele nachundnach für x den Menschen a, dann den Menschen a_1, dann den Menschen a_2 u. s. w. an die Stelle setzt, um daraus die Erkenntniss abzuleiten, dass nicht bloss a, sondern auch a_1, a_2 u. s. w. sterblich sind, begeht man die logische Operation, welche der mathematischen Variation der Funktion $F(x)$ entspricht; man variirt die Bedingung x, von welcher ein Begriff $F(x)$ vermöge der Modalität F abhängig ist. Die Variation einer einförmig veränderlichen Grösse x bedeutet logisch die Verallgemeinerung des bedingenden Attributes x.

In mancher Hinsicht wichtiger ist die Analogie zwischen der mathematischen und der logischen Operation, welche sich ergiebt, wenn man die Funktion nicht als ein bereits fertig gebildetes Gesetz in der Form $F(x)$, sondern in ihrer Entstehung nach dem Integrationsgesetze als eine sukzessiv mit der Variation von x wachsende Summe $\int f(x).\partial x$ auffasst, deren einzelne Bestandtheile $f(x).\partial x = \partial y$ sich als Glieder eines Formganzen aneinanderreihen. Das mathematische Aufeinanderfolgen der sukzessiven Glieder (welche bei einem stetigen Integrale unendlich klein $= \partial y$, bei einem diskreten Integrale aber endlich $= \triangle y$ sind), entspricht der logischen Entwicklung einer Reihe zusammenhängender, voneinander abhängigen Vorstellungen. Die Differentiale ∂x und ∂y (oder bei unstetigen Gesetzen die Inkremente $\triangle x$ und $\triangle y$) vertreten die Veränderungen der Objekte x und y; das Abhängigkeitsgesetz erscheint also in der Differentialgleichung $\partial y = f(x).\partial x$ als das Gesetz, kraft dessen die Veränderung von x eine bestimmte Veränderung von y bedingt. Das Integral $y = \int f(x).\partial x$ liefert den Inbegriff jener Veränderungen und dadurch das Objekt y in seiner Abhängigkeit von x.

Man kann y oder das durch x bedingte Objekt als das Modalitätssubjekt, x dagegen als die Modalitätsbedingung bezeichnen.

Wenn man anstatt des orthogonalen Koordinatensystems ein Polarkoordinatensystem zu Grunde legt, vertritt in der Formel $r = F(\varphi)$ das Modalitätssubjekt r den Vektor OB und φ den Winkel XOB, während in der Formel $\partial r = f(\varphi).\partial \varphi$ das Differential ∂r die Längenveränderung jenes Vektors darstellt, welche der Winkelveränderung $\partial \varphi$ entspricht. Nach Quantität und Richtung aufgefasst, ist die Längenveränderung des Vektors gleich $\partial r . e^{\varphi \sqrt{-1}} = e^{\varphi \sqrt{-1}} f(\varphi) \partial \varphi$, mithin der nach Quantität und Richtung aufgefasste Vektor (r), als Inbegriff aller dieser Änderungen

$(r) = r_0 + \int_{\varphi_0}^{\varphi} e^{\varphi \sqrt{-1}} f(\varphi)\, \partial\,\varphi.$ Diese Formeln würden einer logischen Modalität angehören, welche ausdrückt, wie sich das Gesammtresultat (r) einer variabelen Quantität, oder schlechthin, wie sich eine Quantität, ein Begriff (r) ändert, während die Relation φ dieses Begriffes gegen das absolute Sein OX die Änderung $\partial\varphi$ erleidet. Die Relation φ bezieht sich nicht auf irgend ein Stück der durch die Kurve PB repräsentirten Thätigkeit selbst, sondern auf das Resultat OB derselben; die Polar-koordinaten φ und r sind daher, ebenso wie die orthogonalen Koordinaten x und y, Begriffe, welche aus dem Effekte der durch die Kurve dar-gestellten Thätigkeit abzuleiten sind, welche also diese Thätigkeit nicht unmittelbar darstellen.

Das eigentliche Krümmungs- oder Biegungsgesetz findet seinen Aus-druck durch das natürliche Koordinatensystem, welches wir in §. 19 des Situationskalkuls entwickelt haben. Dasselbe stellt unmittelbar die Fort-schritts- und Drehungsbewegung eines Punktes dar, welcher die Kurve durchläuft, oder auch die Form, welche eine flexibele gerade Linie bei der Biegung annimmt. Denkt man sich diese Linie in Abschnitte von unendlich geringer, aber beliebig verschiedener Länge ∂s zerlegt und jeden späteren Abschnitt um seinen Anfangspunkt, welcher zugleich der Endpunkt des vorhergehenden Abschnittes ist, um einen unendlich kleinen Winkel $\partial\psi$ geknickt; so biegt sich die gerade Linie in die Form einer Kurve, für welche s die Kurvenlänge PB, ∂s das Kurvenelement BD, ψ der Neigungswinkel der Tangente gegen die Grundaxe, $\partial\psi$ der Kontingenzwinkel zwischen zwei benachbarten Tangenten ist, während der Differentialkoeffizient*)

$$\frac{\partial s}{\partial \psi} = f(\psi) = R$$

den Krümmungshalbmesser der Kurve in dem Endpunkte von s darstellt. Das Abhängigkeitsgesetz erhält hierdurch eine sehr anschauliche Bedeutung, welche darin besteht, dass zwischen der Veränderung der Kurvenlänge und der Veränderung der Tangentialrichtung ein Verhältniss besteht, welches dem Krümmungshalbmesser gleich ist. Nimmt man die Tangential-richtung ψ zur unabhängigen Variabelen; so ist das Kurvenelement als Funktion von ψ

$$\partial s = f(\psi).\partial\psi = R\,\partial\psi$$

Nimmt man, umgekehrt, die Kurvenlänge s zur unabhängigen Variabelen; so ist die Tangentialrichtung als Funktion von s

$$\partial\psi = f_1(s).\partial s = \frac{1}{R}\partial s$$

Da der Richtungskoeffizient des Kurvenelementes ∂s den Werth $e^{\psi \sqrt{-1}}$

---

*) In Deutschland wird diese Grösse von einigen Schriftstellern Differentialquotient, von anderen Differentialverhältniss genannt, was sich auf die Formel $\dfrac{\partial s}{\partial \psi} = k$ stützt; in Frankreich und England heisst sie Differentialkoeffizient, was sich auf die Formel $\partial s = k\,\partial \psi$ gründet. Ich habe in meinen Schriften in der Regel den letzteren Ausdruck gebraucht.

hat; so ist dieses Element, nach Länge und Richtung dargestellt, gleich $\partial s \cdot e^{\psi \sqrt{-1}}$ und mithin der Vektor $r = OB$ des Kurvenbogens s oder der Weg nach dem Endpunkte der nach Länge, Richtung und Ort aneinandergereiheten Kurvenelemente

$$(r) = (r_0) + (s) = (r_0) + \int_{\psi_0}^{\psi} \partial s\, e^{\psi \sqrt{-1}}$$

während die Länge dieses Kurvenbogens

$$s = \int_0^s \partial s = \int_{\psi_0}^{\psi} f(\psi)\, \partial \psi = F(\psi)$$

ist.

Dieser geometrischen Anschauung entspricht die logische Modalität einer gesetzlich variabelen effizirenden Thätigkeit s, deren Quantität oder Stärke während einer unendlich kleinen Kausalitätsänderung $\partial \psi$ die unendlich kleine Änderung ∂s erleidet. Die Grösse ψ ist die Kausalität der Thätigkeit s in demjenigen Stadium B, wo ihre Gesammtquantität den Werth $s = AB$ erreicht hat. Diese Kausalität bezieht sich auf ein Subjekt, dessen Sein in der Grundaxe OX liegt oder auf eine Partikularität des in der Axe OX liegenden Grundsubjektes, eines Subjektes, welches nicht nothwendig ein absolutes Sein oder ein Individuum, wie etwa ein Mensch zu sein braucht, sondern auch irgend ein Thätigsein oder eine Grundthätigkeit sein kann, von welcher die momentane Thätigkeit ∂s als eine Wirkung erscheint. So kann z. B. OX die Wärme und $\partial s = BD$ eine Wirkung der Wärme, z. B. eine Ausdehnung sein. Indem der Winkel ψ immer unmittelbar von der Richtung der Grundaxe OX aus gemessen wird, erscheint die Thätigkeit $s = ABD$ als der Inbegriff aller unmittelbaren Wirkungen des Subjektes OX. Setzt man jedoch den Winkel ψ aus Theilen zusammen, sodass jeder folgende Theil sich auf den vorhergehenden bezieht, so erscheint die Thätigkeit s als der Inbegriff von mittelbaren Wirkungen des Subjektes OX, indem dann jede Wirkung wie ∂s die nächstfolgende Wirkung vermöge der Kausalitätsänderung $\partial \psi$ hervorbringt. Diese Auffassung liefert das Abhängigkeitsgesetz in Gestalt des Kausalzusammenhanges.

In der Regel wird es sich nicht um eine stetig variabele, sondern um eine in diskreten Sprüngen sich ändernde Thätigkeit handeln, welche geometrisch durch ein Polygon und arithmetisch durch die endliche Summe der Inkremente $\triangle s$ vertreten ist, indem man $\triangle s = f(\psi) \cdot \triangle \psi$ hat. Ein Beispiel hierzu ist, wenn alle Thätigkeiten als unmittelbare Wirkungen eines Subjektes aufgefasst werden, der Fall, wo ein Mensch erst eine gewisse Zeit lang Eisen behämmert, darauf Messingplatten befeilt und endlich Bretter behobelt. Wenn jede folgende Thätigkeit als eine Wirkung der vorhergehenden aufgefasst wird, ergiebt sich der Kausalzusammenhang: Heinrich schlägt den Hund Caro, dieser beisst in Folge dessen jenes Schaf, welches hierdurch veranlasst wird, über jenen Graben zu springen und durch diesen Sprung jene Karré umzuwerfen.

Eine diskrete Thätigkeit, gleichwie ein Polygon und eine Summe endlicher Theile ist das Beispiel eines konstanten Gesetzes, insofern man dabei nur die den Ecken des Polygons entsprechenden plötzlichen Änderungen ins Auge fasst (was nicht nothwendig zu geschehen braucht, da man auch den stetigen Fortschritt durch den polygonalen Weg betrachten kann). Das eigentliche Gesetz setzt stetige Variabilität, also eine Abhängigkeit voraus, welche auf einer stetig variabelen Bedingungsgrösse ψ beruht, der man jeden beliebigen (zwischen gewissen Grenzen liegenden) Werth beilegen kann, um auf Grund des gegebenen Gesetzes den zugehörigen Werth der abhängigen Grösse $s = F(\psi)$ und auch das Verhältniss der im Stadium jenes Werthes stattfindenden Änderungen ∂s und $\partial \psi$ mittelst der gesetzlichen Beziehung $\partial s = f(\psi)\,\partial\psi$ zu erkennen. In diesen Gesetzen spielt ψ im mathematischen Sinne die Rolle der unabhängigen Variabelen, im logischen Sinne die des unabhängigen Bedingungsobjektes, des sich selbst Bedingenden, und zwar wird hier, für natürliche Koordinaten, das Unabhängige ψ als eine Kausalität, das Abhängige s dagegen als die von dieser Kausalität bewirkte Thätigkeit gedacht. Die verschwindend kleine Änderung $\partial\psi$ der Unabhängigen ψ bedingt die verschwindend kleine Änderung ∂s der Abhängigen s. Den Werth des Differentialkoeffizienten $\dfrac{\partial s}{\partial \psi}$ nennen wir den Beharrungsdrang, die Beharrungstendenz oder das Beharrungsvermögen der Thätigkeit s im Stadium s oder ψ. Dieser Beharrungsdrang hat zugleich den Werth des geometrischen Krümmungshalbmessers $MB = R$; wir nennen daher den Krümmungsmittelpunkt M der Kurve PBD im Punkte B den Beweggrund zur Änderung der Thätigkeit s oder den Bestimmungsgrund der Thätigkeit s. Der Krümmungshalbmesser oder die Entfernung jenes Mittelpunktes von dem Punkte B repräsentirt eine dem Beharrungsdrange quantitativ gleiche, aber zu der Thätigkeit s neutrale (auf der Kurve bei B normal stehende) Tendenz, während der Beharrungsdrang als eine im Sinne der Thätigkeit s selbst (oder tangential zur Kurve) wirkende Thätigkeit anzusehen ist. Die in der Richtung des Krümmungshalbmessers wirkende Tendenz ist der Ablenkungsdrang (entsprechend der mechanischen Zentrifugalkraft); er ist umso schwächer, je stärker der Beharrungsdrang R ist und hat den umgekehrten Werth $\dfrac{\partial \psi}{\partial s} = \dfrac{1}{R}$ des Letzteren. Dieser Ablenkungsdrang erscheint als der Differentialkoeffizient, sobald die effizirende Thätigkeit s als das Unabhängige und die Kausalität ψ als das Abhängige angesehen wird und repräsentirt den Zuwachs, welchen die Kausalität bei gleichmässig fortschreitender Thätigkeit erleidet.

Der Krümmungsmittelpunkt ist der Punkt, um welchen sich momentan die gerade Linie biegt, um die Form der Kurve ABD anzunehmen. Legt man durch jenen Punkt eine auf der Koordinatenebene normal stehende Axe; so kann man auch annehmen, die Biegung erfolge um diese Axe. Fiele eine Axe, um welche eine in der Koordinatenebene liegende Linie gebogen oder gedreht werden soll, in diese Ebene selbst, z. B. in die Grundaxe OX; so verwandelt sich diese Drehung in die in §. 490 betrachtete sekundäre Kausalität, welche wir dort den Grund der Kausalität genannt haben.

Wenn das Modalitätsgesetz durch die zwischen den Individuen y und deren Attributen x bestehende Abhängigkeit, also geometrisch mittelst orthogonaler Koordinaten gegeben ist; so hat diese Bestimmung, welche nicht die natürliche ist, da sie nicht die Thätigkeiten (Kurventheile) selbst, sondern gewisse durch diese Thätigkeiten erzeugte Effekte (Koordinaten) darstellt, zur Folge, dass der Beharrungs- und der Ablenkungsdrang nicht so einfach wie bei natürlichen Koordinaten aus dem Differentialkoeffizienten $\frac{\partial y}{\partial x}$ bestimmt werden kann. Soviel leuchtet sofort ein, dass wenn dieser Differentialkoeffizient konstant ist, wenn also zwischen der Veränderung des Individuums y und seines Attributes x ein konstantes Verhältniss besteht, der Ablenkungsdrang null oder der Beharrungsdrang unendlich ist. Allgemein, bestimmt sich mathematisch und logisch der Krümmungshalbmesser R nach der bekannten Formel

$$R = \frac{\left[1 + \left(\frac{\partial y}{\partial x}\right)^2\right]^{\frac{3}{2}}}{\frac{\partial^2 y}{\partial x^2}} = \frac{(1 + y'^2)^{\frac{3}{2}}}{\frac{\partial y'}{\partial x}}$$

Wenn man jetzt aber den Beharrungsdrang nicht auf die eigentliche Thätigkeit s, sondern auf das Sein des Individuums y bezieht und an die Stelle des Ablenkungsdranges den Veränderungsdrang dieses Individuums setzt; so gewinnt der Differentialkoeffizient $\frac{\partial y}{\partial x}$ die Bedeutung des letzteren Begriffes und sein umgekehrter Werth die des Beharrungsdranges.

Bei der bisherigen Darstellung mittelst natürlicher Koordinaten s, ψ denken wir den abhängigen Begriff s als einen Inbegriff von Wirkungen des Grundsubjektes OX, welches im Stadium B die Kausalität ψ ausübt, also in diesem Stadium die elementare Wirkung $\partial s e^{\psi \sqrt{-1}}$ hervorbringt, die durch das obige Integral zu dem Inbegriffe $(s) = (r) - (r_0)$ zusammengefasst ist. Wenn man will, kann man unter dem Subjekte OX, welches die Ursache jener Wirkungen bildet, und unter den Wirkungen dieses Subjektes effizirende Thätigkeiten verstehen. Es ist wichtig, dass die natürlichen Koordinaten auch geeignet sind, den Kausalzusammenhang zwischen kausalen Thätigkeiten darzustellen. Fasst man nämlich den Krümmungshalbmesser $R = MB$ als die Ursache einer Kausalität auf, welche durch den Winkel $BMD = \partial \psi$ dargestellt wird und die Wirkung MD hervorbringt; so ist das Kurvenelement seiner Länge $BD = \partial s = R \partial \psi$. Dasselbe stellt zugleich die Quantität der kausalen Thätigkeit der Ursache R dar. Nach Quantität und Richtung ist diese Thätigkeit $\partial s e^{\psi \sqrt{-1}} = R e^{\psi \sqrt{-1}} \partial \psi = f(\psi) e^{\psi \sqrt{-1}} \partial \psi$. Der Inbegriff aller dieser Thätigkeiten hat also den obigen Werth des Integrals von $\partial s e^{\psi \sqrt{-1}}$. Die Formeln stellen aber jetzt ein Abhängigkeitsgesetz zwischen Kausalitäten dar, während dieselben vorhin ein Gesetz zwischen Wirkungen ausdrückten.

Alle vorstehenden Begriffe und mathematischen Analogien sind leicht verständlich, als etwas Wesentliches möchten wir jedoch noch besonders hervorheben, dass wenngleich ein Abhängigkeitsgesetz in unendlich viele

Relationen oder Wirkungen (eine Form in unendlich viel Richtungen, eine Biegung in unendlich viel Drehungen) aufgelös't werden kann, Abhängigkeit doch etwas ganz Anderes ist, als Wirkung (Konditionalität etwas Anderes als Kausalität), dass sie insbesondere eine völlig selbstständige Grundeigenschaft der Dinge, ein Kategorem ist. Schon die Unendlichkeit der Zahl der Richtungen oder Drehungen, welche sich zu einer Krümmung, resp. Biegung zusammensetzen, schliesst die Gleichartigkeit aus: mit demselben Rechte könnte die Krümmung auch ein Aggregat von Gliedern, also ein Additionsresultat genannt werden. Sie ist weder ein endliches Additions- oder Fortschrittsresultat, noch ein endliches Multiplikations- oder Drehungsresultat, sondern das endliche Resultat der fünften Metabolie, nämlich der gesetzlichen Bedingung. Zur Erläuterung vergegenwärtigen wir uns die effizirende Thätigkeit s eines Menschen. Die momentane Kausalität ψ ist durch den stattfindenden Thätigkeit, z. B. durch schreiben ausgedrückt, und entspricht geometrisch dem Winkel FBD, welchen die Tangente BD der Kurve $PB = s$ gegen die Abszissenrichtung BF bildet (Fig. 1098). Die Wirkung dieser Kausalität ist ein in der Richtung BD gemessenes Linienstück, dessen Länge der Quantität der schreibenden Ursache proportional ist. Je länger die Kausalität des Schreibens dauert, desto mehr wachsen die Wirkungen derselben längs BD an. Diese Wirkungen sind das Geschriebene, welches durch die Zahl der geschriebenen Buchstaben DG, $D'G'$, $D''G''$ u. s. w. gemessen werden kann. Diese Relation zwischen der Ursache und der Wirkung des Schreibens im Stadium B, hat nun nicht das mindeste mit dem Modalitätsgesetze zu thun, welches darin besteht, dass im Stadium B der Thätigkeit s oder nachdem die effizirende Thätigkeit die Quantität $PB = s$ erreicht hat, eben das Schreiben stattfindet (dass gerade dann die Kausalität des Schreibens herrscht), oder dass die effizirende Schreibthätigkeit ohne Änderung so lange anhält, wie der Effekt BD erfordert, und dass alsdann eine bestimmte andere Thätigkeit eintritt, dass also die Kausalität sich in einer bestimmten Weise ändert. In der letzteren Beziehung aber beruht die Abhängigkeit, resp. die Bedingung, welche sich deutlich von der Wirkung, resp. Kausalität unterscheidet. Die Modalität stellt, wie die Funktion $f(x)$, das Wesen eines Objektes y als ein durch das Abhängigkeitsgesetz verknüpftes System dar.

Wenn die Erde in ihrem jährlichen Laufe um die Sonne einen gewissen Punkt überschreitet, beginnt in der nördlichen Hemisphäre der Frühling, die Wärme nimmt zu, die Pflanzen beginnen zu treiben, dann zu blühen u. s. w. Das Treiben der Pflanzen hängt also vom Laufe der Erde ab, ist dadurch bedingt, wird aber keineswegs dadurch bewirkt oder verursacht. Dieses Treiben ist nicht die auf Kausalität basirte Wirkung des Laufes der Erde, sondern sie ist die Wirkung der Wärme. Die Wärmemenge, welche die Sonne auf die Erde sendet, hängt allerdings vom Stande der Erde ab, ihre Menge also und ihr Zutritt zur nördlichen Hemisphäre wird durch den Lauf der Erde bedingt oder beeinflusst; die Wärme erhält aber nicht hierdurch ihre treibende Kraft, es wird vielmehr der Sonnenwärme durch den Stand der Erde nur die Gelegenheit gegeben, die ihr innewohnende Kraft auf das Treiben der Pflanzen zu verwenden.

Demgemäss ist die Ursache dieses Treibens die Wärme, die Bedingung desselben aber der Stand der Erde. Indem sich der Stand der Erde ändert, ändert sich durchaus nicht die Kausalität, welche das Treiben bewirkt, nämlich die Erwärmung; es ändert sich vielmehr die Quantität der erwärmenden Ursache, oder es modifizirt sich die wirkende Ursache und eben in dieser Modifikation, welche durch den Lauf der Sonne bedingt ist, liegt das Abhängigkeitsgesetz zwischen dem Treiben der Pflanzen und dem Laufe der Sonne.

Der Grundcharakter der Bedingung ist die Beeinflussung der Umstände, die Erfüllung von Voraussetzungen, unter welchen eine Thätigkeit geschehen kann, die Beugung unter eine gewisse Ordnung der Dinge, in welcher gegebene Kräfte im Stande sind, ihre Wirkungen mit mehr oder weniger Freiheit oder in einer gewissen Weise zu vollbringen.

Wie schon erwähnt, ist Variabilität oder Wählbarkeit die Grundlage der logischen, sowie der mathematischen Modalität oder der gesetzlichen Form. Die unabhängige Variabilität entspricht der willkürlichen, beliebigen Bewegung in einer Linie, z. B. in der Abszissenaxe OX oder in der Kurve PB oder in einem Kreisbogen; es kann also, je nach den Voraussetzungen, die Abszisse x oder die Kurvenlänge s oder die Winkelgrösse ψ eine unabhängig Variabele, d. h. logisch, es kann ein Attribut x oder eine effizirende Thätigkeit s oder eine Kausalität ψ der unabhängig veränderliche oder der unabhängig bedingende Begriff sein. Soll indessen die Auffassung mit einem in der Wirklichkeit gegebenen Gesetze übereinstimmen; so kann man nicht mehr, ohne die Wahrheit zu verletzen, den unabhängig bedingenden Begriff nach Willkür annehmen: derselbe ist dann gewöhnlich durch die Natur der Sache gegeben oder doch an gewisse Anforderungen gebunden. Beispielsweise steht es uns frei, das physikalische Abhängigkeitsgesetz zwischen Erwärmung und Ausdehnung einer bestimmten Menge Quecksilber in der Weise aufzufassen, dass wir die Wärme (das Warmsein) als das unabhängig veränderliche Attribut x der davon abhängigen Länge y der Quecksilbersäule ansehen. Diess giebt vielleicht das Gesetz $y = a + bx$, welches eine schräge gerade Linie darstellt, deren Abszissen x und deren Ordinaten y sind. Wenn man die Erwärmung als unabhängige Variabele beibehält, aber die effizirende Thätigkeit s, welche die Wärme bewirkt, zu erkennen beabsichtigt, handelt es sich nicht mehr um das Attribut des Warmseins, sondern um die Kausalität der Erwärmung; die unabhängig Variabele übernimmt also die Rolle des Drehungsbogens ψ und man erhält das Gesetz $\dfrac{\partial s}{\partial \psi} = \infty$ oder $\dfrac{\partial \psi}{\partial s} = 0$, welches lehrt, dass es ein Widerspruch war, die als konstant vorausgesetzte Kausalität der Erwärmung als unabhängige Variabele anzunehmen, dass mithin s zwar variabel, aber nicht von ψ abhängig, sondern nur unabhängig variabel sein kann. In der That, hat ja die konstante Ursache der Erwärmung nur Ausdehnung zur Folge und die Quantität dieser Ausdehnung hängt nicht von der Kausalität der Erwärmung, sondern von der Quantität oder der Dauer der erwärmenden Ursache ab, welche nicht durch den Winkel ψ, sondern durch die Länge seines unteren Schenkels bedingt ist. Da jetzt s unabhängig variabel und ψ konstant ist, wird nach der obigen Formel

$$r = r_0 + \int_0^s \partial s\, e^{\psi \sqrt{-1}} = r_0 + s\, e^{\psi \sqrt{-1}}$$

d. h. die Ausdehnung s des Quecksilbers wächst bei andauernder Erwärmung oder fortgesetzter Wärmezufuhr stetig wie die Länge einer geraden Linie, welche sich unter dem Winkel ψ gegen die Abszissenaxe neigt.

Ganz abweichend von den beiden vorstehenden Gesetzen ist nun aber das Gesetz der Ausdehnung, welches eine gegebene Quecksilbersäule durch Erwärmung faktisch erleidet. Jetzt erscheint die Wärme, mag man sie als Attribut x oder als Kausalität ψ auffassen, nicht mehr als die faktische unabhängig Variabele, sondern als eine von anderen Thatsachen, welche wir Wetter nennen wollen, abhängige Variabele. Wird das faktisch Bedingende, das Wetter, mit w bezeichnet; so ist schon x eine gesetzliche Funktion von w, welche arithmetisch durch $x = \varphi(w)$ und geometrisch durch die Kurve OX vertreten sein kann, wenn OW die Abszissenaxe der w darstellt und die Ordinaten $WX = x$ sind (Fig. 1099). Indem jetzt die Linien $XB = y$ irgend einer gemeinschaftlichen Richtung parallel genommen und nach der Funktion

$$y = a + bx = a + b\varphi(w)$$

berechnet werden, erscheint die Kurve OB als der Vertreter des faktischen Gesetzes, welches zwischen der Länge y jener Quecksilbersäule und dem nach der Sukzession der Zeit gemessenen Wetter w besteht.

Wenn man will, kann man dieses faktische Gesetz auch als eine Bewegung in der vorhin beschriebenen geraden Linie ansehen, insofern die in der Abszissenaxe gemessene Abszisse x nicht im unabhängigen Fortschreiten, sondern in einem durch das Gesetz $x = \varphi(w)$ bedingten bald mehr, bald weniger beschleunigten Hinundhergange aufgefasst wird, was zur Folge hat, dass die schräge gerade Linie, welche der Ausdehnung der Quecksilbersäule entspricht, ebenfalls in derartigen Hinundhergängen durchlaufen wird.

Zur Erläuterung der Modalität mögen noch einige Beispiele dienen. Man kann das Wesen einer Pflanze durch folgendes System von Bedingungen darstellen.

Wenn das Samenkorn in feuchte Erde gebettet und erwärmt wird, so keimt es; wenn die Erde gewisse Stoffe enthält, werden dieselben von dem keimenden Körper aufgesogen und assimilirt; in Folge dessen wächst er und erhebt sich endlich über der Erde; wenn die Pflanze alsdann dem Lichte ausgesetzt wird, gewinnt sie Farbe und unter gewissen, vom Klima, von der Jahreszeit und von der Tageszeit abhängigen Einflüssen treibt sie Blätter, Zweige, Blüthen, Früchte u. s. w. In diesen und ähnlichen Abhängigkeiten oder Bedingungen spricht sich mehr oder weniger vollkommen das Wesen der Pflanze aus; d. h. diese Sätze sind ein mehr oder weniger getreuer oder vollständiger Ausdruck des Vegetationsgesetzes. Der geometrische Repräsentant dieses Gesetzes ist die Figur $ABCDE$ (Fig. 1100), indem dieselbe durch die Beziehung ihrer Seiten zueinander den logischen Relationen entspricht, welche die in Abhängigkeit stehenden Elemente der Vorstellung untereinander verbinden.

Diese Beziehungen sind im vorstehenden Beispiele in der dem Modalitätsgesetze spezifisch zukommenden Konditionalform, als Bedingungen, entsprechend der geometrischen Biegung einer Linie $ABCDE$ in den Punkten B, C, D ausgedrückt. Wollte man diese Bedingungen als Kausalzusammenhang der einzelnen Elemente, entsprechend den Drehungen der einzelnen Seiten der Figur $ABCDE$ um ihre Anfangspunkte erscheinen lassen; so würde das Vegetationsgesetz etwa folgendermaassen lauten. In Folge der Einbettung in feuchte Erde und der Erwärmung keimt das Samenkorn. Die in der Erde enthaltenen Stoffe bewirken die Aufsaugung durch den keimenden Körper und sind die Ursache seines Wachsthums und seiner endlichen Erhebung über der Erde u. s. w.

Die Modalität kann auch unmittelbar durch Prädikation, d. h. durch die Assoziation von Eigenschaften ausgedrückt werden, was geometrisch dem Falle entspricht, dass die Figur $ABCDE$ durch die Anreihung der Seiten AB, BC, CD, DE dargestellt wird. Alsdann erscheint das Modalitätsgesetz in der Form der Beschreibung oder Schilderung. Das vorstehende Beispiel würde hierdurch etwa folgende Form annehmen. Das in feuchter Erde gebettete und erwärmte Samenkorn keimt; der keimende Körper saugt aus der Erde gewisse darin enthaltene Stoffe und assimilirt dieselben; Diess verleiht ihm Wachsthum und er erhebt sich endlich über der Erde; die dem Lichte ausgesetzte Pflanze gewinnt Farbe u. s. w.

Obgleich in der letzteren Form die Abhängigkeit zwischen den einzelnen Gliedern nicht ausdrücklich hervorgehoben, also überhaupt logisch nicht unmittelbar der Erkenntniss vorgeführt ist; so liegt dieselbe doch verdeckt in den einzelnen Sätzen und kann daraus gefolgert werden, gerade wie geometrisch aus der Zusammensetzung von Seiten zu einem Polygone auf die Neigungswinkel zwischen diesen Seiten geschlossen werden kann.

Das eigentliche Abhängigkeitsgesetz, welches das Wesen des Objektes (die Figur $ABCDE$ oder die Funktion f) ausmacht, ist von der Darstellungsweise ganz unabhängig. Die spezifisch im Modalitätsprinzipe liegende, der geometrischen Biegung oder Krümmung und der arithmetischen Variabilität einer Funktion entsprechende Form ist immer die Konditionalität. Sprachlich geschieht der Ausdruck in dieser Form vermittelst der Partikel wenn, sonst aber durch jede Konditionalform.

Der Vektor AE vertritt geometrisch den Inbegriff oder die Summe der Seiten der Figur $ABCDE$; derselbe entspricht arithmetisch dem Numerationswerthe der Funktion und logisch der Quantität des durch ein Modalitätsgesetz dargestellten Objektes, z. B. im vorstehenden Beispiele der logischen Quantität der durch das Vegetationsgesetz bedingten Pflanze.

Dass die Modalität eine ganz selbstständige Grundeigenschaft der Erkenntnisse, ein Kategorem ist, leuchtet sofort ein, wenn man erwägt, dass das einem bestimmten Modalitätsgesetze entsprechende Objekt in den anderen vier Kategoremen ganz beliebige Werthe annehmen und dass, umgekehrt, ein Objekt, welches in jenen vier Kategoremen ganz bestimmte Werthe besitzt, einem ganz beliebigen Modalitätsgesetze entsprechen kann.

Indem man das Modalitätsgesetz (also die Form der Figur $ABCDE$) ungeändert beibehält, kann man gleichwohl durch Weiterentwicklung dieses Gesetzes zunächst)die logische Quantität AE verändern, was so viel bedeutet, als dass man auf diesem Wege verschiedene Pflanzen definiren kann. Alsdann kann man die Eigenschaften des fraglichen Objektes beliebig ändern oder der durch jenes Gesetz definirten Pflanze beliebige Attribute ertheilen. Indem wir z. B. der Pflanze das durch OA dargestellte Prädikat schön ertheilen, vergegenwärtigen wir uns die parallel zu OA verschobene Figur $ABCDE$.

Ferner kann man die Relation des in Rede stehenden Objektes ändern, indem wir ihm beliebige Wirkungen zuschreiben, was einer Drehung der Figur $ABCDE$ z. B. in die Richtung $AB'C'D'E'$ gleich kömmt. Einem solchen geometrischen Vorgange entspricht es z. B., wenn wir einer Pflanze eine bestimmte Arzneikraft oder den mechanischen Effekt des Umsturzes zuschreiben, oder wenn wir sie selbst als die Wirkung einer Thätigkeit, z. B. der Pflanzung durch einen Menschen auffassen. Endlich kann man die Qualität des Objektes beliebig variiren, man kann also das Modalitätsgesetz auf ein konkretes Objekt oder auf eine ganze Gattung von wirklichen Objekten oder auf eine Gesammtheit von Objekten übertragen, d. h. man kann dieses Gesetz in seiner konkreten, in seiner abstrakten und in seiner ideellen Bedeutung auffassen oder das Wesen der Form $ABCDE$ auf eine Linienfigur oder auf eine Flächenfigur oder auf eine Körperfigur übertragen. Als Körperfigur hat die Form geometrisch keine Anschaulichkeit, weil jeder Körper Theil des unendlichen Raumes, also einförmig ist und somit die spezielle Form eines Körpers nur eine eingebildete Bedeutung hat. Dieser geometrischen Thatsache steht die logische zur Seite, dass jedes Objekt ein Bestandtheil des Universums ist, dass also sein Entstehungsgesetz in dem Entstehungsgesetze des Universums liegt.

Andererseits leuchtet ein, dass man einem Objekte von gegebener Quantität AE, von gegebener Inhärenz OA (z. B. einem schönen Objekte), von gegebener Relation oder Wirkung (entsprechend der Neigung von AE' gegen OX), und von gegebener Qualität (z. B. einem wirklichen oder einem abstrakten Objekte) logisch immer noch jede beliebige Modalität oder jedes beliebige Entstehungsgesetz beilegen kann.

Wir haben eben die Linie AE die Quantität der Grösse $ABCDE$ genannt. Genau genommen, ist sie nicht die Quantität, sondern das Numerat (geometrisch der Vektor) dieser Grösse: die eigentliche Quantität oder die Summe der Quantitäten aller Theile ist die Länge der geformten Linie $ABCDE$. Alles eben Gesagte behält volle Gültigkeit, wenn wir unter der Quantität eines Modalitätsbegriffes den Inbegriff der logischen Quantitäten seiner Glieder verstehen. Einer Veränderung der Modalität einer Vorstellung entspricht dann geometrisch die Biegung der Linie $ABCDE$ um beliebige ihrer Punkte ohne Längenveränderung. Dieser Vorgang erscheint in seiner elementarsten Form, wenn die ganze Figur nur aus zwei Seiten besteht, welche einen variabelen Winkel miteinander bilden, wie die beiden Seiten a und b in Fig. 1101. In Fig. 1102 liegen diese beiden Seiten als Theile derselben geraden Linie c hintereinander und können z. B. den Begriff ein kluger Mensch veranschaulichen.

Indem sich das Glied b (Mensch) dreht, stellt dasselbe eine Wirkung des Menschen dar, welche je nach der Kausalität ein Schlag, eine That, ein Sprung u. s. w. sein kann. Die Fig. 1102 kann also je nach der Grösse der Abweichung der beiden Seiten einen klugen Schlag, eine kluge That, einen klugen Sprung darstellen. Die Form oder Modalität des in diesen Worten liegenden Begriffes variirt, indem die Abhängigkeit zwischen den beiden Gliedern variirt. Diese Abhängigkeit, welche dem Neigungswinkel von b gegen a entspricht, beruht darin, dass die Klugheit a als eine Partikularität des durch die Grundaxe repräsentirten Seins, ebenso der Mensch als eine Partikularität desselben Seins aufgefasst, der Schlag oder die That oder der Sprung dagegen als eine Wirkung des Menschen gedacht wird, welche vermöge der Kausalität zunächst von dem Menschen, wegen der Identität des in dem Menschen und in der Klugheit gedachten Seins aber sodann von der Klugheit in dem betreffenden Verhältnisse abhängig wird. Geometrisch begründet sich diese Abhängigkeit der beiden Seiten der Fig. 1101 dadurch, dass die Verlängerung der Seite a mit der Grundaxe zusammenfällt, gegen welche die Seite b eine gegebene Neigung hat, sodass nun die Seite b zur Seite a in dasjenige Abhängigkeitsverhältniss tritt, welches ihrer Beziehung zur Grundaxe entspricht.

Das Wort Kind bezeichnet eine Relation, kann also durch die geneigte Linie OB_1 in Fig. 1100 dargestellt werden. Auch das Prädikat gebrannt involvirt eine Relation, kann also durch OA dargestellt werden. Die Figur OAB ist hiernach der geometrische Repräsentant des auf Relation und Inhärenz beruhenden Begriffes „das gebrannte Kind". Werden die hierin liegenden beiden Begriffe in ihrer Abhängigkeit oder Bedingtheit aufgefasst; so entspricht die Figur der gebrochenen Linie OAB der Modalität der Vorstellung „wenn ein Kind gebrannt ist". Der Vektor OB vertritt die Quantität oder die Bedeutung des Begriffes, welcher in der Kombination „das gebrannte Kind" liegt. Wenn sich die Linie OB gegen eine andere Linie, welche das Feuer darstellt, unter einem Winkel neigt, welcher der Thätigkeit scheuen entspricht; so stellt OAB in Beziehung zu der letzteren Linie den Gedanken „das gebrannte Kind scheut das Feuer" dar. Legt man dem Neigungswinkel BOX von OB gegen die Grundaxe OX die Bedeutung „das Feuer scheuen" bei; so stellt die Figur OAB in ihrer Stellung gegen die Grundaxe den eben bezeichneten Gedanken dar. Denkt man unter dem Kinde AB ein einzelnes konkretes Individuum; so wird AB und auch OA geometrisch durch eine Linie vertreten. Denkt man dagegen unter dem Kinde jedes beliebige Kind oder fasst man den Gedanken „das gebrannte Kind scheut das Feuer" in seiner abstrakten Bedeutung auf; so hat man OAB in die entsprechende Flächenfigur zu verwandeln.

Die Eigenschaft oder das Prädikat a ist kein quantitativer Bestandtheil, also keine Partikularität des Subjektes b, welchem jenes Prädikat beigelegt wird, wohl aber des kombinirten Begriffes $c = a + b$ (Fig. 1001 oder 1002). Der Anfang des Subjektes b liegt im Ende der Eigenschaft a. So ist in dem Beispiele „der fromme Christ" die Frömmigkeit keine Partikularität des Christen, wohl aber des frommen Christen. Man kann jedoch der Inhärenz quantitative Bedeutung beilegen, wenn man die Kombination $c = a + b$ als den Hauptbegriff ansieht, also nur diejenigen Subjekte b in Betracht ziehen will, welche die Eigenschaft a haben. In diesem Falle ist das Subjekt nicht in seiner allgemeinsten Bedeutung aufgefasst, das Prädikat a bezeichnet eine akzidentielle Eigenschaft desselben und seine allgemeine Bedeutung geht über die Quantität b hinaus, ist also in Fig. 1103 und 1104 durch d dargestellt. So kann man den frommen Christen als eine Partikularität des Christen auffassen; die Frömmigkeit erscheint jetzt aber als eine akzidentielle Eigenschaft und der allgemeine Begriff des Christen hat eine grössere Quantität d als diejenige b, welche akzidentiell mit der Eigenschaft der Frömmigkeit verknüpft ist. Eine attributive Eigenschaft, da ihr alle Fälle des Subjektes unterworfen sind, kann nicht füglich als Partikularität, sondern nur als Inhärenz aufgefasst werden, z. B. der geborene Christ.

Aus der vorstehenden Beziehung zwischen Quantität und Inhärenz, welche der mathematischen Beziehung zwischen Länge und Entfernung oder zwischen der Menge a und dem Gliede „a„ entspricht, geht hervor, wie auch die quantitativen Beziehungen zur Darstellung der Modalität dienen können.

Um an einem Beispiele zu zeigen, wie ein Gedanke im Sinne eines jeden der fünf logischen Grundgesetze aufgefasst werden kann; so bedeute in Fig. 1105 AB das Ich, Winkel BAC den Besuch, CD die Schule, also AC den Schulbesuch des Ich, Winkel ECF die Erlernung, FG die Wissenschaft, also CF in seiner Relation zu CE die Erlernung der Wissenschaft. Alsdann kann die Figur ACF, wenn man dieselbe nach dem Quantitätsgesetze oder in dem Werthe des Vektors AF auffasst, als Erlernung der Wissenschaft bei Schulbesuch, d. h. als diejenige Partikularität der Erlernung der Wissenschaft, welche durch den Schulbesuch bestimmt ist, angesehen werden. Fasst man die Figur nach dem Inhärenzgesetze auf; so stellt sie die Erlernung der Wissenschaft in Verbindung mit dem Schulbesuche, oder die mit dem Schulbesuche verknüpfte Erlernung der Wissenschaft dar. Nach dem Kausalitätsgesetze ergiebt sich die Erlernung der Wissenschaft als Wirkung des Schulbesuches oder der Satz „ich besuche die Schule, damit ich die Wissenschaft erlerne". Nach dem Qualitätsgesetze, welches die Linienfigur ACF als ein Element der Fläche $ACFH$ oder welches die Fläche $ACFH$ als durch die Linie AH beschrieben erscheinen lässt, indem sich diese Linie in der Richtung AC expandirt, kann man die durch CF dargestellte Erlernung der Wissenschaft als einen der möglichen Zwecke des Schulbesuches ansehen. Nach dem Modalitätsgesetze endlich erscheint der Schulbesuch als eine Bedingung der Erlernung der Wissenschaft oder die Figur ACF als der Repräsentant des Satzes „wenn ich die Schule besuche, erlerne ich die Wissenschaft".

Im Allgemeinen wird in der Demonstration eines mathematischen Lehrsatzes der Zusammenhang als ein kausaler dargestellt sein, es wird also die Relation zwischen den Gliedern vorherrschen. Bei der Schilderung eines geschichtlichen Ereignisses wird die Kombination unabhängiger Thatsachen, also die Prädikation oder Inhärenz vorwalten. Bei der Erläuterung eines physikalischen Prozesses dagegen, welche vornehmlich die Abhängigkeit der Erscheinungen voneinander hervorhebt, (ohne gerade die Kausalität dieser Abhängigkeit nachzuweisen), tritt das eigentliche Bildungsgesetz auf Grund der Modalität in den Vordergrund.

Nach Vorstehendem wird es leicht sein, in einem Satze, in welchem mehrere Begriffe durch irgend eine Operation miteinander verknüpft sind, das der Modalität oder der Form der Vorstellung Angehörige oder das die Weise des Seins Bestimmende oder das diese Form Bedingende zu erkennen, z. B. in den Sätzen: wenn es regnet, bleibe ich zu Hause; als es blitzte, erschrak sie; sie erschrak beim Blitze; der Blitz erschreckte sie; die Mutter wachte, damit das Kind schliefe; der Baum trägt Früchte; die Rose duftet lieblich; der Hirsch fiel im Sprunge; der Mensch geht aufrecht; sehr schön; froh gestimmt; die Wolle dient zur Kleidung; das Obst ist zu essen; ich gehe zum Baden.

Das Adverbium und die Adverbialkonstruktion dient häufig dazu, um mit Hülfe eines Zeit- oder Beiwortes eine Modalität auszudrücken.

Wie man mathematisch ein Formgesetz durch Vermittlung anderer Formgrössen, z. B. eine Kurve durch Beziehung auf die geraden Axen eines Koordinatensystems oder mittelst Polarkoordinaten auf einen Grundkreis oder mittelst eines beliebigen Koordinatensystems auf eine andere Kurve darstellt, ebenso bedient man sich zur Darstellung eines logischen Abhängigkeitsgesetzes der Beziehung auf andere, insbesondere auf solche Formen, welche eine einfachere Modalität besitzen. So liegt z. B. in der Abhängigkeit „wenn sich das Wetter aufklärt, werde ich verreisen" eine Beziehung der von mir beabsichtigten Handlung des Verreisens auf eine andere Ereignissreihe, nämlich auf den Gang des Wetters. Indem man daher die verschiedenen möglichen Fälle der Beschaffenheit des Wetters und auch anderer äusserer Umstände, z. B. den Empfang von Geld, den Zustand meiner Gesundheit, den Abschluss des Friedens u. s. w. als eine einfache Reihe von reellen Fällen ansieht, von welchen meine Thätigkeit in unmittelbare Abhängigkeit versetzt wird; so kann man jene einfache Reihe von Zuständen durch die einfache Variabele x, mein Thun dagegen durch die Funktion $y = f(x)$ darstellen. Sobald die bedingende Grösse x einen bestimmten Werth a annimmt, was z. B den Fall des Eintrittes des guten Wetters bezeichnen kann, nimmt die abhängige Grösse y den Werth $f(a) = b$ an, welcher in dem obigen Beispiele die Bedeutung des Antrittes einer Reise hat.

Wenn eine Funktion $y = f(x)$ nach Fig. 1106 für denselben Werth der unabhängigen Variabelen $x = OA$ zwei Werthe AB und AC hat; so entspricht Diess einer logischen Disjunktion, einem Entweder-oder, nämlich einem Falle, wo unter denselben Umständen entweder der eine, oder der andere von zwei Begriffen Platz greifen kann.

Wenn eine Funktion y für einen gewissen Werth von $x = OE$ keinen reellen, sondern einen imaginären Werth annimmt; so würde Diess, wenn x und y rechtwinklige Koordinaten darstellen, die logische Bedeutung haben, dass unter gewissen Umständen der auf das Subjekt BDC bezogene Begriff unmöglich ist, dass sich also dieses Subjekt unter den gegebenen Umständen ganz der Betrachtung entzieht, indem diese Umstände die Grenzen des Seins dieses Subjektes überschreiten.

§. 494.

Die Grund- und Hauptstufen der Modalität.

1) Die Primitivität der Modalität hat eine Hauptstufe, welche der Grad der Abhängigkeit genannt werden kann. Dieser Grad entspricht geometrisch der Stärke der Krümmung oder Biegung einer Kurve oder dem umgekehrten Werthe des Krümmungshalbmessers, arithmetisch aber, wenn die Kurve durch natürliche Koordinaten s, ψ (§. 493) dargestellt ist, dem umgekehrten Werthe des Differentialkoeffizienten $\frac{\partial s}{\partial \psi}$, also dem Werthe von $\frac{\partial \psi}{\partial s}$. Dieser Werth entspricht logisch dem im vorhergehenden Grade erläuterten Ablenkungsdrange, welcher der umgekehrte Werth des Beharrungsdranges ist, der durch den Differentialkoeffizienten $\frac{\partial s}{\partial \psi}$ dargestellt wird. Die in Abhängigkeit stehenden Begriffe sind bei dieser Auffassung die effizirenden Thätigkeiten s und die kausalen Thätigkeiten ψ, allgemein die Thätigkeiten, nicht die als Effekte durch solche Thätigkeiten etwa bedingten Individuen y.

Bei einer Modalität, welche nicht einer stetigen Kurve, sondern einem Polygone entspricht, tritt für ∂s die Länge einer Seite (die Quantität einer effizirenden Thätigkeit) und für $\partial \psi$ der Neigungswinkel dieser Seite gegen die vorhergehende Seite (die Kausalität zwischen den beiden benachbarten Thätigkeiten), für $\frac{\partial s}{\partial \psi}$ also das Verhältniss dieser beiden Grössen (resp. logischen Begriffe) an die Stelle.

Wenn das Modalitätsgesetz durch die Abhängigkeit zwischen den Änderungen der Individuen y und ihrer Attribute x gegeben ist, was mathematisch der Darstellung einer Kurve nicht direkt, sondern mittelst orthogonaler Koordinaten entspricht; so bedeutet nach dem vorhergehenden Paragraphen $\frac{\partial y}{\partial x}$ den Veränderungsdrang und sein umgekehrter Werth $\frac{\partial x}{\partial y}$ den Beharrungsdrang. Man kann jetzt den Veränderungsdrang $\frac{\partial y}{\partial x}$ zum Maasse für den Grad der Abhängigkeit der Individuen y von ihren Attributen x ansehen.

2) Die Kontrarietät der Modalität hat zwei Hauptstufen, welche wir als Abhängigkeit und Bedingung bezeichnen und welche die Analogien zur positiven und negativen Krümmung oder zur Konvexität und Konkavität bilden. So involviren die beiden Vorstellungen „der gute Sohn" und „der gute Vater" entgegengesetzte Modalitäten; die erste entspricht einem einspringenden, die zweite einem ausspringenden Winkel. Das eigentliche Abhängigkeitsgesetz liegt in diesem Beispiele nicht ausgesprochen auf der Hand, weil der Begriff in Form einer Inhärenz (als zweigliedriges Aggregat oder als eine längs einer anderen verschobene Seite) gegeben ist: man findet jenes Gesetz erst durch Meditation, indem man sich vergegenwärtigt, dass Güte eine Eigenschaft des Seins oder irgend eines Individuums, z. B. des Ich, also

eine Eigenschaft von mir oder meine Eigenschaft ist (oder doch als solche gedacht wird), ferner dass der Sohn eine Wirkung desselben Seins oder desselben Individuums, desselben Ich gedacht wird, welchem auch das Prädikat der Güte (als eine mögliche Eigenschaft) zukömmt, dass also zwischen der Güte und dem Sohne eine logische Abhängigkeit besteht welche sich auf die Relation des Erzeugten zum Sein basirt oder in einer Wirkung des Ich wurzelt. Die Modalität in dem Begriffe „der gute Vater" hat einen ähnlichen Ursprung, sie hat einen gleichen Grad von Abhängigkeit, beruht jedoch auf einer entgegengesetzten Relation, indem der Vater nicht die Wirkung, sondern die Ursache des Ich darstellt. Während also „der gute Sohn" wie ein einspringender Winkel das durch die Verlängerung der ersten Seite dargestellte Ich ausschliesst, d. h. nicht als den Fall einer möglichen Wirkung zulässt (indem das Ich ja die Ursache des Sohnes ist), wird dieses Ich durch den Begriff „des guten Vaters" als eine mögliche Wirkung eingeschlossen. Das Ich ist eine Bedingung für den guten Sohn, steht aber in Abhängigkeit vom guten Vater: der gute Sohn hängt ab vom Ich, der gute Vater dagegen bedingt das Ich.

Ist der Begriff direkt in Konditionalform gegeben; so bedarf es der vorstehenden Erwägung nicht. In dieser Form wird nicht bloss das Bedingende oder das Bedingte, sondern auch das Bedingungsgesetz oder die Modalität selbst näher angegeben. Diess ist der Fall in dem Ausdrucke „wenn sich das Wetter aufklärt, werde ich verreisen", indem hier der Vordersatz die Bedingung für den Nachsatz deutlich enthält. Derselbe Gedanke spricht sich in Inhärenzform mit den Worten aus „bei gutem Wetter werde ich verreisen", indem hier der Ausdruck „bei gutem Wetter" das erste Glied a der Formel $a + b$ darstellt, welches in den Umstand führt, in welchem das zweite Glied b, nämlich „mein Verreisen" beginnt.

, Wie sich geometrisch eine konvexe Figur ABC (Fig. 1107) in eine konkave verwandelt, wenn dieselbe in entgegengesetzter Richtung CBA durchlaufen (in beiden Fällen aber aus einem auf derselben Seite der Ebene ABC liegenden Punkte Z angesehen) wird, ebenso verwandelt die Umkehrung des Vorder- und des Nachsatzes eine direkte in eine indirekte Modalität, eine Abhängigkeit in eine Bedingung, oder umgekehrt. So liefert z. B. der Satz „wenn sich das Wetter anfklärt, werde ich verreisen", worin das gute Wetter als die Bedingung für das Verreisen hingestellt ist, durch Umkehrung den Satz „ich werde verreisen, wenn sich das Wetter aufklärt", worin das Verreisen von dem guten Wetter abhängig gemacht ist.

Ebenso enthält der Gedanke „die Reibung bedingt die Erwärmung und diese die Ausdehnung" eine Reihenfolge $ABCD$ von direkten Modalitäten, dagegen der Gedanke „die Ausdehnung hängt von der Erwärmung und diese von der Reibung ab" eine Folge $DCBA$ von indirekten Modalitäten. Nimmt man in der indirekten Reihenfolge als erstes Glied einen mit dem ersten Gliede der direkten Folge übereinstimmenden Begriff; so stellt sich dieselbe geometrisch als der konkave Zug $ABC'D'$ dar, z. B. in dem Gedanken „die Reibung hängt vom Drucke und dieser von der Gravitation ab".

Für die Kontrarietät der Modalität kommen hiernach das Bedingende und das Bedingte in Betracht. Das Bedingte ist das Abhängige. Die Bedingung ist die direkte Modalitätsbeziehung zwischen dem Bedingenden und dem Abhängigen; die Abhängigkeit ist die umgekehrte Beziehung des Abhängigen zum Bedingenden. Das Bedingende bedingt das Abhängige; das Abhängige hängt vom Bedingenden ab oder setzt dasselbe voraus oder verlangt dasselbe. Bedingung und Abhängigkeit bilden also den Modalitätsgegensatz, welchen man auch als Bedingen und Voraussetzen darstellen kann. So lässt sich das vorletztere Beispiel, das gute Wetter bedingt mein Verreisen, auch in der Form, mein Verreisen hängt vom guten Wetter ab, oder in der Form, mein Verreisen setzt gutes Wetter voraus, ausdrücken.

Aus Vorstehendem ergiebt sich zugleich, dass Bedingung und Voraussetzung zwei reziproke Begriffe sind oder dass die Voraussetzung vom Standpunkte des Abhängigen Dasselbe sagt, was die Bedingung vom Standpunkte des Bedingenden ausspricht. Im gewöhnlichen Leben, wo dasselbe Wort in verschiedenem Sinne gebraucht wird, erhält die Voraussetzung zuweilen die Bedeutung eines Beweggrundes oder auch die eines begleitenden Umstandes, welcher mit der Thätigkeit des Bedingenden in einer Kausalbeziehung steht, z. B. in dem Satze, da das Wetter sich aufklärt, werde ich verreisen.

Wenn das Modalitätsgesetz als Abhängigkeit zwischen der effizirenden Thätigkeit s und der kausalen Thätigkeit ψ gegeben ist, kann man den Gegensatz der Modalität, also das Bedingen und das Abhängen mathematisch auf das Zeichen der Ablenkungstendenz $\dfrac{\partial \psi}{\partial s}$ oder auch des Krümmungshalbmessers $R = \dfrac{\partial s}{\partial \psi}$ zurückführen. Logisch entspricht der Gegensatz zwischen den beiden Ablenkungstendenzen $+\dfrac{\partial \psi}{\partial s}$ und $-\dfrac{\partial \psi}{\partial s}$ dem Gegensatze zwischen einer positiven und einer negativen Kausalität $\partial \psi$ oder zwischen einer ursächlichen und einer bewirkten Thätigkeit ∂s.

Wenn also kraft des Modalitätsgesetzes Thätigkeiten wie AB, BC, CD sich aneinanderreihen, von welchen jede folgende eine Wirkung der vorhergehenden ist (wenn die Ablenkung der effizirenden Thätigkeit fortwährend in demselben Kausalitätssinne erfolgt, wie es z. B. bei einem konstanten Beweggrunde zur Ablenkung geschieht) trägt das Gesetz den Charakter eines positiv bedingenden Gesetzes (einer konvexen Figur). Ist dagegen jede folgende Thätigkeit eine Ursache der vorhergehenden oder ist die vorhergehende Thätigkeit die Wirkung der folgenden; so entsteht ein negativ bedingendes Gesetz (entsprechend der konkaven Figur $ABC'D'$).

Wäre das Modalitätsgesetz als Abhängigkeit zwischen den Individuen y und deren Attributen x gegeben; so bedingt das Zeichen des zweiten Differentialkoeffizienten $\dfrac{\partial^2 y}{\partial x^2}$ den Gegensatz der Modalität, indem das positive Zeichen ein beschleunigtes, das negative Zeichen dagegen ein verzögertes Wachsthum von y bei gleichmässig wachsendem x anzeigt, und das Zeichen des ersten Differentialkoeffizienten oder der einfachen

Veränderungstendenz $\frac{\partial y}{\partial x}$ nur den Gegensatz zwischen einem Wachsthume und einer Abnahme (einer Erweiterung und einer Beschränkung) des y bei wachsendem x bedeutet.

Wenn man das Zeichen des Bedingenden und das Zeichen des Abhängigen in Betracht zieht, kann man von positiven und negativen Bedingungen, sowie von positiven und negativen Abhängigkeiten reden, ohne dass jedoch eine positive Bedingung nothwendig einem positiven abhängigen Objekte zu entsprechen brauchte. Indem man die Bedingungen nach ihrem eigenen Zeichen klassifizirt, ergeben sich positive und negative, direkte und entgegengesetzte, sowie bejahte und verneinte Bedingungen: indem man dieselben aber nach ihrem Effekte klassifizirt, Bedingungen des direkten und entgegengesetzten, des bejahten und verneinten Objektes. Eine Bedingung, welche ein Resultat herbeiführt, während die Verneinung dieser Bedingung ein verneintes Resultat erzeugt, ist eine ausschliessliche Bedingung (conditio sine qua non).

3) Die Neutralität der Modalität hat drei Hauptstufen, welche als primäre, sekundäre und tertiäre Abhängigkeit bezeichnet werden können. Die primäre Abhängigkeit beruht auf den primären Relationen: und bei der sekundären und tertiären Abhängigkeit spielen die sekundären und tertiären Relationen die entsprechenden Rollen.

Wenn man die drei Neutralitätsstufen der Modalität mit der geometrischen Krümmung in der Ebene XY, YZ, ZX vergleicht; so kann die primäre Abhängigkeit als die Abhängigkeit zwischen Objekten der Grundgattung angesehen werden, eine Abhängigkeit, welche aus den reellen Wirkungen eines Grundsubjektes entspringen. Die sekundäre Abhängigkeit besteht zwischen Objekten verschiedener Gattungen als eine Wirkung der Grundgattung XY. Die tertiäre Abhängigkeit besteht ebenfalls zwischen Objekten verschiedener Gattungen als eine Wirkung einer neutralen Gattung YZ. Die Neutralität des Modalitätsgesetzes ist also durch die Neutralität der Ablenkungs- oder der Veränderungstendenz bedingt: denn eine neutrale Kausalität, sowie eine neutrale Veränderung ist eine solche, welche nicht eine Wirkung in der Grundgattung, sondern in einer Gemeinschaft von Dingen hervorbringt, die sich zu der Grundgattung neutral oder indifferent verhält.

Wenn z. B. die Quantitätsveränderungen eines Körpers betrachtet werden sollen und die Wärme x als die unabhängige Variabele betrachtet wird, welche jene Veränderungen vermöge des Gesetzes $y = f(x)$ bedingt; so wird sich im Allgemeinen ein Gesetz ergeben, welches durch eine in der Ebene xy liegende Kurve darzustellen ist. Erlitte aber der Körper bei der Erwärmung noch andere Änderungen, z. B. Verfärbungen, welche keine direkten Wirkungen der Wärme x sind, sondern dieselbe gelegentlich begleiten; so entspricht das Gesetz einer Kurve in der Ebene xz, also einer solchen Kurve, welche gegen die Grundaxe für den Blick in der Grundebene eine neutrale Krümmung hat. Natürlich können auch primäre und sekundäre Thätigkeiten und Veränderungen zusammen vorkommen und dadurch ein komplexes Gesetz erzeugen, welches durch eine Kurve darzustellen ist, die in einer beliebigen Ebene liegt. Die sekundäre, wie die komplexe Modalität wird immer einer ebenen Kurve entsprechen·

Wir bemerken noch, dass die im vorstehenden Beispiele gemachte Annahme, dass die Wärme x von anderen Erscheinungen ausser der von ihr direkt bewirkten Ausdehnung y gelegentlich begleitet sei, nicht die Auslegung gestattet, dass diese begleitenden Erscheinungen prinzipiell unabhängig von x seien. Unabhängigkeit von x würde ein Sein ganz ausserhalb irgend eines durch x bedingten Gesetzes bedeuten und kann hier, wo es sich um einen gesetzlichen Zusammenhang zwischen x und jenen Erscheinungen handelt, nicht in Frage kommen: die Beziehung zwischen der Wärme x und den dieselbe begleitenden Erscheinungen muss daher stets als eine Abhängigkeit, jedoch als eine neutrale oder sekundäre aufgefasst werden.

Unter dem Gesichtspunkte der Neutralität der Modalität klassifizieren sich die Bedingungen in reelle, imaginäre und überimaginäre. Im Allgemeinen ist eine reelle Bedingung eine solche, von welcher das reelle Objekt abhängt, eine imaginäre Bedingung aber eine solche, von welcher ein anderes Objekt und zwar ein in der Grundgattung liegendes anderes Objekt abhängt, eine überimaginäre Bedingung eine solche, von welcher ein anderes Objekt abhängt, welches einer anderen Gattung angehört.

4) Die Heterogenität der Modalität hat vier Hauptstufen, welche als primogene, sekundogene, tertiogene und quartogene Abhängigkeit erscheinen. Die erste entpricht der Abhängigkeit der Zustände, die zweite der Abhängigkeit der Individuen, die dritte der Abhängigkeit der Gattungen oder der abstrakten Begriffe, die vierte der Abhängigkeit der Gesammtheiten oder der ideellen Begriffe. Bei dieser Auffassung bilden die vier Heterogenitätsstufen der Modalität die Analogien zu der geometrischen Form der Punkte, Linien, Flächen und Körper und sind leicht verständlich. Beispielsweise stellt die Satzfolge „wenn sich das Wetter aufklärt, verreise ich; wenn es regnet, studire ich; wenn du mich besuchst, bleibe ich zu Hause" ein sekundogenes oder individuelles Abhängigkeitsgesetz, nämlich ein Gesetz für die Modalität eines einfachen Seins dar. Dagegen bezeichnet die Satzfolge „wenn Widerspruch erfolgt, steigert sich der Zorn; freundliche Vorstellungen besänftigen ihn" ein abstraktes Abhängigkeitsgesetz, nämlich ein Gesetz für die Modalität abstrakter Begriffe.

Wie wir schon in §. 492 erörtert haben, ist die Abstraktion das Gemeinsame, welches alle Individuen, die darin möglicherweise gedacht werden können, haben. Diese Gemeinschaft von Individuen ist nicht identisch mit dem Inbegriffe derselben oder mit der Gattung. Die Abstraktion ist die Analogie der geometrischen Fläche, wenn dieselbe als eine Ausbreitung nach zwei Dimensionen oder als eine Gemeinschaft der darin möglichen Linien aufgefasst wird; die Gattung dagegen ist die Analogie der geometrischen Fläche, wenn dieselbe als ein unendlicher Inbegriff von Linien oder als ein Ort von Linien aufgefasst wird. So ist z. B. der Zorn eine Abstraktion von allen zornigen Individuen, aber nicht der Inbegriff dieser Individuen selbst. Der letztere Inbegriff entspricht dem Sozietätsbegriffe, welcher in dem Worte „der Zornige" liegt, wenn wir uns darunter jeden beliebigen Zornigen vorstellen.

Wenn wir anstatt von der Gemeinschaft von der Gattung ausgehen, nehmen auch die Bedingungen einen dementsprechenden Charakter an:

die abstrakte Bedingung oder die Bedingung zwischen abstrakten Begriffen verwandelt sich in eine für alle Individuen einer Gattung gültige, also in eine generelle Bedingung oder in eine solche, welcher das einzelne Individuum nothwendig unterworfen ist, während die Gattung ihr wirklich unterworfen ist. Für eine Totalität solcher Gattungen kann jene Bedingung, da ihr nur eine bestimmte dieser Gattungen unterworfen ist, nur als eine mögliche oder zufällige gelten. Die Bedingung für ein Individuum ist für dieses Individuum eine wirkliche und für die Zustände dieses Individuums eine nothwendige; für eine Gattung solcher Individuen ist sie eine zufällige und in noch höherem Grade ist sie Diess für eine Totalität derartiger Gattungen.

Mathematisch gilt das Abhängigkeitsgesetz $y = f(x)$ für alle Werthe von x, also für die ganze, durch jene Gleichung dargestellte Kurve. Diesem entspricht der logische Gedanke, dass das Verhalten eines bestimmten Individuums y von gewissen äusseren Umständen, x nach einem bestimmten Gesetze abhängig sei. Dieses Gesetz nun ist für das betreffende Individuum ein wirkliches, für jeden einzelnen Zustand dieses Individuums ein nothwendiges, indem das Individuum in jedem Zustande oder in jedem Falle ihm unterworfen ist, für jede Gattung von Individuen jedoch ein zufälliges, indem nur das betreffende Individuum dieser Gattung oder ein Element der Letzteren jenem Gesetze folgt.

Zur Erläuterung einer nothwendigen und einer zufälligen Abhängigkeit in diesem Sinne führen wir noch an, dass das wirkliche Abhängigkeitsgesetz $y = f(x)$ für ein Individuum nothwendig voraussetzt, dass dasselbe für alle möglichen einzelnen Fälle $x = a_1, a_2, a_3 \ldots$ gelte, sodass für diese Fälle y die korrespondirenden Spezialwerthe $f(a_1), f(a_2), f(a_3) \ldots = b_1, b_2, b_3 \ldots$ annehme. So kann z. B. das Gesetz $y = f(x)$ die Bedeutung haben, dass mein Verhalten in einer bestimmten Weise von dem Wetter bedingt werde. Diese Abhängigkeit, welche für mein Verhalten eine wirkliche ist, sagt etwa, dass ich bei gutem Wetter a_1 verreise (oder überhaupt eine dem Werthe $f(a_1)$ entsprechende Handlung begehe), dass ich bei Wind a_2 zu Hause bleibe (oder mich dem Werthe $f(a_2)$ entsprechend verhalte), dass ich bei Regen a_3 einen Besuch mache (oder dem Werthe $f(a_3)$ entsprechend verfahre). Gehen wir von dem Individuum, welches diesem Abhängigkeitsgesetze unterworfen ist, auf die einzelnen Umstände über, unter welchen jenes Individuum existirt und handelt, also z. B. auf die Handlung bei gutem Wetter; so folgt aus dem obigen Gesetze, dass diese Handlung von dem guten Wetter nothwendig beeinflusst werde (indem ich alsdann verreisen werde). Gehen wir aber zur Gattung über, indem wir dieselbe mehr oder weniger speziell nehmen, indem wir also das Individuum $y = f(x)$ als einen Einzelfall der Menschheit oder der europäischen Gesellschaft oder der Italiener oder der vorsichtigen Menschen ansehen; so leuchtet ein, dass das gegebene Gesetz, da dasselbe nur für ein bestimmtes Individuum gilt, für die ganze Gesellschaft oder für jedes beliebige Individuum dieser Gesellschaft nur eine zufällige oder mögliche Bedeutung hat, derzufolge man sich etwa so ausdrückt „ein gewisser Italiener wird verreisen, wenn das Wetter sich aufklärt" oder „der Italiener kann verreisen oder wird möglicherweise oder vielleicht verreisen, wenn das Wetter sich aufklärt".

In dem letzteren Falle der zufälligen oder möglichen Abhängigkeit bildet die Gattung (der Italiener), entsprechend der geometrischen Fläche, eine Grösse von zwei Dimensionen, deren Abhängigkeitsgesetz in der Form $F(x, y, z) = 0$ drei Variabelen enthält. Wenn für diese Gattung das obige Gesetz $y = f(x)$, welches nur zwei Variabelen enthält, als Modalitätsgesetz aufgestellt wird; so liegt es auf der Hand, dass neben diesem Gesetze ein anderes bestimmtes Gesetz, welches die dritte Variabele aus dem ersten Gesetze eliminirt, gegeben ist, dasjenige Gesetz nämlich, welches aus der ganzen Gattung von Italienern dasjenige spezielle Individuum aussondert, für welches das Gesetz $y = f(x)$ allein nur wirkliche Gültigkeit hat. Das gedachte, nebenbei gegebene Gesetz beschränkt die möglichen Fälle, welche die drei Variabelen x, y, z in der Funktion $F(x, y, z) = 0$ annehmen können und von welchen einige durch a_1, b_1, c_1 ferner a_2, b_2, c_2 ferner a_3, b_3, c_3 u. s. w. dargestellt sind, auf eine gewisse kleinere, dem speziellen Individuum entsprechende Anzahl, schliesst also eine grosse Menge möglicher Fälle des Gesetzes $F(x, y, z) = 0$ aus. Dass die Gattung die für das Individuum gültige Bedingung erfüllt, ist mithin etwas Zufälliges, Mögliches, Problematisches und hat seinen Grund darin, dass zuviel Bedingungen gestellt sind: denn ausser der einen Bedingung $F(x, y, z) = 0$, welche sich für jeden konkreten Fall durch die hinzutretenden Bedingungen $x = a$ und $y = b$ stets in drei Bedingungen verwandelt, welche zur Bestimmung der drei Unbekannten x, y, z ausreichen, ist die vorerwähnte Bedingung, durch welche sich das Gesetz $F(x, y, z) = 0$ in das Gesetz $y = f(x)$ verwandelt, gegeben; man hat also stets eine Bedingung zuviel, also ein System von Bedingungen, welches nur zufällig erfüllt werden kann.

Umgekehrt, stellt ein spezieller Umstand im Sein des Individuums, gleich einem geometrischen Punkte, eine Grösse von keiner Dimension dar, deren Abhängigkeitsgesetz nur eine Variabele, resp. Unbekannte enthalten, also stets auf die Form $x = a$ gebracht werden kann. Für einen solchen speziellen Umstand bildet das Gesetz des Individuums in der Form $y = f(x)$ mit zwei Variabelen offenbar eine zu geringe Anzahl von Bedingungen. Jene Bedingung $x = a$ lässt sich immer oder in allen Fällen mit dem letzteren Gesetze verbinden; dieses Gesetz enthält also eine Abhängigkeit für den konkreten Fall $x = a$, welche sich nothwendig erfüllen muss. Man kann einen solchen konkreten Fall $x = a$, welcher an sich noch gar keine Verbindung zwischen dem äusseren Umstande x (z. B. dem Wetter) und dem Individuum y (z. B. meinem Verhalten) stiftet, sondern welcher nur sagt, dass ein gewisser äusserer Umstand $x = a$ für das Verhalten des betreffenden Individuums eingetreten ist, mit jedem beliebigen Abhängigkeitsgesetze $y = f(x)$ verbinden.

Hinsichtlich der Qualität der Abhängigkeit, soweit sie durch die Zahl der Bedingungen bestimmt wird, machen wir noch folgende Bemerkungen.

Der Satz „wenn sich das Wetter aufklärt, verreise ich" (sobald sich das Wetter aufklärt, verreise ich) entspricht dem mathematischen Falle, dass zu dem allgemeinen Funktionsgesetze $y = f(x)$ wodurch mein Verhalten y von dem Gange des Wetters x abhängig gemacht ist, die einen Spezialfall betreffende Bedingung $x = a$ aufgestellt ist. Vermittelst der beiden Gleichungen $y = f(x)$ und $x = a$ sind die beiden Unbekannten y und x für jenen Spezialfall vollkommen bestimmt, indem $y = f(a)$ wird.

Wenn diesen beiden Gleichungen eine dritte zugesellt wird, die keine neue Unbekannte enthält, sondern nur eine Abhängigkeit zwischen den nämlichen beiden Variabelen (meinem Verhalten und dem Wetter) darstellt, hat man eine zu grosse Zahl von Bedingungen, welcher in dem gedachten Spezialfalle nur durch Zufall genügt werden kann. Diess geschähe z. B., wenn verlangt würde, dass y sowohl für $x = a_1$, als auch für $x = a_2$ denselben Werth annehmen, dass also $f(a_1) = f(a_2)$ sein solle oder dass für den bestimmten Werth $x = a$ auch y einen vorher bestimmten Werth b annehmen, dass also $f(a) = b$ sein solle. Ein derartiges Zusammentreffen, welches sich nur zufällig ereignen kann, entspricht etwa dem Satze „wenn sich das Wetter m o r g e n aufklärt, werde ich verreisen“, indem jetzt das Verreisen nicht bloss von dem guten Wetter, sondern zugleich von dem Eintritte desselben zu einer bestimmten Zeit abhängig gemacht ist.

Der Grad der Zufälligkeit der Bedingung wächst durch die Vermehrung der Bedingungsgleichungen, wie dieselbe z. B. in dem Satze liegt „wenn diese Nacht um 12 Uhr eine Sternschnuppe auf die Spitze der Paulskirche fällt, werde ich verreisen“.

Wenn die Zahl der Bedingungsgleichungen kleiner ist, als die Zahl der Unbekannten, gestaltet sich die Abhängigkeit nach dem Obigen zu einer nothwendigen. Mit dieser Nothwendigkeit der Abhängigkeit kann sich der Charakter der Unbestimmtheit verbinden. Letzteres geschieht, wenn die Unzulänglichkeit der Bedingungen darin besteht, dass das eigentliche Abhängigkeitsgesetz nicht gegeben ist, was mathematisch darauf hinausläuft, dass die Funktion f, welche die Variabelen x und y miteinander verbindet, nicht gegeben ist. Einem solchen Vorkommen entspricht der Satz „wenn sich das Wetter aufklärt, werde ich mich in irgend einer Weise verhalten“.

Wenn sich das Abhängigkeitsgesetz f in eine Konstante verwandelt, liegt logisch die Unabhängigkeit vor. Der mathematischen Formel $y = b$, welche jeden beliebigen Werth von x zulässt, entspricht der Satz „ich werde verreisen, das Wetter sei, wie es wolle“ oder „ich werde bei jedem Wetter verreisen“.

5) Der Erläuterung der fünf Alienitätsstufen der logischen Modalität schicken wir noch einige generelle Betrachtungen über die mathematische Modalität voraus, weil wir der genauen Erkenntniss der Prinzipien, welche die hier in Rede stehenden mathematischen und logischen Gesetze gemeinsam beherrschen, grosse Wichtigkeit beilegen.

Die geometrische Analogie der logischen Modalität ist die Form, ihre arithmetische Analogie ist die Funktion. Die eine wie die andere stellt das Gesetz des Verhaltens eines Objektes y auf Grund einer Abhängigkeit $f(x)$ von einem anderen, dem bedingenden Objekte x dar. Die Operation unter der Herrschaft eines Gesetzes ist logisch das Verhalten, worunter immer das gesetzliche Verhalten von y in Abhängigkeit von x oder die Mannichfaltigkeit des Seins unter einer gesetzlichen Bedingung verstanden ist; die geometrische Analogie ist die Krümmung oder Gestaltung nach einem Formgesetze; die arithmetische Analogie ist die Variation oder Variabilität nach Vorschrift einer Funktion. Die besondere Art und Weise der Abhängigkeit drückt dem Bildungsgesetze $f(x)$ seinen Charakter auf, welcher die eigentliche Modalität des Gesetzes ausmacht, und es handelt sich jetzt um den Nachweis der fünf Hauptmodalitäten.

Der Zusammenhang, welchen das Kardinalprinzip zwischen den Grundeigenschaften und Grundoperationen stiftet, gestattet es, eine jede der übrigen vier Grundoperationen so zu erweitern, dass sie ein Mittel zur Darstellung von Modalitäten wird. Jede dieser Darstellungsweisen trägt einen seinem Ursprunge entsprechenden Charakter. Versucht man zunächst, die geometrischen Formgesetze auf die erste Grundoperation, welche der arithmetischen Numeration oder Zusammenzählung entspricht, zu basiren; so heisst Diess, die Form durch sukzessive Grenzerweiterung, also durch Bestimmung der Grenzen oder Grenzwerthe, welche einer Grösse in den verschiedenen Stadien ihrer Bildung zukommen, resp. durch Zusammenfassung aller dieser Grenzwerthe in einem Systeme von Örtern, welche in der zuletzt gebildeten Grösse liegen, darzustellen. So kann z. B. eine Linie von beliebiger Grösse, Entfernung, Richtung, Krümmung zur Grenze einer Fläche genommen werden. Die Variation dieser Grenze entspricht der Bildung einer Fläche und durch die Bestimmung aller dieser möglichen Grenzen wird die Form der Fläche als Ort aller jener Grenzen gegeben. Der arithmetische Sinn dieser Operation ist die Darstellung einer Funktion $y = f(x)$ durch die Bedingung, dass ihr Differential eine bestimmte Funktion $f'(x)\,\partial x$ sei.

Versucht man sodann, die Formgesetze auf die zweite Grundoperation zu basiren oder durch Fortschritt zu erzeugen; so heisst Diess, die Formgrösse durch sukzessive Anreihung oder Verbindung von Gliedern oder Elementen zu bilden. Dass diese Operation eine wesentlich andere ist, als die vorhergehende, indem Fortschritt nicht Begrenzung, sondern Anreihung des zwischen benachbarten Grenzen Liegenden ist, leuchtet ein. Der arithmetische Sinn ist die Addition von Elementen $\partial y = f'(x) \cdot \partial x$, also die Herstellung des Integrals $y = \int f'(x) \cdot \partial x$ mit der Bedeutung einer Summe von unendlich vielen Gliedern, allgemein aber, die Herstellung einer Summe aus variabelen Gliedern.

Geht man darauf aus, die Formgesetze auf die dritte Grundoperation zu basiren oder geometrisch durch Drehung (resp. Vervielfältigung) und arithmetisch durch Multiplikation darzustellen; so heisst Diess, die Formgrösse durch wiederholte variabele Drehung und Vervielfältigung eines Vektors zu beschreiben. Der arithmetische Sinn ist die Bildung der Funktion y durch eine Folge variabeler Faktoren, also in der Form $y = abc\ldots$ Wenn es sich um stetige Formgrössen, z. B. Kurven handelt, werden alle diese Faktoren mit Ausnahme des ersten Faktors Grössen, welche nur unendlich wenig von der Einheit abweichen und ihre Anzahl wird unendlich gross, sodass man

$$y = a\Pi\{1 + \varphi(x)\,\partial x\}$$

schreiben kann, worin Π das Zeichen für ein Produkt aus unendlicher Faktorenzahl bezeichnet. Den der Einheit sich unendlich nähernden Faktor $1 + \varphi(x)\,\partial x$ kann man $e^{\varphi(x)\,\partial x}$ setzen. Wenn $\varphi(x)$ eine reelle

Funktion sein soll, ist damit auch noch ein Deklinations- und Inklinations-
koeffizient $e^{\partial\,\alpha\,\sqrt{-1}}$ und $e^{\partial\,\beta\,\sqrt{\div 1}}$ zu verbinden, worin α und β Funktionen
von x sind. Setzt man auch kurz $\varphi(x)\,\partial x = \partial\gamma$; so wird

$$y = a\,\Pi\,e^{\partial\,\alpha\,\sqrt{-1}}\,e^{\partial\,\beta\,\sqrt{\div 1}}\,e^{\partial\,\gamma}$$

und es liegt auf der Hand, dass dieser Ausdruck den Werth

$$y = a\,e^{\alpha\,\sqrt{-1}}\,e^{\beta\,\sqrt{\div 1}}\,e^{\gamma}$$

hat.

Sobald man die vierte Grundoperation, also arithmetisch die Potenzirung zur Basis der Gestaltung nimmt, gelangt man zur wiederholten
Potenzirung oder zur Dignation (§. 10), wonach die Funktion in der Form

$$y = a^{a^{\cdot^{\cdot^{\cdot^{a^x}}}}} = a \underset{n}{\curvearrowright} x$$

erscheint. Die geometrisch anschauliche Potenzirung ist die Dimensionirung. Es ist von Wichtigkeit, dass die Integration einen Dimensio-
nirungsakt involvirt, indem das Differential $f(x)\,.\,\partial x$ als das Produkt
der Grösse $f_{(x)}$ und der Grösse ∂x stets die Erhöhung der Dimensität
der Grösse $f_{(x)}$ um die Dimensität der Grösse ∂x verlangt. Ist also
die unabhängige Variabele x und demzufolge auch ihr Element ∂x eine
Linie, also von einer räumlichen Dimension; so hat das Differential
$f(x)\,.\,\partial x$ stets eine Dimension mehr, als der Differentialkoeffizient $f_{(x)}$.
Das Differential $\partial y = f_{(x)}\,.\,\partial x$ und ebenso die Grösse y selbst ist daher
eine Linie, sobald $f_{(x)}$ eine Zahl ist; sie ist eine Fläche, sobald
$f_{(x)}$ eine Linie ist; sie ist ein Körper, sobald $f_{(x)}$ eine Fläche ist.
Durch Wiederholung dieses Dimensionirungsaktes wird die Integration
befähigt, die allgemeinen Effekte der Potenzirung oder Qualitätserhöhung
darzustellen. Sie thut Diess in Form der mehrfachen Integrale

$$y = \int \partial x \int \partial x \int \ldots \int f(x)\,\partial x = {}^{n}\!\int f(x)\,\partial x^{n}$$

welche nach §. 12 ein Mittel zur allgemeinsten Funktionsbildung werden.
Da jede Integration ihre besondere Dimensionirungsrichtung oder ihre
besondere unabhängige Variabele haben kann; so gestaltet sich die mehrfache Integration zum Bildungsgesetze der Grössen von beliebig viel
Dimensionen oder von Funktionen mit beliebig viel Unabhängigen x, y, z
in der Form

$$w = \int \partial x \int \partial y \ldots \int f(x, y, z)\,\partial z$$

Schliesslich kann jede Operation zur Basis der Modalität angenommen,
d. h. sie kann variirt werden und vermöge ihrer Variationen die Prinzipien der Bedingung und der Abhängigkeit veranschaulichen. Der Gang
dieser allgemeinen Funktionsbildung ist folgender. $\mathfrak{F}$ sei das Symbol
für eine bestimmte Formbildung, welche durch ihre wiederholte Anwendung jede mögliche Funktion F erzeugt. Geht man von einem
absoluten, unabhängigen Standpunkte aus; so kann $\mathfrak{F}$ die Eminentiation (§. 39) vertreten. Man kann aber, wenn man nicht von einem
ganz absoluten, sondern von einem speziellen Standpunkte ausgehen
will, jedes beliebige, ein für alle Mal fest bestimmte Bildungsgesetz zur

Grundlage der Formbildung machen, also unter $\mathfrak{F}$ irgend eine bestimmte Grundfunktion verstehen. So kann man z. B. die in §. 10 erwähnte Dignität, welche auf fortgesetzter Exponentiation beruht, als Grundgesetz $\mathfrak{F}$ annehmen, und ebenso kann man die Integration dafür nehmen, indem dann $\mathfrak{F}$ das Zeichen $\int$ vertritt. Wir halten uns für den Augenblick von jedem Spezialwerthe des Symbols $\mathfrak{F}$ fern und betrachten dasselbe einfach als das Grundgesetz der Formbildung, gleichviel, ob es ein absolutes oder relatives sei. Indem wir dann noch den Inhalt des §. 56, sowie des Nachtrages zu §. 166 auf S. 458 ff. und des Nachtrages zu §. 183 auf S. 700 ff. ins Gedächtniss rufen, bemerken wir Folgendes.

Durch fortgesetzte Substitution des Werthes von $\mathfrak{F}(x)$ an die Stelle von x ergiebt sich $^2\mathfrak{F}(x) = \mathfrak{F}(\mathfrak{F}(x))$, $^3\mathfrak{F}(x) = \mathfrak{F}(^2\mathfrak{F}(x))$ u. s. w. Allgemein, wird jetzt, wenn man

$$^n\mathfrak{F}(x) = F(x)$$

setzt, $^n\mathfrak{F}$ der Ausdruck für jede beliebige Funktion F, indem der Index oder Funktionator oder Effizient n jeden beliebigen ganzen, gebrochenen und irrationalen, positiven und negativen, reellen, imaginären und über-imaginären, punktuellen (rein numerischen), linearen, superfiziellen und kubischen (überhaupt jeden in beliebig viel lineare Reihen sich auf-lösenden, einer Verwandlung der einfachen Unabhängigen x in keine, eine, zwei, drei Unabhängige entsprechenden Werth), sowie endlich jeden konstanten und jeden variabelen Werth annehmen kann. Das Wesen der Funktion F wird also durch den Funktionator n direkt gemessen und dieser bestimmt die verschiedenen Grund- und Haupteigenschaften, sowie die aus diesen Eigenschaften sich zusammensetzenden Hauptklassen der Form, von welchen wir hier nur die den negativen Indizes $-n$ entsprechenden Funktionen hervorheben, welche

$$^{-n}\mathfrak{F}(x) = {}^n\mathfrak{f}(x)$$

gesetzt werden können, wenn man mit $\mathfrak{f}$ die umgekehrte Funktion von $\mathfrak{F}$, nämlich diejenige bezeichnet, welche sich durch die Auflösung der Funktion $\mathfrak{F}(y) = x$ für y ergiebt.

Wenn man sich zur unmittelbaren Darstellung eines speziellen Formgesetzes des Symbols F bedient; so verschwindet der Funktionator n, weil F vermöge seiner charakteristischen Zusammensetzung der äquivalente Ausdruck für $^n\mathfrak{F}$ ist. Dieser Gebrauch des Symbols F ist der gewöhn-liche. Einer absoluten Auffassung der Formbildung durch eine generelle Grundoperation im echten Sinne der abstrakten Arithmetik entspricht die Darstellung durch das Symbol $^n\mathfrak{F}$, worin $\mathfrak{F}$ das absolute Formgesetz bezeichnet, welches für alle denkbaren Formen einunddasselbe ist. Die Formgesetze der anschaulichen Geometrie finden ihre rationelle und systematische Darstellung im Sinne des Funktionszeichens F unter der Voraussetzung, dass F nicht jedes beliebige spezielle Formgesetz, welches irgend einer konkreten Form zukömmt, sondern ein allen möglichen Formen gemeinsam zukommendes anschauliches Formgesetz, z. B. ein Integral eines einfach gebildeten Elementes bedeute, dessen Natur durch die speziellen Werthe bestimmt wird, welche man einem oder mehreren darin vorkommenden Parametern p ertheilt. In diesem Sinne haben wir die Formgesetze in §. 121 bis 166 dargestellt. Insofern also dem Symbole F diese Bedeutung beigelegt und demzufolge

$$^{n}\mathfrak{F}(x) = F(p,\ x)$$

gesetzt wird, ist unter F irgend ein bestimmtes, unveränderliches Gesetz (die Integration) verstanden, dessen charakteristische Eigenthümlichkeit in jedem konkreten Falle durch den besonderen Werth des Parameters p bestimmt ist.

Ein solcher Parameter p braucht nicht nothwendig konstant zu sein: derselbe kann vielmehr gleich null, er kann endlich und konstant und er kann variabel, also eine Funktion von x sein, d. h. man kann allgemein $p = f(x)$ haben. Sowie man für p diesen durch x ausgedrückten Werth setzt, verschwindet der charakteristische Parameter p und die Formgrösse stellt sich vermöge einer speziellen Funktion der Grundgrösse x in der Form $F_1(x)$ dar. Umgekehrt, kann man aber auch die unabhängige Variabele x durch den Parameter p ausdrücken, also diesen Parameter zur unabhängigen Variabelen machen. Hierdurch verschwindet die Grundgrösse x und die Formgrösse erscheint als eine spezielle Funktion des Parameters p in der Form $F'(p)$. Indem also $\mathfrak{F}$ und F allgemeine, sich stets gleich bleibende, F_1 und F' dagegen spezielle Formgesetze bezeichnen, ist irgend eine gegebene Formgrösse durch einen der vier nachstehenden Ausdrücke

$$^{n}\mathfrak{F}(x) = F(p,\ x) = F_1(x) = F'(p)$$

dargestellt.

Wie $^{n}\mathfrak{F}(x)$ durch weitere Funktionirung zu dem Index m in $^{m}\mathfrak{F}(^{n}\mathfrak{F}(x)) = {}^{m+n}\mathfrak{F}(x)$ übergeht; so geht $F(p,\ x)$ durch Variation des Parameters p um die Differenz q in $F(p+q,\ x)$ über.

Natürlich muss bei jeder Untersuchung, in welcher ein Symbol wie F gebraucht werden soll, erklärt sein, ob darunter ein allgemeines, für alle konkreten Fälle gleiches, oder ob darunter irgend ein spezielles Formgesetz verstanden werden soll. Da jedoch die Natur des allgemeinen Formgesetzes nicht eine von vorn herein fest gegebene ist; so kann man sich unter F immer jede beliebige Funktionsform vorstellen: das gleiche Symbol F bedeutet aber immer das nämliche Gesetz, und durch den Zusatz $(p,\ x)$, welcher die Formgrösse F zu einer gemeinschaftlichen Funktion der Grundgrösse x und des Parameters p stempelt, kann man anzeigen, dass das Symbol F das generelle Formgesetz vertreten soll.

Sobald man zur generellen Formoperation F die Integration nimmt, wie es den anschaulichen Operationen der Geometrie besonders gut entspricht; so erscheint der Parameter p an verschiedenen Stellen, jenachdem er die Bestimmung hat, die erste, zweite, dritte, vierte oder fünfte Grundeigenschaft der Form zu repräsentiren. Als Repräsentant der vierten Grundeigenschaft der Form, welcher die Dimensität der Formfigur (ob Punkt-, Linien-, Flächen-, Körpergrösse) bestimmt, erscheint er als der Integrator oder als Ordnungsgrad, der zugleich die Anzahl der unabhängigen Variabelen anzeigt. So hat man z. B. für eine Linienform ein einfaches Integral mit einer Variabelen oder ein Integral von der Ordnung 1. Als Repräsentant der ersten, zweiten, dritten und fünften Grundeigenschaft der Form, nämlich erstens, der Stärke der Krümmung, zweitens, der Konvexität und Konkavität, drittens, der Torsion, fünftens, der Alienität oder des Charakters der Form, erscheint der Parameter p in dem Ausdrucke $y = F(p, x)$ des Vektors einer Formgrösse zunächst als ein reeller Koeffizient, wenn er die Ingression oder Stärke des Fortschrittes bei variirendem x bezeichnen soll. Sodann entscheidet in dem die Richtung (Tangentialrichtung) repräsentirenden komplexen Koeffizienten $e^{p\sqrt{-1}}$ das positive und negative Zeichen von p über die Konvexität und Konkavität, während die Reellität und Neutralität von p über die Torsion der Kurve entscheidet. Endlich hängt die fünfte Grundeigenschaft oder der Formcharakter davon ab, ob mehrere und welche Parameter zugleich null sind. In §. 166 (S. 387) haben wir nämlich gezeigt, dass die fünf Hauptstufen der Alienität der Form, d. h. die Konstanz, die Einförmigkeit, die Gleichförmigkeit, die gleichmässige Abweichung und die Steigung oder Stauchung (vergl. den Nachtrag zu §. 183 auf S. 701) durch bestimmte Werthe bedingt sind, welche die Grösse p in dem Ausdrucke

$$e^{p'x}\, e^{p''\sqrt{-1}}\, e^{p'''x\sqrt{\div 1}}$$

an den mit p', p'', p''' bezeichneten Stellen besitzt. Diese fünf Hauptformen stellen sich geometrisch als konstante Entfernung (zwischen zwei festen Endpunkten), als gerade Linie (von stetiger, variabeler Länge), als Kreislinie, als Schraubenlinie und als logarithmische Raumspirale (gestauchte Schraubenlinie) dar. Wir wiederholen aber jetzt im Anschluss an den Nachtrag zu §. 183, auf S. 702, dass die Hauptklassen von Formen, welche alle zwischen jenen fünf Hauptstufen oder Hauptformen liegenden möglichen Fälle umfassen, dadurch entstehen, dass man an die Stelle der konstanten Grössen p', p'', p''' (oder, allgemeiner, an die Stellen der konstanten Grössen α, β, a, b, m, n, p, q der Formel auf S. 387 Z. 26) variabele Grössen oder Funktionen von x setzt.

Von diesen Hauptformklassen umfasst die erste alle konstanten Entfernungen von jeder möglichen Länge und die Inbegriffe solcher Längen, also überhaupt die Polygone, die zweite alle geraden Linien von jeder möglichen Ingression (Fortschrittsgeschwindigkeit) und Richtung, die dritte alle ebenen Kurven von jeder möglichen Ingression und Krümmung, die vierte alle Raumkurven von jeder möglichen Ingression, Krümmung und Torsion, die fünfte alle Raumkurven von jeder möglichen Ingression, Krümmung, Torsion und Steigung (insbesondere die Spiralen und die einem Punkte sich unendlich nähernden Linien).

Das Wesentliche der vorstehenden Betrachtung liegt darin, dass die Natur jeder Funktion, d. h. jedes spezielle Abhängigkeitsgesetz durch einunddasselbe fundamentale Bildungsgesetz $\mathfrak{F}$ mittelst des Funktionators n in der Form $^n\mathfrak{F}$ oder durch ein mehreren Formklassen gemeinsames Bildungsgesetz F mittelst des Parameters p in der Form $F(p, x)$ dargestellt wird und dass die verschiedenen Werthe von n oder p die Repräsentanten der verschiedenen Grund- und Haupteigenschaften der Form sind, sodass diese Eigenschaften in der Grösse n oder p ihr Maass finden.

Aus §. 167 geht hervor, dass wenn man die Quantität einer geometrischen Grösse (ihr numerisches Verhältniss zur Einheit) durch den numerischen Faktor a, ihre Richtung durch den Richtungskoeffizienten $e^{\varphi\sqrt{-1}}$ (allgemeiner durch $e^{\varphi\sqrt{-1}}e^{\psi\sqrt{\div 1}}$), ihre Dimensität durch den Faktor λ^m, welcher eine Potenz der Längeneinheit λ ist, bezeichnet, die Form dieser Grösse durch einen Faktor F dargestellt werden kann, dessen numerischer Werth $= 1$ ist, welcher aber eine bestimmte Stufe n des absoluten Funktionsgesetzes ${}^n\mathfrak{F}$ oder den Werth darstellt, welchen eine bestimmte Funktionsform F für einen bestimmten Werth eines Parameters p annimmt. Der Ort dieser Grösse wird durch den Abstand b ihres Anfangspunktes vom Nullpunkte aus gemessen und der Gesammtausdruck der nach allen fünf Grundeigenschaften aufgefassten Grösse a ist alsdann nach §. 168

$$((a)) = {}_{,,}b_{,,} + a\,e^{\varphi\sqrt{-1}}\lambda^m\,{}^n\mathfrak{F}\,(x)$$

oder

$$= {}_{,,}b_{,,} + a\,e^{\varphi\sqrt{-1}}\lambda^m\,F(p,\,x)$$

Die logische Modalität oder die Abhängigkeit eines Begriffes von einem anderen Begriffe, welcher jenen bedingt, entspricht, wenn sie der mathematischen Formel $y = F_1(x)$ assimilirt wird, derjenigen Auffassung, wonach das Abhängigkeitsgesetz F_1, durch welches der Begriff y von dem Begriffe x abhängig wird oder durch welches der Begriff x den Begriff bedingt, als ein spezielles Gesetz gegeben ist, welches durch seine Eigenthümlichkeit die fragliche Abhängigkeit darstellt. Wenn die Logik ihre Begriffe der Formel $y = F(p,\,x)$ anschliesst; so bedeutet F zwar nicht das absolute, aber doch ein gewissen Formklassen gemeinschaftlich zu Grunde gelegtes Formgesetz, welches durch den speziellen Werth des Parameters p seinen speziellen Werth erlangt. Wenn endlich die logischen Begriffe der Formel $y = {}^n\mathfrak{F}(x)$ assimilirt werden; so erscheint die Modalität als das Resultat einer absoluten, für alle speziellen Fälle gleichen geistigen Operation, welche alle möglichen Abhängigkeitsverhältnisse zu erzeugen vermag, sobald diese Operation bis zu der durch den Funktionator n angezeigten Stufe entwickelt wird. Hierdurch wird der mathematische Funktionator n oder der Parameter p der eigentliche Ausdruck für die logische Bedingung, welche das Abhängigkeitsgesetz oder die Abhängigkeit ${}^n\mathfrak{F}(x)$ oder $F(p,\,x)$ erzeugt, während x der bedingende Begriff ist, welcher in einem jenem Gesetze unterworfenen Falle den Werth des durch dieses Gesetz von ihm abhängigen Begriffes $y = {}^n\mathfrak{F}(x) = F(p,\,x)$ nach sich zieht.

Wir wenden uns jetzt zur speziellen Erläuterung der fünf Alienitätsstufen der Form oder der fünf Hauptformen. Die geometrischen Hauptformen stellen sich, wenn man zunächst die Form von Linien ins Auge fasst, als primoforme Figur in der konstanten, invariabelen, aus isolirten unabhängigen Elementen bestehenden, durch bestimmte Grenz- oder Eckpunkte und durch bestimmte Linienrichtungen gegebenen Eck- oder Polygongestalt, als sekundoforme Figur in der Gestalt der geraden Linie, als tertioforme Figur in der Gestalt des Kreises, als quartoforme Figur in der Gestalt der Schraubenlinie und als quintoforme Figur in der Gestalt der logarithmischen Spirale oder der steigend gestauchten (verhältnissmässig gestauchten) Linie dar. Auf der ersten Stufe ist alles konstant; auf der zweiten variirt lediglich der Fortschritt, es bleibt aber die Richtung und alles Übrige konstant, es handelt sich also um einen variabelen Fortschritt innerhalb einer konstanten Richtung; auf der dritten variirt der Fortschritt und die Richtung (Länge und Deklination), es bleibt aber die Ebene (Krümmungsebene), worin die Variation erfolgt, konstant; auf der vierten variirt der Fortschritt, die Deklination und die Inklination (es findet Längenänderung, Drehung und Wälzung der Krümmungsebenen oder Torsien statt) es bleibt aber der Raum, in welchem die Variation vor sich geht, konstant; auf der fünften variirt der Fortschritt, die Deklination, die Inklination und die Reklination oder der Raum, in welchem die Variation erfolgt, d. h. es gesellt sich zu den früheren Variabelen noch eine variabele Reklination, also ein Prozess, welcher aus dem anschaulichen Raume von drei Dimensionen in den transzendentalen Raum von vier Dimensionen übertritt und als anschauliches Resultat eine steigende Stauchung der Kurvenelemente hervorbringt, in Folge deren diese Elemente sich kontrahiren, resp. expandiren, ohne die geometrische Ähnlichkeit zu verlieren. Aus einer primoformen (konstanten) Grösse entspringt eine sekundoforme, wenn der Ort der Elemente der ersteren variabel gemacht wird; aus der sekundoformen entspringt die tertioforme, wenn die Richtung der Elemente variabel gemacht wird; aus der tertioformen die quartoforme, wenn die Krümmungsebene der Elemente variabel gemacht wird; aus der quartoformen die quintoforme, wenn das Volum des Formelementes variabel gemacht wird. Die letzte Variation ist ein Quantitätsprozess und daraus geht hervor, dass das Kardinalprinzip in der obersten Stufe des Modalitätsgesetzes einen Rücklauf zur ersten Grundeigenschaft, der Quantität vollzieht, also einen Kreislauf in sich birgt.

Mit der fünften Alienitätsstufe der Form schliesst das Kardinalprinzip, weil die nächst höhere Variation ganz in dem transzendentalen Raume vor sich geht, ohne anschauliche Effekte hervorzubringen·

Es erscheint uns von Wichtigkeit, die fünfte Hauptform, nämlich die Stauchung, da dieselbe bis jetzt der Beachtung der Mathematiker entgangen ist und da sie wesentlich die Pentarchie des Kardinalprinzipes begründet, noch etwas spezieller zu beleuchten. Zu dem Ende heben wir Folgendes hervor. Die primoforme oder konstante Figur des Polygons hat lauter feste Punkte; sie ist in jeder Hinsicht unveränderlich. Die sekundoforme Figur der geraden Linie hat eine konstante Richtung, worin ein variabeler Punkt sich frei bewegen kann; das Variabele in ihr ist der Ort, welcher einen Punkt einnehmen kann, sie selbst stellt also einen variabelen Ort oder auch eine variabele Punktrelation dar; die sekundoforme Figur entsteht aus der primoformen durch Ausstreckung oder Entfesselung des Ortes eines Punktes. Die tertioforme Figur der Kreislinie hat eine konstante Krümmung, worin eine variabele Richtung (die Tangente) sich frei drehen kann; sie stellt eine variabele Richtung oder auch eine variabele Linienrelation dar; die tertioforme Figur entsteht aus der sekundoformen durch Entfesselung der Richtung einer Linie oder durch Biegung einer geraden Linie. Die quartoforme Figur der Schraubenlinie hat eine konstante Torsion, worin eine variabele Krümmungsebene sich frei wälzen kann; sie stellt eine variabele Krümmungsebene oder auch eine variabele Flächenrelation dar; die quartoforme Figur entsteht aus der tertioformen durch Entfesselung der Krümmungs- oder Schmiegungsebene, durch Torquirung einer konstant gekrümmten Kurve. Bei der Entstehung der torquirten Linie aus der geraden Tangente wälzt sich die Krümmungsebene um die Tangente, während Letztere in der Krümmungsebene sich dreht.

Bei der Stauchung nun, welche die quintoforme Figur der logarithmischen Spirale erzeugt, werden die Kurvenelemente verkürzt oder verlängert, ohne ihre Anzahl und die dieser Anzahl entsprechende Drehung der Tangente und Wälzung der Krümmungsebene zu ändern und zwar ist bei der steigenden Stauchung die Längenveränderung der Kurvenelemente eine verhältnissmässig zunehmende, sodass das Verhältniss der Längen zweier gestauchten Nachbarelemente überall dasselbe ist. Sind also 1, 2, 3 ... n die Nummern von n aufeinanderfolgenden Kurvenelementen, welche in der ungestauchten Linie gleiche Länge haben, und bezeichnet c einen konstanten Stauchungskoeffizienten; so ist das Längenverhältniss zweier benachbarten Elemente gleich c. Nach der Stauchung verhalten sich die Längen der sukzessiven n Elemente wie die Zahlen c, c^2, c^3 ... c^n, die Tangente des n-ten Elementes hat dieselbe Drehung und die Krümmungsebene des $(n-1)$-ten und n-ten Elementes hat dieselbe Wälzung um die Tangente gemacht, wie vor der Stauchung. Die Stauchung beruht hiernach auf einem variabelen Körperverhältnisse bei unveränderter Torsion, Krümmung und Elementenzahl; sie ist eine Entfesselung des körperlichen Raumes, während die Torsion eine Entfesselung der Ebene, die Krümmung eine Entfesselung der geraden Linie, die Geradheit oder Ausstreckung eine Entfesselung des Punktes, die Konstanz eine Fesselung ist.

Da alle Körper einunddieselbe Richtung, nämlich die des allgemeinen dreidimensionalen Raumes haben; so ist das Körperverhältniss, auf welchem die Stauchung beruht, ein Quantitätsverhältniss und hieraus geht hervor, dass die letzte Formstufe durch einen Quantitätsprozess erzeugt wird, dass also die oberste Spitze des Kardinalprinzipes wiederum die unterste Grundeigenschaft, die Quantität, berührt.

Das charakteristische Merkmal der ·steigenden Stauchung, welches dieselbe als einen selbstständigen, durch keine Ausstreckung, Krümmung und Torsion ersetzbaren Formprozess erscheinen lässt, ist die bis ins Unendliche fortschreitende Ausdehnung der Formelemente, welche auf der rechten Seite des Anfangspunktes der Stauchung liegen, und die bis zur Annullirung fortschreitende Kompression der auf der linken Seite liegenden Elemente. Hierdurch aber nimmt der ganze links liegende Kurventheil, wenn derselbe auch vor der Stauchung eine unendliche Länge hatte, eine endliche Länge an: denn wenn a die Länge des ungestauchten Elementes im Anfangspunkte der Stauchung oder die Länge aller Elemente der ungestauchten Kurve ist; so nimmt der aus n Elementen bestehende rechts liegende, gedehnte Kurventheil die Länge

$$S = (c + c^2 + c^3 + \cdots + c^n)\,a = \frac{a\,c\,(c^n - 1)}{c - 1}$$

und der links liegende, komprimirte Kurventheil die Länge

$$ S' = \left(\frac{1}{c} + \frac{1}{c^2} + \frac{1}{c^3} + \cdots + \frac{1}{c^n} \right) a = \frac{a\left[1 - \left(\frac{1}{c}\right)^n\right]}{c - 1} $$

an. Für $n = \infty$ wird der erste Theil unendlich lang, der zweite aber

nimmt die endliche Länge $\dfrac{a}{c-1}$ an.

Hieraus geht hervor, dass die steigend gestauchte Linie sich auf der einen Seite einem festen Punkte unendlich nähert, ohne denselben jemals zu erreichen. Eine gestauchte Linie braucht nicht nothwendig eine Spirale zu sein; so ist z. B. die Linie

$$ r = \int_0^x e^x \, \partial x = e^x - 1 $$

eine vollkommen gerade, in der reellen Axe liegende Linie, welche sich rechts vom Nullpunkte ins Unendliche erstreckt, auf der linken Seite jedoch sich dem in der Entfernung 1 liegenden Punkte nähert, ohne denselben zu erreichen.

Die Stauchung mit konstantem Stauchungskoeffizienten c ist die steigende oder verhältnissmässige, welche der fünften Hauptform entspricht. Ein variabeler Stauchungskoeffizient erzeugt beliebig gestauchte Kurven, also die ganze Klasse der gestauchten Kurven, ähnlich wie die variabele Krümmung die ganze Klasse der ebenen Kurven und die variabele Torsion die ganze Klasse ungestauchter Raumkurven ergiebt. Der generelle analytische Ausdruck einer beliebig gestauchten Kurve ergiebt sich leicht aus der Formel der ungestauchten Kurve. Die Letztere ist nach unserer Theorie

$$ (\partial s) = \partial s \, e^{\varphi \sqrt{-1}} e^{\psi \sqrt{\div 1}} $$

worin φ und ψ beliebige Funktionen der Kurvenlänge s sind. Substituirt man hierin für die konstante Länge des Kurvenelementes ∂s eine variabele Länge $\partial s_1 = f(s)\partial s$; so erhält man eine gestauchte Kurve

$$ (\partial s_1) = f(s) \partial s \, e^{\varphi \sqrt{-1}} e^{\psi \sqrt{\div 1}} $$

Wenn man, um die Formel auf die neue unabhängige Variabele zu beziehen, aus der Gleichung $f(s)\partial s = \partial s_1$ die Grösse s als Funktion von s_1 in der Form $s = f_1(s_1)$ entwickelt, ergiebt sich auch φ und ψ als Funktion von s_1 und man hat

$$ (\partial s_1) = \partial s_1 \, e^{\varphi_1 \sqrt{-1}} e^{\psi_1 \sqrt{\div 1}} $$

In §. 128, S. 302 haben wir die Formeln angegeben, durch welche der Krümmungshalbmesser und der Torsionswinkel aus den in den vorstehenden Gleichungen erscheinenden Grössen ∂s, φ, ψ berechnet werden können. Wenn R den Krümmungshalbmesser eines Punktes der ungestauchten Kurve am Ende des Kurvenbogens s, dagegen R_1 den Krümmungshalbmesser eines Punktes der gestauchten Kurve am Ende des Kurvenbogens s_1, auf welchen s durch Stauchung gebracht ist, wenn

ferner $\partial \tau = \dfrac{\partial \tau}{\partial s}\partial s$ den Torsionswinkel vor der Stauchung und $\partial \tau_1$

$= \dfrac{\partial \tau_1}{\partial s_1}\partial s_1 = \dfrac{\partial \tau}{\partial s}\dfrac{\partial s}{\partial s_1}\partial s_1$ den Torsionswinkel nach der Stauchung in dem

17*

korrespondirenden Punkte ist; so findet man nach den eben zitirten Formeln

$$R_1 = f(s) . R$$
$$\frac{\partial \tau_1}{\partial s_1} = \frac{1}{f(s)} . \frac{\partial \tau}{\partial s}$$

Hiernach wird das Produkt aus dem Krümmungshalbmesser R und der Torsion $\frac{\partial \tau}{\partial s}$ durch die Stauchung niemals geändert: während R wächst, nimmt die Krümmung, sowie die Torsion ab, und man hat stets

$$R_1 \frac{\partial \tau_1}{\partial s_1} = R \frac{\partial \tau}{\partial s}$$

Bei konstanter Stauchung werden alle Elemente gleich stark gestaucht; folglich hat dann $f(s)$ einen konstanten Werth n, in Folge dessen $s_1 = n s$, $R_1 = n R$, $\frac{\partial \tau_1}{\partial s_1} = \frac{1}{n} \frac{\partial \tau}{\partial s}$ wird. Dieser Fall entspricht der Reduktion einer Kurve auf eine ihr geometrisch ähnliche Figur, z. B. der Kompression eines Kreises auf einen kleineren Kreis.

Wenn jedes folgende Element um dieselbe Länge stärker gestaucht wird, als das vorhergehende, wenn also die Längendifferenz zwischen zwei gestauchten Nachbarelementen konstant ist, hat man $f(s) = n s$, also

$$s_1 = {}^1/_2 n s^2, \quad R_1 = n s R, \quad \frac{\partial \tau_1}{\partial s_1} = \frac{1}{n s} \frac{\partial \tau}{\partial s}.$$

Wenn $f(s)$ eine periodische Funktion ist, z. B. $= sin n s$, ergiebt sich eine periodische Stauchung. So entsteht aus dem Kreise durch periodische Stauchung die Ellipse.

Der wichtigste Grad von Stauchung ist die steigende Stauchung, bei welcher zwei gestauchte Nachbarelemente in einem konstanten Verhältnisse zueinander stehen, mithin $f(s) = e^{n s}$ oder $e^{n s} \partial s = \partial s_1$ und daher durch Integration, wenn für $s = 0$ auch $s_1 = 0$ sein soll, $e^{n s} = n s_1 + 1$ ist. Wird daher eine Kurve steigend gestaucht; so hat man für die gestauchte Kurve $s_1 = \frac{1}{n} (e^{n s} - 1)$ und

$$R_1 = e^{n s} R = (n s_1 + 1) R$$
$$\frac{\partial \tau_1}{\partial s_1} = \frac{1}{e^{n s}} \frac{\partial \tau}{\partial s} = \frac{1}{n s_1 + 1} \frac{\partial \tau}{\partial s}$$

Ist die zu stauchende Kurve eine Schraubenlinie, für welche man nach §. 137

$$(\partial s) = \partial s \, e^{\alpha \sqrt{-1}} e^{m s \sqrt{\div 1}}$$

also den konstanten Krümmungshalbmesser $R = \frac{1}{m \, sin \, \alpha}$ und die konstante Torsion $\frac{\partial \tau}{\partial s} = m \, cos \, \alpha$ hat; so wird die steigend gestauchte Linie eine logarithmische Spirale, für welche

$$R_1 = \frac{n s_1 + 1}{m \, sin \, \alpha} \qquad \frac{\partial \tau_1}{\partial s_1} = \frac{m \, cos \, \alpha}{n s_1 + 1}$$

Diese Formeln müssen mit den in §. 138 gefundenen übereinstimmen, thun Diess auch bis auf einen dort untergelaufenen Schreibfehler, in Folge dessen $n(s + 1)$ statt $ns + 1$ gesetzt ist. Dieser Schreibfehler beruht auf einer auf S. 324, Z. 21 von oben begangenen Auslassung und hat einige andere Fehler in den Formeln von dieser Zeile bis zu Seite 325 Zeile 9 von oben zur Folge, welche ich bei dieser Gelegenheit berichtige. Es ist dort auf S. 324, Z. 21 zu setzen $ns = e^{nx} - 1$, also $e^{nx} = ns + 1$, sodann in Z. 23, 25, 32, 33 $ns + 1$ statt $s + 1$, und in Z. 27, 29 $ns + 1$ statt $n(s + 1)$. Hierdurch werden die dortigen Formeln auf S. 324

$$R = \frac{e^{nx}}{m \sin \alpha} = \frac{ns + 1}{m \sin \alpha}$$

$$\partial x = m \partial x \sin \alpha = \frac{m \partial s \sin \alpha}{ns + 1}$$

$$\partial \tau = m \partial x \cos \alpha = \frac{m \partial s \cos \alpha}{ns + 1}$$

$$x = m x \sin \alpha = \frac{m}{n} \log (ns + 1) \sin \alpha$$

$$\tau = m x \cos \alpha = \frac{m}{n} \log (ns + 1) \cos \alpha$$

Auf S. 325 wird sodann

$$\frac{\partial R}{\partial s} = \frac{n}{m \sin \alpha} = \frac{n R}{ns + 1}$$

Die Länge der Kurve vom Anfangspunkte bis zum Nullpunkte ergiebt sich jetzt nicht $= 1$, sondern $= \frac{1}{n}$, man hat daher noch auf S. 325 $s' = s + \frac{1}{n}$ und

$$R = \frac{ns'}{m \sin \alpha} \qquad \partial \tau = \frac{m \partial s' \cos \alpha}{ns'}$$

$$\frac{\partial R}{\partial s'} = \frac{n}{m \sin \alpha} = \frac{R}{s'}$$

Auf die übrigen Formeln, sowie auf den §. 140, haben diese Korrekturen keinen Einfluss.

Die vorstehenden fünf Formen, der konstante Anfangspunkt, die Gerade, der Kreis, die Schraubenlinie und die logarithmische Spirale sind die fünf Hauptformen der Linien: dieselben stellen zugleich die Maasskurven dar, vermittelst welcher die Form einer gegebenen Linie von beliebiger Form an einer gegebenen Stelle gemessen wird, indem sie resp. den Ort dieses Punktes, die Tangente, den Krümmungskreis, die Krümmungsschraube und die Krümmungsspirale darstellen, welche resp. den Ort, die Richtung, die Krümmung, die Torsion und die Steigung der Kurve an jener Stelle messen, jenachdem man das zu messende Kurvenstück zunächst als quantitätslos (ohne Länge), sodann als ein absolut einfaches Element (ohne Theile), dann als ein zweitheiliges Element, dann als ein dreitheiliges Element und schliesslich als ein viertheiliges Element auffasst.

Was die Hauptformen der Flächen betrifft; so definiren wir jetzt die n-te superfizielle Hauptform als den Ort, welchen eine lineare Generatrix von der n-ten Hauptform beschreibt, wenn sie sich längs einer linearen Direktrix ebenfalls von n-ter Hauptform bewegt. Hierbei verstehen wir unter der Bewegung längs einer Direktrix von erster Hauptform den konstanten Stillstand, unter der Bewegung längs einer Direktrix von zweiter Hauptform geradlinigen Fortschritt in einer gegebenen Richtung, unter der Bewegung längs einer Direktrix von dritter Hauptform, also längs einer Kreislinie Drehung um eine feste Axe, unter Bewegung längs einer Direktrix von vierter Hauptform, also längs einer Schraubenlinie Drehung um eine variabele Axe, also Drehung mit Wälzung, unter Bewegung längs einer Direktrix von fünfter Hauptform, also längs einer logarithmischen Spirale Drehung mit Wälzung und Stauchung.

Hiernach ist die primoforme Fläche die durch konstante Punkte, konstante Linienrichtungen und konstante Flächenrichtungen gegebene Polyederfläche, welche sich im einfachsten Falle auf einen Punkt reduzirt. Die sekundoforme Fläche ist die Ebene, welche durch die Bewegung einer geraden Linie längs einer geraden Linie oder in konstanter Richtung beschrieben wird. Die tertioforme Fläche ist die Wölbung, welche durch Drehung eines Kreises um eine feste Axe entsteht und welche im einfachsten Falle, wo die Drehungsaxe in der Ebene der Generatrix liegt und durch den Mittelpunkt ihres Kreises geht, eine Kugelfläche, wenn die Drehungsaxe zwar in der Ebene der Generatrix liegt, aber nicht durch ihren Mittelpunkt geht, eine Ringfläche ergiebt. Die quartoforme Fläche ist die Schraubenfläche, welche dadurch entsteht, dass eine Schraubenlinie sich dreht und zugleich wälzt. Die quintoforme Fläche ist die logarithmische Spiralfläche, welche entsteht, indem eine logarithmische Spirale sich dreht, wälzt und staucht. Spezielle Werthe der Generatrix und der Direktrix liefern spezielle Flächenformen, wie z. B. die Zylinder-, Kegel-, Kugelfläche. Die Kombination mehrerer Hauptformen, resp. Hauptprozesse liefert die verschiedenen Formklassen; so entsteht z. B. die gemeine Schraubenfläche durch eine gerade Generatrix, welche fortschreitet und sich dreht, deren Direktrix also eine Kombination des sekundoformen und tertioformen Prozesses ist.

Die fünf Haupt-Flächenformen liefern zugleich durch ihre Krümmung, (resp. durch die Krümmung, welche sie an einer bestimmten Stelle besitzen), das Maass für die Krümmung, welche eine gegebene Fläche von beliebiger Form an einer bestimmten Stelle besitzt, und zwar das Maass für die Krümmung erster, zweiter, dritter, vierter und fünfter Ordnung. Insbesondere bestimmt der primoforme Punkt den Ort einer Fläche an der fraglichen Stelle, die sekundoforme Ebene die Tangentialebene, die tertioforme gewölbte Fläche die Wölbung, die quartoforme Schraubenfläche die Windung und die quintoforme logarithmische Spiralfläche die Steigung, resp. Stauchung der Fläche an der gedachten Stelle.

Die arithmetischen Analogien der fünf geometrischen Hauptformen sind die fünf Hauptfunktionen, welche der Konstanz, der Einförmigkeit, der Gleichförmigkeit, der gleichmässigen Abweichung und der Steigung entsprechen. Wir müssen wiederholt in Erinnerung bringen, dass arithmetische Form nicht mit geometrischer Form identisch ist, dass vielmehr nach ihrem Grundwesen die arithmetische Form absolute Form ist, welche jeden Bestandtheil in seiner unmittelbaren Beziehung zu absoluten Basen, nämlich zu der Grundeinheit, zum Nullpunkte, zur Grundaxe u. s. w. auffasst, während die geometrische Form nach ihrem Grundwesen relative Form ist, welche auf der Beziehung der Bestandtheile zueinander, also zu relativen Basen beruht. Demzufolge werden die Formeln für die echt arithmetischen Hauptformen nicht in jeder Hinsicht mit den Formeln für die geometrischen Hauptformen übereinstimmen.

Die erste arithmetische Hauptform oder die primogene Funktion ist die konstante Grösse a oder in einfachster Gestalt die Einheit 1. Die sekundogene Funktion ist die einförmige oder unabhängige Variabele x oder, allgemeiner, die Funktion $r + ax$. Die tertiogene Funktion ist die Exponentialgrösse mit einförmig variabelem Exponenten, also e^x oder, allgemeiner, $e^{r+ax} = e^r\, e^{ax} = b\, e^{ax}$, eine Funktion, welche für $a = m\sqrt{-1}$ und $b = \partial x$ das Element der gleichförmig gekrümmten geometrischen Kreislinie enthält. Die quartogene Funktion ist die Exponentialgrösse, deren Exponent selbst eine variabele Exponentialgrösse ist, also die Funktion e^{e^x}. Es lässt sich leicht zeigen, dass die allgemeinere Form $c\, e^{b\, e^{ax}}$ dieser Funktion für $a = m\sqrt{-1}$, $b = n\sqrt{\div 1}$ und $c = \partial x$ das Element der gleichmässig abweichenden geometrischen Schraubenlinie darstellt. Die quintogene Funktion ist die Dignität $e^{e^{e^x}}$, welche in der allgemeineren Form $d\,.\,e^{c\,e^{b\,e^{ax}}}$ für $a = m\sqrt{-1}$, $b = n\sqrt{\div 1}$, $c = p\sqrt{\div 1}$, $d = \partial x$ das Element der gleichmässig steigenden logarithmischen Spirale vertritt.

Wenngleich die geometrischen Hauptformen durch die arithmetischen Hauptfunktionen dargestellt werden können; so kann Diess doch nicht in ganz einfacher Weise, sondern nur unter Verallgemeinerung der betreffenden Funktion geschehen: dabei werden die Koeffizienten a, b, c voneinander abhängig durch Funktionen, welche wiederum keine einfachen Gesetze sind. In Betracht, dass die absolute, auf Begriffen beruhende arithmetische Form niemals mit der relativen, auf Anschauung beruhenden geometrischen Form übereinstimmen kann, wiewohl eine jede in ihrem Gebiete, die arithmetische Form im abstrakten, die geometrische Form im anschaulichen Gebiete eine einfache Grundeigenschaft bezeichnet, ist es von Interesse, diejenigen arithmetischen Formen zu ermitteln, durch welche die geometrischen Grundformen am einfachsten dargestellt werden können. Diese Form ist das Integral als Summe oder Reihe unendlich vieler Elemente, von welchen ein jedes als das Resultat eines einfachen Gestaltungs-, Dimensionirungs-, Drehungs-, Fortschritts- und Erweiterungsprozesses erscheint. Wie auf S. 256 mit Bezug auf §. 167 in Erinnerung gebracht ist, findet der Erweiterungsprozess seinen Ausdruck durch einen Quantitätsfaktor; dem Fortschrittsprozesse wird durch die Anreihung jedes Elementes an alle vorhergehenden bei der Integration

Rechnung getragen; der Drehungsprozess erfordert einen Richtungskoeffizienten (ein Zeichen); der Dimensionirungsprozess bedarf eines Faktors,
welcher eine Grösse von gewisser Qualität oder Dimensität darstellt;
der Gestaltungsprozess endlich kann durch einen Faktor vertreten werden,
welcher ein Bildungsgesetz oder eine Funktion enthält. Da es sich
jedoch um den Ausdruck für ein Element ∂y der Reihe handelt, welche
in ihrer Totalität oder als Integral die Grösse y darstellt; so ist es
nicht nöthig, die eben gedachten Grundeigenschaften in vollster Allgemeinheit, sondern nur in derjenigen Allgemeinheit auszudrücken, wie sie
einem unendlich kleinen Elemente möglicherweise zukommen kann.
Demzufolge bedarf die Quantität, weil alle unendlich kleinen Elemente
von gleicher Grösse angenommen werden können, nur eines gemeinsamen,
also konstanten numerischen Faktors a. Die Dimensionirung bedarf,
wenn man fürerst nur Grössen y ins Auge fasst, deren Bildung von
einer Unabhängigen x von einer Dimension dergestalt abhängt, dass die
Grössen y eine Dimension mehr enthalten, als ihr Differentialkoeffizient
$\frac{\partial y}{\partial x}$, nur eines Faktors von einer Dimension, welcher sich in dem
Differentiale ∂x darbietet. Hierdurch stellt $a \partial x$, als Ausdruck eines
Theiles der unabhängig Variabelen von einer allen Theilen gemeinschaftlichen Quantität, die eben gedachten beiden Grundeigenschaften Quantität
und Dimensität zugleich dar. Die Gestalt eines Elementes kann stets
als einförmig (gerade) angesehen werden: dieselbe bedarf also nur eines
Faktors, welcher eine einförmig variabele Grösse repräsentirt. Diese
Bedingung erfüllt schon der Faktor ∂x, welcher, als unendlich kleines
Element keinen konstanten, sondern einen einförmig variabelen, nämlich
jeden beliebigen verschwindend kleinen Werth hat (der übrigens in jedem
Augenblicke für alle Elemente der Grösse y als gleich angenommen
werden kann). Hiernach vertritt $a \partial x$ die drei Grundeigenschaften eines
Elementes, nämlich gemeinsame Quantität, Qualität der Unabhängigen
und einförmige Gestalt, und es bleibt nur noch die Richtung derselben
zu bestimmen. Dieselbe wird durch einen Richtungskoeffizienten oder
ein Zeichen ausgedrückt, welches in seiner grössten Allgemeinheit aus
den Faktoren $e^{\alpha \sqrt{-1}}$, $e^{\beta \sqrt{\div 1}}$, $e^{\gamma \sqrt{\div 1}}$ u. s. w., d. h. aus einem Deklinations-,
Inklinations-, Reklinations- u. s. w. -Koeffizienten oder aus einem primären,
sekundären, tertiären u. s. w. Richtungskoeffizienten besteht. Hiernach
ist der allgemeinste Ausdruck eines Elementes einer Grösse y, welche
eine Dimension mehr hat als ihr Differentialkoeffizient,

$$\partial y = a \partial x \, e^{\alpha \sqrt{-1}} e^{\beta \sqrt{\div 1}} e^{\gamma \sqrt{\div 1}} \ldots$$

In diesem Ausdrucke können α, β, γ ... beliebige Funktionen von x
sein. Die Reihe der Richtungskoeffizienten von aufsteigenden Neutralitätsstufen ist unbegrenzt für die Abstraktion der Arithmetik, aber nicht für
die Anschauung der Geometrie. Für die Letztere verliert schon die
quartäre und jede höhere Drehung alle Anschaulichkeit, indem durch
eine solche Operation die ersten drei Dimensionen einer Grösse nicht
mehr geändert werden, der anschauliche Theil jeder Raumgrösse oder
die anschauliche Raumgrösse also ungeändert bleibt. Demnach reduzirt
sich der allgemeinste Ausdruck des Differentials einer anschaulichen

Grösse auf das Produkt der fünf ersten Faktoren des vorstehenden Ausdruckes, man kann daher die hinter den Ausdruck gesetzten Punkte, welche eine Fortsetzung der Faktorenfolge andeuten, streichen. Aber auch der zurückbleibende Ausdruck gestattet noch, unbeschadet seiner Allgemeinheit, eine Transformation, durch welche der Reklinations-koeffizient $e^{\gamma \sqrt{\div 1}}$ verschwindet. Die Herstellung dieses einfachsten Ausdruckes des allgemeinen Richtungskoeffizienten ohne Reklinations-koeffizienten ist von erheblicher Wichtigkeit und vollzieht sich folgender-maassen.

Da es sich lediglich um den anschaulichen Theil einer Grösse handelt; so hat der aus einem Deklinations-, Inklinations- und Reklinations-koeffizienten bestehende Richtungskoeffizient nach S. 168 den abgekürzten (anschaulichen) Werth

$$e^{\alpha \sqrt{-1}} e^{\beta \sqrt{-1}} e^{\gamma \sqrt{\div 1}} = \cos\alpha + \sin\alpha\cos\beta\sqrt{-1} + \sin\alpha\sin\beta\cos\gamma\sqrt{-1}\sqrt{\div 1}$$

Dieser Ausdruck lässt sich identifiziren mit einem aus einem Deklinations- und Inklinations- und einem numerischen Koeffizienten bestehenden Produkte

$$e^{\varphi\sqrt{-1}} e^{\psi\sqrt{\div 1}} e^{\eta} = e^{\eta}(\cos\varphi + \sin\varphi\cos\psi\sqrt{-1} + \sin\varphi\sin\psi\sqrt{-1}\sqrt{\div 1})$$

denn die drei Bedingungen

$$e^{\eta}\cos\varphi = \cos\alpha$$
$$e^{\eta}\sin\varphi\cos\psi = \sin\alpha\cos\beta$$
$$e^{\eta}\sin\varphi\sin\psi = \sin\alpha\cos\beta\cos\gamma$$

erfüllen sich durch die Werthe

$$e^{2\eta} = 1 - \sin^2\alpha\sin^2\beta\sin^2\gamma$$
$$\cos\varphi = \frac{\cos\alpha}{\sqrt{1 - \sin^2\alpha\sin^2\beta\sin^2\gamma}}$$
$$\tang\psi = \tang\beta\cos\gamma$$

Diesen drei Formeln kann aber stets durch reelle Werthe von η, φ, ψ ein Genüge geleistet werden. Da nämlich der Ausdruck, welchem $e^{2\eta}$ gleich sein soll, stets positiv ist; so nimmt $\eta = {}^{1}/_{2} log(1 - \sin^2\alpha\sin^2\beta\sin^2\gamma)$ für alle möglichen reellen Werthe von α, β, γ stets einen reellen Werth an. Da ferner der Ausdruck, welchem $\cos\varphi$ gleich sein soll, stets numerisch ≤ 1 ist, indem man $\sin^2\beta\sin^2\gamma \leq 1$, folglich $\sin^2\alpha\sin^2\beta\sin^2\gamma \leq \sin^2\alpha$ und $1 - \sin^2\alpha\sin^2\beta\sin^2\gamma \geq \cos^2\alpha$ hat; so hat φ für alle reellen Werthe von α, β, γ stets einen reellen Werth, und da endlich der Ausdruck, welchem $\tang\psi$ gleich sein soll, stets reell ist; so ist auch ψ stets reell.

Hieraus geht nun hervor, dass für die Operationen in einem An-schauungsgebiete der allgemeine Ausdruck des Elementes einer Grösse durch

$$\partial y = a\,\partial x\, e^{\varphi\sqrt{-1}} e^{\psi\sqrt{-1}} e^{\eta}$$

dargestellt ist, welche Formel allen unseren früheren Betrachtungen über die Form zu Grunde liegt, hier aber erst als diejenige nachgewiesen ist, welche alle möglichen geometrischen Formen nothwendig umfassen muss.

Die Exponenten φ, ψ, η bezeichnen beliebige Funktionen von x. Den einfachen Formen von y entsprechen einfache Funktionen von φ, ψ, η und die Hauptformen sind diejenigen, welche sich ergeben, wenn für je eine der Grössen φ, ψ, η eine einförmige Funktion mx gesetzt wird, während die übrigen konstant erhalten werden. Wenn alle drei konstant sind, erhält man, solange es sich um Linienformen handelt, für $a = 0$ das Element einer konstanten Linie oder das der primoformen Grösse und für einen von 0 verschiedenen Werth von a das Element einer einförmigen oder geraden Linie oder das einer sekundoformen Grösse. Für $\varphi = mx$ ergiebt sich das Element der gleichförmigen oder Kreislinie oder der tertioformen Grösse. Für $\psi = nx$ erhält man das Element der gleichmässig abweichenden oder Schraubenlinie oder der quartoformen Grösse. Der Werth $\eta = px$ entspricht der Steigung oder Stauchung, also der wesentlichen Eigenschaft der quintoformen Grösse. Wenn sich die Steigung mit der Einförmigkeit, also mit konstanten Werthen von φ und ψ kombinirt, erhält man eine gestauchte gerade Linie; wenn sie sich mit der Gleichförmigkeit, also mit $\varphi = mx$ bei konstantem ψ kombinirt, stellt sich die gestauchte Kreislinie oder die ebene logarithmische Spirale ein; wenn sie sich mit der gleichmässigen Abweichung, also mit $\psi = nx$ bei konstantem φ kombinirt, ergiebt sich die gestauchte Schraubenlinie oder die logarithmische Raumspirale, welche wir als die quintoforme Grösse hingestellt haben.

Dadurch, dass mehrere der Grössen φ, ψ, η zugleich einförmige Funktionen mx, nx, px werden, ergeben sich die betreffenden Kombinationen von Hauptformen. Von grösserer Bedeutung für die Theorie der Form sind jedoch die Hauptklassen von Formen, welche daraus entspringen, dass den Grössen φ, ψ, η beliebige Funktionsformen verliehen werden. So ergiebt eine beliebige Funktion von φ bei konstantem ψ und η eine ebene Kurve, eine beliebige Funktion von ψ bei konstantem φ und η eine mit konstanter Neigung gegen eine Axe im Raume sich fortwindende oder torquirte Kurve, eine beliebige Funktion von φ und ψ bei konstantem η eine ungestauchte Raumkurve, eine beliebige Funktion von φ, ψ, η eine beliebige Raumkurve.

Wenn man die Beziehung zwischen den einzelnen Elementen einer Hauptform in Betracht zieht; so hat die primoforme (konstante) Linie keine Elemente; die Elemente der sekundoformen (geraden) Linien haben alle dieselbe Richtung; die der tertioformen (kreisförmigen) Linien haben alle dieselbe Krümmung; die der quartoformen (schraubenförmigen) Linie haben alle dieselbe Torsion; die der quintoformen (logarithmischen) Linie haben alle dieselbe Steigung oder Stauchung. Eine Grösse, welche einer Haupt-Formklasse angehört, unterscheidet sich von einer Hauptform dadurch, dass diese Übereinstimmung der Eigenschaften ihrer einzelnen Elemente nicht mehr stattfindet, dass vielmehr diese Eigenschaft von Punkt zu Punkt variabel geworden ist oder dass ihre Elemente nicht mehr einundderselben Hauptform, sondern Hauptformen von verschiedenen Formgraden angehören.

Im Vorstehenden sind vorläufig nur die Linienformen, d. h. die Formen der Grössen von einer Qualitätsdimension berücksichtigt. Indem eine aus Linienelementen zusammengesetzte Grösse y, ein Integral, selbst als Element einer Grösse v von zwei Dimensionen genommen wird, ergiebt sich die letztere Grösse als Ort einer Linie oder vielmehr als zweifacher Ort eines Punktes in der Gestalt des zweifachen Integrals

$$v = \int \partial y \int a \, \partial x \, e^{\varphi \sqrt{-1}} e^{\psi \sqrt{\div 1}} e^{\eta}$$

indem nun die Grösse a eine Funktion von y und die Grössen φ, ψ, η Funktionen von x und y sein können. Ebenso erhält man den Körper als Ort einer Fläche oder vielmehr als dreifachen Ort eines Punktes in der Gestalt des dreifachen Integrals

$$w = \int \partial z \int \partial y \int a \, \partial x \, e^{\varphi \sqrt{-1}} e^{\psi \sqrt{\div 1}} e^{\eta}$$

worin a eine Funktion von y und z, dagegen φ, ψ, η Funktionen von x, y, z sein können.

Gehen wir jetzt zu den Alienitätsstufen der logischen Modalität über. Die erste dieser Stufen oder die primoforme Modalität ist die der mathematischen Konstanz entsprechende Bestimmtheit oder Unveränderlichkeit, Unbedingtheit, welche in einer bestimmten, festen, einer Änderung oder Variabilität nicht unterliegenden, jede Willkür oder Beliebigkeit ausschliessenden Vorstellung liegt. Das Beispiel einer konstanten Modalität ist der durch bestimmte Zustände des Seins fixirte Gedanke „wenn das Wetter morgen gut ist, verreise ich, und wenn ich verreise, nehme ich meinen Sohn mit". Vermöge dieses Satzes haben wir uns ein Objekt, das Wetter, in einem bestimmten Zustande, dem der guten Beschaffenheit, ein anderes Objekt, das Ich, ebenfalls in einer bestimmten Thätigkeit, dem Verreisen, sowie ein drittes Objekt, den Sohn des Ich, in einer gleichfalls bestimmten, nämlich in der passiven Thätigkeit des Mitgenommenwerdens zu denken. Eine Variation der Objekte und Thätigkeiten ist unmöglich, weil jener Gedanke über die Wirkungen, welche eine solche Variation nach sich ziehen würde, durchaus Nichts aussagt, z. B. Nichts über die Thätigkeit, welche ich heute Mittag oder in nächster Nacht oder für den Fall meiner Erkrankung oder des Eintrittes von Regen u. s. w. entwickeln werde.

Übrigens darf Unveränderlichkeit nicht mit Unabhängigkeit verwechselt werden, wie überhaupt Veränderlichkeit und Abhängigkeit nicht gleichbedeutend sind. Das Unveränderliche kann sehr wohl ein Abhängiges sein, wie das vorstehende Beispiel zeigt: die Unveränderlichkeit gestattet jedes beliebige höhere Abhängigkeitsgesetz; sie verlangt nur die Konstanz dieses Gesetzes und aller seiner Elemente, schliesst also eine beliebige Veränderung dieser Elemente aus: sie entspricht der Auffassung einer geometrischen Polygonalfigur, welche durch ihre Eckpunkte oder durch die Entfernungen dieser Eckpunkte fixirt ist, sodass die Vorstellung der Erzeugung dieser Figur durch einen Punkt, welcher dieselbe stetig durchläuft, also beliebige Zwischenörter einnehmen kann, ausgeschlossen ist. Die konstanten Gesetze entsprechen also den durch feste Punkte, begrenzte Linien, begrenzte Flächen, begrenzte Körper vertretenen unstetigen oder diskreten Figuren.

Man kann die Unveränderlichkeit Unbedingtheit nennen, wenn man darunter die kategorische Unbeweglichkeit innerhalb eines allgemeineren Abhängigkeitsgesetzes oder die Unbedingtheit der Kausalität, welche in diesem Gesetze herrscht, nicht die Unveränderlichkeit des Gesetzes selbst versteht. Das Gesetz einer primoformen Begriffsmodalität kann vielmehr ein ganz beliebiges, also auch veränderliches sein; gleichwohl ist der primoforme Begriff ein unveränderlicher, auf Unbedingtheit der Kausalität beruhender Fall jenes Gesetzes.

Umgekehrt, kann das Unabhängige sehr wohl veränderlich sein, indem es sich selbst oder seine eigenen Änderungen bedingt, wie wir sogleich näher sehen werden.

Die zweite Hauptstufe der Modalität oder die sekundogene Modalität ist die Einförmigkeit. Ehe wir dieselbe definiren, wollen wir sie erläutern und zwar zunächst an dem Wesen der unabhängigen oder independenten Variabelen selbst, also an dem Wesen desjenigen Objektes, welches nur von sich selbst abhängt. Dieses Wesen ist das Sein. Das seiende Objekt, welches sein Dasein durch sich selbst fristet, bedingt sich selbst, es tritt ohne fremde Beeinflussung in andere Zustände ein und nimmt demzufolge andere akzidentielle Eigenschaften an; seine Quantität, als Inbegriff seiner Zustände, erweitert sich einförmig. Wenn man bei diesem Prozesse des Seins oder der Erweiterung des Inbegriffes von Zuständen durch das Werden das bedingende Subjekt von dem bedingten Objekte unterscheidet, wie es prinzipiell geschehen muss, wiewohl das seiende Objekt sich selbst bedingt, also Subjekt und Objekt zugleich ist; so leuchtet ein, dass die Relation zwischen dem Bedingenden und dem Bedingten bei der beiderseitigen Änderung fortwährend konstant bleibt, indem ja Beide stets sich decken.

Hiernach sagen wir, das Kriterium der Einförmigkeit sei die Konstanz der Relation oder des Verhältnisses zwischen dem abhängigen Begriffe und einem unabhängigen bedingenden Sein, Einförmigkeit also sei das Bildungsgesetz, welches sich unter konstanter Relation oder mit konstanter Kausalität zwischen dem abhängigen Objekte und dem unabhängigen Bedingenden, allgemeiner, zwischen den Veränderungen des Abhängigen und des unabhängigen Bedingenden entwickelt, sodass die Veränderungen des Abhängigen mit verhältnissmässigen oder gleichmässigen (proportionalen) Veränderungen des unabhängigen Bedingenden begleitet sind. Dem Charakter der mathematischen Variabilität der independenten Grundgrösse entspricht die logische Willkürlichkeit oder Beliebigkeit des unabhängigen bedingenden Subjektes. Die arithmetische Analogie des einförmigen Seins ist die unabhängige Variabele x oder die Funktion $y = x$ und die Analogie des allgemeinen einförmigen Begriffes, also der einförmigen Thätigkeit oder des einförmigen Prozesses die Funktion $y = ax$ oder, allgemeiner, die Funktion $y = b + ax$. Der Koeffizient a stellt die konstante Relation zwischen den Veränderungen des Abhängigen y und des Bedingenden x, also das konstante Verhältniss $\frac{\partial y}{\partial x} = a$ dar und kann allgemein ein beliebiges Produkt aus Quantitäten und Zeichen in der Form $= a e^{\alpha \sqrt{-1}} e^{\beta \sqrt{\div 1}}$ sein. Handelte es sich nicht um eine einfache, sondern um eine zusammengesetzte, namentlich um eine Grösse von mehreren Dimensionen; so wird die einförmige Grösse durch ein Aggregat von einförmigen Bestandtheilen, also etwa durch $d + ax + by\sqrt{-1} + cz\sqrt{-1}\sqrt{\div 1}$ dargestellt.

Die geometrische Analogie des einförmigen Begriffes ist das Gerade, resp. Ebene, insbesondere für Linien die gerade Linie von variabeler

Länge oder der beliebige Fortschritt in einer geraden Linie von konstanter Richtung, für Flächen die Ausbreitung in einer Ebene von konstanter Richtung, für Körper die Ausdehnung in dem einförmigen kubischen Raume. Sieht man den Vektor $(r) = b + r e^{\alpha \sqrt{-1}}$ einer geraden Linie als die Abhängige und die Länge r desselben als die Bedingende an; so besteht zwischen den Veränderungen der ersteren und letzteren stets das konstante Verhältniss $e^{\alpha \sqrt{-1}}$. Sieht man die rechtwinklige Ordinate $y = b + a x$ einer geraden Linie als die Abhängige und die Abszisse x als die Bedingende an; so bezeichnet der Koeffizient a das konstante Verhältniss zwischen den Änderungen der ersteren und letzteren. Die letzteren arithmetischen Funktionen und geometrischen Figuren entsprechen nicht der reinen einförmigen Form, sondern der Kombination einer konstanten mit einer einförmigen Form.

Die logische Einförmigkeit macht sich geltend in dem Sein eines Individuums, z. B. im Sein des Plato, in einer individuellen Thätigkeit, welche mit konstanter Kausalität vollbracht wird, z. B. in dem Dichten (der effizirenden dichterischen Thätigkeit) Schiller's oder in der fortgesetzten Erwärmung, welche durch Verbrennung von Kohle erzeugt wird (je mehr Kohle, desto mehr Wärme), ebenso aber auch in dem Sein einer Gattung, z. B. in den Schicksalen der Griechen, in einer Gattungsthätigkeit, welche mit konstanter Kausalität erfolgt, z. B. in den Thaten der Römer, in der Wärme, welche durch die Verbrennung aller möglichen Brennstoffe entwickelt wird (je mehr Arten von Brennstoffen und je mehr Brennstoffquantität, desto mehr Wärme).

Die Verbindung eines konstanten mit einem einförmigen Begriffe nach der Formel $y = b + a x$ entspricht dem Beispiele „das Leben des zu Stagira geborenen Aristoteles", indem hier die Geburt zu Stagira als ein bestimmter unveränderlicher Zustand gedacht wird, an welchen sich das Leben des Aristoteles anschliesst.

Wir müssen hervorheben, dass die Zeitfolge, in welcher ein wirkliches Sein verläuft, sowie das räumliche Nebeneinandersein eines Inbegriffes von Theilen, oder die mechanische Ineinanderwirkung von Komponenten, welche eine Resultante bilden, für die logische Auffassung des Gesetzes des einförmigen Zusammenseins ganz gleichgültig ist. Die logische Einförmigkeit eines Begriffes verlangt nur das Zusammensein aller möglichen Fälle unter der Bedingung der Zusammengehörigkeit zu einem einfachen Sein oder überhaupt zu einem Objekte, dessen Umfang sich gleichmässig mit einem unabhängigen bedingenden Sein ändert. Man muss sich stets vergegenwärtigen, dass das logische Sein ein gedachtes ist, dass aber die Anschauungen von Raum, Zeit, Kraft u. s. w. nicht Funktionen des reinen Verstandes, sondern des Anschauungsvermögens sind.

Wenn hiernach das gedachte Sein sich auf ein äusseres Objekt bezieht, welches eine chronologische Folge von Ereignissen bildet; so ist eben diese faktische Ereignissfolge unwesentlich: man kann sich den Aristoteles ebenso gut von seinem Tode, wie von seiner Geburt aus denken und sich die verschiedensten Momente seines Lebens nacheinander vorstellen. Ebenso kann man, wenn der einförmige Begriff x „einen Europäer" darstellen soll, sich darunter nachundnach diesen und jenen

Europäer denken, gleichviel, ob diese Reihenfolge mit der Folge der geographischen Wohnorte der einzelnen Individuen oder mit ihrer chronologischen Existenz übereinstimmt oder nicht.

Mit Hülfe der Betrachtungen im vorhergehenden Paragraphen kann man die Einförmigkeit, wenn man die effizirenden und kausalen Thätigkeiten s und ψ ins Auge fasst, als das unter konstanter Kausalität sich vollziehende Gesetz oder als das Gesetz bezeichnen, dessen Ablenkungsdrang null oder dessen Beharrungsdrang unendlich ist oder welches einen unendlich entfernten Beweggrund zur Ablenkung (einen unendlich entfernten Krümmungsmittelpunkt) hat. Wenn man dagegen die Individuen y und ihre Attribute x ins Auge·fasst, ist Einförmigkeit das Gesetz mit konstantem Veränderungsdrange, welcher ebenfalls ein unendlicher Beharrungsdrang und ein unendlich entfernter Beweggrund zur Ablenkung angehört, dessen Veränderungsdrang jedoch nicht nothwendig null (sondern nur konstant) zu sein braucht. Im Übrigen ist es nicht die Kausalität der Veränderung, welche das Gesetz der Einförmigkeit ausmacht, sondern die Konstanz der Kausalität. Das Wesen des Gesetzes liegt nicht in der Qualität Dessen, was geschieht, sondern in der Art und Weise, wie es geschieht, in dem Wesen der Abhängigkeit zwischen den die Veränderung herbeiführenden Ursachen und Umständen, und diese Art und Weise der Abhängigkeit ist für die Einförmigkeit die Konstanz der Kausalität. Wegen der Konstanz der Kausalität ist das Objekt, welches sich unter einem einförmigen Gesetze ändert, nicht eine Relation, sondern eine Eigenschaft, welche geometrisch durch eine Ordinate y vertreten ist. Die Einförmigkeit, insbesondere·die einförmige Thätigkeit ist daher das Gesetz, nach welchem sich Eigenschaften (Akzidentien und Attribute) unter konstanter Kausalität oder unter der Konstanz des Verhältnisses zwischen dem Abhängigen ∂y und dem Bedingenden ∂x ändern.

Die dritte Hauptstufe der Modalität oder die tertioforme Modalität ist die Gleichförmigkeit, nämlich das Gesetz mit konstanter Ablenkungstendenz oder mit einem konstanten Bestimmungsgrunde zur Ablenkung oder mit einförmiger Relationsänderung oder auch das Gesetz der Einförmigkeit der Kausalität bei konstanter Relationsgemeinschaft (einförmige Variation der kausalen Thätigkeit in derselben Relationsgemeinschaft). Während sich unter einer einförmigen Thätigkeit Eigenschaften ändern, bedingt eine gleichförmige Thätigkeit eine Änderung der Kausalitäten und zwar unter der Konstanz des Verhältnisses zwischen der abhängigen Kausalität und der bedingenden Thätigkeit oder unter einförmig variabeler Kausalität.

Eine Eigenthümlichkeit der konstant fortwirkenden Ablenkungstendenz in einer konstanten Gattung oder Gemeinschaft ist die endliche Wiederkehr früherer Thätigkeiten und Zustände, indem die von der Kausalität bewirkte Ablenkung von der ursprünglichen Thätigkeit zuerst eine Annäherung an eine neutrale Thätigkeit und sodann eine Annäherung an die entgegengesetzte Thätigkeit ist, deren Überschreitung eine Annäherung an die ursprüngliche Thätigkeit involvirt und schliesslich die letztere wieder herbeiführt.

Dieser Kreislauf, welcher der Gleichförmigkeit bei stetiger Wirkung entspricht, verwandelt sich bei diskreten Wirkungen in eine dem geschlossenen geometrischen Polygone entsprechende Kette von Abhängigkeiten. Ein Beispiel hierzu ist folgender Kausalzusammenhang. „Der Hunger nöthigt zum essen, das Essen bewirkt Geldausgabe für die Speisen, die Geldausgabe verlangt Arbeit zum Wiederverdienen der Ausgabe, die Arbeit erzeugt Stoffwechsel, der Stoffwechsel ruft wieder Hunger hervor."

Die tertioforme Modalität zwischen den Individuen y und deren Attributen x zeigt eine variabele Veränderungstendenz, welche zwischen dem Null- und Unendlichkeitswerthe variirt und dadurch sowohl die Individuen y, als auch deren Attribute x zwischen gewisse Minimal- und Maximalwerthe einschliesst. Das Charakteristische für das tertioforme Gesetz ist übrigens immer die Konstanz der Ablenkung.

Der arithmetische Vertreter des gleichförmigen Gesetzes ist die Formel

$$\frac{\partial y}{\partial x} = e^{x\sqrt{-1}} \text{ oder } \partial y = \partial x\, e^{x\sqrt{-1}} \text{ oder, allgemeiner, } \partial y = \partial x\, e^{\alpha x\sqrt{-1}}\, e^{\beta\sqrt{\div 1}},$$

welche anzeigt, dass die Kausalität der wirkenden Ursache, welche die Relation zwischen den Veränderungen von y und x erzeugt, nämlich der Exponent des Deklinationskoeffizienten αx einförmig mit der bedingenden Thätigkeit x variirt. Das einförmige Gesetz zwischen x und y selbst ist $y = \int \partial x\, e^{\alpha x\sqrt{-1}}\, e^{\beta\sqrt{\div 1}}$. Wenn man an die Stelle des Deklinationskoeffizienten oder der Relation $e^{\alpha x\sqrt{-1}}$ einen einförmig variirenden Faktor $a x$ setzt; so stellt die Formel $\partial y = a x\, \partial x$ für die Veränderungen ∂y, ∂x oder die Integralfunktion $y = \frac{1}{2} a x^2$ für die Grössen y, x selbst das Gesetz der Gleichförmigkeit unter der Voraussetzung dar, dass unter der Relation eine Quantitätsrelation oder ein Quantitätsverhältniss verstanden sei. Dieser Fall entspricht z. B. der gleichförmig beschleunigten mechanischen Bewegung. Das Gesetz der gleichmässig wachsenden Geschwindigkeit $v = a t$ ist ein einförmiges zwischen Geschwindigkeit und Zeit; das Gesetz $\partial x = v\, \partial t = a t\, \partial t$ oder $x = \frac{1}{2} a t^2$ ist ein gleichförmiges zwischen Raum und Zeit bei Zugrundelegung der Quantitätsrelation; das Gesetz der kreisförmigen Bewegung eines Punktes mit konstanter Laufgeschwindigkeit unter der Einwirkung einer normal gegen die Bahn wirkenden Zentrifugalkraft ist ein gleichförmiges zwischen Raum und Zeit bei Zugrundelegung einer primären Relation, welche nämlich eine Ablenkung der Bewegungsrichtung verursacht.

Die Konstanz der Relationsgemeinschaft ohne Einförmigkeit der Kausalität, also Konstanz der Relationsgemeinschaft bei beliebig variabeler Kausalität ergiebt ein logisches Gesetz, welches keine Hauptstufe der Modalität darstellt, sondern eine Klasse von Gesetzen bildet, welche die geometrische Klasse der ebenen Kurven und die arithmetische Klasse von Funktionen von der Form $\partial y = \partial x\, e^{\varphi(x)\sqrt{-1}}\, e^{\beta\sqrt{\div 1}}$ vertritt.

Die vierte Hauptstufe der Modalität oder die quartoforme Modalität ergiebt sich aus der Gleichförmigkeit, wenn sich die konstante Relationsgemeinschaft in eine einförmig variabele verwandelt. Das quartoforme Gesetz, welches wir in der Mathematik gleichmässige Abweichung genannt haben und auch hier so nennen können, besteht also in einer einförmigen Ablenkung des Bestimmungsgrundes der Thätigkeit, welche zugleich eine einförmige Ablenkung der Relationsgemeinschaft zwischen Subjekt und Objekt (der Aktivitätsebene) ist. Das Resultat eines solchen Gesetzes ist die Periodizität früherer Bestimmungsgründe oder Relationsgemeinschaften.

Das mathematische Bild dieses Vorganges ist die Schraubenlinie, welche sich bei diskreten Wirkungen in einen gebrochenen oder polygonalen Schraubengang verwandelt.

Nach dem Geiste der Geometrie entsteht die Schraubenlinie durch Torsion der Kreislinie, also durch einförmige Wälzung der Kreiselemente um den nächstfolgenden Radius, also unter der Konstanz des Verhältnisses zwischen Wälzung und Drehung oder zwischen Inklination und Deklination oder zwischen Torsion und Krümmung. Dieser Auffassung entspricht die logische Vorstellung von der einförmigen Änderung der Relationsgemeinschaft bei fortschreitender Kausalitätsänderung unter fortwährender Konstanz des Verhältnisses zwischen diesen beiden Änderungen. Wenn die Änderung der Relationsgemeinschaft nicht einförmig erfolgt; so ergiebt sich die logische Analogie zu einer Raumkurve.

Nach dem Geiste der Arithmetik entsteht die Schraubenlinie (unter Beziehung der Wälzung auf die feste Axe OX) durch das Integral von $\partial y = \partial x\, e^{\alpha \sqrt{-1}}\, e^{\beta x \sqrt{-1}}$, wobei der Exponent βx des Inklinationskoeffizienten einförmig mit x variiert, während der Deklinationskoeffizient konstant bleibt. Dieser Auffassung entspricht die logische Vorstellung von der Verallgemeinerung einer bestimmten Kausalität α oder Relation $e^{\alpha \sqrt{-1}}$ unter einförmig variabelem Bestimmungsgrunde. Wenn der Inklinationswinkel nicht einförmig variiert, erhält man die Analogie zu einer Raumkurve, resp. einem Raumpolygone. Ein Beispiel hierzu würde sein: das Schreiben zur Übung führt zum Schreiben aus Neigung und dieses zum Schreiben aus Schaffensdrang. Ein allgemeinerer Fall des Raumpolygons ergiebt sich, wenn nicht bloss die Inklination (der Bestimmungsgrund), sondern auch die Deklination (die Kausalität oder Relation) sich beliebig ändert.

Die fünfte Hauptstufe der Modalität, oder die quintoforme Modalität, welche der Steigung oder Stauchung entspricht und die logarithmische Raumspirale zum Ebenbilde hat, entspringt aus der quartoformen Modalität durch einförmige Steigerung oder Klimax der effizirenden Thätigkeit bei der Entwicklung des vorhergehenden (quartoformen) Gesetzes; sie involvirt also eine einförmige und gleichmässige Variabilität der thätigen Ursachen und Wirkungen, welche mathematisch einer Verlängerung oder Verkürzung des Krümmungshalbmessers entspricht.

Die unausgesetzte Steigerung oder Schwächung der Wirksamkeit dieses Gesetzes hebt die im tertioformen und quartoformen Gesetze liegende Wiederkehr von Zuständen und Relationen auf und setzt dafür eine unausgesetzte Annäherung an einen bestimmten Zustand oder Entfernung von einem solchen Zustande an die Stelle. Ausserdem bedingt die Einförmigkeit der Steigerung die Ähnlichkeit zwischen den früheren und späteren Wirkungen dieses Gesetzes. Wenn die Einförmigkeit der Steigerung nicht stattfindet, ergiebt sich ein Gesetz von beliebiger Steigerung.

Die auf derselben Hauptstufe der Modalität stehenden Gesetze unterscheiden sich untereinander nur durch den Grad oder die Stärke der Form, z. B. die sekundoformen Gesetze oder die Einförmigkeiten, welche den geometrischen geraden Linien und den arithmetischen Funktionen vom ersten Grade $y = b + ax$ entsprechen, durch den Werth des Verhältnisses a, in welchem die Veränderungen der abhängigen Grösse zu den Veränderungen der bedingenden Grösse stehen, oder die tertioformen Gesetze oder die Gleichförmigkeiten, welche den geometrischen Kreisen und den arithmetischen Funktionen $y = \int \partial x\, e^{\alpha x \sqrt{-1}} e^{\beta \sqrt{\div 1}}$ entsprechen, durch den Radius oder durch den Werth des Exponenten α.

Eine jede der fünf Hauptmodalitäten bildet eine Reihe identischer Elemente, eine jede derselben ist also schon durch den Werth irgend eines ihrer Elemente bestimmt. Das Element oder Differential einer konstanten Grösse ist null oder quantitätslos, hat aber einen bestimmten Ort oder ist ein bestimmter, unveränderlicher Zustand. Das Element einer einförmigen (geraden) Grösse ist eine unendlich kleine ·einfache Quantität von bestimmter Richtung oder Relation. Das Element einer gleichförmigen (kreisförmigen) Grösse ist eine zweitheilige Grösse, deren Theile gleiche Quantität haben und einen konstanten Winkel gegeneinander bilden. Das Element einer gleichmässig abweichenden (schraubenförmigen) Grösse ist eine dreitheilige Grösse, worin je zwei Theile eine konstante Deklination und die Ebene des ersten und zweiten gegen die Ebene des zweiten und dritten eine konstante Inklination hat. Das Element einer steigend geformten (logarithmisch spiralförmigen) Grösse ist eine viertheilige Grösse, worin von den vier Theilen 1, 2, 3, 4 jeder Theil konstante Deklination gegen den benachbarten Theil, ferner je zwei Theile wie 1, 2 konstante Inklination gegen 2, 3 haben, endlich aber jede drei Theile 1, 2, 3 ein konstantes Quantitätsverhältniss gegen 2, 3, 4 haben.

Der Werth dieser konstanten Verhältnisse in jedem Formelement charakterisirt die Formstärke der betreffenden Hauptform. Wenn man den Ort, die Richtung, die Krümmung, die Torsion und die Steigung berücksichtigt; so ist das Element einer primoformen Grösse durch ein einziges Bestimmungsstück, einen konstanten Ort bestimmt. Das Element einer sekundoformen Grösse ist durch zwei Bestimmungsstücke, eine konstante Richtung und einen einförmig variabelen Ort bestimmt. Das Element einer tertioformen Grösse ist durch drei Bestimmungsstücke, eine konstante Krümmung, eine einförmig variable Richtung und einen gleichförmig variabelen Ort bestimmt. Das Element einer quartoformen Grösse ist durch vier Bestimmungsstücke, ein konstantes Krümmungsverhältniss, eine einförmig variabele (rotirende) Krümmungsebene, eine gleichförmig variabele (eine sich drehende und wälzende) Tangente und einen gleichmässig abweichend variabelen Ort bestimmt. Das Element einer quintoformen Grösse ist durch fünf Bestimmungsstücke, ein konstantes Steigungsverhältniss, ein einförmig variirendes Krümmungsverhältniss, eine gleichförmig variirende Krümmungsebene, eine gleichmässig abweichend variabele Tangente und einen steigend variabelen Ort bestimmt.

Da das tertioforme (gleichförmige) Gesetz einer Grösse (des Kreises) aus einem primoformen (konstanten) Gesetze einer Grösse (der Krümmung) und einem sekundoformen (einförmigen) Gesetze (der Ortsveränderung) zusammengesetzt werden kann; so kann auch das quartoforme Gesetz, da es aus einem primoformen, sekundoformen und tertioformen Akte besteht, auf primoforme und sekundoforme Gesetze zurückgeführt werden. Ebenso kann das quintoforme und daher jedes Hauptgesetz auf primoforme und sekundoforme Akte oder auf Konstanzen und Einförmigkeiten zurückgeführt werden (wobei natürlich die konstant zu erhaltenden und die einförmig zu variirenden Grössen gewisse Formgrössen sind).

Der letztere Satz ist von hoher Wichtigkeit. Da die Einförmigkeit der Ausdruck der unabhängigen Variabilität oder der völlig willkürlichen Veränderung ist; so geht daraus hervor, dass jedes Hauptgesetz auf gewisse Unveränderlichkeiten neben gewissen Willkürlichkeiten oder auf einen bestimmten, alle Freiheit ausschliessenden Zwang neben einer bestimmten unbeschränkten Freiheit zurückgeführt werden kann. So gestattet die Einförmigkeit völlig willkürliche oder freie Bewegung in einer unveränderlichen Richtung oder unter dem unbedingten Zwange, welchen eine feste Richtung auferlegt, d. h. logisch eine willkürliche Thätigkeit unter dem Zwange einer bestimmten Kausalität, z. B. ein beliebig fortgesetztes Schreiben, ein beliebig fortgesetztes Schlagen, Laufen, Denken, Träumen u. s. w. Die Gleichförmigkeit der Kreisbahn gestattet völlig freie Fortschrittsbewegung mit Drehung oder Richtungsänderung unter dem Zwange einer konstanten Krümmung, wodurch die Drehung in ein bestimmtes Abhängigkeitsverhältniss zum Fortschritte gesetzt wird, also völlig freie effizirende Thätigkeit unter dem Zwange eines konstanten Bestimmungsgrundes, welcher zu einer fortgesetzten, mit der Fortschrittsthätigkeit Schritt haltenden Änderung der kausalen Thätigkeit nöthigt. Ein solches Gesetz manifestirt sich z. B. in den verschiedenen Handlungen eines Menschen, welcher von demselben Beweggrunde so geleitet wird, dass jede Thätigkeit die Ursache einer andern wird.

Der vorstehende Satz findet seinen arithmetischen Ausdruck in der Form der Funktion, welche die in Rede stehenden Gesetze vertreten. So zeigt die einförmige Funktion $y = b + ax$, dass dieselbe von der unabhängig Veränderlichen x und zwei Unveränderlichen oder Konstanten a und b bedingt ist.

Indem einer Konstanten eines Hauptgesetzes der Charakter der Unveränderlichkeit genommen, sie also zu einer Variabelen und zwar zu einer von der unabhängigen Variabelen x nach irgend einem Gesetze abhängigen Funktion $\varphi(x)$ gemacht wird, entsteht ein Gesetz, welches nicht wie ein Hauptgesetz aus einer Reihe von kongruenten Elementen, sondern aus einer Reihe von nicht kongruenten Elementen zusammengesetzt ist. Insofern aber die Funktion $\varphi(x)$ stets reell bleibt wie die Konstante, für welche sie gesetzt ist, werden alle dadurch erzeugten Gesetze eine gewisse Hauptklasse von Gesetzen bilden, für welche jenes Hauptgesetz den Ausgangspunkt bildet.

Auf diese Weise erzeugt sich aus dem Hauptgesetze einer konstanten Grösse oder, allgemeiner, aus einer konstanten Funktion $F(a, b, c \ldots)$, wenn dieselbe einen reellen Werth hat, dadurch, dass man irgend eine konstante Grösse a in die Funktion $\varphi(x)$ verwandelt, das Gesetz $y = F(\varphi(x), b, c \ldots)$, welches ein in der Grundaxe sich vollziehendes Bewegungsgesetz darstellt. Setzt man in der Formel für das Element einer geraden Linie $\partial y = \partial x\, e^{\alpha \sqrt{-1}}\, e^{\beta \sqrt{\div 1}}$ für die Konstante α eine beliebige Funktion $\varphi(x)$; so stellt $\partial y = \partial x\, e^{\varphi(x)\sqrt{-1}}\, e^{\beta \sqrt{\div 1}}$ das Element einer beliebigen ebenen Kurve dar. Setzt man in der Formel für das Element einer Kreislinie $\partial y = \partial x\, e^{n x \sqrt{-1}}\, e^{\beta \sqrt{\div 1}}$ für β eine beliebige Funktion $\varphi(x)$; so erhält man durch $\partial y = \partial x\, e^{n x \sqrt{-1}}\, e^{\varphi(x)\sqrt{\div 1}}$ eine beliebige ungestauchte Raumkurve.

Der logische Sinn der Verwandlung einer Konstante in eine variabele Funktion ist die Verwandlung eines unbedingten Zwanges in eine Thätigkeit von bestimmter gesetzlicher Freiheit. Sowie aber eine Konstante a nicht bloss in eine bestimmte Funktion $\varphi(x)$, sondern in eine willkürliche Funktion, also in eine neue unabhängige Variabele y verwandelt wird; so ist damit jeder gesetzliche Zwang an der betreffenden Stelle beseitigt und dafür Willkür zugelassen. Indem z. B. in dem Elemente $\partial y = \partial x\, e^{\alpha \sqrt{-1}}\, e^{\beta \sqrt{-1}}$ der geraden Linie für die Konstante α nicht eine bestimmte Funktion $\varphi(x)$, sondern eine willkürliche Grösse z zugelassen wird, stellt $\partial y = \partial x\, e^{z \sqrt{-1}}\, e^{\beta \sqrt{\div 1}}$ nicht mehr das Element einer Linie, sondern das Element einer Ebene oder vielmehr das Element einer freien Bewegung nach allen Seiten einer Ebene ohne jeglichen anderen Zwang, als die in der Innehaltung dieser Ebene liegende Nöthigung dar.

Indem wir für jetzt das Kategorem der auf Abhängigkeit oder Bedingung beruhenden Modalität verlassen, bemerken wir, dass uns die Theorie der Induktion Gelegenheit geben wird, in §. 539 das Wesen dieses Kategorems bei der Aufsuchung der Merkmale, unter welchen es sich in der Wirklichkeit manifestirt, näher zu beleuchten.

§. 495.

Das logische Dreieck.

Die nachfolgenden Betrachtungen bewegen sich in einer Gattung von Objekten, welche einer geometrischen Ebene entspricht. Die Punkte dieser Ebene repräsentiren Zustände oder Beschaffenheiten der Objekte; die Linien vertreten vermöge ihrer Länge logische Quantitäten; vermöge ihrer Abstände oder Entfernungen zwischen Punkten stellen sie logische Eigenschaften dar; die Richtungen bezeichnen Relationen und die gerichteten Linien die entsprechenden Wirkungen. Die Beschreibung einer Linie entspricht einem Werden von Zuständen mit bestimmter Relation oder Wirkung, also der Ausübung einer effizirenden Thätigkeit. Der Winkel zeigt die Kausalität, der Bogen die kausale Thätigkeit oder Wirksamkeit an. Theile einer Linie entsprechen Partikularitäten des betreffenden Begriffes. Zwischenpunkte bezeichnen Zutände desselben; Verlängerungen repräsentiren Verallgemeinerungen. Ein Linientheil kann auch als ein Attribut der ganzen Linie und als ein Akzidens des anderen Theiles angesehen werden

1. Das rechtwinklige Dreieck.

Zwei Zustände A und C schliessen einen einfachen Begriff AC ein (Fig. 1108). Wenn A der Anfangszustand des Seins und D irgend ein anderer Zustand ist; so enthält die in D errichtete Normale DC alle gleichnamigen Zustände für die verschiedenen möglichen anderen Objekte CE. Der Begriff AC kann auf verschiedene Weise gegeben werden. Zunächst als Wirkung der Ursache $AB = r$ unter der Kausalität $BAC = \alpha$, z. B. wenn die Kausalität α die Erwärmung und die Ursache AB die Kohle ist, als das durch Kohle Erwärmte $r\,e^{\alpha\sqrt{-1}}$. Dann als Inbegriff und Kombination der bewirkten reellen Eigenschaften $AD = r\cos\alpha = a$ und der durch die Wirkung gewordenen Alternität oder imaginären Eigenschaft $(DC) = r\sin\alpha\sqrt{-1} = b\sqrt{-1}$, welche ein Attribut des erwärmten Objektes CE ist, mithin in der Form $a + b\sqrt{-1}$ als das durch Kohle warm Gewordene. Drittens, als Resultat des schrägen Fortschrittes oder der effizirenden Thätigkeit AC, nämlich als Erwärmung.

Die Hypotenuse AC des rechtwinkligen Dreieckes ist durch die Quantität der Ursache oder Wirkung, die eine Kathete AD durch den Subjektsantheil oder die bewirkte Eigenschaft (welche das Subjekt bewirkt hat), die andere Kathete DC durch den Objektsantheil oder die bewirkt wordene Alternität (aus welcher das Objekt geworden ist) charakterisirt. Der der reellen Kathete AD anliegende Winkel CAD entspricht der Kausalität, welche aus der Ursache AB die Wirkung AC erzeugt. Der andere Winkel ACD bezeichnet diejenige Kausalität, welche aus einer längs CD liegenden Ursache die Hypotenuse CA als Wirkung erzeugen würde, also auch diejenige Kausalität, welche aus der Ursache AG die Linie AC als Wirkung hervorbringt. Die Drehung von AG gegen AC ist der Drehung von AB gegen AC entgegengesetzt: die letztere Kausalität ist mithin keine aktive, sondern eine passive, keine wirkende, sondern eine bewirkt werdende, d. h. eine solche, bei welcher der Begriff AG nicht als ein Wirkendes, sondern als ein Bewirktwerdendes erscheint. Die letztere Bezeichnung entspricht, sobald man die Kausalitätsrichtung umkehrt, mithin die Drehung von AG nach AC in die umgekehrte von AC gegen AG verwandelt, wodurch sie dieselbe Richtung erhält, welche die ursprüngliche Drehung von AB gegen AC hatte, der Verwandlung der Wirkung AC in eine wirkende Ursache, welche mit der direkten Kausalität CAG die Grösse AG als Wirkung erzeugt. Die komplementäre Kausalität $ACD = CAG$ ist also diejenige, welche aus der Wirkung AC die Alternität AG oder auch die Neutralität hervorbringt, oder welche die Neutralität als eine mittelbare Wirkung des Subjektes AB durch Vermittlung der Wirkung AC erscheinen lässt, d. h. diejenige, welche die gegebene Wirkung AC neutralisirt. So würde die zur Erwärmung α komplementäre Kausalität $90^0 - \alpha$ diejenige sein, welche die Erwärmung neutralisirt. (Unter Neutralisirung ist hier selbstredend keine Aufhebung oder Vernichtung der Kausalität verstanden, welche mit der Rückkehr von der Wirkung AC zur Ursache AB gleichbedeutend ist und durch die entgegengesetzte Kausalität $-\alpha$ oder durch die Umkehrung des Wirkens in ein Bewirktwerden hervorgebracht wird: vielmehr bedeutet hier die Neutralisirung die Vernichtung des Subjektsantheiles oder des reellen Seins, also die Verwandlung des Seins in eine Alternität).

Der dritte Winkel ADC des rechtwinkligen Dreiecks zwischen den beiden Katheten bezeichnet als rechter Winkel das Neutralitätsverhältniss zwischen dem Subjekts- und Objektsantheile oder zwischen dem subjektiven und dem objektiven (imaginären) Sein, welches letztere Sein eine alternirende, das Objekt wechselnde Thätigkeit ist.

2) Parallelismus.

Das Sein stellt die Grundrichtung dar. Jedes Objekt, als ein seiendes Individuum aufgefasst, welches die Ursache seines Seins in sich selbst trägt, welches also nicht die Wirkung einer äusseren Ursache ist und demnach zur Grundaxe in der Relation null steht, stellt eine Parallele zur Grundaxe dar. Zwei solche Objekte haben keinen Zustand miteinander gemein; sie stellen unter allen Umständen verschiedene Individuen dar und besitzen in jedem gleichnamigen (dieselbe Eigenschaft bezeichnenden) Zustande eine konstante Alternität oder objektive Verschiedenheit, entsprechend dem konstanten Abstande zweier Parallelen. Eine Blume und ein Stein sind unter allen Umständen verschiedene Objekte: nie ist die Blume ein Stein, auch wenn beide roth oder blau oder schwer oder schön sind; in allen diesen gleichnamigen Zuständen bewahren sie die konstante objektive Verschiedenheit von Blume und Stein. Ebenso sind Plato und Euklid zwei verschiedene Individuen, welche keinen Zustand miteinander gemein haben. Wenn zwei Individuen einen Zustand gemein haben, sind sie in allen Zuständen identisch, d. h. sie sind Partikularitäten einundderselben Reihe von Zuständen.

Zwei gleichnamige, derselben Kausalität entsprechende Wirkungen, deren Ursachen entweder das einfache Sein selbst sind oder zu diesem Sein in derselben Relation stehen, also zwei gleichnamige unmittelbare oder mittelbare Wirkungen sind zwei schräg gegen die Grundaxe geneigten Parallelen analog: sie haben keinen Zustand gemein; sie besitzen überall die nämliche Relation zum Sein und haben gegen sich selbst keine Relation oder stehen in keinem Kausalitätsverhältnisse zueinander, d. h. eine Wirkung ist nicht die Ursache oder Wirkung einer gleichnamigen unter anderen Umständen geschehenen Wirkung. So steht die Erwärmung zu dem erwärmenden Subjekte stets in derselben Relation, gleichviel, in welchem Zustande dieses Subjekt sich befindet und welches Individuum durch dieses Subjekt vertreten ist; durch die Erwärmung AC, $A'C'$, $A'C''$, welche irgend ein Subjekt AB, $A'B'$, $A''B''$ in verschiedenen Zuständen A und A', z. B. zu Paris, London, Berlin oder in einem Ofen, auf einem Herde u. s. w. ausführt, werden nur andere Zustände C, C', C'' getroffen (Fig. 1109), jede Erwärmung hat aber zu jeder anderen Erwärmung die Kausalität null, oder keine Erwärmung ist die Ursache oder Wirkung einer anderen, d. h. unter anderen Umständen geschehenen Erwärmung. Natürlich ist hier unter Erwärmung stets die derselben Kausalität (demselben Winkel BAC) entsprechende, nicht etwa die bloss sprachlich mit demselben Worte belegte Wirkung verstanden, indem eine ungenaue Sprache verschiedene Partikularitäten oder Grade derselben Kausalität, welche zueinander in Relation stehen oder mittelbare Wirkungen voneinander sind, also verschiedenen Winkeln BAC entsprechen, z. B. schwache und starke Erwärmung, oftmals mit demselben Namen belegt, ohne die unterscheidenden Merkmale hinzuzufügen.

Wird die Erwärmung $A'C'$ nicht als die Erwärmung eines in einem besonderen Zustande A' sich befindenden Subjektes $A'B'$, sondern als eine unter besonderen Umständen A' vor sich gehende Erwärmung, d. h. als eine mit der Eigenschaft AA' behaftete Erwärmung aufgefasst; so entspricht sie der geometrischen Parallelverschiebung der Linie AC nach $A'C'$ oder der Ziehung einer Parallelen mit AC durch den Punkt A', z. B. der frühzeitigen Erwärmung. Das durch frühzeitige Erwärmung betroffene, also das frühzeitig erwärmte Objekt $C'D$ beginnt in C': der Punkt C' selbst bezeichnet den Zustand der frühzeitigen Erwärmtheit.

Bildet man das Parallelogramm $AA'C'C$; so bezeichnet $(AC) + (CC')$ einen zweiten von A nach C' führenden Weg, welcher die Begriffe der Erwärmung und der Frühzeitigkeit, jedoch in umgekehrter Reihenfolge enthält, indem jetzt die Linie AA' parallel mit sich selbst nach CC' verschoben erscheint, was dem erwärmten Frühzeitigen entspricht.

Die Sprache gestattet nicht immer die Verwandlung eines Subjektes in ein Prädikat und umgekehrt, ohne den Sinn zu entstellen oder zu verdunkeln. Die logische Bedeutung einer solchen Verwandlung ist jedoch ganz klar: sie sagt, dass die prädikative Kombination der beiden Begriffe der Erwärmung und der Frühzeitigkeit denselben Zustand C' erzeugt, gleichviel, welchen Begriff man zum Subjekte und welchen man zur prädizirten Eigenschaft nimmt.

Die Diagonale AC' des Parallelogrammes stellt die einfache Thätigkeit dar, welche den Effekt der kombinirten Begriffe AA' und $A'C'$ hervorbringt, für welche jedoch die Sprache nicht immer, ja nur selten ein einfaches Wort hat.

Wenn die Linie AB nicht der Grundaxe des Seins parallel ist, sondern eine beliebige Richtung hat; so stellen die Seiten AB und CD des Parallelogramms $ABDC$ in Fig. 1110 ebenso eine Thätigkeit, resp. eine Wirkung dar, wie die Seiten AC und BD, so bezeichnet z. B. der Weg ABD ein erwärmtes ausgedehntes Objekt, der Weg ACD hingegen ein ausgedehntes erwärmtes Objekt. In diesen beiden Ausdrücken, insofern sie in einunddenselben Zustand führen, hat das Erwärmte AB und CD gleiche Quantität, und auch das Ausgedehnte AC und BD hat gleiche Quantität.

Wenn man das Parallelogramm $ABDC$ vom Punkte D aus betrachtet, haben die Linien DC und DB die entgegengesetzte Richtung der früheren, was in dem letzten Beispiele den Begriffen von Erkältung und Zusammenziehung entsprechen würde. Der Winkel CDB ist dem Winkel BAC gleich, indem zwei entgegengesetzte Thätigkeiten in derselben Relation und Kausalität zueinander stehen wie die direkten Thätigkeiten. Wenn die beiden Linien AB und AC nach ihren relativen Richtungen betrachtet oder aufeinander bezogen werden, entsprechen sie den mittelbaren Wirkungen, und es kann z. B. der Winkel BAC die Kausalität der Ausdehnung durch Erwärmung darstellen. Der Winkel CDB stellt dann die Kausalität der Zusammenziehung durch Erkältung dar.

Wenn AA_1 (Fig. 1109) die auf dem Sein des Individuums AB normal stehende Alternitätsaxe ist; so bezeichnet A_1 denselben Zustand eines anderen Individuums $A_1 C_1$, dagegen A' einen anderen Zustand desselben Individuums AB. Ist nun AB eine konkrete Wirkung des Individuums AB; so ist die Parallele $A_1 C_1$ die gleichnamige Wirkung eines anderen Individuums unter denselben Umständen, dagegen die Parallele $A' C'$ die gleichnamige Wirkung desselben Individuums unter anderen Umständen. Keine der letzteren beiden Wirkungen kann einen Zustand mit der Wirkung AC gemein haben oder dasselbe Objekt erzeugen.

Die Verlängerung CE entspricht der Fortsetzung der Thätigkeit des Individuums AB. Fortsetzung ist Beginn unter veränderten Umständen, von einem neuen Anfangspunkte, Beginn einer neuen Partikularität. Demnach ist die Fortsetzung der Thätigkeit des Individuums AB auch gleich zu achten dem möglichen Beginne dieser Thätigkeit eines anderen Individuums CD unter anderen Umständen. Jede Wirkung eines Individuums kann also die Wirkung jedes anderen Individuums derselben Gattung unter anderen Umständen sein oder jedes Objekt, welches durch ein Subjekt erzeugt wird, kann von jedem anderen Subjekte der Gattung unter anderen Umständen erzeugt gedacht werden (die unendliche gerade Linie AC schneidet alle Parallelen zu AB); umgekehrt, kann die Ursache, welche das Objekt AB erzeugt, jedes andere Objekt der Gattung unter anderen Umständen erzeugen. Jedes Objekt der Grundgattung ist eine mögliche Ursache oder Wirkung eines bestimmten Individuums unter entsprechend veränderten Umständen (wobei es indifferent ist, ob der Zustand, in welchem das Objekt getroffen wird, ein Zustand aus der faktischen Lebensreihe dieses Objektes oder ein ausserhalb derselben liegender, also überhaupt nur ein denkbar möglicher ist). In diesem logischen Satze spricht sich der 11. Euklidische Grundsatz der Geometrie aus, indem die Thätigkeit $A_1 C_1$, von welcher behauptet wird, dass sie jedes Objekt AB der Grundgattung in einem gewissen Zustande treffe, sich gegen die Alternitätsaxe AA_1 unter einem Winkel neigt, welcher von dem rechten Winkel verschieden ist, unter dem sich die Richtung des Individuums AB dagegen neigt.

3. Verbindung zweier Punkte.

Der logische Ort, die Beschaffenheit eines Zustandes B oder die Eigenschaft AB ist im Allgemeinen durch eine Wirkung des Subjektes AX gegeben und durch ein Partizip der Vergangenheit ausgedrückt. Wenn die Richtung AG die Erwärmung bezeichnet (Fig. 1110), kann das Linienstück AB das Erwärmtsein eines bestimmten in B beginnenden Objektes (auch die Erwärmung durch ein bestimmtes in AX liegendes Subjekt), also der Punkt B den Zustand der Erwärmung des Ofens BH durch Kohle (eines bestimmten Ofens durch eine bestimmte Kohle) darstellen. Die Koordinaten von B sind der subjektive und der objektive Antheil dieser Wärmewirkung. Ein zweiter Punkt D kann vermöge der Thätigkeit AD als die Wirkung einer anderen Kausalität, z. B. als die Spannung (das Gespanntsein) einer bestimmten Luft DJ durch eine in AX wirksame Kraft angesehen werden. Die Koordinaten des Punktes D sind dann der subjektive und objektive Antheil der letzteren Wirkung. Man kann den Punkt D auch gegen den Punkt B festlegen und als eine Wirkung desselben Objektes BH ansehen, welches durch die Wirkung AB getroffen ist. Alsdann erscheint der Punkt D als eine in der Richtung BD liegende Wirkung des Objektes BH und, da dieses Objekt die Wirkung des Subjektes AX ist, als eine durch das Objekt BH vermittelte Wirkung des Grundsubjektes. Endlich kann man den Punkt D gegen B durch den Neigungswinkel BGD bestimmen, welchen die Linie BD gegen die Richtung ABG bildet. Hierdurch erscheint BD als eine Wirkung der Thätigkeit ABG, und da diese eine Wirkung des Subjektes ist; so erscheint BD als eine durch die Wirkung AB vermittelte Wirkung oder als eine mittelbare Wirkung des Grundsubjektes.

Bleiben wir bei der letzten Auffassung stehen, wonach BD als eine Wirkung von AB, entsprechend der Kausalität $GBD = \delta$ angesehen wird, und fassen wir auch AD als eine Wirkung von AB, entsprechend der Kausalität $BAD = \alpha$ auf. Zieht man BK parallel zu AD; so erscheint die Kausalität δ als der Inbegriff zweier Kausalitäten, von welchen die eine $GBK = BAD = \alpha$ und die andere $KBD = BDA = \beta$ die Kausalität zwischen AD und BD darstellt. Jetzt erscheint also BD ebenfalls als eine mittelbare Wirkung, aber nicht des Grundsubjektes, sondern der Grundthätigkeit AB, nämlich als die durch die Thätigkeit BK oder AD vermittelte Wirkung von AB. Bezeichnet z. B. die absolute Richtung AB vermöge des Neigungswinkels $XAB = \varphi$ gegen die Grundaxe AX die Erwärmung und die absolute Richtung AD vermöge des Winkels $XAD = \varphi + \alpha$ die Spannung durch Erwärmung, sodass der Winkel $BAD = \alpha$ dem Spannungseffekte der Wärme entspricht; so würde die geometrische Aufgabe, die gerade Linie BD zu beschreiben, welche durch die beiden Punkte B und D geht, der logischen Aufgabe entsprechen, diejenige Wirkung GBD zu bestimmen, welche die Erwärmung BG durch Vermittlung der Spannung BK vollbringt, indem der durch die Spannung erzeugte Zustand D den durch die gesuchte Wirkung erzeugten Zustand deckt. Eine solche mittelbare Wirkung der Wärme kann die Ausdehnung sein. Die absolute Richtung BD oder AC kann also vermöge des Winkels $XAC = \varphi + \delta$ die Ausdehnung vertreten und diese erscheint als eine durch die Spannung $BK = AD$ vermittelte Wirkung der Wärme.

4. Dreiecksfigur.

Das geometrische Dreieck, als Figur, d. h. unter dem Gesichtspunkte der Form aufgefasst, stellt ein System von Beziehungen, nämlich den einheitlichen Inbegriff der Längen- und Richtungsverhältnisse der drei Seiten dar. Die vorstehende Entwicklung zeigt, dass sich dieser geometrischen Anschauung eine völlig analoge Vorstellung eines Systems von Quantitäts- und Kausalitätsrelationen zwischen drei Begriffen an die Seite stellt. Die einfachsten Beziehungen stellen sich, entsprechend den drei Winkeln, durch die Kausalitätsrelationen zwischen je zwei von drei gegebenen Thätigkeiten AB, AD, BD dar (Fig. 1110). Bezeichnen in dem Dreiecke ABD resp. a, b, c die drei Seiten BD, AB, AD und α, β, γ die ihnen gegenüber liegenden Winkel, sodass α der von den beiden Seiten a und b eingeschlossene Winkel ist; so entspricht jeder Winkel wie α der Kausalität zwischen denjenigen beiden Thätigkeiten, welche durch die Richtungen der beiden anliegenden Seiten a und b dargestellt werden. In jeder Seite wie a ist aber eine positive und eine negative Richtung zu unterscheiden. Rechnen wir die positiven Richtungen der beiden Seiten a und b von dem gemeinschaftlichen Anfangspunkte A aus resp. gegen B und D, betrachten wir ferner die Seite AB als die Basis des Dreieckes, in welcher die Grundthätigkeit liegt, auf welche die anderen beiden Thätigkeiten bezogen werden sollen, und rechnen wir demzufolge die positive Richtung der dritten Seite c von der Basis B aus gegen D. Bei diesen Voraussetzungen ist α die Kausalität zwischen den positiven Thätigkeiten a und b, z. B. zwischen Wärme und Spannung. β ist die Kausalität zwischen den negativen Thätigkeiten $-c$ und $-a$, eine Kausalität, welche bekanntlich der Kausalität zwischen den positiven Thätigkeiten c und a entspricht: Spannung steht zu Ausdehnung in derselben Relation wie Erschlaffung zu Zusammenziehung. Der dritte Winkel γ bezeichnet die Kausalität zwischen der positiven Thätigkeit a und der negativen Thätigkeit $-b$, also zwischen Ausdehnung und Erkältung: dieser Winkel ist der Nebenwinkel des äusseren Winkels $\delta = 180^0 - \gamma$, und letzterer bezeichnet die Kausalität zwischen den positiven Thätigkeiten b und a, nämlich zwischen Wärme und Ausdehnung.

Denkt man sich eine in der Basis $EABG$ liegende Linie erst um den Winkel α gedreht, wodurch sie die Richtung AD annimmt, darauf im Punkte D um den Winkel β gedreht, wodurch sie die Richtung BD annimmt, endlich im Punkte B um den Winkel γ gedreht; so fällt sie wieder in die Basis BA, hat aber die entgegengesetzte Richtung. Die Winkel α, β, γ stellen die inneren Winkel des Dreieckes ABD dar. Das Resultat aller drei Drehungen oder die Winkelsumme $\alpha + \beta + \gamma$ entspricht also einer halben Umdrehung oder ist gleich zwei rechten. Dreht man die Linie, nachdem sie in die dritte Seite BD gefallen ist, im Punkte B nicht um den Winkel γ, sondern um den Winkel $-\delta$, d. h. um den Winkel DBG in der den früheren Drehungen entgegengesetzten Richtung; so fällt die Linie wiederum in die Basis AB und hat auch deren direkte Richtung; das Resultat der drei Drehungen $\alpha + \beta - \delta$ ist also gleich null.

Der eine dieser beiden Sätze vertritt den anderen und beide lassen sich durch die Anschauung vertreten, dass die Linie ABG durch die ersten beiden Drehungen α und β in dieselbe Richtung BD gelangt, in welche sie durch die eine Drehung um den äusseren Winkel δ gebracht wird, dass also $\delta = \alpha + \beta$ oder der äussere Winkel gleich der Summe der beiden ihm gegenüber liegenden inneren Winkel ist.

Die logische Analogie dieses Satzes ist vollkommen einleuchtend. In dem obigen Beispiele ist die Kausalität δ zwischen Wärme und Ausdehnung offenbar der Inbegriff der Kausalität α zwischen Wärme und Spannung und der Kausalität β zwischen Spannung und Ausdehnung.

Wir bemerken, dass wenn die Linien a, b, c vermöge ihrer absoluten Richtungen gegen die Grundaxe AX die betreffenden logischen Thätigkeiten vertreten, statt der Formel $\delta = \alpha + \beta$ auch die Formel $\varphi + \delta = \varphi + \alpha + \beta$ gesetzt werden kann.

Die dritte Seite AD des Dreieckes ABD ist (nach Grösse und Richtung aufgefasst) die Summe der anderen beiden Seiten AB und BD. Stellt man sich die Linie AD als Diagonale des Parallelogrammes $ABDC$ vor; so vertritt sie die mechanische Resultante der beiden Komponenten AB und AC und repräsentirt deren Summe. Als Glieder einer Summe vertreten diese Linien logische Eigenschaften und von diesen gilt denn auch der Satz, dass die resultirende Eigenschaft den Inbegriff der komponirenden Eigenschaften darstellt oder dass eine Erweiterung der einen komponirenden Eigenschaft durch die andere ist. Demzufolge ist vermöge des Dreieckes ABD, worin AB die Erwärmung, AD oder BK die Spannung durch Erwärmung und BD oder AC die Ausdehnung durch Erwärmung unter Vermittlung der Spannung bedeutet, ein gespannter Zustand zugleich ein durch Erwärmung ausgedehnter Zustand $(AD = AB + BD)$; es ist aber nicht ein ausgedehnter Zustand ein durch Erwärmung gespannter Zustand (d. h. es ist nicht BD oder $AC = AB + AD$): mit anderen Worten, von der durch Erwärmung ausgedehnten Luft kann man behaupten, dass sie gespannt sei, von der durch Erwärmung gespannten Luft lässt sich jedoch nicht behaupten, dass sie ausgedehnt sei: denn da die Ausdehnung als eine Wirkung der Erwärmung durch Spannung gegeben ist; so wird das durch Wärme Ausgedehnte gespannt sein, da aber nicht die Spannung als eine Wirkung der Erwärmung durch Ausdehnung gegeben ist; so braucht das durch Wärme Gespannte nicht nothwendig ausgedehnt zu sein.

Obgleich die Resultante AD die Summe der Komponenten AB und BD ist; so liegt ihre Richtung doch zwischen den Richtungen der Komponenten, d. h. die Resultante ist die vermittelnde Thätigkeit zwischen den durch die Komponenten dargestellten Thätigkeiten, oder ihre Kausalität liegt zwischen denen der Letzteren. Da die Ausdehnung durch Wärme unter Vermittlung der Spannung erfolgt; so liegt die Kausalität der Spannung AD zwischen der der Erwärmung AB und der der Ausdehnung BD oder AC, oder die Kausalität der Ausdehnung ist eine Erweiterung der Kausalität der Spannung.

Die Resultante AD ist also kausale Vermittlung und zugleich Inbegriff der Komponenten.

Dreht man in Fig. 1111 die in der Basis EAB liegende Linie sukzessive in den Punkten A, D, L ... um die Winkel α, β, γ ... und nimmt den letzten äusseren Winkel φ des hierdurch entstehenden Polygons $EADL$ nicht, wie vorhin, so gross, dass die letzte Seite die entgegengesetzte Richtung von EA erhält, sondern um eine halbe Umdrehung π grösser, sodass die letzte Seite dieselbe Richtung wie EA erhält, dass also $\varphi = 2\pi - \alpha - \beta - \dots$ wird; so ergiebt sich ein Polygon $EABDL$ ... in welchem α, β, γ ... φ nicht, wie vorhin, die inneren, sondern die äusseren Winkel darstellen, deren Summe $\alpha + \beta + \gamma \dots + \varphi = 2\pi$, nämlich gleich einer ganzen Umdrehung ist. (Ist das Polygon ein Dreieck; so haben α, β, γ die in Fig. 1112 bezeichneten

Werthe; dieses Dreieck ist dem Dreiecke ABD in Fig. 1111 nicht ähnlich, indem nur zwei Seiten in beiden gleiche Richtungen haben). Die ganze Umdrehung entspricht der logischen Wiederherstellung oder Wiederkehr der ursprünglichen Thätigkeit EA. Wenn es sich um ein Dreieck handelt, in welchem die erste Seite EA die Erwärmung, die zweite Seite AD die Spannung durch Erwärmung und die dritte Seite DE die Ausdehnung durch Spannung darstellt; so misst der Winkel α die Kausalität zwischen Wärme und Spannung, der Winkel β die Kausalität zwischen Spannung und Ausdehnung und jetzt muss nothwendig der Winkel γ die Kausalität zwischen Ausdehnung und Wärme sein, d. h. wenn Erwärmung, Spannung und Ausdehnung in der Relation jener Dreiecksseiten stehen, muss die Ausdehnung Wärme erzeugen oder der Winkel γ muss diejenige Kausalität darstellen, welche die Wärme als eine Wirkung der Ausdehnung erscheinen lässt.

Im Allgemeinen findet der letztere Kausalzusammenhang nicht statt oder er ist doch logisch unbekannt. Im Allgemeinen wird also, wenn α die Kausalität zwischen Wärme und Spannung und β die Kausalität zwischen Spannung und Ausdehnung bezeichnet, die unter dem Winkel β an die Seite AD gelegte Linie DL nicht durch den Anfangspunkt E gehen, sondern sie wird nach Fig. 1111 irgend einen anderen Punkt B der Linie EA treffen, und das Verhältniss zwischen den drei fraglichen Richtungen wird sich nicht durch das Dreieck ABD in Fig. 1110 und 1111, sondern durch die nicht geschlossene dreiseitige Figur $EADN$ in Fig. 1111 darstellen, deren Seiten die gegebenen drei Richtungen haben, sodass ein dritter Winkel γ, welcher von α und β abhängig ist, gar nicht anders in Frage kömmt, als der Ausdruck der logischen Relation zwischen der dritten und ersten Richtung oder zwischen Ausdehnung und Erwärmung.

Fassen wir nochmals den allgemeinen Fall der Wiederkehr der ersten Thätigkeit nach beliebig vielen Wirkungen $\alpha, \beta, \gamma \ldots \varphi$ ins Auge. Handelt es sich hierbei lediglich um die Kausalitäten, nicht um die Subjekte und Objekte der Thätigkeiten; so hat man es nur mit Richtungen und Drehungen, nicht mit Seitenlängen zu thun. Durch die vorstehenden Sätze ist in der That nur die Wiederkehr der ursprünglichen Thätigkeit, nicht aber der Umstand konstatirt, dass sich diese Thätigkeit durch das ursprüngliche Subjekt vollziehen werde. Letzteres findet nur statt, wenn zugleich feststeht, dass der Fortschritt in den Richtungen EA, AD, DL in den Anfangspunkt O zurückführe, dass also jene Fortschrittslinien die Seitenlängen des mit den fraglichen Winkeln konstruirten geschlossenen Polygons haben. Diese Quantitätsbestimmung ist auch logisch unerlässlich, um z. B. zu dem Schlusse zu gelangen, dass wenn Arbeit Kräfte konsumirt, diese Konsumtion Stoffwechsel verursacht, dieser Stoffwechsel Hunger erzeugt, der Hunger zum Essen nöthigt, das Essen Geld kostet und schliesslich der Gelderwerb zur Arbeit nöthigt oder das Arbeiten bewirkt, insofern durch den letzten Satz gesagt sein soll, dass die Wiederkehr der Arbeit bei dem ursprünglichen Subjekte und unter denselben Umständen erfolgt.

Die Umkehrung einer Kausalität oder der Übergang zwischen Aktivität und Passivität (aktiver und passiver Wirksamkeit) von gleichem absoluten

Kausalitätsbetrage entspricht dem Zeichenwechsel des Winkels α in dem Richtungskoeffizienten $e^{\alpha\sqrt{-1}}$, indem dieser Winkel α die Kausalität der Relation $e^{\alpha\sqrt{-1}}$ misst. Da $e^{-\alpha\sqrt{-1}} = e^{(2\pi-\alpha)\sqrt{-1}}$ ist; so ist der Effekt der indirekten Wirkung dem Effekte der direkten Wirkung von dem Betrage $2\pi - \alpha$ gleich. Der Zeichenwechsel von α ist aber auch gleichbedeutend mit der quantitativen Umkehrung der Grösse $e^{\alpha\sqrt{-1}}$, d. h. man hat $e^{-\alpha\sqrt{-1}} = \dfrac{1}{e^{\alpha\sqrt{-1}}}$, und Diess entspricht der logischen Vertauschung einer Ursache mit einer Wirkung. Diese Beziehungen sind früher schon genugsam erläutert, und wir heben dieselben hier nur nochmals hervor, weil ihre Vergegenwärtigung für das logische Verständniss der auf Drehung beruhenden geometrischen Figuren von Wichtigkeit ist.

5. Der Pythagoräische Lehrsatz der Logik.

Alle Wissenschaften bilden einunddasselbe System: demzufolge hat jede ihren Pythagoräischen Lehrsatz. In der Geometrie sagt derselbe, das Quadrat der Hypotenuse eines rechtwinkligen Dreieckes sei gleich der Summe der Quadrate der beiden Katheten; in der Mechanik, die lebendige Kraft eines bewegten Körpers sei gleich der Summe der lebendigen Kräfte der beiden rechtwinkligen Geschwindigkeitskomponenten; in der Arithmetik, das Quadrat des absoluten Werthes r der komplexen Grösse $r\,e^{\varphi\sqrt{-1}} = a + b\sqrt{-1}$ sei gleich der Summe der Quadrate der absoluten Werthe a und b des reellen und des imaginären Theiles derselben. Wenn man in der Logik die Quantitäten der Gattungsquadrate, d. h. derjenigen Gattungen ins Auge fasst, in welchen die Attribute der einzelnen Individuen die nämlichen Fälle bilden, wie die Akzidentien jedes Individuums; so kann der Pythagoräische Lehrsatz der Geometrie leicht in die Sprache der Logik übersetzt werden. Man würde hierdurch zu dem Resultate gelangen, dass das Gattungsquadrat der Wirkung AC (Fig. 1108) dieselbe Quantität oder dieselbe Anzahl möglicher Fälle darbietet, wie die Gattungsquadrate des Subjektsantheils AD und des Objektsantheils DC zusammen.

Die vorstehende Bedeutung entspricht dem Sinne, welchen die Euklidische Geometrie mit dem Pythagoräischen Lehrsatze verbindet, indem sie die Seiten des Dreieckes unmittelbar in quadratische Flächen verwandelt und das Quantitätsverhältniss dieser Flächen darstellt. Das rechtwinklige Dreieck enthält aber auch ein Wirkungsgesetz, welches eine unmittelbare Bedeutung für die Logik hat. Ich gestatte mir daher, dieses Gesetz zuvörderst geometrisch zu konstruiren und damit zugleich einen sehr einfachen und anschaulichen Beweis des Pythagoräischen Lehrsatzes zu liefern.

Zu dem Ende sei in Fig. 1113 BC eine Linie von endlicher Länge c, BD ein unendlich kleines Stück dieser Linie, CDE ein unendlich kleiner Winkel vom Bogen φ, und die Linie BC sei in die Lage DE gebracht, indem sie um das Stück BD längs BC vorgeschoben und dabei um ihren Anfangspunkt stetig gedreht sei. Die Fläche, welche die vorrückende und sich drehende Linie beschreibt, ist an der einen

Seite durch die gerade Linie BC, an der zweiten Seite durch die Linie CE, welche, weil sie unendlich klein ist, als gerade zu betrachten ist (cfr. die geometrischen Grundsätze im ersten Theile, §. 250, V, 5), an der dritten Seite aber durch eine Kurve begrenzt, welche sich von B links am Punkte D vorbei, etwa durch den Punkt F bis E hin zieht, also den Zug BFE bildet, sodass die in Rede stehende Fläche $BCEFB$ ist. Wir behaupten, dass diese Fläche gleich dem Dreiecke DGE sei, welches eine Linie DG von der Länge c bei der Drehung mit festem Anfangspunkte D um den Winkel GDE beschreibt. (Dass der Bogen GE dem Winkel GDE und dem Radius DG proportional gleich $c\varphi$ und dass die Dreiecks- oder Kreisausschnittsfläche GDE gleich dem halben Produkte aus der Grundlinie $GE = c\varphi$ und der Höhe $GD = c$, also gleich $^1/_2\,c^2\varphi$ sei, sind Sätze, welche in der elementaren Geometrie dem Pythagoräischen Lehrsatze vorangehen, folglich als bewiesen gelten können). Unsere Behauptung, dass die von der fortschreitenden und sich drehenden Linie BC beschriebene Fläche $BCEFB$ der Fläche DGE gleich sei, ergiebt sich daraus, dass diese Flächen sich durch die Flächenstücke CGE und $BDEF$ und zwar durch die Differenz dieser beiden Stücke unterscheiden. Nun ist aber in dem dreieckigen Stücke CGE die Basis $CG = BD$ ein unendlich kleiner Theil von DG, während dieses Stück die Höhe GE mit dem Dreiecke DGE gemein hat: die Fläche des fraglichen Stückes ist also unendlich klein gegen die des Dreieckes DGE. Das dreieckige Stück $BDEF$, in welchem die Seite BFE gekrümmt ist, ist kleiner als das geradlinige Dreieck BDE, worin die gerade Sehne BE an die Stelle der Kurve BFE getreten ist: denn die fortschreitende und sich drehende Linie, welche immer durch einen Punkt von BD geht, liegt überall rechts von der geraden Linie BE. Das geradlinige Dreieck BDE aber ist gleich dem Dreiecke CGE, weil es mit demselben gleiche Basis und Höhe hat, folglich ist dasselbe und noch mehr das krummlinige Dreieck $BDEF$ unendlich klein gegen das Dreieck DGE. Das letztere Dreieck unterscheidet sich hiernach von der Fläche $BCEFB$ nur durch eine Grösse, welche einen unendlich kleinen, d. h. einen verschwindenden Theil der gesuchten Fläche ausmacht; dasselbe ist dieser Fläche also gleich.

Drehen wir jetzt nach Fig. 1114 das rechtwinklige Dreieck ABC in seiner Ebene um den Punkt A; so beschreibt die Hypotenuse AC die äussere Kreisfläche $CC'H$, die Kathete AB beschreibt die innere Kreisfläche $BB'J$ und die andere Kathete BC beschreibt den zwischen den Peripherien dieser beiden Kreise liegenden Ring von der Breite BK. Der letztere Ring aber setzt sich aus lauter Elementen wie BCE zusammen, von welchen jedes einzelne nach Vorstehendem ein dem Winkel CBE entsprechender Ausschnitt eines Kreises vom Radius BC ist: der ganze Ring ist folglich der Kreisfläche vom Radius BC gleich. (Wenn auch ein solcher Ring aus unendlich vielen Elementen CBE besteht, welche gegen den korrespondirenden Kreisausschnitt eine unendlich kleine Differenz bilden; so bleibt doch immer die Differenz zwischen den aus unendlich vielen Elementen bestehenden Ganzen unendlich klein gegen diese Ganzen, weil die Differenzen der Elemente nachgewiesenermaassen unendlich kleine Theile der Elemente selbst sind: die Ganzen sind daher aus demselben Grunde einander gleich, aus welchem die Elemente es sind).

Da nun nach der Figur die äussere Kreisfläche die Summe der inneren und des Ringes ist; so ist die mit der Hypotenuse a beschriebene Kreisfläche die Summe der mit den beiden Katheten b und c beschriebenen Kreisflächen. Die Grösse einer Kreisfläche wird schon vor dem Pythagoräischen Lehrsatze bestimmt; man hat also $\pi a^2 = \pi b^2 + \pi c^2$ und danach auch $a^2 = b^2 + c^2$.

Wenn man das Dreieck ABC nicht eine volle Umdrehung, sondern nur eine Drehung um den Winkel $CAC' = \varphi$ machen lässt; so lehrt der Pythagoräische Lehrsatz, dass der von der Hypotenuse beschriebene Kreisausschnitt den von den Katheten beschriebenen beiden Kreisausschnitten zusammen gleich ist.

Das vorstehende Verfahren liefert auch manche andere Beziehung zwischen den Seiten einer Figur auf kürzestem Wege. Setzt man z. B. an die Stelle des obigen rechtwinkligen Dreiecks das bei C stumpfwinklige Dreieck ABC (Fig. 1115) und dreht dasselbe um den Punkt A; so ergiebt sich, wenn AD das Perpendikel von A auf BC ist, und man $BC = a$, $CA = b$, $AB = c$, $AD = d$ setzt, weil der mit AB beschriebene Kreis die Summe des mit AC beschriebenen Kreises und des Ringes von der Breite EB, der letztere Ring aber die Differenz der beiden Ringe FB und FE, also auch der beiden mit DB und DC beschriebenen Kreise ist, sofort die bekannte Formel

$$c^2 = b^2 + (d+a)^2 - d^2 = a^2 + b^2 + 2ad$$

Was nun die logische Bedeutung des obigen Resultates der Drehung eines rechtwinkligen Dreieckes um einen beliebigen Winkel φ betrifft, wodurch die Linie AC in die Richtung AC' kömmt (Fig. 1114); so sei $AC = a$ irgend eine wirkende Ursache oder effizirende Thätigkeit, z. B. das Feuer, $arcus\,CAC' = \varphi$ die Kausalität, welche die Wirkung AC' erzeugt, z. B. die Ausdehnung, sodass $AC' = a\,e^{\varphi\sqrt{-1}}$ die Ausdehnung durch Feuer darstellt. Die Wirkung AC' hat dieselbe Quantität a wie die Ursache AC (jeder Partikularität des Feuers entspricht eine Partikularität der Ausdehnung durch Feuer) Die Punkte der Linie AC' sind die Örter, in welchen die verschiedenen durch Feuer ausgedehnten Objekte anfangen: die Anzahl a der möglichen Objekte ist ebenso gross als die Anzahl der möglichen Ursachen. Alle Theile der Linie AC drehen sich um denselben Winkel φ: alle Partikularitäten der Ursache wirken mit der nämlichen Kausalität.

Die Linie AC' ist die letzte Richtung, in welche die Linie AC durch die Drehung gelangt. Während der Drehung passirt sie alle in dem Winkel CAC' liegenden Richtungen. Fasst man alle diese Richtungen, welche während der Drehung erzeugt werden, als den Gesammteffekt der Drehung auf; so ist derselbe geometrisch durch die vom Radius AC beschriebene Winkelfläche CAC' von der Grösse $\frac{1}{2}a^2\varphi$ dargestellt. Die logische Analogie ergiebt sich, wenn man sich die Kausalität φ als einen stetigen Prozess von mittelbaren Wirkungen, von welchen die eine die andere nach sich zieht, vorstellt oder die Kausalität φ in ihre partikularen Komponenten zerlegt, also z. B. die Ausdehnung durch Feuer zunächst als eine Erwärmung durch Feuer, darauf als eine Spannung durch Erwärmung und endlich als eine Ausdehnung durch Spannung auffasst. Der Inbegriff aller dieser Partikularwirkungen, also aller Erwärmungen, Spannungen, Ausdehnungen, welche das Feuer erzeugt, ein Inbegriff, welcher eine Wirkungsgattung darstellt, entspricht dem Gesammteffekte von der Quantität $1/2\,a^2\varphi$.

Wenn man sich vorstellt, dass die Kausalität φ alle möglichen Werthe annimmt, sodass die Linie AC sich ganz im Kreise herumdreht, wird $\varphi = 2\pi$ und der Gesammteffekt entspricht der ganzen Kreisfläche $a^2\pi$, welche wir, da dieselbe alle möglichen Wirkungen der Ursache AC enthält, das Wirkungsfeld dieser Ursache nennen.

Der Pythagoräische Lehrsatz der Logik enthält nun das durch die obige Konstruktion veranschaulichte Resultat, dass der Gesammteffekt einer Ursache AC für irgend eine gegebene Kausalität CAC' der quantitative Inbegriff der Gesammteffekte des Subjekts- und des Objektsantheils AB und BC ist, welcher jener Ursache zukömmt, wenn dieselbe als die Wirkung einer früheren Ursache AK angesehen wird. Ausserdem ist klar, dass wenn alle möglichen Kausalitäten in Betracht gezogen werden, das Wirkungsfeld der Ursache AC nicht bloss der quantitative Inbegriff der Wirkungsfelder des Subjekts- und des Objektsantheils ist, sondern dass dasselbe diese beiden letzteren Felder als Partikularitäten umschliesst. Insofern also in dem letzten Beispiele das Feuer die Wirkung einer gewissen chemischen Verbindung ist, umschliesst das Wirkungsfeld des Feuers die Wirkungsfelder des Subjekts- und des Objektsantheils jener chemischen Verbindung. (Der Subjektsantheil ist das Sein in einem Zustande der Verbindung oder die akzidentielle Eigenschaft des Inverbindungseins; der Objektsantheil dagegen das Gewordensein durch eine solche Verbindung oder das Attribut des durch diese Verbindung Gewordenen oder des dadurch bedingten Objektes). Wenn AC den Sohn des Subjektes AK darstellt; so umschliesst das Wirkungsfeld des Sohnes das Wirkungsfeld Desjenigen, welchen man einen Gezeugten (einen mit der akzidentiellen Eigenschaft des Gezeugtseins Behafteten) nennen kann, sowie das Wirkungsfeld Desjenigen, welchen man einen durch Zeugung Gewordenen (einen durch das Attribut des Erzeugtwordenseins Gekennzeichneten) nennen kann, oder alle möglichen Wirkungen des letzteren Akzidens und Attributes erfüllen das Wirkungsfeld, welches alle möglichen Wirkungen des Sohnes darstellt.

§. 496.
Die Grundoperationen.

Der spezielle Werth, welchen ein Kategorem (ein Grundbegriff) in einer gegebenen Vorstellung besitzt oder die spezielle Bedeutung eines Begriffes im Bereiche dieses Kategorems erzeugt und verändert sich durch die betreffende Metabolie (durch das betreffende Grundgesetz). Jede Metabolie hat gleich einem mathematischen Grundgesetze eine Basis und einen Effizienten, aus welcher und mit welchem sie alle dem Gebiete dieses Kategorems angehörigen Vorstellungen erzeugt.

Für die erste Metabolic, die Erweiterung, ist die Basis, entsprechend der mathematischen Einheit oder Einzahl, der Begriff des Etwas. Von diesem Begriffe schreitet die Metabolie der Erweiterung durch Einschliessung oder Subsumtion anderer Begriffe durch alle Werthe der Quantität oder erzeugt Begriffe von jeder möglichen Weite.

Für die zweite Metabolie, die Veränderung, ist die Basis, entsprechend der mathematischen Null, das Nichts oder, entsprechend dem mathematischen Nullpunkte, der Anfang oder Anfangszustand. Von dieser Basis schreitet die Metabolie der Veränderung, indem sie dem Objekte immer neue Eigenschaften beilegt, durch alle möglichen Beschaffenheiten.

Für die dritte Metabolie, die Kausalität, ist die Basis, entsprechend dem mathematischen Primären, das ursprüngliche Sein, oder entsprechend der mathematischen primären Einheit das ursprüngliche Subjekt in der Bedeutung des Trägers einer Kausalität. Aus dieser Basis ergeben sich durch Kausalität alle möglichen Relationen.

Für die vierte Metabolie, die Abstraktion, ist die Basis, entsprechend der mathematischen Grundqualität oder der Qualität des Elementes die unterste Stufe der Intelligibilität oder der Eigenschaft der Dinge, welche sie befähigt, Objekte unserer Erkenntniss zu werden. Diese Stufe ist die Anschaulichkeit, indem die Anschauungen, analog den geometrischen Punkten, die Elemente der logischen Erkenntnisse bilden. Durch weitere Abstraktion ergeben sich hieraus alle möglichen Begriffsqualitäten, insbesondere die vier Heterogenitätsstufen der Qualität, nämlich der Begriff des anschaulichen Seins, des konkreten individuellen Seins, des abstrakten Seins und des ideellen Seins.

Für die fünfte Metabolie, das Bedingen, ist die Basis, entsprechend dem mathematischen Konstanten, das Unbedingte oder Unabhängige. Aus dieser Basis entstehen unter dem Einflusse der Konditionalität alle möglichen Abhängigkeitsgesetze.

Sobald an die Stelle der Basis eines Grundgesetzes ein spezielles Objekt A und an die Stelle des Effizienten ein anderes spezielles Objekt B tritt, verwandelt sich das Grundgesetz in eine Grundoperation $A \llcorner\neg B = C$, deren Aufgabe darin besteht, das Resultat C darzustellen, welches sich ergiebt, wenn der Operand A mit dem Operator B durch ein bestimmtes Grundgesetz $\llcorner\neg$ verknüpft oder nach Vorschrift des Operators B im Sinne dieses Gesetzes verändert wird.

Wie die fünf Grundgesetze in der Mathematik zu den fünf Grundoperationen, der Numeration, Addition, Multiplikation, Potenzirung und Integration führen, ebenso leiten die fünf Metabolien zu fünf logischen Grundoperationen. Eine solche Grundoperation kann man, da sie im Grunde genommen nichts Anderes, als die an einem bestimmten Objekte bis zu einem bestimmten Maasse vollzogene Grundveränderung ist, eine Metabolic im weiteren Sinne nennen. Wir werden diese Grundoperationen, welche bei der Entwicklung der Grundeigenschaften und Grundgesetze schon hinlänglich besprochen sind, hier nur kurz anzudeuten brauchen.

1) Vermöge der ersten Grundoperation sind zwei Begriffe A und B zu einem einzigen Begriffe $C = A + B$ zu vereinigen; der Begriff A ist um den Begriff B zu erweitern oder beide sind in dem Gesammtbegriffe C

einzuschliessen oder zusammenzufassen. Der hierbei in Frage kommende logische Vereinigungsprozess ist ein völlig bestimmter; gleichwohl hat die Sprache für alle möglichen Inbegriffe C von beliebigen speziellen Theilbegriffen A und C keine systematischen Namen wie die Arithmetik für die Numerate 1, 2, 3, 4 .... Der Logik geht es hinsichtlich der Nomenklatur in dieser Hinsicht übrigens nicht schlimmer, als der Geometrie, Mechanik und jeder Anschauungswissenschaft, welche ebenfalls für das Numerat aus Theilen nur das Symbol $A + B$, aber keinen speziellen Namen C haben. In der korrespondirenden Sprachformel für die Vereinigung von Begriffen wird das Vereinigungszeichen $+$ in der Regel durch das Bindewort „und" oder ein ähnliches vertreten oder durch eine besondere Sprachform ersetzt. So bezeichnet der Ausdruck „die Eiche und die Fichte" den Inbegriff der genannten beiden Theilbegriffe. Für manche Inbegriffe hat diese und jene Sprache übrigens besondere Wörter gebildet. So umfasst z. B. der Ausdruck Niederlande die beiden Begriffe Holland und Belgien. Das Wort Eltern bezeichnet den Inbegriff von Vater und Mutter. Das Gesammtministerium ist der Inbegriff aller einzelnen Ressortministerien. Der Baum bezeichnet den Inbegriff aller Baumarten, der Eiche, Fichte, Birke u. s. w.

Bei der Vereinigung von Begriffen stellen sich die Merkmale derjenigen Begriffe oder Begriffspartikularitäten, welche sich nicht decken, als alternative Merkmale in dem Gesammtbegriffe nebeneinander, indem sie die Weite des Begriffes vermehren, wogegen die Merkmale der sich deckenden Begriffe oder Begriffspartikularitäten als simultane Merkmale sich ineinander lagern, indem sie den Inhalt des Begriffes vergrössern. So erzeugt die Vereinigung der Begriffe Europäer und Protestant einen Gesammtbegriff, in welchem die Merkmale des Europäers und die des Protestanten alternativ bestehen. Da sich eine Partikularität des Europäers und eine Partikularität des Protestanten decken; so zerfällt der Gesammtbegriff in drei alternative Theile, den Europäer, welcher kein Protestant ist, den Protestanten, welcher kein Europäer ist und den Menschen, welcher zugleich Europäer und Protestant ist.

Der direkten Operation steht immer eine indirekte gegenüber, der Verbindung eine Trennung, der Einschliessung eine Ausschliessung. Der mathematischen Denumeration entspricht die logische Ausschliessung, welche durch die dazu dienenden Sprachformen ausgedrückt wird. Eine Form dieser Art liegt z. B. in den Worten der Europäer, mit Ausnahme des Türken oder ohne den Türken. Häufig wird auch das Adjektiv zur Partikularisirung und zur Ausschliessung gebraucht, z. B. in dem Ausdrucke die aussereuropäischen Länder, wodurch die europäischen Länder von den übrigen Ländern der Erde ausgeschlossen werden.

Wenn man die Sache recht betrachtet; so kömmt bei einer Operation nicht bloss das Gebiet der direkten und der indirekten Operation, sondern es kommen vermöge der fünf Grundprinzipien fünf besondere Operationsgebiete in Betracht. Das erste Gebiet enthält die primitive Operation, welche bei der mathematischen Numeration die Zählung oder Zusammenzählung (Vereinigung) ist. Das zweite Gebiet enthält die direkte und die indirekte Operation, also die beiden entgegengesetzten Operationen (Zuzählung und Abzählung). Das dritte Gebiet enthält eine primäre, sekundäre und tertiäre Operation, also die drei neutralen Operationen (von welchen bei der Numeration die erste auf der Vereinigung ganzer, die zweite auf der Vereinigung rationaler, die dritte auf der Vereinigung irrationaler Grössen beruht). Das vierte Gebiet umfasst vier heterogene Operationen (die endlichen und unendlichen oder allumfassenden Vereinigungen). Das fünfte Gebiet enthält fünf alieno-forme Operationen (die Vereinigung bestimmter und unbestimmter oder bedingter Grössen). Wir betrachten hier vornehmlich die direkten und indirekten Grundoperationen, und beschränken uns hinsichtlich der übrigen auf einige Bemerkungen.

Die Zusammenstellung zweier Begriffe durch die Konjunktion „und" stellt nur erst die der Formel $A + B$ entsprechende Aufgabe der Zusammenfassung, nicht die im Numerate C verlangte Lösung dar. Um die Zusammenfassung wirklich zu vollführen, müssen beide Begriffe, ganz und gar dem mathematischen Vorgange gemäss, in ihrem Numerations-verhältnisse zu einundderselben Grundeinheit aufgefasst und sodann durch Zusammenzählung vereinigt werden. Ehe nicht eine solche gemeinsame Einheit, ein Grundobjekt, gefunden ist, kann die Vereinigung logisch nicht vollzogen werden.

Beispielsweise können die beiden Begriffe Holländer und Belgier auf den Begriff des Niederländers als gemeinschaftliche Einheit bezogen werden. Der Holländer ist ein Inbegriff von Niederländern gewisser Partikularität, ebenso der Belgier; beide Partikularitäten schliessen sich einander aus und erschöpfen zugleich den Begriff des Niederländers. Demnach vollzieht sich die Vereinigung jener beiden Begriffe durch den Begriff des Niederländers.

Man könnte auch den Begriff Europäer, auch den Begriff Mensch und manchen anderen zur gemeinschaftlichen Einheit nehmen. Der Holländer erscheint dann als ein holländischer Mensch, der Belgier als ein belgischer Mensch und die Vereinigung beider als ein niederländischer Mensch.

Von ähnlicher Art ist die Aufgabe der Vereinigung des Begriffes Katholik und Protestant. Man kann den Begriff Christ zur Maasseinheit annehmen und daraus als Numerat den katholischen und protestantischen Christen bilden.

Im Allgemeinen gehört die Aufgabe der Vereinigung zweier bestimmten Begriffe dem dritten der vorerwähnten Operationsfelder an, indem diese Begriffe wie zwei Brüche $6/7$ und $13/5$ rationale Partikularitäten des Grundbegriffes 1 darstellen, welche nicht ohne Weiteres zusammengezählt werden können, sondern zu diesem Zwecke auf eine entferntere Begriffseinheit $1/35$ bezogen werden müssen, von welcher der erste Begriff das 30-fache und der zweite Begriff das 91-fache, das Numerat also das 121-fache ist. Eine Aufgabe dieser Art liegt z. B. in der Forderung der Vereinigung der beiden Begriffe Maler und Protestant. Die zunächst liegende Einheit, wovon der Maler eine Partikularität darstellt, ist der Künstler, während die nächste Einheit für den Protestanten der Religionsbekenner ist. Diese beiden Grundeinheiten sind aber verschieden, wie in dem arithmetischen Beispiele die Brüche $1/7$ und $1/5$. Als gemeinsame Einheit für den Künstler und den Religionsbekenner kann man den

Kulturmenschen (auch den Menschen) nehmen, woraus sich durch Vereinigung der künstlerische und religionbekennende Mensch ergiebt. Die entfernteren Einheiten, welche immer mehr Partikularitäten in sich aufnehmen, sind die logisch weiteren (aber hinsichtlich des Inhaltes von Merkmalen engeren). So erweitert sich die Begriffseinheit in der Stufenfolge der Begriffe Künstler, Mensch, Wesen, Etwas. Der absolut weiteste Begriff ist der des Etwas, welcher schliesslich, wenn sich kein engerer darbietet, jeder Vorstellung zur Maasseinheit gegeben werden kann. Hiernach scheint es, als ob die Logik eine umgekehrte Regel befolge, wie die Arithmetik, welche, um alle Aufgaben der Vereinigung zu lösen, zu immer kleineren Maasseinheiten 1, $\frac{1}{7}$, $\frac{1}{35}$ u. s. w. überzugehen genöthigt ist. Bei genauerer Erwägung besteht diese Verschiedenheit nicht; die Logik operirt vielmehr ganz in Übereinstimmung mit der Arithmetik. Denn es ist nicht der immer weiter ‧ werdende Begriff in seiner Allgemeinheit, welcher als logische Maasseinheit gebraucht wird; wir messen in dem letzten Beispiele nicht den Künstler durch den universellen Menschen, was unmöglich wäre, da der Künstler eine Partikularität des Menschen ist, wir messen vielmehr den Künstler durch einen singulären Menschen, welcher ein umgekehrtes Verhältniss wie der universelle Mensch darstellt, also dem Bruche $\frac{1}{35}$ entspricht, während der universelle Mensch der Zahl 35 entsprechen würde.

Der absolut weiteste Begriff des Etwas kann schliesslich als die gemeinschaftliche Einheit für zwei Begriffe angesehen werden, welche die Analogie zu den mathematischen Irrationalzahlen oder inkommensurabelen Grössen bilden. Die Vereinigung zweier Begriffe wie Luft und Tugend ist ein hierher gehöriges Beispiel.

Die Vereinigung aller möglichen Fälle zu einem gemeinsamen Begriffe entspricht der mathematischen Vereinigung unendlich vieler Elemente und gehört dem vierten der vorhin erwähnten Operationsfelder an. So umfassen wir z. B. die Vorstellung der Eiche, der Tanne, der Birke und jeder möglichen Pflanze von ähnlichen, durch eine bestimmte Definition als wesentlich aufgestellten Merkmalen unter ‧ dem gemeinsamen Begriffe Baum.

Die dem vierten Operationsfelde angehörigen vier Hauptoperationen sind, erstens, die Vereinigung einzelner anschaulichen Vorstellungen zu einem anschaulichen Ganzen, z. B. ein bestimmtes Pferd in einem bestimmten Zustande ‧ mit einem bestimmten Menschen in einem bestimmten Zustande zu der Vorstellung eines bestimmten Reiters in einem bestimmten Zustande. Zweitens, die Vereinigung aller möglichen anschaulichen Fälle zu einem individuellen Ganzen oder konkreten Begriffe, also die Herstellung der Vorstellung Alexander aus allen möglichen Fällen, in welchen dieses Individuum erscheinen kann. Drittens, die Vereinigung aller möglichen individuellen Objekte zu einer Gattung, z. B. alle menschlichen Individuen zu dem Gattungsbegriffe Mensch. Viertens, die Vereinigung aller möglichen Gattungen zu dem entsprechenden Totalitätsbegriffe.

Wenn die zu vereinigenden Begriffe an Bedingungen geknüpft sind, bewegt man sich auf dem fünften Operationsfelde. Ein hierher gehöriges Beispiel ist die Vereinigung von Vater, Mutter, Onkel, Tante, Kind, Vetter u. s. w., welche in bestimmten Abhängigkeitsverhältnissen stehen,

zu dem Begriffe der Verwandtschaft. Ein anderes Beispiel ist die Vereinigung der verschiedenen Fälle, welche sich als Ergebnisse eines
Gesetzes herausstellen, wenn die unabhängige Variabele dieses Gesetzes
ihre Änderung vollzieht, also etwa die Vereinigung aller möglichen
Thätigkeiten, zu welchen ein Mensch unter der Einwirkung der Aussenwelt veranlasst wird, während sein Leben verrinnt. Vornehmlich aber
kömmt hier die Vereinigung der Gesetze selbst, d. h. die Vereinigung
der Wirkungen mehrerer Abhängigkeitsgesetze zu einem sie alle um-
fassenden Gesetze in Betracht, eine Operation, welche der geometrischen
Durchdringung mehrerer Formen oder der arithmetischen Vereinigung
mehrerer Integrale nach der Formel

$$\int f_1(x)\,\partial x \; + \; \int f_2(x)\,\partial x \; = \; \int [f_1(x) \, + \, f_2(x)]\,\partial x$$

entspricht.

2) Die zweite Grundoperation verlangt, den einen Begriff einem
anderen als Eigenschaft beizulegen, ihn nach Maassgabe des ersten zu
verändern oder ihn damit zu verbinden. Dieser, der mathematischen
Addition entsprechende Prozess wird sprachlich in der Regel mit Hülfe
des Adjektivs ausgeführt, welches den Operator B gegenüber dem zu
verändernden Operand A in der Formel „B„ $+ A$ vertritt.

Wenn die beiden zu kombinirenden Begriffe ein einfaches Sein darstellen oder auch, wenn es sich um die Kombination reeller Eigenschaften
handelt, kann diese Kombination wie eine Vereinigung oder gemeinsame Einschliessung beider oder wie eine quantitative Erweiterung des
einen durch den anderen behandelt werden, sodass also das mit der
Eigenschaft B belegte Objekt A als eine Partikularität des generellen
Begriffes A erscheint. So kann z. B. ein treuer Freund nicht bloss als
ein mit der Eigenschaft der Treue begabter Freund, sondern auch als
eine quantitative Partikularität des Begriffes Freund aufgefasst werden.
Dieses logische Resultat entspricht dem mathematischen, dass die Summe
C des Aggregates oder des gegliederten Ausdruckes $B + A$ den Werth
des Numerates von B und A hat.

Der Verbindung von Eigenschaften steht als indirekte Operation die
Trennung (Subtraktion) derselben gegenüber. Die Abtrennung einer
Eigenschaft ist logisch wie mathematisch der Verbindung mit einer entgegengesetzten Eigenschaft gleich zu achten. Eine solche Verbindung
erscheint aber, wenn es sich um reelle Eigenschaften handelt, nach Vorstehendem wie eine quantitative Ausschliessung des abzutrennenden
Begriffes, welche durch die quantitative Verneinung ausgedrückt wird.
Um hiernach ein Objekt von der Eigenschaft des Schönen zu befreien,
nennen wir dasselbe nicht schön. In diesem Ausdrucke liegt nach der
gewöhnlichen Bedeutung die quantitative Ausschliessung. Soll nicht so
sehr die Abtrennung oder Ausschliessung einer in dem allgemeinen
Begriffe A liegenden Eigenschaft B nach der Formel $A - B$, als vielmehr
im Sinne des Inhärenzgesetzes die Rückbildung des Begriffes A um den
Begriff B nach der Formel $- B + A$ dargestellt werden; so entspricht
das $- B$ in dieser Formel der kontradiktorischen Verneinung oder auch
dem Gegensatze der Eigenschaft B. Dieser Sinn ist z. B. durch die

Worte das unschöne Gesicht oder das hässliche Gesicht ausgedrückt, während ein Gesicht, welches nicht schön ist, oder ein Gesicht ohne Schönheit dem ersteren Falle der quantitativen Negation oder Ausschliessung des Schönen entspricht.

Zwei entgegengesetzte Eigenschaften von gleicher Quantität heben sich auf, d. h. führen auf die Basis des Inhärenzgesetzes zurück. Diese Basis ist das Nichts als gemeinschaftlicher Anfang oder Nullpunkt der in Rede stehenden Eigenschaften: dieses Nichts ist also nicht etwa ein unbestimmter, sondern ein ganz bestimmter Begriff, indem dasselbe, entsprechend der Formel $A - A = 0$, die Negation aller übrigen, nur nicht die Negation des eben gedachten Anfangspunktes enthält. So ist z. B. die zukünftige Vergangenheit der Anfang der Begriffe von Zukunft und Vergangenheit, nämlich die Gegenwart. Ein Gesicht, welches schön und hässlich zugleich ist, bleibt immer noch ein Gesicht, welches sich jedoch in dem Anfangszustande derjenigen Formen befindet, welche einen Eindruck zu machen vermögen.

Wenn die entgegengesetzten Begriffe nicht ganz gleiche Quantität haben, heben sie sich nicht vollständig auf: es bleibt vielmehr als Unterschied ein Begriff von dem Zeichen des Grösseren zurück. Wenn wir z. B. von den Folgen des Brandes von Moskau reden, machen wir eine Zukunftsbestimmung, welche doch vergangene Ereignisse darstellt (insoweit es sich um die hinter uns liegenden Folgen handelt): die Vergangenheit hat in diesen Vorstellungen einen grösseren Quantitätswerth als die Zukunft.

Wenn a einen bestimmten Begriff darstellt; so ist $a - b$ der der Eigenschaft b entkleidete oder der mit der entgegengesetzten Eigenschaft $-b$ bekleidete Begriff. Da der Werth von $a - b$ durch Hinzufügung von b den Werth a annimmt; so wird der Begriff von $a - b$ auch zuweilen als derjenige dargestellt, welcher die Bedeutung a annehmen würde, wenn die Eigenschaft b hinzukäme. So kann man sich z. B. unter a den Eindruck, welchen ein schöner Mensch macht, vorstellen, einen Eindruck, welcher ein angenehmer ist. Entkleide ich den erscheinenden Menschen der Schönheit; so ergiebt sich ein durch $a - b$ darstellbarer Eindruck, welchen man entweder definiren kann, als den Eindruck, welchen ein Mensch macht, oder als den Eindruck, welcher angenehm sein würde, wenn der Mensch schön wäre.

Die Verbindung und Trennung imaginärer Eigenschaften führt uns auf das dritte Operationsfeld; sie entspricht dem Übergange von einem Objekte zu einem anderen, also einer Veränderung des Objektes, während die Verbindung und Trennung reeller Eigenschaften einer Veränderung des Zustandes desselben Objektes entspricht. So gehen wir nach der Formel $B\sqrt{-1} + A$ von dem Objekte A zu einem anderen Objekte über, welches sich durch eine wesentliche oder attributive Eigenschaft $B\sqrt{-1}$ von jenem unterscheidet. Indem wir z. B. dem Cicero die wesentlichen Merkmale des Homer beilegen, verwandeln wir unsere Vorstellung des Ersteren in die des Letzteren.

3) Die dritte Grundoperation hat den Zweck, den einen Begriff auf den anderen zu beziehen, ihn als die Wirkung des anderen erscheinen

zu lassen. Dieser Prozess, welcher der arithmetischen Multiplikation (insbesondere mit Richtungskoeffizienten, also der geometrischen Drehung) entspricht, wird in der Regel mit Hülfe des Zeitwortes dargestellt, welches die Kausalität zwischen der Ursache und der Wirkung darstellt.

Wenn wir sagen, der Lehrer unterrichtet den Schüler; so bedeutet Diess, gemäss der Formel $A \times B = C$, dass der Lehrer A vermöge der im Unterrichten liegenden Kausalität B die Wirkung C hervorbringt, welche den Namen Schüler trägt. Wir erinnern hier nochmals, dass der Begriff der Ursache nicht gleichbedeutend ist mit dem Subjekte oder dem verursachenden Objekte, welches der Träger jener Ursache ist, wie auch die Wirkung nicht gleichbedeutend ist mit dem Objekte, welches vermöge der Wirkung mit dem Subjekte oder dem verursachenden Objekte in Verbindung gesetzt wird. So ist in dem Beispiele, der Lehrer Aristoteles unterrichtete den Schüler Alexander, das Subjekt Aristoteles nicht mit der Ursache Lehrer und das Objekt Alexander nicht mit der Wirkung Schüler zu verwechseln. Das verursachende Subjekt A' kann übrigens als eine Erweiterung der Ursache A angesehen werden, d. h. man kann $A' = A + X$ und auch $= A X$ setzen. Ebenso kann das Objekt C', auf welches sich die Wirkung bezieht, als eine Verbindung mit der Wirkung C betrachtet odes es kann $C' = C + X$ gesetzt werden.

Wenn die Kausalität eine rein quantitative ist, wenn also B kein Bewirken, keine objektive Beziehung auf ein anderes Objekt, keinen Richtungskoeffizienten $(-1)^m$, sondern ein quantitatives Sein, eine subjektive Beziehung auf das nämliche Subjekt, einen Vielheitswerth darstellt; so ergeben sich durch das Produkt AB die subjektiven oder quantitativen Relationen, z. B. das Alter des alternden Subjektes, oder die logischen Inhaltsbestimmungen, welche auf einer Vervielfältigung der zugleich bestehenden Merkmale beruhen, z. B. die Menschen und Thiere im Zorne, im Hunger und in der Jugend.

Der direkten Operation steht als indirekte Operation (als Division) der Rückgang von der Wirkung zur Ursache gegenüber.

Die Kausalitäten, welche eine Relation der Gattung des Subjektes und Objektes zu einer anderen Gattung bezeichnen und der Multiplikation mit Inklinationskoeffizienten $(\div 1)^n$ entsprechen, führen auf das dritte der oben erwähnten Operationsfelder.

4) Die vierte Grundoperation, welche der mathematischen Potenzirung entspricht, verlangt die Erhöhung der Qualität λ des Begriffes auf den Grad n nach der Formel λ^n durch Abstraktion. So geht man von der Anschauung jenes Pferdes in einem einzelnen ganz bestimmten Zustande oder von der Grösse $A \lambda^0$ zu dem konkreten Begriffe jenes Pferd, welcher ein Individuum in allen möglichen Zuständen oder die Grösse $A \lambda$ darstellt, durch Abstraktion oder durch Erhöhung des Grades der Qualität λ^0 über. Ferner erhebt man den konkreten Begriff dieses Pferd zu dem abstrakten Begriffe Pferd $A \lambda^2$ durch abermalige Abstraktion oder Qualitätserhöhung. Zu der obersten Qualitätsstufe leitet der Begriff Thier $A \lambda^3$, wenn man darunter jede dem Pferde ähnliche Wesenart versteht. In dem Verhältnisse der beiden Qualitätsstufen $A \lambda$ und $A \lambda^2$ stehen auch der konkrete und abstrakte Begriff dieser zornige Mensch und der Zorn. In dem Verhältnisse der beiden Stufen $A \lambda^2$ und $A \lambda^3$ stehen der abstrakte

und der ideelle Begriff dieser Zorn und der Affekt, wenn man darunter alle möglichen, dem Zorne verwandten Gemüthsstimmungen versteht.

Die der Wurzelausziehung entsprechende indirekte Operation verlangt die Qualitätserniedrigung vom Abstrakten zum Konkreten.

Die Qualitätsverwandlungen, welche kein direktes Auf- und Absteigen in den Grundstufen, sondern einen Übergang zu den in Seitenlinien liegenden Qualitäten verlangen, bewegen sich auf dem dritten, vierten und fünften Operationsfelde. Von dieser Art ist z. B. der Übergang von einem rein logischen Begriffe, d. h. von der Erkenntniss eines Seins zu der Erkenntniss eines Objektes, welches kein reines Sein, sondern etwa ein Werden, ein Wollen, ein Thun, ein Gefühl, eine Anschauung, eine Erscheinung und dergl. ist. Wenn λ das Symbol des reinen Seins ist; so bezeichnen λ^0, λ^1, λ^2, λ^3 die verschiedenen Qualitätsstufen, auf welchen alle reinen Erkenntnisse oder logischen Begriffe, z. B. der Begriff Quantität, Inhärenz, Relation, Qualität, Modalität, Einschliessung, Eigenschaft, Bedingung, Urtheil, Zustand, Fall, Besonderheit, Allgemeinheit, Vielheit, Zahl u. s. w. liegen. Dagegen müssen die Erkenntnisse von Raum, Zeit, Kraft, Widerstand, Neigung, Macht, Gewalt, Liebe, Zorn, Trieb u. s. w., welche kein eigentliches Sein, sondern eine Ausdehnung, eine Dauer, eine Tendenz, eine Zuneigung, eine That, eine Stimmung u. s. w. sind und nur zum Zweck der Erkenntniss in die Form eines Seins gebracht werden, von welchen also der Verstand nur ein Sein abstrahirt, um diese seinem Bereiche sonst ganz fern liegenden Objekte in sein Begriffssystem in ähnlicher Weise einzureihen, wie die Arithmetik alle möglichen Grössen wie Räume, Kräfte, Geld, Soldaten u. s. w. durch Abstraktion ihrer Vielheitswerthe in ihr Zahlensystem einreiht, durch andere Qualitätseinheiten wie μ, ν oder wie λ^μ, λ^ν bezeichnet werden. Wenn man die aus den verschiedensten Gebieten der Wirklichkeit und des Geistes stammenden Vorstellungen nur nach ihrem logischen oder Erkenntnisswerthe auffasst, also schlechthin wie Begriffe behandelt, ohne sich um ihre wirkliche Qualität zu kümmern; so thut man genau Dasselbe, was die Arithmetik thut, wenn sie alle Vielheitsgrössen, mögen sie nun aus dem Gebiete des Raumes, der Zeit, der Kraft, des Geldes, der Farben, der Töne oder sonstwo herstammen, wie Zahlen behandelt, also die Qualitätszeichen λ, μ, ν abstreift, um mit den zurückbleibenden Zahlen Rechenoperationen anzustellen, deren Resultate dann schliesslich wieder auf die betreffenden Grössenarten übertragen werden. Ganz ebenso behandelt die Logik die Abstraktionen aus dem Bereiche des Raumes, der Liebe, des Willens u. s. w. wie Begriffe und überträgt die Resultate ihres Denkens wieder auf jene Objekte: gleichwohl bleibt aber doch die Qualität dieser Objekte immer eine besondere; die Liebe wird nie ein Begriff, nie eine Erkenntniss, wenn wir auch, um die Liebe zu denken, eine Abstraktion von ihr bilden; sie bleibt stets ein Gefühl, welches unmittelbar kein Verstandesobjekt, keine Erkenntniss, nichts Denkbares und Erkennbares ist, sondern nur durch ihre Einwirkung auf unseren Verstand darin eine Vorstellung erzeugt, welche ihr nicht gleich, sondern nur im Systeme der Erkenntnisse äquivalent ist, welche also, wenn sie vollständig dargestellt werden soll, eines besonderen Qualitätszeichens μ nicht entbehren kann. Das Denken der Liebe, der That

u. s. w. ist der nämliche Vorgang wie das Sehen des Baumes, das Hören des Windes, das Zählen eines Haufens Kugeln; denn die Erscheinung des Baumes, der Ton des Windes vor unseren Sinnen, die Vielheit der Kugeln in unserer Anschauung ist nicht der Baum, der Wind, der Kugelhaufen selbst, sondern nur die Wirkung auf unsere Sinnlichkeit, resp. auf unser Anschauungsvermögen oder der Zustand, in welchen diese Vermögen unserer selbst durch den Licht- und Schallstrahl, resp. durch den mathematischen Prozess versetzt werden.

5) Die fünfte Grundoperation ist die Analogie zur mathematischen Integration, welche, wenn die zu einem Formganzen sich vereinigenden Elemente nicht ganz einfach, also auch nicht von gleicher Richtung sind, die geometrische Krümmung (Biegung) involvirt. Der mathematischen Integration als Funktionsbildung oder als Ausdruck des gesetzlichen Zusammenhanges zwischen allen Elementen (Differentialen) oder durch Anordnung derselben zu einem Ganzen nach einem Bildungsgesetze entspricht die logische Unterordnung von Vorstellungen unter ein Abhängigkeitsgesetz behuf Herstellung eines einheitlichen Gedankens von bestimmter Modalität.

Jenachdem es sich überhaupt nur um ein einziges unveränderliches Element (überhaupt um eine konstante Grösse), oder um einen Inbegriff von ganz einfachen, einunddderselben Richtung (Kausalität) entsprechenden, in einer geraden Linie sich aneinanderreihenden (einunddderselben Thätigkeit angehörigen) Elementen, oder um einen Inbegriff von Elementen, welche in derselben Ebene (Gattung) variiren, also eine ebene Kurve darstellen, oder um einen Inbegriff von Elementen, welche im Raume (in der Gesammtheit) variiren, also eine Raumkurve darstellen, oder um einen Inbegriff von Elementen, welche einer Expansion oder Kontraktion (einer steigenden Abhängigkeit) unterliegen, handelt, bewegt sich die Integration auf dem ersten, zweiten, dritten, vierten oder fünften Operationsfelde.

Hiernach ist die Zusammenfassung aller möglichen Zustände, in welchen ein Individuum oder ein einfaches Sein oder eine einfache Thätigkeit erscheinen kann, zu der Vorstellung dieses Individuums die Analogie zur geometrischen Konstruktion einer geraden Linie oder zur arithmetischen Herstellung des Integrals $\int a\,\partial x$, worin a auch einen Richtungskoeffizienten bezeichnen kann.

Werden die Theile eines solchen thätigen Seins durch Bedingungen in Abhängigkeit voneinander gesetzt, drückt man z. B. aus, dass das Lesen zum Nachdenken, dieses zum Produziren, dieses zum Schreiben, dieses zur Abnutzung von Federn, dieses zum Schlachten von Gänsen oder zur Anlegung von Stahlfederfabriken führe; so begeht man eine logische Operation, welche der geometrischen Krümmung (resp. der polygonalen Brechung) einer Linie oder der arithmetischen Integration eines Ausdruckes mit variabelem Richtungskoeffizienten (resp. der Summation einer endlichen Menge solcher Ausdrücke) entspricht.

§. 497.

Das Kardinalprinzip.

Nach der Betrachtung der einzelnen Kategoreme, Metabolien und Grundoperationen erscheint es nützlich, das Kardinalprinzip, welches den systematischen Zusammenhang der Grundbegriffe erkennen lässt, für den logischen Standpunkt zu erweitern. Zu dem Ende führen wir dasselbe erst nochmals im Idiome der Geometrie wegen der besonderen Anschaulichkeit der räumlichen Vorstellungen vor und übertragen dasselbe sodann auf das Gebiet der Arithmetik oder logischen Mathematik, indem wir dasselbe nach allen wesentlichen Seiten zu beleuchten und zu beweisen suchen.

Die Raumgrössen haben fünf Grundeigenschaften: Ausdehnung, Ort, Richtung, Dimensität und Form. Jede Grösse besitzt diese fünf Grundeigenschaften in irgend einem Grade oder mit irgend einem Werthe (welcher unter Umständen auch der Nullwerth sein kann). Die Grundeigenschaften sind selbstständig, voneinander unabhängig; eine jede kann beliebig geändert werden, ohne die anderen zu beeinflussen, eine Grösse kann also jede Grundeigenschaft mit jedem Werthe besitzen. Die Grundeigenschaften sind unerklärbar, undefinirbar; sie sind die einfachsten Vorstellungen, auf welche alle zusammengesetzten zurückzuführen sind; sie können nur erläutert, d. h. durch Grunderklärungen im Vorstellungsvermögen des Unkundigen erweckt werden.

Den fünf Grundeigenschaften entsprechen fünf Grundveränderungen oder Grundprozesse, welche wir in der Regel Grundgesetze genannt haben: die Erweiterung, der Fortschritt, die Drehung, die Dimensionirung und die Biegung. Die Ausführung der Grundprozesse ist unbeschreibbar; dieselbe wird als möglich postulirt durch die Grundforderungen oder Postulate.

Die Grundeigenschaften und Grundprozesse stehen in einem Zusammenhange, welcher nicht von eigentlichen Gesetzen, sondern von höheren Prinzipien beherrscht wird. Vermöge dieses prinzipiellen Zusammenhanges bilden sie zunächst eine Reihenfolge, und zwar diejenige, in welcher sie vorstehend aufgeführt sind, welche also die Ausdehnung zur ersten, den Abstand zur zweiten, die Richtung zur dritten, die Dimensität zur vierten und die Form zur fünften Grundeigenschaft macht. Aber jede einzelne Grundeigenschaft erleidet durch jene Prinzipien eine Beugung in Kardinaleigenschaften und Haupteigenschaften, welche für jede Grundeigenschaft dasselbe System bilden. Man kann diese Gliederung der Grundeigenschaften wie eine Durchdringung von fünf Grundgesetzen mit fünf Grundprinzipien ansehen. Das Wesen eines Grundprinzipes äussert sich in der Sonderung nach bestimmten Hauptstufen. Demzufolge zerfällt jede Grundeigenschaft in fünf Kardinaleigenschaften und jede Kardinaleigenschaft in eine ihrer Ordnungszahl entsprechende Anzahl von Haupteigenschaften oder sie erscheint auf ebenso viel Hauptstufen, nämlich die erste Kardinaleigenschaft auf einer, die zweite auf zwei, die dritte auf drei, die vierte auf vier, die fünfte auf fünf Hauptstufen. Diese Stufenzahlen charakterisiren das Wesen des betreffenden Prinzipes, unter dessen spezieller Herrschaft die Gliederung erfolgt: es handelt sich also um fünf Grundprinzipien: die Primitivität mit einer, die Kontrarietät mit zwei, die Neutralität mit drei, die Heterogenität mit vier, die Alienität mit fünf Hauptstufen. Die Primitivität entspricht der Ursprünglichkeit oder Absolutheit, die Kontrarietät dem Gegensatze oder Gegentheile, die Neutralität der Beziehungslosigkeit oder Indifferenz, die Heterogenität der Ungleichartigkeit oder Verschiedenartigkeit, die Alienität der Unabhängigkeit oder dem Fremdsein von einem Gesetze. Der Prozess der Erhebung auf eine Primitivitätsstufe ist Begrenzung, auf eine höhere Kontrarietätsstufe (die Opposition) ist Entgegensetzung oder Umkehrung, auf eine höhere Neutralitätsstufe (die Neutralisirung) ist Aufhebung der Relation, auf eine höhere Heterogenitätsstufe (die Heterogenisation) ist Artverwandlung, insbesondere Arterhöhung oder Artentfaltung, auf eine höhere Alienitätsstufe (die Alienisation) ist Unabhängigmachung oder Entfesselung oder Befreiung.

Die einzige Hauptstufe der Primitivität erzeugt das Primitive (Ursprüngliche, Absolute). Die zwei Hauptstufen der Kontrarietät oder des Gegensatzes liefern das Positive und das Negative. Die drei Hauptstufen der Neutralität geben das Primäre (Reelle), das Sekundäre (Imaginäre) und das Tertiäre (Überimaginäre). Die vier Hauptstufen der Heterogenität erzeugen die vier Hauptdimensitäten oder Qualitäten von keiner, einer, zwei und drei Dimensionen oder die Punkt-, die Linien-, die Flächen- und die Körpergrössen, allgemein das Primogene, Sekundogene, Tertiogene und Quartogene. Die fünf Hauptstufen der Alienität führen zu den fünf Hauptformen, dem Primoformen, dem Sekundoformen, dem Tertioformen, dem Quartoformen und dem Quintoformen, d. h. zu dem Konstanten (Unveränderlichen), dem Einförmigen (Geraden, Ebenen, unabhängig Variabelen), dem Gleichförmigen (gleichförmig Gekrümmten, Kreisförmigen, gleichförmig Variabelen), dem gleichmässig Abweichenden (Torquirten, Schraubenförmigen), dem steigend Variabelen (Logarithmischspiralförmigen, Loxodromischen).

Die Kombination mehrerer Hauptstufen liefert die Hauptklassen.

Die Grund-, Kardinal- und Haupteigenschaften oder die ihnen entsprechenden Veränderungsprozesse stehen untereinander in evidenten Beziehungen; diese Beziehungen sind die Grundsätze oder Axiome, welche wir nach ihrer logischen Bedeutung in §. 533 betrachten werden. Hier charakterisiren wir nur den Zusammenhang zwischen den Grundgesetzen (Grundprozessen) und den Grundprinzipien durch den Satz: die Vermittlung zwischen zwei benachbarten Hauptstufen derselben Kardinaleigenschaft geschieht durch eine Hauptstufe des nächst höheren Prinzipes, oder umgekehrt, eine Hauptstufe eines höheren Prinzipes ergiebt sich aus zwei Hauptstufen des niedrigeren Prinzipes als eine Vermittlung, wenn der Übergang zwischen den letzteren Stufen durch das nächst höhere Grundgesetz gebildet wird. Auf diese Weise entsteht aus der Primitivität durch Fortschritt die Kontrarietät, aus der Kontrarietät durch Drehung die Neutralität, aus der Neutralität durch Dimensionirung die Heterogenität und aus der Heterogenität durch Biegung die Alienität in folgender Weise.

Die Primitivität hat·nur eine Stufe, auf welcher sich die absoluten Quantitätswerthe durch Erweiterung bilden, z. B. die Längen λ, 2λ, 3λ, $4\lambda \ldots$

Die Erweiterung (arithmetisch die Vermehrung) einer Linie, welche in der Geometrie Verlängerung genannt wird, führt von einem absoluten Werthe wie $3\lambda = AC$ zu dem anderen $4\lambda = AD$ (Fig. 1116^a). Dieser Erweiterungs- oder Quantitätsprozess kann durch einen Fortschrittsprozess vermittelt werden, nämlich durch den Fortschritt des Grenzpunktes C der Linie 3λ von C bis D. Um jedoch diesen Fortschritt zu vollziehen, muss das Anschauungsvermögen, indem es sich in den Punkt D versetzt, zunächst diesen Punkt als Endpunkt der Linie AC auffassen, also rückwärts von C gegen A blicken und sodann Sorge tragen, dass der Fortschritt CD in der Verlängerung von AC, welche der CA entgegengesetzt ist, vor sich gehe. Um also den Übergang von $AC = 3\lambda$ zu $AD = 4\lambda$ durch Fortschritt von C aus zu bewerkstelligen, muss das geistige Auge, nachdem es bei der Erzeugung von $AC = 3\lambda$ von A her in den Punkt C mit dem Blicke nach vorn oder nach D angelangt ist, zunächst sich nach A hin umkehren oder eine halbe Umdrehung machen und darauf diese halbe Umdrehung wiederholen, um in die Fortschrittsrichtung CD zu gelangen.

Arithmetisch muss, um von der Zahl 3 zur Zahl 4 zu gelangen, erst von 3 auf dessen Einheit 1 zurückgekehrt werden, um sodann diese Einheit 4 mal zu wiederholen, oder wenn $\varphi(1) = 3$ den Zuzählungsprozess darstellt, durch welchen die Zahl 3 aus der Einheit 1 entsteht, muss, um von 3 auf 4 zu gelangen, erst aus der Zahl 3 die Einheit 1 vermittelst des umgekehrten oder Abzählungsprozesses $\psi(3) = 1$ hergestellt werden, um sodann die Zahl 4 durch den Zählungsprozess nach der Formel $\varphi(\psi(3)) = 4$ herzustellen. Der fragliche Fortschritt von 3λ zu 4λ zerfällt also in zwei halbe Umdrehungen: der Effekt der ersten halben Umdrehung ist die Herstellung der entgegengesetzten oder negativen Bildungsrichtung CA, und demgemäss erscheint der Gegensatz oder die Hauptstufe der Kontrarietät als eine Vermittlung zwischen zwei Primitivitätsakten.

Die Kontrarietät hat zwei Stufen: Positivität und Negativität. Aus der positiven Fortschrittsrichtung kann man in die negative durch Drehung gelangen. Die Vermittlung zwischen jenen beiden Stufen bildet die rechtwinklige Seitenrichtung, das Neutrale, Sekundäre, Imaginäre. Das Imaginäre bildet bei dieser Drehung nicht bloss die faktische Mitte oder den aus dem Drehungsprozesse konstruirbaren Vermittler; seine Existenz bildet vielmehr schon eine Voraussetzung für jene Drehung, da es sich nicht um jede beliebige Drehung, welche vom Positiven zum Negativen führt, sondern um eine direkte, in einer Ebene erfolgende, also durch eine gegebene Normale gehende Drehung handelt. Zwischen dem Gegensatze der positiv sekundären und der negativ sekundären Linie $+\sqrt{-1}$ und $-\sqrt{-1}$ bildet das Tertiäre $\sqrt{-1}\sqrt{\div 1}$ die Vermittlung vermöge der Wälzung oder Inklinationsdrehung.

Die Neutralität hat drei Stufen: Primarität, Sekundarität und Tertiarität (Reellität, Imaginarität und Überimaginarität). Von einer dieser Stufen kann man zur nächstfolgenden, z. B. vom Primären zum Sekundären durch einen Dimensitätsprozess gelangen. Um Diess zu konstatiren, erwäge man, dass sich bei der Drehung einer Linie aus der primären Richtung gegen die sekundäre Richtung in der Grundebene die primäre Koordinate sukzessiv verkleinert und die sekundäre Koordinate sukzessiv vergrössert. Bei der Überführung der primären Linie durch Drehung in die sekundäre Richtung wird die primäre Koordinate total vernichtet und es erscheint die sekundäre Koordinate in ihrer Totalität erzeugt. Die Drehung um 90 Grad kann also auf einen zweifachen Dimensitätsprozess, welcher sich längs der beiden Dimensionen einer Ebene vollzieht, zurückgeführt werden, und demzufolge steht der einfache Dimensitätsprozess oder die Entwicklung einer Dimension λ auf der Mitte zwischen dem Primären und Sekundären, oder bildet die Vermittlung zwischen Beiden. Vom Sekundären zum Tertiären führt die Inklination oder Wälzung, wobei die primäre Koordinate ganz ungeändert bleibt, die sekundäre aber vernichtet und die tertiäre erzeugt wird. In diesem Wälzungsprozesse liegt ein Dimensitätsprozess, welcher bei unveränderter erster Dimension sich im Bereiche der zweiten und dritten vollzieht. Auf der Mitte des Überganges vom Sekundären zum Tertiären steht daher derjenige Dimensitätsprozess, welcher der unveränderten ersten Dimension λ eine zweite Dimension λ hinzufügt, d. h. der Ausbreitungsprozess nach zwei Dimensionen, welcher die Qualität λ^2 der Flächen erzeugt.

Die Heterogenität hat vier Stufen: Primogenität, Sekundogenität, Tertiogenität und Quartogenität. Je zwei benachbarte finden ihre Vermittlung durch einen Formprozess mittelst einer Alienitätsstufe. So kann der Übergang von der ersten Dimensitätsgrösse, dem Punkte, zur zweiten Dimensitätsgrösse, der Linie, durch einen Formprozess gebildet werden, welcher in der Geometrie der Einförmigkeit und in der Arithmetik der einförmigen oder unabhängigen Variabilität oder der Funktion x entspricht, welcher also auf der zweiten Alienitätsstufe steht, indem diese Funktion x jeden beliebigen Punkt in der willkürlichen Entfernung x, also den Punkt und die Linie zugleich, nämlich die Linie als einen variabelen Punkt darstellt, während in der Geometrie die Einförmigkeit oder Geradheit ebenfalls auf demjenigen Formprozesse beruht, welcher die Linie als einen einförmig variabelen Punkt erscheinen lässt, oder welcher den Punkt von dem festen Orte unabhängig macht, ihn entfesselt oder frei macht. Der Übergang von der zweiten Dimensitätsgrösse, der Linie, zur dritten Dimensitätsgrösse, der Fläche, kann durch einen Formprozess geschehen, welcher auf der zweiten Alienitätsstufe steht, nämlich durch den Prozess der gleichförmigen Krümmung oder gleichförmigen Variabilität: denn indem die Linie gekrümmt wird, beschreibt sie die Fläche; der Krümmungsprozess oder die dritte Alienitätsstufe als Freimachung der Linie von der festen Richtung oder Entfesselung derselben in der Ebene vermittelt also die zweite und dritte Heterogenitätsstufe. Ebenso wird der Übergang von der dritten Dimensitätsgrösse, der Fläche, zur vierten Dimensitätsgrösse, dem Körper, durch die vierte Alienitätsstufe, die Torsion oder gleichmässige Abweichung, vermittelt.

Dass jedes Grundprinzip eine begrenzte Stufenzahl, jedes höhere Prinzip eine Stufe mehr und das höchste im Ganzen fünf Stufen hat, charakterisirt die Beschränktheit des Anschauungsvermögens, nicht des Denkvermögens. Das Anschauungsvermögen hat keine Anschauung von mehr als einer Primitivitätsstufe, von mehr als zwei Gegensätzen, von mehr als drei Neutralitätsstufen (welche man gewöhnlich, aber fälschlich die drei Dimensionen nennt), von mehr als vier Dimensitätsstufen oder Qualitäten, von mehr als fünf Alienitäts- oder Formstufen. Das Denkvermögen dagegen oder der reine Verstand kennt keine solche Schranke; die mit reinen Begriffen operirende Arithmetik, welche abstrakte oder logische, nicht anschauliche Mathematik ist, kann jene Stufenleiter ins Unendliche nach oben und unten fortsetzen, auch die Zwischenräume mit stetigen Grössenwerthen ausfüllen, auch negative, imaginäre und sonstige Stufenzahlen einschalten, also Grössen von 4, 5, 6, von $^2/_3$, $4^1/_2$, von -2, $-3^1/_2$, von $2\sqrt{-1}$, $3\sqrt{-1}\sqrt{\div 1}$ Dimensionen bilden. Ebenso und mit gleichem Rechte kann sie Grössen mit mehr als zwei Kontrarietätsstufen oder Gegensätzen, also Grössen erzeugen, welche bei der Addition nicht bloss die positiven, sondern auch die negativen Grössen aufheben oder vernichten. Alle diese Grössen haben einen abstrakten oder logischen Werth, sie sind denkbar, aber nicht anschaulich, sie existiren im Begriffe, aber nicht in der Anschauung und noch weniger in der sinnlichen Erscheinung oder in der physischen Wirklichkeit.

Die vierte Dimensitätsstufe existirt nicht in der Sinnlichkeit und in der Anschauung: es giebt im Raume, welcher eine Anschauung ist, Nichts was ihr gliche. Die Fortbewegung eines Körpers im Raume, wodurch eine Grösse erzeugt wird, in welcher sich eine Körperfigur unausgesetzt durchdringt, ist durchaus keine Grösse von vier Dimensionen, sondern die Analogie zu einer Linie, welche sich in sich selbst verschiebt oder zu einer Fläche, welche sich in sich selbst verschiebt: ihr fehlt, um eine neue, über dem Körper stehende Dimensität zu bilden, die wesentliche Bedingung, dass die Fortschrittsrichtung, in welcher sich das erzeugende Element bewegt, eine neue, nicht schon in dem Elemente selbst enthaltene Richtung sei. Die vierte Dimension hat mit den drei wirklichen Dimensionen $OA = a$, $OB = b$, $OC = c$, welche ein Körper von einem gegebenen Punkte O aus besitzt, nichts Anschauliches weiter gemein, als den Anfangspunkt: die vierte Dimension ist also ein Begriff, dessen Konkretum eingehüllt liegt in dem Punkte O. Der Körper hat eine körperliche, dreidimensionale Ausdehnung in jedem seiner Punkte: ein Körper von vier Dimensionen kann sich also nur als ein gewöhnlicher Körper darstellen, von welchem jeder Punkt eine vierte Dimension in sich verbirgt. Wenn ein Körper mit der vierten Dimension begabt wird; so kann von dem Effekte nur Dasjenige anschaulich werden, was auf die drei ersten Dimensionen einen Einfluss hat, wenn diese Dimensionen überhaupt von jenem Prozesse beeinflusst werden. Bei der Erzeugung einer Grösse von einer, von zwei, von drei Dimensionen findet Diess nicht statt: die nächst höhere Dimension beeinflusst nicht die frühere. Absolut genommen und logisch, findet das Nämliche auch bei der Hinzufügung der vierten, fünften u. s. w. Dimension statt; die vierte beeinflusst in unserer Abstraktion nicht die dritte, zweite und erste Dimension: allein, Abstraktion ist keine Anschauung, und das gedachte Gebilde von vier Dimensionen kann sehr wohl von der Art sein, dass seine drei ersten Dimensionen im anschaulichen Raume andere Örter erfüllen, als sie es vorher thaten, ehe die vierte Dimension hinzugedacht war.

Die über die Grenzen des Anschauungsgebietes, also des Raumes der Zeit, der Materie, des Stoffes und des Formwesens hinaus gehenden Stufen des allgemeinen, arithmetischen Kardinalprinzipes haben hiernach, weil sie Begriffe, keine Anschauungen sind, immer nur die Bedeutung systematischer Abstraktionen, welchen in der physischen Welt kein Analogon entspricht. Es ist wichtig, sich die unbegrenzten Reihen jener Hauptstufen deutlich zu vergegenwärtigen. Demzufolge sagen wir, die unbegrenzte Reihe der Primitivitätsstufen enthalte auf erster Stufe diejenigen Vielheiten, welche durch den Grund-Numerationsakt gezählt sind, oder kurz, die einmal gezählten Vielheiten, auf zweiter Stufe die durch wiederholte Anwendung der Numeration gezählten oder die zweimal gezählten Grössen, auf dritter Stufe die dreimal gezählten Grössen u. s. w. Die Fortsetzung dieser Stufenfolge nach unten liefert auf erster Vorstufe die durch indirekten Numerationsprozess gezählten Grössen, auf zweiter Vorstufe die durch Wiederholung des indirekten Numerationsprozesses gezählten Grössen. Zur Erläuterung dieser Auffassung erinnern wir, dass ein Numerationsprozess aus zwei Akten besteht: Zerlegung in Einheiten und Wiederholung einer Einheit. Diese beiden Akte sind nach ihrer Grundbedeutung Aufhebung der Grenze und Neubegrenzung oder auch Einengung der Grenze der gegebenen Grösse auf die Grenze der Einheit und Erweiterung der Grenze dieser Einheit. So gelangen wir von der Zahl 6 zur Zahl 9 durch Theilung in 6 Einheiten und 9-malige Wiederholung einer solchen Einheit. Von der Einheit 1 gelangen wir zu jeder beliebigen Zahl 6 durch Aufhebung der Grenze jener Einheit und Versetzung dieser Grenze an das Ende von 6 Einheiten. Wenn alle Vielheiten nach diesem direkten Zählungsakte entstanden gedacht werden, gehören sie der ersten Hauptstufe der Primitivität an.

Wenn dieser Zählungsakt an derselben Vielheit zweimal vollzogen ist, wenn also die Zahl 6 zweimal gezählt ist, indem nach der ersten Zählung ihre Grenze nochmals aufgehoben und die Zählung erneuert ist, erscheint sie als eine auf zweiter Hauptstufe der Primitivität stehende Vielheit. Die Formel der so entstandenen Zahl würde, wenn man lediglich die Quantität betrachtete, $1 \times 6 : 6 \times 6$ sein: allein das Bildungsgesetz ist hierdurch nicht vollständig ausgedrückt. Zunächst erfordert schon der erstere Grundzählungsakt ein Symbol, welches seine Existenz anzeigt. Dieses Symbol ist das Zeichen $+$. Wenn man die Menge von sechs Einheiten mit dem einfachen Zahlzeichen 6 belegt; so lässt man eben den Entstehungs- oder Bildungsprozess ganz unbestimmt oder behandelt ihn als etwas Gleichgültiges. Soll jene Menge als das Resultat der Zählung der ursprünglichen Einheit $+1$ erscheinen; so muss dasselbe $(+1)6$ geschrieben werden. Aber auch in dieser Gestalt ist die Formel noch nicht völlig präzise: denn, um anzuzeigen, dass die Zählung der Einheit $+1$ nach dem Grundprozesse der Zählung geschehen sei, hat man $(+1)^1 6$ zu setzen. Hiernach stellen sich die verschiedenen Hauptstufen der Primitivität durch die nach beiden Seiten unendliche Reihe

$$\ldots \quad (+1)^{-1} n \quad (+1)^0 n \quad (+1)^1 n \quad (+1)^2 n \quad (+1)^3 n \quad \ldots$$

dar. Der geometrische Sinn dieser Stufenfolge ist sehr klar. Verwandeln wir die vorstehenden Formeln in die Ausdrücke

$$\ldots \; n\,e^{-4\pi\sqrt{-1}} \quad n\,e^{-2\pi\sqrt{-1}} \quad n\,e^{0} \quad n\,e^{2\pi\sqrt{-1}} \quad n\,e^{4\pi\sqrt{-1}} \;\ldots$$

so erkennt man darin die durch gar keine, durch ein-, zwei-, dreimalige Umdrehung nach rechts oder nach links entstandenen Grössen.

Bei der Aufzählung der Hauptstufen der übrigen Grundeigenschaften können wir uns kürzer fassen. Nach unseren bisherigen Untersuchungen leuchtet ein, dass die unendliche Reihe der Kontrarietätsstufen durch die Grössen

$$\ldots \; (-1)^{-2} \quad (-1)^{-1} \quad (-1)^{0} \quad (-1)^{1} \quad (-1)^{2} \quad (-1)^{3} \;\ldots$$

welche den Werth

$$\ldots \; +1 \quad -1 \quad +1 \quad -1 \quad +1 \quad -1 \;\ldots$$

haben, dargestellt ist, indem jede Grösse einer Stufe von parem Exponenten jeder Grösse einer Stufe von unparem Exponenten entgegengesetzt ist.

Die Neutralitätsstufen stellen sich, wenn man dieselben zunächst als neutrale Fortschrittsgrössen auffasst, als die unbegrenzte Reihe der Zeichen

$$\ldots \sqrt{1} \quad \sqrt{1}\sqrt{-1} \quad \sqrt{1}\sqrt{-1}\sqrt{\div 1} \quad \sqrt{1}\sqrt{-1}\sqrt{\div 1}\sqrt{\div\!\div 1} \ldots$$

dar, worin jede folgende Stufe ein neues Zeichen erfordert. Wir haben den Richtungskoeffizienten der primären (reellen) Grössen hier nicht mit 1, sondern mit $\sqrt{1}$ bezeichnet, um zu zeigen, wie das Reelle das Positive und Negative vermöge des Doppelwerthes von $\pm\sqrt{1}$ zugleich umfasst.

Als neutrale Richtungs- oder Drehungsgrössen entsprechen die Neutralitätsstufen der unbegrenzten Reihe der Richtungskoeffizienten

$$\ldots \quad e^{\alpha} \qquad e^{\alpha\sqrt{-1}} \qquad e^{\alpha\sqrt{\div 1}} \qquad e^{\alpha\sqrt{\div\!\div 1}} \quad \ldots$$

worin der Deklinations-, Inklinations- und Reklinationskoeffizient drei benachbarte Stufen mit reellem, imaginärem, und überimaginärem Neigungswinkel bezeichnet, während das numerische Verhältniss e^{α} eine Vorstufe vor denselben darstellt.

Die Heterogenitätsstufen präsentiren sich, wenn man von dem Symbole λ für eine Dimension oder für die dem gegebenen Grössengebiete angehörigen Grössen von einer Dimension ausgeht, in der Reihe

$$\ldots \quad \lambda^{-2} \qquad \lambda^{-1} \qquad \lambda^{0} \qquad \lambda^{1} \qquad \lambda^{2} \qquad \lambda^{3} \quad \ldots$$

Hierin bezeichnet λ^{0} die Qualität der Elementargrössen (der Punkte), und $\lambda^{1}, \lambda^{2}, \lambda^{3} \ldots$ resp. die Qualität von 1, 2, 3 … Dimensionen. Bei dieser Bezeichnung wird als selbstverständlich angesehen, dass λ nicht das Symbol für die Qualität einer abstrakten Zahl, oder einer inneren, geistigen Vielheit, sondern einer äusseren, aussergeistigen, der Aussenwelt angehörigen Grösse ist und dass demzufolge die Hinzufügung des Faktors λ zu irgend einer Grösse a immer die Bedeutung der Entwicklung dieser Grösse nach einer ausserhalb dieser Grösse liegenden, neuen Dimension hat. Die Richtung einer äusseren, neuen Dimension steht immer in Neutralitätsbeziehung zu den Dimensionen der Grösse a oder normal auf denselben. Demzufolge bewirkt der Faktor λ, wenn er der Punktqualität λ^{0} zugefügt wird, eine Längenbildung, wenn er einer Länge λ zugefügt wird, eine Breitenbildung und wenn er einer Fläche λ^2 zugefügt wird, eine Höhenbildung. In Wahrheit hat also in dem Qualitätssymbole λ^n jede einzelne der n Wurzeln λ eine andere Bedeutung, indem sie in eine andere, höhere Dimensität hinüberführt. Allgemein, bedeutet die Wurzel λ an der m-ten Stelle der Potenz λ^n oder der Faktorenfolge $\lambda \lambda \lambda \ldots$ die m-te Dimension der n-dimensionalen Grösse λ^n.

Die Alienitätsstufen bilden, wenn man die absolute arithmetische Funktionsform zu Grunde legt (§. 494) die unbegrenzte Reihe

$$\int 0 . \partial x \quad \int \partial x \quad \int \partial x e^{p x \sqrt{-1}} \quad \int \partial x e^{p x \sqrt{-1}} e^{q x \sqrt{\div 1}} \quad \int \partial x e^{p x \sqrt{-1}} e^{q x \sqrt{\div 1}} e^{r x \sqrt{\div 1}}$$

Da jede Reihe von Haupteigenschaften und Hauptprozessen in dem allgemeinen arithmetischen Kardinalprinzipe unbegrenzt ist; so muss es unsere höchste Bewunderung erwecken, dass im Gebiete der Anschauungen diese unendlichen Reihen nicht bloss mit bestimmter Gliederzahl, sondern dergestalt abschliessen, dass die Primitivität eine einzige, die Kontrarietät zwei, die Nsutralität drei, die Heterogenität vier und die Alienität fünf Hauptstufen erhält. Die Thatsächlichkeit dieser gesetzlichen Beschränkung des anschaulichen Kardiualprinzipes ist unleugbar, und wir wollen dieselbe aus den vorstehenden Reihen nochmals deutlich nachweisen.

Hinsichtlich der Hauptstufen der Primitivität; so bedingt die für zwei ganze Zahlen m und n bestehende Gleichung $(+1)^m = (+1)^n = 1$, welche sagt, dass die Grösse $(+1)^m$ denselben Endpunkt hat wie die Grösse $(+1)^n$, dass sich alle jene Stufen decken, dass also im Anschauungsgebiete, wo eine gegebene Grösse eben nur vermöge ihrer Grenzen gegeben ist, ihre Entstehungsweise aus einer absoluten Einheit nach einem absoluten Zählungsprozesse aber ganz unbestimmt und irrelevant ist (da es im Anschauungsgebiete weder absolute Einheiten, noch absolute Richtungen, noch absolute Bewegungen und Prozesse giebt), nur eine einzige anschauliche Primitivitätsstufe existiren kann.

Die Hauptstufen der Kontrarietät decken sich abwechselnd, da $(-1)^{2n} = +1$ und $(-1)^{2n+1} = -1$ ist; es giebt also nur zwei anschauliche Gegensätze.

Hinsichtlich der Hauptstufen der Neutralität; so bleibt bei der primären Drehung $e^{\alpha \sqrt{-1}}$, welche die auf erster Hauptstufe stehenden primären Richtungen oder deklinanten Linien ergiebt, nur der Anfangspunkt der sich drehenden Linie unverändert. Bei der sekundären Drehung $e^{\alpha \sqrt{\div 1}}$, welche die auf zweiter Hauptstufe stehenden sekundären Richtungen oder inklinanten Linien ergiebt, bleibt der Anfangspunkt und die primäre Koordinate ungeändert. Bei der tertiären Drehung $e^{\alpha \sqrt{\div 1}}$, welche die auf dritter Hauptstufe stehenden tertiären Richtungen oder reklinanten Linien ergiebt, bleibt der Anfangspunkt, die primäre und die sekundäre Koordinate ungeändert, der anschauliche Theil der Reklination reduzirt sich also auf eine Quantitätsänderung der tertiären Koordinate. Bei der quartären Drehung aber, welche die auf vierter Hauptstufe stehenden quartären Richtungen ergiebt, bleibt der Anfangspunkt, die primäre, die sekundäre und die tertiäre Koordinate, also der ganze anschauliche Theil der zu drehenden Grösse unverändert. Das Nämliche gilt von jeder höheren Hauptstufe der Drehung. Daraus folgt, dass eine höhere als die tertiäre Neutralitätsstufe keine Anschaulichkeit hat. Abwärts steigend, stellt sich vor die erste Neutralitätsstufe der Drehung wie eine Vorstufe die Multiplikation mit dem reellen Koeffizienten e^{α} oder das numerische Verhältniss, welches nur einen Quantitätseffekt und zwar gleichmässig auf alle Theile der zu multiplizirenden Grösse, keinen Drehungseffekt äussert; es giebt daher auch keine niedrigere als die erste Neutralitätsstufe. Hiernach ist klar, dass im Anschauungsgebiete nur drei Neutralitätsstufen existiren. Dieselben bezeichnen, wenn man die eigentlichen Drehungs- oder Richtungsgrössen betrachtet, die deklinanten, inklinanten und reklinanten Grössen, wenn man aber die Fortschrittsgrössen ins Auge fasst, die reellen, imaginären und überimaginären Grössen. Der anschauliche Theil der Reklination reduzirt sich auf eine Quantitätsänderung der tertiären Ordinate; die Vorstufe der Drehung oder das numerische Verhältniss entspricht überhaupt nur einer Quantitätsänderung: man kann daher ebenso gut die Deklination, Inklination und Reklination, als auch das numerische Verhältniss, die Deklination und die Inklination zu Repräsentanten der drei anschaulichen Neutralitätsstufen annehmen.

Das numerische Verhältniss e ist eine der Deklination $e^{\alpha \sqrt{-1}}$ unmittelbar vorhergehende Numerationsstufe: insofern also die Deklination als die erste Hauptstufe der Neutralität angesehen wird, bildet das numerische Verhältniss eine Vorstufe. Für das ideelle und arithmetische Kardinalprinzip, dessen Stufenfolgen nach oben und unten unbegrenzt sind, ist es offenbar irrelevant, ob man das Verhältniss als eine Vorstufe oder als die erste Hauptstufe ansieht: nur für das anschauliche Kardinalprinzip und für solche Beziehungen zwischen den Kardinal- und Haupteigenschaften, bei welchen die Stufenzahlen eine Rolle spielen, ist es nicht ganz gleichgültig. Folgende Betrachtung dürfte die Sache zur Entscheidung bringen.

Wenn man die Grössen als Fortschrittsgrössen auffasst, ist das Reelle die erste und das Imaginäre die zweite Haupt-Neutralitätsstufe. Jenes entspricht der durch $\sqrt{1}$ dargestellten primären Richtung, Dieses der durch $\sqrt{-1}$ dargestellten sekundären Richtung. Sobald man aber die Grössen im echten Sinne der dritten Grundeigenschaft als Relationen oder Wirkungen auffasst, kömmt ein doppelter Standpunkt in Betracht: eine Grösse kann dann einmal als Ausgangspunkt oder Ursache eines Verhältnissprozesses (Multiplikand, Faktor) und einmal als Resultat oder Wirkung eines Verhältnissprozesses (Produkt) betrachtet werden. Sieht man nun das Reelle oder die Grundrichtung $\sqrt{1}$ als Ursache an; so bildet die Deklination, welche die Richtungen $e^{\alpha \sqrt{-1}}$ erzeugt, den ersten Hauptprozess und die numerische Vervielfachung die Vorstufe. Sieht man dagegen das Reelle als Wirkung an; so bildet die numerische Vervielfachung den ersten Hauptprozess und die Deklination den zweiten.

Prinzipiell und in ihrer ursprünglichen Bedeutung ist auch die numerische Multiplikation kein Quantitäts- oder Erweiterungsprozess, welcher die Grenzen des Multiplikands ausdehnt, sondern ein Prozess, welcher jede im Multiplikand a enthaltene Einheit b-mal ineinanderlegt, ohne ihren Ort und ihre Grenze zu ändern, oder welcher den ganzen

Multiplikand a b-mal ineinander legt, welcher also alle Theile des Multiplikands gleichmässig oder verhältnissmässig verdichtet, seinen Inhalt verstärkt, seine Kraft erhöbt, seine Intensität, nicht aber seine Quantität vermehrt oder den Ort seiner Theile ändert. Numerische Multiplikation erscheint hiernach als ein Intensitätsprozess, welcher den Multiplikand a nach Verhältniss des Multiplikators b verstärkt, ohne ihn zu vergrössern, sie involvirt die Vergrösserung nur als einen Neben-effekt durch Umgestaltung in Folge des durch das Kardinalprinzip ge-stifteten Zusammenhanges zwischen allen Grundeigenschaften, wenn die ineinandergelagerten oder verdichteten Theile nebeneinander gelegt werden, wodurch das Produkt ab in eine Summe $a + a + a + \ldots$ verwandelt wird.

Hiernach wird im Systeme der Grundeigenschaften das Reelle immer die erste Neutralitätsstufe einnehmen: im Systeme der Grundprozesse dagegen wird bald die Vervielfachung, bald die Deklination die erste Neutralitätsstufe einnehmen. In allen Fällen jedoch kann man die Ver-vielfachung primäre, die Deklination sekundäre und die Inklination tertiäre Verhältnissoperation nennen, sodass das numerische Verhältniss als primäres, die deklinante Richtung als sekundäres und die inklinante Richtung als tertiäres Verhältniss erscheint. Mit gleichem Rechte kann aber auch die Deklination primäre, die Inklination sekundäre und die Reklination tertiäre Drehung heissen, indem ebenso die in der Grund-ebene liegende Richtung eine primäre Richtung und der Deklinations-winkel ein primärer Winkel, ein Inklinationswinkel dagegen ein sekundärer Winkel ist. Das numerische Verhältniss muss im letzteren Falle als die der Drehung vorangehende Hauptstufe eben durch den Namen numerisches Verhältniss charakterisirt werden. Dieses numerische Ver-hältniss entspricht dem in §. 490, Nr. 3, §. 174 ff. besprochenen Intensitäts-verhältnisse und die numerische Multiplikation oder die Vervielfachung der dortigen Intensitätswirkung, wogegen der Richtungskoeffizient oder das Richtungsverhältniss der Relation und die Drehung der Relations-wirkung entspricht.

Nach Vorstehendem erscheinen im Systeme der Wirkungsgrössen auf den drei Neutralitätsstufen bald das Verhältniss, die Deklination und die Inklination, bald aber die Deklination, die Inklination und die Reklination, jenachdem man diese Grössen als Wirkungen von Ursachen oder als Ursachen von Wirkungen ansieht. Hierdurch kömmt es, dass im Neutralitätssysteme sich mit Einschluss des numerischen Verhältnisses in der Regel vier Stufen geltend machen.

Die Verschiebung der Neutralitätsstufen im geometrischen Systeme hat da, wo sie nöthig wird, für das Kardinalprinzip nur eine formelle Bedeutung. In der nachstehenden Übersicht sind die vier benachbarten Neutralitätsstufen des allgemeinen Systems unter einander, die Namen von gleicher Bedeutung für jede Stufe aber neben einander gestellt.

e^{α} primäres Vielfaches,   Vorstufe d. Deklination

$e^{\alpha\sqrt{-1}}$ sekundär. Vielfaches, primäre Deklination, Vorstufe d. Inklination

$e^{\alpha\sqrt{\div 1}}$ tertiäres Vielfaches, sekundäre Deklination, primäre Inklination, Vorstufe d. Reklination

$e^{\alpha\sqrt{\div 1}}$ quartäres Vielfaches, tertiäre Deklination, sekundäre Inklination, primäre Reklination.

Primäres Vielfaches ist Verhältniss zur Einheit, primäre Deklination Verhältniss zur Grundaxe, primäre Inklination Verhältniss zur Grundebene, primäre Reklination Verhältniss zum Grundraume. Die Multiplikation überhaupt ist Verhältnissprozess, Veränderung der Relation oder auch relative Veränderung, bei welcher sich die einzelnen Theile des Multiplikands nicht in gleichem Maasse, sondern in einer gewissen Relation zu einem unveränderlich bleibenden Anfangselemente bewegen, während der Multiplikand sein Verhältniss zu einer durch denselben Anfangspunkt gehenden Grundgrösse ändert. Insbesondere ist primäre Multiplikation oder Vervielfachung derjenige Verhältnissprozess, bei welchem die Einheit des Multiplikands das unveränderliche Anfangselement, der Multiplikand selbst aber die Grundgrösse ist, von welcher die Verhältnissänderung ausgeht, sodass das Produkt eine Grösse darstellt, welche zum Multiplikand in dem durch den Multiplikator angezeigten Verhältnisse steht. Sekundäre Multiplikation oder Drehung oder Deklination ist derjenige Verhältnissprozess, bei welchem der Nullpunkt das unveränderliche Anfangselement, die Richtung der Grundaxe aber die Grundgrösse ist, von welcher die Verhältnissänderung ausgeht, sodass das Produkt mit einem Deklinationskoeffizienten die Relation zur Grundaxe oder die Deklination darstellt. Tertiäre Multiplikation oder Wälzung oder Inklination ist derjenige Verhältnissprozess, bei welchem die Grundaxe das unveränderliche Anfangselement, die Richtung der Grundebene aber die Grundgrösse ist, von welcher die Verhältnissänderung ausgeht, sodass das Produkt mit einem Inklinationskoeffizienten die Relation zur Grundebene oder die Inklination darstellt. Quartäre Multiplikation oder Wendung oder Reklination ist derjenige Verhältnissprozess, bei welchem die Grundebene das unveränderliche Anfangselement, die Richtung des Grundraumes aber die Grundgrösse ist, von welcher die Verhältnissänderung ausgeht, sodass das Produkt mit einem Reklinationskoeffizienten die Relation zum Grundraume oder die Reklination darstellt. Wenn man den Verhältnissprozess als eine relative Bewegung oder relative Ortsveränderung auffasst; so ist derselbe eine Bewegung mit relativer Freiheit oder eine Bewegung unter dem Zwange einer Beziehung, nämlich eine Bewegung mit Fixirung eines Anfangselementes, welches seinen Ort nicht ändert, und mit Fixirung eines Gattungsbereiches, in welchem die Ortsveränderung der übrigen Elemente vor sich geht. Insbesondere ist Vervielfachung eine Expansion mit fixirter Einheit in dem Bereiche der Grundaxe, Deklination ist Bewegung mit fixirtem Nullpunkte Bereiche der Grundebene (Drehung um den Nullpunkt), Inklination ist Bewegung mit fixirter Grundaxe im Bereiche des Grundraumes (Wälzung um die Grundaxe), Reklination ist Bewegung mit fixirter Grundebene im Bereiche des vierdimensionalen Raumes (Wendung um die Grundebene, d. h. Niederdrückung gegen diese Ebene). Da ein Verhältnissprozess kein Fortschrittsprozess ist; so decken die drei Neutralitätsstufen der Wirkungsgrössen nicht die drei Neutralitätsstufen der Fortschrittsgrössen. Die letzteren sind immer das Reelle, das Imaginäre und das Überimaginäre, und wenn es als das Resultat eines Wirkungsprozesses aufgefasst wird, erscheint das Reelle als eine spezielle Wirkung der numerischen Vervielfachung, das Imaginäre $\sqrt{-1}$ als eine spezielle Wirkung der Deklination $e^{a\sqrt{-1}}$, nämlich als der Werth von $e^{\frac{\pi}{2}\sqrt{-1}}$, und das Überimaginäre $\sqrt{-1}\sqrt{\div 1}$ als eine spezielle Wirkung der Inklination und Deklination, nämlich als der Werth von $e^{\frac{\pi}{2}\sqrt{-1}}\, e^{\frac{\pi}{2}\sqrt{\div 1}}$, ist also nicht ohne Weiteres mit dem primären, sekundären und tertiären Verhältnisse zu identifiziren.

In Betreff der Hauptstufen der Heterogenität; so charakterisirt, welches auch die Qualität der Grundart λ sei, das Symbol λ^0 der Primogenität die auf dem ersten Entwicklungsstadium stehenden Grössen oder die Elemente des Grössensystems (für Raumgrössen die Punkte), welchen die primogene Dimension (d. h. die Dimension null oder keine Dimension) zukömmt. Den folgenden drei Hauptstufen entsprechen zunächst die sekundogenen Grössen (Linien), welchen eine Dimension, nämlich die primäre Dimension (die Länge) zukömmt, sodann die tertiogenen Grössen (Flächen), welchen zwei Dimensionen, nämlich die primäre und sekundäre Dimension (Länge und Breite) zukommen, und endlich die quartogenen Grössen (Körper), welchen drei Dimensionen, nämlich die primäre, sekundäre und tertiäre Dimension (Länge, Breite und Höhe) zukommen. Da nun die hierauf folgende quartäre Dimension im Anschauungsgebiete nicht existirt, sich vielmehr in dem Punkte dieses Gebietes, wo sie eben gemessen werden soll, verhüllt, sodass der anschauliche Werth der Grösse $a\sqrt{-1}\sqrt{\div 1}\sqrt{\div 1} = 0$ ist; so hat jede Grösse von höherer Heterogenitätsstufe doch nicht mehr als drei anschauliche Dimensionen oder ihr anschaulicher Theil wird durch eine dreidimensionale Grösse gedeckt. Hieraus geht hervor, dass es nur vier anschauliche Heterogenitätsstufen giebt.

Dass die Reihe der anschaulichen Alienitätsstufen mit der fünften abschliesst, weil der Richtungskoeffizient $e^{x\sqrt{\div 1}}$ keine Veränderung der anschaulichen Dimensionen einer Grösse mehr hervorbringt, haben wir in §. 494, S. 264 ff. so deutlich gezeigt, dass eine Wiederholung unnöthig erscheint.

Wenn man nach einem Erklärungsgrunde für diese merkwürdige Regel der Begrenzung des anschaulichen Kardinalprinzips fragt; so kann dieselbe nur in dem Wesen des Anschauungsvermögens gegenüber dem Verstande gesucht werden. Für das Verhältniss dieser beiden Geistesvermögen ist es charakteristisch, dass der Verstand, indem er eine Grösse erkennt, also das denkende Subjekt mit einem ausser ihm liegenden Objekte identifizirt, immer absolute Basen, nämlich die Basen des eigenen Geistes mitbringt und der Messung zu Grunde legt, dass also die Arithmetik von absoluten Basen ausgeht, wogegen das Anschauungsvermögen, welches dem erkennenden Verstande wie eine Aussenwelt gegenübersteht und ihm äussere Objekte zur Erkenntniss darbietet, keine absoluten (rein geistigen, resp. rein verstandesmässigen oder intellektuellen), sondern nur relative Basen haben kann, mithin jeden beliebigen Grössenwerth als Basis eines Operationsprozesses zulässt. Nach den reinen Verstandesgesetzen muss daher eine jede Reihe von Hauptstufen bei einem Gliede, welches eine absolute Basis darstellt, beginnen und sich von hier aus in einer unendlichen Reihe von Gliedern entwickeln, von welchen nach einem bestimmten absoluten Gesetze das nächste aus dem vorhergehenden folgt. Das Anschauungsvermögen dagegen, weil es keine absoluten Basen kennt, muss eine gesetzliche Entwicklung mit jedem konkreten Grössenwerthe als Basis beginnen können; für dieses Vermögen muss es also möglich sein, jedes Glied der eben erwähnten abstrakten Reihe von Hauptstufen zum ersten zu nehmen und von hier aus die Reihenentwicklung nach der einen wie nach der anderen Seite als die direkte Entwicklungsrichtung zu betrachten. Ausserdem aber muss das Anschauungsvermögen alle diejenigen Grössen, welche von vorn herein als Elemente oder Bestimmungsstücke von gleichem Charakter gegeben sind, miteinander beliebig vertauschen können, ohne das daraus sich ergebende System von Hauptstufen irgendwie zu beeinträchtigen.

Sodann kömmt in Betracht, dass das Erkenntnissvermögen dem Anschauungsvermögen als ein Geistesvermögen von nächst höherer Qualität gegenübersteht, dass dasselbe also einen unendlich mal so weiten Inhalt hat, als das Letztere oder dass jeder Begriff unendlich mal so viel Erkenntnisssubstanz enthält, als eine darunter fallende konkrete Anschauung (dass z. B. der Begriff Pferd unendlich viel mögliche konkrete Pferde oder Anschauungen umfasst, gleichwie eine Flächenfigur unendlich viel Linienfiguren enthält). Wo also der reine Verstand ein einreihiges System von Hauptstufen mit unendlicher Gliederzahl entwickelt, muss das Anschauungsvermögen ein solches System von endlicher Gliederzahl enthalten.

Hiernach muss also jedes anschauliche System von Hauptstufen aus einer endlichen Zahl bestimmter Glieder bestehen; jedes Glied muss zur Grundstufe genommen werden können und es müssen sich daraus die übrigen Stufen wiederum als ein System von Hauptstufen ergeben; ausserdem müssen die Elemente, welche gleiche Bedeutung haben, miteinander vertauschbar sein. Wir wollen zeigen, wie sich diese Bedingungen an den Hauptstufen der einzelnen Grundeigenschaften erfüllen.

Bei der Quantitätsbestimmung kömmt nur eine einzige gegebene Grösse, die Einheit vermöge ihres Inhaltes oder ihrer Begrenzung oder ihrer Substanz in Betracht. Die wiederholte Setzung dieser Einheit macht den primitiven Zählungs- oder Erweiterungsprozess aus. Eine einzige Grundeinheit liefert nur einen einzigen Quantitätsprozess, d. h. die Primitivität erscheint auf einer einzigen Hauptstufe, welche das Absolute (die absolute Quantität) enthält.

Bei der Ortsbestimmung, dem Fortschritte, kömmt die Lage einer Grösse a gegen eine andere Grösse b, es kommen also überhaupt zwei gegebene Elemente in Betracht, ein Anfang und ein Ende, welche die Grundlage einer Reihe bilden. Zwischen zwei Grössen giebt es nur zwei Beziehungen, die der ersten zur zweiten und die der zweiten zur ersten, oder die des Fortschrittes vom Anfange zum Ende und die des Rückschrittes vom Ende zum Anfange, welche durch die Symbole ab und ba vertreten sind. Auf dem Verhältnisse dieser beiden Beziehungen beruht der Gegensatz; zwei Elemente bedingen daher zwei Hauptstufen der Kontrarietät, die Positivität und die Negativität. Beide Stufen sind vertauschbar, man kann die Negativität ba zur ersten und die Positivität ab

zur zweiten Hauptstufe annehmen. Das Wesen der Reihe und das Prinzip
der Kontrarietät setzt hiernach mindestens zwei absolute Quantitäten voraus.

Bei der Richtungsbestimmung, der Drehung, kömmt die Beziehung
zweier Grössen zu einer dritten, ausserhalb der Reihe der ersten beiden
liegenden Grössen in Betracht. Wenn a, b, c diese drei Grössen sind;
so ist der Sinn dieser Beziehung die Relation der Reihe ab der beiden
Grössen a und b zu einem ausserhalb dieser Reihe liegenden dritten
Gliede c, also zu einer Grösse, welche, weil sie der Gemeinschaft von a
und b nicht angehört, eine neutrale Grösse ist. Man kann diese Beziehung
von a und b zu dem dritten Gliede c symbolisch durch die Formel $\dfrac{ab}{c}$
darstellen. Wenn überhaupt nur drei Grössen a, b, c gegeben sind, giebt
es auch nur drei verschiedene Neutralitätsverhältnisse, nämlich $\dfrac{ab}{c}$, $\dfrac{bc}{a}$,
$\dfrac{ca}{b}$. Das Neutralitätsverhältniss von a und b zum dritten c kann man
auch als das Verhältniss des ersten Gliedes a zum dritten Gliede c mit
Rücksicht auf das Zwischenglied b auffassen. Immer bedingen drei
Elemente nur drei Neutralitätsstufen, das Primäre, Sekundäre und Tertiäre
(das Reelle, Imaginäre und Überimaginäre). Die drei Neutralitätsstufen
bilden einen geschlossenen Kreislauf, indem die dritte zur ersten in derselben Beziehung steht, wie die erste zur zweiten und die zweite zur
dritten. Überhaupt steht jede Neutralitätsstufe zu jeder anderen im
Neutralitätsverhältnisse. Ausserdem sind die drei Elemente oder Bestimmungsstücke a, b, c, aus welchen die Neutralitätsstufen hervorgehen,
und welche von Haus aus gleichen Charakter oder gleiche Bedeutung
haben, beliebig vertauschbar: es ergeben sich immer die nämlichen drei
Neutralitätsstufen.

Zur Charakterisirung der Neutralität führen wir noch an, dass die
bestimmte, volle, unbedingte Neutralität nothwendig drei Elemente a, b, c
von gleicher Bedeutung (z. B. drei Linien oder drei Flächen) erfordert
und dass jede Neutralitätsstufe, wie $\dfrac{ab}{c}$ ausdrückt, dass sich die Gemeinschaft der zwei Elemente a und b zum dritten Elemente c neutral verhält, dass also weder das erste, noch das zweite Element eine Gemeinschaft mit dem dritten hat. So stehen die drei rechtwinkligen Axen
OX, OY, OZ des Raumes in bestimmter Neutralität, indem jede von
ihnen zu jeder der beiden anderen im Neutralitätsverhältnisse steht.
Zwei Elemente wie a und b allein bedingen niemals eine bestimmte
Neutralität, d. h. sie stehen in keinem bestimmten Neutralitätsverhältnisse:
nur zu zwei unter sich selbst neutralen Grössen giebt es eine bestimmte
dritte neutrale Grösse: zu einer einzelnen Grösse giebt es aber keine
bestimmte neutrale Grösse. So giebt es zu der Axe OX im Raume
nicht eine bestimmte, sondern unendlich viel verschiedene neutrale Axen,
nämlich alle möglichen normal darauf stehenden Linien in den verschiedensten Ebenen. Wenn ausser dieser Axe OX eine Ebene gegeben
ist, in welcher alle betrachteten Grössen liegen sollen; so kömmt allerdings nur eine einzige Normale, nämlich die in dieser Ebene liegende

$O\,Y$ in Frage: allein jetzt ist durch die gegebene Ebene eine besondere, dem Neutralitätsprinzipe völlig fremde Bedingung eingeführt; die Normale $O\,Y$ in dieser Ebene ist daher nur eine durch eine besondere Bedingung. charakterisirte Spezialität der unendlich vielen möglichen Neutralitätsstufen

Hieraus geht hervor, dass die Planimetrie wegen der Bedingung der Operation in einer Ebene die volle, bestimmte oder unbedingte, also die wahre Neutralität gar nicht zur Erkenntniss bringen kann, dass Diess vielmehr erst im Raume möglich ist und daselbst ebensowohl durch die drei rechtwinkligen Axen, als auch durch die drei rechtwinkligen Ebenen geschieht.

Sodann bemerken wir, dass dem Prinzipe der Neutralität das Prinzip der Heterogenität ganz fremd ist oder dass Neutralitäten Nichts mit Dimensionen zu thun haben. Die Neutralität findet zwischen Richtungen und zwar zwischen Richtungen von Grössen derselben Dimension, z. B. zwischen drei Linien $O\,X$, $O\,Y$, $O\,Z$ oder auch zwischen drei Flächen $Y\,X$, $Y\,Z$, $Z\,X$ statt, wogegen die Dimensität oder Qualität die Gemeinschaft im Sein mehrerer Dimensionen bedeutet.

Wenn man die Richtung einer Grösse ihr Existenzgebiet nennt; so ist einfache Neutralität gegen die Grösse a das Sein ausserhalb des Existenzgebietes der Grösse a und volle Neutralität gegen a ist das Sein ausserhalb der Gattung $a\,b$, welcher a angehört. Eine gegen a geneigte Grösse ist nicht neutral zu ihr, weil sie eine in der Richtung von a liegende Komponente oder Koordinate hat. Eine gegen die Gattung $a\,b$ geneigte Grösse kann einfach, aber nicht vollständig neutral zu a sein, weil sie eine in der Richtung der Gattung $a\,b$ liegende Komponente hat.

Bei drei Elementen a, b, c fällt die vierte Neutralitätsstufe mit der ersten zusammen: ausserdem sind die Elemente und die drei Neutralitätsstufen vertauschbar, sodass aus irgend zweien stets die dritte folgt. Je zwei Neutralitätsstufen bestimmen also jetzt nicht bloss die dritte, sondern, da es nur drei Stufen giebt, das ganze Neutralitätssystem und zwar in unzweideutiger Weise (wogegen zwei Elemente kein vollständiges Neutralitätssystem, sondern ein irgend einer beliebigen Ebene angehöriges, und vier Elemente, wie wir später zeigen werden, kein bestimmtes Neutralitätssystem ergeben).

Ferner heben wir hervor, dass jede Neutralität zwei einfache oder spezielle Neutralitätsverhältnisse, nämlich zwei Neutralitätsverhältnisse zwischen zwei einfachen Elementen enthält, dass z. B. die Hauptneutralität $\dfrac{a\,b}{c}$ das Neutralitätsverhältniss von a zu c und das von b zu c umfasst. Demnach enthalten die drei Hauptneutralitäten sechs einfache Neutralitätsverhältnisse $\dfrac{a}{c}$, $\dfrac{b}{c}$, $\dfrac{b}{a}$, $\dfrac{c}{a}$, $\dfrac{c}{b}$, $\dfrac{a}{b}$. Hiervon stellen je zwei einen Gegensatz dar: man hat also die drei direkten Neutralitäten $\dfrac{a}{b}$, $\dfrac{b}{c}$, $\dfrac{c}{a}$ und ihre Gegensätze $\dfrac{b}{a}$, $\dfrac{c}{b}$, $\dfrac{a}{c}$. Das Neutralitätsprinzip bringt hiernach zugleich das Kontrarietätsprinzip zwischen den Neutralitätsverhältnissen zur Geltung.

Bei der Dimensitätsbestimmung oder Dimensionirung kömmt die Entstehung einer Grösse aus einer Grösse nächst niedrigerer Dimensität durch Beschreibung oder Entwicklung nach einer neuen Dimension in Betracht. Die Grösse, aus welcher die neue Grösse hervorgeht, oder welche die neue Grösse beschreibt, ist ein Keim, eine Wurzel dieser neuen Grösse und die neue Dimension, längs welcher die Beschreibung der neuen Grösse vor sich geht, ist, weil sie ausser dem Existenzbereiche der beschreibenden Grösse liegt, eine solche, welche zu dieser Reihe in Neutralitätsbeziehung steht. Auf diese Weise lassen sich aus vier Grössen a, b, c, d vier Dimensitäten oder Qualitäten bilden, nämlich a, ab, abc, $abcd$, von welchen eine jede das beschreibende Element der nächstfolgenden oder jede folgende der Ort aller möglichen Grössen der vorhergehenden Qualität ist. Der Grundcharakter dieses Systems von Qualitäten ist die Erzeugungsgemeinschaft. Wenn aus der Beschreibung einer Grösse durch Fortrückung einer Generatrix A längs einer Direktrix B eine Grösse entstehen soll, welche eine Dimension mehr enthält, als die Generatrix A; so muss nothwendig die Direktrix B eine Dimension besitzen: die Generatrix A dagegen kann dimensionslos sein oder die Dimension null haben. Die natürlichen Bedingungen, welche das Qualitätsgesetz an die vier Grössen a, b, c, d stellt, gehen also dahin, dass die Grösse a als die Grundgeneratrix oder das Grundelement des Qualitätsprozesses dimensionslos sei, alle übrigen aber, welche als Direktrizen auftreten, eine Dimension haben. Hierdurch entstehen vier Haupt-Heterogenitätsstufen oder vier Hauptqualitäten a, ab, abc, $abcd$, welche resp. keine, eine, zwei und drei Dimensionen haben, also durch die Qualitätseinheiten λ^0, λ^1, λ^2, λ^3 vertreten werden.

Zur Charakteristik des zwischen diesen vier Hauptqualitäten bestehenden Zusammenhanges, betrachten wir die Wirkung der Vertauschung der Elemente; eine solche Vertauschung kann in verschiedenem Sinne vorgenommen werden. Nimmt man jede der obigen vier Qualitäten einmal als Grösse von einer Dimension an, um die übrigen Hauptqualitäten nach demselben Prozesse, welcher von jener Qualität aus theils vorwärts, theils rückwärts schreitet, daraus herzustellen; so ergiebt sich folgende Zusammenstellung.

$\lambda^1 = \lambda^1$	$\lambda^2 = L^1$	$\lambda^3 = L^1$	$\lambda^0 = L^1$
λ^0	L^0	L^0	L^1
$\lambda^0 \lambda^1 = \lambda^1$	$L^0 L^{1/2} = L^{1/2}$	$L^0 L^{1/3} = L^{1/3}$	$L^1 L^\infty = L^\infty$
$\lambda^1 \lambda^1 = \lambda^2$	$L^{1/2} L^{1/2} = L^1$	$L^{1/3} L^{1/3} = L^{2/3}$	$L\infty \, L^\infty = L^{2\infty}$
$\lambda^2 \lambda^1 = \lambda^3$	$L^1 L^{1/2} = L^{3/2}$	$L^{2/3} L^{1/3} = L^1$	$L^{2\infty} L^\infty = L^{3\infty}$

Will man die Identifizirung der Hauptqualität λ^n mit der Hauptqualität L^1 nicht wie einen Potenzirungsakt ansehen, welcher die erste Dimension in $L^{\frac{1}{n}}$ verwandelt, sondern als einen Multiplikationsakt, welcher von den n Dimensionen des früheren Grössengebietes $n - 1$ Dimensionen durch die Multiplikation mit $\lambda^{-(n-1)}$ oder durch die Division mit λ^{n-1}

vernichtet; so hat Diess zur Folge, dass die unendliche Reihe ideeller Hauptqualitäten

$$\ldots \lambda^{-2} \quad \lambda^{-1} \quad \lambda^0 \quad \lambda^1 \quad \lambda^2 \quad \lambda^3 \quad \lambda^4 \quad \ldots$$

in die· Reihe

$$\ldots \lambda^{n-1} \quad \lambda^{-n} \quad \lambda^{-n+1} \quad \lambda^{-n+2} \quad \lambda^{-n+3} \quad \lambda^{-n+4} \quad \lambda^{-n+5} \ldots$$

übergeht. Hierdurch aber treten diejenigen vier Hauptformen in das anschauliche Grössengebiet von 0, 1, 2, 3 Dimensionen ein, welche vorher den Qualitätsgraden $n-1$, n, $n+1$, $n+2$ angehörten.

Die eben besprochene Änderung der Qualitätsordnung beruht auf einer Verwandlung der Qualität der gegebenen Grössen a, b, c, d, nicht auf einer Vertauschung derselben ohne solche Verwandlung. Der Effekt der Vertauschung ergiebt sich aus Folgendem.

Die bei der sukzessiven Erzeugung der Hauptqualitäten entstehenden Grössen von keiner, einer, zwei, drei Dimensionen hängen so miteinander zusammen, dass, wie man auch die drei gleichartigen Direktrizen b, c, d miteinander vertauschen möge oder welche Reihenfolge man bei der Beschreibung der Hauptqualitäten λ^0, λ^1, λ^2, λ^3 befolgen möge, je zwei mögliche Qualitäten von einer Dimension doch immer die Generatrix a, je zwei mögliche Qualitäten von zwei Dimensionen doch immer eine Qualität von einer Dimension, je zwei mögliche Qualitäten von drei Dimensionen doch immer alle Qualitäten von zwei Dimensionen enthält. Denn schreibt man alle denkbaren Reihenfolgen, welche die vier Elemente a, b, c, d unter Vorantritt des dimensionslosen Elementes a gestatten, untereinander und zerschneidet dieselben einmal hinter dem zweiten, einmal hinter dem dritten und einmal gar nicht; so erhält man folgende Gruppen, worin die vor dem Striche stehenden Kombinationen die möglichen Hauptqualitäten von resp. einer, zwei und drei Dimensionen darstellen.

λ^1		λ^2		λ^3
$a\,b$	$c\,d$	$a\,b\,c$	d	$a\,b\,c\,d$
$a\,b$	$d\,c$	$a\,b\,d$	c	$a\,b\,d\,c$
$a\,c$	$b\,d$	$a\,c\,b$	d	$a\,c\,b\,d$
$a\,c$	$d\,b$	$a\,c\,d$	b	$a\,c\,d\,b$
$a\,d$	$b\,c$	$a\,d\,b$	c	$a\,d\,b\,c$
$a\,d$	$c\,b$	$a\,d\,c$	b	$a\,d\,c\,b$

Diese Gruppen bestätigen den aufgestellten Satz vollständig. So haben z. B. die beiden Flächen $a\,b\,c$ und $a\,d\,b$ die Linie $a\,b$ gemein; die beiden Körper $a\,b\,c\,d$ und $a\,c\,d\,b$ haben jede Fläche, z. B. die Fläche $a\,c\,b$ gemein.

Wollte man nicht nur die drei gleichartigen Grössen b, c, d, welche sämmtlich eine Dimension besitzen, unter sich, sondern auch mit der Grösse a, welche keine Dimension, oder, allgemeiner, eine andere Dimensität, als die Direktrizen b, c, d besitzt, vertauschen, was nach dem Obigen nicht zulässig ist, ohne das System zu stören; so würde ein System von Dimensitäten entstehen, in welchem die dimensionslosen Grössen fehlen, eine gewisse Dimensität aber zweimal, nämlich einmal ohne und einmal mit dem Faktor λ^0 erschiene. Dem Faktor λ^0, welcher zugleich die Qualität der abstrakten Zahlen bezeichnet, kann der Effekt

der Verdichtung oder der Vermehrung des Inhaltes ohne Dimensitätserhöhung zugeschrieben werden. Demnach bedeutet λ^n die Qualität von
n Dimensionen mit natürlicher Dichtigkeit, dagegen $\lambda^n \lambda^0$ eine Qualität
von n Dimensionen mit verdichtetem Inhalte. Beispielsweise würde die
Reihenfolge $b\,c\,a\,d$ die Qualitäten λ^1, λ^2, $\lambda^2 \lambda^0$, $\lambda^3 \lambda^0$, also einfache Linien,
einfache Flächen, verdichtete Flächen und verdichtete Körper ergeben,
wogegen das ursprüngliche System die Qualitäten λ^0, $\lambda^1 \lambda^0$, $\lambda^2 \lambda^0$, $\lambda^3 \lambda^0$,
also einen verdichteten Punkt (beliebig viel Punkte an einem Orte), eine
verdichtete Linie, eine verdichtete Fläche, einen verdichteten Körper ergab.
Das Endresultat $\lambda^3 \lambda^0$ aller vier Dimensionirungen ist von der Reihenfolge
der Elemente a, b, c, d stets unabhängig.

Wir heben hervor, dass durch die Dimensionirung, weil die Beschreibung der nächst höheren Qualität in einer zur beschreibenden
Grösse neutralen Richtung erfolgt, zugleich Neutralitätsbeziehungen enthält,
dass aber, wie die zuletzt aufgeführten möglichen Entstehungsarten der
Grösse von drei Dimensionen lehren, alle möglichen Kombinationen der
drei gleichartigen Grössen b, c, d darin vorkommen, dass also in der
Grösse von drei Dimensionen alle möglichen Neutralitätsverhältnisse vollständig vertreten sind. Insbesondere sind in einem Körper von drei
Dimensionen b, c, d die drei Neutralitätsstufen von Linien nach den
Formeln $\dfrac{b}{c}$, $\dfrac{c}{d}$, $\dfrac{d}{b}$, ferner die drei Neutralitätsstufen von Flächen nach
den Formeln $\dfrac{bc}{cd}$, $\dfrac{cd}{db}$, $\dfrac{db}{bc}$ und endlich die drei Neutralitätsverhältnisse
zwischen Linien und Flächen nach den Formeln $\dfrac{bc}{d}$, $\dfrac{cd}{b}$, $\dfrac{db}{c}$ enthalten.
Das Wesentlichste aber ist, dass weil nach Obigem ein aus drei neutralen
Elementen b, c, d erzeugtes Neutralitätssystem vollständig und in sich
wiederkehrend ist, sodass je zwei Stufen die dritte bedingen, die oberste
Heterogenitätsstufe, nämlich die dreidimensionale Qualität $a\,b\,c\,d = \lambda^3$ das
gesammte Existenzbereich aller bei jener Voraussetzung möglichen Grössen
umfasst oder erschöpft. Hieraus folgt, dass es keine anschauliche Grösse,
keinen Punkt, keine Linie, keine Fläche, keinen Körper, geben kann,
welche nicht in dem dreidimensionalen Raume läge. Ferner folgt, dass
der aus drei neutralen (rechtwinkligen) Dimensionen durch Beschreibung
erzeugte Raum stets derselbe einzige, von der Richtung dieser Dimensionen
unabhängige Raum ist (wogegen durch zwei Dimensionen zwar ein zweidimensionaler Raum, eine Ebene, keineswegs aber immer dieselbe Ebene
erzeugt wird, weil zwei Richtungen kein vollständiges Neutralitätssystem
liefern). Endlich folgt, dass jeder beliebige zweidimensionale Raum, jede
Ebene, den dreidimensionalen Raum, welcher von dieser Ebene durch
Fortschritt längs einer neutralen Richtung beschrieben wird, halbirt
(wogegen ein eindimensionaler Raum, eine gerade Linie, unendlich viel
verschiedene Ebenen halbirt und ein nulldimensionaler Raum, ein Punkt,
unendlich viel verschiedene gerade Linien halbirt).

Bei der Formänderung oder Krümmung handelt es sich um die
Beziehungen zwischen allen möglichen Theilen einer Grösse oder um
die Mannichfaltigkeit von Systemen, durch welche die Theile einer Grösse
als Formganzes zusammenhängen. Bedeuten daher a, b, c, d, e die fünf

Grenzen der vier Grössen ab, bc, cd, de, welche als die Bestimmungs-stücke eines Formsystems auftreten, sodass also im Ganzen fünf Elemente, nämlich ein Anfang oder eine erste Grenze a und vier zusammenhängende Grössen gegeben sind; so repräsentiren die Grenzen a, b, c, d, e das erste Hauptsystem. Dasselbe ist ein System von zusammenhangslosen oder solchen Dingen, welche keine gemeinschaftliche Grenze haben, also keinen stetigen Übergang von dem einen zum anderen zulassen, vielmehr ein völlig invariabeles oder konstantes System darstellen. Die Reihe der einfachen Grössen ab, bc, cd, de stellt das zweite Hauptsystem dar, welches ein zusammenhängendes System ist, in dem je zwei benach-barte Glieder eine gemeinschaftliche Grenze haben, welches also einen stetigen Übergang vermittelst Grenzpunkte gestattet. Die Reihe der zweifachen Grössen abc, bcd, cde stellt das dritte Hauptsystem dar, in welchem je zwei benachbarte Glieder nicht durch eine gemeinschaft-liche Grenze, sondern durch eine gemeinschaftliche Grösse zusammen-hängen. Die Reihe der dreifachen Grössen $abcd$, $bcde$ stellt das vierte Hauptsystem dar, in welchem je zwei benachbarte Glieder durch eine zweifache Grösse zusammenhängen. Die Reihe der vierfachen Grössen $abcde$ stellt das fünfte Hauptsystem dar, in welchem je zwei benach-barte Glieder durch eine dreifache Grösse zusammenhängen. Mehr als diese fünf Hauptsysteme können aus den gegebenen Elementen nicht ge-bildet werden. In jedem Hauptsysteme hängen die benachbarten Glieder durch eine Grösse zusammen, welche selbst ein Stück eines Systemes nächst niedrigerer Stufe ist; ein jedes Hauptsystem erhebt sich also zum Vermittlungsstücke der Glieder des nächst höheren Hauptsystems.

Es leuchtet ein, dass diese fünf Systeme die Repräsentanten der fünf Alienitätsstufen oder der fünf Hauptformen, nämlich der Konstanz, der Einförmigkeit, der Gleichförmigkeit, der gleichmässigen Abweichung und der Steigung sind.

Die Charakteristik dieser Hauptformen liegt in Folgendem. Jedes Glied der ersten Hauptform ist eine Grenze, ein Ort, ein Anfang. Jedes Glied der zweiten Hauptform entsteht durch Variation eines Ortes, ist ein Ortsverhältniss, welches in einer Linie liegt. Jedes Glied der dritten Hauptform entsteht durch Variation einer Linienrichtung oder durch eine Drehung, ist also ein Linienverhältniss, welches in einer Fläche liegt. Jedes Glied der vierten Hauptform entsteht durch Variation einer Flächenrichtung oder durch eine Wälzung oder Torsion, ist also ein Flächenverhältniss, welches in einem Körper liegt. Jedes Glied der fünften Hauptform entsteht durch Variation eines Körperinhaltes, ist ein Körperverhältniss, welches in dem Raume von vier Dimensionen liegt. Die fünf Hauptformen repräsentiren resp. die Fesselung aller Elemente, die Entfesselung des Punktes, der Linie, der Fläche, des Körpers. Die Glieder der ersten Hauptform sind ohne Verbindung, ohne Gemeinschaft, ohne Zusammenhang. Die Nachbarglieder der zweiten Hauptform, welche Ortsverhältnisse sind, hängen durch Punkte b, c, d, e, die der dritten Hauptform, welche Linienverhältnisse sind, durch Linien, bc, cd, de, die der vierten Hauptform, welche Flächenverhältnisse sind, durch Flächen bcd, cde, die der fünften Hauptform, welche Körper-verhältnisse sind, durch Körper $bcde$ zusammen.

Um den Zusammenhang in den Formstufen vollständig zu übersehen, sind ausser je zwei benachbarten Gliedern einer Reihe auch andere Glieder, namentlich solche zu betrachten, welche durch Vertauschung der Elemente a, b, c ... entstehen. Zur Entwicklung aller dieser Verhältnisse behalten wir zunächst die Reihenfolge der Punkte a, b, c, d, e bei, ordnen dieselben aber in einer Kette, sodass auf den letzten wieder der erste folgt. Hierdurch gestaltet sich jede Formstufe zu einer zusammenlaufenden Reihe von 6 Gliedern und man erhält folgende Zusammenstellung, worin die ohne Aufstellung der Elemente im Kreise sich ergebende Gliederreihe durch einen Strich abgegrenzt ist.

$$
\begin{array}{lllll}
1)\ a & b & c & d & e\,| \\
2)\ ab & bc & cd & de\,| & ea \\
3)\ abc & bcd & cde\,| & dea & eab \\
4)\ abcd & bcde\,| & cdea & deab & eabc \\
5)\ abcde\,| & bcdea & cdeab & deabc & eabcd
\end{array}
$$

In diesen Gliedern dokumentirt sich folgendes Gesetz. Je zwei benachbarte Glieder der n-ten Hauptform hängen durch eine Grösse von $n-2$ Dimensionen zusammen (die der 1sten Form gar nicht, die der 2ten durch einen Punkt, die der 3ten durch eine Linie, die der 4ten durch eine Fläche, die der 5ten durch einen Körper). Je drei benachbarte Glieder der n-ten Hauptform hängen durch eine Grösse von $n-3$ Dimensionen zusammen (die der 1sten gar nicht, die der 2ten gar nicht, die der 3ten durch einen Punkt, die der 4ten durch eine Linie, die der 5ten durch eine Fläche). Je m benachbarte Glieder der n-ten Hauptform hängen durch eine gemeinsame Grösse von $n-m$ Dimensionen zusammen.

Indem jetzt statt der benachbarten Glieder solche betrachtet werden, welche immer r Glieder überspringen; so hängen m solcher Glieder von r Lücken in der n-ten Hauptform durch eine gemeinsame Grösse zusammen, welche mindestens $n-m-1$ Dimensionen hat.

Werden nunmehr m Glieder von beliebigem Abstande betrachtet; so hängen m beliebige Glieder der n-ten Hauptform durch eine Grösse zusammen, welche mindestens $n-m-1$ Dimensionen hat. Zwei beliebige Glieder der 3ten, 4ten, 5ten Form hängen also durch eine Grösse zusammen, welche mindestens resp. ein Punkt, eine Linie, eine Fläche ist, drei beliebige Glieder der 4ten, 5ten Form durch eine Grösse, welche mindestens resp. ein Punkt, eine Linie ist. Vier beliebige Glieder sind immer benachbarte Glieder, hängen also durch einen Punkt zusammen. Jedes Glied der fünften Form enthält immer alle fünf Elemente; beliebig viel Glieder dieser Form hängen daher durch jeden der fünf Punkte zusammen.

Vertauscht man schliesslich die fünf Elemente a, b, c, d, e in beliebiger Weise; so hängen m beliebige Glieder der n-ten Hauptform doch immer in vorstehender Weise durch eine Grösse zusammen, welche mindestens $n-m-1$ Dimensionen hat.

Das System dieser sich neben- und übereinander ordnenden und die Gesammtheit aller möglichen Verbindungen erschöpfenden Beziehungen nennen wir den gesetzlichen Zusammenhang der Formstufen.

Was die Vertauschbarkeit betrifft; so kann jede der fünf Hauptformen als die erste, auch als die zweite, überhaupt als eine von jeder
beliebigen Ordnung angesehen werden. Nimmt man z. B. die dritte
Hauptform oder das System der durch gemeinschaftliche Linienelemente
verbundenen Flächenelemente abc, bcd, cde, def zur zweiten Hauptform
an; so heisst Diess so viel, als die Dimensität der gemeinschaftlichen
Grössen bc, cd, de als eine konstante Eigenschaft der Grenzen der
Systemglieder betrachten oder die Kreislinie für die einförmige Linie
nehmen, indem man die Länge des Differentials der Tangente, welches
zwei gemeinschaftlichen Kreisbogenelementen gemeinschaftlich zukömmt,
als eine dimensionslose Eigenschaft der Grenzpunkte ansieht und die
Richtungsabweichung als die unabhängige Variabele, deren Werthe sich
sukzessiv summiren, behandelt. Hierdurch wird der Kreis zur einförmigen
Linie, die einförmige Linie aber, deren Elemente die Länge verlieren,
zur konstanten Punktgrösse, wodurch sie mit der ersten Hauptform
zusammenfällt. Die Schraubenlinie wird zur gleichförmigen, die logarithmische Spirale zur gleichmässig abweichenden Linie. Indem durch
diese Auffassung die Länge als erste Dimension verschwindet, die Fläche
zur Linie und der Körper zur Fläche wird, nehmen die Grössen von
vier Dimensionen die Eigenschaften der dreidimensionalen an, das Zeichen
$e^{\alpha \sqrt{\dots 1}}$ gewinnt die Bedeutung, welche vorher das Zeichen $e^{\alpha \sqrt{\div 1}}$ hatte,
und demzufolge erscheint eine Kurve, welche sich als sechste Hauptform
vorher in der fünften Hauptform oder in der logarithmischen Spirale
verhüllte, jetzt als wirkliche fünfte Hauptform in einer wirklichen logarithmischen Spirale, kompletirt also das System der fünf Alienitätsstufen
oder Hauptformen. In ähnlicher Weise ist jeder andere Effekt zu beurtheilen, welcher sich daraus ergiebt, dass man irgend einer der obigen
fünf Hauptformen einen beliebigen Ordnungsgrad beilegt.

Anders ist die Wirkung der Vertauschung der elementaren Grössen,
aus welchen sich das System der Hauptformen auferbaut, unter der
Berücksichtigung, dass jedem dieser Elemente der Reihe nach eine bestimmte Rolle zuertheilt ist, welche dasselbe bei der Formbildung spielen
soll. Das erste Element ist eine Grenze, ein Ort a, welcher einen Anfang
festlegt. Das zweite Element ab ist ein Ortsverhältniss oder ein Längen-
differential, welches vermöge seiner Länge oder seines Inhaltes an Punkten
eine Längenbildung oder Zusammenfügung oder eigentlich eine Variation
von Punktörtern ermöglicht. Das dritte Element bc, welches eine Richtung
gegen die Richtung des ersten Elementes ab bestimmt, bedingt eine
Drehung oder vielmehr eine Knickung oder Krümmung des zweifachen
Elementes abc. Das vierte Element cd bedingt eine Variation von
Flächenrichtungen oder vielmehr eine Torsion des dreifachen Elementes
$abcd$. Das fünfte Element de verlangt eine Variation von Körper-
verhältnissen, also eine Expansion, resp. Kontraktion oder eine Stauchung.
Eine Vertauschung der Elemente verlangt eine Vertauschung der eben
bezeichneten Rollen. Im Allgemeinen ist eine solche Vertauschung nach
Obigem unzulässig, ohne das System zu stören. Die hierdurch entstehenden
fünf Hauptformen nehmen eine andere Bedeutung an: es ist aber wichtig,
dass die fünfte oder letzte Hauptform von dieser Reihenfolge stets unabhängig ist. Überhaupt ist jede Hauptform von der Reihenfolge der in

ihr vorkommenden Grundprozesse unabhängig, d. h. es ist gleichgültig, in welcher Reihenfolge Begrenzung, Zusammenfügung, Krümmung, Torsion und Stauchung vorgenommen wird.

Die letzte Hauptstufe stellt eine einfache Grösse dar, deren benachbarte Glieder durch dreifache Grössen, also durch Grössen von drei Dimensionen zusammenhängen. (Bei der logarithmischen Spirale stehen die benachbarten Formelemente durch körperliche Rauminhalte, deren Verhältniss zueinander die Steigung oder Stauchung bedingt, in Verbindung). Mit Überschlagung eines Nachbargliedes steht ein Glied mit dem zweitfolgenden Gliede durch eine Grösse von zwei Dimensionen, mit dem drittfolgenden durch eine Grösse von einer Dimension, mit dem viertfolgenden durch eine dimensionslose Grösse, d. h. mit einer Grenze im Zusammenhange. Es realisiren sich also bei der Formbildung auch alle Dimensitätsprozesse und da die Reihenfolge der Bestimmungsstücke der Formbildung, welche in irgend eine Hauptform eintreten, wie soeben gezeigt, irrelevant ist; so realisiren sich bei der Formbildung sämmtliche Dimensitätsprozesse, welche aus den gegebenen Formelementen möglich sind, d. h. die Haupt-Formstufen enthalten auch alle Haupt-Qualitätsstufen. Da aber die Qualitätsstufen die Neutralitätsstufen und diese die Kontrarietätsstufen umfassen, und die Kontrarietätsstufen selbstredend wegen der Quantität der umzukehrenden Grössen das Primitivitätsprinzip voraussetzen; so erkennt man, dass jede Reihe von Hauptstufen im Gebiete einer Grundeigenschaft alle Hauptstufen niedrigerer Ordnung vollständig in sich aufnimmt.

Wie das höhere Prinzip jedes niedrigere in sich begreift, so erweitert sich jedes niedrigere zu dem höheren durch einen systematischen Prozess. Quantitätsbildung ist die Grundlage der Primitivität. Umkehrung der Quantitätsbildung führt zur Kontrarietät. Vermittlung der Kontrarietät, d. h. Vermittlung zwischen den beiden Kontrarietätsstufen, dem Positiven und Negativen, leitet zur Neutralität. Verschmelzung der Neutralitätsstufen, Hereinziehung derselben in eine Gattungsgemeinschaft, schafft die Heterogenität oder die Hauptdimensitäten (z. B. die Fläche als die Gemeinschaft des Reellen und Imaginären oder Neutralen). Abhängigmachung der Heterogenitäts- oder Dimensitätsstufen voneinander, d. h. Bedingung einer Grösse von gegebener Dimensität durch die nächst höhere Dimensität oder Variation der ersteren Grösse im Bereiche der nächst höheren Grössengattung, z. B. einer Linie in einer Ebene, wodurch sich die einförmige oder gerade Linie zur ebenen oder krummen Linie, überhaupt das Konstante zu dem in dem höheren Qualitätsgebiete Variabelen verallgemeinert, ruft die Alienität oder die Hauptformen hervor.

Dieser Prozess, durch welchen man von einem niedrigeren Grundprinzipe zu dem nächst höheren und damit aus dem Gebiete einer niedrigeren Grundeigenschaft in das der nächst höheren aufsteigt, enthält immer etwas Neues, Eigenartiges, welches der ersteren Grundeigenschaft fremd ist und das Wesen der nächst höheren charakterisirt. Indem wir von der Primitivität zur Kontrarietät und damit von der Länge zum Abstande (von der Vielheit zur Reihe, von der Erweiterung zum Fortschritte) aufsteigen, vermehren wir nicht bloss die Anzahl der Bestimmungselemente von eins auf zwei, sondern wir legen dem neuen Elemente eine ganz andere Bedeutung bei. Während nämlich das einzige

Element, welches zum Primitivitätsprinzipe erforderlich war, eine Begrenzung (Zählung von Einheiten) bedeutet, verlangt das zweite Element, welches für das Kontrarietätsprinzip erforderlich war, einen Anfang im Endpunkte des ersten, also eine Anreihung: die beiden neuen Elemente erscheinen also wesentlich als Reihenelemente. Das Neutralitätsprinzip fügt den beiden Elementen des Kontrarietätsprinzipes ein drittes hinzu, ändert aber die Bedeutung derselben, indem dasselbe ein Verhältniss, eine Relation (eine Richtungsverschiedenheit, ein Wirkungsvermögen) zwischen ihnen voraussetzt. Das Heterogenitätsprinzip fügt abermals ein Element, ein viertes hinzu, legt aber den Elementen eine Qualität, eine Dimensität, eine Fähigkeit oder Anlage zur Stiftung höherer Gemeinschaften (einen Grad) bei. Das Alienitätsprinzip vermehrt die Elemente auf fünf, legt ihnen aber die Bedeutung von Variabelen (Mannichfaltigkeiten) bei.

Die Eigenartigkeit und Selbstständigkeit der fünf Grundprinzipien, welche sich unmittelbar auf die fünf Grundeigenschaften stützen, ist von eminenter Wichtigkeit, sodass wir uns veranlasst sehen, das Eigenartige jeder Grundeigenschaft und der zugehörigen Grundoperation noch durch folgende Worte zu charakterisiren.

Die Quantität ist das Sein in der Vereinigung oder in der Umfassung durch eine gemeinsame Grenze, geometrisch das Nebeneinandersein, arithmetisch das Beieinandersein oder das Zusammensein; die Quantität bestimmt eine Menge, einen Inhalt, eine Substanz. Der Prozess, welcher zur Bestimmung einer Quantität dient, ist geometrisch die Begrenzung, arithmetisch die Zählung, generell die Messung. Der Grundprozess der Quantitätsveränderung ist geometrisch die Erweiterung, arithmetisch die Zuzählung. Der Grundveränderungsprozess gestaltet sich, wenn sowohl die zu verändernde Grösse (der Operand), als auch die die Veränderung messende Grösse (der Operator) als gegebene Dinge und das Resultat der Veränderung (das Operat) als etwas Gesuchtes oder Darzustellendes angesehen wird, zur Grundoperation. Die Grundoperation der Quantität ist geometrisch die Grenzveränderung des Operands um den Inhalt des Operators oder die Vereinigung Beider durch gemeinsame Grenzumfassung, arithmetisch ist sie die Numeration oder Zusammenzählung.

Die Inhärenz oder geometrisch der Ort (dessen Maass der Abstand ist) und arithmetisch die Stelle (deren Maass das Glied ist) ist das Sein in einer Reihe oder als Glied einer Reihe an einer bestimmten Stelle, das Nacheinandersein. Der primitive Inhärenzprozess ist geometrisch Fortschritt oder Ortsveränderung, arithmetisch Anreihung oder Veränderung, resp. Verleihung einer Stelle in einer Reihe. Die Grundoperation ist geometrisch Verschiebung einer Grösse um einen bestimmten Abstand oder in einen bestimmten Ort oder Verbindung zweier Grössen, arithmetisch Anreihung einer Grösse als Glied an eine gegebene Reihe von Gliedern oder Einsetzung eines Gliedes in eine bestimmte Stelle einer Reihe. Fortschritt ist keine Erweiterung, Anreihung keine Zusammenzählung, Verbindung keine Vereinigung: wenn man aber die Grösse a, nachdem sie durch Fortschritt an das Ende eines Gliedes b in den neuen Ort gebracht ist, mit dem Gliede a vereinigt, d. h. wenn man die Grenze des Gliedes b um den Betrag der durch Fortschritt erzeugten Grösse a erweitert, oder wenn man die Grösse a zu der Grösse b hinzuzählt, stellt man das Resultat eines kombinirten Fortschritts- und Erweiterungsprozesses dar. Diejenige Operation, welche in der Elementarmathematik den Namen Addition trägt, ist nun eben der letztere kombinirte Prozess, nämlich die Vereinigung der durch Fortschritt entstandenen Glieder einer Reihe zu einer erweiterten Quantität. Nur in diesem Sinne lässt sich Addition auf Numeration zurückführen, die reine und wahre Addition, welche wir im Situationskalkul nicht durch $a + b$, sondern durch „$a„ + b$ bezeichnet haben, ist eine von der Numeration prinzipiell verschiedene und nicht darauf zurückfuhrbare Operation; sie bewirkt eine Erkenntniss der Reihenfolge, in welcher mehrere verbundene Grössen existiren, wogegen die Numeration eine Erkenntniss der Menge der darin enthaltenen Einheiten verschafft. Die elementare Auffassung der Addition ist auch nur für die einfachsten Zwecke, insbesondere nur für die Addition reeller Grössen aufrecht zu erhalten: schon bei der Addition komplexer Grössen verliert die Vorstellung, dass die Anreihung der Grösse $c + d\sqrt{-1}$ an die Grösse $a + b\sqrt{-1}$ zugleich eine Erweiterung der letzteren oder das Numerat, der Inbegriff beider sei, alle Anschaulichkeit, indem die Summe ein gebrochener Linienzug, das Numerat aber der von dem Anfangspunkte nach dem Endpunkte gezogene einfache Vektor ist, welche Beide wohl die letzten Grenzen miteinander gemein haben, sich aber sonst nicht decken. Übrigens liegt selbst in der elementarsten Auffassung der Addition ein in der Numeration nicht enthaltenes neues Element; die Hinzufügung zum letzten Theile oder am Ende. Die Numeration kennt keinen ersten und letzten Theil, keinen Anfang und kein Ende, sondern nur einen Inbegriff aller Theile, ohne Unterschied der Stelle.

Die Relation oder das Verhältniss bezeichnet ein relatives Sein, ein Sein in Beziehung zu einem Anderen, ein Sein auf Grund eines Anderen, ein Sein durch Wirkung, ein Sein aus Kausalität; dasselbe wird geometrisch durch eine Richtung, als Wirkung einer Drehung, und allgemein, durch das Resultat einer verhältnissmässigen Veränderung, arithmetisch durch eine Verhältnisszahl, einen Faktor, einen Koeffizienten ausgedrückt. Der entsprechende Grundprozess ist geometrisch die Drehung oder die verhältnissmässige Veränderung und arithmetisch die Verhältnissänderung. Die betreffende Grundoperation ist geometrisch und arithmetisch die Veränderung einer gegebenen Grösse in einem gegebenen Verhältnisse oder die Multiplikation, welche eine unausgesetzte Reproduktion des Multiplikand in einer veränderten Relation oder Beziehung zur Einheit verlangt. Auch die Multiplikation ist niemals Addition und niemals Numeration; die von ihr verlangte Verhältnissänderung kann weder durch Addition, noch durch Numeration bewirkt werden. Wenn aber die primäre Multiplikation, welche die Veränderung eines reellen Verhältnisses bezweckt, nach der Erzeugung des verlangten Verhältnisses ihre Aufgabe erweitert und das Produkt als eine Reihe von Gliedern und jedes Glied als eine Vereinigung von Einheiten auffasst; so kann diese Kombination von Grundprozessen allerdings auf Addition und auch auf Numeration zurückgeführt werden, und sie ist es, welche die eigentliche Vervielfachung ausmacht. Im Sinne dieses gemischten Prozesses bedeutet das Produkt $a \cdot b$ der beiden reellen Faktoren a und b einmal eine Zahl, welche zum Multiplikand a in dem Verhältnisse b steht, ferner eine Summe von b Gliedern $(a + a + a + \ldots)$, also eigentlich eine b-fache Summe, und endlich ein Numerat von ab Einheiten

$$\{(1 + 1 + \ldots) + (1 + 1 + \ldots) + (1 + 1 + 1 + \ldots) + \text{etc.}\},$$

welches eigentlich ein Numerat von Numeraten ist. Die elementare Auffassung der Multiplikation ist auch nur zu elementaren Zwecken, namentlich nur für die Operationen mit reellen Grössen aufrecht zu erhalten. Bei der Multiplikation mit Richtungskoeffizienten verschwindet die Übereinstimmung zwischen Produkt und Summe vollständig, indem sich jetzt die Faktoren nicht mehr als Summen von Einheiten darbieten. Übrigens enthält selbst die elementarste Auffassung der Multiplikation ein neues, weder in der Addition, noch in der Numeration vorkommendes Element: die fortgesetzte Wiedererzeugung des ganzen Multiplikands oder einer ihm gleichen Grösse nach der Formel $a \times b = a + a + a +$ etc·

$$\left.\begin{array}{l} 1 + 1 + 1 + 1 = a \\ 1 + 1 + 1 + 1 = a \\ 1 + 1 + 1 + 1 = a \end{array}\right\} b.$$

oder nach dem Schema   In dieser Erzeugung oder Produktion des ganzen Multiplikands a nach Vorschrift des Multiplikators b liegt das wahre Wesen der Multiplikation, die Wirkung der Ursache a mit der Kausalität b.

Die Qualität oder, geometrisch, die Dimensität und, arithmetisch, die Potenz bedeutet ein Sein in Gemeinschaft, d. h. ein Sein mit der Fähigkeit oder Anlage zu einer Gemeinschaft. Nur, indem der Linie a die Fähigkeit zugeschrieben wird, mit allen beliebigen anderen gleichartigen Grössen eine Gemeinschaft, die Fläche, zu bilden, hat sie die Qualität einer Linie oder einer ersten Dimension der Fläche oder einer Potenz a^1 vom Grade 1, oder einer Wurzel des Quadrates a^2, welches Letztere, als echtes Quadrat, durchaus nicht ein Produkt $a \times a$ oder eine verhältnissmässige Vergrösserung oder Vervielfachung des Multiplikands a im Verhältnisse des Multiplikators a in der Richtung des Ersteren, sondern eine Qualitäts- oder Dimensitätserhöhung der Wurzel a, eine Entwicklung dieser Wurzel in einer neuen, zweiten Dimension bis zu einer der Wurzel a selbst gleichen Ausdehnung bedeutet. Diese Entwicklung zu der nächst höheren Dimensität ist Stiftung der Gemeinschaft zwischen allen möglichen mit der Wurzel a gleichartigen Grössen, deren Zahl unendlich gross ist. Als Element dieser Gemeinschaft, als Flächenelement, ist die Linie a eine Linie von unendlich geringer Breite ∂a oder von der Anlage zur Flächenbildung, also gleich der Fläche $a\partial a$, und das Quadrat a^2 ist der Inbegriff aller dieser unendlich vielen oder aller in der Breite a denkbar möglichen Linienelemente. Wenn man nach der Auffassung der Elementarmathematik $a^2 = a \times a = a(\partial a + \partial a + \partial a + \ldots) = a\partial a + a\partial a + a\partial a + \ldots = \infty\, a\partial a$ setzt; so legt man der Potenzirung die Bedeutung einer Kombination von primitiven Grundoperationen bei. Nach dieser elementaren Auffassung erscheint allerdings die positive ganze Potenz einer reellen Zahl sowohl in der Gestalt eines Produktes, als auch in der einer Summe, als auch in der eines Numerates: allein, damit ist die wahre Bedeutung der Potenzirung nicht aufgehoben und auf Multiplikation, Addition oder Numeration zurückgeführt. Dieselbe enthält immer ein neues Element, welches weder der Multiplikation, noch der Addition, noch der Numeration zukömmt: es ist die Fähigkeit, das Element einer höheren Gemeinschaft darzustellen, sowie selbst eine höhere Gemeinschaft von Elementen zu repräsentiren, oder auch die Fähigkeit einer endlichen Grösse, ein unendlich kleines Element einer höheren Gemeinschaft zu sein, sowie ein unendlicher Inbegriff unendlich kleiner Elemente zu sein, oder auch die Fähigkeit, Individuen einer Gattung, sowie Gattung von Zuständen zu sein.

In der Potenz $\lambda^n = \lambda\lambda\lambda$... verlangt jede folgende Wurzel eine Expansion der vorher gebildeten Grösse nach einer neuen Dimension, die m-te Wurzel bildet an der bis dahin erzeugten $(m-1)$-dimensionalen Grösse λ^{m-1} die m-te Dimension aus oder erzeugt die Gattung aller unendlich vielen Individuen λ^{m-1}. Demgemäss bedeutet in der Anwendung auf Geometrie das erste λ eine Längeneinheit, das zweite λ eine Breiteneinheit, das dritte λ eine Höheneinheit u. s. w., während λ^0, λ^1, λ^2, λ^3 resp. einen Punkt, eine Linie, eine Fläche, einen Körper darstellt. Diese Bedeutung der Wirkung nach einer neuen Dimension oder in einer höheren Gattung hat niemals ein Faktor. In dem Produkte $\lambda\lambda\lambda$... steht jeder Faktor λ genau in derselben Beziehung zur Einheit: die mehrmalige Multiplikation mit demselben Faktor ist nur eine Wiederholung desselben Verhältnissprozesses in derselben Richtung. Durch Multiplikation werden prinzipiell keine Dimensitäten oder Qualitäten und durch Potenzirung werden prinzipiell keine neuen Grundrelationen zur Einheit, d. h. keine Neutralitäten geschaffen. Nur dann, wenn die Wurzel einer Potenz als absolut dimensitätslos gedacht wird, kann die endliche Potenzirung derselben keinen endlichen Dimensionirungseffekt haben: Diess ist der Fall, wenn die Wurzel eine abstrakte Zahl a von der Einheit 1 ist. Bei der Potenzirung einer abstrakten Zahl tritt daher der Dimensionirungseffekt in den Hintergrund, d. h. er verschwindet als eine unendlich geringe Qualitätsänderung. Ja, selbst das Element λ^0 von wirklichen Grössen oder benannten Zahlen (z. B. von geometrischen Punkten) ändert bei endlicher Potenzirung $(\lambda^0)^n = \lambda^0$ seine Qualität nicht, erlangt vielmehr erst durch unendliche Potenzirung $\lambda^0\lambda^0\lambda^0 \ldots = (\lambda^0)^\infty$ eine endliche Dimension. Der Effekt der Potenzirung einer reinen Zahl kann daher wegen der verschwindenden Kleinheit der Qualitätsänderung als ein Multiplikationseffekt betrachtet werden, und diese Beziehung ist es, welche in der Elementararithmetik die Identifizirung einer Potenz mit einem Produkte rechtfertigt.

Allgemein jedoch, besteht keine Übereinstimmung zwischen Potenz, Produkt, Summe und Numerat. Eine Potenz mit ihrem Dimensionirungseffekte kann durch Multiplikation nur vermittelst unendlicher Vervielfachung in Seitenrichtungen (welche bis dahin im Multiplikande erst im embryonalen oder naszirenden oder verschwindenden Zustande existirten), durch Addition nur vermittelst unendlicher Summirung unendlich kleiner Elemente, durch Numeration nur vermittelst unbegrenzter Zusammenzählung unendlich kleiner Theile entstehen. Immer charakterisirt

Unendlichkeit das Eigenartige der Qualität, indem dasselbe als unendliche Kleinheit eine Anlage zu einer Dimension oder zu einer Gattungsgemeinschaft, als unendliche Vielheit aber die Gattungsgemeinschaft aller möglichen Individuen oder unendlich kleinen Gattungselemente anzeigt.

Bei vollkommen systematischer Auffassung entsteht die Grösse nächst höherer Dimensität λ^{n+1} aus der Grösse λ^n vermittelst der Multiplikation mit der benannten Zahl λ, indem dieselbe als $(n+1)$-te Dimension gedacht wird, nach der Formel $\lambda^n . \lambda = \lambda^{n+1}$. Diess ist die Wirkung der Qualitätsoperation unter dem Neutralitätsprinzipe. Die Wirkung der Qualitätsoperation unter dem Heterogenitätsprinzipe ist unmittelbare Potenzirung, also Erhebung der Grösse λ^n auf die Potenz vom Grade $\dfrac{n+1}{n}$ nach der Formel $(\lambda^n)^{\frac{n+1}{n}} = \lambda^{n+1}$. Da aber die Wurzel λ das Resultat einer unendlich hohen Potenzirung des Grundelementes λ^0 der Grössen eines wirklichen Grössengebietes oder der benannten Zahlen eines bestimmten Gebietes nach der Formel $\lambda = (\lambda)^{0\infty}$ ist; so erscheint die letztere Potenzirung, indem sie als ein Akt der Entwicklung des Grundelementes λ^0 angesehen wird, in der Form

$$\lambda^n = \lambda^{n \cdot 0 \cdot \infty} = \lambda^{(0+0+0+\ldots)\infty} = (\lambda^0 \lambda^0 \lambda^0 \ldots)^\infty$$

also sukzessiv

$$\lambda^0 = \lambda^0 \qquad \lambda^1 = (\lambda^0)^\infty \qquad \lambda^2 = (\lambda^0 \lambda^0)^\infty \qquad \lambda^3 = (\lambda^0 \lambda^0 \lambda^0)^\infty$$

Hiernach kann man das Grundelement λ^0 des Grössensystems, wenn daraus alle möglichen Dimensitäten entwickelt werden sollen, als eine Grösse von n embryonalen (unendlich schwach entwickelten) Dimensionen ansehen, also allgemein ihre Qualität gleich $\lambda^0 \lambda^0 \lambda^0 \ldots$ setzen. Die Bildung der ersten, zweiten, dritten u. s. w. Dimension entspricht dann der unendlichen Potenzirung der Wurzel λ^0 in der ersten, zweiten, dritten u. s. w. Stelle. Alsdann sind Punkte, Linien, Flächen, Körper resp. durch die Formeln $\lambda^0 \lambda^0 \lambda^0$, $\lambda^1 \lambda^0 \lambda^0$, $\lambda^1 \lambda^1 \lambda^0$, $\lambda^1 \lambda^1 \lambda^1$ dargestellt, eine lineare Länge, Breite, Höhe ist $\lambda^1 \lambda^0 \lambda^0$, $\lambda^0 \lambda^1 \lambda^0$, $\lambda^0 \lambda^0 \lambda^1$, eine primäre, sekundäre, tertiäre Fläche ist $\lambda^1 \lambda^1 \lambda^0$, $\lambda^0 \lambda^1 \lambda^1$, $\lambda^1 \lambda^0 \lambda^1$ oder auch λ^{1+1+0}, λ^{0+1+1}, λ^{1+0+1} und man erkennt deutlich, dass durch die Auffassungen und Formeln der heutigen Arithmetik, welche die Bedeutung einer Potenz lediglich nach dem Numerationswerthe des Exponenten beurtheilt, die wesentlichsten Verschiedenheiten nivellirt werden.

Die Modalität oder, geometrisch, die Form und, arithmetisch, die Funktion bedeutet das Sein in Abhängigkeit oder das Sein nach einem Bildungsgesetze. Der zugehörige Grundprozess ist die Bildung nach einem Gesetze, geometrisch die Gestaltung, arithmetisch die Variirung nach einem Abhängigkeitsgesetze: als Grundoperation erscheint in der Geometrie die Biegung oder Krümmung und in der Arithmetik die Variirung nach dem einfachsten Abhängigkeitsgesetze, welches fähig ist, alle möglichen Funktionen zu erzeugen. Nach §. 56 könnte man manche Funktion $F(x)$ zur Grundlage nehmen, um daraus durch fortgesetzte Einwicklung in dasselbe Abhängigkeitsgesetz, d. h. durch fortgesetzte Substitution von $F(x)$ für x das allgemeine Funktionsgesetz $^nF(x)$ darzustellen. Die der geometrischen Biegung sich am unmittelbarsten anschmiegende arithmetische Operation ist die Integration, deren systematische Entwicklung nach §. 33 die Eminentiation ergiebt. Im wahren Geiste der Arithmetik erbaut sich indessen nach §. 10 unmittelbar über der vierten Grundeigenschaft, der Potenz, als fünfte Grundeigenschaft vermöge der als fünfte Grundoperation auftretenden Exponentiation die Dignität

$$y_n = a^{\overset{\displaystyle a^{\cdots^{a^x}}}{}} = a \overset{n}{\curvearrowright} x = {}^nF(x)$$

Wenn in der Funktion ${}^nF(x)$ die Variatrix x (§. 33) variirt, gelangt man in einen anderen der durch diese Funktion darstellbaren Zustände, ohne dass die Funktion selbst sich ändert: wenn dagegen der Variator, resp. Integrator n (§. 33) sich ändert, erhält man eine andere der durch ${}^nF(x)$ darstellbaren Funktionen. Eine Variation der Stufenzahl n um 1, 2, 3..., wodurch sich die Funktion ${}^{n+1}F(x)$, ${}^{n+2}F(x)$, ${}^{n+3}F(x)$... ergiebt, kann entweder als eine fortgesetzte Substitution von $F(x)$ für x, also als eine Bildung nach den Formeln ${}^nF(F(x))$, ${}^nF({}^2F(x))$, ${}^nF({}^3F(x))$..., oder auch als eine sukzessive Substitution von ${}^nF(x)$ in $F(x)$, ${}^2F(x)$, ${}^3F(x)$..., also als eine Bildung nach den Formeln $F({}^nF(x))$, ${}^2F({}^nF(x))$, ${}^3F({}^nF(x))$... angesehen werden, indem man

$$n+mF(x) = {}^nF({}^mF(x)) = {}^{[m}F^{n]}(F(x))$$

hat. Die beiden Grössen x und n in der Funktion ${}^nF(x)$ oder, wenn man für n das Zeichen z setzt, die beiden Grössen x und z in der Funktion ${}^zF(x)$ spielen die Rolle eines Operands und Operators, resp. eines Integrands und Integrators oder auch eines Variands und Variators (die Variatrix ist die Grundgrösse des Variands, welche nur dann mit dem Variand identisch ist, wenn Letzterer seine einfachste Gestalt hat). Solange $z = n$ eine konstante Grösse ist, stellt ${}^zF(x)$ ein einziges bestimmtes Bildungsgesetz dar und es handelt sich dann nur um die möglichen Variationen von x unter der Herrschaft dieses einzigen bestimmten Gesetzes, also um Operationen mit einem konstanten Variator n. Sobald jedoch z als variabel gedacht wird, handelt es sich um Änderung des Bildungsgesetzes oder um Erzeugung neuer Bildungsgesetze. Immer aber ist die Variabilität, sei es die von x oder die von z oder die von Beiden das eigenartige Wesen dieser fünften Grundoperation, gleichviel, ob dieselbe in der Dignation, oder in der Integration, oder in einer anderen Funktionsform ihren Ausdruck findet.

Diese Variabilität, Beliebigkeit oder Mannichfaltigkeit der Zustände und Stufen ist ausschliesslich charakteristisch für die fünfte Grundoperation. Dieselbe mangelt der Potenzirung, der Multiplikation, der Addition und der Numeration vollständig, indem es sich bei diesen immer um bestimmte Veränderungen mit bestimmten, fest begrenzten Grössen und Werthen handelt. Nur eine Dignität von bestimmter Stufenzahl x mit lauter reellen positiven ganzen Exponenten und mit einem einzigen festen Werthe von x kann in einzelne Potenzirungs- oder Multiplikations- oder Additions- oder Numerationsakte aufgelös't werden. Immer jedoch behält die Art und Weise, wie diese niedrigeren

Operationsakte zu dem Resultate einer Dignität zusammengesetzt werden müssen, etwas Eigenartiges, das Wesen der Mannichfaltigkeit oder der Veränderlichkeit Charakterisirendes: denn offenbar bedingt die Herstellung der Dignität a^{a^a}, sowie die Herstellung des Integrals $^3\int\!f(x) = \int\int\int\!f(x)$, einen dreimaligen Wechsel des Grundprozesses, da die durch das erste Integral $\int\!f(x)$ entstandene Funktion, welche der zweiten Integration unterworfen wird, eine ganz andere ist, als die ursprüngliche $f(x)$, und die der dritten Integration zu unterwerfende wiederum eine andere, als $\int\!f(x)$.

Der Mangel des eigentlichen Variabilitätselementes in den übrigen vier Grundoperationen hindert dieselben denn auch, verschiedene Funktionsgesetze zu erzeugen, solange sie in der ihnen eigenen bestimmten Weise mit konstantem Operator angewandt werden. So ergiebt sich durch wiederholte Numeration nur die eine Funktion $1 + 1 + 1 + \ldots = a$, durch wiederholte Addition die eine Funktion $a + x + x + x + \ldots = a + bx$, durch wiederholte Multiplikation nur die eine Funktion $a\,x\,x\,x\ldots = a x^n$ und durch wiederholte Potenzirung nur die eine Funktion $((a^x)^x)^{x\cdots} = a^{x^n}$, wogegen die Dignation durch wiederholte Exponentiation lauter neue Funktionen erzeugt. Unter gehöriger Erweiterung des Dignationsprozesses liefert derselbe übrigens nicht bloss lauter neue, sondern auch alle denkbar möglichen Bildungsgesetze: er ist eben der Prozess, durch welchen Gesetze gebildet werden und es kann kein Gesetz geben, welches nicht durch diesen Prozess zu erzeugen wäre.

Hiernach kehren wir zu dem im Kardinalprinzipe liegenden Gesammtsysteme zurück. Da die Bedeutung der Elemente dem betreffenden Grundprinzipe seinen Charakter verleiht; so ist jede Grundeigenschaft und ihr ganzes System von Kardinal- und Haupteigenschaften neu, eigenartig, selbstständig. Der eben erörterte systematische Zusammenhang verleiht aber den einzelnen Grundeigenschaften eine bestimmte Stelle im Gesammtgebiete aller Grundeigenschaften und stiftet die Reihenfolge, welche für die Raumgrössen Ausdehnung, Ort, Richtung, Dimensität und Form heisst.

Diese systematische Erhebung von einer Grundeigenschaft zu der nächst höheren ist überall derselbe Prozess, welcher mit dem Wechsel der Stufe nur die Bedeutung der nächst höheren Grundeigenschaft in sich aufnimmt. Man gelangt immer zu der höheren Grundprinzipe von der Ordnung n, insbesondere zu einer Hauptstufe von dieser Ordnung n durch den Übergang zwischen zwei benachbarten Hauptstufen von nächst niedrigerer Ordnung $n-1$, wenn dieser Übergang durch den Grundprozess, nach welchem die Grössen von der Grundeigenschaft n sich ändern, also nach dem Grundprozesse von der Ordnung n bewirkt wird. Dasjenige Stadium in diesem Übergange von der einen zu der anderen Hauptstufe von der Ordnung $n-1$, welches ebensoweit von der einen wie von der anderen entfernt oder beiden gleich nahe liegt oder die Mitte zwischen beiden einnimmt, bezeichnet die fragliche Hauptstufe von der Ordnung n. So führt, wie schon früher gezeigt, der Übergang von einer Primitivitätsstufe zu der benachbarten (welche nicht im anschaulichen, sondern nur im ideellen Grössengebiete existirt), also von einer positiven

Grösse erster Primitivität zu einer positiven Grösse zweiter Primitivität, durch Fortschritt auf der Mitte zu der negativen Grösse, also zu einer Kontrarietätsstufe. Eine negative Grösse liegt ebenso weit von der positiven Grösse erster, wie von der positiven Grösse zweiter Primitivität ab. Der Übergang von einer Kontrarietätsstufe zu der benachbarten, vom Positiven zum Negativen, durch Drehung führt auf der Mitte zum Imaginären oder zu einer Neutralitätsstufe. Das Neutrale liegt ebenso weit vom Positiven, wie vom Negativen ab, enthält ebenso viel positiv Reelles, wie negativ Reelles, liegt zwischen dem positiv und negativ Reellen mitten inne. Der Übergang von einer Neutralitätsstufe zu der benachbarten durch Dimensionirung oder Beschreibung ist kein stetiger Prozess, sondern ein Sprung. Denken wir uns die beiden Neutralitätsstufen als Linien, also als zwei normal aufeinander stehende Linien a und b; so erfordert jener Übergang von a zu b, wenn er im Sinne des Qualitätsgesetzes vor sich gehen soll, gleichzeitig eine Aufhebung der Dimension der ersten Linie a (Reduktion auf einen Punkt) und Erzeugung der zweiten Linie b (Expansion eines Punktes in der Richtung von b), also einen in zwei neutralen Richtungen vor sich gehenden Dimensitätsprozess, auf dessen Mitte der nach einer einzelnen Richtung vor sich gehende Dimensitätsprozess, d. h. derjenige Prozess steht, welcher die Linien oder die Grössen von einer Dimension erzeugt. Betrachtet man den Übergang von der zweiten Neutralitätsstufe b zur dritten c; so ist wohl zu beachten, dass bei diesem Sprunge die ausdrückliche Voraussetzung besteht, dass die erste Neutralitätsstufe a durchaus ungeändert bleibe. Demnach handelt es sich hierbei um einen Sprung aus dem Bereiche einer zweidimensionalen Grösse ab in das Bereich einer anderen zweidimensionalen Grösse ac, wobei die ursprüngliche erste Dimension a unverändert bleibt, also um einen Prozess, wobei die zweite Dimension b vernichtet und die dritte c erzeugt wird, auf dessen Mitte die Grösse steht, welche eine Dimension mehr hat, als die erste a, d. i. die zweidimensionale Grösse. Im Übrigen erscheint auch, wenn man lediglich die Ortslage oder die Entstehung durch Fortschritt ins Auge fasst, die eindimensionale Linie als ein vermittelnder Übergang zwischen Element und Grundrichtung, ferner die zweidimensionale Fläche als ein vermittelnder Übergang zwischen der primären und sekundären Linienrichtung, endlich der dreidimensionale Raum als ein vermittelnder Übergang zwischen der primären, sekundären und tertiären Linienrichtung oder zwischen der primären und sekundären Flächenrichtung. Der Übergang von einer Heterogenitätsstufe zur benachbarten, z. B. von dem Punkte zur Linie ist ein Schritt von einem einzelnen bestimmten Punkte zu einem unendlichen Inbegriffe aller möglichen Punkte, welche einer bestimmten Linie angehören. Wenn man diesen Prozess als einen Formprozess auffasst, ist er die Befreiung eines Punktes von der Fessel eines festen Ortes. Der freigewordene oder variabele Punkt ist also ein Punkt, welcher an jedem beliebigen Orte jener Linie sein kann, welcher also gewissermaassen den Punkt und die Linie zugleich vertritt und insofern die Vermittlung zwischen Punkt und Linie, d. h. zwischen ein- und zweidimensionaler Grösse bildet. Ebenso führt der Übergang von der Linie zur Fläche, wenn derselbe im Sinne des Formgesetzes, also durch

Variation vor sich gehen soll, von einer einreihigen Grösse mit einer
unabhängigen Variabelen oder mit einer freien Bewegungsrichtung zu
einer zweireihigen Grösse mit zwei unabhängigen Variabelen oder mit
zwei freien Bewegungsrichtungen. Auf der Mitte dieses Prozesses liegt
offenbar diejenige Grösse, welche nach zwei Seiten variabel, aber doch
nicht absolut frei variabel ist, vielmehr durch eine einzige unabhängige
Variabele bedingt ist, oder welche trotz der Beweglichkeit im Gebiete
von zwei Dimensionen doch eine Grösse von einer Dimension bleibt.
Diess ist die krumme Linie oder die Linie in der Ebene, welche sich
in der Ebene bewegen kann, aber doch immer eine Linie bleibt.

Hiernach nimmt eine Hauptstufe im Gebiete irgend einer Grundeigenschaft eine Mittelstellung zwischen zwei benachbarten Hauptstufen
der nächst niedrigeren Grundeigenschaft ein oder bildet eine Vermittlung
zwischen diesen Stufen, und zwar ergiebt sich folgender allgemeine Satz:
die m-te Hauptstufe der n-ten Grundeigenschaft entspringt durch einen
im Sinne des n-ten Grundgesetzes ausgeführten Prozess aus der $(m-1)$ten
und m-ten Hauptstufe der $(n-1)$ten Grundeigenschaft und bildet das
gerade auf der Mitte stehende Ergebniss dieses Prozesses. Die erste
Hauptstufe jeder Grundeigenschaft entsteht durch einen selbstständigen,
im Wesen dieser Grundeigenschaft liegenden Prozess.

Da hier die Hauptstufe einer Grundeigenschaft die Hauptstufe
derjenigen ihrer Kardinaleigenschaften oder ihrer Grundstufen bedeutet,
welche in der Reihe der Kardinaleigenschaften dieselbe Nummer trägt,
welche jener Grundeigenschaft in der Reihe aller Grundeigenschaften
zukömmt; so stehen die Hauptstufen der $(n-1)$ten Grundeigenschaft in
der Reihe der Kardinaleigenschaften oder der Grundstufen um eine
Nummer niedriger, als die Hauptstufen der n-ten Grundeigenschaft: der
vorstehende Satz spricht also einen sehr wichtigen Zusammenhang zwischen
den Grund-, Kardinal- und Haupteigenschaften oder zwischen den Grund-
und Hauptstufen aller Grundeigenschaften aus. Derselbe enthält das
konstitutive Prinzip für den Aufbau des Kardinalprinzipes, und seine
Wichtigkeit rechtfertigt es, dasselbe noch von einer anderen Seite zu
betrachten.

Die Entstehung einer Grösse c aus zwei Grössen a und b durch
einen Vermittlungsprozess setzt die Existenz von a und b voraus und
geht in einem gemeinschaftlichen Gebiete von a und b vor sich. Sind
hiernach $^{n-1}S_1$, $^{n-1}S_2$, $^{n-1}S_3$ . . . die Hauptstufen der $(n-1)$ten
Grundeigenschaft und $^nS_1$, $^nS_2$, $^nS_3$ . . . die Hauptstufen der n-ten
Grundeigenschaft; so involvirt die m-te Hauptstufe der n-ten Grundeigenschaft oder die Grösse ^nS_m die $(m-1)$te und m-te Hauptstufe
der $(n-1)$ten Grundeigenschaft oder liegt in einem gemeinschaftlichen
Gebiete der beiden Grössen $^{n-1}S_{m-1}$ und $^{n-1}S_m$.

Da die m-te Klasse alle Stufen von der 1sten bis zur m-ten umfasst;
so liegt nach Vorstehendem auch die m-te Hauptklasse der n-ten Grundeigenschaft in einem gemeinsamen Gebiete der Grössen der m-ten
Hauptklasse der $(n-1)$ten Grundeigenschaft, und das Aufsteigen um
eine Stufe in den Klassen der n-ten Grundeigenschaft geschieht in
einem um eine Stufe erweiterten Klassengebiete der $(n-1)$ten Grundeigenschaft.

Betrachten wir, zur Erläuterung dieses Satzes, die einzelnen Grundeigenschaften in umgekehrter Reihenfolge, beginnen wir also mit der Form; so liegt die 1-ste Hauptform (das Konstante oder Invariabele) im Gebiete der 1-sten Hauptqualität (der Punktgrösse), ferner die 2-te Hauptform (das einförmige oder geradlinig Variabele) im Gebiete der 2-ten Hauptqualität (der Linie), ferner die 3-te Hauptform (das gleichförmig oder kreisförmig Variabele) im Gebiete der 3-ten Hauptqualität (der Fläche), ferner die 4-te Hauptform (das gleichmässig abweichend oder schraubenförmig Variabele) im Gebiete der 4-ten Hauptqualität (im Körper), endlich die 5-te Hauptform (das steigend oder gestaucht Variabele) im Gebiete der 5-ten Hauptqualität (im vierdimensionalen Raume). Die Erhöhung der Hauptform um eine Stufe nöthigt auch zur Errweiterung des Qualitäts- oder Dimensitätsgebietes um eine Stufe; die Formstufen erbauen sich über dem sich ausbreitenden Systeme von Qualitätsstufen.

Dasselbe gilt vom Qualitätssysteme. Die 1-ste Hauptqualität (die Punktgrösse oder Punktzahl) liegt im Gebiete des Vielfachen oder des numerischen Verhältnisses, wenn demselben nur ein Verdichtungs-, kein Erweiterungseffekt zugeschrieben und dasselbe mit dieser Bedeutung auf die 1-ste Neutralitätsstufe der Verhältnissprozesse gestellt wird; die 2-te Hauptqualität (die Linie) liegt im Gebiete des Reellen, welches wir jetzt auf die 2-te Neutralitätsstufe stellen; die 3-te Hauptqualität (die Fläche) liegt im Gebiete des Komplexen, d. h. des Reellen und des Imaginären, welches Letztere jetzt die 3-te Neutralitätsstufe einnimmt; die 4-te Hauptqualität (der Körper) liegt im Gebiete des Überkomplexen, d. h. des Reellen, des Imaginären und des Überimaginären, welches Letztere jetzt die 4-te Neutralitätsstufe einnimmt. Die Erhebung im Qualitätsgebiete um eine Dimension erfordert eine Erweiterung des Neutralitätsgebietes ebenfalls um eine Neutralitätsstufe. Wenn man will, kann man jede spätere und jede frühere Dimension in die Richtung der betreffenden Neutralitätsstufe legen, d. h. man kann die Dimensionen der Linien, Flächen und Körper in den Richtungen der neutralen Normalen OX, OY, OZ annehmen. Diess kann geschehen, weil Neutralität und Qualität, Normalität und Dimensität, Richtung und Dimension unabhängige Grundeigenschaften sind, welche von vorn herein keine bestimmte Lage gegeneinander haben. Wenn man also die erste, zweite, dritte Dimension in die Richtung der ersten, zweiten, dritten Hauptaxe legt; so folgt daraus durchaus nicht, dass Dimension und normale Richtung gleichbedeutende Dinge seien; die Richtung, in welcher eine Dimension durch Expansion entwickelt wird, ist für das Wesen der Dimension, welches in der Aufnahme aller unendlich vielen möglichen Punkte zu einer Gattungsgemeinschaft besteht, prinzipiell gleichgültig, erst der Zusammenhang der Grundeigenschaften nach dem Kardinalprinzipe bedingt es, dass sich die nächst höhere Dimension einer Grösse in einer zu dieser Grösse neutral sich verhaltenden Richtung entwickle.

Hinsichtlich des Neutralitätssystemes; so liegt die 1-ste Hauptneutralität (das numerische Verhältniss) im Gebiete der 1-sten Hauptkontrarietätsklasse (des Positiven), ferner die 2-te Hauptneutralität (das Deklinante) im Gebiete der 2-ten Hauptkontrarietätsklasse (des Positiven und Negativen, indem das Deklinante $e^{\alpha \sqrt{-1}}$ das Gebiet zwischen dem

Positiven und Negativen ausfüllt oder verbindet), endlich die 3-te Haupt-
neutralität (das Deklinante und Inklinante) im gemeinsamen Gebiete der
Grössen der 3-ten Hauptkontrarietätsklasse (des Positiven, Negativen und
Übernegativen $\div$).

In Beziehung auf das Kontrarietätssystem leuchtet ein, dass die 1-ste
Hauptkontrarietät (das Positive) im Gebiete der 1-sten Hauptquantitäts-
klasse (des Primitiven) liegt, während die 2-te Hauptkontrarietät (das
Negative) im Gebiete der 2-ten Hauptquantitätsklasse (des Primitiven
und des auf der zweiten Primitivitätsstufe durch eine ganze Umdrehung
Erzeugten oder des wiederholt Gezählten) liegt.

Das Primitivitätssystem, weil es das unterste ist und überhaupt
nur eine Hauptstufe enthält, kann sich aus keinem früheren oder primi-
tiveren entwickeln; es ist vielmehr selbst der primitive Ausgangspunkt
für das Kardinalprinzip.

Hiernach ordnen sich die Hauptstufen 1, 2, 3 ... der Grundprinzipien
I, II, III, IV, V (nämlich der Primitivität, Kontrarietät, Neutralität,
Heterogenität und Alienität), wenn man die durch Vermittlung zweier
Hauptstufen entstehende Stufe des nächstfolgenden Prinzipes unter und
zwischen die ersteren beiden Stufen stellt, in Pyramidenform folgender-
maassen.

I. Primitivität			–		
II. Kontrarietät			2		
III. Neutralität		1	2	3	
IV. Heterogenität	1	2	3	4	
V. Alienität	1	2	3	4	5

Die Mittelstellung oder die Vermittlung, welche jede Hauptstufe
einer höheren Grundeigenschaft zwischen zwei benachbarten Hauptstufen
der vorhergehenden Grundeigenschaft stiftet, ist für das Kardinalprinzip
von grosser Bedeutung. Wenn diese Vermittlung, da sie immer unter
der Herrschaft eines neuen Prinzipes vor sich geht, auch keine Halbirung
des Unterschiedes zwischen jenen Stufen im Sinne desjenigen Prinzipes
ist, in dessen Bereich sie liegen; so hat dieselbe doch eine fortgesetzte
Abschwächung des Unterschiedes zwischen den Hauptstufen der höheren
Prinzipien zur Folge.

Für die erste Grundeigenschaft, die Quantität, ist der Unterschied
zwischen zwei benachbarten Hauptstufen, nämlich zwischen zwei Primitivitätsstufen (von welchen in einem Anschauungsgebiete indessen nur
eine einzige existirt, während die zweite schon in das ideelle Gebiete der
Abstraktion fällt) der allergrösste: derselbe entspricht einer ganzen Umdrehung. Eine Halbirung dieses Unterschiedes liefert eine Hauptstufe
der nächsten Grundeigenschaft, nämlich die Positivität der Fortschrittsgrössen. Für diese zweite Grundeigenschaft oder für die Fortschritts-
oder Ortsgrössen ist auch der Unterschied zwischen zwei benachbarten
Hauptstufen, nämlich zwischen zwei Kontrarietätsstufen gerade halb so
gross wie zwischen zwei Primitivitätsstufen: der Unterschied zwischen
Positivität und Negativität beruht auf einer halben Umdrehung. Die
Halbirung des Richtungsunterschiedes zweier Kontrarietätsstufen liefert
eine Neutralitätsstufe, nämlich das Imaginäre oder Perpendikulare. Der

Richtungsunterschied zwischen zwei Neutralitätsstufen, dem Primären und Sekundären, erscheint ebenfalls als eine Viertelumdrehung: allein dieser Unterschied ist nach einem nicht völlig generellen Maasse gemessen, da der Drehungsunterschied zwischen der Axe OX und OY ja von der Lage der Drehungsaxe abhängt. Für die volle, unbedingte Neutralität müssen alle drei Neutralitätsstufen OX, OY, OZ auf einmal nach ihrem Gegenseitigkeitsverhältnisse ins Auge gefasst werden. Wenn Diess geschieht, sind sie alle durch die gemeinsame Drehung um eine Axe ON verbunden, welche die Axe der rechtwinkligen körperlichen Ecke $OXYZ$ bildet. Für die Drehung um diese Axe, welche sich schon bei unseren Untersuchungen über die Höhe der akustischen Töne und optischen Farben und ganz generell bei der Tonhöhe aller sensuellen Eindrücke (§. 418 ff., §. 438, §. 449) dargeboten hat, ist der Unterschied zwischen je zwei benachbarten Neutralitätsstufen zwar nicht halb so gross, als der zwischen zwei Kontrarietätsstufen; aber er ist doch schwächer. Die Halbirung des Dimensitätsunterschiedes zwischen zwei Neutralitätsunterschieden, der Länge und der Breite, wovon die erste unendlich viel Punkte in der Längenrichtung und nur einen Punkt in der Breitenrichtung, die zweite aber unendlich viel Punkte in der Breitenrichtung und nur einen Punkt in der Längenrichtung enthält, liefert eine Grösse, welche Punkte in der Länge und Punkte in der Breite enthält, also eine Grösse von zwei Dimensionen oder eine Heterogenitätsstufe. Der Unterschied zwischen zwei Heterogenitätsstufen, z. B. zwischen der Linie und der Fläche ist nun zwar nicht gerade halb so gross zu nennen, als der zwischen zwei Neutralitätsstufen, jedenfalls aber ist er schwächer, da der Übergang von der Linie zur Fläche nur die Erzeugung einer Dimension, der Übergang von der Linie OX zur Normalen OY oder von der Länge zur Breite einmal die Erzeugung einer neuen Dimension, ausserdem aber die Vernichtung einer anderen Dimension, mithin einen doppelten Dimensitätseffekt erfordert. Die Halbirung des Formunterschiedes zwischen zwei Heterogenitätsstufen, d. h. des Unterschiedes, welchen eine gerade Linie und eine Ebene darbieten, wenn sie als Formgrössen oder als Örter von Variabelen gedacht werden, liefert die krumme Linie in der Ebene, welche von einer Variabelen abhängt, aber noch nach zwei Seiten variirt, sie liefert also eine Alienitätsstufe. Der Unterschied zwischen zwei Alienitätsstufen, z. B. zwischen der Geraden und dem Kreise ist nun zwar nicht gerade halb so gross, als zwischen zwei Heterogenitätsstufen, aber doch ohne Frage schwächer.

Wir sehen, der Unterschied zwischen zwei Primitivitätsstufen ist der grösste und der zwischen zwei Alienitätsstufen der kleinste. Wir fügen nun aber hinzu: der Unterschied zwischen zwei Primitivitätsstufen ist der denkbar grösste, welcher zwischen Hauptstufen existiren kann, und der Unterschied zwischen zwei Alienitätsstufen ist der denkbar kleinste, welcher zwischen Hauptstufen existiren kann. Der erste Satz erhellt daraus, dass der Übergang von einer Primitivitätsstufe zu der nächsten genau derselbe Prozess ist, wie der Übergang von einem speziellen Quantitätswerthe zu dem nächst folgenden in der Grundreihe der Quantitäten nach dem Erweiterungsgesetze, wodurch volle Substanz mit voller Substanz zu einem Inbegriffe vereinigt wird, welcher beide Summanden voll zur

Erscheinung bringt. Der zweite Satz erhellt daraus, dass eine jede Hauptform eine Spezialität der nächst höheren Hauptform oder dass jede höhere Hauptform eine Verallgemeinerung der nächst niedrigeren, dass z. B. die Gerade eine Spezialität des Kreises (ein Kreis von unendlich grossem Durchmesser) ist.

Hierdurch charakterisirt sich die Quantität nicht bloss als die erste und die Form als die letzte Grundeigenschaft in einem Anschauungsgebiete, sondern es erscheint die Quantität als die absolut erste und die Form als die absolut letzte Grundeigenschaft in jedem Anschauungs- und in dem Abstraktionsgebiete des reinen Verstandes, d. h. es ist keine niedrigere Grundeigenschaft als die Quantität und keine höhere als die Form denkbar.

Die vorstehenden Untersuchungen dürften es zur vollen Erkenntniss gebracht haben, dass das im Kardinalprinzipe aufgestellte System von Haupteigenschaften für jedes Anschauungsgebiet aus vollkommen bestimmten Gliedern von endlicher Anzahl besteht, von welchen ein jedes zum Anfangsgliede der Stufenfolge genommen werden kann, dass ausserdem die gleichnamigen Elemente, aus welchen sich die Haupteigenschaften zusammensetzen, vertauschbar sind und dass nicht bloss die Glieder der Hauptstufenleiter einer Grundeigenschaft, sondern auch die Hauptstufenleitern der verschiedenen Grundeigenschaften in einem organischen Zusammenhange stehen, zufolge dessen die Hauptstufe einer Grundeigenschaft die Hauptstufen aller niedrigeren Grundeigenschaften vollständig enthält und aus den Hauptstufen der nächst niedrigeren Grundeigenschaft nach derselben Regel abgeleitet werden kann und dass diese Regel eine Abschwächung des Unterschiedes zwischen den benachbarten Hauptstufen der sukzessiven Grundeigenschaften bewirkt, welche bei den Hauptstufen der Form den absoluten Minimalgrad erreicht, sodass die Reihe der Grundeigenschaften mit der Form, als der fünften, für das menschliche Erkenntnissvermögen definitiv abschliesst.

Über die Form hinaus kann es also nicht nur nicht im Raume, sondern auch nicht in der Arithmetik und in der Logik eine weitere Grundeigenschaft geben. Es ist aber nöthig, das System der anschaulichen und das der abstrakten Grundeigenschaften noch in denjenigen Beziehungen näher zu charakterisiren, welche eben den Unterschied zwischen der Anschauung und der Abstraktion bezeichnen. Zu dem Ende haben wir zu zeigen, in welcher Weise das System der Hauptstufen im abstrakten arithmetischen Gebiete von dem im anschaulichen geometrischen Gebiete abweicht.

Das arithmetische Gebiet hat keine endliche, sondern eine unendliche Reihe von Hauptstufen für jede Grundeigenschaft: wir werden aber zeigen, dass eine solche unendliche Reihe nicht den organischen Zusammenhang der endlichen anschaulichen Reihe hat, ja dass dieser Zusammenhang schon zerstört wird, sobald sich eine endliche Reihe des anschaulichen Systems nur um ein einziges Glied verlängert. Diese Verlängerung setzt die Vermehrung der Bestimmungselemente a, b, c ... voraus, aus welchen sich die fraglichen Hauptstufen bilden: denn solange für die Primitivität nur eine, für die Kontrarietät nur zwei, für die Neutralität nur drei, für die Heterogenität nur vier und für die Alienität nur fünf Elemente

gegeben sind, erhält man nach der obigen Deduktion nur eine Primi-
tivitäts-, zwei Kontrarietäts-, drei Neutralitäts-, vier Heterogenitäts- und
fünf Alienitätsstufen.

Vermehren wir die Bestimmungsstücke der Primitivität um eines, nehmen
wir also zwei Elemente, d. h. ausser der Grundeinheit 1 eine Grösse an,
welche ebenfalls die Rolle einer Einheit spielen soll; so liegt darin zunächst
die Forderung, dass eine beliebige absolute Quantität a aus der Einheit 1
durch einen primitiven Zählungsakt erzeugt werde oder dass zwischen a
und 1 eine Beziehung der Unmittelbarkeit bestehe, welche man durch
das Symbol φ bezeichnen kann, indem man $a = \varphi(1)$ setzt. Eine zweite
Primitivitätsstufe würde nun Quantitätswerthe enthalten müssen, welche
aus denen der ersten Primitivitätsstufe durch denselben primitiven Akt φ
entstehen: denn jede ausser der Einheit 1 gegebene Grösse ist zunächst
eine primitive oder absolute, d. h. durch den Zählungsprozess $\varphi(1) = a$
entstandene Grösse. Indem diese Grösse die Rolle einer Einheit übernimmt, entstehen Grössen b von zweiter Primitivität nach der Formel
$b = \varphi(a) = \varphi[\varphi(1)]$. Eine solche zweite Primitivitätsreihe ist nun sehr
wohl möglich und bereits weiter oben in dem allgemeinen Systeme des
ideellen Kardinalprinzipes durch die Grössen von einmaliger ganzer Umdrehung nachgewiesen: allein, wenn auch die zweite Primitivitätsstufe zu
der ersten in der Beziehung der Ursprünglichkeit steht; so steht sie
doch nicht zur Einheit 1 in dieser Beziehung, oder sie stellt nur eine
relative Primitivität zu einer gewissen Grössenreihe, keine absolute
Primitivität zur Einheit dar, indem sie ja eine zweimalige Anwendung
des absoluten Primitivitätsaktes fordert. Ausserdem besteht dieses relative
Primitivitätsverhältniss nur in der Beziehung der ersten zur zweiten,
nicht aber in der Beziehung der zweiten zur ersten Stufe: denn während
$b = \varphi(a)$ ist, kann nicht $a = \varphi(b)$ sein, weil sonst $\varphi(1) = \varphi(b)$, d. h.
$b = a$ oder die zweite Stufe mit der ersten identisch, also gar nicht
vorhanden sein müsste. Die beiden Primitivitätsstufen liessen sich also
nicht miteinander vertauschen oder hätten keine Gegenseitigkeit. Die
Umkehrung des Primitivitätsprozesses würde wohl von der ersten Stufe
aus, nicht aber von der zweiten Stufe aus auf die Einheit zurückführen.
Wenn die Primitivität auf einem bestimmten oder eindeutigen Prozesse
beruhen soll, kann die zweite Primitivitätsstufe wohl zur ersten, nicht
aber zur Einheit in der Beziehung absoluter Ursprünglichkeit stehen,
auch kann die erste zur zweiten weder in absolutem, noch in relativem
Primitivitätsverhältnisse stehen: nur ein unbestimmter oder mehrdeutiger
Prozess vermöchte diesen Bedingungen zu genügen. Daher verliert der
verallgemeinerte Primitivitätsprozess, welcher mehr als eine Hauptstufe
hat, die Bestimmtheit oder Unzweideutigkeit. Ausserdem haben die
Primitivitätsstufen keine Gegenseitigkeit und die Umkehrung des Prozesses
führt von der zweiten Stufe aus nicht zur Einheit zurück: der ganze
Primitivitätsprozess stellt also keinen in sich geschlossenen, sondern nur
einen einseitig fortschreitenden dar.

Vermehren wir die zwei Elemente der Kontrarietät auf drei; so
bildet, wie vorhin, die zweite Kontrarietätsstufe β den Gegensatz der
ersten α, was seinen mathematischen Ausdruck in der Formel $\alpha + \beta = 0$
findet, welche sagt, dass sich beide Gegensätze bei der Vereinigung ver-

nichten oder aufheben oder dass, wenn die erste Stufe den Hingang von einem Anfangspunkte a nach einem Endpunkte b bezeichnet, der entgegengesetze Fortschritt der Rückschritt von diesem Endpunkte b nach dem Anfangspunkte, also eine Rückkehr in einer geschlossenen Figur ist. Fügen wir zu der zweiten Kontrarietätsstufe β eine dritte γ, welche den Gegensatz zu β bildet, sodass also $\beta + \gamma = 0$ ist; so kann nimmermehr $\alpha + \gamma = 0$ sein: es kann also wohl Gegensatz zwischen der ersten und zweiten, sowie zwischen der zweiten und dritten, aber nicht zwischen der ersten und dritten Stufe bestehen. Es kann auch nicht $\alpha + \beta + \gamma = 0$ sein, d. h. der Weg durch die drei Stufen ist keine Rückkehr zum Anfangspunkte oder die drei Stufen bilden keine geschlossene Reihe. Überhaupt verlangt die Koexistenz der beiden Bedingungen $\alpha + \beta = 0$ und $\beta + \gamma = 0$ die Gleichheit $\alpha = \gamma$, sodass die zweite Bedingung $\beta + \gamma = 0$ nichts Anderes sagt, als die erste Bedingung $\beta + \alpha = 0$, also das Verlangen enthält, dass die dritte Kontrarietätsstufe γ mit der ersten α identisch sei. Auch hierdurch wird klar, dass die dritte Stufe, da sie mit der ersten übereinstimmen müsste, kein Gegensatz zu ihr sein könnte, dass also die Kontrarietätsstufen nicht miteinander vertauscht werden können oder keine Gegenseitigkeit haben. Die gleichzeitige Erfüllung der drei Bedingungen $\alpha + \beta = 0$, $\beta + \gamma = 0$, $\alpha + \gamma = 0$ erfordert $\alpha = \beta = \gamma = 0$, also allgemeine Gleichheit und Annullirung der drei Kontrarietätsstufen. Aus allem Diesen geht hervor, dass das verallgemeinerte Kontrarietätssystem weder Bestimmtheit, noch Geschlossenheit, noch Gegenseitigkeit besitzt.

Vermehren wir die drei Elemente der Neutralität auf die vier a, b, c, d; so ergeben sich nach der Grundregel die vier Neutralitätsstufen, welche symbolisch durch $\frac{ab}{c}$, $\frac{bc}{d}$, $\frac{cd}{a}$, $\frac{da}{b}$ dargestellt sind. Sowie in der Reihe a, b, c, d zwei Grössen miteinander vertauscht werden, ergeben sich zum Theil dieselben, zum Theil andere Neutralitätsverhältnisse. Vertauscht man z. B. a und b; so erhält man die vier Neutralitätsverhältnisse $\frac{ba}{c}$, $\frac{ac}{d}$, $\frac{cd}{b}$, $\frac{db}{a}$. Das erste stimmt anscheinend mit dem ersten der vorhergehenden Stufenfolge überein, indem dasselbe sagt, dass c neutral zu a und b sei: eine volle Übereinstimmung liegt übrigens dennoch nicht vor, da hier c als das Neutrale zu ba, vorhin aber als das Neutrale zu ab erscheint, sodass c sowohl neutral zu ab, als auch zu dem Gegensatze von ab sein müsste, was nicht absolut zutreffend ist. Die übrigen drei Verhältnisse weichen aber von den früheren wesentlich ab, würden also neue Neutralitätsstufen darstellen, wenn sie nicht mit den früheren geradezu in Widerspruch träten. Das thun sie in der That: denn nach dem dritten Verhältnisse soll das Neutrale zu c und d die Grösse b sein: nach der früheren Reihe aber soll die Neutrale zu c und d die Grösse a sein: demnach hätte das Neutrale zu c und d keinen bestimmten, sondern einen mehrfachen Werth. Ähnliche Doppelsinnigkeiten, Unbestimmtheiten und Widersprüche zeigen die übrigen Neutralitätsverhältnisse. So müsste z. B. nach dem zweiten Verhältnisse a mit Rücksicht auf c neutral zu d sein, wogegen das zweite der früheren

Verhältnisse verlangt, dass b mit Rücksicht auf c neutral zu d sei; hiernach müsste also die Grösse d mit Rücksicht auf dieselbe dritte Grösse c sowohl zu a, als auch zu b neutral sein. Hieraus geht hervor, dass in dem verallgemeinerten Neutralitätssysteme die Stufen nicht mehr vertauschbar sind oder dass dieses System die Gegenseitigkeit eingebüsst hat.

Vermehrt man die vier Elemente der Heterogenität auf die fünf a, b, c, d, e, wovon das erste keine und jedes folgende eine Dimension hat; so ergeben sich fünf Heterogenitätsstufen a, ab, abc, $abcd$, $abcde$ von den Hauptqualitäten λ^0, λ^1, λ^2, λ^3, λ^4, nämlich von keiner, einer, zwei, drei und vier Dimensionen. Wenn man durch Vertauschung der Elemente b, c, d, e alle möglichen Kombinationen herstellt, ergeben sich unter den Grössen von zwei Dimensionen, den Flächen, unter Anderem die beiden abc und ade, welche keine Linie miteinander gemein haben. Unter den Grössen von drei Dimensionen, den Körpern, erhält man $abcd$ und $abce$, welche nur eine Fläche bc miteinander gemein haben. Hiernach stehen die durch dieses System erzeugbaren Qualitäten nicht in vollständiger Erzeugungs- oder Gattungsgemeinschaft: es können zwei gleichartige Grössen, d. h. zwei Grössen von gleicher Qualität, nicht durch dasselbe Element von nächst niedrigerer Qualität erzeugt, insbesondere können die beiden Flächen abc und ade nicht durch einunddieselbe Linie beschrieben werden, weil sie keine Linie miteinander gemein haben.

Werden die fünf Elemente der Alienität auf die sechs Grenzen a, b, c, d, e, f der fünf Grössen ab, bc, cd, de, ef vermehrt; so erlischt sofort der obige gesetzliche Zusammenhang zwischen den Formstufen, deren Zahl sich jetzt auf sechs erhebt und welche, indem die Elemente in eine geschlossene Kette gestellt werden, folgende Glieder haben.

1) a	b	c	d	e	$f|$
2) ab	bc	cd	de	$ef|$	fa
3) abc	bcd	cde	$def|$	efa	fab
4) $abcd$	$bcde$	$cdef|$	$defa$	$efab$	$fabc$
5) $abcde$	$bcdef|$	$cdefa$	$defab$	$efabc$	$fabcd$
6) $abcdef|$	$bcdefa$	$cdefab$	$defabc$	$efabcd$	$fabcde$

Hierin haben zwei beliebige Glieder der dritten Form allen Zusammenhang verloren und die der vierten Form hängen nur noch durch einen Punkt, die der fünften durch eine Linie zusammen. Drei beliebige Glieder der vierten Form haben allen Zusammenhang verloren und die der fünften hängen nur noch durch Punkte, nicht mehr durch eine Linie zusammen. Vier Glieder der vierten Form sind nicht mehr benachbarte und hängen nicht mehr durch einen Punkt und die der fünften Form nur noch durch Punkte, nicht mehr durch eine Linie zusammen. Fünf Glieder der fünften Form hängen zwar noch durch einen Punkt, aber nicht mehr durch jeden Punkt zusammen.

Hieraus geht hervor, dass der vollständige und erschöpfende Zusammenhang der aus fünf Elementen gebildeten Formstufen nicht mehr besteht. Ausserdem liefern die Elemente nicht mehr ein in Gattungsgemeinschaft stehendes Dimensitätssystem, weil ein solches zwischen Grössen von mehr als drei Dimensionen nicht mehr möglich ist. Aus demselben Grunde realisirt sich auch zwischen den betreffenden Grössen nicht mehr das gegenseitige Neutralitätsverhältniss und die Vertauschung der Elemente erweis't sich wegen der hierdurch für die Neutralitätsverhältnisse erwachsenden Ungehörigkeiten als unzulässig.

Nachdem wir die Wirkung der Vermehrung der Elemente auf das Kardinalprinzip analysirt haben, bleibt noch die Wirkung der Verminderung derselben zu untersuchen. Wir bemerken vorweg, dass die Beseitigung eines Elementes denselben Effekt hat, wie die Annullirung desselben oder die Bedingung, dass das Element zwar bestehen bleibe, aber den Nullwerth annehme.

Vermindern wir nun für die Primitivität die Anzahl der Elemente um eins; so bleibt keins übrig, es verschwindet also die Einheit. In diesem Falle, wo keine feste Einheit existirt, kann es auch keinen bestimmten Zählungsprozess geben: die Willkürlichkeit der als Einheit anzunehmenden Grösse lässt den Quantitätswerth jeder Grösse als unbestimmt oder willkürlich erscheinen. Derselbe Effekt ergiebt sich, wenn man den Nullwerth zur Einheit nimmt.

Vermindert man für die Kontrarietät die Zahl der beiden Elemente a und b auf das eine a; so ist nur ein Anfangspunkt a für das erste Glied einer Reihe, aber kein Endpunkt für dieses Glied gegeben. Die Richtung der Reihe oder des Fortschrittes bleibt also willkürlich und demgemäss auch der Rückschritt; die Anschauung des Positiven und Negativen hat keinen Anhaltspunkt. Man kann neben jeder Richtung, welche als die positive angesehen war und welcher man ihren Gegensatz als die negative Richtung gegenübergestellt hatte, auch den Fortschritt in jeder beliebigen anderen Richtung als einen positiven und den Rückschritt als einen negativen ansehen, indem es wegen des Mangels einer absolut positiven Richtung an jeder Vergleichung zwischen jenen beiden Fortschrittsrichtungen fehlt. Offenbar entspricht dieser Fall ganz und gar den Voraussetzungen, welche den Rechnungen in einer Zeit zu Grunde lagen, wo der Begriff des Positiven und Negativen noch kein Verständniss gefunden hatte, die Anschauungen vielmehr sich ausschliesslich auf die Quantitätsverhältnisse, insbesondere auf die Vorstellungen der Zählung (Zuzählung und Abzählung) beschränkten. Diese arithmetischen Operationen würden ihre geometrische Analogie in denjenigen Konstruktionen finden, welche sich lediglich in einer geraden Linie bewegen und als Verlängerungen und Verkürzungen aufgefasst werden.

Vermindert man für die Neutralität die Zahl der drei Elemente a, b, c auf die beiden a und b; so verliert die Neutralität ihre Bestimmtheit, weil es nun ausserhalb a und b Nichts giebt oder das ausserhalb a und b Existirende c den Nullwerth hat. Die Null als Verhältnisszahl, nämlich als unendlich kleiner Theil der Einheit, ist stets unbestimmt, gleichwie sie es als Richtungsgrösse ist, indem man dem Punkte jede beliebige Richtung zuschreiben kann. Indem man diesem annullirten dritten Elemente eine beliebige, aber bestimmte Richtung x beilegt, ergiebt sich, wenn unter a und b ebenfalls Richtungen gedacht werden, ein bestimmtes Neutralitätssystem mit den drei Hauptstufen $\dfrac{a}{b}$, $\dfrac{b}{x}$, $\dfrac{x}{a}$.

Hierin ist die erste Stufe oder das Verhältniss $\dfrac{a}{b}$ von dem unbestimmten dritten Elemente x unabhängig: nur die anderen beiden Stufen bängen davon ab, sind also unbestimmt, werden jedoch durch die Hinzufügung eines dritten Elementes x stets beide zugleich bestimmt.

Man erkennt sofort, wie schon vorhin bemerkt, dass der vorstehende Fall die Voraussetzungen und damit die Unvollkommenheiten der Planimetrie, nämlich der Geometrie der Ebene oder des Raumes von zwei Dimensionen ausspricht. Solange die dritte Dimension des Raumes nicht in Betracht gezogen wird, haben alle Linien nur Deklination gegen eine Grundlinie OX, keine Inklination: es kömmt also als neutrale oder imaginäre Linie immer nur das Verhältniss der Normalen OY zu jener Grundlinie ohne Rücksicht auf die dritte Normale OZ, welche auf OX und OY zugleich normal steht, oder ohne Rücksicht auf die Lage der Ebene, in welcher OY normal zu OX gezogen wird, in Betracht. Jede beliebige Ebene kann zur Grundebene $\overline{XY}$ genommen werden, um darin planimetrische Konstruktionen vorzunehmen; das Neutralitätssystem der Planimetrie, welches nur aus zwei Hauptstufen besteht, ist daher unvollständig und unbestimmt, resp. durch willkürliche Annahme einer Grundebene zu vervollständigen.

Diese Unvollständigkeit des planimetrischen Neutralitätssystems ist wohl der Hauptgrund, wesshalb der wahre Sinn des arithmetisch Imaginären und die wirkliche Identität desselben mit dem geometrisch Normalen so lange und zum Theil noch heute verkannt wird. Während der arithmetische Ausdruck $a\sqrt{-1}$ ein völlig bestimmter ist, erschien die geometrische Normale auf einer gegebenen Linie als etwas Unbestimmtes, da man dieselbe in jeder beliebigen Ebene ziehen kann, und diese Verschiedenheit hinderte die Erkenntniss ihrer vollen Übereinstimmung. In Wahrheit ist die planimetrische Normale ja nur dann durch die imaginäre Grösse $a\sqrt{-1}$ dargestellt, wenn die Ebene, in welcher diese Normale liegt, zur Grundebene angenommen wird. Im Allgemeinen braucht Diess nicht zu geschehen: wenn jene Ebene zu der Grundebene die Inklination ψ hat; so ist die fragliche Normale nicht durch $a\sqrt{-1}$, sondern durch $a\sqrt{-1}\,e^{\psi\sqrt{-1}}$ ausgedrückt und die Variabilität des arithmetischen Exponenten ψ entspricht ganz und gar der geometrischen Beliebigkeit der Richtung der durch die reelle Linie a gelegten Ebene, in welcher die Normale auf a gezogen ist.

Vermindert man für die Heterogenität die Zahl der vier Elemente a, b, c, d auf die drei a, b, c oder $a\lambda^0$, $\beta\lambda^1$, $\gamma\lambda^1$; so ergeben sich nur die drei Hauptqualitäten $a = a\lambda^0$, $ab = a\beta\lambda^1$, $abc = a\beta\gamma\lambda^2$, nämlich nur Punkte, Linien und Flächen. Dieses System erschöpft nicht das Grössengebiet, weil es kein vollständiges Neutralitätssystem zulässt. Es liefert auch kein absolut bestimmtes oder einziges Grössengebiet, indem die höchste Qualität, die Fläche, wegen der Unbestimmtheit des zweistufigen Neutralitätssystems unendlich viel verschiedene Richtungen haben kann. Indem man dieses zweidimensionale Grössengebiet aus dem obigen dreidimensionalen dadurch hervorgehen lässt, dass man das dritte Element d auf einen Punkt oder den Exponenten seiner Qualität auf null reduzirt, also $d = \delta\lambda^0$ setzt; so erscheint das erzeugte Gebiet auch in der Hinsicht als ein unbestimmtes, dass zwei Hauptqualitäten, nämlich die dritte

$abc = \alpha\beta\gamma\lambda^2$ und die vierte $abcd = \alpha\beta\gamma\delta\lambda^2$ zusammenfallen, also nicht in der Beziehung von Individuum und Gattung zueinander stehen.

Vermindert man für die Alienität die Zahl der fünf Elemente a, b, c, d, e auf die vier a, b, c, d; so erhält man folgende vier Hauptformen

1) a b c $d\,|$
2) ab bc $cd\,|$ da
3) abc $bcd\,|$ cda dab
4) $abcd\,|$ $bcda$ $cdab$ $dabc$

Diese Formen sind in der Hinsicht unvollständig, als sie in der höchsten Form nur bis zur Entfesselung der Fläche, nicht bis zu der des Körpers aufsteigen. Da erst der dreidimensionale Körper das dreistufige Neutralitätssystem vollständig und in so bestimmter Weise enthält, dass er von der Richtung der drei neutralen Dimensionen unabhängig ist, wogegen die zweidimensionale Fläche durch das zweistufige Neutralitätssystem nicht als einzig mögliches Objekt bestimmt ist; so gelangt das vorstehende Formsystem auch nicht zu einem definitiven und bestimmten Abschlusse.

Aus allen diesen Untersuchungen geht hervor, dass das Kardinalprinzip des Anschauungsvermögens, welches eine Primitivitätsstufe, zwei Kontrarietätsstufen, drei Neutralitätsstufen, vier Heterogenitätsstufen und fünf Alienitätsstufen hat, sich durch fünf Merkmale auszeichnet, welche jedem Systeme von Haupteigenschaften zukommen, von welchen indessen das erste für das Primitivitätssystem, das zweite für das Kontrarietätssystem, das dritte für das Neutralitätssystem, das vierte für das Heterogenitätssystem und das fünfte für das Alienitätssystem charakteristisch sind. Diese fünf Merkmale sind, erstens, die Unzweideutigkeit oder Eindeutigkeit, oder die auf Unzweideutigkeit beruhende Bestimmtheit, welche hinsichtlich der Stufenzahl sich als Endlichkeit darstellt, zweitens, die Geschlossenheit oder die darauf beruhende Wiederkehr, drittens, die Gegenseitigkeit oder Wechselseitigkeit oder Vertauschbarkeit, viertens, die Gattungsgemeinschaft oder Erzeugungsgemeinschaft, fünftens, der Zusammenhang oder die gegenseitige Abhängigkeit. Das Kardinalprinzip des reinen Verstandes dagegen, welches auf einer beliebig vergrösserten Anzahl von Elementen beruht und von absolut festen Basen ausgeht, stellt sich als ein System von unendlich vielen, vieldeutigen, nicht vertauschbaren Stufen dar, welche keine geschlossene Kette bilden und keinen absolut vollständigen Zusammenhang haben. Ein Kardinalprinzip, welches auf einer beliebig verringerten Anzahl von Elementen beruht, hat keine Vollständigkeit und keine Bestimmtheit.

Die eben angeführten Eigenschaften des anschaulichen Kardinalprinzipes charakterisiren zugleich das Anschauungsvermögen an sich selbst, gegenüber dem Verstande, als ein bestimmtes, endliches, geschlossenes, jedes äussere Objekt als Basis seiner Operationen zulassendes, und daher eine Vertauschung der Grundelemente dieser Operation gestattendes, alle seine möglichen Erzeugnisse in einem begrenzten Bereiche der Entstehungsgemeinschaft versammelndes, durch ein strenges, in sich selbst abschliessendes, sich erschöpfendes Gesetz zusammenhängendes Vermögen, welchem der höhere Grad von Freiheit oder Selbstbestimmung fehlt, der dem reinen Verstande eigen ist.

Die grössere Freiheit und Selbstständigkeit, welche den Verstand vor dem Anschauungsvermögen auszeichnet, sprengt übrigens nur eine gewisse Art von Banden, mit welchen das letztere Vermögen gefesselt ist. Sie erweitert das Kardinalprinzip nur nach der Stufenzahl der Haupteigenschaften, nicht nach der Zahl der Grundeigenschaften: immer handelt es sich auch für den Verstand um fünf Grundeigenschaften Quantität, Ort, Richtung, Dimensität und Form. Die Grundeigenschaften entspringen daher aus einem höheren geistigen Vermögen, als dem Verstande, da Letzterer sich von ihrer Zahl nicht loszusagen vermag. Mehr als eine Primitivitätsstufe der Quantität, mehr als zwei Kontrarietäts- stufen des Ortes, mehr als drei Neutralitätsstufen der Richtung, mehr als vier Heterogenitätsstufen der Qualität und mehr als fünf Alienitäts- stufen der Form sind nicht anschaulich, wohl aber denkbar; sie existiren nicht im Anschauungsvermögen, wohl aber im Verstande. Mehr als die fünf Grundeigenschaften Quantität, Ort, Richtung, Qualität und Form sind aber nicht allein nicht anschaulich, sondern auch nicht denkbar. Der Verstand vermag sich keine Vorstellung von einer sechsten, die Form überragenden Grundeigenschaft zu machen. Die Pentarchie erscheint hiernach als ein Gesetz, welchem der Verstand selbst unterthan ist. Eben desshalb aber, weil die Pentarchie kein Gesetz ist, welches der Verstand beherrscht, sondern ein Gesetz, von welchem er selbst in seinen Grundeigenschaften, Grundfähigkeiten, Grundoperationen beherrscht wird, also ein Gesetz, welches dem Denken seine Regeln giebt, steht dem Verstande nicht die Berechtigung zu, die absolute Möglichkeit höherer Grundeigenschaften zu leugnen: die Entwicklung des Systems der fünf Grundeigenschaften enthält Nichts, welches eine Fortsetzung dieses Systems als einen Widerspruch, eine Absurdität, eine absolute Unmög- lichkeit charakterisirte. Es ist wichtig, diese Thatsache etwas näher zu beleuchten.

Die weiter oben deduzirte Entwicklung des Fortschrittes aus der Erweiterung (des Ortes oder Abstandes aus der Quantität), der Drehung aus dem Fortschritte (der Richtung aus dem Abstande), der Dimensionirung aus der Drehung (der Qualität aus der Richtung) und der Krümmung aus der Dimensionirung (der Form aus der Qualität) beruht auf einem Halbirungsprozesse, wodurch eine bestehende Verschiedenheit zwischen benachbarten Hauptstufen auf die Hälfte ihres Werthes reduzirt oder eine Vermittlung herbeigeführt wird. Der Vermittlungsprozess ist nun zwar bei dem Aufsteigen von der einen Grundeigenschaft zu der nächst höheren immer ein anderer, aber doch immer ein solcher, dass seine Möglichkeit aus den Beziehungen der beiden Hauptstufen, zwischen welchen die Vermittlung stattfinden soll, eingesehen werden kann. So ergiebt die Vermittlung zwischen der ersten und zweiten Kontrarietäts- stufe, dem Positiven und Negativen, die Neutralitätsstufe des Imaginären. Diese Vermittlung geschieht durch Halbirung des Drehungswinkels, welcher das Positive mit dem Negativen verbindet, also durch Zuhülfe- nahme des Drehungsprozesses, welcher für das Fortschrittsgesetz ein ganz neuer ist: allein die Möglichkeit dieses Prozesses ergiebt sich aus den beiden Kontrarietätsstufen des Fortschrittes, dem Positiven und Negativen, weil das Verhältniss zwischen Beiden eine Winkelgrösse oder eine Richtungsdifferenz (von 180 Grad) ist.

Da sich nun der Halbirungs- oder Vermittlungsprozess im Prinzipe unausgesetzt in Anwendung bringen lässt und da die Neuheit der Beziehungen zwischen den Objekten, welche durch die Anwendung dieses Prinzips erzeugt werden, zwar eine wirkliche, aber doch keine nothwendige, d. h. keine solche Grenze hat, welche sich in unserer Idee als unbedingt unübersteiglich ankündigte; so hat der Verstand keine Berechtigung, die für seine Erkenntniss allerdings nicht existirende oder die undenkbare Vermehrung der Grundeigenschaften für eine absolute Unmöglichkeit zu erklären: im Gegentheil, nöthigt ihn die Konsequenz der Verallgemeinerung, die Möglichkeit von mehr als fünf Grundeigenschaften zuzulassen, welche aber, weil sie undenkbar, also dem menschlichen Erkenntnissvermögen entrückt sind, durch menschliche Wissenschaft niemals ergründet oder von Menschen niemals verstanden werden können.

Aus dem obigen Resultate, dass die oberste Grundeigenschaft, die Form, in ihrer höchsten Hauptstufe, der Steigung oder Stauchung, wiederum mit der untersten Grundeigenschaft, der Quantität, in Verbindung tritt, da der Stauchungsprozess ein Quantitätsprozess ist, darf nicht gefolgert werden, dass das ideelle, unbegreifbare System der Grundeigenschaften mit der Form nothwendig abgeschlossen sein müsste. Denn die fünfte Formstufe gestaltet sich, wie wir gezeigt haben, nur in dem anschaulichen Kardinalprinzipe zu dem Quantitätsprozesse der Stauchung, weil der anschauliche Theil der Wirkung des Faktors $e^{rx}\sqrt{\div 1}$ eine rein quantitative ist. Dieser anschauliche Theil der Wirkung ist aber nicht die Gesammtwirkung; die letztere führt in den Raum von vier Dimensionen, ist also ein intelligibeler, jedoch kein Quantitätsprozess. In dem abstrakten Kardinalprinzipe findet daher schon keine Übereinstimmung des fünften Formprozesses mit dem Quantitätsprozesse mehr statt.

Nach Vorstehendem ist das abstrakte Kardinalprinzip allgemeiner und freier, als das anschauliche Kardinalprinzip, aber nur in gewisser Hinsicht, nämlich nur hinsichtlich der Zahl der Hauptstufen, nicht hinsichtlich der Zahl der Grundstufen oder Grundeigenschaften, welche auf fünf beschränkt bleibt. Diese Pentarchie ist mithin nicht bloss ein Gesetz des Anschauungsvermögens, sondern auch ein Gesetz des Verstandes: ja, die Erwägung, dass sich diese Pentarchie an der Organisation aller geistigen Vermögen wiederholt, indem, wie wir später zeigen werden, der Verstand selbst nur eins von fünf koordinirten Geistesvermögen ist, nöthigt mit zwingender Gewalt zu dem Schlusse, dass die Pentarchie ein Gesetz des Geistes, also des Menschen ist. Demzufolge muss aber das ideelle Kardinalprinzip, welches auf mehr als fünf Grundeigenschaften beruht, nicht bloss unverstehbar, d. h. dem menschlichen Verstande unzugänglich, sondern es muss überhaupt dem menschlichen Geiste unfassbar, mithin nur für Wesen zugänglich sein, welche einen höheren Rang, eine höhere Qualität, als die geistige in der Stufenleiter der Entwicklung der Wesen einnehmen.

Dem Menschen erscheint wegen seines pentarchischen Geistes auch

die Aussenwelt, ja, die ganze logische Wirklichkeit pentarchisch, d. h.
das auf die Wirklichkeit angewandte logische Kardinalprinzip kann keine
andere Anordnung haben, als das auf den anschaulichen Raum oder jedes
andere Anschauungsgebiet angewandte mathematische Kardinalprinzip.
Nur für höher begabte Wesen kann ein Vorstellungsgebiet eine wirkliche,
äussere Bedeutung haben, worin die Vielheit mehr als eine Primitivitätsstufe hat, wo also ein Objekt durch einen mehr als einmaligen Ort
begrenzt, gemessen, gezählt, bestimmt wird, oder wo dasselbe mehr als
einen Anfang, mehr als eine Einheit hat, ferner ein Gebiet, wo es mehr
als zwei Kontrarietätsstufen, also mehr als einen Gegensatz giebt, z. B.
eine Zeit mit einer Vergangenheit und zwei Zukunften, ferner ein Gebiet,
welches mehr als drei Neutralitätsstufen hat, z. B. einen Raum mit mehr
als drei normalen Axen, ferner ein Gebiet, welches mehr als vier Dimen-
sitäts- oder Qualitätsstufen hat, welches also ausser erzeugenden Elementen,
Individuen, Gattungen und einer Gesammtheit noch andere Inbegriffe von
unendlich vielen möglichen Fällen der niedrigen Qualität enthält, z. B.
einen Raum, in welchem es ausser unendlich vielen Punkten, unendlich
vielen Linien, unendlich vielen Flächen und einem einzigen dreidimensionalen Körper noch andere Dimensitäten gäbe, endlich ein Gebiet,
welches mehr als fünf Formstufen hat, in welchem also ausser der absoluten Unfreiheit, der Entfesselung des Zustandes, des Individuums, der
Gattung und der Gesammtheit noch andere Abhängigkeits- oder Gesetzes-
stufen vorkommen.
    Der sogenannte vierdimensionale Raum ist nach allem Diesen ein
nicht für unser Anschauungsvermögen existirendes Objekt. Im abstrakten
Kardinalprinzipe nimmt derselbe eine bestimmte Stelle ein, ist also
intelligibel, ohne jedoch durch diese Einreihung in ein rein formales
System Anschaulichkeit zu gewinnen. Obgleich nun der vierdimensionale
Raum in der Anschauung nicht existirt, hat er doch für das anschauliche
Kardinalprinzip eine hohe Bedeutung, da sich nur durch ihn das Wesen
der fünften Hauptform als Steigung oder Stauchung entwickelt. Durch
den vierdimensionalen Raum steht also unser Anschauungsvermögen mit
einem höheren Vermögen in Verbindung, welches unseren Anschauungen
einen Inhalt liefert, der aus dem äusseren Anschauungsgebiete oder aus
der Aussenwelt durch Abstraktion überall nicht gewonnen werden kann,
da Etwas, das in der Aussenwelt nicht existirt, keine unmittelbaren
Abstraktionen erzeugen kann. Nichts kann mehr als dieses Resultat zu
der Erkenntniss beitragen, dass der Verstand mit eigenartigen, selbstständigen, unabhängigen Kräften ausgerüstet ist, welche den Anschauungen
des Menschen einen geistigen Inhalt verleihen, der nicht erst im Wechsel-
verkehr mit der Aussenwelt von aussen her durch die Sinne zugetragen
wird, der überhaupt nicht von aussen, sondern von innen stammt.
    Zur Vervollständigung des Bildes, welches wir von dem Kardinal-
prinzipe, dem anschaulichen begrenzten und dem ideellen unbegrenzten
entrollt haben, stellen wir noch folgende Betrachtung an. Eine Grundeigenschaft bezeichnet ein beharrliches Sein, eine Grundoperation dagegen
eine Veränderung oder ein Werden. Den Grund-, Kardinal- und Haupteigenschaften stellt sich ein korrespondirendes System von Grund-,
Kardinal- und Hauptoperationen zur Seite. (Wie wir früher die Kardinal-

eigenschaften auch als Grundstufen der Grundeigenschaften bezeichnet
haben; so kann man die Kardinaloperationen auch als Grundstufen der
Grundoperationen ansehen). Diese Operationen sind zwar im Früheren
am geeigneten Orte besprochen; es erscheint jedoch nützlich, sie im
Systeme nochmals kurz und mit einigen Erläuterungen, welche zum
Theil Verbesserungen früherer Definitionen enthalten, aufzuführen. Jede
Operation besteht aus dem Operand A und dem Operator B, welche
das Operat C nach der Formel $A \llcorner\neg B = C$ erzeugen. Da der Operand
A das Maass der zu verändernden Grösse und der Operator B das
Maass der damit vorzunehmenden Veränderung enthält; so können die Abstufungen jeder Grundoperation aus zwei Gesichtspunkten betrachtet und
gekennzeichnet werden: einmal, indem man die betreffende Stufe an dem
Werthe des Operators B ausprägt, also dem Operationszeichen $\llcorner\neg$ stets
einunddieselbe generelle Bedeutung eines bestimmten Grundprozesses
beilegt, dann aber auch, indem man die betreffende Stufe an dem Werthe
des Operationszeichens $\llcorner\neg$ ausprägt, also verschiedene Stufen eines bestimmten Grundprozesses in Betracht zieht, unbekümmert um den Werth
des Operators B. Bei der ersteren oder generellen Auffassung kommen
gar keine verschiedenen Stufen einer Grundoperation $\llcorner\neg$, sondern nur
verschiedene Stufen der Grundeigenschaften der Grössen A und B in
Erwägung; bei der zweiten oder speziellen Auffassung dagegen kömmt
ein System von Operationsstufen für jede Grundoperation bei beliebigen
Werthen des Operands und Operators in Erwägung. Beispielsweise entspricht im Gebiete der Addition die Subtraktion der speziellen Auffassung,
die Addition negativer Grössen dagegen der generellen Auffassung. Beide
Auffassungen decken sich in den Resultaten, unterscheiden sich aber
durch Prinzipien. Das Nämliche gilt von den durch Vertauschung des
Operands mit dem Operator entstehenden Operationen, indem z. B. die
Addition eines negativen Addend zu einem positiven Augend und die
Addition eines positiven Addend zu einem negativen Augend unter der
Addition entgegengesetzter Grössen zusammengefasst wird.

In der heutigen unsystematisch entwickelten Arithmetik laufen alle
diese Auffassungen ungesondert durcheinander und wenn wir auch im
Nachfolgenden vornehmlich den Standpunkt der speziellen Abstufung
der Operation $\llcorner\neg$ festhalten; so sehen wir uns doch wegen der unvollständigen heutigen Terminologie genöthigt, die eine und die andere Stufe
nach dem generellen Standpunkte zu benennen oder durch die diesem
Standpunkte entsprechende Operation zu erklären, auch hinundwieder zur
Verdeutlichung die aus der Vertauschung von Operand und Operator
entstehende Operation anzuführen.

Hierdurch ergiebt sich die nachfolgende Übersicht von Operationen,
welche mit der Übersicht der Grundeigenschaften in §. 183 harmonirt.
Wir schicken derselben die Bemerkung voran, dass wenn bei der Addition
$a + b$ der Augend a als Operand und der Addend b als Operator aufgefasst wird, die Addition den Sinn der Fortsetzung oder der fortgesetzten
Angliederung hat, wenn dagegen der Addend b als Operand und der
Augend a als Operator angesehen wird, sie den Sinn der Verschiebung
oder Anreihung hat, sodass dann die Formel „$a_{//}$ + b den um „$a_{//}$ ver-
schobenen Operand b darstellt.

A. Arithmetische Operationen.

I. Quantitätsoperationen.

1) Primitivitätsoperationen. a, Numeration (Zählung).
2) Kontrarietätsoperationen. a, Zuzählung (Vermehrung), b, Abzählung (Verminderung).
3) Neutralitätsoperationen. a, Zählung nach Ganzen (Vollzählung), b, nach Theilen (rationale oder diskrete Zählung), c, nach untheilbaren Elementen (irrationale oder stetige Zählung).
4) Heterogenitätsoperationen. a, Zählung von unendlich kleinen Grössen, b, von endlichen Grössen (oder unendlichen Inbegriffen unendlich kleiner Grössen), c, von unendlichen Inbegriffen endlicher Grössen, d, von unendlichen Inbegriffen unendlicher Grössen.
5) Alienitätsoperationen. a, Zählung in bestimmten oder konstanten Mengen, b, c, d, e in veränderlichen Mengen.

II. Inhärenzoperationen.

1) Primitivitätsoperationen. a, Aneinanderreihung (Verbindung, Vergliederung).
2) Kontrarietätsoperationen. a, Addition (positive Anreihung), b, Subtraktion (negative Anreihung).
3) Neutralitätsoperationen. a, reelle, b, imaginäre, c, überimaginäre Anreihung.
4) Heterogenitätsoperationen. a, unseitige, b, einseitige, c, zweiseitige, d, dreiseitige Anreihung.
5) Alienitätsoperationen. a, konstante, b, c, d, e variabele Anreihung.

III. Relationsoperationen.

1) Primitivitätsoperationen. a, Verhältnissbildung (verhältnissmässige Änderung).
2) Kontrarietätsoperationen. a, Multiplikation (direkte), b, Division (indirekte Multiplikation).
3) Neutralitätsoperationen. Nach S. 306 entweder: a, Vervielfachung oder Multiplikation mit reellen Faktoren, b, Multiplikation mit Deklinations-, c, mit Inklinationskoeffizienten; oder: a, Multiplikation mit Deklinations-, b, mit Inklinations-, c, mit Reklinationskoeffizienten.
4) Heterogenitätsoperationen. a, Multiplikation mit abstrakten Zahlen, b, mit einseitigen, c, mit zweiseitigen, d, mit dreiseitigen Grössen.
5) Alienitätsoperationen. a, Multiplikation mit konstanten, b, c, d, e mit variabelen Faktoren.

IV. Qualitätsoperationen.

1) Primitivitätsoperationen. a, Erhöhung (Steigerung, Graduirung, Qualitätsbildung).
2) Kontrarietätsoperationen. a, Potenzirung, b, Wurzelausziehung.
3) Neutralitätsoperationen. a, Erzeugung primärer, b, sekundärer, c, tertiärer Qualitäten, oder auch Potenzirung, a, des ersten, b, des zweiten, c, des dritten Faktors des Elementes $\lambda^0\lambda^0\lambda^0$,

auch Potenzirung a, des ersten, b, des zweiten, c, des dritten Faktors des Ausdruckes $e^{\alpha} e^{\beta \sqrt{-1}} e^{\gamma \sqrt{-1}}$, also Potenzirung a, mit reellen, b, mit imaginären, c, mit überimaginären Exponenten.

4) Heterogenitätsoperationen. a, Erzeugung primogener Qualitäten (Grundelemente λ^0); auch Erhebung unbenannter Zahlen zu Potenzen mit unbenannten Exponenten, b, Erzeugung sekundogener Qualitäten oder einfach benannter Zahlen oder einfacher Grössen λ^1 auch Erhebung der unbenannten Zahl e (welche eine unendlich hohe Potenz einer nur unendlich wenig von 1 verschiedenen Zahl ist) zu Potenzen mit einfach benannten Exponenten μ oder Darstellung der eindimensionalen Grössen $\lambda^1 = e^{\mu}$, c, Erzeugung tertiogener Qualitäten oder zweidimensionaler Grössen $\lambda^2 = e^{2\mu}$, d, Erzeugung quartogener Qualitäten oder dreidimensionaler Grössen $\lambda^3 = e^{3\mu}$.

5) Alienitätsoperationen. a, Bestimmte Potenzirung, auch Rechnung mit Grössen von mannichfaltigen konstanten Qualitäten, b, c, d, e, variabele Potenzirung, auch Rechnung mit variabelen Qualitäten.

V. Modalitätsoperationen.

1) Primitivitätsoperationen. a, Variirung (Funktionirung).
2) Kontrarietätsoperationen. a, Direkte Variation oder Funktionsbildung (Einwicklung, Dignation, Integration), b, Indirekte Variation oder Funktionsbildung (Umkehrung, Radikation, Differentiation).
3) Neutralitätsoperationen. a, primäre, b, sekundäre, c, tertiäre Variation, d. h. Variation a, einer ersten, b, einer zweiten, c, einer dritten Variabelen x, y, z oder auch a, eines ersten, b, eines zweiten, c, eines dritten Komplexes von Variabelen wie xy, yz, zx.
4) Heterogenitätsoperationen. a, Variation ungereihter Grössen $F(a)$, b, Variation einreihiger oder von einer Variabele abhängiger Grössen $F(x)$, (einfache Variation), c, Variation zweireihiger oder von zwei Variabelen abhängiger Grössen $F(xy)$, (zweifache Variation), d, Variation dreireihiger oder von drei Variabelen abhängiger Grössen $F(x, y, z)$ (dreifache Variation).
5) Alienitätsoperationen. a, Konstanz, b, einförmige, c, gleichförmige, d, gleichmässig abweichende, e, steigende Variation.

B. Geometrische Operationen.

I. Quantitätsoperationen.

1) Primitivitätsoperationen. a, Einschliessung in gemeinsame Grenzen und Grenzveränderung schlechthin.
2) Kontrarietätsoperationen. a, Erweiterung (Vergrösserung), b, Verengung (Verkleinerung).
3) Neutralitätsoperationen. a, Longitudinale, b, laterale, c, altitudinale Erweiterung; oder a, Verlängerung, b, Verbreiterung, c, Verhöhung. (Auch die Erweiterungen a, nach Einheitsstücken, b, nach kommensurabelen Stücken, c, nach inkommensurabelen

Stücken stehen in Neutralitätsbeziehung im allgemeinen Sinne der Vereinigung von Theilen).

4) Heterogenitätsoperationen. *a*, Vermehrung von Punkten, *b*, Erweiterung von Linien, *c*, Erweiterung von Flächen, *d*, Erweiterung von Körpern.

5) Alienitätsoperationen. *a*, Bestimmte (konstante) Erweiterung, *b*, *c*, *d*, *e*, variabele Erweiterung oder Erweiterung variabeler (krummer) Grössen.

II. Inhärenzoperationen.

1) Primitivitätsoperationen. *a*, Verschiebung (Ortsveränderung).

2) Kontrarietätsoperationen. *a*, Positive Verschiebung (Fortschritt), *b*, Negative Verschiebung (Rückschritt).

3) Neutralitätsoperationen. *a*, primäre (vorwärts gerichtete), *b*, sekundäre (seitwärts gerichtete), *c*, tertiäre (aufwärts gerichtete) Verschiebung.

4) Heterogenitätsoperationen. *a*, Unseitige (punktuelle), *b*, einseitige (lineare), *c*, zweiseitige (superfizielle), *d*, dreiseitige (kubische) Verschiebung.

5) Alienitätsoperationen. *a*, Bestimmter (polygonaler), *b*, *c*, *d*, *e*, variabeler (krummer) Fortschritt.

III. Relationsoperationen.

1) Primitivitätsoperationen. *a*, Verhältnissbildung, Drehung (Richtungsänderung).

2) Kontrarietätsoperationen. *a*, Positive, *b*, negative Verhältnissoperation (Drehung etc.).

3) Neutralitätsoperationen. Nach S. 306 entweder: *a*, Verhältnissmässige Vergrösserung, *b*, Drehung (Deklination), *c*, Wälzung (Inklination); oder: *a*, Drehung (Deklination), *b*, Wälzung (Inklination), *c*, Wendung (Reklination).

4) Heterogenitätsoperationen. *a*, Unseitige, *b*, einseitige (lineare), *c*, zweiseitige (superfizielle), *d*, dreiseitige (kubische) Verhältnissoperation.

5) Alienitätsoperationen. *a*, Bestimmte Verhältnissoperation (z. B. bestimmte Drehung und Drehung einer bestimmten Eckfigur), *b*, *c*, *d*, *e*, variabele Verhältnissoperation (z. B. variabele Drehung und Drehung einer stetig gekrümmten Figur).

IV. Qualitätsoperationen.

1) Primitivitätsoperationen. *a*, Dimensionirung, Beschreibung.

2) Kontrarietätsoperationen. *a*, Dimensitätserhöhung, *b*, Dimensitätserniedrigung (Herabsteigung zur Qualität der Grenze).

3) Neutralitätsoperationen. *a*, Erzeugung einer Länge, *b*, einer Breite, *c*, einer Höhe.

4) Heterogenitätsoperationen. *a*, Erzeugung von Punkten, *b*, von Linien, *c*, von Flächen, *d*, von Körpern.

5) Alienitätsoperationen. *a*, Bestimmte Dimensionirung, *b*, *c*, *d*, *e*, variabele Dimensionirung.

V. Modalitätsoperationen.

1) Primitivitätsoperationen. a, Formung, Biegung.
3) Kontrarietätsoperationen. a, Konvexbiegung, b, Konkavbiegung.
3) Neutralitätsoperationen. a, Primäre Biegung (in primärer Ebene), b, sekundäre Biegung (in sekundärer Ebene), c, tertiäre Biegung (in tertiärer Ebene).
4) Heterogenitätsoperationen. a, Gestaltung von Punktfiguren, b, von Linienfiguren, c, von Flächenfiguren, d, von Körperfiguren.
5) Alienitätsoperationen. a, Eckbildung, b, Geradeausstreckung, c, Kreisbiegung, d, Schraubenbiegung, e, Stauchung.

Die Modalitätsoperationen können aus jedem einfachen Bildungsgesetze entwickelt werden. Das an die vierte Grundoperation am natürlichsten und im Sinne der Arithmetik sich anschliessende Bildungsgesetz ist die Dignation, das anschaulichste Bildungsgesetz aber ist die Integration. Da die Alienitätsoperationen im Gebiete jeder Grundoperation auf einer Modalität dieser Operation beruhen; so können dieselben überall auf eine besondere Art von Integration zurückgeführt werden.

Als Quantitätsprozess ist diese Integration eine unendliche Zusammenzählung unendlich kleiner variabeler Theile. Als Inhärenzprozess ist sie eine unendliche Anreihung (Summirung) unendlich kleiner variabeler Glieder oder Differentiale, wie sie der eigentlichen Integralrechnung zu Grunde liegt. Als Relationsprozess ist sie eine unendliche Zusammensetzung aus Faktoren, welche unendlich nahe $= 1$ sind. Als Qualitätsprozess ist sie eine unendlich fortgesetzte Potenzirung zu Exponenten, welche unendlich nahe $= 1$ sind. Als Modalitätsprozess ist sie eine unendlich fortgesetzte Dignation mit Exponenten, welche unendlich nahe $= 1$ sind. Von diesen fünf Integrationen hat die Mathematik bis jetzt nur die eine, dem Fortschrittsgesetze entsprechende, in das Bereich ihrer Betrachtungen gezogen: die Ausbildung der übrigen vier würde manchen Nutzen gewähren. Die §§. 11 bis 42 sind der systematischen Entwicklung der auf das Fortschritts- oder Anreihungsgesetz gegründeten gewöhnlichen Integration gewidmet und wir heben hervor, dass dieselbe bei gehöriger Verallgemeinerung des Variationsprinzipes, auf welchem alle Integration beruht, die Eminenziation ergiebt, welche durch Variation des Index oder der Integrationsordnung alle möglichen Funktionen erzeugt.

Bei jeder dieser Integrationen kommen diskrete und stetige Prozesse in Betracht. Übrigens dürfen Diskretheit und Stetigkeit nicht mit Konstanz und Variabilität verwechselt werden.

Diskretheit und Stetigkeit sind keine Hauptstufen der Modalität, sondern sie sind Neutralitätsstufen der Quantität. Darum ordnen sich die Hauptformen (Hauptfunktionen) nicht nach diskreten und stetigen Formgesetzen, sondern nach den Gesetzen der Konstanz, der Einförmigkeit, der Gleichförmigkeit, der gleichmässigen Abweichung und der Steigung. Jede dieser fünf Hauptformen hat unter dem Gesichtspunkte der quantitativen Neutralität diskrete und stetige Prozesse. So bildet z. B. für die dritte Modalitätsstufe, nämlich für die Gleichförmigkeit der Kreis die stetige, das regelmässige Polygon dagegen die diskrete Form;

beide sind variabel, der Kreis im stetigen, das Polygon in diskretem (gebrochenem) Fortschritte des erzeugenden Elementes. Eine konstante Figur ist das Polygon nicht als Linienfigur, sondern als Punkt- oder eigentliche Eckfigur, indem der Punkt und jede Punktgrösse keine Bewegung in sich selbst oder keine Ortsveränderung gestattet, also invariabel oder konstant ist. Man ersieht, das Diskrete, sowie das Stetige kann immer noch konstant und auch variabel sein, umgekehrt, kann das Konstante (Invariabele), sowie das Variabele immer noch diskret und auch stetig sein.

Zur Charakteristik der Grundoperationen führen wir noch Folgendes an. Das spezifische Wesen der ersten Grundoperation erkennt man besonders an ihrer ersten Kardinaloperation, welche sich in einer einzigen Hauptoperation darstellt, das der zweiten Grundoperation an ihrer zweiten Kardinaloperation, welche zwei Hauptoperationen enthält, das der dritten Grundoperation an ihrer dritten Kardinaloperation, welche in drei Hauptoperationen zerfällt, überhaupt, das der n-ten Grundoperation an ihrer n-ten Kardinaloperation, welche n Hauptoperationen umfasst. Wenn man also die Namen Numeration, Addition, Multiplikation, Potenzirung, Integration generell für die erste, zweite, dritte, vierte, fünfte Grundoperation gebraucht; so erscheint die Numeration wesentlich als eine Primitivitätsoperation, die Addition als eine Kontrarietätsoperation, die Multiplikation als eine Neutralitätsoperation, die Potenzirung als eine Heterogenitätsoperation, die Integration als eine Alienitätsoperation. Der Sinn dieser Ein-, Zwei-, Drei-, Vier-, Fünfstufigkeit der ersten, zweiten, dritten, vierten, fünften Grundoperation springt sofort- in die Augen, sobald man das Grundwesen einer jeden in nachstehender Weise kennzeichnet.

Numeration ist prinzipiell Zusammenzählung gleicher Einheiten oder der die Stelle von Einheiten vertretenden Grössen. Die Gleichheit der durch Zusammenzählung zu vereinigenden Grössen ist die unveräusserliche Grundbedingung aller Numeration. Für die ursprüngliche Numeration ist die zu wiederholende Einheit a der Operand (Numerand) und die Zahl der Wiederholungen b der Operator (Numerator), während das Operat (Numerat) die Menge des b-mal wiederholten Zählungs- oder Setzungsaktes ist. Die Zuzählung der Menge a zur Menge b ist keine primitive Numeration, sondern gehört der zweiten Kardinaloperation an, und wird auch in unserer heutigen unsystematischen Arithmetik gar nicht als Numeration, sondern als Addition angesehen. Wir haben genugsam gezeigt, dass die Addition von a und b öder das Aggregat $a + b$ eine ganz andere Bedeutung hat, als das Numerat von a und b. Das Erstere ist die Anreihung von b an a oder die Verbindung der beiden als Reihenstücke gedachten Glieder a und b, das Letztere dagegen die Vereinigung der beiden Quantitäten a und b. Diese Vereinigung oder Zusammenzählung von a und b kann nur vollzogen werden, wenn a und b als Numerate einunddderselben Einheit gedacht und sodann alle diese gleichen Einheiten ohne Rücksicht auf ihre Stelle zusammengezählt werden. Diese Regel gilt unbedingt, gleichviel, ob a und b ganze, rationale oder irrationale, ob sie reelle, komplexe oder überkomplexe, ob sie konstante oder variabele Zahlen sind: immer ist Messung durch einunddieselbe

Einheit die Grundvoraussetzung und Zählung dieser Einheiten die Aufgabe der Numeration. So wird z. B. das Numerat von $2^2/_3$ und $3^3/_4$ durch Zusammenzählung von 32 und 45 Zwölfteln in der Form $N(^1/_{12} + ^1/_{12} + ^1/_{12} + \ldots) = {}^{77}/_{12}$ gebildet. Wenn die Grösse nicht einfach oder einförmig ist, wie z. B. die aus einem reellen und einem imaginären Gliede bestehende Grösse $a + b\sqrt{-1}$, haben wir immer den vom Anfangspunkte des ersten bis zum Endpunkte des letzten Gliedes führenden Vektor, also die zwischen den Endgrenzen der Grösse liegende einfache Grösse als das Numerat der ersteren angesehen. Ist also in Fig. 1108 $AD = a$, $DC = b\sqrt{-1}$; so ist $a + b\sqrt{-1}$ der gebrochene Linienzug ADC und dessen Numerat der Vektor AC. Dieses Numerat ist geometrisch eine vom Anfangspunkte A der Summe $a + b\sqrt{-1}$ gegen deren Endpunkt C in gerader Linie vorschreitende Grenzerweiterung, arithmetisch aber eine wiederholte Zählung einer mit einem Richtungskoeffizienten behafteten Einheit. Im Allgemeinen ist die zu zählende Einheit von unendlich kleiner Quantität (ein Element des Vektors AC), es handelt sich also im Allgemeinen bei der Bildung des Numerates, welches in den Endpunkt der Summe $a + b\sqrt{-1}$ führt, um eine unendliche Zählung unendlich kleiner Grössen oder um eine irrationale Zählung. Die Formel hierfür ist, wenn man

$$a + b\sqrt{-1} = \sqrt{a^2 + b^2}\left(\frac{a}{\sqrt{a^2 + b^2}} + \frac{b}{\sqrt{a^2 + b^2}}\right)\sqrt{-1}$$

$$= r(\cos\alpha + \sin\alpha\sqrt{-1}) = r\,e^{\alpha\sqrt{-1}} = (-1)^{\frac{\alpha}{\pi}}r = \varrho\,r$$

setzt, worin $\varrho = (-1)^{\frac{\alpha}{\pi}}$ ein Richtungskoeffizient oder ein Zeichen ist, insofern r eine ganze Zahl wird, $\varrho\,1 + \varrho\,1 + \varrho\,1 + \ldots$, allgemein aber, insofern r einen irrationalen Werth $\frac{p}{q}$ annimmt, $\varrho\frac{1}{q} + \varrho\frac{1}{q} + \varrho\frac{1}{q} + \ldots$ in inf.

Wir bemerken jetzt noch, dass das eben erwähnte Numerat, welches man als das Numerat der Summe bezeichnen kann, von dem Numerate des Aggregates zu unterscheiden ist, wenn man unter dem letzteren die Quantität $a + b = AD + DC$ der einzelnen Theile der Grösse $a + b\sqrt{-1}$ versteht. Bei der Numeration der Theile kömmt deren Form und Richtung überall nicht in Betracht, sondern nur deren Quantität; die Numeration geschieht also auch jetzt stets nach gleichen Einheiten, sie verwandelt sich aber in eine Addition von Vielheiten.

Die Gleichheit der zu zählenden Grössen ist, wie schon erwähnt, unter allen Umständen eine Grundvoraussetzung der Numeration. Die drei Hauptstufen der neutralen Zählung, nämlich die primäre oder Vollzählung, die sekundäre, diskrete oder rationale Zählung und die tertiäre, stetige oder irrationale Zählung unterscheiden sich nicht durch eine Abweichung von diesem Grundprinzipe, sondern nur durch den Werth der zu zählenden Grösse, welche bei der primären Zählung die ganze Einheit, bei der sekundären Zählung ein aliquoter Theil der Einheit und bei der tertiären Zählung ein unendlich kleiner Theil der Einheit ist. Zur

Ergänzung unserer dessfallsigen Bemerkungen in §. 486 S. 30 bis 34 fügen wir jetzt Folgendes hinzu. Wenn a irgend eine (ganze, rationale oder irrationale) gegebene Quantität, ferner n eine beliebig gewählte ganze Zahl $> a$, ferner b eine ganze Zahl und endlich r eine Grösse $< \dfrac{1}{n}$, mithiu $nr < 1$ ist; so kann (indem man mit $\dfrac{1}{n}$ in a dividirt, was den ganzen Quotienten b und den Rest r gebe), stets $a = b.\dfrac{1}{n} + r = \dfrac{b + nr}{n}$ gesetzt werden. Wenn man nun für n nachundnach die ganzen Zahlen der aufsteigenden Reihe 1, 2, 3 ... annimmt, bis man auf einen Werth stösst, für welchen der Rest r, der immer $< \dfrac{1}{n}$ bleibt, gleich null wird; so können sich nur drei Fälle ereignen. Im ersten Falle liegt der kleinstmögliche Werth von n, für welchen die Division mit $\dfrac{1}{n}$ in a aufgeht, im Anfange der Reihe oder ist die Einheit 1 selbst, sodass der Divisor $\dfrac{1}{n}$ den grösstmöglichen Werth 1 hat: in diesem Falle ist $a = b.1$ eine primäre oder ganze Zahl. Im zweiten Falle liegt n in irgend einem Mittelgliede oder hat einen endlichen Werth > 1, während der Divisor $\dfrac{1}{n}$ ein Stammbruch ist: in diesem Falle ist $a = \dfrac{b}{n}$ eine sekundäre Zahl oder ein rationaler Bruch. Im dritten Falle giebt es keinen endlichen Werth von n, welcher der Bedingung genügt, n liegt am Ende der Reihe oder ist unendlich gross, während der Divisor $\dfrac{1}{n}$ unendlich klein ist, mithin auch der Rest r verschwindet: in diesem Falle wird der Quotient b unendlich gross und die als ein Bruch mit unendlich grossem Zähler und Nenner sich darstellende Zahl $a = \dfrac{b}{n}$ ist eine tertiäre oder irrationale Zahl. Wenn n und n' zwei beliebige, aber sehr grosse ganze Zahlen sind; so hat man sowohl $a = \dfrac{b + nr}{n}$, als auch $a = \dfrac{b' + n'r'}{n'}$ und da mit wachsendem n auch b wächst, während nr stets < 1 bleibt; so verschwindet mit wachsendem n das Glied nr immer mehr und mehr gegen b oder in $a = \dfrac{b}{n} + r$ nähert sich mit wachsendem n der Rest r immer mehr der Null und die Werthe $\dfrac{b}{n}$, $\dfrac{b'}{n'}$ nähern sich immer mehr und mehr dem wahren Werthe von a. Die ganze Zahl n kann ganz beliebig gewählt werden; es lässt sich also dafür immer eine Potenz von 10 nehmen: auf diese Weise ergeben $\dfrac{b}{10^m}$, $\dfrac{b'}{10^{m+1}}$ etc. die Näherungswerthe von a in Form eines Dezimalbruches.

Da bei der Vollzählung, der Rationalzählung und der Irrationalzählung die zu zählende Einheit resp. eine volle Einheit, ein Theil der

Einheit und ein Element ist, da also bei jeder dieser drei Neutralitäts-
stufen die zu zählende Einheit einen anderen Werth hat, während die
Zählungsweise die nämliche bleibt; so steht man, wenn man diese drei
Operationen primäre, sekundäre und tertiäre Zählung nennt, nicht auf
dem speziellen, sondern auf dem generellen der beiden vorhin charakterisirten
Standpunkte. Vom speziellen Standpunkte aus müsste man die letztere
Benennung verwerfen und nur die Ausdrücke Vollzählung, Rational-
zählung und Irrationalzählung gebrauchen.

Wegen der Gleichheit der zusammenzuzählenden Grössen und der
Einfachheit des Zählungsaktes ist die Numeration im Wesentlichen eine
Primitivitätsoperation, d. h. sie erscheint zunächst auf einer einzigen
Primitivitätsstufe der Zählung.

Ganz anders verhält es sich mit der Addition. Dieselbe ist Anreihung, also Verbindung des Endpunktes der einen Grösse mit dem
Anfangspunkte der anderen. Bei der Anreihung oder dem Fortschritte
tritt daher der Gegensatz von Anfang und Ende hervor; sie trägt mithin
den vorherrschenden Charakter einer Kontrarietätsoperation, deren beide
Stufen (positive Addition und Subtraktion) sich daraus ergeben, dass
der Operator einmal mit seinem Anfangspunkte und einmal mit seinem
Endpunkte an den Operand gereiht wird.

Die Multiplikation bezweckt die Herstellung einer Relation zu dem
Operand. Indem der Operand einmal als eine in primärer Richtung
erzeugte Grösse, einmal als ein Individuum der Grundgattung und einmal
als ein Individuum der Grundgesammtheit angesehen wird, kann von
einer Relation zu der Grundaxe (Deklination), von einer Relation zur
Grundgattung (Inklination) und von einer Relation zur Grundgesammtheit
(Reklination), überhaupt also von drei sich nicht beeinflussenden Relationen
die Rede sein und diess verleiht der Multiplikation im Wesentlichen
den Charakter einer Neutralitätsoperation; deren drei Stufen sich in der
primären, sekundären und tertiären Multiplikation ergeben, indem der
Operand einmal um den Nullpunkt gedreht, einmal um die Grundaxe
gewälzt und einmal um die Grundebene gewendet wird. Die vorhin
erwähnte Grösse $A\,C$ erscheint als Multiplikationsresultat oder als Produkt
des Multiplikands r und des Multiplikators $e^{\alpha\,\sqrt{-1}}$ in der Form $r\,e^{\alpha\,\sqrt{-1}}$,
nämlich als eine reelle Linie r, welche um den Winkel α in der Grund-
ebene in die Richtung $A\,C$ gedreht ist.

Die Potenzirung verlangt die Erzeugung einer Qualität durch Entwicklung einer neuen Dimension oder durch Erzeugung einer höheren
Gemeinschaft, in welcher der Operand einer der unendlich vielen möglichen Fälle ist. Da es vier anschauliche Dimensionen giebt, von welchen
jede mit der anderen heterogen ist; so erscheint die Potenzirung wesentlich als eine Heterogenitätsoperation, deren erste Stufe sich in der
Bildung der Grundelemente λ^0 eines durch das Symbol λ charakterisirten
Grössengebietes darstellt, während die zweite, dritte und vierte Stufe
die Grössen von einer Dimension $\lambda = \int \partial x$, sodann die Grössen von
zwei Dimensionen $\lambda^2 = \lambda\lambda = \int\int \partial x \partial y$, und endlich die Grössen von
drei Dimensionen $\lambda^3 = \lambda\lambda\lambda = \int\int\int \partial x \partial y \partial z$ bezweckt. Wir heben
nochmals hervor, dass wenn λ das Symbol der Qualität einer Grösse,

d. h. einer benannten Zahl ist, die Potenz $\lambda^n = \lambda\lambda\lambda \ldots$ durchaus verlangt, dass jede folgende Wurzel λ in einer neuen, zu der vorhergehenden neutral gerichteten Dimension genommen werde. Danach stellt jedes spätere λ eine andere Dimension dar und zwar das n-te die n-te Dimension. So ist z. B. $\lambda^0\lambda^1\lambda^1$ eine zweidimensionale Grösse, welche jedoch nicht die erste und zweite Dimension (Länge und Breite), sondern die zweite und dritte Dimension (Breite und Höhe) hat, also eine sekundäre zweidimensionale Grösse, welche dem Integrale $\int\int\partial y\,\partial z$ entspricht.

Die Integration und, allgemein, die Funktionirung $^nF(x)$ bezweckt die Bildung (Konstruirung, Gestaltung) einer Grösse nach einem gegebenen Abhängigkeitsgesetze oder die Ausführung eines Bildungsverfahrens (einer Variation von Zuständen) unter den durch ein Gesetz ^nF gegebenen Bedingungen. Die Existenz der fünf selbstständigen Modalitätsstufen, nämlich der diskreten Variation, der einförmigen, gleichförmigen, gleichmässig abweichenden und steigenden Variation oder der Polygonalbildung, Geradeausstreckung, Krümmung, Torsion und Stauchung, verleiht daher dieser Operation den Charakter einer Alienitätsoperation von fünf Hauptstufen, indem jedes spätere Bildungsgesetz eine von den früheren ganz unabhängige (fremde, aliene) Variation verlangt.

Zwei Grundeigenschaften und ebenso zwei Grundprozesse sind ihrem innersten Wesen nach oder prinzipiell verschiedene Dinge, welche niemals einander vollständig gleich sein und auch niemals identische Wirkungen hervorbringen können. Eine Richtung kann niemals mit einem Fortschritte, ein Produkt niemals mit einer Summe, eine Multiplikation kann niemals mit einem Additionseffekte identisch sein; das Resultat eines Verhältnissprozesses ist stets eine andere Vorstellung oder ein anderes Vorstellungsobjekt, als das Resultat eines Fortschrittsprozesses. Ein äusseres oder anschauliches Objekt aber, weil ihm keine geistigen oder absoluten oder inneren Basen unseres eigenen Geistes zu Grunde liegen, hat keinen absoluten oder fest bestimmten Werth: vielmehr können wir, indem wir ein äusseres oder wirkliches Objekt denken, uns in verschiedener Weise mit demselben identifiziren oder dasselbe von verschiedenen Gesichtspunkten auffassen, was dadurch geschieht, dass wir eine Basis unseres eigenen Geistes mit einer gewissen Eigenschaft jenes äusseren Objektes identifiziren oder, was dasselbe ist, indem wir dieses Objekt auf willkürlich gewählte Basen beziehen. Auf diese Weise kann nun allerdings ein äusseres Objekt ebensowohl als das Resultat der einen, wie der anderen Grundoperation aufgefasst werden und andererseits kann das abstrakte Resultat jeder Grundoperation, indem dasselbe auf äussere Grössen übertragen oder angeschaut wird, nach verschiedenen Grundeigenschaften betrachtet werden. Hierdurch können zwei Vorstellungen, obwohl sie in ihrer Totalität ganz verschieden sind, doch gewisse anschauliche Eigenschaften miteinander gemein haben: ja, das Resultat einer Grundoperation muss, sobald es als äussere Grösse angeschaut wird, nicht bloss die eine, durch diese Operation unmittelbar erzeugte, sondern überhaupt fünf Grundeigenschaften haben. Da aber jede der übrigen vier Eigenschaften durch eine andere Grundoperation erzeugbar ist; so muss die fragliche Grösse, indem sie hinsichtlich der einen Grundeigenschaft das Resultat der einen Grundoperation ist, hinsichtlich der anderen Grundeigenschaft als das Resultat einer anderen Grundoperation erscheinen. Die Werthe des Operands und Operators der verschiedenen Grundoperationen $A \llcorner\neg B$, welche die verschiedenen Grundeigenschaften einundderselben Grösse C erzeugen, stehen miteinander offenbar in bestimmten Beziehungen. Diese Beziehungen bilden gewisse Regeln oder arithmetische Formeln; für die einfachsten Fälle aber sind dieselben vollkommen evident, keines Beweises bedürftig und auch keines Beweises fähig, bilden also ein System von Grundsätzen, welche den Zusammenhang proklamiren, in dem die Grundeigenschaften oder vielmehr die Grund-, Kardinal- und Haupteigenschaften vermittelst der Grundoperationen miteinander stehen, wenn die Objekte als äussere oder wirkliche oder anschauliche Dinge, überhaupt als Objekte unserer reinen Verstandesvorstellungen aufgefasst werden (vergl. §. 181).

Durch Vorstehendes erläutert sich wiederholt der Sinn, welcher dem Satze beizulegen ist, dass einunddasselbe Resultat sowohl durch die eine, wie durch die andere Operation, z. B. durch Multiplikation und durch Addition hervorgebracht werden könne. Es ist niemals das Produkt 2×3 mit der Summe $2 + 2 + 2$ identisch; die Resultate beider Operationen haben zwar einunddieselbe Quantität 6, d. h. wenn beide nach ihrem Numerationswerthe oder als Numerate aufgefasst werden, sind sie einander gleich; allein in der Gesammtheit seiner Eigenschaften ist das Produkt oder Resultat eines Verhältnissprozesses 2×3 als das Dreifache des Zweifachen etwas ganz Anderes, als das Aggregat $2 + 2 + 2$ oder die drei aneinander gereihten Glieder, welche selbst Reihen von zwei Einheiten darstellen, und Produkt, sowie Summe ist wiederum etwas ganz Anderes, als das Numerat 6, welches durch 'Vereinigung oder Zusammenzählung von 6 Einheiten ohne alle Rücksicht auf Verhältniss- und Reihenbildung entsteht. Die Verschiedenheit der Numerate, Aggregate und Produkte von gleicher Quantität tritt deutlicher hervor, wenn sie aus neutralen Theilen besteht. So haben zwar die drei Grössen

$$(-1)^{\frac{\alpha}{\pi}} + (-1)^{\frac{\alpha}{\pi}} + (-1)^{\frac{\alpha}{\pi}} + \ldots, \quad r\cos\alpha + r\sin\alpha\sqrt{-1} \text{ und } r\,e^{\alpha\sqrt{-1}}$$

gleiche Quantität r, auch gleiche Anfangs- und Endpunkte; dessenungeachtet decken sie sich entschieden nicht und sind in manchen Grundeigenschaften total verschieden. So stellt das Produkt $r\,e^{\alpha\sqrt{-1}}$ eine einförmige Grösse (gerade Linie) dar, das Aggregat $r\cos\alpha + r\sin\alpha\sqrt{-1}$ dagegen ist eine gebrochene Grösse, beide haben also ganz verschiedene Form. Ebenso hat das erstere Produkt eine bestimmte Richtung, während das letztere Aggregat aus Gliedern von verschiedener Richtung besteht, von welchen keines die Richtung des Produktes hat.

Es liegt auf der Hand, dass man, wenn nicht die vollkommene Identität zweier Grössen vorausgesetzt wird, die Regeln der mannichfaltigsten Beziehungen zwischen zwei Grössen A und B zum Gegenstande einer Untersuchung machen kann. In der Arithmetik spielen diejenigen Beziehungen zwischen zwei Grössen eine hervorragende Rolle, unter welchen der Anfang und das Ende dieser Grössen sich decken. Diese Grössen nennt man in der Arithmetik einander gleich, während in der Geometrie zur Gleichheit nicht die Deckung des Anfangs und des Endes, sondern die Gleichheit des Inbegriffes der Quantitäten der Theile jener

Grössen verlangt wird, was offenbar eine ganz andere Bedingung ist und ganz anderen Grössen entspricht. Unter jeder beliebigen derartigen Bedingung kann man die Regel entwickeln, unter welchen zwei Grössen A und B gleich werden, jenachdem sie durch die eine oder durch eine andere Grundoperation erzeugt werden (§§. 58, 59, 60). Es liegt auf der Hand, wie wir schon mehrmals bemerkt haben, dass der gleiche Effekt zweier Grundoperationen in diesem Sinne durchaus nicht den Schluss rechtfertigt, dass das vollständige Resultat der einen Grundoperation auch durch eine andere Grundoperation hervorgebracht werden könne. Diess ist niemals möglich, da jede Grundoperation ein selbstständiger, eigenartiger Prozess ist.

Nachdem wir durch alles Vorstehende sowohl die Grundeigenschaften, als auch die Grundprozesse und Grundoperationen glauben genugsam charakterisirt und dadurch das abstrakte und das anschauliche mathematische Kardinalprinzip hinlänglich erläutert zu haben, erscheint es nützlich, der mathematischen Symbolik noch einige Worte zu widmen.

Während das logische Darstellungsmittel die Sprache, resp. in elementarer Form das Wort ist, ist das arithmetische Darstellungsmittel die Formel, resp. in elementarster Form das Symbol. Es würde einem rationellen Verfahren entsprechen, besondere Symbole für Eigenschaften und besondere Symbole für Prozesse oder Operationen zu bilden. Instinktiv hat man auch diesen Weg betreten, jedoch aus Mangel an Erkenntniss der wirklichen Grundeigenschaften und Grundprozesse in unsystematischer und unvollkommener Weise. Ohne uns bei einer Kritik der heutigen Symbolik aufzuhalten, bemerken wir Folgendes. Die Eigenschaften bedürfen zunächst fünf generelle charakteristische Symbole für die fünf Grundeigenschaften, also ein Vielheits-, ein Reihen-, ein Verhältniss-, ein Dimensitäts- und ein Formsymbol, welche man kurz als Grössensymbole bezeichnen kann. Ebenso bedürfen die Grundoperationen fünf Operationssymbole, ein Erweiterungs-, ein Fortschritts-, ein Drehungs- (oder Wirkungs-), ein Dimensionirungs- und ein Bedingungs- (oder Abhängigkeits-) symbol. Diese Grundsymbole würden dann nach den Grund- und Hauptstufen jeder Grundeigenschaft und jeder Grundoperation abzustufen sein: da jedoch Eigenschaften durch Operationen entstehen und die verschiedenen Stufen Beider in prinzipiellem Zusammenhauge stehen; so können die Einen auf Grund dieses Zusammenhanges in mehrfacher Weise als ein Ersatz der Anderen gebraucht werden; im Interesse der Kürze und Konzinnität der Formeln liegt es daher, die Symbolik der Grundoperationen so generell als nur möglich zu halten oder die Zahl der Operationszeichen thunlichst zu beschränken, die erforderlichen Abstufungen also vornehmlich an den Eigenschaften auszuprägen. Streng genommen, könnte man mit einem einzigen Symbole für jede Grundoperation ohne alle Abstufungen auskommen, wenn alle Eigenschaften am Operand und Operator vollständig ausgeprägt sind. (So bedürfte es nur eines Fortschritts- oder Anreihungs- oder Additionszeichens $+$, keines Subtraktionszeichens $-$, wenn die Subtraktion als Addition einer negativen Grösse gedacht und die Negativität an dem Subtrahend, resp. Addend gekennzeichnet ist). Diese absolute Einfachheit der Operationszeichen entspricht dem vorhin erwähnten generellen Standpunkte. Trotz der damit zu erreichenden grössten Kürze der Bezeichnung der Operationen erweis't sich die strenge Durchführung derselben doch nicht als praktisch; es scheint vielmehr nützlich, eine gewisse Abstufung daran zuzulassen, um die Abstufungen an den Eigenschaften nicht zu sehr zu kompliziren, also bei der fraglichen Bezeichnung einiger Operationsstufen den speziellen Standpunkt zu betreten.

Was nun zunächst die fünf generellen Eigenschaftssymbole betrifft; so ist das Symbol der Vielheit das Zahlzeichen (3, 5, $^2/_3$, a).

Das Reihensymbol hat eine Grösse als ein durch Anreihung oder durch Fortschritt entstandenes Objekt, als eine Reihe, als ein Glied, überhaupt als ein zwischen einem ersten und letzten Grenzzustande, zwischen einem Anfange und einem Ende liegendes Ding darzustellen. Solange man nur undimensionale Grössen oder reine Vielheiten (oder unter den räumlichen Anschauungsgrössen nur Punkte) ins Auge fasst, kann das Vielheitssymbol zugleich das Reihensymbol vertreten, weil bei diesen Grössen der Anfang stets der feste Nullpunkt ist und das Ende einen durch die Vielheit der Grösse gemessenen bestimmten Abstand von jenem Nullpunkte hat. Da die elementare Arithmetik diesen Standpunkt einnimmt; so kennt sie ausser dem Vielheitssymbole, dem Zahlzeichen, kein besonderes Reihensymbol. Hierdurch bereitet sie sich selbst die grössten Schwierigkeiten, namentlich sobald sie, absichtlich oder unabsichtlich, in das Gebiet der eindimensionalen oder einreihigen Grössen (welchen die geometrischen Linien entsprechen) eintritt. Denn wenn auch bei diesen Grössen der Endpunkt immer noch ein einziger, durch die Quantität und Richtung der Grösse fest bestimmter Ort ist; so tritt doch jetzt schon die örtliche Verschiedenheit des Anfangs- und Endpunktes anschaulich hervor, und die Arithmetik sieht sich durch die Konsequenz der Rechnung zu Resultaten gedrängt, welche sie selbst nicht versteht, sondern wie fremde Eindringlinge betrachtet und demnach oftmals durch willkürliche Deutung misshandelt. Wenngleich nun manche dieser Resultate noch verständlich gemacht werden können, ohne ein besonderes Reihensymbol einzuführen; so hört Diess doch beim Eintritte in das Gebiet der zweidimensionalen oder zweireihigen Grössen (den Flächen) vollständig auf. Da die Grenze einer zweireihigen Grösse eine einreihige Grösse ist, welche selbst eine unendliche Verschiedenheit von Stellen darbietet; so ist der Anfang und das Ende einer zweireihigen Grösse nicht mehr eine feste Stelle und nicht mehr durch die Quantität dieser Grösse bestimmt. Jedes Stück der Grenze einer Fläche kann als ihr Anfang und jedes andere Stück als ihr Ende angesehen werden: um dieselbe als Fortschrittsgrösse darzustellen, genügt also das Quantitätssymbol durchaus nicht; es bedarf einer Kennzeichnung des Anfanges und des Endes. Nur, wenn Diess geschieht, können Flächen addirt oder aneinandergereiht werden: denn die Addition, welche den Anschluss des Anfanges des Addends an das Ende des Augends verlangt, bedarf nothwendig der Kennzeichnung des Anfanges und des Endes der Summanden.

Das Verhältniss- oder Relationssymbol ist der Koeffizient. Solange es sich um Verhältnisse reiner Vielheiten handelt, ist der Koeffizient das numerische Verhältniss, welches durch ein Vielheitssymbol vertreten wird. Bei der Relation dimensionaler Grössen tritt das Verhältniss als

Richtungskoeffizient $(-1)^n = e^{n\pi\sqrt{-1}}$ auf. Diese einfache Form des Richtungskoeffizienten als Deklinationskoeffizient reicht jedoch nur für eindimensionale Grössen (Linien) aus und zwar nur für die elementarsten Rechnungen mit denselben, nämlich nur für solche, welche sich in der Grundebene oder in der Grundgattung der zweidimensionalen Grössen bewegen. Für allgemeinere Beziehungen ist der Inklinationskoeffizient $(\div 1)^n = e^{n\pi\sqrt{\div 1}}$, sodann der Reklinationskoeffizient $(\div 1)^n$ u. s. w., überhaupt die unbegrenzte Reihe von Symbolen für die Neutralitätsstufen der Relation unerlässlich.

Das Dimensitäts- oder Qualitätssymbol muss die Qualität des Grössen-gebietes, in welchem operirt wird, bezeichnen. Da die elementare Arith-metik nur mit absoluten Zahlen oder Vielheiten zu rechnen glaubt; so kennt sie kein Qualitätssymbol. Sie ruft wörtliche Zusätze oder un-symbolisirte Definitionen zu Hülfe und bezeichnet anschauliche Grössen und überhaupt Qualitätsgrössen als benannte Zahlen (6 Meter, 6 Stunden, 6 Thaler). Ein rationelles Symbol für die Qualität ist unerlässlich: wir haben dafür gewöhnlich den Buchstaben λ oder μ gebraucht. Wenn α eine reine Vielheit oder reine Zahl ist; so stellt $\alpha\lambda = \alpha$ eine anschauliche oder äussere oder wirkliche oder qualifizirte Vielheit oder eine benannte Zahl von einer Dimension dar. $\alpha\lambda^0$ ist eine Punktgrösse von α Punkten, $\alpha\lambda^1$ eine Längengrösse von α Längeneinheiten, $\alpha\lambda^2$ eine Flächengrösse von α Flächeneinheiten, $\alpha\lambda^3$ eine Körpergrösse von α Volumeinheiten, überhaupt $\alpha\lambda^n$ eine n-dimensionale Grösse von α Einheiten. Generell handelt es sich also um die Bezeichnung von Grössen, worunter nicht bloss reine Zahlen, sondern, allgemein, Vielheitsgrössen, abstrakte und anschauliche zu verstehen sind.

Das Formsymbol ist das Funktionssymbol. Dasselbe hat eine nach einem bestimmten Bildungsgesetze variabele Grösse darzustellen. Zur Bezeichnung einfacher konstanter Grössen dient gewöhnlich ein aus den ersten Buchstaben des Alphabetes genommener Buchstabe a, b, c; zur Bezeichnung der einförmig variabelen Grössen dient einer der letzten Buchstaben des Alphabetes x, y, z, X, Y, Z. Allgemein aber dienen Symbole wie f, F, $\int$, Σ, $\int\int$ u. s. w. zur Bezeichnung bestimmter Formen oder Bildungsgesetze.

In Betreff der Operationssymbole; so ist zuvörderst ein Numerations-zeichen und sodann ein Additionszeichen erforderlich. Die elementare Arithmetik kennt nur das Additionszeichen $+$ und verwendet dasselbe mit zur Numeration. In diesem unvollständigen Systeme leiht also die Numeration der Addition ihr Grössensymbol und die Addition der Numeration ihr Operationssymbol. Ausserdem kennt die Addition nur das eine Operationszeichen $+$. Dasselbe würde zur Anreihung ausreichen, wenn an den mehrreihigen Grössen der Anfang und das Ende gehörig gekennzeichnet wäre. Da Diess häufig nicht geschieht und im Allgemeinen (bei mehrdimensionalen Grössen) auch nur durch komplizirte Formeln, wie z. B. mehrfache Integrale geschehen kann; so sind für gewisse Hauptstufen der Anreihung besondere Operationssymbole erforderlich, wie es dem erwähnten speziellen Standpunkte entspricht. Das Subtraktions-symbol $-$ ist ein solches spezielles Operationssymbol: dasselbe verlangt die Anreihung des Addends in der Weise, dass dessen Endpunkt sich an den Endpunkt des Augends legt, während das positive Additionssymbol $+$ verlangt, dass der Anfangspunkt des Addends sich an den Endpunkt des Augends legt. Die Subtraktion kennzeichnet also vom speziellen Standpunkte aus die entgegengesetzte oder negative Addition als eine Anreihung mit entgegengesetztem Ende der anzureihenden Grösse oder als eine Anreihung mit Rückschritt. In gleichem Sinne nun sind für den speziellen Standpunkt die drei neutralen Additionsstufen zu bilden. Dieselben erhalten den systematischen Namen der primären, sekundären und tertiären Addition und bedeuten Anreihung mit primärem, sekundärem und tertiärem Fortschritt oder Anreihung mit den Endgrenzen, mit den Seitengrenzen und mit den Höhengrenzen nach folgender näheren Definition.

Für reine Vielheiten, welche keine anschauliche Ausdehnung haben, kömmt keine anschauliche Grenze, weder eine Endgrenze, noch eine Seitengrenze in Betracht; für solche Grössen, sowie auch für die Punktgrössen jedes Anschauungsgebietes, deren Grenzen stets mit den Grössen selbst identisch, absolut einfach und unveränderlich sind, entbehrt daher die elementare Arithmetik unschwer die höheren Additionssymbole. Die eindimensionale Grösse jedoch oder die Linie hat ausser den primären oder Endgrenzen auch sekundäre oder Seitengrenzen, welche Linien bilden. Verstehen wir nun unter der primären Addition die Anreihung durch Anschluss der Endgrenzen, dagegen unter der sekundären Zählung und Addition die Zählung und Anreihung durch Anschluss der Seitengrenzen; so erfordert Diess ein besonderes Operationszeichen. Es ist das von uns im Situationskalkul eingeführte Zeichen coplus $\dotplus$, welches wir jetzt einfacher als ein gewöhnliches Pluszeichen mit einem Punkte darüber, also in der Form $\dotplus$ schreiben wollen, und welchem als Gegensatz das Zeichen $\dotdiv$ (cominus) entspricht.

Eine Linie hat unendlich viel verschiedene Seitenrichtungen; die sekundären Seiten einer reellen Linie der Grundaxe OX liegen in der Grundebene XY; die nach oben gekehrten, in der Ebene XZ liegenden Seiten einer reellen Linie sind ihre tertiären Seiten. Tertiäre Addition nun ist Anreihung mit Anschluss der tertiären Seiten. Ihre Darstellung erfordert ein besonderes Operationssymbol, nämlich das in §. 98 dieses Werkes gebrauchte hyperplus $\ddotplus$, welches man einfacher in der Form $\ddotplus$ schreiben kann und welchem als Gegensatz das Zeichen $\ddotdiv$ (hyperminus) entspricht.

Handelte es sich um die Addition zweidimensionaler Grössen oder Flächen; so bedeutet die primäre Addition mit dem Zeichen $+$ den Anschluss in primären oder Umfangsgrenzen, dagegen die sekundäre Addition mit dem Zeichen $\dotplus$ den Anschluss in Seitengrenzen, welche in der Fläche selbst liegende Flächen sind. Wenn man eine solche Seitenfläche wie einen mit der Axe OX parallel laufenden Linienkomplex ansieht, bildet sie eine sekundäre Grenze der reellen Fläche: wenn man eine Seitenfläche aber wie einen mit der Axe OY parallel laufenden Linienkomplex ansieht, bildet sie eine tertiäre Grenze dieser Fläche.

Hiernach sind $+$, $\dotplus$, $\ddotplus$ Symbole für drei Neutralitätsstufen der

Addition, welche sich im Systeme des abstrakten Kardinalprinzipes un-begrenzt fortsetzen lassen. Für Linien kann man die ersten drei Stufen oder die primäre, sekundäre und tertiäre Addition auch Longitudinal-, Lateral- und Altitudinaladdition nennen. Eine sekundäre Addition reeller Linien $a \overset{\cdot}{+} b$ unterscheidet sich wesentlich von einer primären Addition imaginärer Linien $a + b \sqrt{-1}$, indem die letztere immer Verknüpfung der Endpunkte, die erstere dagegen Verknüpfung der Seitengrenzen verlangt, was eine partielle Deckung der Glieder a und b nach sich zieht. Dagegen führt die primäre Addition zweier imaginären Linien $a\sqrt{-1} + b \sqrt{-1} = (a+b)\sqrt{-1}$ in denselben Punkt wie die sekundäre Addition zweier imaginären Linien $a\sqrt{-1} \overset{\cdot}{+} b\sqrt{-1} = (a + b) \sqrt{-1}$, weil jede imaginäre Linie zugleich eine Lateralgrösse gegen die reelle Linie ist, deren sekundäre Seiten-grenzen Punkte sind, die Verknüpfung der sekundären Grenzen zweier imaginären Linien also dieselbe Bedeutung hat wie die Verknüpfung ihrer Endgrenzen. Dasselbe gilt von der sekundären Addition zweier über-imaginären Linien $a \sqrt{-1} \sqrt{\div 1} \overset{\cdot}{+} b\sqrt{-1} \sqrt{\div 1} = (a + b) \sqrt{-1}\sqrt{\div 1}$, indem auch eine überimaginäre (in der Axe OZ liegende Linie) gegen die reelle Linie eine Seitengrösse ist, deren sekundäre Grenzen ihre Endpunkte sind.

Die Einführung eines Symbols für sekundäre Addition von Grössen nöthigt zugleich zur Kennzeichnung der durch sekundäre Zählung ge-bildeten Numerate, d. h. zur Kennzeichnung derjenigen Zahlen, welche, wenn sie auf die Vervielfältigung von Grössen angewandt werden, eine laterale Aneinanderfügung bewirken. Bezeichnen wir solche Zahlen durch einen darüber oder darunter gesetzten Punkt; so bedeutet $\overset{\cdot}{3}$ eine Zahl, welche, wenn sie als Faktor gebraucht wird, eine dreimalige Anlagerung an die sekundären oder Seitengrenzen verlangt. Hiernach ist 3λ eine Linie von 3 Einheiten Länge, $\overset{\cdot}{3}\lambda$ aber eine dreifache oder dreimal ver-dichtete Linie von einer Einheit Länge. $2.\overset{\cdot}{3}\lambda$ ist eine dreifache Linie von 2 Einheiten Länge. Dagegen bezeichnet sowohl $3\lambda\sqrt{-1}$, als auch $\overset{\cdot}{3}\lambda\sqrt{-1}$ eine imaginäre Linie von 3 Einheiten Länge. Ebenso ist $\overset{\cdot}{3}\lambda\sqrt{-1}\sqrt{\div 1}$, sowie $3\lambda\sqrt{-1}\sqrt{\div 1}$ eine überimaginäre Linie von 3 Einheiten Länge.

Die tertiären Grenzen einer reellen und einer imaginären Linie OX und OY sind nach oben gekehrte Linien: die tertiären Grenzen einer überimaginären Linie OZ sind ihre Endpunkte. Wenn man also die durch tertiäre Zählung gebildeten Numerate durch zwei Punkte, z. B. durch $\overset{..}{3}$ bezeichnet; so bedeutet $\overset{..}{3}\lambda$ eine dreifache oder dreimal ver-dichtete reelle Linie von einer Einheit Länge, deren drei Längeneinheiten übereinandergelagert sich decken. $\overset{..}{3}\lambda\sqrt{-1}$ ist eine dreifach verdichtete imaginäre Linie von einer Einheit Länge, deren Einheiten übereinander-gelagert sich decken. $\overset{..}{3}\lambda\sqrt{-1}\sqrt{\div 1}$ ist eine überimaginäre Linie in der tertiären Axe OZ von drei Einheiten Länge wie die Linie $3\lambda\sqrt{-1}\sqrt{\div 1}$.

Der Übersichtlichkeit wegen stellen wir die Längen und Dichtig-keiten der wichtigsten Grössen hier nochmals zusammen.

primär gereiht			sekundär gereiht			tertiär gereiht		
	Länge	Dichte		Länge	Dichte		Länge	Dichte
3	3	1	$\dot{3}$	1	3	$\ddot{3}$	1	3
$3\sqrt{-1}$	3	1	$\dot{3}\sqrt{-1}$	3	1	$\ddot{3}\sqrt{-1}$	1	3
$3\sqrt{-1}\sqrt{\div 1}$	3	1	$\dot{3}\sqrt{-1}\sqrt{\div 1}$	3	1	$\ddot{3}\sqrt{-1}\sqrt{\div 1}$	3	1

Die Zeichen $+$, $\dot{+}$, $\ddot{+}$ führen zu den entgegengesetzten Zeichen $-$, $\div$, $\ddot{\div}$, von welchen das erste, wenn es als Richtungszeichen gedacht wird, die Wirkung einer halben Umdrehung um den Nullpunkt O, das zweite die Wirkung einer halben Umwälzung um die Grundaxe OX, das dritte die Wirkung einer halben Umwendung um die Grundebene XY bedeutet. Mit Hülfe dieser Zeichen erhält man denn auch für die unendliche Folge der Primitivitäts- und der Kontrarietätsstufen des abstrakten Kardinalprinzipes statt der auf S. 302 dargestellten Primitivitätsreihe

$$\ldots \ (+\, 1) \qquad (+\, 1)(\dot{+}\, 1) \qquad (+\, 1)\,(\dot{+}\, 1)\,(\ddot{+}\, 1) \ \ldots$$

und die Kontrarietätsreihe

$$\ldots \ (\dot{+}\, 1) \qquad (-\, 1) \qquad (-\, 1)(\div\, 1) \qquad (-\, 1)(\div\, 1)(\ddot{\div}\, 1) \ \ldots$$

Der Viertelumdrehung, Viertelumwälzung und Viertelumwendung entspricht resp. das Zeichen $(-1)^{1/2} = e^{\frac{\pi}{2}\sqrt{-1}}$, $(\div 1)^{1/2} = e^{\frac{\pi}{2}\sqrt{\div 1}}$, $(\ddot{\div} 1)^{1/2} = e^{\frac{\pi}{2}\sqrt{\ddot{\div}1}}$. Der allgemeine Richtungskoeffizient für eine beliebige Drehung, Wälzung und Wendung ist dann

$$(-1)^m (\div 1)^n (\ddot{\div} 1)^r = e^{m\pi\sqrt{-1}}\, e^{n\pi\sqrt{\div 1}}\, e^{r\pi\sqrt{\ddot{\div}1}}$$

Hieraus geht hervor, wie die primäre, sekundäre und tertiäre Zählung und Addition dimensionaler Grössen zugleich das System der Verhältnisszahlen oder Richtungskoeffizienten erweitert. Für die unbegrenzte Fortsetzung der Stufenfolge von neutralen Operationszeichen versagt die Methode des Punktirens der Zeichen und Zahlen natürlich ihren Dienst: es muss dann ein Index eingeführt werden, welcher an charakteristischer Stelle die Höhe der Stufenzahl angiebt. So kann z. B. $\underset{\,}{-}^{n}$ das Minuszeichen n-ter Stufe darstellen.*)

Die letzten Erörterungen beziehen sich auf das Operationssymbol der Addition. Nachdem hierdurch zugleich eine Erweiterung der Symbole für die Numerate und Richtungskoeffizienten erzielt ist, kann die Multiplikation mit dem einfachen Operationszeichen $\times$ oder . oder durch das noch einfachere Mittel der unmittelbaren Nebeneinanderstellung der Faktoren fast alle ihre Zwecke erfüllen.

Das Operationssymbol der Dimensionirung oder Potenzirung ist der Exponent an erhöhter Stelle rechts neben der Wurzel. Derselbe spielt ganz die Rolle eines Index, welcher nach Belieben generalisirt werden kann. Wir bemerken nochmals, dass die Potenz a^n nur dann einem

---

*) In einer besonderen Schrift hoffe ich die vorstehenden Operationen näher ausführen zu können.

Produkte von n gleichen Faktoren gleich kömmt, wenn a eine absolute, undimensionale Zahl ist. Allgemein jedoch, wenn a eine Zahl von beliebiger Dimension ist, stellt a^n ein Produkt dar, dessen erster, zweiter, dritter ... Faktor zwar dieselbe Quantität hat, aber resp. von primärer, sekundärer, tertiärer ... Qualität ist, also, wenn a eine Linie bedeutet, resp. eine Länge, eine Breite, eine Höhe u. s. w. von a Einheiten darstellt. Das Operationssymbol der Bedingung, Abhängigkeit, Variabilität oder Formbildung fällt mit dem Eigenschaftssymbole für die Form zusammen, indem man gewohnt ist, das Gesetz in dem durch dasselbe gebildeten Formganzen anzuschauen. Allgemein vertritt also das Funktionszeichen F das fragliche Operationssymbol und ein Index n an $^nF(x)$ ist geeignet, die Abstufungen dieser Operation in systematischer Weise darzustellen, wie aus dem ersten Theile und besonders aus §§. 11 bis 42 und §. 56 hervorgeht.

Wenn die Sätze, welche das mathematische Kardinalprinzip ausmachen, in die Sprache der Logik übertragen werden, ergiebt sich das logische Kardinalprinzip. Die fünf Grundbegriffe oder Kategoreme sind die Quantität, die Inhärenz, die Relation, die Qualität und die Modalität. Denselben entsprechen die fünf Grundprozesse oder Grundgesetze oder Metabolien, die Erweiterung (Verallgemeinerung), die Beeigenschaftung (Beilegung von Eigenschaften), die Wirkung (Kausalitätsäusserung), die Abstraktion und die Bedingung (Versetzung in gesetzliche Abhängigkeit). Die Quantität beruht auf der Vereinigung, Zusammenfassung, Umfassung einer bestimmten Substanz. Dieselbe ist in eine Grenze (Definition) eingeschlossen: betrachten wir aber die Quantitätsbildung als eine Grenzveränderung; so erscheint die Quantität als eine durch sukzessive Anfügung von Substanz durch Fortschritt der Grenze von einem Anfange bis zu einem Ende entstandene Reihe. Indem der Endpunkt der so erzeugten Substanz zum Anfangspunkte einer ferner zu erzeugenden Substanz genommen wird, gestaltet sich die Quantität der ersten zu einer Eigenschaft der zweiten, nämlich zu einem Etwas, welches der zweiten anhängt oder inhärirt, indem es den Anfang derselben (ihren Ort im Begriffsgebiete) bestimmt. So erbaut sich die Inhärenz auf der Quantität. Zwei Eigenschaften, welche von demselben Anfange aus durch einen Grundprozess erzeugt sind oder einen gemeinsamen Entstehungsgrund haben, stehen zueinander in einer Relation; die eine kann auf die andere bezogen, aus ihr durch Wirkung erzeugt werden oder die eine erscheint als die Wirkung der anderen vermöge der die Relation bestimmenden Kausalität. So führt die Inhärenz zur Relation. Die durch Wirkung entstehende Relation setzt Grössen von höherer Dimension voraus: denn bei dem Übergange von der einen Wirkungsrichtung zu der anderen durchläuft die erstere alle möglichen Zwischenlagen, deren Inbegriff eine Gattung von Objekten darstellt, in welcher die Wirkung vor sich geht. So leitet die Relation zur Qualität. Die Gattung, indem sie von dem Individuum abstrahirt ist und demnach alle möglichen Individuen enthält, repräsentirt zugleich ein Individuum unter allen möglichen Umständen oder an jedem beliebigen Orte innerhalb der gegebenen Gattung, also ein variabeles und bedingtes Individuum, dessen Variabilität von einem gegebenen Gesetze abhängig oder welches einer gegebenen Bedingung unterworfen ist. So führt endlich die Qualität zum Abhängigkeitsgesetze oder zur Modalität. Dieses logische Gebäude der fünf Kategoreme gliedert sich nun wie das mathematische nach den Kardinal- und den Haupteigenschaften und die Letzteren entspringen hier wie in der Mathematik aus denen des nächst niedrigeren Kategorems durch Vermittlung der fünf Metabolien (der Grundveränderungsprozesse) unter der Herrschaft der fünf Grundprinzipien folgendermaassen.

Die Erweiterung oder Verallgemeinerung entspricht zugleich einer Beilegung von Eigenschaften. Um aber einen gegebenen Begriff zu verallgemeinern, ihm erweiterte Eigenschaften anstatt der eigenen beizulegen, muss derselbe erst jener engeren Eigenschaften entkleidet, er muss auf eine engere Grenze zurückgeführt werden, welche sodann aufs neue und zwar über die früheren Grenzen hinaus erweitert wird. Um z. B. den Begriff Deutscher zum Europäer zu verallgemeinern, entkleiden wir denselben zunächst seiner partikulären Eigenschaften, welche ihm als einem deutschen Menschen zukommen, wir reduziren ihn auf den Einheitsbegriff eines singulären Menschen und verallgemeinern sodann diesen Begriff durch Beilegung der erweiterten Eigenschaften zum europäischen Menschen. Auf der Mitte dieses Prozesses, welcher mit einer Beilegung von Eigenschaften schliesst, steht die Entziehung von Eigenschaften oder die Beilegung entgegengesetzter Eigenschaften, also der Gegensatz oder die Hauptstufe des Kontrarietätsprinzipes.

Der Gegensatz kann aus dem direkten Satze nicht bloss durch eine Beeigenschaftung (einen Fortschrittsprozess), sondern auch durch eine Wirkung entstanden gedacht werden, d. h. die Verneinung kann als eine Wirkung, nämlich als eine Vernichtung aufgefasst werden. Dieser Vernichtungsprozess wird vermittelt durch die Neutralität, nämlich durch diejenige Wirkung, deren Resultat die gegebene Eigenschaft weder bejaht, noch verneint, weder setzt, noch aufhebt. Wird die Ursache, von welcher die Wirkung ausgeht, nicht als eine Eigenschaft, sondern als ein Sein, als ein Subjekt gedacht; so ist die Neutralität die Alternität oder das imaginäre Sein des Subjektes oder das Sein eines Anderen.

Die Wirkung (Drehung) eines Subjektes von gegebener Quantität involvirt, indem sie mit wachsender Kausalität immer andere Objekte der Grundgattung trifft, wobei also der Subjektsantheil immer kleiner und der Objektsantheil immer grösser wird, einen Dimensitäts- oder Qualitätsprozess. Der Sprung vom reellen Sein des Subjektes zum neutralen Sein eines Anderen vernichtet das reelle Sein vollständig und erzeugt das neutrale Sein, welches ganz ausserhalb des Seins des Subjektes oder in der Richtung der zweiten Dimension der Grundgattung liegt. Die Wirkung jenes Sprunges ist also ein Erzeugungsprozess in den Richtungen beider Dimensionen der Grundgattung: auf der Mitte dieses Prozesses steht das Sein mit einer Qualitätsdimension, also eine Heterogenitätsstufe.

Die Gattung entsteht durch Alternirung des Grundsubjektes, die Möglichkeit durch Abstraktion aus der Wirklichkeit. Die Zustände einer Gattung oder eines Möglichkeitsbereiches, welche durch diesen Qualitätsprozess durchlaufen werden, können auch durch einen Form-

oder Bedingungsprozess getroffen werden, welcher dem Grundsubjekte eine variabele, einfach bedingte kausale Thätigkeit verleiht. Die Variabilität des Individuums, welche durch das Verbleiben in der Gattung bedingt ist, also die Abhängigkeit des Individuums von dem Sein in der Gattung bildet daher die Vermittlung zwischen der Qualität des Individuums und der der Gattung.

Nach Vorstehendem verbindet die Metabolie der Beeigenschaftung oder der Veränderung zwei Primitivitätswerthe durch Vermittlung eines Gegensatzes (einer entgegengesetzten Eigenschaft). Die Metabolie der Wirkung verbindet zwei Gegensätze unter Vermittlung einer Neutralität (einer neutralen Relation). Die Metabolie der Abstraktion verbindet zwei Neutralitätsstufen des Seins unter Vermittlung einer Heterogenitäts- oder Dimensitätsstufe (einer Gemeinschaft). Die Metabolie der Bedingung verbindet zwei Heterogenitätsstufen durch Vermittlung einer Alienitätsstufe.

Im reinen Begriffsgebiete, welches die Schranken des Anschauungsgebietes nicht kennt, können die Hauptstufen jeder Grundeigenschaft systematisch nach Belieben weit fortgesetzt werden. Die reine Arithmetik, als logische Mathematik, nimmt auch keinen Anstand an dieser Generalisation. Für das Anschauungs- und Sinnesvermögen bleibt diese Verallgemeinerung jedoch immer ohne Bedeutung, da mit diesen Vermögen keine reinen Begriffe, sondern anschauliche und sinnesfällige Grössen erkannt werden. Ja selbst für die Begriffe, welche von faktischen Dingen der Aussenwelt abstrahirt sind oder welche auf faktische konkrete Fälle angewandt werden sollen, also überhaupt für die praktische Logik hat jene Verallgemeinerung ebenfalls keine Bedeutung. So hindert uns der reine Verstand nicht, durch die generelle Definition der Dimensitätserhöhung von einer Dimension zur anderen ins Unendliche fortzuschreiten, unbekümmert, ob eine dieser Dimensionen eine absolut erste oder ein fester, unabänderlicher Ausgangspunkt in der erzeugten Stufenleiter sei, d. h. wir stellen logisch eine unbegrenzte Reihe von Grössenqualitäten dar, von welchen jede spätere eine Dimension mehr hat, als die frühere. Sobald wir jedoch diese reinen Begriffe auf faktische Dinge übertragen, mögen es leblose oder geistige sein, werden wir immer finden, dass es nicht mehr als vier Dimensitäten oder Hauptqualitäten (Zustand, Individuum, Gattung, Gesammtheit) giebt. Von der Gesammtheit, der Totalität lässt sich kein qualitativ höherer Begriff abstrahiren, welcher eine Bedeutung für die faktische Aussenwelt hätte: es giebt in dieser Welt Nichts, was allgemeiner und umfassender wäre, als Alles oder wovon das All nur ein Element, ein Zustand wäre. Obwohl also die Logik das anschauliche Kardinalprinzip erweitert; so hat doch diese Erweiterung für die Aussenwelt nur eine formale Bedeutung.

Die Erkenntniss der Wirklichkeit geschieht hiernach immer in dem Rahmen des anschaulichen Kardinalprinzipes. Die Endlichkeit, Bestimmtheit, Geschlossenheit und Wiederkehr dieses Systems von Grund- und Hauptbegriffen beruht einerseits auf der Fünfheit der Grundbegriffe und andererseits auf der sukzessiv wachsenden Stufenzahl der Hauptbegriffe unter den fünf Grundprinzipien. Hiernach baut sich ein System von fünf Grundbegriffen oder Kategoremen, der Quantität, Inhärenz, Relation, Qualität und Modalität, sowie von fünf Grundprozessen oder Metabolien, der Erweiterung, Beeigenschaftung, Wirkung, Abstraktion und Bedingung unter der Herrschaft von fünf Grundprinzipien, der Primitivität, Kontrarietät, Neutralität, Heterogenität und Alienität übereinander auf, indem die Konkurrenz der benachbarten Kategoreme, Metabolien und Grundprinzipien die sukzessiven Erhebungen von Stufe zu Stufe vermittelt. Hierbei erscheint die Primitivität als ein einstufiges Prinzip (es giebt nur eine Ursprünglichkeit), die Kontrarietät als ein zweistufiges (es giebt zwei und auch nur zwei Gegensätze, Eigenschaft und Gegentheil, Satz und Gegensatz, Thesis und Antithesis), die Neutralität als ein dreistufiges (es giebt drei und auch nur drei Neutralitäten: ein reelles Sein, ein neutrales Sein, welches mit dem reellen in derselben Grundgattung liegt, und ein neutrales Sein, welches gegen die ganze Grundgattung neutral ist), die Heterogenität als ein vierstufiges (es giebt vier und auch nur vier Qualitätsstufen oder Dimensitäten: den Zustand, das Individuum, die Gattung und die Gesammtheit), die Alienität endlich als ein fünfstufiges (es giebt fünf und auch nur fünf Haupt-Abhängigkeitsgesetze: die Konstanz, die Einförmigkeit, die Gleichförmigkeit, die gleichmässige Abweichung und die gleichmässige Steigung).

Im Übrigen hat Neutralität Nichts mit Heterogenität (geometrische Normalität Nichts mit Dimensität) zu schaffen. Die gewöhnliche Zurückführung des Raumes auf drei rechtwinklige Dimensionen ist eine unklare, einseitige und unzulängliche Anschauung: die Einfachheit der Ausdehnung, die Zweifachheit der positiven und negativen Lage, die Dreifachheit der rechtwinkligen Richtungen, die Vierfachheit der Dimensitäten und die Fünffachheit der Hauptformen sind ebensoviel selbstständige und gleich nothwendige Eigenschaften des Raumes, aber nicht bloss des Raumes, sondern eines jeden Grössengebietes, weil sie Grundeigenschaften der Welt, also alles Erschaffenen, und demnach auch des Menschen oder seines Geistes sind.